Bibliothek des Leders

Band 5

Dr. phil. Kurt Eitel

Das Färben von Leder

Bibliothek des Leders

Herausgegeben von
Prof. Dr.-Ing. habil. Hans Herfeld
Reutlingen

UMSCHAU VERLAG · FRANKFURT AM MAIN

Übersicht über den Gesamtinhalt der Bibliothek des Leders

Herausgeber: Hans Herfeld

Band 1   Hans Herfeld
Die tierische Haut

Band 2   Alfred Zissel
Arbeiten der Wasserwerkstatt bei der Lederherstellung

Band 3   Kurt Faber
Gerbmittel, Gerbung, Nachgerbung

Band 4   Martin Hollstein
Entfetten, Fetten und Hydrophobieren bei der Lederherstellung

Band 5   Kurt Eitel
Das Färben von Leder

Band 6   Rudolf Schubert
Lederzurichtung – Oberflächenbehandlung des Leders

Band 7   Hans Herfeld
**Rationalisierung der Lederherstellung durch Mechanisierung und Automatisierung
– Gerbereimaschinen –**

Band 8   Liselotte Feikes
Ökologische Probleme der Lederindustrie

Band 9   Hans Pfisterer
Energieeinsatz in der Lederindustrie

Band 10   Joachim Lange
Qualitätsbeurteilung von Leder, Lederfehler, -lagerung und -pflege

Bibliothek des Leders

Herausgeber Prof. Dr.-Ing. habil. Hans Herfeld
Reutlingen

Band 5
Das Färben von Leder

Von

Dr. phil. Kurt Eitel

Leverkusen

Mit 57 Abbildungen und 57 Tabellen

UMSCHAU VERLAG · FRANKFURT AM MAIN

CIP-Kurztitelaufnahme der Deutschen Bibliothek

Bibliothek des Leders/hrsg. von
Hans Herfeld.– Frankfurt am Main:
Umschau Verlag

NE: Herfeld, Hans [Hrsg.]

Bd. 5. Eitel, Kurt: Das Färben von Leder. – 1987

Eitel, Kurt:
Das Färben von Leder/von Kurt Eitel.
Frankfurt am Main: Umschau Verlag, 1987
  (Bibliothek des Leders; Bd. 5)
  ISBN 3-524-82008-5

© 1987 Umschau Verlag Breidenstein GmbH, Frankfurt am Main

Alle Rechte der Verbreitung, auch durch Film, Funk, Fernsehen, fotomechanische Wiedergabe, Tonträger jeder Art, auszugsweisen Nachdruck oder Einspeicherung und Rückgewinnung in Datenverarbeitungsanlagen aller Art, sind vorbehalten.

Gesamtherstellung: Süddeutsche Verlagsanstalt und Druckerei GmbH, Ludwigsburg.

ISBN 3-524-82008-5 · Printed in Germany.

INHALT

Einführung des Herausgebers 15

Vorwort des Autors 17

I.	**Farbe – was ist das?**	19
1.	Farbe und Licht	19
2.	Licht und Materie	20
2.1	Licht trifft auf eine durchsichtige Schicht	21
2.2	Licht trifft auf einen undurchsichtigen Körper	22
2.3	Diskussion von Remissionskurven	23
2.4	Die Nachstellung einer Nuance. Metamere Färbungen	25
3.	Farbe und Sehen	26
4.	Von den Farbnormwerten zu der CIE-Normfarbtafel	27
5.	Die Übermittlung von Farbtönen	28
II.	**Organische Farbstoffe**	31
1.	Zwischenprodukte der Farbstoffabrikation	31
2.	Chemische Klassifizierung der synthetischen, organischen Farbstoffe	33
2.1	Azofarbstoffe	33
2.1.1	Diazotierung und Kupplung	34
2.1.2	Metallkomplexfarbstoffe	37
2.1.3	Sonstige Azofarbstoffe	40
2.2	Nitro- und Nitrosofarbstoffe	41
2.3	Carbonylfarbstoffe	41
2.4	Polymethinfarbstoffe	43
2.5	Phtalocyaninfarbstoffe	44
2.6	Oxidationsfarbstoffe	45
2.7	Schwefelfarbstoffe	46
2.8	Reaktivfarbstoffe	46
2.9	Einige Bemerkungen zur Fabrikation synthetischer Farbstoffe	49
3.	Einteilung der Farbstoffe nach Anwendungsgebieten	50
3.1	Textilfarbstoffe	50
3.1.1	Direktfarbstoffe	50

3.1.2	Säurefarbstoffe	52
3.1.3	Kationische Farbstoffe	54
3.1.4	Sonstige Textilsortimente von einigem Belang	54
3.2	Farbstoffe für die Färbung von Leder	54
3.2.1	Kurzer Rückblick auf die Geschichte der Lederfärbung mit synthetischen Farbstoffen	54
3.2.2	Lederspezialfarbstoffe	56
3.2.3	Säurefarbstoffe für Leder	60
3.2.4	Substantive Farbstoffe für Leder	62
3.2.5	Echtsortimente für Leder	63
`3.2.6	Flüssigfarbstoffe für Leder	65
3.2.7	Kationische Farbstoffe für Leder	66
3.2.8	Sonstige Lederfarbstoffe	67
4.	Natürliche Farbstoffe	69
5.	Organische Farbstoffe mineralischen Ursprungs	71
6.	Farbstoff – Dokumentation	71
III.	**Färbeverfahren für Leder**	74
1.	Diskontinuierliche Färbeverfahren	74
1.1	Die Faßfärbung mit Flotte	74
1.2	Das Färben ohne Flotte	77
1.3	Das Färben im Automaten	79
1.3.1	Das Färben in Sektoren-Gerbmaschinen	80
1.3.2	Das Färben im Gerbmischer	82
2.	Kontinuierliche Färbeverfahren	83
2.1	Die Durchlauffärbemaschine	83
2.2	Das Spritzfärben	85
2.3	Das Färben mit der Gießmaschine	89
2.4	Das Färben auf Druckmaschinen	91
IV.	**Die Parameter der Lederfärbung**	94
1.	Substratbedingte Parameter der Lederfärbung	94
1.1	Die Haut als Rohstoff	94
1.2	Auswirkungen der Wasserwerkstatt auf die Färbung	96
1.3	Die Gerbung	98
1.4	Färbefehler, die sich vom Pickel, von der Chromgerbung und den folgenden Arbeiten herleiten	102
1.5	Die Nachgerbung	104
1.6	Die Affinität des Substrates Leder	108

2.	Parameter der Flottenzusammensetzung	110
2.1	Das Betriebswasser	110
2.2	Die große Bedeutung der Spülprozesse	111
2.3	Über die Wirkungen von Salzen und Chromgerbstoffen in der Färbeflotte	113
2.4	Färbung und Lösemittel	115
3.	Die Steuerung der eigentlichen Färbung	118
3.1	Die klassische Prozeßsteuerung durch die Veränderung des pH-Wertes	118
3.2	Steuerungsmöglichkeiten durch Temperaturveränderungen	122
3.3	Steuerung durch Konzentrationsveränderung und Dosierung	124
3.4	Steuerung durch die Färbezeit	126
3.5	Der Einfluß der mechanischen Bewegung auf die Färbung	127
3.6	Steuerung durch Hilfsmitteleinsatz	127
3.7	Steuerung durch die Farbstoffauswahl	128
4.	Parameter, die nach der Färbung eingreifen	129
4.1	Fettung und Farbstoff	129
4.2	Färbung und Trocknung	130
5.	Zusammenfassung	133

V.	**Färbung und Fettung**	134
1.	Die Wirkung der Fettungsmittel auf Farbstoffe und gefärbte Leder	134
2.	Fettverteilung und Egalität der Färbungen	136
3.	Die Bedeutung der Dosierung der Fettung für die Färbung	137
4.	Zusammenspiel Fettung–Nachgerbung–Färbung	140
5.	Zusammenfassung der wichtigsten Richtlinien für die Fettung	141

VI.	**Hilfsmittel und Färbung**	143
1.	Wirkungsmechanismen der Färbereihilfsmittel und Egalisiermittel	143
1.1	Die Wirkung anionischer Färbereihilfsmittel	161
1.2	Nicht-ionogene Tenside als Färbereihilfsmittel	161
1.3	Hilfsmittel und Zubereitungen von nichtionisch-schwachkationischem Charakter	163
1.4	Ampholyte als Färbereihilfsmittel	163
1.5	Kationische Färbereihilfsmittel	168
1.6	Sonstige Wirkungen von Hilfsmitteln	171
2.	Die Anwendung von Färbereihilfsmitteln	171
3.	Vorschläge zur Hilfsmittelauswahl	174
4.	Einflußgrößen bei Anwendung von Färbereihilfsmitteln	180

4.1	Der pH-Wert und die Wirkung von Färbereihilfsmitteln	180
4.2	Zeitpunkt der Dosierung	180
4.3	Einfluß der Mengendosierung	181
4.4	Einfluß der Flottenvolumens	181
4.5	Einfluß der Temperatur	181
5.	Zusammenfassende Richtlinien für den Einsatz von Färbereihilfsmitteln	182
VII.	**Über Eigenschaften der Farbstoffe und Echtheiten von Färbungen**	183
1.	Eigenschaften der Farbstoffe	185
1.1	Farbstärke und Richttyptiefe	185
1.1.1	Die Tauchprobe zur Stärkebestimmung	185
1.1.2	Colorimetrische Farbmessungen	186
1.1.3	Die Richttyptiefe	187
1.2	Löslichkeit	188
1.3	Säureechtheit (IUF 202) und Säurebeständigkeit ((IUF 203)	189
1.4	Die Alkaliechtheit (Veslic C 1030)	189
1.5	Die Beständigkeit gegen Wasserhärte (IUF 205)	189
1.6	Die Färbbarkeit in hartem Wasser	190
1.7	Methoden zur Bestimmung des Egalisiervermögens	190
1.8	Die Einfärbung von frischem Chromleder und zwischengetrocknetem Velour	192
1.9	Die Lickerechtheit	193
1.10	Die Baderschöpfung	193
1.11	Die Aufziehgeschwindigkeit und Baderschöpfung	193
1.12	Die Affinitätszahlen	196
1.13	Kombinationszahlen und Gruppeneinteilung	197
1.14	Das Aufbauvermögen auf nachgegerbten Ledern	198
1.15	Die Komplexstabilität von Farbstoffen	201
1.16	Die Einheitlichkeit von Farbstoffen	201
2.	Die Echtheiten von Lederfärbungen	202
2.1	Einige Bemerkungen zur Färbung auf Standardchromleder nach IUF 151 (Veslic C 3010 und C 1510)	203
2.2	Die Lichtechtheit (IUF 401, IUF 402)	203
2.3	Die Lösungsmittelechtheiten von Färbungen	207
2.4	Die Formaldehydechtheit von Leder (IUF 424)	208
2.5	Die Schweißechtheit (IUF 426)	208
2.6	Die Migrationsechtheit (IUF 441, IUF 442)	210
2.7	Die Trockenreinigungsechtheit (Veslic 4330 und C 4340)	210
2.8	Die Waschechtheiten (IUF 423)	211
2.9	Wasserechtheit und Wassertropfenechtheit (IUF 420, IUF 421)	212
2.10	Die Schleifechtheit (IUF 454)	213
2.11	Die Reibechtheit von Färbungen	214

VIII.	Die verschiedenen Begriffe der Egalität bei der Lederfärbung	215
1.	Egalität und Egalisieren der Lederfärbung	216
1.1	Substratbedingte Unregelmäßigkeiten der Lederfärbung	216
1.2	Die sog. normale Unegalität	217
1.3	Das Egalisieren mit Farbstoffkombinationen	222
2.	Einflüsse auf die Egalität nach der eigentlichen Färbung	224
3.	Leder egal färben	226
3.1	Direktegalisieren durch ein beschränkt pH-gesteuertes Ausziehverfahren	226
3.2	pH- und hilfsmittelgesteuertes Ausziehverfahren mit Migriermöglichkeit	227
3.3	Kaltfärbung im Pulververfahren mit Flottenverlängerung	228
4.	Leder unegal färben	230
5.	Zusammenfassung	231
IX.	Die große Bedeutung der Farbstoffauswahl für hochwertige Lederfärbungen	232
1.	Allgemeine Gesichtspunkte der Farbstoffauswahl	232
2.	Über das Lesen von Musterkarten	234
3.	Farbstoffauswahl aufgrund des färberischen Verhaltens	235
3.1	Das Egalisieren von Färbungen	235
3.2	Versuche, die Kinetik der Färbung in die Farbstoffauswahl mit einzubeziehen	236
3.2.1	Die Auswahlvorschläge der Ciba-Geigy	237
3.2.2	Farbstoffauswahl nach dem Sandoz-System	237
3.2.3	Farbstoffauswahl im Bayer-System	238
3.2.4	Farbstoffauswahl aufgrund der Elektrolytempfindlichkeit von Farbstofflösungen	239
4.	Farbstoffauswahl für spezielle Probleme	242
4.1	Die lichtechte Färbung	242
4.2	Die Färbungen auf nachgegerbten Ledern	244
4.3	Die Farbstoffauswahl für Velours	245
4.4	Auswahlregeln für Nuancierfarbstoffe und Feintöne	248
4.5	Farbstoffauswahl für Möbelleder und Bekleidungsnappa	249
4.6	Farbstoffauswahl für die preiswerte Färbung	249
5.	Über Farbstoffkarteien	251
X.	Die Kunst des Nuancierens	252
1.	Ansprache von Farbtönen und Gebrauch des Farbdreiecks	252
2.	Das praktische Nuancieren	259

3.	Das Färbereilabor	262
4.	Die Farbküche	266
5.	Das Abmustern	267

XI. Beispiele von Färbereirezepturen für verschiedene Lederarten ... 269

1.	Die Färbung klassischer Lederarten	269
1.1	Boxcalf	269
1.2	Chromoberleder	269
2.	Die Färbung von Nappa-Ledern	269
2.1	Nachgerbung und Färbung von Rind-Möbelleder	269
2.2	Echtfärbung eines Pastelltones auf Möbelleder	270
3.	Volle Färbungen nachgegerbter Leder	271
3.1	Durchfärbung mit farbstoffaffinen und farbverstärkenden Hilfsmitteln	271
3.2	Deckende Färbungen auf nachgegerbtem Leder im Zweistufenverfahren mit verschiedenen Farbstoff-Sortimenten	271
3.3	Die Färbung von stark nachgegerbtem Schleifbox	274
4.	Die Färbung vegetabilisch/synthetisch gegerbter Leder	274
4.1	Die Faßfärbung von vegetabilisch/synthetisch gegerbten Oberledern und Gürtelledern	274
4.2	Bleichen und Färben vegetabilisch gegerbter Schlangenhäute in schnell laufenden Fässern	275
5.	Die Färbung von Handschuhledern	277
5.1	Klassische Faßfärbung von zwischengetrocknetem Chromnappa in Dunkelbraun	277
5.2	Moderne Arbeitsweise für Lamm-Nappa als Handschuhleder	279
6.	Die Färbung von Rauhledern	281
6.1	Waschbare Bekleidungsvelours aus Mastkalb oder Ziege	281
6.2	Schuhvelours aus Wet Blue	287
6.3	Bekleidungsvelours aus vorgegerbten ostindischen Ziegenfellen	291

XII. Sammlung von Färbefehlern, Fehlfärbungen und Hinweise zu deren Beseitigung 293

1.	Allgemeine Fehlfärbungen	293
2.	Färbefehler aus Halbfabrikaten	294
3.	Färbefehler aus der Nachgerbung von Chromledern	295
4.	Färbefehler aus der eigentlichen Färbung: Allgemeine Hinweise	296
5.	Färbeschwierigkeiten aus der Auswahl ungeeigneter Farbstoffe	298

6.	Färbeschwierigkeiten bei der Auswahl unverträglicher Farbstoff-Kombinationen	301
7.	Färbefehler durch die mechanischen Bedingungen und die Färbemethoden	302
8.	Färbefehler bei speziellen Ledern: Velours	306
9.	Fehlfärbungen bei sonstigen Spezialledern	308
10.	Fehlfärbungen durch den Hilfsmitteleinsatz	309
11.	Färbefehler durch die Lickerung und Entfettung	310
12.	Unegalitäten durch die Trocknung	312
13.	Unzureichende Reproduzierbarkeit: Allgemeine Hinweise	313
14.	Spezialfälle ungenügender Reproduzierbarkeit	315
15.	Beanstandungen von Färbungen bei Verarbeitung und Gebrauch	316
Literatur		318
Sachregister		325

Einführung des Herausgebers

Im Rahmen der modernen Lederherstellung ist der Teilvorgang des Färbens neben der Nachgerbung der wichtigste chemische Prozeß der Naßzurichtung, um die Eigenschaften des gegerbten Leders im Hinblick auf sein Aussehen und die Anforderungen beim praktischen Gebrauch in weiten Grenzen zu variieren. Er hat daher von jeher eine bedeutsame Rolle gespielt.

Wer die Geschichte des Leders studiert, wird erstaunt sein, wie früh die Menschen schon in der Lage waren, das Aussehen des von ihnen hergestellten Leders durch ein Färben zu verbessern. Schon die altorientalischen Völker einige Jahrtausende vor Christi Geburt und dann die Ägypter, Griechen und Römer haben ihre Leder gefärbt. Zunächst waren es nur Rot- und Blautöne; der Purpur der Purpurschnecke, das Indigoblau und der Farbstoff der Krappwurzel spielten eine große Rolle. Später kamen auch grüne Farbtöne hinzu und – nicht zu vergessen – das Handvergolden mit Goldfolien. Im Laufe der Jahrhunderte wurde die Zahl der verwendeten Naturfarbstoffe und damit der Umfang der einfärbbaren Farbtöne immer größer, zumal viele Farbstoffe später auch von Übersee nach Europa eingeführt wurden. Auch Mineralstoffe wurden mit herangezogen, so Kupfersalze für die Grünfärbung, Eisensalze in Kombination mit pflanzlichen Gerbstoffen, namentlich dem Tannin der Galläpfel, zur Erzielung dunkelblauer und schwarzer Töne und viele Metallsalze zur Farbbildung und -verlackung. Der Auftrag der Farbabkochungen erfolgte mit Bürste oder Pinsel in mehreren Gängen, die alten Leder wiesen daher oft charakteristische Farbstreifen auf. Rein empirisch ist man mit all den vielen Schwierigkeiten fertig geworden, die sich zwangsläufig ergeben, wenn man Stoffe, deren Konstitution und Eigenschaften man nicht kennt, aufeinander einwirken läßt. Aber die große Entwicklung kam auch für die Lederfärbung erst im vorigen Jahrhundert mit der Synthese künstlicher Farbstoffe und arbeitstechnisch mit der Bewegung des Farbsystems in Mulde, Haspel und insbesondere Faß. Durch diese Entwicklung sind die Naturfarbstoffe heute fast vollständig verdrängt, und der Lederfärberei wurden durch eine riesige Palette an verfügbaren Farbstoffen ungeahnte Möglichkeiten eröffnet. Es gibt heute keinen Farbton mehr, der nicht auch auf Leder erreichbar wäre.

So kommt dem Färben bei der Zurichtung des gegerbten Leders heute eine ganz besondere Bedeutung zu. Dem Praktiker steht eine große Palette von Produkten mit ganz unterschiedlichen Eigenschaften zur Verfügung. Die Ermittlungen der Konstitution der Farbstoffe einerseits und die modernen Kenntnisse über den strukturellen Feinbau und die Reaktionsmöglichkeiten der tierischen Haut andererseits haben es ermöglicht, auch unsere Kenntnisse über die Vorgänge beim Färben des Leders auf eine fundierte Grundlage zu stellen. Die Zusammenhänge zwischen Molekülbau und Wirkung, ihre Reaktionsmöglichkeiten mit dem Substrat Leder und der Einfluß einer Vielzahl variabler Faktoren auf den Ablauf der Prozesse, die Verteilung der Farbstoffe innerhalb des Leders und die Beeinflussung der Echtheitseigenschaften sind im Laufe des jetzigen Jahrhunderts durch eine systematische praxisnahe Forschung eingehend untersucht worden. Es ist daher für den Praktiker unerläßlich, sich über alle ihm inzwischen für dieses Arbeitsgebiet zur Verfügung stehenden Fakten gründlich zu unterrichten und das vorliegende Buch soll ihm dabei eine wertvolle Hilfe sein.

Ich habe mich sehr gefreut, daß sich Herr Dr. Eitel, der über 3 Jahrzehnte das Gebiet der Lederfärbung bei der Bayer AG, Leverkusen, intensiv betreut hat, bereit gefunden hat, die Bearbeitung dieses Stoffgebietes zu übernehmen. Ich danke ihm vielmals für die sorgfältige, sachkundige Besprechung dieses Gebietes und dem Umschau-Verlag für die gute Zusammenarbeit bei der Herausgabe dieses Bandes, der dem Praktiker viele Anregungen für seine tägliche Arbeit gibt und dem gerberischen Nachwuchs eine gründliche Einarbeitung in dieses wichtige Teilgebiet der Lederherstellung ermöglicht.

Reutlingen, August 1987   Hans Herfeld

Vorwort des Autors

Jeder, der dieses Buch aufschlägt, wird der Verdienste G. Ottos um die Systematik der Lederfärbung gedenken und die Frage stellen: Wie unterscheidet sich dieser Band von Ottos »Das Färben des Leders«?[1].

Es ist selbstverständlich, daß seit 1963 die Kenntnisse über die Lederfärbung beachtliche Fortschritte machen konnten. Ja, man kann sagen, daß, durch Anilinmode befruchtet, die Laboratorien der meisten großen Farbstoffhersteller in diesen Jahren der Lederfärbung eine überdurchschnittlich große Aufmerksamkeit gewidmet haben. Diese neuen Ergebnisse bedürfen natürlich nach 20 Jahren einer zusammenfassenden Darstellung. Den wichtigsten Unterschied aber formulierte Otto selbst mit folgenden Worten: »Das Buch ist ... in erster Linie für den Chemiker und die chemisch geschulten Fachleute bestimmt«. Im Gegensatz dazu soll mit dem vorliegenden Buch der Versuch gemacht werden, vor allem dem praktischen Färber zu helfen, seine schwere tägliche Aufgabe zu bewältigen.

Es versteht sich von selbst, daß das Stoffangebot dieses Buches nicht von dem Verfasser alleine bewältigt werden konnte, sondern sozusagen als Gemeinschaftsarbeit vieler. Es ist mir ein herzliches Bedürfnis, der Lederabteilung, meinen Vorgesetzten und vielen Kollegen im Bayerwerk herzlich für die tätige Hilfe zu danken, die mein Vorhaben durch sie erfahren hat. Ebenso herzlich danke ich den Leitern und Sachbearbeitern der Lederabteilungen von BASF, Ciba-Geigy, Henkel, Hoechst, Röhm, Sandoz und Stockhausen und den Instituten in Darmstadt und Reutlingen und last not least der BLMRA für freimütige Unterrichtung und für die ständige Bereitschaft, meinen vielen telefonischen Anfragen zu entsprechen. Ohne diese große Hilfe hätte diese Arbeit ein Torso bleiben müssen.

Und schließlich noch eine Schlußbemerkung zu der gehandhabten Nomenklatur: Bei Veröffentlichungen ist es üblich, Produktennamen in einer wissenschaftlichen Umschreibung und Farbstoffe mit der Bezeichnung des Colour-Index kenntlich zu machen. Die Colour-Index-Bezeichnung erweckt den Eindruck einer Offenlegung der Konstitution; dies trifft jedoch nicht zu, weil die allermeisten Lederfarbstoffkonstitutionen im Colour-Index nicht offenbart worden sind. Nach Ansicht des Verfassers wäre dem Praktiker mit den Handelsnamen am meisten gedient, weil er dann seine Erfahrungen und die gelesenen und vorgetragenen Erkenntnisse unmittelbar in Verbindung bringen könnte. In diesem Buch werden bei Farbstoffnamen Colour-Index-Bezeichnungen verwendet, soweit sie in den herangezogenen Unterlagen gebraucht wurden. Bilder und Unterlagen mit Handelsnamen aus Veröffentlichungen werden so, wie sie sind, übernommen, weil ein Umzeichnen der Bilder zu kostspielig gewesen wäre.

Meinem ehemaligen Mitarbeiter J. Kummer danke ich sehr für das sorgfältige und engagierte Mitlesen der Fahnen.

Leverkusen, August 1987   Kurt Eitel

I. Farbe – was ist das?

Der Begriff Farbe ist vieldeutig. Die Umgangssprache meint meist die Dose Anstrichfarbe, aus der der Anstreicher Haus, Zimmer oder Türe pinselt. Die Technik bezeichnet Zubereitungen aus Pigment, Bindemittel und Lösemittel als Lack-, Dispersions-, Druck- und – in unserem Fall – als Lederdeckfarben. Unter Farbe im Sinne der folgenden Ausführungen sei der Sinneseindruck verstanden, der durch die Rezeption elektromagnetischer Wellen bestimmter Frequenzen durch das Auge und die anschließende Verarbeitung dieses Reizes durch das Großhirn entsteht. Das menschliche Auge unterscheidet ca. 100 Spektralfarben und ebensoviele Helligkeitsstufen derselben, d. h. Abschwächungen in Richtung auf Weiß. Diese ungeheure Anzahl von 100^{100} Farbeindrücken wird eingeschränkt durch das trichromatische Prinzip – wir kommen auf dasselbe noch zu sprechen. Immerhin bleiben noch $100^3 = 1$ Mill. durch das Auge unterscheidbare Farbeindrücke. Es versteht sich von selbst, daß diese unermeßliche Menge an Farben irgendwie einer Ordnung bedarf, um übersichtlich und manipulierbar zu werden. Dieses Ordnen ist auch seit alters durch Aufstellen der verschiedensten Systeme versucht worden, worauf aber hier nicht eingegangen werden soll[2]. Vielmehr halten wir ganz einfach fest, daß für die Entstehung einer Farbempfindung die Strahlung einer Lichtquelle, ein Probekörper, der mit dem eingestrahlten Licht irgendwie reagiert und ein Beobachter notwendig sind.

1. Farbe und Licht

Licht ist der uns sichtbare, nur kleine Ausschnitt der elektromagnetischen Strahlung, die in jedem Augenblick und nach allen Richtungen infolge hoher Temperaturen – in der Größenordnung von Millionen Grad – von der Sonne ausgeht. Von dieser Strahlung erreicht nach einem Weg von ca. 150 Mill. Kilometern nur ein sehr geringer Bruchteil als Tageslicht die Erde. Infolge der Tageszeiten ist dieses Tageslicht in seiner Spektralverteilung sehr unterschiedlich, was zu voneinander abweichenden Farbeindrücken, z. B. im Morgenlicht, im Mittagslicht, im Abendlicht, im Streulicht des Schattens oder im direkten Sonnenlicht führt (Abb. 1 S. 145).

Elektromagnetische Schwingungen der Wellenlängen zwischen 400 und 700 nm (Nanometer = 1 nm = 10 Å = 10^{-9} m = 1 milliardstel Meter) sind vereinigt sichtbares weißes Licht. Ein Strahl dieses weißen Lichtes wird durch ein Prima verschieden stark gebrochen, wodurch die Spektralfarben sichtbar werden. Die einzelnen Spektralfarben verteilen sich über die Wellenlängen des Spektrums wie folgt: 400–430 nm violett, 430–485 nm blau, 485–570 nm grün, 570–585 nm gelb, 585–610 nm orange, 610–700 nm rot. Im Tageslicht sind keineswegs sämtliche Wellenlängen in gleicher Stärke vorhanden; je nach Tageszeit, Wolkenbildung, Belastung der Atmosphäre durch Staub, Rauch, Abgase u. a. schwankt die Intensität z. B. des blauen oder des roten Anteils im Tageslicht. Mit einem Fotometer kann das Spektrum von Wellenlänge zu Wellenlänge abgetastet werden (Abb. 2).

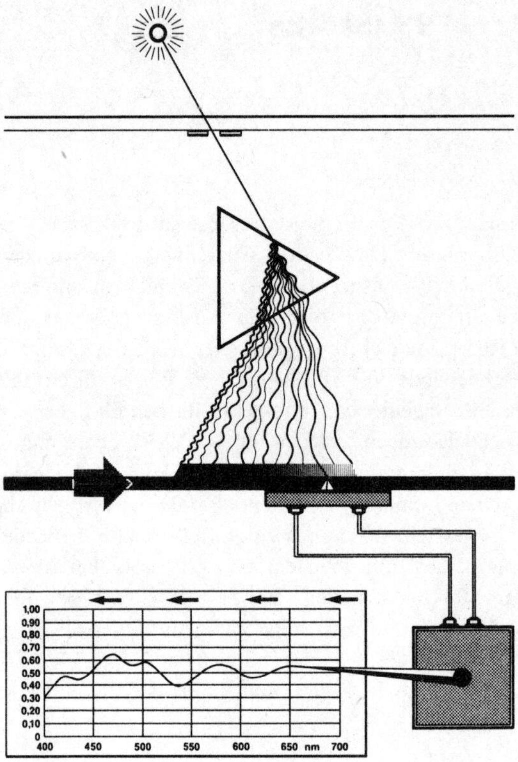

Abb. 2: Schematische Darstellung der Messung der spektralen Energieverteilung des Tageslichtes

Unser Beispiel ist die spektrale Verteilung eines Tageslichtes bei gleichmäßig bewölktem Himmel um die Mittagszeit. Diese Lichtart ist durch ein Dominieren blauen und grünen Lichtes gekennzeichnet, während die Orange- und Rotanteile des Spektrums in ihr weniger enthalten sind. Würde dieselbe Messung mit Abendlicht durchgeführt, so wäre dieses Licht reich an Orange und Rot, weil der blaue und grüne Anteil bei dem längeren Weg durch die staubige Erdatmosphäre stärker abgelenkt (= gestreut) würde. Die starken Schwankungen des Tageslichtes haben als ersten Schritt zur Systematisierung der Farbmessung dazu angeregt, standardisierte Normlichtarten zu erarbeiten. Die beiden wichtigsten Lichtarten sind die Normlichtart A – Glühlampenlicht bei 2800° Kelvin (= 2527°C) – und die Normlichtart C – das mittlere Tageslicht, sehr naheliegend dem gefilterten Licht einer Xenotest-Lampe. Die Normlichtart C wird zur Zeit auf die Normlichtart D 65, die sehr nahe liegt, übergeführt (Abb. 3). Normlichtart A hat den Schwerpunkt ihrer Energieverteilung im orange und roten Bereich, während die Normlichtart D 65 mehr blaues und grünes Licht enthält.[3]

2. Licht und Materie[3]

Ohne Wechselwirkung mit Materie ist Licht nicht sichtbar und für uns nicht feststellbar. Sobald aber Licht auf einen Körper trifft, können wir Licht sehen und es können verschiedene Wirkungen eintreten.

Abb. 3: Relative Energieverteilung der Normallichtart A (Glühlampenlicht) und D 65 (mittleres Tageslicht)

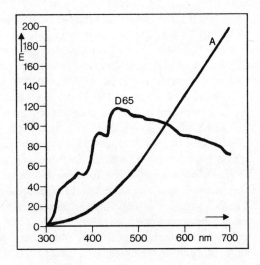

2.1 Licht trifft auf eine durchsichtige Schicht. Wenn Licht auf Fensterglas – also einen farblosen, durchsichtigen Körper – trifft, wird es sowohl bei seinem Eindringen als auch beim Austritt aus dem Glas gebrochen; gleichzeitig wird der unsichtbare ultraviolette Anteil des Lichtes absorbiert, wodurch sich das Glas etwas erwärmt. Enthält das Glas aber Bestandteile, die z. B. die grünen Wellenbereiche absorbieren, so werden nur die roten Anteile des Lichtes durchtreten, und der Körper erscheint uns als Rubinglas. Das durchgetretene Licht erscheint auf einem weißen Karton als roter Fleck. Bei einem Kobaltglas werden der blaue und grüne Bestandteil des Lichtes durchgelassen, während das Rot absorbiert wird. Vereinigt man nun das cyanblaue Licht des Kobaltglases mit dem roten Licht des Rubinglases, z. B. mittels eines Spiegels auf weißem Karton, so resultiert reines Weiß. Die Vereinigung von Lichtarten farbiger Lichtquellen nennt man: additive Farbmischung. Ein täglich benütztes Beispiel additiver Farbmischung ist das Farbfernsehen. Die Tabelle 1 gibt Beispiele additiver Farbmischungen farbiger Lichtarten.

Farbpaare, die bei der additiven Mischung farbiger Lichtarten weißes Licht ergeben, nennt man komplementäre Farben. Nachdem bei der additiven Mischung immer mehrere Intensitäten summiert werden, ist die entstehende Mischfarbe, z. B. Weiß aus Purpur und Grün, immer

Tabelle 1: Beispiele für die additive Mischung farbiger Lichtarten[3]

Lichtart 1 +	Lichtart 2 =	Mischung
orange	grün	gelb
gelb	violett	weiß
violett	orange	rot
rot	blau	purpur
purpur	grün	weiß
blau	grün	cyan
cyan	rot	weiß
grün	rot	gelb
gelb	blau	weiß

intensiver als ihre Einzelbestandteile. Oft kann man beobachten, daß durch eine angefärbte, durchsichtige Schicht eine Farbe vertieft wird. Angenommen eine rot absorbierende Schicht, z. B. ein blau angefärbter Collodiumlack, wird auf blaues Leder aufgespritzt: Das lackierte Stück des Leders ist gegenüber einem beim Spritzlackieren abgedeckten Stück deutlich voller, dunkler gefärbt. Wie kommt das zustande? Das Licht tritt durch die Lackschicht, dabei wird sein Rotanteil absorbiert. Das Leder reflektiert das Licht, welches noch einmal durch die Lackschicht geht, wobei wiederum roter Anteil herausgefiltert wird. Gegenüber dem nicht gedeckten Stück ist die Intensität des reflektierten Lichtes deutlich geringer, was sich in einer Abdunklung der Nuance auswirkt. Der Färber ist bei der Anwendung von Lüstern, Finishes und Appreturen oft mit solchen Erscheinungen konfrontiert.

Zusammenfassend ist festzustellen, daß durchsichtige Körper selbst zur Lichtquelle werden, wenn sie von einem Lichtstrahl durchdrungen werden. Wird ein Teil des Lichtes absorbiert, so wird der durchsichtige Körper zur farbigen Lichtquelle. Durch additive Mischung komplementärer Lichtarten entsteht weißes Licht größerer Intensität als die der Einzelkomponenten. Eine durchlässige Schicht, auf einen reflektierenden Körper aufgebracht, vermittelt durch doppelte Absorption beim zweimaligen Durchgang einen volleren tieferen Farbeindruck.

2.2 Licht trifft auf einen undurchsichtigen Körper. Ein farbiger, undurchsichtiger Körper, der von weißem Licht getroffen wird, absorbiert einen Teil des Lichtes, einen anderen wirft er diffus zurück. Das reflektierte Licht kann spektral zerlegt und die Energieverteilung auf die einzelnen Wellenlängen gemessen werden, wie das in Abb. 2 für das Tageslicht gezeigt wurde. Wird nun der spektrale Remissionsgrad über den einzelnen Wellenlängen aufgetragen, entsteht die Remissionskurve des undurchsichtigen farbigen Körpers. Die Remissionskurve[3] ist charakteristisch für jede Körperfarbe – wie man die Farben undurchsichtiger Gegenstände auch nennt. Einen Gegenstand, der im betreffenden Wellenbereich des Blau absorbiert, sehen wir gelb, der den Blau- und Rotbereich aufnimmt, ist grün; ein Material, das über das ganze Spektrum absorbiert, erscheint uns, je nach Intensität der Absorption, als grau bis schwarz. Grüne Absorption ergibt ein Purpur, und ein Körper, der Blau und Grün absorbiert, ist zinnoberrot. Weiß ist ein Gegenstand dann, wenn er über das ganze Spektrum einen hohen Prozentsatz – ideal 100% – reflektiert. Nachdem bei Körperfarben immer nur ein Teil des eingestrahlten Lichtes remittiert wird, weil ganz spezifische Bereiche des Spektrums absorbiert werden, ist die remittierte Farbe immer weniger intensiv als die beleuchtende Lichtquelle. Deshalb wird die Mischung von Körperfarben als subtraktive Mischung bezeichnet; diese Bezeichnung ist nicht ganz korrekt, weil ja nicht bei der Mischung etwas subtrahiert, d. h. weggenommen wird, sondern schon die Grundkörper Wellenbereiche der Beleuchtungsquelle absorbieren. Die Regeln der subtraktiven Mischung sollen am Beispiel des Schwarz demonstriert werden. Wenn ein Farbkörper über die ganze Breite des Spektrums absorbiert, so ist der Farbeindruck ein Schwarz. Der gleiche Farbeindruck entsteht aber auch, wenn man einen Körper, der im Grün absorbiert, also ein Violett, mit einem gelben Körper, der im Blau und Grün absorbiert, mischt; denn Violett und Gelb absorbieren (= subtrahieren) Intensität über die gesamte Breite der spektralen Strahlungsverteilung. Bei der subtraktiven Farbmischung, die für alle Körperfarben und Farbstoffe gilt, entsteht aus der Mischung von Komplementärfarben immer ein Schwarz. Wir erinnern uns: bei der additiven Mischung farbiger Lichtarten entsteht aus komplementären farbigen Lichtern weißes Licht. Weiß ist in der subtraktiven Farbmischung der Körperfarben nicht ermischbar. Die Abbildung 4 (S. 145) gibt einige Beispiele subtraktiver Farbmischungen.

Mischt man nicht Volltöne, sondern Pastellnuancen über die ganze Breite des Spektrums, so resultieren, je nach Mischung und Weißgehalt, die verschiedensten Grautöne. Grau ist natürlich auch zugänglich, wenn man die nahezu vollkommene Absorption eines Schwarz mit der ebenfalls nahezu vollkommenen Reflexion eines Weiß mischt. Je nach Mischungsverhältnissen kann so eine Brücke von Schwarz zu Weiß aufgebaut werden, die man als die Skala der unbunten Farben bezeichnet. Der Colorist bezeichnet diese Schattenreihe auch als eine Reihe steigenden Weißgehaltes oder zunehmender Helligkeit. Nimmt dagegen in einer Schattenreihe lediglich die Konzentration des Farbstoffes auf der Oberfläche zu, so spricht man von zunehmender Sättigung des Farbtones. Die Abbildung 5 (S. 146) veranschaulicht auf Papier die Begriffe Sättigung und Helligkeit[4].

Damit sind die drei Kenngrößen einer Färbung gegeben: Farbton, Sättigung und Helligkeit. Der *Farbton* läßt sich aus dem reflektierten Wellenbereich eines Farbkörpers herleiten. Die *Sättigung* läßt sich definieren als Grad der Buntheit im Vergleich mit einem Graumaßstab, der die Stärke einer Färbung vermittelt. Die *Helligkeit* ist die Intensität der Lichtempfindung, die mit jeder Farbempfindung verbunden ist. Die Helligkeit steigt in jeder Graureihe mit der Annäherung an Weiß oder beim stufenweisen Übergang von einem grauen Beige zu einem klaren Pastellton in Zitron. Man spricht auch bei dem letzten Beispiel von einer zunehmenden *Klarheit* der Nuance.

2.3 Diskussion von Remissionskurven. Wir haben schon gehört, daß die Remissionskurven charakteristisch sind für jeden Farbkörper. Sie sind der Prozentsatz der Remission, aufgetragen über den gesamten Wellenlängenbereich des Spektrums. Die Abb. 6 zeigt die Konzentrationsreihe von 0,01 bis 3 % eines Blaufarbstoffes, ausgefärbt auf Wolle. Die gestrichelte Nullinie (ungefärbt) remittiert im Durchschnitt 60 % des eingestrahlten Lichtes, zeigt aber bei Blau eine etwas stärkere Absorption. Das Substrat ist also ein Weiß mit dem Schwerpunkt der Remission in Grün, Gelb und Rot. Bei additiver Mischung – diese ist für die Auswertung der Remis-

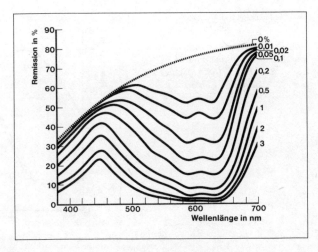

Abb. 6: Remissionskurven einer Konzentrationsreihe eines Blaufarbstoffes von 0,01 bis 3 % Angebot auf Wolle

sionskurven gültig – ergibt die Mischung von Grün, Gelb und Rot ein Gelb. Das Substrat ist also ein gelbstichiges Weiß. Diese Remissionskurve der Wolle macht deutlich, daß die Farbe des Substrates in die Endnuance eingeht. Die Remissionskurve der 0,01% Färbung hat ein Maximum bei etwa 500 nm, dies ist ein Blaugrün, und ein weiteres Maximum bei 700, einem blaustichigen Rot. Das Rot ergibt gemäß der additiven Mischregel mit dem Grünanteil des Blau ein Gelb. Die schwächste Pastellfärbung unseres Farbstoffes ist also ein grünstichiges Blau. Mit steigender Dosierung bis 1% nimmt die Absorption in Grün, Gelbgrün, Gelb, Orange und auch im Rot parallel zur Farbstoffdosierung kräftig zu, das Remissionsmaximum wandert nach links bis 450 nm: die Nuance wird also tiefer infolge der stärkeren Absorption und das Blau rotstichiger, es geht in ein Marineblau über. Das Maximum ist steil und gut ausgeprägt, was einen klaren Farbton anzeigt. Breite und niedrige Maxima sind das Kennzeichen stumpfer Färbungen.

Die nächste Abbildung zeigt die Remissionskurven der zwei Komponenten einer Grünfärbung und deren Mischkurve (Abb. 7).[3] Die Mischkurve folgt im blaugrünen Bereich der Absorption des gelben Farbstoffes, im gelben bis roten Bereich der Absorption des Blaufarbstoffes: es entsteht das steile Maximum einer sehr vollen, klaren Färbung eines gelbstichigen Grüns bei 530 nm.

Resümieren wir: undurchsichtige Körper absorbieren einen Teil des Lichtes und remittieren den anderen Teil. Das remittierte Licht addiert sich in seinen Maxima nach den Regeln der additiven Farbmischung zu einem Farbeindruck.

Die so entstandenen Farbkörper mischen sich nach den Regeln der substraktiven Farbmischung, d. h. die von den Absorptionsmaxima eingeschlossenen Flächen werden von dem eingestrahlten Licht subtrahiert. Dadurch entstehen neue Maxima, die kennzeichnend für die Nuance der Mischung sind. Schmale und hohe Remissionsmaxima sind typisch für klare Nuancen, breite und niedrige Maxima deuten auf stumpfe Töne. Remissionsmaxima auf niedrigem Niveau mit kaum ausgeprägten Maxima sind kennzeichnend für Schwarz, auf höheren Niveau für Grau.

Eine Nuance wird angesprochen auf Farbton, Sättigung und Helligkeit.

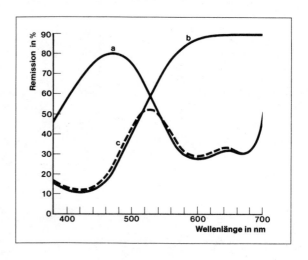

Abb. 7: Remissionskurven eines Blau- und Gelbfarbstoffs und ihrer Mischung a) 1% Blau, b) 1% Gelb, c) Mischung aus 1% Blau + 1% Gelb[5]

Abb. 8: Remissionskurven von 2 metameren Färbungen deren Normfarbwerte für die Normlichtart C übereinstimmen[5]

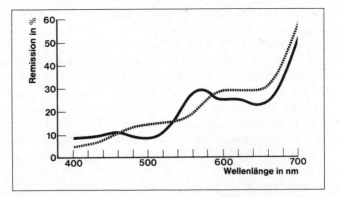

2.4 Die Nachstellung einer Nuance. Metamere Färbungen.

Nachstellungen von Nuancen erfolgen nahezu immer nach Vorlagen. Es liegt auf der Hand, daß jede Nachstellung auf einem anderen Leder und mit anderen Farbstoffen als bei der Vorlage erfolgen muß. Daß trotzdem Nachstellungen erfolgreich den Farbton einer Vorlage treffen, läßt den Schluß zu, daß innerhalb eines gewissen Spielraumes sich unterscheidende Remissionskurven durchaus bei der gleichen Beleuchtung die gleichen Normfarbwerte haben können oder mit anderen Worten: daß Vorlage und Nachstellung bei derselben Beleuchtung im Farbton übereinstimmen trotz anderen Substrates, trotz anderer Farbstoffe und, daraus resultierend, etwas von einander abweichenden Remissionskurven. Solche Färbungen nennt man »bedingt gleich« oder metamer. Ein Beispiel der Remissionskurven zweier metamerer Färbungen gibt die Abbildung 8.

Ändert sich aber die Beleuchtung, so kann es durchaus sein, daß sich Vorlage und Nachstellung unterscheiden, was der Anlaß von Farbbeanstandungen sein kann. Solche Veränderungen in der Beleuchtung können z. B. Glühlampenlicht, Neonlicht oder aber das Licht der hereinbrechenden Dämmerung sein. Bei Nuancenunterschieden spricht man dann von abweichender Abendfarbe. Um dieses Problem zu vertiefen, sei noch ein Beispiel der Farbtonnachstellung aus dem Textilbereich gebracht (Abb. 9). Die Linie 1 ist die Remissionskurve der Vorlage, eines Oliv. Die Kurve 5 des SUPRAMIN Blau GW paßt sich dem Kurvenzug der Vorlage als nahezu identisch am besten an, während Kurve 6 des FR durch ihren zu kurzwelligen steilen Anstieg bei 660 nm weniger gut geeignet ist. Die Kurve 4 des SUPRAMIN Rot GG ist weniger geeignet, weil das Absorptionsmaximum, als auch der Anstieg der Kurve, gegenüber der Vorlage deutlich kurzwelliger sich darstellt. Dagegen ist das SUPRAMIN Rot GW

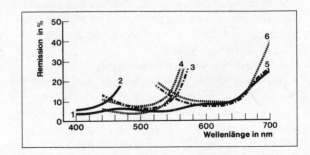

Abb. 9: Farbstoffauswahl für eine gegebene Vorlage zur Nachstellung unter Berücksichtigung der Abendfarbe

1) Vorlage
2) SUPRAMIN Gelb GW
3) SUPRAMIN Rot GW
4) SUPRAMIN Rot GG (2 Konz.)
5) SUPRAMIN Blau GW
6) SUPRAMIN Blau FR

sehr geeignet, da dessen Kurvenzug mit dem der Vorlage nahezu identisch ist. Um die Absorption der Nachstellung im kurzwelligen Bereich anzupassen, ist noch ein Gelb erforderlich; SUPRAMIN Gelb GW ist hierzu bestens geeignet. Selbstverständlich könnte unser Oliv auch mit SUPRAMIN Blau FR (6) und SUPRAMIN Rot GG (4) erreicht werden, aber die Abendfarbe dieser Nachstellungen würde von der der Vorlage erheblich abweichen. Dieses Beispiel zeigt aber auch, daß man, wenn die Remissionskurve der Vorlage und die Remissionskurven von Konzentrationsreihen der zur Verfügung stehenden Farbstoffe bekannt sind, durch einfachen Augenvergleich – also ohne Berechnungen – in der Lage ist, eine günstige Vorauswahl der Farbstoffe im Hinblick auf eine einwandfreie Abendfarbe zu treffen.

3. Farbe und Sehen

Für das Sehen sind – wie wir schon gehört haben – eine Lichtquelle, ein materieller Gegenstand und ein Beobachter notwendig. Der Beobachter sieht nach folgendem Schema: von Materie remittierte Lichtstrahlen gelangen als Information über die Energiezustände der Außenwelt in das Auge. Die Augenlinse, die auf alle möglichen Entfernungen eingestellt werden kann, bündelt diese Lichtstrahlen auf der Netzhaut. In der Netzhaut befinden sich ca. 120 Mio. Stäbchen, die vor allem auf Hell- und Dunkelreize reagieren und diese Eindrücke an das Gehirn weitergeben. Diese Stäbchen ermöglichen das Sehen in der Dämmerung und bei schwacher Beleuchtung als ein Schwarz/Weiß-Bild. In viel geringerer Dichte, nämlich nur ca. 6,5 Mio., sind in der Netzhaut die sogenannten Zäpfchen verteilt, welche das Farbsehen bei vollem Tageslicht oder entsprechend intensiver künstlicher Beleuchtung ermöglichen. Man hat durch umfangreiche Farbvergleichsmessungen festgestellt, daß durch die additive Mischung von nur drei Primärfarben, nämlich einem Blau, einem Rot und einem Gelbgrün, jeder beliebige Farbton, also auch nicht spektrale Farben wie Purpur, nachgestellt werden kann. Man nennt diese Gesetzmäßigkeit das trichromatische Prinzip. Diesem trichromatischen Prinzip folgt die Farbempfindlichkeit der Zäpfchen in der Netzhaut. Die Zäpfchen »übersetzen« den physikalisch durch die Wellenlänge λ und die Intensität bestimmten Farbwert in eine durch die Primärvalenzen Blau, Rot und Gelbgrün bestimmte Farbempfindung. Dabei ist die Empfindlichkeit der Zäpfchen für die Rezeption von Gelbgrün erheblich derjenigen für Blau und Rot überlegen. Auch sind von Beobachter zu Beobachter individuelle Unterschiede in der Aufnahme von Farbreizen. Grundlage jeder Farbmessung muß aber eine standardisierte Rezeption sein. Hierzu wurden durch Arbeiten der Commission Internationale de l'Eclairage (= CIE) an einer genügend großen Anzahl von Versuchspersonen und über die ganze Breite des Spektrums die in den Zäpfchen gegebenen Intensitäten für die drei Primärvalenzen Gelbgrün, Blau und Rot ermittelt, mit denen das Auge die verschiedenen aufgenommenen Farbreize zu Farbempfindungen transformiert. Diese unterschiedlichen Empfindlichkeiten des Auges geben die Spektralwertkurven $\bar{x}_\lambda$, $\bar{y}_\lambda$, $\bar{z}_\lambda$ nach dem CIE-System wieder[6] (Abb. 10).

Mit Hilfe dieser Normspektralwertkurven kann nun jede beliebige Remission R eines Farbkörpers bei der Beleuchtung E in sogenannte Normalfarbwerte X, Y, Z umgewandelt werden. Die Normalfarbwerte X, Y, Z sind sozusagen die Koordinaten des Farbortes einer Farbempfindung, die sich von deren physikalischem Meßwert der Remissionskurve R herleitet und in die sowohl die Lichtquelle als auch die Augeneigenschaften eingehen. Das Zusammenwirken der verschiedenen Faktoren, die den Farbeindruck bewirken, stellt die Abbildung 11

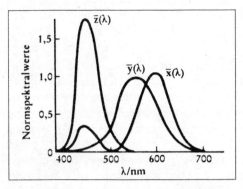

Abb. 10: Normspektralwertkurven (nach dem CIE-System)

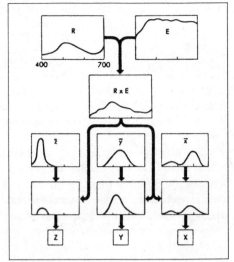

Abb. 11: Zusammenwirken der Faktoren, die den Farbeindruck bewirken
(nach D. L. MacAdam, TAPPI 38 [1955] 78)

dar[7]. Sie enthält sämtliche Faktoren und ihr Zusammenwirken in den einzelnen Stufen der Wahrnehmung, aufgetragen über den Wellenlängen 400–700 nm des Lichtes. In der Graphik E – rechts oben – ist die relative Strahlenverteilung mittleren Tageslichtes D 65 über den Wellenlängen des Spektrums eingetragen. Die Graphik links oben enthält die Remissionskurve einer grünen Färbung. Die Probe wirft bei jeder Wellenlänge der Lichtquelle den Bruchteil R als Remission zurück: die resultierende Energieverteilung zeigt die Graphik R x E der nächsten Stufe. Auf der Ebene darunter ist sozusagen ein Ausdruck für die spektrale Empfindlichkeit des Auges gegeben, d. h. Fähigkeit des Auges, Licht von ganz bestimmten Wellenlängen in ein Nervensignal größerer oder geringerer Stärke umzuwandeln, das im Gehirn bei $\bar{z}$ einen blauen, bei $\bar{y}$ einen grünen und bei $\bar{x}$ einen roten Farbeindruck hervorruft. Die durch die Remissionskurve R x E wiedergegebene Lichtenergie trifft also auf die Reizzentren im Auge und wird entsprechend deren Empfindlichkeit ($\bar{z}$, $\bar{y}$, $\bar{x}$ in Stufe 3) für die einzelnen Wellenlängen in Nervensignale umgewandelt. Die aufsummierten Flächen unter den Kurven der vierten Ebene sind ein Ausdruck für die Größe der abgegebenen Signale für Blau, Grün, Rot. Aus diesen Flächen errechnen sich die Farbnormwerte X, Y, Z, die, wie die Graphik zeigen soll, durch die Probe, durch die Lichtart und durch den Normalbeobachter bestimmt und ein Maß für den durch das Auge vermittelten Farbeindruck sind.

4. Von den Farbennormwerten zu der CIE-Normfarbtafel

Die Farbennormwerte könnten ohne weiteres in ein dreidimensionales Koordinatensystem eingetragen werden, und man käme so zu einem Farbraumkörper. Diese Darstellung wäre aber weniger übersichtlich als eine Darstellung in der Ebene. Diese Projektion in die Ebene erreicht man, indem man die Summe X Y Z gleich 1 setzt und die Farbnormwerte durch den Anteil der einzelnen Farbnormwerte an der Summe X + Y + Z ausdrückt.

$$x = \frac{X}{X + Y + Z} \quad y = \frac{Y}{X + Y + Z}$$

Man kommt so für Rot zu dem Farbwertanteil x, für Grün zu dem Farbwertanteil y, womit der Farbton einer Nuance in einer Ebene bereits definiert wird, weil z durch $1-(X + Y)$ mit zwei Farbwertanteilen festgelegt ist. Zusammenfassend halten wir zur Bedeutung der Farbwertanteile fest, daß dieselben sozusagen den prozentualen Anteil eines Farbwertes an der Summe aller Farbwerte ausdrücken, wobei die Summe aller Farbwerte willkürlich mit 1 festgelegt wurde.

Wenn man nun die x- und y-Farbwertanteile aller Wellenlängen des Spektrums in einem ebenen Koordinatensystem einträgt, gelangt man zu dem Kurvenzug der nächsten Abbildung, auf dem alle Spektralfarben liegen. Die beiden Endpunkte des Kurvenzuges sind durch eine Gerade verbunden, auf der die nicht spektralen Purpurtöne eingeteilt sind. Ideales Weiß ist diejenige Farbe, bei der die Remission für alle Wellenlängen gleich 100 % ist. Diese 100 % in die obigen Gleichungen eingesetzt, ergeben für Weiß sowohl für x als auch für y einen Farbwertanteil von 0,333, der in der folgenden Graphik als Weißpunkt C bzw. Unbuntpunkt D 65 erscheint. Der Unbuntpunkt ist der Farbort für alle Schattierungen von Reinweiß über die breite Skala der Grautöne bis Schwarz. Man kann sich diese Abstufung *senkrecht* im Unbuntpunkt auf der CIE-Normtafel angeordnet denken. Die vom Unbuntpunkt zum Kurvenzug der Spektralfarben ausgehenden Geraden geben die Orte gleichen Farbtones in Richtung auf den Kurvenzug mit steigender Sättigung an. Die Farbwertanteile x und y lassen also den Farbton und die Sättigung beurteilen; die Helligkeit einer Färbung muß durch eine zusätzliche Größe erfaßt werden. Hierzu zieht man den Normfarbwert Y als Meßwert für die Helligkeit einer Farbe heran. Dies ist möglich, weil die größte Helligkeitsempfindlichkeit des Auges im Gelbgrün liegt, was zur Folge hat, daß die Normspektralwertkurve Y gerade gleich der spektralen Helligkeitsempfindlichkeitskurve des Auges ist. Die Abb. 12 zeigt die CIE-Normfarbtafel. In der Reihenfolge der Spektralfarben umschließt der sog. Spektralfarbenkurvenzug alle Farborte einer Helligkeitsstufe bei definierter Beleuchtung. Diese systematische Anordnung, die die physikalischen Kennzahlen der Wellenlängen mit den physiologischen Werten der Reizrezeption verbindet, ist das Bezugssystem für das sog. Farbdreieck, welches beim Nuancieren gute Dienste leisten kann (s. S. 158). Ein Nachteil der CIE-Normfarbtafel ist es, daß sie nicht gleichabständig ist. Dem trägt eine Weiterentwicklung zu dem CIELAB-System[8] Rechnung.

5. Die Übermittlung von Farbtönen

Bei der Übermittlung von Farbnuancen auf Basis der Normfarbwerte X Y Z oder der Normfarbwertanteile x y und Y ist es sehr schwierig, sich eine Vorstellung von dem angesprochenen Farbton zu machen. Wegen dieser Unanschaulichkeit des CIE-Systems benötigt man für die Realisierung einer Nuance eine Anschauungshilfe mittels einer Farbkarte. Solche Farbkarten oder Farbatlanten müssen immer unvollständig sein; denn eine Farbkarte, bei der die Farbdifferenz benachbarter Farbmuster etwa doppelt so groß sein soll wie die mit dem Auge gerade noch erfaßbare Differenz, müßte mindestens 30000 Farbmuster enthalten. Eine weitere Schwierigkeit bei der Erstellung solcher Unterlagen ist die zeitliche Konstanz der Muster, z. B. gegen die Einwirkungen des Lichtes. Technisch ist man heute noch nicht in der Lage, alle diese

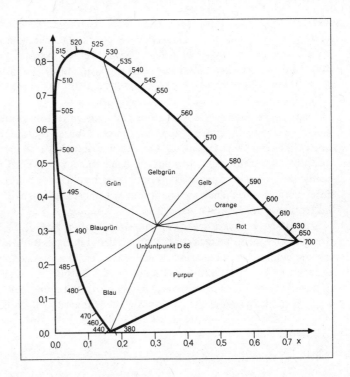

Abb. 12: CIE-Normtafel

Forderungen zu erfüllen, ganz davon abgesehen, daß ein Farbatlas mit 30000 Farbmustern völlig unhandlich wäre.

Immerhin ist eine ganze Reihe von Farbkarten im Verkehr. Die am leichtesten für den Lederfärber zugänglichen Unterlagen sind wohl die Modekarten der verschiedenen Farbstoffanbieter. Wenn man dieselben sammelt und sorgfältig im Dunkeln aufbewahrt, hat man im Lauf der Jahre eine umfangreiche Colorthek, die der Auswahl als auch der Verständigung über Nuancen in gleicher Weise dienen kann. Allerdings sind die Farbtöne in Modekarten unsystematisch angeordnet, so daß das Auffinden Schwierigkeiten macht. Umfangreicher sind die Modekarten der Farbenfabriken für Textil, aber meist ist das für Leder besonders wichtige Braungebiet hier zu wenig dargestellt. Umfassender und systematischer in der Handhabung sind Farbatlanten, die ein Farbsystem darstellen. Dabei sind wohl in Deutschland das DIN-Farbsystem DIN 6164 Teil 1[9] und in Amerika das Book of Color nach Munsell[10] die vollständigsten.

Das *System von Munsell* gruppiert sich um eine Helligkeitsachse zwischen Schwarz und Weiß (= Helligkeit = Value) in 9 Stufen, wobei 1 Schwarz und 10 Weiß ist. Auf bis zu 14 konzentrischen Kreisen steigender Sättigung (= Chroma) sind die Farbtöne (= Hue) in rein psychologischer Anordnung mit empfindungsmäßig möglichst gleichabständiger Unterteilung dargestellt. Der Farbkreis selbst ist eingeteilt in die fünf Grundtöne: Gelb = Y, Rot = R, Purpur = P, Blau = B und Grün = G und fünf Zwischentöne, z. B. YR = Orange, BG = Türkis usw. Zwischen den Grundtönen und den Zwischentönen sind jeweils 10 Nuancenabstufungen eingeteilt, von denen die Stufen 2,5; 5; 7,5 und 10 auf den sogenannten Leitkarten dargestellt sind. Der Farbkreis ist also nach Munsell in 10 x 10 = 100 Abstufungen eingeteilt. Aus der Kombination von Farbton, Helligkeit und Sättigung entsteht ein unregelmäßiger Raumkörper, der etwa einem Brummkreisel gleicht. Dieses Munsell-System wird in Glanzausführung mit 1488 losen, aber steckbaren Mustern (1,0 x 2,0 cm) auf 40 Leitkarten und in Mattausführung mit 1277 fest aufgeklebten Mustern, ebenfalls auf 40 Leitkarten, angeboten.

Es können auch Farbmuster als größere Karteikarten (3,3 x 5 cm bzw. 15 x 25 cm bzw. 7,6 x 12,7 cm) geliefert werden, jedoch genügen die kleineren Muster der beiden Farbenbände für unsere Zwecke vollkommen. Jeder Farbton des Munsell-Systems kann nach dem amerikanischen Standard D 1535-68 (auf CIE-Farbnormwerte) transformiert werden[11]. Munsell-Koordinaten bedeuten nun folgendes: z. B. der Farbton ist 5YR 6/12 = ein Orange mit einem deutlichen Gelbstich; mit 6/ Helligkeit enthält die Nuance noch einen deutlichen Grauanteil, sie tendiert also zu einem Havannabraun. Mit einer Sättigung von 12 hat die Färbung nahezu das Optimum an Farbfülle erreicht.

In der *DIN-Farbenkarte*[9] sind die einzelnen Farbtöne durch die Normfarbwerte X Y Z des Normvalenzsystems festgelegt. Farben werden durch die Buntzahl T, die Sättigungsstufe S und die Dunkelstufe D gekennzeichnet. Der gleichabständige Farbkreis ist in 24 Bunttöne eingeteilt: Gelb = T 1, Orange = T 4, Rot = T 8, Purpur = T 12, Blau = T 16, Grün = T 22, Gelb = T 25 = T 1. Ebenso ist die Darstellung der Sättigung gleichabständig bis zu 10 Stufen möglich. Die hellestmögliche Farbe erhält die Dunkelstufe 0, das ideale Schwarz dagegen 10. Die drei Größen T:S:D sind das Farbzeichen einer bestimmten Nuance, z. B. ein hoch gesättigtes, volles Rot wird durch

8	:	10	:	3
rot	:	Sättigung	:	Dunkelstufe

dargestellt. Unbunte Farbe, also Grautöne, haben die Sättigungsstufe 0, sie können auch keine Buntstufe haben, was durch den Buchstaben N versinnbildlicht wird. Das Farbzeichen für ein ziemlich helles Grau der Dunkelstufe 3 ist:

N:0:3.

Für den Gebrauch der in einzelnen Beiblättern gelieferten DIN-Farbkarte bestehen Normvorschriften[9] für Beleuchtungsart- und -richtung sowie für die Beobachtungsart, die einzuhalten sind. Die gewählten Bedingungen nach DIN 5033 sind mit dem Ergebnis anzugeben.

Es besteht noch eine Reihe von Farbatlanten, wie z. B. Uniform Color Scales der Optical Society of America[12], der Farbatlas der schwedischen Standardisierungskommission NCS[13], das DIC-System[14], die R.H.S. Colour Chart der Royal Horticultural Society London; japanische Farbatlanten und viele andere mehr. Dazu kommen noch Farblexika, die der Benennung von Farbtönen dienen sollen. Nach Ansicht des Verfassers sind aber die beiden Farbsysteme nach Munsell und nach DIN 6164 die übersichtlichsten und effizientesten, so daß diese beiden Farbkarten für einen evtl. Gebrauch empfohlen werden.

II. Organische Farbstoffe

Farbstoffe sind lösliche Verbindungen, die Anteile des sichtbaren Lichtes absorbieren und den Rest reflektieren; sie vermögen, in einer Flotte aufgelöst, auf ein eingebrachtes Substrat aufzuziehen, bis das Bad mehr oder weniger erschöpft ist. Die Farbstoffe haften auf dem Substrat dauerhaft. Als Substrat sind Baumwolle, Wolle, Seide, Kunstseide, synthetische Fasern, Papier, Kunststoff und auch Leder u. a. geeignet. Auch farbige Naturprodukte pflanzlichen und tierischen Ursprungs erfüllen diese Voraussetzungen; heute aber überwiegt bei weitem die Färbung mit synthetischen Farbstoffen.

Die circa 6000–7000 synthetischen Farbstoffe des Handels können unter zwei Gesichtspunkten eingeteilt werden:
1. nach den charkteristischen chemischen Gruppierungen, die die Farbigkeit vermitteln,
2. nach ihrem anwendungstechnischen Verhalten, also nach ihrem Aufziehverhalten auf die verschiedenen Substrate.

Diese beiden Einteilungsprinzipien überdecken sich weitgehend. Mit anderen Worten: es gibt kaum eine chemische Konstitution, die nur für ein Anwendungsgebiet spezifisch wäre, und es existiert kein Färbegut, das nur mit Farbstoffen einer chemischen Gruppe in allen Nuancen gefärbt werden könnte. Diese allgemeine Regel gilt auch für das Ledergebiet; im wesentlichen werden Azofarbstoffe, aber auch Anthrachinon-, Triphenylmethan-, Nitro-, Metallkomplex-, Reaktiv-, Schwefel- und Phtalocyaninfarbstoffe für Lederfärbungen verwendet.

1. Zwischenprodukte der Farbstoffabrikation

Synthetische Farbstoffe sind keine einfachen Verbindungen, die technisch in einem Zug hergestellt werden können, sondern sie werden als Produkte mittlerer Molekularmasse, ca. 210–1000, aus sogenannten Zwischenprodukten in charakteristischen Reaktionen aufgebaut. Von diesen Zwischenprodukten soll zuerst die Rede sein.

Die beiden Säulen, auf denen die Farbstoffherstellung ruht, sind einerseits die Industrie der Kohlewertprodukte, heute meist die Petrochemie als Rohstofflieferant, andererseits die Kekule'sche Theorie des aromatischen Charakters des Benzols, der höheren carbocyclischen und heterocyclischen Systeme als wissenschaftliche Leitidee. Nach dieser Theorie sind die Kohlenstoffatome in sogenannten aromatischen Verbindungen in Sechsringen unter Ausbildung eines konjugierten Systems von Doppelbindungen angeordnet. Die die zweite Bindung vermittelnden sogenannten π-Elektronen in einem konjugiertem System von Doppelbindungen stellt man sich nicht an bestimmten Stellen fixiert vor, sondern sie fluktuieren über das gesamte Ringsystem. Die so konstituierte aromatische Konfiguration ist bemerkenswert stabil und unterscheidet sich von den offenen Olefinen durch einen gewissermaßen gesättigten Charakter. Aromatische Verbindungen absorbieren Licht im unsichtbaren Ultraviolett.

Mesomere Formen des Benzols.

Rohstoffe synthetischer Farbstoffe sind unter anderem folgende aromatische Kohlenwasserstoffe:

Toluol m-Xylol Naphtalin Anthracen Carbazol

Pyridin Chinolin u.s.w.

Diese aromatischen Kohlenwasserstoffe werden durch Sulfonierung, Oxidation, Nitrierung, Reduktion dieser Nitroverbindungen zu Aminen, Chlorierung, Alkoxylierung, Alkylierung, Phenylierung, Acylierung u. a. in mehrfunktionelle Zwischenprodukte übergeführt. Für das Verständnis dieser Reaktionen ist es wichtig zu wissen, daß den meisten von ihnen chemische Gleichgewichte vorgelagert sind, die durch Optimierung der Reaktionsbedingungen, wie Lösungsmedien, pH-Wert, Temperatur u. a., beeinflußt werden, um zu möglichst einheitlichen Reaktionsprodukten in guter Ausbeute zu gelangen. Dieses Ziel erreicht man ohne weiteres bei allen monofunktionellen Zwischenprodukten. Bei bi- und polyfunktionellen Reaktionsprodukten ist diese Einheitlichkeit viel schwieriger zu erreichen, weil sich für die Reaktion des Reagenz meist mehrere Angriffsstellen am aromatischen Ring bieten. So laufen mehrere Reaktionen mit unterschiedlichen Reaktionsgeschwindigkeiten nebeneinander her. Die Folge davon ist, daß die Zwischenprodukte meist keine einheitlichen Verbindungen im chemischen Sinn sind, sondern als technische Produkte vielfach Gemische von Isomeren, oder zumindest durch Isomere in niedrigen Prozentsätzen verunreinigt sind. Isomere sind Verbindungen gleicher chemischer Zusammensetzung bzw. Bruttoformel aber unterschiedlicher Struktur.

Bei den Substituenten unterscheidet man grundsätzlich 2 Typen:
1. Elektronendonatoren oder Auxochrome
2. Elektronenakzeptoren

Elektronendonatoren sind z. B. -NH$_2$, -OH, -N(CH$_3$)$_2$ usw. – ganz allgemein Gruppierungen, die ein freies Elektronenpaar haben. Dieses freie Elektronenpaar können Elektronendonatoren zu dem aromatischen System hin verschieben, wodurch eine neue Elektronenkonfiguration und Ladungsdifferenzen im Molekül entstehen.

Elektronendonator

Elektronenakzeptor

Diese »Verzerrung« der Elektronenkonfiguration nennt man Polarisierung, und dabei entsteht aus dem elektrisch neutralen Molekül ein Dipol. Man kann den Umfang dieser Polarisierung als Dielektrizitätskonstante bzw. Dipolmoment messen.

Elektronenakzeptoren sind z. B. -H, -Cl, -J, -Br, -NO, $>$C=O, -NO$_2$. Sie sind gekennzeichnet dadurch, daß sie aus einem aromatischen System Elektronen aufnehmen können, was ebenfalls zu einer Ladungsverzerrung, wie oben beschrieben, und zu einer Polarisierung des Moleküls führt.

Die Substitution von Elektronendonatoren und Elektronenakzeptoren am Benzolkern kann in verschiedenen Stellungen erfolgen:

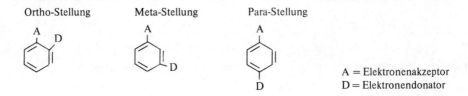

A = Elektronenakzeptor
D = Elektronendonator

Durch die Substitution von Elektronendonatoren und -Akzeptoren wird die Lichtabsorption aromatischer Verbindungen vom unsichtbaren Ultraviolett ins sichtbare Spektrum verschoben: die Verbindung wird farbig! Man kann nun beobachten, daß die Farbe eines Farbstoffes durch die Stellung des Elektronenakzeptors zu dem Elektronendonator im aromatischen Molekül beeinflußt wird:

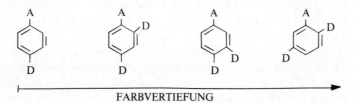

FARBVERTIEFUNG

Fassen wir zusammen: Zwischenprodukte sind polyfunktionelle aromatische Verbindungen, die durch ihre Substituenten wesentlich zur Nuance eines Farbstoffes beitragen können. Sie sind als technische Produkte meist keine chemisch einheitlichen Verbindungen, sondern oft durch Isomere oder Gemische von Isomeren verunreinigt. Daraus ergibt sich, daß Farbstoffe technischer Produktionen praktisch immer Gemische verschiedener Isomere sein müssen. Die Formeln vieler Farbstoffe geben daher oft nur Auskunft über einen Hauptbestandteil.

2. Chemische Klassifizierung der synthetischen, organischen Farbstoffe

2.1 Azofarbstoffe. Von der weltweit rund 780 000 Jahrestonnen betragenden Farbstoffproduktion sind mehr als die Hälfte Azofarbstoffe. Diese Farbstoffklasse ist die bedeutendste, auch die Lederfarbstoffe sind zum allergrößten Teil Azofarbstoffe.

Das farbgebende Prinzip der Azofarbstoffe ist denkbar einfach: zwischen Elektronendonatoren- und -akzeptoren befinden sich mindestens zwei aromatische Systeme. Verbunden sind diese beiden Aromaten durch eine Brücke von zwei Stickstoffatomen, gekennzeichnet durch eine Doppelbindung von Stickstoffatom zu Stickstoffatom. Man nennt diese Brücke: Azogruppierung $A-N=N-B$. Der Farbstoff ist in seiner ganzen Länge durchsetzt von einer ununterbrochenen Reihe von alternierenden Doppel- und Einfachbindungen. Dieses System konjugierter Doppelbindungen ist die eigentliche Grundlage der Farbigkeit, indem es aus eingestrahltem, sichtbaren Licht Teile desselben absorbiert und in einen Zustand höherer Energie, den sogenannten angeregten Zustand übergeht. Dabei wirkt das System konjugierter Doppelbindungen als Ganzes; durch die Abgabe eines freien Elektronenpaares von einem Elektronendonator an das aromatischen System entsteht ein schwingungsfähiges mesomeres System. Durch die zusätzliche negative Ladung klappen die Doppelbindungen des ganzen Systems in Richtung auf den Elektronenakzeptor um, der sich negativ auflädt; es entsteht ein Dipol mit positiver Ladung am Elektronendonator und mit negativer am Elektronenakzeptor.

$$D-\underset{\text{Donator}}{\bigcirc}-N=N-\underset{\text{Akzeptor}}{\bigcirc}-A \longleftrightarrow {}^{\oplus}D=\underset{\text{Dipolstruktur}}{\bigcirc}=N-N=\bigcirc=A^{\ominus}$$

Diese Dipolstruktur darf man sich keineswegs fixiert vorstellen, vielmehr fluktuiert das Molekül zwischen diesen beiden Zuständen, wobei der Schwerpunkt dieses Gleichgewichtes mehr bei dem neutralen Molekül oder beim Dipol liegen kann. Dipole sind die Ursache von Nebenvalenzkräften; je länger die Kette konjugierter Doppelbindungen ist, desto stärker sind die Nebenvalenzkräfte.

Wenn ein Farbstoff nur eine Azobrücke enthält, spricht man von einem Monoazofarbstoff, enthält er dagegen zwei oder mehrere Azobrücken, spricht man von einem Disazo- bzw. Polyazofarbstoff. Die Tabelle 2 gibt eine Übersicht über die ungeheure Mannigfaltigkeit der Farbstofftypen, die mit der Azogruppierung möglich sind.

Die Löslichkeit der Azofarbstoffe vermitteln hydrophile Gruppen; für anionische Azofarbstoffe ist das die Sulfonsäuregruppe, von untergeordneter Bedeutung sind phenolische und Carboxylgruppen. Kationische Azofarbstoffe werden über die Salzbildung primärer, sekundärer, tertiärer und quarternärer Aminogruppen zu löslichen Farbstoffen. Nichtionogene Azofarbstoffe, die allerdings für Leder nur in seltenen Spezialfällen gebraucht werden, sind durch hydrophile N-2-(Hydroxyäthyl) und N-2-(Methoxyäthyl)-Gruppen spurenweise wasserlöslich. Die eigentliche Löslichkeit bringt bei diesen Farbstoffen der sogenannte Finish; das ist eine Dispergierung des schwerlöslichen Farbstoffs mit Emulgatorgemischen. So löslich gemachte Farbstoffe nennt man Dispersionsfarbstoffe.

Es ist nicht Aufgabe dieses Buches, Farbstoffsynthesen darzustellen. Bei den Azofarbstoffen soll aber eine einfache Synthese geschildert werden, weil sie im Zusammenhang mit der Anwendung von Entwicklungsfarbstoffen einige Bedeutung haben könnte.

2.1.1 Diazotierung und Kupplung. Der erste Syntheseschritt eines Azofarbstoffes ist die Diazotierung eines primären aromatischen Amins. Die Diazotierung läuft nach folgendem Reaktionsschema ab:

$$\bigcirc-NH_2 + 2\,HCL + Na\,NO_2 \rightarrow \bigcirc-N=N^{\oplus}\cdot Cl^{\ominus} + NaCl + 2\,H_2O$$

Diazotierung

Man sollte die Säure bei dieser Reaktion etwas im Überschuß dosieren. Einen Überschuß von Nitrit nach vollendeter Diazotierung erkennt man an der Bläuung von Jodkaliumstärkepapier. Ist ein Überschuß von salpetriger Säure vorhanden, so zerstört man denselben durch Zusatz von Harnstoff oder Amidosulfonsäure. Das Diazonium-Ion ist in Lösung relativ stabil, zersetzt sich aber doch langsam unter Abspaltung von Stickstoff zu Phenol.

$$\text{C}_6\text{H}_5-\text{N}=\text{N}^{\oplus}\text{Cl}^{\ominus} + \text{H}_2\text{O} \rightarrow \text{C}_6\text{H}_5-\text{OH} + \text{N}_2 \uparrow + \text{HCl}$$

Man mache es sich deshalb zur Regel, das gebildete Diazonium-Ion möglichst rasch weiter umzusetzen. Außerdem sollte man durch Kühlung mit Eis die Zersetzung verzögern.

Tabelle 2: Übersicht über AZO-Farbstoffe

MONO AZO		D → K
DIS AZO	I	D → P ← D'
	II	T < K / K'
	III	D → B → K
	IV	D → P.x.P. ← D'
TRIS AZO	I	T < K / P ← D
	II	T < K / B → K'
	III	D → B → P / D' ↗
	IV	D → B → B' → K
	V	D → P < D' / D"
TETRAKIS AZO	I	D → P ← T → P' ← D'
POLY AZO	II	K ← T → P ← T' → K'
	III	K ← B ← T → B' → K'
	IV	D → T → B → B' → K'
	V	D → P ← T → P ← T → K
	VI	K ← P → B → P ← D
	VII	D → B → P ← B' ← D'
	VIII	D → B → B' → P ← D'
	IX	D → B → B' → B" → K
	X	K ← T → B < K' / K"

D   = *Diazotierte Verbindung, z. B. diazotiertes Arylamin*
T   = *Tetrazoverbindung, z. B. tetrazotiertes Aryldiamin*
K   = *Kupplungskomponente monofunktionell, z. B. Phenol*
B   = *Aromatisches Amin, welches nach der Kupplung diazotiert werden kann, z. B. Cleve-6-Säure*
P   = *Polyfunktionelle Kupplungskomponente, z. B. Resorcin*
P.x.P. = *Mehrkernige Kupplungskomponente, z. B. Rotsäure I*
→   = *Diazotiert und gekuppelt*

Die Umsetzung des Diazonium-Ions mit der Kupplungskomponente ist im hohen Grad pH-abhängig. Eine aromatische Verbindung wird zum kupplungsfähigen Substrat, wenn sie phenolische oder Aminogruppen als Elektronendonatoren enthält; dabei ist wichtig, daß das Phenol-Ion und das freie Amin als Elektronendonatoren um eine Größenordnung wirksamer sind als das undissozierte Phenol und das Amin als NH_3^+-Ion. Deshalb kuppelt man Phenole alkalisch bei einem pH-Wert von 10, Amine dagegen bei einem schwach sauren pH-Wert von 4.

Die Kupplungsreaktionen greifen immer in Ortho- oder Parastellung zum Elektronendonator an. Man wird in den meisten Fällen die Kupplung in Orthostellung bevorzugen, weil die phenolische Gruppe oder die Aminogruppe mit der entstehenden Azobrücke Wasserstoffbrücken bilden, die stabilisierend hinsichtlich Alkaliechtheit und Lichtechtheit wirken. Diese Bevorzugung der Orthostellung durch das Diazoniumion bei der Kupplung erreicht man, indem die Parastellung durch einen Substituenten, z. B. durch eine Methyl- oder Sulfogruppe, besetzt oder durch eine Sulfogruppe in Metastellung sterisch behindert wird. Auch durch Zusätze wie z. B. Pyridin können Kupplungsreaktionen beschleunigt und im erwünschten Sinn beeinflußt werden.

Als Beispiel der Synthese eines Monoazofarbstoffes wird der Aufbau des Orange II - C.I. Acid Orange 7 - gegeben:

Diazoniumsalze der p-Sulfanilsäure   ß - Naphtol   Orange II

Beispiel eines Polyazofarbstoffes:

Pikraminsäure   Resorcin   H-Säure

p-Nitranilin
C. I. Acid Brown 75

Dieser komplizierte Polyazofarbstoff entsteht aus drei Kupplungen von drei verschiedenen Diazonium-Verbindungen auf Resorcin. Dabei bilden sich mindestens $3^2 = 9$ Isomere, d. h. Verbindungen gleicher Bruttoformel, aber unterschiedlicher Konstitution.

Diese ausführlichere Darstellung soll dem Leser ein Gefühl vermitteln für die komplexe Zusammensetzung eines technischen Lederfarbstoffs und für die vielfach gegebene Fragwürdigkeit, diese Vielfalt auf eine einzige Formel zu reduzieren. Eines ist jedenfalls sicher: es handelt sich bei dem C. I. Acid Brown 75 um ein großes Farbstoffmolekül. Je größer das Molekül ist, desto mehr koordinative Bindungskräfte gehen von ihm aus, das heißt desto besser bindet der Farbstoff ab. Zum Beispiel sind die wachechteren Wollsortimente alle Tris- und Disazofarbstoffe, die fester abbinden als Monoazofarbstoffe. Es würde nicht überraschen, wenn diese verstärkten Bindungskräfte der größeren Farbstoffmoleküle auch ein schnelleres Aufziehen aus der Färbeflotte verursachen würden. Das Gegenteil ist aber der Fall, weil die großen Farbstoffmoleküle zu allererst ihre zusätzlichen Bindungskräfte aufeinander ausüben; hierzu lagern sie sich wie Münzen in einer Münzrolle zusammen und bilden dadurch Aggregate. Für die meisten substantiven Farbstoffe und viele Wollfarbstoffe sind solche Aggregatbildungen nachgewiesen, aber auch kleinere Moleküle, wie z. B. das Orange II, lagern sich zusammen. Dieser Einfärber bildet selbst bei höheren Temperaturen Aggregate bis zu 90 Farbstoffmolekülen[31]. Aggregierte Farbstoffe erschöpfen das Bad langsamer. Große Farbstoffmoleküle ziehen deshalb meist langsamer auf.

2.1.2 Metallkomplexfarbstoffe. Ebenso wie Metallkomplexfarbstoffe in der Natur als Blut- und Blattfarbstoffe eine überragende Bedeutung haben, so sind sie auch für die Färbung aller möglichen Substrate – auch für Leder – besonders wichtig. Da die meisten Metallkomplexfarbstoffe als Basis einen Azofarbstoff haben, bietet es sich an, sie im Rahmen der Azofarbstoffe zu behandeln.

Metallkomplexe entstehen aus Metallionen, deren äußere Elektronenschale nicht aufgefüllt ist, und aus organischen Atomgruppierungen, die über freie Elektronenpaare verfügen. Voraussetzung für die Metallisierung von Azofarbstoffen sind komplexaktive Gruppierungen in Ortho-Stellung zu der Azobrücke wie -OH, -COOH, -NH$_2$

$$R-\underset{COOH}{\underset{|}{C_6H_3}}-N=N-\underset{HO}{\underset{|}{C_6H_3}}-R'$$

Diese Gruppierung bezieht nicht nur die -OH und COOH-Gruppen in den Komplex ein, sondern auch ein Stickstoffatom der Azobrücke. Dadurch entstehen 5 und 6 Ringe hoher Stabilität.

Farbstoffe, die über solche Gruppierungen verfügen und noch nicht metallisiert sind, nennt man Beizenfarbstoffe, weil sie früher erst gefärbt wurden, nachdem das Substrat mit einer Metallsalz-Beize vorbehandelt worden war. Die komplexbildenden Metalle können in unterschiedlichem Maße Liganden in ihrer Komplexschale aufnehmen. Diese Bindungsfähigkeit wird durch die sogenannte Koordinationszahl des Komplexatoms ausgedrückt. Entsprechend der Koordinationszahl können Liganden gebunden werden; die Orthokonfiguration zur Azobrücke ist trifunktionell, d. h. sie kann 3 Koordinationsstellen im Metallkomplex abdecken. In der Patentliteratur sind Chrom III-, Kobalt III-, Kupfer II-, Nickel II-, Eisen III- und Mangan II-Salze als Metallisierungsmittel für Lederfarbstoffe beansprucht. Mit Abstand die wichtigsten sind die Chrom- und Kobaltkomplexe mit der Koordinationszahl sechs, eine gewisse

Rolle spielen Eisenkomplexe ebenfalls mit der Koordinationszahl sechs für warme, olivstichige Dunkelbraun-Nuancen; schließlich sind Kupferkomplexe und vereinzelt Nickelkomplexe mit der Koordinationszahl vier für das Ledergebiet von Bedeutung. Die Zentralatome können ihre gesamten Koordinationsstellen ganz oder nur teilweise mit Farbstoff besetzen und die restlichen Valenzen mit Wasser oder anderen komplexaktiven Verbindungen abdecken. Es entstehen dann z. B. mit Chrom als Komplexbildner:

1:1 Chromkomplexe = 1 Cr x 1 trifunktionellen Farbstoff + 3 Aquoliganden
1:2 Chromkomplexe = 1 Cr x 2 trifunktionelle Farbstoffe

1 : 1 Chromkomplex

Sulfosäurefreier 1 : 2 Chromkomplex

Bei 1:2 Komplexen hat man weiter zu unterscheiden, ob die zwei Farbstoffmoleküle identisch sind, dann spricht man von homogenen bzw. einheitlichen oder symmetrischen 1:2 Metallkomplexen. Sind jedoch die Farbstoffmoleküle verschieden, so bezeichnet man den 1:2 Komplex als heterogen bzw. gemischt oder asymmetrisch. Das Verfahren gemischter Metallkomplexfarbstoffe benutzt man z. B., um aus blauen und orangen komplexfähigen Monoazofarbstoffen einen tiefschwarzen 1:2 Metallkomplexfarbstoff zu konzipieren. Allerdings sind gemischte Komplexe meist weniger stabil als einheitliche 1:2 Metallkomplexfarbstoffe. Es besteht nämlich bei längerem Erhitzen in Lösung die Tendenz zur Umlagerung zu einheitlichen Komplexen, eine Umlagerung, die meist mit einer Farbtonverschiebung einhergeht. Deshalb sind gemischte Komplexe meist in Anwendungen, bei denen kein längeres Erhitzen stattfindet, z. B. als Flüssigfarbstoffe für Spritzfärbungen.

Das metallische Zentralatom beeinflußt ziemlich stark die Nuance des entstehenden Metallkomplexfarbstoffes, wie die Tabelle 3 zeigt. Auch die Komplexaktivität und Stabilität der Metallkomplexe ist wesentlich von Zentralatomen beeinflußt. So sind die Chrom- und Kobaltkomplexe die stabilsten, Nickel- und Kupferkomplexe sind etwas labiler; z. B. können Kupferkomplexe durch Schwefelnatrium entkupfert werden unter Bildung dunkelbraunen Kupfer-

Tabelle 3: Auswirkung des Metallatoms auf die Farbe des Farbstoffs

Metallatom	(Struktur 1: OH, NO₂, N=N, HO, OH)	(Struktur 2: SO₃Na, OH, CH₃, N=N, HO, OH)
Mangan	Orange-Braun	gelbstichiges Braun
Eisen	gelbstichiges Braun	olivstichiges Braun
Nickel	Orange	gelbstichiges Braun
Cobalt	rotstichiges Braun	violettstichiges Braun
Uran	-	tiefes Dunkelbraun
80% Chrom / 20% Nickel	Juchtenrot	-

nach franz. Patent 771969/1934

sulfids. Am labilsten sind Eisen-und Mangankomplexe. Eisenkomplexe können durch Kupfersalze in der heißen Flotte in rotstichigere Kupferkomplexe übergeführt werden.

Die Metallisierung von Farbstoffen ist eine Gleichgewichtsreaktion, die abhängig ist von der Zeit, der Temperatur, der Konzentration der Reaktionsteilnehmer und der H^+-Ionenkonzentration der Flotte. Bei pH-Werten unter 3 bilden sich 1:1 Metallkomplexfarbstoffe, bei pH-Werten zwischen 4 und 6,5 1:2 Metallkomplexfarbstoffe. Manche Metallisierungen werden in Gegenwart von wasserlöslichen Lösungsmitteln durchgeführt, andere mit einem großen Überschuß an Metallsalz, so daß im Endprodukt gewisse ungebundene Anteile des Metallisierungsmittels vorhanden sein können. Flüssigfarbstoffe werden manchmal in der lösungsmittelhaltigen Metallisierungsflotte als solche fertigkonfektioniert. Es ist auch durchaus möglich, daß Metallkomplexfarbstoffe bei der Anwendung in ein Milieu gelangen, das den Bedingungen ihrer Metallisierung entspricht. Dies hat zur Folge, daß das Gleichgewicht zurückläuft und eine partielle Entmetallisierung eintritt. Dyson[15] hat sich eingehend mit all diesen Schwierigkeiten bei der Anwendung von Metallkomplexfarbstoffen auf dem Ledergebiet beschäftigt. Der Autor unterscheidet folgende Wechselwirkungen:

1. Entmetallisierung von Metallkomplexfarbstoffen durch starke komplexaktive Hilfsmittel, z. B. Äthylendiamintetraessigsäure.
2. Verdrängung weniger komplexaktiver Zentralionen durch Schwermetallionen, z. B. Cu^{++}-Iionen aus dem Leitungswasser und Cr^{+++}-Ionen aus dem Leder nach dem Absäuern.
3. Disproportionierung stabiler 1:2 Komplexe zu 1:1 Komplexen und nicht metallisiertem Farbstoff bei zu hohen Lösungstemperaturen über einen längeren Zeitraum, bei zu langem Laufen im Faß bei hohen Temperaturen und niedrigen pH-Werten.
4. Wechselwirkung von Cu^{++} und Fe^{+++}-Komplexen in Farbstoffkombinationen, indem das Kupferion das Eisenion verdrängt. Solche Färbungen werden röter und machen Schwierigkeiten hinsichtlich Reproduzierbarkeit von Partie zu Partie.
5. Reaktion der Farbstoffkombination eines 1:1 Chromkomplexes mit einem Eisen- oder Kupferkomplexfarbstoff unter Bildung eines 1:2 Chromkomplexfarbstoffs.
6. Reaktion bei Kombinationen von 1:1 Chromkomplexfarbstoffen mit Beizenfarbstoffen oder sauren Farbstoffen, die eine komplexfähige Gruppe haben z. B. Salicylsäure.

Es können bei höheren Temperaturen und pH-Werten um 7 bei langer Laufzeit 1:2 Chromkomplexe entstehen. All diese Destabilisierungen führen zu Farbumschlägen meist in die rötere Richtung. Ebenso sind erhebliche Nuancenschwankungen zu erwarten, wenn der entmetallisierte Farbstoff durch seine freigewordene OH-Gruppe zum Indikator wird. Man sollte sich durch die vorsorgliche Aufzählung im letzten Abschnitt nicht davon abhalten lassen, Metallkomplexfarbstoffe bevorzugt einzusetzen, denn sie sind für Leder mit am besten geeignet. Es ist richtig, daß sie durch die Metallisierung an Brillanz verlieren, dafür färben sie bemerkenswert voll und tief, auch auf nachgegerbtem Leder. Sie sind gut lichtecht, schweißecht, und sie decken hervorragend. Sie sind keine ausgesprochen guten Egalisierer, aber mit einem lichtechten Egalisiermittel, z. B. auf Basis Tolylethersulfonat, kann man gut egale Färbungen erreichen. Hinsichtlich der Migrationsechtheit können Probleme auftreten; man sollte mit Metallkomplexfarbstoffen gefärbte Leder nie mit weichgemachtem Kunststoff verarbeiten. Man beachte folgende Regeln beim Einsatz von Metallkomplexfarbstoffen:

1. Vor allem bei gelbstichigen Dunkelbrauntönen vorsichtig sein und dabei Kombinationen von Eisen- und Kupferkomplexfarbstoffen vermeiden. Überhaupt in einer Kombination nach Möglichkeit Farbstoffe mit gleichen Komplexatomen verwenden.
2. 1:1 Chromkomplexfarbstoffe bei pH-Werten unter 4 und 1:2 Komplexfarbstoffe bei pH-Werten über 5 bei möglichst tiefen Temperaturen und in möglichst kurzen Laufzeiten färben.
3. Metallkomplexfarbstoffe beim Lösen mit kaltem Wasser anteigen und mit 60°C warmem Wasser auffüllen. Keineswegs beim Lösen kochen oder gar mit dem Dampfrohr arbeiten.

2.1.3 Sonstige Azofarbstoffe. Auf das Diazotierverfahren für Schwarzvelours, vereinzelt auch für dunkelblaue und für rote Nuancen, wurde bereits hingewiesen. Diaminschwarz BH war ein Benzidinschwarz und wird deshalb von den Farbstoffherstellern nicht mehr angeboten. Grundsätzlich wäre aber dieses Verfahren mit allen Schwarzfarbstoffen zugänglich, die freie diazotierbare Aminogruppen enthalten. Der besondere Vorteil der Diazotierung ist das tiefe Schwarz, der kurze und gleichmäßige Schliff, die trockene Faser und die verbesserte Schweißechtheit. Diesen Vorteilen stehen die Umständlichkeit des Verfahrens und oft bedenkliche Einbuße an Reißfestigkeit des Leders als Nachteil gegenüber. Bei dem Diazotierverfahren läßt man den Farbstoff auf das Leder aufziehen, diazotiert denselben auf der Faser mit salpetriger Säure und entwickelt dann die Nuance, indem man die Kupplungskomponente nachsetzt. Eine Spielart desselben Gedankens ist das Naphtol AS-Verfahren. Dabei geht man den umgekehrten Weg: man läßt auf das Substrat die Kupplungskomponente – z. B. das Naphtol AS – aufziehen und entwickelt mit stabilisierten Diazoniumsalzen, z. B. Zinkchlorid-Doppelsalzen (= Echtsalze) die Nuance. Andere Spielarten dieser Grundidee sind die Rapidechtfarbstoffe; dieselben sind Mischungen von Naphtol AS-Produkten mit zu einer stabilen Transkonfiguration umgelagerten Diazoniumsalzen. Hierher gehören auch die sog. Rapidogen- und Rapidazolfarbstoffe. Es hat nicht an Versuchen gefehlt, die genannten Textilverfahren auf Leder zu übertragen, sie vermochten sich jedoch nicht einzuführen.

Zum Azosortiment gehören z. T. auch die sogenannten Dispersionsfarbstoffe, die für die Färbung von Kunstseide entwickelt wurden und heute vor allem auf synthetischen Fasern angewendet werden.

$$O_2N-\langle\ \rangle-N=N-\langle\ \rangle-N\begin{matrix}C_2H_5\\CH_2-CH_2-OH\end{matrix} \qquad \text{Cellitonechtscharlach B}$$

Wie die Formel zeigt, besitzen diese Farbstoffe keine löslichmachende Sulfogruppe, infolge dessen sind sie schwer löslich und müssen dispergiert werden. Obwohl keine anionische Haftgruppe im Molekül vorliegt, ziehen Cellitonfarbstoffe auf Leder auf, nur bedeutend langsamer als anionische Farbstoffe, wie G. Otto[1] gezeigt hat. Mit Dispersionsfarbstoffen wurden Versuche zum Schönen von Velours ohne nachhaltigen Erfolg gemacht.

2.2 Nitro- und Nitrosofarbstoffe. Diese Farbstoffgruppe hatte besonders in den Anfängen der Lederfärbung einige Bedeutung für gelbe und hellbraune Nuancen. Auch heute sind Nitrofarbstoffe noch wichtig für olivstichige Havannatöne.

Kennzeichnend für diese Farbstoffe ist die Verbindung von Elektronendonatoren, wie die phenolischen Gruppen oder die Iminogruppen, über ein aromatisches System mit den Elektronenakzeptoren der Nitro- bzw. Nitroso-Gruppe. Ein typischer Nitro-Farbstoff ist der Durchfärber Amidogelb E.

$$H_3C-\underset{}{\bigcirc}-NH-\underset{SO_3H}{\bigcirc}-NH-\underset{NO_2}{\bigcirc}-NO_2 \longleftrightarrow$$

$$H_3C-\underset{}{\bigcirc}-\overline{N}^\ominus=\underset{SO_3H}{\bigcirc}=\overline{N}^\ominus-\underset{NO_2}{\bigcirc}=\underset{O}{\overset{\oplus}{N}}{\overset{O^\ominus}{\diagdown}} \quad +2H^\oplus$$

Der bedeutendste Farbstoff dieser Gruppe ist das Coranilbraun HEGB (siehe S. 68).

Die Nitrofarbstoffe sind meist unauffällig in die Säure- und Lederspezial-Sortimente eingegliedert und bringen das in diesem Rahmen übliche mittlere Echtheitsniveau bei mittlerer Aufziehgeschwindigkeit und Baderschöpfung.

2.3 Carbonylfarbstoffe. Die Carbonylfarbstoffe sind durch mindestens zwei Carboxygruppen gekennzeichnet, die durch ein konjugiertes System von Doppelbindungen in aromatischen Systemen verbunden sind. Die folgende Formel zeigt die schematische Basisformel solcher Systeme:

Carbonylfarbstoffe

$$O=C-\left(C=C\right)_n^- C=O$$

Die für die Lederfärbung interessanteste Gruppe der Carbonylfarbstoffe sind die Anthrachinon- und Alizarinfarbstoffe. Dieselben leiten sich von Anthrachinon ab, das schwach gelb ist und selbst noch keine Farbstoffeigenschaften besitzt. Das Zwischenprodukt wird zum Farbstoff, wenn in α-Stellung zu den Carbonylgruppen Hydroxy-, Amino-, Methylamino- oder Anilino-Substituenten eingeführt werden.

$X = -OH, -NH_2,$
$-NHCH_3, -NH\, C_6H_5.$

Die Löslichkeit der Anthrachinonfarbstoffe wird durch Einführung von Sulfogruppen in den Kern selbst oder am Anilino-Substituenten erreicht; aber auch Schwefelsäureester an aliphatischen Seitenketten können Löslichkeit bringen. Die besondere Eigenart der Anthrachinonfarbstoffe beruht darin, daß man – im Gegensatz zu den Azofarbstoffen – mit einem unverhältnismäßig kleinen Molekül ein langwelliges Absorptionsspektrum, z. B. im Rot, erreichen kann. Mit anderen Worten: kleine Moleküle bringen in der Anthrachinonchemie leuchtend klare und meist lichtechte Blau-, Grün- und Violettnuancen.

Alizarinsafirol A
rein blau

Alizarincyaningrün G
klares Grün

Zu der Farbstoffklasse der Carbonylfarbstoffe zählen auch der Indigo, seine Derivate und viele sogenannte Küpenfarbstoffe.

$X = NH =$ Indigo
$ = Se =$ Selenindigo
$ = S =$ Thioindigo
$ = O =$ Oxindigo

Indigoide Struktur

Indigo ist als solcher nicht wasserlöslich. Die Wasserlöslichkeit wird durch Reduktion seiner Carbonylgruppen erreicht. Man nennt diesen seit alters geübten Kunstgriff »verküpen«. Die farblose Küpe zieht auf Baumwolle und Wolle auf und wird durch Oxidationsmittel oder durch Verhängen an der Luft wieder in den unlöslichen Farbstoff übergeführt. Die Verküpung des Indigo steht hier für eine große Gruppe der sogenannten Küpenfarbstoffe der Acylaminoan-

Indigo   lösliche Leukoverbindung

$$\text{Indigo} \underset{\text{Oxidation}}{\overset{\text{Reduktion}}{\rightleftarrows}} \text{lösliche Leukoverbindung}$$

thrachinone und höher annelierter Derivate derselben. In stabiler wasserlöslicher Form werden diese Farbstoffe unter der Bezeichnung Anthrasole als Schwefelsäureester der Leukoverbindungen angeboten. Mit Anthrasolen konnten Leder mit unerreichten Licht- und Gebrauchseigenschaften, auch als Pastellnuancen, in Violett, Blau, Grün- Gelb und Rot hergestellt werden[16]. Wegen des hohen Preises solcher Färbungen und wegen der umständlichen Technologie haben Küpenfärbungen bis jetzt nur vereinzelt Anwendung gefunden.

In späterem Zusammenhang ist uns eine Beobachtung aus dem gut untersuchten Beispiel Indigo interessant: Aggregation bringt Bathochromie, also Farbvertiefung durch eine Verschiebung des Absorptionsmaximums nach Rot, d. h. zu längeren Wellenlängen.

2.4 Polymethinfarbstoffe. Eine der variationsreichsten Farbstoffklassen – die der Polymethinfarbstoffe – ist gekennzeichnet durch ein ungeradzahliges System konjungierter Doppelbindungen, das zwei zum Ladungswechsel befähigte Endatome verknüpft. Dieses System der Doppelbindungen kann sowohl olefinischer als auch aromatischer Natur sein. Die zum Ladungswechsel befähigten Endatome der ungeraden ungesättigten Kette sind vielfältiger Variation zugänglich: es kann Stickstoff, Sauerstoff aber auch Phosphor sein. Diese Vielfalt wird überdeckt durch eine denkbar einfache, allgemeine Formel:

$$>\overset{\oplus}{N}=C-(C=C)_n-\overset{\ominus}{N}< \quad \longleftrightarrow \quad >\overset{\ominus}{N}-(C=C)_n-C=\overset{\oplus}{N}<$$

Polymethinfarbstoffe

Die Formel soll andeuten, daß die π-Elektronen der Doppelbindungen über das Molekül mesomer verteilt sind. Dabei ändert sich die Ladung der Endatome. Im Grunde genommen stellen die obigen beiden Formeln lediglich Grenzzustände eines dynamischen Zustandes dar, dessen hypothetische Wirklichkeit gleichgewichtig mehr oder weniger in der Mitte zwischen den beiden beschriebenen Formeln liegt. Die Schwingungen der π-Elektronen des mesomeren Moleküls sind spezifischer Ausdruck der Energieinhalte des Systems. Wird dem System Energie in Form von Licht zugeführt, so absorbiert das mesomere π-Elektronensystem einen ganz bestimmten Sektor des elektromagnetischen Spektrums und geht dabei auf ein höheres Energieniveau über. Je mehr π-Elektronen, d. h. je mehr Doppelbindungen ein System hat, desto weniger Energie ist notwendig, um das Molekül in angeregten Zustand zu bringen. Mit anderen Worten: je mehr Doppelbindungen das System hat, desto mehr verschiebt sich das Absorptionsmaximum nach Rot zu den längeren, energieärmeren Wellenlängen des Spektrums. Absorption in Rot bedeutet aber Reflexion in Blau, also einen blauen Farbstoff.

Man kann also in einem Methinsystem durch eine steigende Anzahl von Doppelbindungen jede Farbe von gelb bis violett erreichen. Die Maxima der Remissionsspektren sind hoch und eng, deshalb sind die Farbtöne besonders klar und brillant, die Farbstärke – oder Extinktion wie man in der Farbmessung sagt – ist besonders groß. Leider sind die Lichtechtheiten dieser Gruppe sehr mäßig, ja meist schlecht. Am Rande bemerkt: die Polymethinfarbstoffe sind eine wesentliche Voraussetzung des hohen technischen Standes der heutigen Farbenfotografie, sie sind aber auch unentbehrlich für die Färbung synthetischer Fasern, z. B. Polyacrylnitrilfasern.

Polymethinfarbstoffe sind viele kationische Farbstoffe z. B. Malachitgrün. Die Triphenylmethanfarbstoffe – vom rein Färberischen her gesehen Idealtypen für die Lederfärbung – sind Polymethinfarbstoffe. Dieselben färben auf allen Ledertypen mit ausgezeichneter Brillanz, mit sehr gutem Egalisiervermögen und – von allen anderen Farbstoffen unerreicht – mit einem hervorragenden Aufbauvermögen auf nachgegerbten Ledern.

Leider sind auch die Triphenylmethanfarbstoffe wie alle Polymethintypen auf Leder ungenügend in der Lichtechtheit:

Malachitgrün

$X = Y = -N(CH_3)_2$
$W = R = H.$

Cl^-

Die Löslichkeit wird durch die Einführung von Sulfogruppen erreicht. Das Farbstoffmolekül trägt dann die kationische Ladung des Carbonium-Ions bzw. der Stickstoffbasen und die anionische Ladung von Sulfogruppen, es ist amphoter. Eine Abwandlung des Kristallviolett hat folgende Formel:

$X = Y = -N(CH_3)_2$
$R = H$
$W = -N(CH_2 \cdot C_6H_4 \cdot SO_3Na)_2$

C.I Acid Violett 2 A = Säureviolett 4 BL

2.5 Phtalocyaninfarbstoffe. Die Phtalocyaninfarbstoffe oder Aza-18-anulenfarbstoffe sind gekennzeichnet durch ein ringförmiges 18-gliedriges System mit 9 konjugierten Doppelbindungen. Der Ring dieser Farbstoffe ist alternierend aufgebaut aus Kohlenstoff und Stickstoff. In den von dem Ring umschlossenen Raum passen sich koordinativ Kupfer-, Nickel- und Kobalt-Atome unter Bildung außerordentlich stabiler Metallkomplexe ein. Sowohl das Hämoglobin, der Farbstoff des Blutes, als auch das Chlorophyll – das Blattgrün – sind Farbstoffe dieser Reihe.

Die größte Bedeutung hat diese Farbstoffgruppe auf dem Pigmentgebiet; diese Metallkomplexe decken Blau-, Grün- und Türkistöne mit großer Klarheit, Farbkraft und unerreichter Lichtechtheit ab. Durch Einführung anionischer bzw. kationischer Gruppen als Lösungsvermittler werden die unlöslichen Pigmentfarbstoffe löslich und befähigt, aus einer Flotte auf ein Substrat aufzuziehen. Ein Beispiel hierfür ist Chlorantinlichttürkisblau, das auf Baumwolle als Direktfarbstoff aufzuziehen vermag. Dieser Farbstoff und seine Homologen werden auch auf

Leder zur Einstellung klarer und hochlichtechter Blau- und Türkistöne mit gutem Erfolg eingesetzt.

Chlorantinlichttürkisblau

2.6 Oxidationsfarbstoffe.

Oxidationsfarbstoffe werden durch Oxidation von Anilin, N-Phenylendiamin, o-Aminophenol und ähnlichen Verbindungen im sauren Milieu direkt auf dem Substrat erzeugt. Der bekannteste Farbstoff dieser Provenienz ist das Anilinschwarz, das billige, sehr wasch- und lichtechte Färbungen auf Baumwolle liefert. Als Ausgangsmaterial wird salzsaures Anilin unter Zusatz von 4-Aminodiphenylamin und eventuell p-Phenylendiamin mit dem Oxidationsmittel, z. B. Natriumchlorit oder Bichromat, zu einer Paste verarbeitet. Die verdickte Paste wird im Klotzverfahren auf die Baumwollbahnen aufgeschmiert und anschließend im Schnelldämpfer zu einem Tiefschwarz entwickelt. Die Reaktion kann man sich wie folgt vorstellen:

N-Phenylchinondiamin

Emeraldin (grün)

Anilinschwarz

Sehr ähnlich ist das Prinzip der Oxidationsfärbung von Pelzen. Allerdings ist das Oxidationsmittel der Pelzfärbung Wasserstoffperoxid im neutralen bis schwach alkalischen Milieu. Es werden also bei der Pelzfärbung die freien Basen aromatischer Amine und Aminophenole oxidiert. Außerdem unterscheidet sich die Pelzfärbung von dem Klotzen mit Anilinschwarz durch eine Vorbeize mit Metallsalzen, die einerseits als Oxidationskatalysatoren wirken, andererseits als Metallkomplex in den entstehenden Farbstoff eingebaut werden. Außerdem beeinflußt man mit diesen Metallsalzen die Nuance der Färbung. Pelze können mit der Oxidationsfärbung in Grau, Beige, Gelb, Braun und Schwarz eingefärbt werden. Allerdings sind diese Färbeprozesse unübersichtlich, in der Praxis arbeitsaufwendig und störanfällig.

2.7 Schwefelfarbstoffe. Durch das Verschmelzen oder Verkochen von Phenolen, Aminophenolen, Dinitrophenolen und aromatischen Aminen in Lösungsmitteln unter Druck mit Schwefel oder Polysulfid entstehen unslösliche, farbige Polymerengemische. Mit Schwefelnatrium kann man unter Reduktion diese Verbindungen lösen; aus diesen Flotten ziehen Schwefelfarbstoffe auf alkaliverträgliche Substrate, wie Baumwolle und Sämischleder, auf. Durch Verhängen an der Luft bilden sich durch Oxidation auf dem Substrat wasserunlösliche Verbindungen, die sich vielfach durch sehr gute Echtheiten auszeichnen. Die Nuancenskala reicht von gelb bis schwarz. Färbungen mit Schwefelfarbstoffen sind alle stumpf. Das Schwefelschwarz ist einer der größten Farbstoffe der Weltproduktion. Es wird wegen seiner ausgezeichneten Echtheiten und seines Preises bevorzugt für die Färbung billiger Futterstoffe verwendet. Wegen ihrer Unlöslichkeit sind Schwefelfarbstoffe konstitutionell weitgehend unerforscht. Als Beispiel einer Konstitution diene das nach dem milderen Lösungsmittelverfahren hergestellte, einheitlich kristallisierbare

Immedialreinblau

Die alkalischen Färbeflotten sind ein Hindernis, um die klassischen Schwefelfarbstoffe, außer für Sämischleder, Aldehyd- und Sulfochlorid-gegerbte Leder, breit für die Lederfärbung einzusetzen. In Form der anionischen Hydrosol-Farbstoffe, das sind neutral lösliche Zubereitungen von Schwefelfarbstoffen, findet diese Farbstoffgruppe – allerdings vom Verbraucher als solche unerkannt – in Ledersortimenten besonders für die Schwarzfärbung Anwendung. Solche Schwarzfärbungen sind deswegen bemerkenswert, weil sie bei guter Lichtechtheit so gegensätzliche Echtheitseigenschaften wie Wasser-, Schweiß-, Reinigungs- und Migrationsechtheit auf einem hohen Echtheitsniveau vermitteln.

2.8 Reaktivfarbstoffe. Die Gruppe der Reaktivfarbstoffe ist ähnlich umfassend wie die der Metallkomplexfarbstoffe. Umfassend deshalb, weil jede der bisher besprochenen Farbstoffgruppen durch Substituierung mit einem reaktiven System zu einem Reaktivfarbstoff gemacht werden könnte. Dabei werden als Reaktivfarbstoffe farbige Verbindungen verstanden, die durch Ausbildung einer kovalenten Bindung – früher auch Hauptvalenzbindung genannt – sich direkt mit einem entsprechend reaktionsfähigen Substrat verknüpfen können. Die Ausbildung einer Hauptvalenzbindung zwischen Farbstoff und Substrat führt zu einer erheblichen Verbesserung der Echtheiten, besonders der Waschechtheiten, aber auch der Lichtechtheit. Als Substrate für Reaktivfärbung sind vor allem Baumwolle, aber auch Wolle und Polyamid geeignet. Aufgrund seiner Konstitution wäre auch Leder als Substrat für Reaktivfärbung brauchbar. Es bestünde auch das Bedürfnis für Möbel- und Bekleidungsleder, hohe Lichtechtheit mit Wasch-, Drycleaning- und Migrationsechtheit zu vereinigen, was mit den heutigen für hohe Echtheitsansprüche verwendeten Metallkomplexfarbstoffen nicht ohne weiteres realisierbar ist. Aber aus Gründen, die wir erst verstehen werden, wenn auf die Chemie der Reaktivfärbung eingegangen sein wird, ist der Anteil der Reaktivfarbstoffe an der Lederfärbung zur Zeit noch gering. Auch befriedigt das Echtheitsergebnis mit Reaktivfarbstoffen auf Leder bis jetzt keineswegs. Weil aber dieses Gebiet nach Meinung des Verfassers zukunftsträchtig für das Ledergebiet sein könnte, wird hier ausführlicher darauf eingegangen.

Das Grundschema eines Reaktivfarbstoffes ist das folgende:

$$L \text{——} F \text{——} B \text{——} R$$

L = löslich machende Gruppe, F = Farbträger, B = Brückenglied, R = Reaktivgruppe.

Als löslich machende Gruppe stehen alle anionischen, hydrophilen Lösungsvermittler in Anwendung, die auch bei den übrigen Farbstoffsortimenten eingeführt sind. Auch der Farbträger kann allen möglichen Farbstoffsortimenten entnommen sein, z. B. Mono-, Dis- und Polyazofarbstoffen, Metallkomplexfarbstoffen, Anthrachinon- und Phtalocyaninfarbstoffen. Um diese Farbträger für die Synthese von Reaktivfarbstoffen tauglich zu machen, ist es notwendig, eine zusätzliche freie Gruppe – meist eine Aminogruppe – bei Aufbau einzuplanen. Diese freie Aminogruppe reagiert dann mit dem Brückenglied z. B. dem Triazinring des Cyanurchlorids, indem eines der drei Chloratome z. B. durch eine Iminogruppe substituiert wird. Die reaktive Komponente ist ein in Nachbarschaft zu einer Doppelbindung sehr bewegliches und leicht nucleophil substituierbares Atom oder eine Atomgruppierung wie z. B. Halogen, Sulfomethyl – aber auch aktivierte Vinylsysteme wie z. B. Sulfatoäthylsulfon oder die α-Bromacrylsäure-Gruppe. Für Leder sind bisher Halogenheterocyclen die meist eingeführten Reaktivsysteme, weshalb deren Reaktionsgang im folgenden dargestellt wird.

Es laufen bei der Reaktivfärbung also zwei Reaktionen in Konkurrenz nebeneinander. Für die Synthese eines Reaktivfarbstoffes kommt es deshalb darauf an, daß die vier Bausteine L–F–B–R des Reaktivfarbstoffes optimal so aufeinander abgestimmt sind, daß unter den Bedingungen der Färbung die höchstmögliche Fixierungsausbeute, d. h. maximale kovalente Bindung zwischen Farbstoff und Substrat, zu erreichen möglich ist. Die in Konkurrenz zur kovalenten Bindung laufende Hydrolyse des Farbstoffs mit Wasser bleibt dann eine Nebenreaktion in niedrigen Prozentsätzen des Angebots. Um diese optimalen Fixierungsausbeuten zu erreichen, müssen in der ersten Stufe der Färbung die löslichmachenden Gruppen und die

$$\text{H}_2\text{O} + \quad \text{L-F-NH}-\!\!\underset{\substack{\\ \text{(Triazin-R, Cl)}}}{\bigcirc}\!\!\text{Cl} \quad + \quad \text{H}_2\text{N}\!\!-\!\!\{\text{Leder}$$

↓ ↓

Hydrolysierter Farbstoff	Kovalente Bindung zum Substrat.
L-F-NH—⟨Triazin-R⟩—OH + HCl	L-F-NH—⟨Triazin-R⟩—HN—{ (NH₂)

Farbträger dem Reaktivfarbstoff bei möglichst niedrigen Temperaturen eine hohe Aufziehgeschwindigkeit vermitteln, um die reaktive Gruppe möglichst schnell an die aktiven Reaktionsstellen des Leders zu bringen. Je tiefer die Temperatur, bei der reaktive Gruppen des Farbstoffs ausreichend schnell mit den Haftstellen des Substrates zu reagieren vermögen, desto besser wird die Fixierungsausbeute der Färbung sein. Denn höhere Temperaturen begünstigen die Konkurrenzreaktion der Hydrolyse stärker als die kovalente Bindung an das Substrat. Bleiben noch die reaktiven Gruppen des Substrates zu definieren: bei Baumwolle sind das die OH-Gruppen der Zellulose, bei Wolle, Seide und Leder reagieren in der Reihenfolge ihre Reaktivität: End-Aminogruppen, Thiol-, Imidazoliminogruppen, sekundäre aliphatische Hydroxylgruppen, primäre aliphatische Hydroxylgruppen, phenolische Gruppen, Merkaptoäthergruppen und schließlich α-Aminogruppen.

Zur Entfernung des ebenfalls aufgezogenen hydrolysierten Farbstoffs ist es notwendig, Reaktivfärbungen zu seifen, das heißt durch eine alkalische Wäsche den nur ionisch gebundenen hydrolisierten Farbstoff zu entfernen. An dieser Stelle wird von der löslich machenden Gruppe eine zweite wichtige Eigenschaft gefordert: die ionische Bindung des hydrolysierten Reaktivfarbstoffs muß durch definierte Bedingungen leicht lösbar sein, um den hydrolisierten Farbstoff schnell eliminieren zu können. Wird diese Eliminierung nur unvollkommen erreicht, so werden die ausgezeichneten Licht- und Waschechtheiten des kovalent gebundenen Farbstoffs nicht erreicht.

Auf dem Ledergebiet war vor allem die I.C.I. mit ihren Procion-Sortimenten – Reaktiv-Farbstoffe auf Basis von Dichlortriazinyl- bzw. 5 Cyano-2,4,6-trihalogenpyrimidylgruppen[17] – Vorkämpfer der Reaktivfärbung u. a. für Bekleidungsleder. Eine andere Variante der Reaktivfärbung ergab gute Licht-, Wasch- und Reinigungsechtheiten auf Sämischleder mit Vinylsulfon-Farbstoffen[18], die die Sulfoäthylsulfon-Gruppe als bei pH 10 wirksam werdende Reaktivgruppe enthalten.

In letzter Zeit wird ein neues Sortiment von reaktiven Metallkomplexfarbstoffen[19] angeboten, denen bei mittlerem Echtheitsniveau eine besonders gute Kombinierbarkeit und ein ausgezeichnetes Egalisieren nachgesagt wird. Alle bisherigen Bemühungen haben einen Durchbruch der Färbung mit Reaktivfarbstoffen nicht gebracht. Diese Tatsache hat sicher mehrere Gründe:
1. Die alkalisch katalysierte Fixierung ist für viele Lederarten nicht tragbar.
2. Die auf dem Ledergebiet angebotenen Reaktivfarbstoffe wurden für die Textilfärbung entwickelt. Die komplizierten Vorgänge der Reaktivfärbung verlangen aber hinsichtlich Aufziehgeschwindigkeit, Reaktivität und Abziehbarkeit des Hydrolysenproduktes eine ganz gezielte Einpassung. Speziell für Leder entwickelte, optimal angepaßte Reaktivfarbstoffe sind dem Verfasser bis jetzt nicht bekannt geworden.
3. Entsprechend gute Echtheiten werden auf dem Ledermarkt noch nicht ausreichend bezahlt, um teure Farbstoffe und komplizierte Verfahren rentabel erscheinen zu lassen.

2.9 Einige Bemerkungen zur Fabrikation synthetischer Farbstoffe. Es dient sicher dem Verständnis von Farbstoffproblemen, auf einige Voraussetzungen und Gegebenheiten der Farbstoffproduktion einzugehen. Eine Grundtatsache der Farbstoffproduktion ist ihr Verlauf über etwa ein Dutzend Fabrikationsstufen: Gewinnung der Rohstoffe → Veredlung der Rohstoffe → Herstellung der Zwischenprodukte oft über mehrere Stufen → die eigentliche Farbstoffsynthese → die Isolierung des Farbstoffes durch Fällung und Abpressen → die Trocknung der Farbpaste → das Mahlen, u. U. Formieren zu löslichen Produkten, → die Einstellung der Stärke und Nuance → die Konfektionierung zum Versand → die Entsorgung der Abfälle und Nebenprodukte → die Auslieferung an den Verbraucher. Dieser komplizierte Fabrikationsgang hat natürlich einen erheblichen Zeitbedarf, üblicherweise in der Größenordnung von einigen Monaten, bei einigen Farbstoffen sogar von einem Jahr. Voraussetzung für den reibungslosen Ablauf von Farbstoffproduktionen ist das Zusammenspiel einer Vielzahl von Beschaffungsstellen, Produktionsbetrieben, Prüflaboratorien, Formierungsanlagen und Lagerverwaltungen.

Das resultierende Rohprodukt wird als »Fabrikware« bezeichnet. Die Fabrikware unterscheidet sich von dem im Handel befindlichen »typkonformen« Farbstoff sowohl in der Stärke – sie muß immer stärker sein – und meist auch etwas in der Nuance; aus Schwankungen bei der Isolierung resultieren auch Fabrikwaren mit nicht ausreichenden Löslichkeiten. Diese Farbstoffeigenschaften werden durch die sogenannte »Einstellung« an den »Farbstofftyp« angeglichen. Der Farbstofftyp ist eine größere Standardprobe, auf die alle Fabrikationspartien in Stärke und Nuance eingestellt werden. Typkonformer Farbstoff bedeutet ein Material, das anwendungstechnisch – das heißt im Färbeversuch auf Leder – sowohl in Stärke als auch in Nuance unter gleichen Bedingungen dem Typmuster des Anbieters entspricht. Die Übereinstimmung in der Stärke wird durch Mahlen der Fabrikware in Farbstoffmühlen mit geeigneten Zuschlagstoffen erreicht. Solche Zuschlagstoffe können anorganische oder organische Salze, oberflächenaktive Substanzen, Färbereihilfsmittel, aber auch lösliche Füllmittel, wie Dextrin und andere, sein. Die richtige Einstellung ist ganz allgemein für das färberische Verhalten eines Farbstoffes von großer Bedeutung, für Lederfarbstoffe aber besonders wichtig. Zum Beispiel kann die Qualität des Kochsalzes für das Nuancierverhalten des Farbstoffes eine große Rolle spielen: mit Seesalz eingestellte Farbstoffe nehmen durch Hygroskopität des Stellmittels beim offenen Stehen an Gewicht zu, weshalb sie im Laufe der Zeit immer schwächer ausfärben. Bei Textilfarbstoffen werden zur Regulierung der Löslichkeit oft Phosphate, Polyphosphate, sulfonierte Naphthalinformolkondensate oder bei substantiven Farbstoffen einfach Soda zugesetzt; diese Zuschläge wirken sich natürlich in der Lederfärbung negativ aus, weshalb der erfahrene Lederfärber speziell für Leder eingestellte Farbstoffe bevorzugt. Entsprechend der Richtlinie über die Einheitlichkeit[166] von Farbstoffen können bis zu 5% des Farbstoffgewichtes eines Nuancierfarbstoffes eingearbeitet werden, um den Farbstoff noch als »einheitlichen Farbstoff« anbieten zu können. Die Nuancierung kann man erkennen, wenn man eine Messerspitze Farbstoff auf ein feuchtes Filterpapier aufbläst. Diese sogenannte Aufblasprobe läßt aber Nuancierungen nur erkennen, wenn dieselbe trocken in der Mühle erfolgte. Nasse Nuancierungen bereits in den Fabrikationskesseln sind durch diese Probe nicht zu identifizieren. Die Einheitlichkeitsvorschrift bringt die Anbieter von Lederfarbstoffen besonders bei den klassischen Dunkelbraun-Marken oft in Verlegenheit. Denn diese Polyazofarbstoffe fallen häufig von Partie zu Partie mit großen Schwankungen, zum Beispiel nach der roten oder der grünen Seite, an. In solchen Fällen wird eine Reihe von roten und grünen Partien gefahren und durch geeignete Mischung derselben ein einheitlicher Farbstoff konfektioniert. Bei geringen Nuancenabweichungen wird durch Zumahlen eines gut verträglichen und einwandfrei kombinierbaren Nuancierfarbstoffes der Farbton eingestellt. Wichtig für den Farbstoffkäufer ist eine Information seines Lieferanten über den Modus der Endeinstellung des Farbstoffes. Wird dieselbe durch eine Färbung auf Leder realisiert, so kann im Labor des Abnehmers nicht durch eine optische Prüfung die Typkonformität festgestellt werden, sondern nur durch eine Vergleichsfärbung. Wird die Endprüfung des Lieferanten optisch durchgeführt, so kann im Labor des Abnehmers ebenfalls optisch die Typkonformität geprüft werden. Diese Prüfung schließt aber gewisse Abweichungen der Lederfärbungen von Lieferung zu Lieferung nicht aus.

3. Einteilung von Farbstoffen nach Anwendungsgebieten

3.1 Textilfarbstoffe. Der älteste und immer noch größte Farbstoffverbraucher ist die Textilindustrie. So ist es ohne weiteres einzusehen, daß die Einteilung der Farbstoffe nach ihren Anwendungsmöglichkeiten zum großen Teil unter den Gesichtspunkten der Textilindustrie erfolgt. Nachdem viele Lederfarbstoffe aus Textilsortimenten aufgenommen worden sind und viele Textilfarbstoffe auch in der Lederfärbung gebraucht werden können, ist es für den Lederfärber wichtig und nützlich, die wichtigsten Gruppen und Sortimente der Textilfarbstoffe zu kennen und eine gewisse Vorstellung über ihre maßgebenden Eigenschaften zu haben.

3.1.1 Direktfarbstoffe. Direktfarbstoffe oder substantive Farbstoffe sind befähigt, aus wäßriger Flotte ohne Vorbehandlung oder Beize – wie der Färber sagt – auf Cellulosefasern aufzuziehen und sich dort zu binden. Bei diesem Aufziehen entsteht keine ionische Bindung; der Farbstoff und die Faser verändern sich chemisch nicht. Voraussetzungen dieser besonderen Eigenschaft, auf Baumwolle ohne Beize abzubinden, die Substantivität genannt wird, sind folgende: In dem Farbstoffmolekül sollten mindestens 7–8 konjugierte Doppelbindungen in linearer Anordnung vorhanden sein. Infolgedessen verbindet dieses konjugierte System die aromatischen Kerne des Farbstoffes stets in para- oder amphi-Stellung; Bindung über die meta-Stellung unterbricht das konjugierte System und führt zu verringerter Substantivität. Die Verknüpfung der aromatischen Kerne kann über Azogruppen, Kohlenstoff/Kohlenstoff-

Doppelbindungen, über die Iminogruppe, über Harnstoff, aber nicht durch Methylengruppen, durch Sauerstoff- oder Schwefelatome als Brückenelemente erfolgen. Endlich sollen im Molekül keine Atomgruppierungen sein, die die freie Drehbarkeit behindern. Die Substantivität wird auch durch einen hohen Anteil der Sulfogruppen an der Gesamt-Molmasse eingeschränkt. Günstig wird die Substantivität beeinflußt, wenn die Sulfogruppen sich in der einen Hälfte des Moleküls konzentrieren, die andere infolgedessen sulfogruppenfrei bleibt. Konjungierte Doppelbindungen in p-Stellung ermöglichen die Fluktuation der π-Elektronen zwischen Elektronendonatoren und -akzeptoren, wodurch Dipole und andere koordinative Bindungskräfte entstehen. Die freie Drehbarkeit des substantiven Farbstoffmoleküls bewirkt im Zusammenwirken mit dem mesomeren π-Elektronensystem eine Ausrichtung der aromatischen Kerne in einer Ebene. Diese flache Gestalt des Farbstoffmoleküls und die von ihm ausgehenden beachtlichen koordinativen Bindungskräfte sind die Ursache dafür, daß substantive Farbstoffe fast ohne Ausnahme zu ziemlich großen Aggregaten zusammengelagert sind. Die von dem fluktuierenden π-Elektronensystem noch zusätzlich ausgehenden sog. Dispersionskräfte sind der tiefere Grund für die Fähigkeit substantiver Farbstoffe, auf der hydrophilen, unpolaren Cellulose abzubinden[20]. Substantive Polyazofarbstoffe üben also neben den ionischen Kräften noch erhebliche zusätzliche Nebenvalenzkräfte – wie man früher sagte – aus, die allerdings in erster Linie durch Aggregatbildung abgesättigt werden.

Man unterscheidet bei den adsorptiv auf Cellulose aufziehenden Direktfarbstoffen zwei Gruppen. Die erste Gruppe umfaßt Farbstoffe, die nur mäßige Echtheiten erbringen. Für Leder muß beachtet werden, daß einzelne Vertreter dieser Gruppe sich sodaalkalisch lösen. Meist fallen die Farbstoffe dieser ersten Gruppe im ameisensauren Milieu aus. Die Bezeichnung »echt« in Verbindung mit dem Sortimentsanmen bedeutet eine größere Beständigkeit in Lösung gegen Säure. Die folgenden Sortimente enthalten als Gelb vielfach Stilbenfarbstoffe, Orange und Rot werden oft durch Derivate phosgenierter I-Säure abgedeckt, blau und schwarze Farbstoffe leiten sich von 4–6-kernigen Abkömmlingen der H-Säure her. Metallkomplexfarbstoffe sind in diesen wohlfeilen Sortimenten nicht anzutreffen. Metallkomplexbildende O-Konfigurationen sind aber nicht auszuschließen.

Sortimentsbezeichnungen: Direkt-, Direktecht-, Benzo-, Benzoecht-, Diamin-, Diphenyl-, Metadiazol-, Chlorazol-, Vondacel-, Benzanil-

Die zweite Gruppe der direkt ziehenden Farbstoffe unterscheidet sich von der besprochenen durch erheblich bessere Lichtechtheiten – meist über vier auf Baumwolle – und meist bessere Waschechtheiten. Diese Sortimente bauen sich auf aus Derivaten symmetrischer und unsymmetrischer Harnstoffe, aus Stilbenabkömmlingen, aus einer Reihe von Kupferkomplexfarbstoffen der Azogruppe, aus Derivaten der J- und γ-Säure, des Dioxazin und des Triazin und aus sulfonierten Cu-Phthalocyaninfarbstoffen. Die kupferhaltigen Farbstoffe eignen sich nicht zur Färbung von Artikeln, die vulkanisiert werden; denn Kupferverbindungen sind Vulkanisationsgifte.

Sortimentsbezeichnungen: Eliamin-, Eliaminlicht-, Luratinlicht-, Sirius-, Siriuslicht-, Siriuslicht LL-, Diaminlicht-, Contonerol-, Solophenyl-, Diazolicht-, Diazol-, Diaminlicht-, Durazol-, Solar-, Solar 3L-, Benzanil-Supra

In der Lichtechtheit ähnlich ausgezeichnete Werte bei guter Wasser- und in einigen Fällen guter Waschechtheit (75°C, nicht Kochechtheit) bringen die sogenannten Nachkupferungsfarbstoffe. Dieselben bilden bei einer Nachbehandlung nach der Färbung in essigsaurer

Kupfer-2-sulfat-Lösung Kupferkomplexe auf der Faser. Die Komplexbildung geht mit einer bathochromen Farbvertiefung zu stumpferen Farbtönen vor sich. Es handelt sich um substantive Beizenfarbstoffe, die in Orthostellung zur Azobrücke beidseitig -OH, -NH$_2$, -COOH, -O-CH$_2$·COOH, -O-CH$_3$-Gruppen haben. Es liegt auf der Hand, daß infolge des Farbumschlages bei der Nachbehandlung – wie das beim Färben mit Beizenfarbstoffen immer der Fall ist – das Treffen von Nuancen und das Nuancieren schwieriger ist; dies fordert vom Färber große Erfahrung und coloristische Geschicklichkeit. Auch die Gruppe der Nachkupferungsfarbstoffe ist für Vulkanisierartikel ungeeignet. Die einschlägigen Sortimente dieser Gruppe sind:

Sortimentsbezeichnungen: Benzocuprol-, Cuprophenyl-, Cuprodiazol-, Cuprofix-, Cuprofix-C-, Cuprofixdruck-, Benzanil Fast Copper-

Farbstoffe, die hinsichtlich Lichtechtheit wenig bringen, aber die die Naßechtheiten wesentlich bessern, sind die sogenannten Entwicklungsfarbstoffe. Diese Farbstoffe enthalten freie primäre Aminogruppen; sie werden wie üblich gefärbt, anschließend im sauren Milieu auf der Faser diazotiert und schließlich mit β-Naphthol, Phenylendiamin und ähnlichen einfachen Kupplungskomponenten auf der Faser »entwickelt«. Die Echtheitsverbesserung resultiert aus der Molekülvergrößerung auf bzw. in der Faser. Färbungen mit Entwicklungsfarbstoffen sind schwer zu nuancieren, weshalb sie nur für Standardtöne wie Schwarz in Frage kommen. Entsprechend ist das Angebot derselben rückläufig, was daraus hervorgeht, daß nur noch drei Sortimente auf dem Markt sind.

Sortimentsbezeichnungen: Diazo-, Benzamin-, Diazamin-

3.1.2 Säurefarbstoffe. Saure Farbstoffe färben natürliche Proteinfasern wie Wolle und Seide, aber auch synthetische Polyamidfasern. Die Echtheitsanforderungen an Wollartikel, wie lose Wolle, Kammzug, Wirk-, Strick- und Teppichgarne, Oberbekleidungsmaterial, Hüte, Dekorationsstoffe u. a., sind vielfältig. Diesem Anforderungsprofil werden die Anbieter dadurch gerecht, daß sie die sauren Farbstoffe in viele Spezialsortimente zersplittert auf den Markt bringen, die unterschiedlichen Echtheitsanforderungen und Färbebedingungen angepaßt sind. Säurefarbstoff-Sortimente enthalten Mono-, Dis- und Trisazofarbstoffe, Anthrachinonfarbstoffe, 1:1- und 1:2-Metallkomplexfarbstoffe – im wesentlichen mit Chrom und Cobalt als Komplexatom –, Beizenfarbstoffe mit Bichromat als Beizmittel, sulfonierte Triphenylmethanfarbstoffe, Azinfarbstoffe, Farbstoffe mit hydrophoben Gruppen und Reaktivfarbstoffe. Saure Farbstoffe werden in stark sauren bis neutralen Bädern gefärbt. Die Wollsortimente von den sauer ziehenden Egalisiertypen bis zu den neutral ziehenden, schwieriger egalisierenden Walkfarbstoffen sind folgende:

Sortimentsbezeichnungen: Novamina-, Säurelicht-, Stenolanabrillant-, Walkecht-, Woll-, Ortol-, Acilan-, Alizarin-, Supracen-, Supramin-, Supranol-, Alphanolecht-, Erio-, Eriosin-, Polar-, Neopolar-, Cibacrolan-, Irganol-, Dimacid-, Echtsäurelicht-, Walk-, Supracid-, Acetacid-, Sulfacid-, Amido-, Anthralan-, Alphanolecht-, Coomassie-, Carbolan-, Lissamin-, Sandolan E-, Sandolan P-, Sandolan N-, Novanyl L-, Novanyl F-, Sulphonol-, Alizarin-

Die Beizenfarbstoffe des Wollsortimentes sind in o,o'-Stellung zur Azobrücke mit -OH, -NH$_2$ oder -COOH substituiert. Sie werden im frischen Bad mit Bichromat metallisiert. Solche Färbungen zeichnen sich durch überragende Licht-, Wasch- und Walkechtheiten aus. Die Nuancierung solcher Färbungen erfordert große Erfahrung, wenn das Echtheitsniveau gehalten werden muß.

Sortimentsbezeichnungen: Alizarin-, Diacromo-, Diamant-, Chromogen-, Eriochrom-, Echtchrom-, Francolan-, Salicinchrom-, Omegachrom-

Eine Spielart der Chromierfarbstoffe sind die sogenannten Einbad-Chromierfarbstoffe, welche im Färbebad ohne Flottenwechsel chromiert werden. Die Echtheiten solcher Färbungen sind denen von Zweibadfärbungen nahezu ebenbürtig.

Sortimentsbezeichnungen: Diachromato-, Diamantchrom-, Metomegachrom-

Andere Spezialsortimente ausgewählter Farbstoffe färben Mischgespinste aus Wolle und Polyamid einheitlich und tongleich. Es handelt sich hier um Farbstoffe mit einem außergewöhnlich guten Ausgleichvermögen.

Sortimentsbezeichnungen: Nailamide-, Acidol-, Telon-, Telonlicht-, Telonecht-, Erionyl-, Erionyl GG-, Tectilon-, Dimacide-, Lanaperl-, Lanaperlecht-, Nylomin A-, Nylomin B-, Nylomin C-, Nylomin D-, Nylosan-, Nylosan N-, Nylosan F-, Nylosan E-, Nylosan C-, Nylosan CP-, Nylosan P-, Nylocontrast-

Über die verschiedenen konstitutionellen Spielarten der Metallkomplexfarbstoffe wurde schon berichtet (s. S. 38). 1:1-Metallkomplexfarbstoffe auf Wolle werden aus stark sauren Bädern verhältnismäßig lange gefärbt, um eine ausreichende Egalisierung zu erreichen. Diese Komplexfarbstoffe – meist auf Basis von Chrom und Kobalt – disproportionieren bei höheren pH-Werten leicht zu 1:2-Komplex und entsprechendem Ion. Die Echtheiten dieser Sortimente sind auch bei Pastelltönen gut.

Sortimentsbezeichnungen: Stenamina-, Palatinecht-, Neolan-, Inochrom-, Vitrolan-

Die aus neutralen bzw. schwach sauren Bädern ziehenden 1:2-Metallkomplexfarbstoffe unterscheiden sich sowohl strukturell als auch durch den Bindungsmechanismus von den bisher besprochenen Wollfarbstoffen. Mit Ausnahme der Triphenylmethanfarbstoffe muß man sich die üblichen Wollfarbstoffe als flache, plättchenartige Moleküle vorstellen. Die 1:2-Metallkomplexfarbstoffe nähern sich eher kugeliger Gestalt, weil die beiden sie aufbauenden Farbstoffmoleküle senkrecht zueinander angeordnet sind. Die klassischen Typen der 1:2-Metallkomplexfarbstoffe sind sulfogruppenfrei, infolgedessen durch eine Sulfonamidgruppe nur schwach hydrophil; deshalb sind sie in organischen Lösungsmitteln, Kunststoff und synthetischen Fasern löslich. Die negative Restladung des Chrom- bzw. Kobalt-Komplexes sollte man sich nicht an einem Punkt lokalisiert, sondern eher über das ganze Molekül »verschmiert« vorstellen. Das neutrale Ziehvermögen und das Egalisiervermögen von 1:2-Metallkomplexfarbstoffen sind abhängig von der Hydrophilie des Gesamtmoleküls[21], je hydrophober ein 1:2-Metallkomplex ist, desto ausgeprägter ist sein Egalisiervermögen auf Wolle. Das Aufziehen dieser Farbstoffgruppe erfolgt in zwei Phasen[22]. In der ersten schnell ablaufenden Phase binden die 1:2-Metallkomplexfarbstoffe als starke Farbsäuren an die Aminogruppen des Substrates. In einer zweiten, langsamen Phase lösen sich – soweit Löslichkeit gegeben ist – diese Farbstoffe in dem Substrat. Die von den Farbstoffherstellern angebotenen 1:2-Metallkomplexfarbstoffe unterscheiden sich durch die Anzahl und den Charakter der löslich machenden Gruppen und, dadurch bedingt, durch ihr Zieh- und Egalisierverhalten.

Sortimentsbezeichnungen: Stenolana-, Ortolan-, Acidol M-, Vialonecht-, Isolan-, Levalan-, Irgalan-, Lanacron-, Avilon-, Neutrichrom-, Aminchrom-, Remalanecht-, Lanasyn-, Lanasyn S-, Agoron-, Relcasol-, Duromet-

3.1.3 Kationische Farbstoffe. Kationische Farbstoffe – meist Di- und Triphenylmethan und Polymethin-Typen – waren die ersten synthetischen Farbstoffe überhaupt, die auf anionisch vorgebeizter Baumwolle, Wolle und Seide angewendet wurden. Sie ergaben äußerst brillante und volle Färbungen, deren Echtheitseigenschaften, besonders die Lichtechtheit, viel zu wünschen übrig ließen. Diese mäßigen Echtheitseigenschaften haben kationische Farbstoffe auf dem Textilgebiet bald in den Hintergrund treten lassen, bis sie mit dem Aufkommen der synthetischen Polyacrylfasern eine überraschende Renaissance erlebten. Dieses comeback verdankten die kationischen Farbstoffe ihrem guten Ziehvermögen auf synthetischen Fasern, speziell Polyacrylnitrilfasern, und den vielfach sehr guten Licht- und Naßechtheiten solcher Färbungen. Diese guten Eigenheiten auf synthetischem Material sind auf den gegenüber Wolle und Seide völlig anderen Bindungsmechanismus zurückzuführen; statt der salzartigen Bindung über die Aminogruppen bei dem natürlichen Material löst sich der Farbstoff im Polyacrylnitril. Mit den umfangreichen Entwicklungen auf dem Fasergebiet wurden auch kationische Farbstoffe mit großem Aufwand bearbeitet. Unter den vielen neuen kationischen Farbstoffen der letzten Jahre findet man einige Typen, die auch auf Leder Färbungen mit einer unübertroffenen Brillanz und guter bis ausreichender Lichtechtheit zu realisieren erlauben.

Sortimentsbezeichnungen: Stenacryle-, Acryl-, Basacryl- und mehrere kationische Farbstoffe ohne Markennamen, Astrazon-, Astra-, Maxilon-, Maxilon M-, Lyrcamin-, Remacryl-, Synacryle-, Sandrocryl B-, Yoracryl-

3.1.4 Sonstige Textilsortimente von einigem Belang. Über die Chemie der Reaktivfärbung, soweit sie für Leder interessant ist, wurde bereits gesprochen (s. S. 47). Hier interessiert das Angebot des Marktes; man unterscheidet Spezialsortimente für Cellulosefasern und für Proteinfasern.

Sortimentsbezeichnungen: für Cellulosefasern Reacna-, Primazin-, Basilen-, Levafix-, Solidazol P-, Cibacron Pront-, Remazol-, Procion-, Dimaren-; für Wolle Verofix-, Lanasol-, Hostalan-, Procilan-, Drimalan F-; für Polyamidfasern Procinyl-.

Schwefelfarbstoffe werden in der Textilindustrie für strapazierfähige Materialien mit relativ hohen Echtheitsansprüchen eingesetzt, z. B. für Berufskleidung, Wagenplanen, Rucksackstoffe, Zeltplanen und dergleichen. Die Ansprüche an Brillanz sind bei diesen Artikeln gering, so daß die etwas stumpfen Nuancen der Schwefelfarbstoffe genügen.

Sortimentsbezeichnungen: Solfo-, Immedial-, Indocarbon-, Hydrosol-, Cassulfon- und jeweils »Licht« -Typen, Sulfanol-, Sodyesul-.

Die Entwicklungs-, Dispersions- und Küpensortimente sind für die Färbepraxis der Lederindustrie kaum interessant, so daß lediglich auf Literatur verwiesen wird[23]. Das gleiche gilt auch für alle Halbwoll-, Polyester/Woll- bzw. Baumwoll- und sonstige Spezialsortimente, die Mischungen von substratspezifischen Farbstoffen für die einzelnen Bestandteile des Mischgewebes sind.

3.2 Farbstoffe für die Färbung von Leder

3.2.1 Kurzer Rückblick auf die Geschichte der Lederfärbung mit synthetischen Farbstoffen. Das heutige Anforderungsprofil an speziell für die Lederfärbung entwickelte Farbstoffe ist nur zu verstehen, wenn man auf die Anfänge der Lederfärbung vor etwa 100 Jahren zurückblickt. Damals gab es im wesentlichen nur vegetabilisch gegerbte Leder, die – wenn überhaupt – meist im Bürstverfahren einseitig oder in der Mulde – d. h. durch Tauchen in eine größere Wanne, gefüllt mit Farbstofflösung, – mit kationischen Farbstoffen gefärbt wurden. Bei der großen Neigung kationischer Farbstoffe, mit den vegetabilischen Gerbstoffen aus dem Leder zu »verlacken«, waren solche Färbungen gewiß nicht einfach und die Ergebnisse immer wieder unbefriedigend. In den 80er Jahren des vorigen Jahrhunderts wurden die ersten sauren Wollfarbstoffe[24] und acht Jahre später die ersten direkt auf Baumwolle ziehenden sogenannten „substantiven" Farbstoffe[25] (s. S. 50) erfunden. Wenig später begann die mitteleuropäische Lederindustrie, meist mit Hilfe betriebsfremder Berater, oft aus den USA, die Chromgerbung einzuführen. Man stellte bald fest, daß kationische Farbstoffe auf der neuen Lederart Chromleder nicht aufzuziehen vermochten. Diese Schwierigkeiten belasteten von Anfang an das Färben von Chromleder mit dem Odium großer Kompliziertheit. Man behalf sich zunächst mit einer Vorbehandlung des Chromleders vor der Färbung mit Gambir oder Sumach, die diese Leder der Färbung mit kationischen Farbstoffen zugänglich machten. Bald darauf entdeckte man, daß man Chromleder ohne Sumachieren mit den damals neuen Säure- bzw. substantiven Farbstoffen färben konnte. Die so gefärbten Leder zeigten im Gegensatz zu solchen, die mit kationischen Farbstoffen gefärbt worden waren, beim Glanzstoßen kein Broncieren. Aber man hatte auch mit den sauren und substantiven Farbstoffen Schwierigkeiten, weil man die pH-Verhältnisse während der einzelnen Arbeitsgänge noch nicht beherrschte; so schlug der Farbton immer wieder um, oder es entstanden Unegalitäten durch Fällung des Farbstoffes in sauren Flotten. Deshalb forderten die Gerber von ihren Farbstofflieferanten Farbstoffe echt gegen Säure und Alkali und beständig in ameisensaurer Lösung. Bei Chevreaux und -Handschuhledern setzten sich damals immer mehr die sauren Farbstoffe wegen ihres Durchfärbevermögens durch. Aber die Deckung auf der Oberfläche war bei diesen Ein- und Durchfärbern meist ungenügend. Man kombinierte daher saure Farbstoffe mit Direktfarbstoffen, die oberflächlich färbten und gut deckten. In den Anfängen dieses Jahrhunderts begannen die Farbstoffhersteller sich für die Lederindustrie als Kunden zu interessieren, was sie zur Einstellung von an den Bedürfnissen der Gerber orientierten Farbstoffen motivierte. So hat Cassella in Zusammenarbeit mit der Lederfabrik Carl Freudenberg[26] das sog. »Chromlederecht«-Prinzip ausgearbeitet und eingeführt: Chromlederechtfarbstoffe sind in saurem Milieu beständige Mischungen aus einfärbenden Säurefarbstoffen und oberflächlich färbenden, deckenden Direktfarbstoffen, die in der Nuance sehr ähnlich und sowohl alkali- als auch säureecht sind. Chromlederechtfarbstoffe waren besonders für Schwarzfärbungen erfolgreich und bewähren sich bis in unsere Tage. Der Versuch, nach diesem Mischungsprinzip zum Beispiel Dunkelbraunfarbstoffe einzustellen, war häufig weniger erfolgreich. Denn solche Mischungen reagierten auf geringe Schwankungen der Vorarbeiten mit Nuancenumschlag, mit Unegalität im Fell und in der Partie und mit unbefriedigender Reproduzierbarkeit des Farbtones. Die Lederindustrie forderte auf Grund dieser Erfahrung mehr und mehr Farbstoffe einheitlicher Zusammensetzung, d. h. Farbstoffe aus einer Fabrikationscharge und ohne bzw. mit möglichst wenig Nuancierfarbstoff. Mischungen sind seit dieser Zeit mit dem Odium belegt, Farbstoffe minderer Qualität zu sein. Keineswegs immer zu Recht, wie die gemischten Chromlederechtschwarz-Marken beweisen, die sich über Jahrzehnte erfolgreich bewährt haben und die zeitweise, besonders für Schwarzvelours, mit die Farbstoffe der höchsten Verbrauchszahlen waren.

Das in den zwanziger Jahren immer noch unübersichtliche Angebot der verschiedenen Farbstoffhersteller brachte die Färber von Chromledern immer wieder in Schwierigkeiten, Farbstoffe »gleichen färberischen Verhaltens« zu finden und zu kombinieren. Diesem Bedürfnis der Lederindustrie nahm sich Ende der zwanziger Jahre die gerade gegründete I.G. Farbenindustrie durch die Herausgabe des Igenal-Sortimentes an. Dieses Sortiment bestand aus drei Farbstoffgruppen – Oberflächenfärbern (= C), Einfärbern (= I) und Durchfärbern (= P). Alle Farbstoffe dieser drei Gruppen konnten auf Chromleder – weil von »gleichem färberischem Verhalten« – unbeschränkt miteinander kombiniert werden. Außerdem erfüllten die Farbstoffe dieses Sortimentes einen gewissen Standard hinsichtlich Löslichkeit, Beständigkeit in sauren Lösungen und hinsichtlich Alkali- und Säureechtheit. Alsbald folgten die anderen Farbstoffhersteller diesem Beispiel und brachten ebenfalls Lederspezial-Sortimente, die den Standard der Igenalfarbstoffe erfüllten. Nachdem die Textilsortimente keine für die Lederfärbung interessanten Dunkelbraun-Marken aufzuweisen hatten, ging die chemische Industrie daran, solche Typen für ihre Lederspezial-Sortimente zu synthetisieren (z. B. s. S. 36). Von diesen Vorgängen ausgehend, wurden die Lederspezial-Sortimente immer mehr mit eigens für das Ledergebiet entwickelten Farbstoffen angereichert. Trotzdem kann man nicht sagen, daß sich durch diese Arbeiten ein einigermaßen chemisch definierter Typ eines Lederfarbstoffes herausgebildet hätte. Im Gegenteil: die Lederspezial-Sortimente sind bunt gemischt aus eigens synthetisierten Lederfarbstoffen, Mono-, Dis- und Polyazofarbstoffen, 1:1- und 1:2-Metallkomplexfarbstoffen, Phthalocyanin-, Anthrachinon-, Triphenylmethanfarbstoffen, vereinzelt trifft man auch auf lösliche Schwefel- und Nitrofarbstoffe; ja sogar Kupplungsprodukte aus Diazoniumverbindungen und Naturfarbstoffen waren bewährte Bestandteile von Lederspezial-Sortimenten.[39]

3.2.2 Lederspezialfarbstoffe. Obwohl die Konzeption der Lederspezialfarbstoffe für Chromleder auf die frühen dreißiger Jahre zurückgeht und obwohl in den seither vergangenen 50 Jahren die zu färbenden Leder sich mehrmals grundlegend verändert haben, werden Farbstoffe, die die im letzten Abschnitt geschilderten Anforderungen an Lederspezialfarbstoffe erfüllen, immer noch angeboten und erfolgreich eingesetzt. Diese bemerkenswerte Tatsache hat drei Gründe: 1. Die Farbstoffhersteller haben tatsächlich die nach ihren empirischen Erfahrungen bestgeeigneten Lederfarbstoffe in diese Sortimente aufgenommen. Dabei sollte man ruhig von der Überlegung ausgehen, daß nicht nur die Anzahl der jährlichen Innovationen ein Bewertungsmoment für die Leistungsfähigkeit eines Lieferanten ist, sondern auch die Anzahl derjenigen Produkte eines Sortimentes, die nach mehreren Jahrzehnten der Bewährung immer noch einen auskömmlichen Absatz finden. 2. Es ist selbstverständlich, daß die chemische Industrie unter dem marktgängigen Mantel der eingeführten Sortimente laufend Verbesserungen und Ergänzungen der Einzelfarbstoffe vorgenommen hat. Das bedeutet, daß das C.I. Direct brown 214 der achtziger Jahre nicht das der dreißiger sein muß; es ist sicher einheitlicher in seiner Zusammensetzung, klarer in der Nuance, u.a.m. Auch enthalten die Lederspezialsortimente von heute viel mehr Metallkomplexfarbstoffe als damals, wodurch der Echtheitsdurchschnitt entsprechend den höheren Anforderungen angehoben wurde. Es darf aber – drittens – in diesem Zusammenhang auch nicht übersehen werden, daß diese erstaunliche Stabilität des Angebotes von Lederspezialfarbstoffen auch aus einer gewissen Unsicherheit infolge der unübersehbaren Vielfalt des zu färbenden Materials resultiert; Unsicherheit darüber, was denn unter heutigen Bedingungen nun denn tatsächlich die Eigenschaften seien,

Tabelle 4: Übersicht über die Echtheitsangaben zu Lederspezialsortimenten der schweizer und deutschen Farbstoffhersteller

Nr.	Echtheiten, Farbstoff-eigenschaften	BASF a	Bayer b	Ciba-Geigy c	Hoechst d	Sandoz e	Aussage der Echtheit zum anwendungs-technischen Verhalten
1.	Löslichkeit	+	+	+	+	+	Eignung für Pulververfahren. Hydrophilie und Zusammenhalts-kräfte
2.	Säureechtheit	+	+	+	+	+	Empfindlichkeit gegen pH-Wert-Veränderungen
3.	Säurebeständig-keit	−	+	+	−	+	
4.	Alkaliechtheit	+	+	+	+	+	
5.	Beständigkeit gegen Wasser-härte	+	+	−	+	+	Empfindlichkeit gegen Härte und Schwankungen des Betriebs-wassers
6.	Färbbarkeit im harten Wasser	−	+	+	+	−	
7.	Egalisier-vermögen	−	+	+	+	−	Sortiments-ausbeute wenig gedeckter Leder
8.	Einfärbung auf Chromledern	+	+	−	+		Anfärbung des Schnittes
9.	Durchfärbung auf Velours	+	+	+	+		
10.	Lickerechtheit	+	+	−	+	−	Migrationsfähig-keit und Bindung
11.	Baderschöpfung	−	+	−	+	−	Affinität, Kombinierbar-keit mit anderen Farbstoffen
12.	Aufzieh-geschwindigkeit	−	+	−	−	−	
13.	Aufbauvermögen auf nachge-gerbtem Leder/ Sättigungs-grenzen	−	+	−	−	+	Kombinierbar-keit und Eignung für nachgegerbte Leder
14.	Richttyptiefe	−	−	−	−	+	Stärke des Farbstoffs
15.	Kombinations-zahlen	−	−	+	−	−	Kombinierbarkeit
16.	Affinitätszahlen	−	−	−	−	+	Kombinierbar-keit
	Summe der Echtheiten:	7	12	8	10	8	

die den idealen Lederspezialfarbstoff ausmachen. Zu dieser wichtigen Frage gewinnen wir einige Anhaltspunkte, wenn wir uns die Echtheiten einiger führender Lederspezialsortimente an Hand der einschlägigen Musterkarten vergleichend vergegenwärtigen[27] (Tab. 4 und 5).

Der erste Eindruck dieser vergleichenden Betrachtung der Echtheitsangaben ist deren große Zahl. Dies zeigt das nicht immer sinnvolle Bestreben der Farbstoffhersteller, das eigene Sortiment durch eine Häufung von Echtheitsangaben gegenüber der Konkurrenz attraktiver zu machen. Es zeigen sich auch unterschiedliche Auffassungen zwischen den einzelnen Lieferanten, z. B. beim Egalisiervermögen: drei Lieferanten machen Angaben, zwei davon auf Basis empirischer Erfahrungswerte, einer benutzt ein »Hausverfahren«. Die eigentlichen Gegensätze werden bei den Angaben über die Kombinierbarkeit von Farbstoffen offenbar. Hierauf wird in Kapitel VII bei Besprechung der Echtheiten näher eingegangen werden. An dieser Stelle sollen lediglich diejenigen »Basisechtheiten« genannt werden, die nach Meinung des Verfassers einem Lederspezialfarbstoff mitgegeben werden sollten:

1. Gutes Egalisiervermögen, geprüft nach einem Standardverfahren
2. Gutes Aufbauvermögen auf nachgegerbten Ledern, geprüft nach einem Standardverfahren
3. Angaben zum Aufziehverhalten bzw. zur Affinität, geprüft nach einem Standardverfahren
4. Mittlere Löslichkeit
5. Farb- und Lösungsbeständigkeit gegenüber pH-Veränderungen
6. Komplexstabilität, geprüft nach einem Standardverfahren
7. Gute Lichtechtheit

Die Übersicht zeigt, daß auf dem Gebiet der Echtheiten für Lederfarbstoffe und Färbungen auf Leder noch eine Reihe von Fragen offen sind; denn für 1., 2., 3. und 6. bestehen noch keine allgemein anerkannten Prüfverfahren. Trotzdem genügt eine Reihe von Lederspezialfarbstoffen diesen verschärften Anforderungen; andere allerdings nicht. Beim heutigen Stand kann der Färber von üblichen Lederspezialfarbstoffen gute Löslichkeit, gute Deckkraft, mittleres bis gutes Egalisiervermögen, Unempfindlichkeit gegen pH- und Härteschwankungen bei meist guter Brillanz und Farbfülle erwarten. Lederspezialfarbstoffe ziehen zwischen pH 4,5 und 5,0 optimal auf Chromnarbenleder und zwischen 6,0 und 7,0 auf Velours. Die lichtechten Typen der Lederspezialfarbstoffe sind geeignet für Möbel-, Bekleidungs- und Handschuhleder; nur ein kleiner Teil von ihnen ergibt satte Färbungen auf vegetabilgegerbten Ledern und auf nachgegerbten Chromledern. Im allgemeinen sind Lederspezialfarbstoffe, soweit sie Metallkomplexfarbstoffe sind, innerhalb ihres Sortimentes komplexstabil (s. S. 39); Aufmerksamkeit in dieser Richtung erfordert die Kombination von Farbstoffen aus verschiedenen Sortimenten, besonders bei Zusammenstellung mittlerer Rotbrauntöne und bei tiefen gelbstichigen Dunkelbraunnuancen. Diese Vorsicht ist besonders geboten bei höheren pH-Werten, höheren Temperaturen und langen Färbezeiten. Das Aufziehverhalten der Lederspezialfarbstoffe ist keineswegs einheitlich, was bei der uneinheitlichen Zusammensetzung der Sortimente aus Farbstoffen der unterschiedlichsten Konstitutionsgruppen nicht überraschen kann. Man kann eine leidliche Übersicht gewinnen, wenn man das Aufziehverhalten nach Farbtönen differenziert. Danach ziehen gelbe, rote und orange Lederspezialfarbstoffe schnell und egalisieren meist gut bis sehr gut. Mittelbraun- und Havanna-Nuancen ziehen etwas langsamer und egalisieren unterschiedlich, besonders in vollen Tönen gut bis befriedigend. Die klassischen Dunkelbrauntöne – vielfach umsatzstarke Veloursfarbstoffe – ziehen deutlich langsamer und egalisieren oft nur mäßig; wie die bisher besprochenen Farbstoffe, ergeben sie aber, besonders in vollen Tönen, noch befriedigende Färbungen. Blau- und Grünnuancen auf Basis von Polyazofarbstoffen ziehen langsam und egalisieren vielfach schwieriger, besser verhalten sich Anthrachinonfarbstoffe; noch besseres Egalisieren kann man von Triphenylmethanfarbstoffen erwarten, aber leider ist deren geringe Lichtechtheit für viele Anwendungen prohibitiv.

Tabelle 5: Übersicht über die Echtheitsangaben von Färbungen durch die schweizer und deutschen Farbstoffhersteller

Nr.	Echtheiten der Färbungen	BASF A	Bayer B	Ciba-Geigy C	Hoechst D	Sandoz E	Aussage der Echtheit zum Verhalten in Fertigung und beim Gebrauch
1.	Lichtechtheit	+	+	+	+	+	Eignung für ungedeckte Leder
2.	Lösungsmittelechtheiten Sprit	+	−	+	+	−	Verhalten gegen organisch gelöste Zurichtungen;
3.	Benzin	−	+	+	+	−	Anhalt
4.	Perchlorethylen	−	+	−	+	−	über Chemisch-
5.	Tetrachlorkohlenstoff	−	+	−	−	−	reinigungs-Echtheit
6.	Butanol/Toluol	−	+	−	−	−	und Migrations-
7.	Corialverdünner	+	−	−	−	−	echtheit. Hinweis über hydrophobe Tendenz einer Färbung
8.	Formaldehydechtheit	+	+	+	+	−	Verhalten bei der Formolhärtung
9.	Schweißechtheit	+	+	+	−	+	Eignung für Bekleidungs-
10.	Schweißechtheit nachbehandelt	+	−	−	−	+	oder evtl. Möbelleder
11.	PVC-Migrationsechtheit	−	+	+	+	+	Eignung für Verarbeitung mit Kunststoffen
12.	Chemischreinigungsechtheit	−	+	+	+	+	Eignung für Bekleidungsleder
13.	Wasserechtheit	−	+	+	−	+	Eignung für Portefeuille und Handschuhleder
14.	Waschechtheit	+	+	+	−	+	
15.	Wassertropfenechtheit	−	−	−	−	+	Wichtig für Spritzfärbungen
16.	Schleifechtheit	−	−	+	−	+	Eignung für Velours
Summe der Echtheiten:		7	11	10	7	9	

Graufarbstoffe – soweit sie nicht Abschwächungen von Schwarzfarbstoffen sind –, ziehen schnell und egalisieren durchweg hervorragend. Schwarzfarbstoffe ziehen meist langsam und egalisieren schwierig, besonders wenn sie Nigrosine enthalten.

Die Konstitution eines klassischen Dunkelbraun der Lederspezialfarbstoffe wurde bereits besprochen (s. S. 36), die Konstitution eines neueren Typs auf Basis von 1:2-Metallkomplexfarbstoffen entnehmen wir einer schweizer Patentschrift[29]:

Dieser sehr erfolgreiche Farbstoff – ein gelbstichiges Dunkelbraun – entspricht ohne besondere Kunstgriffe in der Löslichkeit nicht mehr der Norm der klassischen Lederspezialfarbstoffe. Auch sein Egalisiervermögen ist nur mittelmäßig; er zieht nur mit mittlerer Geschwindigkeit auf Chromleder. Aber er färbt nachgegerbte Leder in einem warmen, gelbstichigen Dunkelbraun, und diese Färbungen sind gut lichtecht. Der wirtschaftliche Erfolg dieses Farbstoffes zeigt, daß die klassischen Maßstäbe bei der Auswahl von Lederspezialfarbstoffen aus dem Syntheseangebot modifiziert, ja neu orientiert werden müssen. Dieses Kapitel rundet eine Übersicht über die wichtigsten Lederspezialfarbstoff-Sortimente der chemischen Fabriken ab (Tab. 6).

3.2.3 Säurefarbstoffe für Leder. Säurefarbstoffe sind anionische Farbstoffe, die tierische Fasern aus sauer eingestellten Flotten färben. Sie umfassen Mono-, Dis- und Triazofarbstoffe mit 1–3 Sulfogruppen, sulfonierte Triphenylmethanfarbstoffe, Anthrachinonfarbstoffe und Nigrosine.

Tabelle 6: Lederspezialsortimente wichtiger Farbstoffhersteller

Sortimentsbezeichnung	Hersteller
Solanil-	Acna
Luganil-	BASF
Baygenal-, Baygenal N-	Bayer
Sellaecht- (Polycor-, Polar-)	Ciba-Geigy
Coriacid-, Diacoriol-	Francolor
Coranil-	Hoechst
Dermaecht-	Sandoz
Wogenal-	Wolfen
Airedale-	Y.C.L.

In den meisten Fällen ziehen saure Farbstoffe auf Chromleder schnell auf und erschöpfen bei geeigneten pH-Werten das Bad gut. Die meisten von ihnen färben frisches Chromleder leicht bis stärker ein, einige wenige färben durch den Schnitt[30]. Klassische Durchfärber sind C.I. Acid orange 7 (Orange II) und Mordant Brown 33 (Säureanthrazenbraun RH). Für das Orange II wurde nachgewiesen, daß es auch bei höheren Temperaturen in Aggregaten bis zu 90 Farbstoffmolekülen vorliegt[31]. Die Länge des Orange II ist 13,5 Å, was als Dicke in das Aggregat eingeht, weil die Zusammenlagerung senkrecht zur Achse der größten Ausdehnung erfolgt. Die Aggregate schließen ziemliche Mengen Hydratwasser mit ein, denn das Volumen eines Moleküls im Aggregat ist das Vierfache des partiellen spezifischen Volumens. Auch das Säureanthrazenbraun RH liegt in Lösung aggregiert vor. Die bisherigen Ausführungen gelten für Monoazofarbstoffe und einige Disazofarbstoffe, im wesentlichen also für die Gelb-, Rot- und Orange-Farbstoffe des Säurefarbstoff-Sortimentes. Die höher molekularen Farbstoffe – vielfach Wollfarbstoffe vom Walktyp – ziehen langsamer auf als die bisher besprochenen, sie erschöpfen die Bäder auch bei höheren pH-Werten gut, aber sie färben oberflächlicher; es handelt sich um Dis- und Trisazofarbstoffe. Die sulfonierten Triphenylmethanfarbstoffe vereinigen stark dissoziierte Sulfogruppen und kationische Amino- bzw. Carbonium-Ionen in einem Molekül. Ihre Molekülgestalt ist kugelig und deshalb nicht ohne weiteres der Aggregatbildung zugänglich. Jedoch macht die amphotere Ladung in einem Molekül eine lockere Zusammenlagerung wahrscheinlich, die sich z. B. im Gelatinieren von konzentrierteren Farbstofflösungen zeigen kann. Triphenylmethanfarbstoffe ziehen schnell und erschöpfen das Bad vollkommen. Sie färben nachgegerbte Chromleder voll und egal, Chromleder oberflächlich und besonders brillant. Anthrachinonfarbstoffe ziehen mittel bis schnell, erschöpfen gut und färben Chromleder oberflächlich. Nigrosine ziehen von allen Farbstoffen am langsamsten, erschöpfen das Bad nur unvollkommen; sie färben Chromleder etwas ein.

Zusammenfassend sei festgehalten, daß Säurefarbstoffe, mit Ausnahme der Nigrosine, schnell und gut ziehen, sie kombinieren untereinander und mit Lederspezialfarbstoffen gut, ihr Egalisiervermögen ist bei den helleren Nuancen meist gut bis sehr gut, bei dunkleren Tönen mittel. Bei der Anwendung von Säurefarbstoffen sollten die pH-Werte deutlich unterhalb des isoelektrischen Punktes des Substrates liegen, und das besonders bei Mono- und Disazofarbstoffen. Denn diese Farbstoffe niedrigen Molekulargewichtes binden hauptsächlich ionisch ab und sind kaum im Stande, zusätzliche koordinative Bindungskräfte zu entwickeln. Voraussetzung einer ionischen Reaktion ist aber die Aktivierung der kationischen Gruppen des Substrates unterhalb des isoelektrischen Punktes. Für Chromleder, dessen isoelektrischer Punkt um 6,8 liegt, ist diese Voraussetzung durch die Bedingungen der Neutralisation erfüllt. Nachgegerbte Leder, deren isoelektrischer Punkt je nach Stärke der Nachgerbung zwischen 3 und 4,5 liegt, müssen in der Endphase der Färbung unter diesem pH-Wert behandelt werden. Das heißt, das Färbebad muß, meist mit dem halben Gewicht des Farbstoffangebotes an Ameisensäure, abgesäuert werden. Dasselbe gilt für die Färbung vegetabilisch gegerbter Leder in noch höherem Maße, so daß hier mit dem Farbstoffgewicht an Ameisensäure abgesäuert wird, um einen möglichst vollkommenen Auszug des Färbebades zu erreichen. Nachteilig beim Färben mit niedrigmolekularen sauren Farbstoffen sind deren meist geringere Naß-, Wasch- und Schweißechtheiten; durch eine Fixierung mit kationischen Hilfsmitteln können diese jedoch um 1–2 Punkte der Echtheitsskala verbessert werden. Ein deutlicher Vorteil der sauren Farbstoffe sind ihre meist sehr klaren und brillanten Nuancen, was neben ihrer Einfärbung der Grund ist, weshalb dieselben oft in Kombination mit Dunkelbraunfarb-

Tabelle 7: Säurefarbstoffe für Leder

Sortimentsbezeichnung	Hersteller
Stenil-, Säureleder-, Leder-, Dermin-, Nigrosin-	Acna
Lurazol-, Lumin-, Chinolin-, Metanil-, Naphtol-	BASF
Aciderm-, Nigrosin-	Bayer
Sellasäure-, Sellacid-, Spezialchromleder-, Säure-, Säureleder-, Sellaflor-, Resorcin-, Nigrosin-	Ciba-Geigy
Diacoriol-, Säureleder-, Dermachrom-, Diaderm-, Grund-, Walk-, Naphtalin-, Sulfacid-	Francolor
Säureleder-, Amidonaphtol-, Nubilon-, Naphtalin-, Säurealizarin-	Hoechst
Derma-, Dermafix-, Sulfonin-, Säure-, Sandopal-, Leder-, Resorcin-	Sandoz

stoffen eingesetzt werden, um deren stumpfere Nuance etwas brillanter zu machen. In der Lichtechtheit sind Triphenylmethanfarbstoffe etwa bei 1–2, Mono- und Disazofarbstoffe mäßig bis mittel, Anthrachinonfarbstoffe zum Teil etwas besser und die Nigrosine ganz ausgezeichnet (Tab. 7).

3.2.4 Substantive Farbstoffe für Leder. Die Anwendung substantiver Farbstoffe auf Leder ist in den letzten Jahren zurückgegangen. Dies ist auf zwei Gründe zurückzuführen: viele der substantiven Farbstoffe für Leder waren Derivate des Benzidins, weshalb sie zurückgezogen wurden. Aber auch die oft nicht zutreffende Pauschalmeinung einiger Autoren[32], daß diese Farbstoffgruppe unegale Färbungen, groben Narben und trübe Farbtöne verursache, hat ohne Zweifel zu ihrem Rückgang beigetragen. Dieses harte Urteil mag für einige im sauren Milieu nicht genügend säurebeständige substantive Farbstoffe zutreffen, nicht aber für die mit dem Präfix »Echt« als säurebeständig kenntlich gemachten Typen. Dieselben sind den höher molekularen Säurefarbstoffen nahe verwandt und können mit diesen unbedenklich kombiniert werden. Diese Farbstoffe färben frisch neutralisiertes Chromleder als deckende Oberflächenfärber, zwischengetrocknete Velours als farbstarke Ein- und Durchfärber, dagegen vegetabilisch gegerbte Leder in ziemlich leerer Durchfärbung. Ein Spezifikum der Färbung von Chromledern mit substantiven Farbstoffen ist die drei- bis sechsmal stärkere Anfärbung der Fleischseite, was natürlich für Velours ein Vorteil ist. Ja, man kann sagen, daß Färbungen von Schwarzvelours ohne substantiven Bestandteil auch heute noch kaum denkbar sind; allerdings ist diese substantive Komponente, für den Außenstehenden nicht erkennbar, oft in speziellen Mischfarbstoffen versteckt. Infolge des konjugierten Systems der Doppelbindungen und durch eine Vielzahl von polaren Gruppen im Molekül gehen von substantiven Farbstoffen zusätzlich zu der anionischen Ladung der Sulfogruppen noch koordinative Bindungskräfte aus. Man sollte nun meinen – und viele Autoren sind der Meinung[32] –, daß substantive Farbstoffe besonders adstringent auf Leder aufziehen: das Gegenteil ist der Fall, weil diese zusätzlichen Bindungskräfte sich gegenseitig absättigen, indem sie Aggregate entstehen lassen. Aggregierte Farbstoffe ziehen aber auf Leder deutlich langsamer als nicht aggregierte. Dies beweisen die Abbildungen 46 (S. 155), die die Aufziehkurven eines substantiven Isomeren des C.I. Acid red 97 und das C.I. Acid red 97 selbst zeigen. Die beiden Farbstoffe unterscheiden sich nur durch die Stellung der beiden Sulfogruppen in Metastellung bzw. in Orthostellung zur Kohlenstoff-Kohlenstoffbindung der beiden Phenylkerne. Durch die bei-

Tabelle 8: Substantive Farbstoffe für Leder

Sortimentsbezeichnung	Hersteller
Eliodermin-, Diazoecht-, Chromleder-	Acna
Chromlederbrillant-, Direkt-, Lurazol-	BASF
Benzoleder-, Chromleder-, Chromlederecht-, Benzolederbrillant-	Bayer
Velour-, Diazovelour-, Diphenyl-, Formal-, Chromleder-, Solophenyl-	Ciba-Geigy
Diazol-, Chromleder-, Lederdirekt-, Direkt-	Francolor
Chromleder-, Diamin-, Coranildirekt-, Nubilon-, Brillantchromleder-, Chromlederecht-, Remaderm-	Hoechst
Chloramin-, Dermacarbon-, Velourdiazo-, Sandopel-, Dermafix-	Sandoz
Lutamin-, Sambesi-, Velourleder-	Wolfen

den Sulfogruppen in Orthostellung wird die freie Drehbarkeit in der C-C-Bindung blockiert, das Molekül ist gewinkelt und kann infolgedessen nicht aggregieren. Der nicht aggregierte Farbstoff zieht in den ersten 15 Minuten rasant auf das Chromleder auf. Ob das langsamere Ziehen des aggregierten Isomeren (Abb. 46b) durch ein zusätzlich vorgeschaltetes Gleichgewicht: Aggregierter Farbstoff ⇌ x nichtaggregierter Farbstoff oder durch eine sterische Behinderung durch die Aggregierung infolge des größeren Volumens verursacht ist, ist nicht bekannt. Wahrscheinlich hängt aber die größere Tendenz substantiver Farbstoffe, auf die Fleischseite aufzuziehen, mit deren besserer Zugänglichkeit für das größere Volumen von Aggregaten zusammen. Nachdem substantive Farbstoffe über zusätzliche koordinative Bindungskräfte verfügen, im Vergleich zu einfachen niedrig molekularen Säurefarbstoffen, sind auch ihre Naß-und Waschechtheiten etwas besser. Einige Direktfarbstoffe sind aber deutlich empfindlicher gegen Härtebildner des Betriebswassers. Metallkomplexfarbstoffe im Rahmen substantiver Sortimente sind immer Kupferkomplexe, was bei Farbstoffkombinationen und hinsichtlich der Vulkanisierbarkeit beachtet werden muß. Die Lichtechtheit substantiver Sortimente ist meist nur mittel (Tab. 8).

3.2.5 Echtsortimente für Leder. Das erste Echtsortiment für Leder waren die Erganil-Farbstoffe der BASF, die aus dem Palatinecht-Sortiment für Wolle hervorgegangen sind. Das pH-Optimum dieser Farbstoffgruppe für Wolle liegt unter pH 3, wobei diese 1:1-Chromkomplexfarbstoffe amphoteren Charakter infolge des koordinativ nicht abgesättigten Chrom-3-atoms annehmen. Auch für das Färben von Ledern werden so tiefe pH-Werte empfohlen[33]; zum Absäuern wird Essigsäure angeraten. 1:1-Chromkomplexfarbstoffe ergeben keine tiefen und vollen Nuancen, aber sie egalisieren gut, und sie sind auch in schwacher Färbung gut lichtecht; auch die Waschechtheit ist recht gut. Dieses Sortiment wurde ursprünglich für die Färbung von Handschuhledern und Chevreaux angewendet; heute ist es besonders bewährt wegen seines Egalisiervermögens für die Färbung von Feinnuancen von Bekleidungsledern aller Art. Bei der Anwendung von 1:1-Chromkomplexfarbstoffen muß darauf geachtet werden, daß dieselben nicht mit Beizenfarbstoffen, mit Eisen- und Kupferkomplexfarbstoffen kombiniert werden und daß man nicht bei hohen pH-Werten über pH 5, bei hohen Temperaturen und mit zu langen Laufzeiten arbeitet[15,34]. Man muß unter diesen Bedingungen mit einem Umbau der Komplexe, Disproportionierungen und ähnlichen Reaktionen rechnen, die Veränderungen der Echtheiten und Nuancenumschläge zur Folge haben können. Nuancenumschläge sind aber bei Feinnuancen besonders leicht erkennbar und darum besonders unangenehm. Es empfiehlt sich deshalb, bei Kombinationen mit 1:1-Chromkomplexfarbstoffen im Sortiment zu bleiben.

Je größer das Farbstoffkomplex-Molekül ist, desto weniger anfällig ist es gegen hohe pH-Werte; sein Maximum erreicht dieser Trend in den 1:2-Metallkomplexfarbstoffen, die schwach sauer bis neutral optimal ziehen. Diese Farbstoffgruppe hat in den letzten Jahren im Zusammenhang mit der immer umfangreicher werdenden Produktion von Möbelledern eine sehr günstige Entwicklung genommen. Die anionische Ladung dieser völlig dissoziierten starken Säuren ist nicht an eine Atomgruppierung lokalisiert, sondern sozusagen über das ganze Molekül »verschmiert«[34]. Die 1:2-Metallkomplexfarbstoffe können bei niedrigen Temperaturen in Lösung zu größeren Micellen aggregieren. Diese beiden Erscheinungen bewirken einerseits eine Verbreiterung des Absorptionsspektrums und damit eine Neigung zu tiefen, aber stumpfen Nuancen. Andererseits sind 1:2-Metallkomplexfarbstoffe nicht besonders gut löslich. Weiter fällt auf, daß, obwohl diese Farbstoffgruppe bei neutralen bis schwach sauren pH-Werten schnell und oberflächlich aufzieht, gut das Bad erschöpft und sich ziemlich gleichmäßig zwischen Narben und Fleischseite verteilt, doch die Egalität der Färbungen befriedigt häufig nicht. Aber man kann diese Schwierigkeit meist mit speziellen Hilfsmitteln, z. B. Hilfsgerbstoffen auf Basis von Diaryläthern, meistern. Der große Vorteil dieser Farbstoffgruppe ist aber neben den guten Lichtechtheiten deren Fähigkeit, vegetabilisch-synthetisch nachgegerbte Chromleder bemerkenswert gut ohne häßlichen Nuancenumschlag anzufärben. Allerdings sind diese Färbungen nicht so kräftig und vor allem nicht so brillant wie mit Triphenylmethanfarbstoffen. Schließlich machen die durchweg guten Licht-, Wasser-, Wasch- und Schweißechtheiten diese Farbstoffgruppe besonders geeignet für sogenannte Echtfärbungen. Diesen Vorteilen stehen natürlich auch einige Nachteile gegenüber. Das schwierige Egalisieren wurde schon erwähnt. Auch ein Durchfärben ist mit 1:2-Metallkomplexfarbstoffen allein kaum zu erreichen. Durch die Löslichkeit dieser Farbstoffe in organischen Medien sind die Migrationsechtheiten gegenüber Krepp und Weich-PVC, je nach löslichmachender Gruppe, meist ungenügend. Dazu kommt die vielfach ungenügende Brillanz solcher Färbungen. So hat sich ein Verfahren herausgebildet, in einer ersten Stufe mit Lederspezialfarbstoffen und Säurefarbstoffen bei pH-Werten um 6 durchzufärben und anschließend 1:2-Metallkomplexfarbstoffe als Deckung nachzusetzen. Diese anwendungstechnische Variante mag auch der Grund dafür sein, daß einige Anbieter ihre Echtfarbstoffe in ihre Lederspezialsortimente aufgenommen haben und sie mit einem Buchstabenindex als solche erkennbar machen. Vom Standpunkt der Echtfärbung sind solche Kombinationen natürlich keine ideale

Tabelle 9: Echtsortimente für Leder

Sortimentsbezeichnung	Hersteller
Erganil-	BASF
Baygenal L-	Bayer
Irgalan-, Sellachrom-, Sella Set-, Sellacron-	Ciba-Geigy
Inoderm-, Neutrichrom-, Neutrichrom S-	Francolor
Coranilecht-	Hoechst
Dermalicht-, Relcasol-	Sandoz

Lösung. Zwar bringt die Kombination von Lederspezialfarbstoffen mit 1:2-Metallkomplexfarbstoffen für die ersteren einen verhältnismäßig geringen Echtheitsgewinn von etwa 1 Punkt. Unter dem Gesichtspunkt der Färbung allein mit 1:2-Metallkomplexfarbstoffen aber bedeuten solche Kombinationen vielfach einen empfindlichen Verlust von bis zu 2 Punkten der Lichtechtheitsskala. Trotz alledem muß man zusammenfassend feststellen, daß das Färben mit 1:2-Metallkomplexfarbstoffen für anspruchsvolle Artikel in erheblichem Umfang zunimmt (Tab. 9).

3.2.6 Flüssigfarbstoffe für Leder. Die klassischen Flüssigfarbstoffe schließen sich an die 1:2-Metallkomplexfarbstoffe an, denn sie sind zum großen Teil symmetrische und unsymmetrische Chrom- und Kobaltkomplexe. Bei ihrer Einführung als Schönungsfarbstoffe wurden sie in der Deckfarben-Zurichtung angewendet (Band 6 dieser Buchreihe S. 76) und haben für die Spritzfärbung Bedeutung gewonnen, weil sie keine Elektrolyte und sonstige Stellmittel enthalten. Dadurch und infolge ihres besonderen Verteilungszustandes in Lösung binden Flüssigfarbstoffe besser ab als frisch gelöste Pulverfarbstoffe, was für die Echtheitseigenschaften von Spritzfärbungen (s. S. 85) und von Färbungen auf der Durchlaufmaschine (s. S. 83) wichtig ist. Diese Überlegenheit der Flüssigfarbstoffe zeigt sich besonders bei der Wassertropfenechtheit. Neuerdings finden Flüssigfarbstoffe auch in der Faßfärbung Anwendung. Hier ist natürlich vorteilhaft, daß alle Zugaben durch einfaches Messen schnell und sicher erfolgen können. Man muß aber berücksichtigen, daß der Verteilungszustand eines Flüssigfarbstoffes ein anderer ist als der eines frisch gelösten Pulverfarbstoffes. Vergleichsversuche desselben Individuums in beiden Konfektionierungsformen ergaben bei Faßfärbungen folgendes: der Flüssigfarbstoff zieht schneller auf als der Pulverfarbstoff, der Farbton seiner Färbungen ist klarer, brillanter, und er färbt oberflächlicher als der entsprechende Pulverfarbstoff. Tatsächlich ist das Problem der Durchfärbung bei der Anwendung von flüssigen 1:2-Metallkomplexfarbstoffen auf Bekleidungs- und Möbelledern nur zu lösen, indem man saure Ein- und Durchfärber kombiniert oder besser vorlaufen läßt. Neuerdings sind Flüssigfarbstoffe auf Basis normaler Säurefarbstoffe auf dem Markt, die einen Zusatz von etwa 10% Lösemittel enthalten. Diese Farbstoffe erzielen zwar nicht die Echtheiten der Flüssigmarken auf 1:2-Metallkomplex-Basis, sie färben aber besser ein. Ein Nachteil dieser Farbstoffe ist es, daß nur Säurefarbstoffe mit sehr hohen Löslichkeiten – über 100 g/l – zu Flüssigfarbstoffen ausreichender Konzentration konfektioniert werden können. Diese hohe Löslichkeit wird meist durch einen zu großen Anteil von Sulfongruppen im Farbstoff erzielt, was für die Eigenschaften des Farbstoffes oft ungünstig ist.

Tabelle 10: Flüssigfarbstoffe für Leder

Sortimentsbezeichnung	Hersteller
Eukesolar-, Vialonecht-, Luganil-fl., Lurazol-fl.	BASF
Levaderm-fl., Bayderm A-fl.	Bayer
Irgaderm-fl.	Ciba-Geigy
Lampranol-, Liquid-	Francolor
Savisol-fl., Cataderm-fl. (kationisch), Suprasol-fl., Pronil-fl., Supranil-fl.	Sandoz
Telanil-fl.	Quinn
L.G.T.-konz.	Lang und Grönwoldt
Universol LD-fl.	Stahl

Für den Farbstoffhersteller ist die Konfektionierung von 1:2-Metallkomplexfarbstoffen zu Flüssigfarbstoffen vorteilhaft, da der Arbeitsgang der Komplexbildung bereits in dem Lösungsmittelgemisch der späteren Handelsform vorgenommen werden kann, so daß diese Fabrikationsstufe ohne Abpressen, Trocknung und Konfektionierung bereits als Rohmaterial für die Einstellung des fertigen Flüssigfarbstoffes verwendet werden kann[35]. Die im Handel befindlichen Einstellungen (Tabelle 10) sind auf etwa 15–20% Farbstoffgehalt beschränkt. Höhere Konzentrationen sind nicht erreichbar, weil man dann mit Verdickungen, Verlust der Gießbarkeit und kaum wieder aufrührbaren Bodensätzen rechnen muß. Ganz allgemein empfiehlt es sich bei der Anwendung von Flüssigfarbstoffen – im Gegensatz zu allen anderen Pastenkonfektionierungen –, bei der Entnahme nicht aufzurühren; denn sonst ist die Gefahr von stippigen Färbungen durch nicht genügend homogenisierbare Teilchen des Bodensatzes gegeben. Als wasserverdünnbare Lösungsmittel sind mehrwertige Alkohole wie Glycol, Glycerin und deren Ester- und Etherderivate, Dimethylformamid, Tetrahydrofuran, Dioxan und Dimethylsulfoxyd beschrieben. Da es sich hierbei zum Teil um recht aggressive Lösungsmittel handelt, muß bei der Anwendung von Flüssigfarbstoffen auch an entsprechende Abführung von Dämpfen gedacht werden, um keine unzulässigen MAK-Konzentrationen entstehen zu lassen. Die Zusammensetzung eines Flüssigfarbstoffes nach einem Patent[35] ist folgende:

30 Teile 1:2 Cr^{III}-Metallkomplexfarbstoff
90 Teile Dimethylformamid
90 Teile Diethylenglykolmonobutylether

3.2.7 Kationische Farbstoffe für Leder. Als Salze kationischer Atomgruppierungen werden kationische Farbstoffe nach Anteigen mit Essigsäure gelöst. Unter der Bezeichnung »basische Farbstoffe« wurden sie als erste zur Färbung vegetabilisch gegerbter Leder verwendet. Mit dem Aufkommen der Chromgerbung Ende des vorigen Jahrhunderts ging die Anwendung kationischer Farbstoffe in der Lederfärbung zurück, weil man das Färben mit Beize, z. B. Vorsumachieren, als umständlich empfand. Aber immerhin hat man bei speziellen Lederarten, wie Chevreaux und Portefeuillevachetten, bis in unsere Tage einen »basischen Aufsatz« gegeben, wenn man eine hervorragende Deckung und eine unerreichte Brillanz bei der Färbung ungedeckter Leder realisieren wollte. Man gibt hierzu eine satte Grundfärbung, z. B. mit lichtechten Metallkomplexfarbstoffen, und überfärbt dieselbe entweder mit dem Absäuern oder sicherer im frischen Bad mit geringen Prozentsätzen wie 0,1–0,3% kationischen Farbstoffs. Die anionische Grundfärbung und der kationische »Aufsatz« verbinden sich bei diesem Verfahren zu einem Farblack, der bessere Wasser- und Reibechtheiten zeigt als die Einzelbestandteile[36]. Die Arbeitsweise des »basischen Übersetzens« ist natürlich umständlich. Deswegen wurde der Vorschlag gemacht, anionische und kationische Farbstoffe in einer fertig konfektionierten Mischung[37], vor allem zur vollen und brillanten Färbung von nachgegerbten Chromledern, anzubieten. Tatsächlich sind solche Mischungen vereinzelt auf dem Markt; man erkennt sie daran, daß ihr Löslichkeitsverhalten von dem der üblichen Lederfarbstoffe abweicht, weshalb für sie keine Löslichkeit in den Dokumentationen angegeben wird. Färberisch wirkt sich dieses Manko nach Angaben des Herstellers nicht negativ aus. Es ist interessant bei einem Vergleich des Zweistufen-Verfahrens gegen das Eintopfverfahren, daß immer das Zweistufen-Verfahren, wie erwartet, voller und brillanter färbt.

Aus dem bisher Gesagten kann man zum Bindungsmechanismus kationischer Farbstoffe ableiten, daß dieselben mit anionischen Inhaltsstoffen des Leders Verbindungen eingehen, sie »verlacken«, z. B. mit vegetabilischen und synthetischen Gerbstoffen oder mit anionischen Farbstoffen. Daraus geht hervor, daß alle Unegalitäten im Aufziehen dieser »Beizen« notwendigerweise von den nachziehenden kationischen Farbstoffen sichtbar gemacht werden. So zeichnen sich alle Wundstellen, aber auch vernarbte Verletzungen, bei kationischer Färbung meist deutlich ab. Als Egalisiermittel haben für diese Probleme mittelkationische Harze – z. B. auf Basis von Dicyandiamid – im Vorlauf Anwendung gefunden. Über das Aufziehverhalten kationischer Farbstoffe liegen nach Wissen des Verfassers keine quantitativen Angaben vor. Nachdem kationische Farbstoffe sehr unterschiedlicher Konstitution und Gestalt sein können, z. B. vom langgestreckten Azofarbstoff bis zu mehr kugeligen Triphenylmethan-, Azin-, Thiazin-, Acridin-Farbstoffen, kann man wohl annehmen, daß auch im Aufziehverhalten deutliche Unterschiede vorliegen müßten. Die auf empirischer Beobachtung beruhende Meinung der Praktiker sagt kationischen Farbstoffen ein sehr rasantes Aufziehen nach und sieht in demselben das oft schwierige Egalisieren dieser Farbstoffgruppe begründet. Sicher ist, daß ein nachträgliches Ausegalisieren durch Migration in der Flotte bei dieser Farbstoffgruppe nicht möglich ist. Die wesentliche Ursache der geringen Bedeutung kationischer Farbstoffe für die Lederfärbung von heute ist die sehr mäßige Lichtechtheit, die oft ungenügende Reibechtheit und die Migrationsechtheit gegen Crepe und Kunststoff, endlich eine Neigung solcher Färbung zum Bronzieren, d. h. zum kristallinen Auswittern von Farbstoff an der Lederoberfläche bei zu hohen Dosierungen. Auf der anderen Seite wird dieses Bronzieren basischer Farbstoffe auch dazu benutzt, um sog. »Goldkäfer-Effekte« einzustellen. Schließlich hat man bei zu hoher Dosierung kationischer Farbstoffe oft mit Haftschwierigkeit einer folgenden wäßrigen Zurichtung zu rechnen. Der große Pluspunkt aber aller kationischen Farbstoffe ist deren ausgezeichnetes und nuancensicheres Aufbauvermögen auf allen nachgegerbten Chromledern. Diese wichtige Eigenschaft und die Tatsache, daß im Rahmen der Entwicklungsarbeiten für die Färbung synthetischer Fasern heute kationische Farbstoffe in beschränkter Anzahl zur Verfügung stehen, deren Lichtechtheit auf Leder eine Drei, vereinzelt sogar eine Vier erreichen läßt, macht kationische Farbstoffe für die Lederfärbung wieder interessanter (Tab. 11).

3.2.8 Sonstige Lederfarbstoffe: *Schwefelfarbstoffe.* Zu löslichen Hydrosolen konfektionierte Schwefelfarbstoffe verhalten sich anwendungstechnisch wie Säure- bzw. Lederspezialfarbstoffe. Tatsächlich verwendet der Lederfärber unbewußt im Rahmen dieser Sortimente Schwefelfarbstoffe, meist für preiswerte, gut lichtechte Schwarzfärbungen, die zudem noch eine gute

Tabelle 11: Kationische Farbstoffe für Leder

Sortimentsbezeichnung	Hersteller
Vulgärnamen, Lederecht-	Acna
Leder-, Basacryl-, Vulgärnamen	BASF
Astra-, Astrazon-	Bayer
Leder-	Ciba-Geigy
Leder- und Vulgärnamen	Francolor
Leder- (Corvolin)	Hoechst
Sandamin-, Leder-	Sandoz

Chemisch-Reinigungsbeständigkeit und hervorragende Migrationsechtheiten gegen PVC und Crêpe aufweisen. Mit 1:2-Metallkomplexfarbstoffen ist diese Kombination hervorragender Echtheiten nicht ohne weiteres darstellbar. Das einschlägige Schwarz – C.I. Leucosulphur Black 1 – zieht ähnlich den säurebeständigen Direktfarbstoffen, erschöpft das Bad vollkommen, färbt frische Chromleder sehr oberflächlich, zwischengetrocknete Velours durch. Löslich gemachte Schwefelfarbstoffe werden auch eingesetzt zum Färben leicht vorchromierter Sämischleder, Aldehydleder und von ähnlichen schwierig färbbaren Spezialitäten. Schwefelfarbstoffe werden von den Farbwerken Hoechst unter den Bezeichnungen: Soliderm- und Hydrosol-angeboten.

Nitrofarbstoffe. Ebenso unauffällig wie die Anwendung löslicher Schwefelfarbstoffe im Rahmen von Lederspezialfarbstoff-Sortimenten ist der Einsatz von Nitrofarbstoffen in demselben Rahmen. Sie sind gekennzeichnet durch mit der Iminogruppe verbundene Aromaten, die mit Nitro- und Sulfogruppen substituiert sind. Außer den Sulfogruppen tragen auch in p-Stellung zu Nitrogruppen stehende Iminogruppen zur Löslichkeit bei, da dieselben durch die stark polarisierende Nitrogruppe acifiziert werden, d. h. zur Dissoziation eines H-Ions befähigt werden, zum Beispiel beim Amidogelb E (s. S. 41).

Amidogelb E ist einer der bekanntesten Durchfärber; es wird in den Säuresortimenten auf Grund dieses färberischen Verhaltens geführt. Den Nitrofarbstoffen verwandt ist das C.I. Acid brown 103:

Dieses olivstichige Mittelbraun zieht langsam und erschöpft ohne Absäuern nur mäßig; es färbt frische Chromleder ein. Wegen seiner Fähigkeit, rotstichige Brauntöne nach Gelb zu drücken, ist es ein bedeutender Nuancierfarbstoff und ein großer Lederfarbstoff.

Anthrasole. Anthrasole sind Natriumsalze von Schwefelsäureleukoestern verschiedener Küpenfarbstoffe. Sie ziehen in neutralem und schwach saurem Milieu auf Chromleder im Faß und auf nachchromierten Handschuhledern der verschiedensten Gerbarten[16]. Nachdem Anthrasole nur für hochlichtechte Färbungen eingesetzt werden, muß beachtet werden, daß Färbungen der Leukoverbindung meist wenig lichtecht sind; so sollten die frisch gefärbten Leder nicht direktem Sonnenlicht ausgesetzt und schnell weiterbehandelt werden. Als erste Stufe der Weiterbehandlung wird die Esterbindung des Anthrasolfarbstoffes durch Schwefelsäure gespalten, so daß freie Küpe entsteht. Dieselbe wird durch salpetrige Säure oder Bichromat im selben Bad zu dem unlöslichen Küpenfarbstoff auf der Faser oxidiert. Die Färbung muß zur Entfernung von Nebenprodukten sorgfältig gespült werden. Ganz abgesehen von ökologischen Bedenken ist das Verfahren wegen seiner Kompliziertheit nur für einige Fälle extremer Echtheitsanforderungen in Betracht zu ziehen.

Reaktivfarbstoffe. Auf dem Kontinent haben Reaktivfarbstoffe nach Kenntnis des Verfassers für das Ledergebiet kaum Bedeutung gehabt. Nach Angaben des Herstellers sollen in England 10% des Bekleidungsvelours mit Reaktivfarbstoffen gefärbt sein. Dabei ist die Spezialität von sog. Double-Face-Schaffellen, nämlich gut reservierte Wolle und voll gefärbte Veloursseite, für den Einsatz von Reaktivfarbstoffen von besonderer Bedeutung. Neuerdings sind

1:2-Metallkomplexfarbstoffe mit reaktiven Gruppen für Leder auf dem Markt eingeführt worden. Die Anbieter charakterisieren dieses Sortiment als ausgezeichnet untereinander kombinierbar, als hervorragend egalisierend ohne Fehlerbetonung und mit einem ausgeglichenen mittleren Echtheitsniveau. Es wird sich erweisen, ob dieses Eigenschaftsbild dazu beitragen wird, der Reaktivfärbung auf Leder zu einem Durchbruch zu verhelfen. Es handelt sich um Monoazo-Metallkomplexfarbstoffe, wahrscheinlich mit Mono- und Dichlortriazin als Reaktionskomponente:

Dermalichtfarbstoffe PL

4. Natürliche Farbstoffe

Der Unterschied zwischen natürlichen und synthetischen Farbstoffen ist in einigen Fällen nur ein formaler, denn einige natürliche Farbstoffe wurden synthetisiert und werden heute in chemischen Fabriken hergestellt. Beispiel hierfür sind der Indigo und das Krapprot (= Alizarin = 1,2-Dioxianthrachinon). Der einst umfangreiche Anbau der einschlägigen Farbpflanzen ist heute zum Erliegen gekommen; einfach weil die Synthese billiger, schneller, flexibler und gleichmäßiger in der Qualität arbeitet als der arbeitsintensive Anbau, die Ernte, das umständliche Aufarbeiten und Konzentrieren der Naturprodukte.

Die für Leder verwendeten Naturfarbstoffe sind Beizenfarbstoffe, die mit Salzen des Chroms, Kupfers, Eisens, Aluminiums, Zinns, Antimons und Titans Komplexe zu bilden vermögen. Gegenüber den bisher besprochenen synthetischen Farbstoffen unterscheiden sich die Naturstoffe deutlich, als sie auch echte Gerbstoffe sind. Der Gerbstoffgehalt der Handelsprodukte liegt zwischen 80 und 50%. Dieses Gerbvermögen hat sich besonders bei nur schwach gegerbten Lederarten, wie z. B. Glacé, in einer Griffverbesserung, bei Bekleidungsvelours in einem gleichmäßigeren Schliff und bei klassischen Chevreaux in einer besseren Glanzstoßbarkeit ausgewirkt. Diese günstigen Nebenwirkungen über das rein Färberische hinaus sind wohl für die alten Gerber der Anlaß gewesen, den sogenannten Holzfarbstoffen einen fast mythischen Ruf des Egalisierens bei gleichzeitiger Griffverbesserung zuzuschreiben. Demgegenüber stellt Otto ganz nüchtern fest[38]: »es lassen sich sehr viele der angeführten Vorteile auch beim Färben mit den färberisch ausgiebigeren und in fast allen gewünschten Farbtönen und Echtheitseigenschaften zur Verfügung stehenden synthetischen Farbstoffen durch Mitverwendung geeigneter pflanzlicher oder auch synthetischer Gerbstoffe erzielen«. Otto's Ansicht gibt einen wesentlichen Nachteil gerbender Farbholzextrakte wieder: ihre vielfach zu geringe Ausgiebigkeit und die Beschränktheit der Farbpalette. Und damit scheint ein genereller Nachteil sogenannter gerbender Farbstoffe angesprochen zu sein: denn alle bisherigen Versuche, gerbende Farbstoffe zu synthetisieren, scheiterten an der zu geringen Farbstärke und daran, daß diese Versuche nicht das erhoffte gute Aufbauvermögen auf nachgegerbten Chromledern zeigten. Jedoch gibt es für diese allgemeine Feststellung eine Ausnahme: die sogenannten gemischten Farbstofftypen. Diese entstehen durch Kuppeln von diazotiertem Anilin, Sulfanilsäure, Aminophenolen, u. a. auf Maclurin, dem Farbstoff des Gelbholzes[39]:

Gelbbraune Farbstoffe dieses Typs hatten bei mittlerem Echtheitsniveau eine sehr breite Anwendung auf dem Ledergebiet gefunden. In der Bedeutung der praktischen Anwendung um eine Größenordnung geringer folgen die sog. Farbholzextrakte, deren wichtigster Blauholzextrakt ist. Dieser wird aus dem Holz von Haematoxylon campechianum L., einem in der Karibik heimischen Baum, durch Extraktion mit kochendem Wasser oder unter Dampfdruck gewonnen. Der Extrakt enthält in wechselnden Verhältnissen die Leukoverbindung Hämatoxilin und den eigentlichen braunroten chinoiden Farbstoff, das Haematin:

Hämatoxilin (Leukoverbindung) — Oxidation z. B. $K_2 Cr_2 O_7$ → Hämatin

Sowohl die Leukoverbindung als auch das Hämatin sind an den durch Sternchen gekennzeichneten Stellen zur Komplexbildung mit Aluminium-, Zinn-, Eisen-, Chrom- und Titansalzen befähigt. Diese Komplexfarbstoffe sind gut lichtecht, und mit ihnen sind Hellbraun, Dunkel-

Tabelle 12: Nuancenskala der Naturfarbstoffe (in Anlehnung an G. Otto und den Colour Index).

Nr.	Name	Vorkommen	Beizen	Nuance
1.	Hämatine C.I. Natural Black 1 C.I. 75 290	Haematoxylon Campechianum L Karibik	Kalialaun Kupfersulfat Kaliumdichromat Titankaliumoxalat Zinnsalze	stumpfes Blau-Violett blaustichiges Schwarz Dunkelbraun Gelb-Braun stumpfes Rot-Violett
2.	Gelbholz (Fustik) C.I. Natural Yellow 8 + 11 C.I. 75 240 u. 75 660	Chlorophora tintoria Gard Amerika, Karibik	Kalialaun Kaliumdichromat Zinnsalze Eisensulfat Titankaliumoxalat	Gelb Oliv-Gelb Zitron volles Oliv-Braun lebhaftes Orange-Gelb
3.	Fisetholz C.I. Natural Brown 1 C.I. 75 620	Rhuss colinus Süd- und Ost-Europa, Levante, Jamaica	Kalialaun Kaliumdichromat Eisensulfat Zinnsalze	bräunliches Orange Rot-Braun Oliv-Braun klares rötliches Orange
4.	Rotholz C.I. Natural Red 24 C.I. 75 280	verschiedene Arten Caesalpina im Tropengürtel Amerikas, Afrikas und Asiens	Eisenlaktat Titankaliumoxalat	Violett Dunkelbraun

braun, Violett bis blau- und grünstichiges Schwarz zugänglich. Die Hämatine des Handels sind teils mit Metallsalz verlackt, teils unverlackt; sie sind mit Natriumhydrosulfit auf Löslichkeit eingestellt und auf gleichmäßige Stärke standardisiert. Diese Produkte ziehen gleichmäßig aus und färben Chromleder leicht ein. In der Praxis werden sie durchweg in Kombination mit synthetischen Schwarzfarbstoffen eingesetzt. In der Zurichtung verwendet man Hämatin zum Anfärben schwarzer Stoßglänze. Die übrigen Farbholzextrakte werden kaum noch eingesetzt. Auch sie werden erst durch Komplexbildung mit vorlaufenden Metallsalzbeizen unter Farbvertiefung zum Farbstoff. Wenn im Farbstoffmolekül zwei komplexaktive Gruppierungen vorhanden sind, können Lichtechtheiten bis zu 5 erreicht werden. Die folgende Übersicht informiert über die coloristischen Möglichkeiten der Holzfarbstoffe auf Chromleder (Tab. 12).

5. Organische Farbstoffe mineralischen Ursprungs

Die Überschrift dieses Abschnittes scheint ein Widerspruch in sich selbst zu sein; sie ist aber richtig. Denn das Kasseler Braun – C.I. Natural Brown 8 – ist eine organische Huminsäure, die in den Braunkohlengruben bei Köln und am Hohen Meissner nahe Kassel im Tagbau gewonnen wird. Mit Soda kann das Mineral in eine lösliche Form übergeführt werden, die auf Chromleder aufzieht[40]. Kasseler Braun färbt Chromleder in einem sehr leeren, stumpfen Dunkelbraun von mittlerem Echtheitsniveau. Das Produkt wird als Stellmittel für die Konfektionierung billiger Farbstoffe verwendet. Die Eigenfarbe dieses Stellmittels trägt zur Stärke der Mischung bei.

6. Farbstoff – Dokumentation

Schon in den zwanziger Jahren wurde versucht, das immer umfangreicher werdende Gebiet der Farbstoffe in speziellen Übersichten darzustellen und zugänglich zu machen[41]. Das wichtigste und umfassendste Sammelwerk über Farbstoffe ist jedoch bis heute der „Colour Index der Society of Dyers and Colorist", erstmals erschienen 1924. Seine letzte Fassung in 3. Auflage[42] umfaßt fünf Bände und zwei Ergänzungsbände; er enthält 7980 sogenannte C.I. Generic Names, d. h. Farbstoffindividuen. Mischungen werden im Colour Index nicht aufgenommen. Sämtliche Angaben des Colour Index stammen von den Herstellern, die ihre Produkte zur Registrierung durch die Redaktion des Colour Index melden. Da für einen großen Teil der Farbstoffe bei der Anmeldung keine Konstitution offen gelegt wird, ist es unvermeidlich, daß eine Reihe der Generic Names ohne Konstitution Doppelbezeichnungen sind für ein- und dieselben, oder doch sehr naheliegenden chemischen Zusammensetzungen, die von mehreren Herstellern angeboten werden. Die Generic Names werden den großen Anwendungsgebieten der Farbstoffe entnommen, z. B. C.I. Acid Orange 7 (= Säureorange 7 = Orange II), Direct Brown 214 (= Direktbraun 214 = Baygenal Braun) oder C.I. Mordant Brown 33 (= Beizenbraun 33 = Säureanthracenbraun RH extra). Aber auch die Naturfarbstoffe werden im Colour Index aufgeführt, z. B. C.I. Natural Black 1 (= Hämatine). Im Rahmen dieser Einteilung nach Anwendungsgruppen folgen sich die Farbstoffe in ihrer jeweiligen Gruppe in der Reihenfolge der coloristischen Farbenskala (gelb, orange, rot, braun, violett, blau, schwarz). Diese allgemeine Übersicht nach Generic Names enthalten die ersten drei Bände des Colour Index. Das Anwendungsgebiet Leder ist im zweiten Band auf den Seiten 2799–2835 (die erste Ziffer dieser Seitenzahlen ist die Band-Nummer!) mit ca. 1000 Farbstoffen vertreten. Unmittelbar neben dem I.C. Generic Name findet man die sogenannte fünfstellige C.I. Konstitutionsnummer, auf deren Bedeutung bei der Besprechung des Bandes 4 noch eingegangen werden wird. Weiter wird angegeben, welcher chemischen Gruppierung, z. B. Azofarbstoff, der Farbstoff angehört. Über die folgenden Echtheiten wird informiert, ob dieselben nach englischen (SDC oder SLTC) oder anderen Methoden erstellt wurden. Die Echtheitsangaben wurden z. T. von den verschiedenen Herstellern erarbeitet, sind deshalb nur als Anhalt nützlich, aber nicht streng vergleichbar. Aufgeführt sind: die Löslichkeit (1–5 Stufen), das Einfärbevermögen aus langer Flotte (1–5), die Lichtechtheit (1–8) und schließlich die Schweiß- und Waschechtheit mit Veränderung des Leders, Anschmutzen von Wolle und Baumwolle. Was kann nun der praktische Lederfärber dem Band 2 des Colour Index entnehmen? Er kann die Farbstoffbezeichnungen einer neutral aufgemachten Veröffentlichung sozusagen in seine Alltagspraxis überführen, indem er die Echtheiten seiner Farbstoffe mit denen der Veröffentlichung vergleicht: dabei gibt die Löslichkeit über Hydrophilie und Sulfonierungsgrad, das Eindringvermögen über Molekülgröße, Ausblutverhalten und evtl. den Aggregierungszustand Auskunft, während die Wasch- und Schweißechtheiten am mehr oder weniger starken Anschmutzen der Begleitmaterialien abschätzen lassen, ob der Charakter des betreffenden Farbstoffes mehr substantiv oder mehr sauer ist; damit ist ein Anhalt gegeben, wie es mit dem Aufziehverhalten bestellt sein dürfte. Das wichtigste aber – wenn überhaupt angegeben – ist die weiterführende C.I. Konstitutionsnummer. Denn der Band 4 enthält in der numerischen Reihenfolge der Konstitutionsnummern in 31 chemischen Einteilungsgruppen, die Konstitutionen der Farbstoffe. Wie schon gesagt, ist die Konstitutionsnummer in der Regel eine fünfstellige Zahl. Eine sechste Ziffer will einen Sondertypus des Farbstoffes andeuten; solche Sondertypen liegen vor, wenn eine Farbsulfosäure als Lithiumsalz oder ein basischer Farbstoff mit unterschiedlichen Anionen konfektioniert ist oder wenn bei einem Metallkomplexfarbstoff Varianten hinsichtlich des Zentralatoms vorliegen. Außer der Strukturformel übermittelt der Band 4 Methoden der Herstellung, einfache Erkennungsreaktionen, meist Farbreaktionen, beim Lösen in verschiedenen Lösemedien, Angaben über Patente und Literatur, den Erfinder, den Anmelder und das Jahr der Anmeldung. Dem Praktiker vermitteln die Angaben des Bandes 4 konkrete Vorstellung über die chemische Natur des Farbstoffes und damit über sein anwendungstechnisches Verhalten, über seine Affinität zum Substrat, aber auch einen ersten Hinweis auf den Lieferanten bzw. ersten Anmelder und auf die Novität des Produktes. Von großem praktischem Wert können die Angaben der Erkennungsreaktionen sein, wenn es sich darum handelt, den Inhalt eines unleserlich gewordenen oder umgefüllten Gebindes zu identifizieren und wieder einer praktischen Verwendung zuzuführen. Hierzu ist aber eine Verbindung des I.C. Generic Name mit dem entsprechenden Handelsprodukt notwendig, die der Band 5 vermittelt. Auf den ersten Seiten gibt der Band 5 ein Verzeichnis der Farbstoffhersteller und -Anbieter, ihrer Anschriften und Codebezeichnungen. Besonders dürfte den Praktiker das folgende alphabetische Verzeichnis der C.I Generic Names interessieren, das mit der C.I. Konstitutionsnummer und den Handelsprodukten dieser Konstitution ausgestattet ist. So sind z. B. unter C.I. Acid Orange 7 (Orange II) nicht weniger als 56 Handelsmarken dieses Farbstoffes gegeben. Offen bleiben in dieser Zusammenstellung die gegenseitigen Stärkeverhältnisse. Das anschließende Verzeichnis in diesem Band gibt eine alphabetische Übersicht der Handelsprodukte in Verbindung mit den C.I. Generic Names und den Konstitutionsnummern.

Diese Zusammenstellung ist der eigentliche Einstieg für den praktischen Gebrauch; denn der Benutzer wird meist von den Handelsbezeichnungen seiner Farbstoffe ausgehen müssen. Zum Beispiel man will sich über Lurazolorange E informieren. Im Verzeichnis der Handelsnamen findet man den Generic Name: Acid orange 7 und die Konstitutionsnummer: C.I. 15510. Im selben Band sucht man nun unter dem alphabetischen Verzeichnis der Generic Names unter Acid orange 7 und findet dort alle Textil- und Ledermarken dieser Konstitution mit den Codebuchstaben des Herstellers. Unter der Konstitutionsnummer C.I. 15510 in Band 4 kann man Konstitution, Herstellungsverfahren und Identifikationsreaktionen finden. Schließlich kann man sich in Band 2 unter C.I. Acid Orange 7 über die wichtigsten Echtheiten unterrichten. So ist der Colour Index für den praktischen Färber ein Hilfsmittel großer Effizienz für den Vergleich von Echtheiten und für die Auswahl des wirtschaftlich günstigsten Farbstoffangebotes.

III. Färbeverfahren für Leder

Grundsätzlich unterscheidet man kontinuierliche Färbeverfahren, wie die Bürst- und Spritzfärbung, von diskontinuierlichen wie der Faßfärbung. Nachdem in den letzten Jahrzehnten aus Gründen der Arbeitsersparnis die diskontinuierlichen Verfahren mehr und mehr an Boden gewannen, sind derzeit kontinuierliche Färbeverfahren um ihrer größeren Beweglichkeit und der damit verbundenen schnelleren Lieferfähigkeit willen für Leder wieder von einigem Interesse. Überdeckt werden all diese Tendenzen von dem Bestreben, durch möglichst große Partien Arbeit, Energien und Transportkosten zu sparen. Um das mit so großen Fabrikationspartien gegebene hohe Fehlerrisiko zu minimieren, sucht man Wege, den Ablauf der Färbung zu automatisieren. Die Vollautomatisierung wird andererseits eingeschränkt durch das Bedürfnis, im Verlauf des Färbeprozesses von Fall zu Fall nachzunuancieren. Die steigende Verarbeitung von Halbfabrikaten, wie Wet blue und Crust, bringen noch zusätzliche Impulse in die wieder stark im Umbruch befindlichen Färbetechnologien für Leder. Beschäftigen wir uns zunächst mit den immer noch bei weitem dominanten diskontinuierlichen Färbeverfahren.

1. Diskontinuierliche Färbeverfahren

Sämtliche Prozentzahlen der diskontinuierlichen Färbeverfahren beziehen sich auf ein Falzgewicht von 100%.

1.1 Die Faßfärbung mit Flotte. Das wichtigste Moment bei jeder Färbung im Gefäß ist eine wirkungsvolle und schnelle Durchmischung des Färbegutes mit der Flotte und mit Zusätzen während des Prozesses. Sind diese Bedingungen nicht genügend erfüllt, resultieren ungenügende Egalität und unbefriedigende Reproduzierbarkeit. Über die Fragen optimaler Faßbedingungen ganz allgemein hat die Reutlinger Schule erschöpfend gearbeitet[43]. Im Band 7 dieser Reihe sind diese Ergebnisse und alle Fragen der Faßtechnik ausführlich behandelt, so daß hier lediglich ergänzend einige spezielle Belange der Lederfärbung gebracht werden.

Während man in den letzten Jahren für die Wasserwerkstatt und Gerbung zu immer größeren Partien und entsprechenden Faßgrößen übergegangen ist, sind die Chargen für Naßzurichtung und Färbung meist verhältnismäßig kleiner geblieben. Dies ist natürlich in erster Linie auf den Gewichtsabfall gleicher Flächen auf ihrem Weg von der Blöße zum Chromleder von etwa 60% des Blößengewichtes zurückzuführen. Wenn man nämlich Partiegrößen von 5 bis 10 t Blößengewicht als gangbar zu Grunde legt, müßten entsprechende Partien der Färbung bei 2 bis 4 t Falzgewicht liegen. Dies ist in der Regel nicht der Fall, sondern Färbepartien sind meist kleiner, nämlich 800 bis 1200 kg Falzgewicht bzw. 400 bis 600 kg Trockengewicht. Dies hängt damit zusammen, daß die Arbeitsgänge nach der Falzmaschine die wesentlichen für eine Differenzierung in verschiedene Artikel und Nuancen einer möglichst breiten Angebotspalette sind, wodurch kleinere Partien notwendig werden. Natürlich werden diese kleineren Chargen auch überschritten für große Nuancen und weniger empfindliche Lederarten, wie z. B. Schleifbox. So sind dem Verfasser Partiegrößen bis zu 3 t Falzgewicht in entsprechend dimensionierten Fässern bekannt geworden. Hinsichtlich der Faßbeladung besteht bei vielen Färbern die Meinung, die der Verfasser unterstützt, daß in allen Fällen, wo es auf besondere Egalität ankommt, man keineswegs die Ladekapazität des Fasses voll ausnutzen sollte, sondern besser darunter bleibt.

Die oben angegebenen kleineren Partien werden in speziellen Färbefässern von 250–380 cm Breite und 350 cm Höhe bei 12 Touren/Min., in kleineren Fässern bis zu 15 Touren/Min., gefahren. Die größere Höhe und die hohe Tourenzahl der Färbefässer dienen der optimalen Durchmischung des Färbegutes und der Unterstützung der Einfärbung. Nachdem höhere Drehzahlen den Leistungsbedarf – in der Sprache des Praktikers: den Kraftbedarf – unverhältnismäßig rasch ansteigen lassen, wird man bestrebt sein, durch Berechnungen auf Basis vergleichbarer Größen zu einer gerade noch ausreichenden Durchmischung zu kommen[44]. Eine solche Größe ist die Umfanggeschwindigkeit; man kann mit einer Umfanggeschwindigkeit von 1,6–1,8 m/sec. gleichmäßig gute färberische Ergebnisse erzielen, ohne daß die Ware durch Verschlechterung der Narbenfestigkeit und vermehrten Anfall loser Flämen leidet. Die schnelle und optimale Durchmischung – das wichtigste Moment für die Egalität der Färbung – wird durch Faßeinbauten entscheidend beeinflußt[44]. Die beste Wirkung haben schräg gestellte Bretter über Dreiviertel der Faßbreite. Leider ist bei diesen Einbauten beim Arbeiten in kürzerer Flotte oder bei Überladung eine Rollenbildung am Faßboden, die sich färberisch natürlich katastrophal abzeichnet, nicht auszuschließen. Diese Färbefehler vermeidet man, wenn man Bretter mit Zapfen kombiniert. Dies umsomehr, als Kombinationen von Brettern und Zapfen infolge der guten Durchmischung und des ständigen Anhebens und Zurückfallens der Häute es ermöglichen, an die untere Grenze der oben angegebenen Umfangsgeschwindigkeiten zu gehen, was auf die Dauer eine erhebliche Ersparnis an Energie bringt.

Grundsätzlich sollte man in einer Färberei nur einen Gefäßtyp gleichen Materials, gleichen Inhalts, gleicher Einbauten, gleicher Beschickbarkeit und selbstverständlich gleicher Tourenzahl haben. Denn es erschwert das zügige und sichere Arbeiten ganz erheblich, wenn man bei jeder Partie nicht nur die färberischen Parameter beachten, sondern auch die unterschiedlichen Faßbedingungen ausgleichen muß. Von großer Bedeutung für den Gang der Färbung ist auch das Faßmaterial. Holzfässer haben zwar den Vorteil einer guten Wärmeisolierung, aber sie haben oft rauhe Stellen und vor allem den Nachteil, Inhaltsstoffe der Färbeflotte zeitweise zu binden und in die Flotte der nächsten Partie wieder abzugeben. Schwankungen und Fehlfärbungen können die Folge sein, wenn man nicht besonders sorgfältig und zeitraubend die Fässer reinigt und für dunkle Töne, mittlere Nuancen und Pastell jeweils eigene Fässer fährt. Unter diesem Gesichtspunkt sind Fässer aus inerten Materialien, wie rostfreiem Stahl oder glasfaserverstärktem Polyester, unbedingt zu bevorzugen, zumal man in einem solchen Gefäß alle Nuancen färben kann. Dies kann erhebliche Arbeits-, Raum- und Investitionsersparnisse bringen, die die viel höheren Anschaffungskosten solcher Fässer im Laufe der Zeit kompensieren. Die inerten Materialien haben zudem den Vorteil, weniger rauh als Holz zu sein, was Wundscheuern ausschließt und einen viel geringeren Kraftbedarf bringt. Bei den Rentabilitätsberechnungen einer eventuellen Umrüstung muß allerdings die höhere Wärmeleitfähigkeit der inerten Materialien berücksichtigt werden; denn diese macht eine Heizeinrichtung notwendig, um die Färbetemperaturen halten zu können. Üblicherweise färbt man Chromleder in Flotten von 100–250%, auf das Falzgewicht bezogen. Höhere Flottenangebote bis zu 400%, auf das Falzgewicht bezogen, trifft man beim Färben empfindlicher Pastellnuancen an. Neben der Flottenlänge ist die Färbetemperatur ein wichtiger Faktor. Im allgemeinen färbt man bei 50–60°C, was nur erreicht wird, wenn Faß und Färbepartie durch Waschen – d. h. Spülen mit 300% Wasser bei geschlossenem Faßdeckel – mit 10–15°C über der Färbetemperatur liegendem Wasser entsprechend angewärmt wird. Die Entscheidung, bei welcher Stufe der Technologie gefärbt wird, hängt von dem Artikel und dem angestrebten Effekt ab. Man könnte z. B. schon im Pickel – natürlich nur bei niedrigen Temperaturen – mit kationischen Farbstoffen durchfärben, wenn ein dickes durchgefärbtes Chromleder angestrebt wird. Ähnliche Vorschläge empfehlen eine Färbung in der Chromgerbung[45]. Üblicherweise wird aber nach dem Falzen und der Neutralisation gefärbt. Wenn Chromleder nachgegerbt wird, erreicht man mit einer Färbung vor der Nachgerbung problemlos volle Nuancen, nimmt aber eine geringfügige Nuancenschwankung durch die folgende Nachgerbung in Kauf. Färbt man nach der Nachgerbung, ist ein erheblicher Stärkeverlust der folgenden Färbung unvermeidlich (s. S. 105). Eine Färbung nach der Fettung wird bei Narbenledern, von Spezialarbeits weisen bei gewissen Kleintierledern abgesehen, meist nicht praktiziert, weil die Egalität oft nicht befriedigt. Dagegen muß Velousleder, wenn es zwischengetrocknet wird, vor der Trocknung und Färbung gefettet werden, weil es sich sonst nicht mehr in angemessener Zeit broschieren läßt. Eine besonders kräftige Fettung vor der Färbung mit Anteilen von Neutralölen erhalten sog. Schreibvelours.

Eine Schwarzfärbung von Fressern in Flotte für Oberleder (1,2 mm) soll eine klassische Färberezeptur im Faß veranschaulichen.

Rezeptur 1: Fresser zum Spannen

1. Waschen nach dem Falzen
   300% Wasser 40°C mit geschlossenem Deckel — 10 Min.
   Flotte weg
   300% Wasser 30°C mit geschlossenem Deckel — 10 Min.
   Flotte weg

2. Neutralisation
   200,0% Wasser 30°C
   0,6% Natriumhydrocarbonat ⎫ 1:10 gelöst
   0,6% Natriumacetat ⎭ 30 Min.
   Flotte weg

3. Färbung
   300,0% Wasser 70°C
   0,2% Hämatine ⎫ in 20% Wasser
   1,0% eines schwarzen Lederspezialfarbstoffes ⎭ kochend gelöst
   20 Min.
   0,5% Ameisensäure techn. 1:20 gelöst — 10 Min.
   1,0–1,4% Reinfett
      2/3 sulfoniertes Klauenöl
      1/3 unsulfoniertes Klauenöl — 30 Min.

Die Fettung ist im Rahmen der angegebenen Dosierung, abgestimmt auf die Größe und die Empfindlichkeit der Felle, zu geben. Es ist nützlich, in die Fettung 0,1–0,2% eines Konservierungsmittel einzubringen, um Schimmelschäden zu verhüten. Bei Bunttönen und besonders bei Pastelltönen wird man 0,5–2,0% eines wenig adstringenten Egalisiermittels in der Neutralisation verwenden. Beim Be- und Entladen der Fässer ist auf strenge Sauberkeit zu achten, um ein Anschmutzen der Leder zu vermeiden. Die Forderung bezieht sich sowohl auf Lade- und Auffanggefäße, auf die Transportwege- und -Geräte, als auch auf die Hände der Arbeiter, die das Leder berühren. Alle Lösevorgänge für Farbstoffe und die Vorbereitung der übrigen Rezepturmittel sollten in einer von der Färberei räumlich getrennten Farbküche erfolgen, um das Aufliegen von Farbstoffstaub auf feuchte Leder zu vermeiden. Es dient der Reproduzierbarkeit, wenn die Temperaturführung, die Laufzeiten, Änderungen der Laufrichtung und Geschwindigkeit, der Zeitpunkt und der Takt der Zugaben, die pH-Führung, das Waschen und die Faßentleerung automatisch gesteuert werden[46]. Wenn dem Färbefaß ein automatischer Temperatur- und pH-Schreiber angeschlossen sind, hat man in dem anfallenden Kurvenbild ein genaues Abbild über den Lauf jeder Färbepartie und damit die Möglichkeit einer strikten Kontrolle und eines ständigen Vergleiches von Partie zu Partie. Der Erfolg der geschilderten Maßnahmen auf die Reproduzierbarkeit und Egalität der Partien ist, wie von so arbeitenden Fachleuten immer wieder bestätigt wird, groß.

1.2 Das Färben ohne Flotte. Die sogenannte »Kaltfärbung von Leder ohne Flotte«[47] wird ebenso wie die Färbung mit Flotte im Faß durchgeführt; deshalb sind alle im letzten Abschnitt gegebenen Hinweise auch für diese Arbeitsweise wichtig. Jedoch unterscheidet sich das Verfahren von der bisher besprochenen Faßfärbung, weil mit sehr geringer Flotte von 0–30% und bei Temperaturen von maximal 25°C gefärbt wird. Werden die Leder – wie das üblich ist – nach zweimaligem Waschen gefärbt, so genügt das beim Entflotten zwischen den Häuten verbleibende Wasser vollkommen. Sind jedoch die gefalzten Häute trocken ins Faß eingebracht worden, so muß die 30% Flotte gegeben werden. Für den Erfolg des Verfahrens ist es wichtig, daß die Eingangstemperatur von 25°C keinesfalls überschritten wird; denn bei höheren Temperaturen resultieren unegale Färbungen, bei den üblichen Färbetemperaturen von 60°C entstehen Farbstippen. Der wesentliche Vorteil des Färbens ohne Flotte ist die schnelle Durchfärbung auch verhältnismäßig dicker Leder. Vor Entwicklung dieses Verfahrens war Durchfärbung entweder nur mit speziellen durchfärbenden Farbstoffen oder mit einer Anhebung des pH-Wertes auf 7 zu erreichen. Die ausgesprochenen Durchfärber ergaben aber mäßige Ausblut- und Schweißechtheiten, außerdem genügen sie in der Lichtechtheit höheren Ansprüchen nicht. Durchfärben durch Anheben des pH-Wertes ist bei tief gespaltenen dünnen Ledern durchaus praktizierbar, bei dickeren Ledern aber resultieren loser Narben und große Flämen. Außer diesen wichtigen Pluspunkten sagt man der Kaltfärbung ohne Flotte ein besseres Egalisieren durch geringeres Markieren vernarbter Verletzungen, durch einen besseren Ausgleich der Färbung zwischen Narben und Fleischseite und durch eine weniger problematische Kombinierbarkeit der Farbstoffe nach. Diesen Vorteilen stehen natürlich auch Nachteile der Pulververfahren gegenüber: Diese Nachteile beruhen keineswegs, wie man meinen sollte, auf der größeren Walkwirkung und dadurch bedingter Neigung zu schlechterer Reißfestigkeit, Losnarbigkeit und vergrößerten Flämen. Im Gegenteil: Leder aus flottenarmen Partien sind weicher, festnarbiger, haben weniger ausgeprägte Flämen und sind besser schleifbar; Reißfestigkeiten sind ausgeglichener[48]. Tatsächlich aber geht bei dünnen Ledern im Pulververfahren der Anteil von Abrissen und Zerreißern bis zu 10% der Partie, was natürlich kalkulatorisch nicht tragbar ist. Außerdem ist die Stärke der resultierenden Färbungen um etwa 10% geringer im Vergleich zum Flottenverfahren bei gleichem Angebot. Auch die Brillanz dieser Färbungen ist geringer. Diese Mängel erklären sich aus dem Farbstoffbedarf der Durchfärbung. Will man denselben ausgleichen, muß man bis zu 20% mehr Farbstoff anbieten. Ein weiterer Faktor höherer Kosten ist der höhere Energiebedarf der Faßarbeit beim Pulververfahren. Dem steht beim Durchfärben der wesentlich geringere Zeitbedarf von etwa 30 Minuten gegenüber dem oft stundenlangen Walken beim Flottenverfahren. Deshalb muß in jedem Fall geprüft werden, ob der höhere Energiebedarf des Pulververfahrens nicht durch kürzere Färbedauer kompensiert wird.

Zur Farbstoffauswahl stellen Rosenbusch und Münch[47] fest, daß 80% der üblichen Farbstoffe für das Pulververfahren geeignet sind. Bei Farbstoffkombinationen wird empfohlen, Farbstoffe naheliegender Löslichkeiten zu kombinieren. Die sonstigen Charakteristika des Aufziehverhaltens spielen bei der Pulverfärbung nur eine geringe Rolle. Metallkomplexfarbstoffe verhalten sich nicht einheitlich. Einige färben gut durch, andere, besonders 1:2-Metallkomplexfarbstoffe, färben auch im Pulververfahren oberflächlich. Nach den Beobachtungen von Rosenbusch und Münch sind die 20% für das Verfahren ungeeigneten Farbstoffe durch einen höheren Anteil an Sulfogruppen im Farbstoffmolekül gekennzeichnet. Man kann nun argumentieren, durch diese erhöhte Hydrophilie werde der Farbstoff mehr in der Flotte gehalten und ziehe nach dem Absäuern oberflächlich auf. Man kann aber auch eine andere Erklärung geben[49]: Bei der Lösung in wenig Wasser werden bei sulfogruppenarmen Farbstoffen die Kristalle nicht völlig zerteilt, sondern sie zerfallen in Agglomerate. In diesen Paketen sind die Nebenvalenzkräfte der Farbstoffe gegeneinander abgesättigt und können weniger nach außen wirken. Agglomerate sind deshalb viel weniger adstringent zum Substrat und färben – soweit das ihre Molekülgröße erlaubt – durch. Die durch mehrere Sulfogruppen stark hydrophilen Farbstoffe sind, wie man aus anderen Versuchsreihen weiß, deutlich weniger agglomeriert, was zu einem oberflächlichen Aufziehen bei der Pulverfärbung führt.

Um auch in Pulververfahren eine satte Oberflächenfärbung mit einer kräftigen Ein- oder Durchfärbung zu bringen, sollte man das Pulververfahren mit der Färbung in Flotte verbinden:

Rezeptur 2: Kombinationsfärbung für Rindnubuk (Rind 15/20 kg) im Direktverfahren[50]

1. Spülen nach dem Falzen
   300% Wasser 35°C mit geschlossenem Deckel   10 Min.
   Flotte ab

2. Neutralisation
   200% Wasser 35°C
      1% Natriumacetat
      1% komplexaktives calciumbindendes Hilfsmittel   15 Min.
   0,5% Natriumhydrogencarbonat   90 Min.
   End-pH der Flotte   4,5
   Flotte ab

3. Waschen
   300% Wasser *20*°C bei geschlossenem Deckel   10 Min.
   Flotte sorgfältig ablassen

4. Nachgerbung, Fettung und Färbung
   30% Wasser 20°C
   3% Weißgerbstoff
   3% Dicyandiamid-Harz
   1% Ammoniak techn. (25%)   } ungelöst zugeben
   1% reaktiver Fettkörper zur Hydrophobierung

   1% synthetischer Oberflächenfetter
   2% elektrolytbeständiger, sehr stabiler Durchfetter   } emulgiert
   0,5% die Einfärbung fördernder Penetrator

   6% Lederspezialfarbstoffe   30 Min.
350% Wasser 70°C   15 Min.
   3% Ameisensäure 85% 1:5   60 Min.

Flotte ablassen, kalt spülen, 48 Stunden aufbocken, ausrecken, 1 Min. vakuumtrocknen 80°C, hängend trocknen, einspänen, spannen, schleifen mit 320 Papier 3 Quartiere, entstauben.

Nubuk ist ein Spezialleder, und entsprechend speziell ist auch die obige Rezeptur. In unserem Zusammenhang ist zu verallgemeinern: die Phase kurzer Flotte und niedriger Temperatur von 20°C dauert nur 30 Minuten, dann ist die Durchfärbung erreicht. Der Farbstoff wird in einen Plastikbeutel gegeben, der durch die Faßbewegung zerreißt. Die Zugabe der 350% Wasser bewirkt ein oberflächlicheres Abbinden des noch unverbrauchten Farbstoffes und eine deutliche Steigerung der Farbstärke und der Brillanz der Oberflächenfärbung.

1.3 Das Färben im Automaten. Man unterscheidet hier zwei Möglichkeiten: das Färben in sog. Sektorengerbmaschinen[51] und in sog. Gerbmischern[52]. Ein gemeinsamer Vorteil aller Automaten ist ihr unempfindliches Baumaterial, meist V2A- oder V4A-Stähle. Die Unempfindlichkeit dieses Materials gegen alle einschlägigen Chemikalien und die Möglichkeit einer schnellen und vollständigen Entflottung lassen die vollkommene Trennung der einzelnen Arbeitsgänge und die problemlose Färbung der verschiedensten Nuancen von pastell bis schwarz hintereinander in einem Gefäß zu. Sämtliche Automaten sind mit einem Flottenumlaufsystem verbunden, das eine schnelle und gleichmäßige Einbringung der Zugaben von der Mitte des Apparates her ermöglicht. Wir erinnern uns, daß eine schnelle und gleichmäßige Verteilung der Chemikalien im Gerbegefäß eine der Grundvoraussetzungen für die Egalität der Färbung ist. Mit dem Umlaufsystem der Flotte ist eine Prozeßsteuerung verbunden, die die Zugabe von kaltem und heißem Wasser, verschiedene Drehgeschwindigkeiten und -richtungen, Konstanthalten oder temporäres Steigern der Temperatur, Steuerung des pH-Wertes, die Zugabe verschiedener Stammlösungen usw. erfaßt. Dabei kann die Freiheit der Zugabe von Hand oder durch individuellen Eingriff in den Prozeß durchaus erhalten bleiben. Dieses Bündel interessanter technischer Steuerungsmöglichkeiten eröffnet dem Lederfärber eine neue Dimension zu ausgefeilteren Arbeitsweisen, wie sie z. B. in der Textilbranche schon gehandhabt werden. Die durch die automatische Steuerung erreichbare größere Sicherheit erlaubt es auch, die größere Faßkapazität dieser Automaten risikolos voll zu nutzen. So sind automatisch gefahrene Partien von 600 Häuten heute durchaus Stand der Technik, wobei in 24 Stunden zwei Partien bewältigt werden könnten, d. h. ca. 60000 Quadratfuß. Wegen der gleichmäßigeren Verteilung der Last ist der Leistungsbedarf der Automaten deutlich niedriger. Auch der Bedarf an Raum in Fläche und Höhe ist gegenüber der Aufstellung von Fässern geringer. Für viele Artikel ist die geringere Walkwirkung der Automaten von großer wirtschaftlicher Bedeutung, weil z. B. bei dünnen Bekleidungsledern keine Ein- und Abrisse die Produktion kalkulatorisch belasten. Die technischen Details der Automaten sind ausführlich in Band 7 dieser Reihe dargestellt.

1.3.1 Das Färben in Sektoren-Gerbmaschinen. Im Vergleich zum Faß erfährt das Färbegut in Sektorengerbmaschinen eine viel geringere mechanische Beanspruchung. Es bestand schon immer das Bedürfnis, dünne und empfindliche Leder, wie Kleintierfelle und Schlangen, unter schonender mechanischer Beanspruchung zu färben. Man hat zum Färben für solches empfindliches Material Haspelgeschirre benutzt[53]. Die Haspelbehandlung ist zwar schonend, und Zerreißungen, Verknotungen und Scheuerstellen sind ausgeschlossen; aber das Färben im Haspel hat erhebliche Nachteile: man muß in langen Flotten arbeiten (400%), dadurch resultiert eine langsame Auszehrung, ein schlechtes Chemikalienrendement und infolge davon eine hohe Abwasserbelastung. Dazu kommt der hohe Arbeitsaufwand beim Entladen der Haspel. All diese Gründe haben dazu beigetragen, die Färbung im Haspel durch die Sektorengerbmaschine zu verdrängen. Aber dieser Automat hat doch weit über das beschränkte Gebiet der schonenden Haspelfärbung hinausgreifend eine allgemeine Bedeutung als Gerbereimaschine gewonnen. Wird nämlich die gesamte Technologie von der Weiche (im 20 m³-Typ) bis zur Färbung (im 10 m³-Typ) in Sektorengerbmaschinen durchgeführt, so resultieren eine verbesserte Narbenverbundenheit, Weichheit, kleinere Flämen, weniger Narbenzug und in der Färbung eine deutlich verbesserte Egalität und Reproduzierbarkeit[54]. Der schonenderen Walkwirkung in den Sektorengerbmaschinen ist wohl auch zu danken, daß es nunmehr gelingt, sehr große Partien, z. B. bis 3,5 t, ohne irgendwelche Qualitätseinbuße zu färben. Man muß auch bewerten, daß diese schonende Bearbeitung des Fasergefüges, wenn sie von der Weiche bis zur Färbung gehandhabt wird, auch schwer in Normen zu fassende Qualitäten bewirkt, wie z. B. einen geschlossenen, dichten Schliff bei Velours. Allerdings hat diese geringere Walkwirkung natürlich auch Nachteile. Da ist färberisch vor allem die wesentlich schwierigere Durchfärbung zu bewältigen. Man kann diese Schwierigkeit im Gegenssatz zum Faß nicht durch ein Pulververfahren überwinden, weil die Sektorengerbmaschine mindestens 100% Flotte auf Falzgewicht benötigt, wenn das Material bis zur Achse hin genügend von der Färbeflotte benetzt werden soll. So ist die Durchführung nur durch stärkere Neutralisation, höheren pH-Wert des Färbebades, tiefere Temperaturen im Anfang der Färbung und entsprechend verlängerte Färbezeiten zu erreichen. Die für die Färbung beobachtete oberflächlichere Ablagerung gilt natürlich auch für die Nachgerbung und die Fettung, was bei der Zusammenstellung der Rezeptur berücksichtigt werden muß. Eine häufige Schwierigkeit der Sektorengerbmaschine ist die Entladung: vielfach rutscht das Färbegut nach Abschluß der Färbung nicht aus der Maschine und muß mühsam von Hand aus den Sektoren gezogen werden. Zum Schluß sei noch auf die Schwierigkeiten beim Anlaufen einer Sektorengerbmaschine in einer Färberei für Schweinsvelours eingegangen[55]. Die erste Schwierigkeit ist das Optimieren der Beschickung. Man sollte für die ersten Testpartien nie mehr als 70–80% der Beschickungsangabe des Maschinenlieferanten einsetzen. Dies gilt für gefalzte feuchte Leder; bei zwischengetrockneten Ledern hängt die Beladung der Maschine von der Störrigkeit des Materials ab; oft erreicht man dann die 70–80% der Lieferantenangabe für die Beschickung mit zwischengetrockneten Ledern nicht, sondern nur 50%. Diese Schwankungen in der Beschikkung müssen bei der Dosierung der Flotte berücksichtigt werden, die bei feuchten Ledern, je nach Trocknungsgrad derselben, zwischen 80 und 120% auf Falzgewichte betragen sollte. Eine weitere Schwierigkeit ist, daß infolge der geringen Bewegung in der Sektorenmaschine die Leder während der Färbung manchmal zusammenkleben, wodurch Berührungsflecken entstehen. Auch dieses Problem ist durch Verschiebung des Verhältnisses von Beladung und Flotte anzugehen. Wenn man im Faß bei zwischengetrockneten Ledern mit einem Flottenverhältnis von 1000% arbeitet, in Sektorengerbmaschinen dagegen mit 400% Flotte auf Trockengewicht, so resultiert im zweiten Fall eine viel höhere Farbstoffkonzentration in der Flotte, die natürlich ein unterschiedliches Ziehverhalten der Farbstoffe bedingt. Dieses andere Ziehverhalten muß dem jeweiligen Leder angepaßt kompensiert werden, meist indem man in Neutralisation und Färbeflotte höhere pH-Werte fährt, die Einfärbung fördernde Hilfsmittel einsetzt und die Temperatur niedriger hält.

Ganz allgemein und grundsätzlich sollte man im Färbeautomaten dazu übergehen, das Steuerungselement Temperatur gezielt einzusetzen, indem man zwischen 30 und 40°C anfährt und die Temperatur bis zur Fettung auf 50–60°C steigert. Die Fettung sollte man mit stabilen Lickerkombinationen führen. Ein Engpaß der heute auf dem Markt befindlichen Automaten ist ein zu langsamer Fluß des Flottenkreislaufes, über den ja die Zugaben erfolgen. Dadurch kommt man manchmal mit den Zugaben in Zeitdruck; man sollte deshalb bei allen Neuinstallationen auf eine stärkere Flottenumwälzung als üblich drängen. Aus Gründen der schnellen und effizienten Verteilung haben in den letzten Jahren Maschinen, die eine Zwischenstellung zwischen Gerbfaß und Sektorengerbmaschinen einnehmen, auch für die Färbung vermehrte Aufmerksamkeit gefunden[56].

Rezeptur 3: Nachgerbung und Färbung von Rindmöbelleder (1,0 mm) in der Sektorengerbmaschine

3,5 t = 600 Haut = 3000 m²

Waschen
200% Wasser 40°C   4,0 pH   20 Min.
Flotte ab

Nachgerbung Behälter 1
200% Wasser 40°C
   3% vegetabil. Gerbstoff
   1% Syntan
   2% sulfitierter Tran   90 Min.

Neutralisation Behälter 2
   1,5% Natriumsulfit 40°C
   1,5% Natriumhydrogencarbonat   6,0 pH   60 Min.
Flotte ab

Waschen
200% Wasser 40°C   10 Min.
Flotte ab

Färbung
200% Wasser 40°C
   1,5% Ammoniak techn.   6,5 pH, Dosierung automatisch   20 Min.

Erste Färbung Behälter 3
2,5% Farbstoff A 40°C bis 55°
  1% Farbstoff B	6,5 pH bis zur Durchfärbung	30 Min.

Fettung Behälter 4
  10% Reinfett 55°C	6,5 pH	60 Min.

Absäuern
  2% Ameisensäure 85% 55°C	4,0 pH, Dosierung automatisch	30 Min.

Zweite Färbung Behälter 5
  2% Farbstoff A 55°C	4,0 pH
  2% Farbstoff B	 	40 Min.

Absäuern
  1,5% Ameisensäure 85% 55°C	3,5 pH, Dosierung automatisch	30 Min.
Flotte weg

Waschen
200% Wasser 20°C	 	15 Min.

Die Gesamtdauer der Färbung beträgt 7–7,5 Stunden. Bemerkenswert an dieser Rezeptur ist das Hinauffahren der Temperatur während der ersten Färbung von 40°C auf 55°C und die automatische, pH-gesteuerte Dosierung des Ammoniak und der Ameisensäure.

1.3.2 Das Färben im Gerbmischer. Über das Färben im Gerbmischer liegen in Europa aus laufender Produktion nach Wissen des Verfassers kaum Erfahrungen vor. Die meisten mit Gerbmischern ausgerüsteten Betriebe haben natürlich in dem neuen Gerät die eine oder andere Färbung durchgeführt, jedoch waren die Ergebnisse dieser Versuche nicht dazu angetan, diese Perspektive weiter zu verfolgen. Dagegen wurde in den Vereinigten Staaten auf dem Höhepunkt der Mixerwelle in einer kürzeren und breiteren Spezialausführung dieses Gerätes auch gefärbt. Mit Auslaufen der Schleifboxära ist aber auch in den USA der Gebrauch des Gerbmischers zum Färben rückläufig[57]. So verbleiben als einzige Quelle über den Mischer als Färbegerät Laborarbeiten der Institute[58]. Der größte Vorteil des Gerbmischers gegenüber dem Faß und der Sektorengerbmaschine ist die leicht rationalisierbare Be- und Entladung. Gegenüber der Sektorengerbmaschine besteht weiter die Möglichkeit, auch in kurzen Flotten, aber nicht unter 60% zu arbeiten; kurze Flotten sollte man aber im Mixer nur bei Ledern einsetzen, die später zugerichtet werden, weil Scheuerstellen leicht entstehen. Temperatur, pH-Werte, Zugaben werden über ein Umlaufsystem gemessen, aufgezeichnet und automatisch geregelt. Damit ist eine wirkungsvolle Prozeßkontrolle gegeben. Die oben zitierten Arbeiten stellen für den Bewegungsablauf eine Drehzahlschwelle fest. Wenn dieselbe unterschritten wird, sollen Scheuerstellen und »Rollen« auftreten. Für die Färbung sollte man 12–15 Umdrehungen pro Minute fahren. Die Ladung sollte zwischen 18 und 23% des Gesamtvolumens betragen, dazu 150–200% Flotte auf Falzgewicht. Kunststoffbeschichtete Mixer haben sich nicht bewährt. Weitere technische Angaben zu Gerbmischer sind dem Band 7 dieser Reihe[59] S. 207 zu entnehmen.

2. Kontinuierliche Färbeverfahren

Unter kontinuierlichen Färbemethoden sollen alle Durchlaufverfahren verstanden werden. Für den Durchlauf ist eine gewisse innere Festigkeit des Leders notwendig, weil extrem dünne und weiche Leder wegen der Schwierigkeit, sie schnell genug glatt und ohne leichte Faltung aufs Band zu bringen, für Durchlaufverfahren meist weniger geeignet sind. Weitere Voraussetzung für gute Ergebnisse dieser Verfahren ist eine gleichmäßige Saugfähigkeit der Leder, die durch entsprechend sorgfältige Vorarbeiten einzustellen ist. Hierzu ist günstig, in der Endphase der Chromgerbung einen geringen Prozentsatz eines Syntans zuzugeben, durchzuneutralisieren, stabil und keinesfalls narbenaffin zu fetten und kleberfrei zu trocknen. Weiter empfiehlt es sich, die Leder durch sorgfältiges Waschen auf einen Elektrolytgehalt möglichst unter 1,5% zu bringen. Mit einem Wort: man muß sozusagen auf die kontinuierliche Färbung hin gerben.

Die Leistung kontinuierlicher Färbemethoden ist abhängig von der Bandgeschwindigkeit und der Maschinenbreite. Erstere ist begrenzt durch die Leistung der Arbeiter beim Auflegen und die Tatsache, daß zu hohe Bandgeschwindigkeiten einen Abfall an Fülle und eventuell sogar an Egalität der Färbung mit sich bringen. Zu schmale Maschinenbreiten führen bei Spritzmaschinen zu einem einschneidenden Abfall der Produktivität, bei der Durchlauffärbemaschine zu Maßverlusten durch vermehrte Zwickelbildung. Alle diese Einschränkungen haben dazu beigetragen, daß außer der Spritzfärbung kontinuierliche Verfahren der Lederfärbung den Durchbruch zu einer breiten Anwendung bisher nicht geschafft haben. Doch die Tendenz unserer Lederwirtschaft, ökologisch schwierige und arbeitsintensive Prozesse der Lederfertigung nach Übersee zu verlagern, verursacht einen steigenden Import von Halbfabrikaten aus diesen Ländern. Da bei kontinuierlichen Färbeverfahren eine Broschur nicht notwendig ist, bieten sich dieselben für Crustleder an; dies eröffnet ohne Zweifel für kontinuierliche Verfahren eine beachtliche Perspektive.

2.1 Die Durchlauffärbemaschine.[60] Vor etwa 20 Jahren wurde von Mitarbeitern der Firma Staub, Männedorf[61], die Durchlauffärbemaschine entwickelt und in die Produktion dieser Firma eingeführt[62]. Die Leder dieser Firma wurden nach einer sehr hellen Nachgerbung, einer stabilen Fettung und einem kräftigen Waschen zwischengetrocknet und in der Borke sortiert. Dieses Sortieren aus der Borke bietet natürlich Vorteile hinsichtlich treffsicherem Erkennen von Fehlern, Losnarbigkeit, Spaltfehlern; es ergibt sehr einheitliche Sortimente hinsichtlich endgültiger Stärke und Größe der Leder. Außerdem sind zwischengetrocknete Leder weicher als durchgehend bearbeitete Partien. Zudem ist man mit einem Zwischenlager im Stande, innerhalb von 14 Tagen auch schwierige Kundenwünsche prompt zu erfüllen. Die Durchlauffärbemaschine vermittelt also größere Marktnähe. Das tut auch die Spritzfärbung, aber sie erfüllt nicht die hohen Anforderungen an die Lichtechtheit von Anilinledern, und außerdem wird die ungefärbte Fleischseite von den Abnehmern immer noch als Qualitätsmanko bewertet.

Eine ausführliche Beschreibung der Durchlauffärbemaschine und ihrer Funktion ist im Band 7 dieser Buchreihe gegeben[63]; hier werden nur die färberischen Voraussetzungen dieses Verfahrens behandelt. Nicht jedes Leder kann auf der Durchlauffärbemaschine gefärbt werden. Es gibt zu denken, daß in einer Versuchsreihe verschiedener Nachgerbungen und Fettungen der unbehandelte O-Versuch sich am gleichmäßigsten auf der Multima[64] färbte[65].

Mit Syntan nachgegerbte Leder färbten sich deutlich egaler als solche mit Mimosa. Unstabile Fettung verursacht wolkige Färbung. Selbstverständlich zeichnen sich Kleberreste ab; gepastete Leder sind deshalb ungeeignet. Durch intensives Waschen sollte ein möglichst niedriger Elektrolytgehalt des Leders angestrebt werden.

Das so vorbehandelte, gut und gleichmäßig saugfähige Leder läuft mit dem Rücken voraus über ein Band mit 4–5 m/min. in die etwa 80 cm breite Wanne ein, die die warme Färbeflotte enthält. Die Wanne passiert das Leder auf der breiten Maschine in etwa 5 Sekunden (auf der schmalen in 10), um dann zwischen einer Gummi- und einer Edelstahlwalze abgequetscht zu werden. Bei dem Durchgang nehmen die Leder je Hälfte (20 qfs./1,4 mm Dicke) etwa 2 Liter der Färbeflotte auf, etwa 20% davon werden abgequetscht; nach dem Abquetschen enthalten die Leder etwa 80% Flotte. An der Durchlauffärbemaschine sind die Bandgeschwindigkeiten, die Umdrehungsgeschwindigkeiten und der Preßdruck der Abquetschwalzen, der Abstand der Transportbänder in der Wanne und schließlich die Umwälzung der Flotte zwischen Wanne und Vorratsgefäß einstellbar. Durch diese Einstellungen sind die Aufnahme der Färbeflotte durch die Leder zu beeinflussen und Abdrücke der Transportbänder in der Wanne zu vermeiden. Je höher die Temperatur der Färbeflotte ist, desto fester ist die Bindung der Farbstoffe und desto besser sind die Echtheiten der Färbung. Von überragender Bedeutung für die Tauchfärbung in der Durchlauffärbemaschine ist die Auswahl der Farbstoffe und Lösungsmittel. Farbstoffe für kontinuierliche Verfahren ganz allgemein müssen schnell abbinden. Diese Bedingung erfüllen Pulverfarbstoffe weniger, besonders wenn sie größere Mengen an Salzen als Stellmittel enthalten (s. S. 49). Denn bei diesen liegt der Farbstoff frisch gelöst nicht als reaktives Einzelmolekül, sondern als ein in sich abgesättigtes Aggregat vor; es ist darum unvermeidlich, daß ein Teil des Farbstoffs vom Leder ungebunden auftrocknet. Selbstverständlich sind die Echtheiten solcher Färbungen, besonders die Wassertropfenechtheit, völlig ungenügend. In Flüssigfarbstoffen liegen durch die Abwesenheit von Stellmitteln und durch die Wirkung der Lösemittel die Farbstoffe in einem viel reaktiveren Zustand als in Pulverfarbstoffen vor. Diese höhere Reaktivität ist der Grund dafür, warum Flüssigtypen der Metallkomplexfarbstoffe heute bei allen kontinuierlichen Färbeverfahren und besonders bei der Durchlauffärbemaschine das Feld beherrschen. Dabei bestehen zwischen den einzelnen Flüssigsortimenten deutliche Unterschiede im Egalisieren, die auf die unterschiedliche Eignung der bei Konfektionierung der Farbstoffe zur Anwendung kommenden Lösemittel zurückzuführen sind. So sind langsam verdunstende Hochsieder weniger geeignet, weil sie während der Trocknung lange im Leder bleiben und durch Migration der Anlaß zu Wolkenbildung und anderen Unregelmäßigkeiten sein können. Auch ungenügende Überspritzechtheiten in der folgenden Zurichtung oder das Durchlagen von Färbungen bei einem heißen Bügeln verursachen ungenügend entfernte Hochsieder. Wenn man außer dem bewährten Isopropanol (bis 150 cm^3/l) keine Hochsieder in die Färbeflotte eingebracht hat, so liegt die Ursache der obigen Schwierigkeiten in der Lösemittelkombination der verwendeten Flüssigfarbstoffe. Um der geschilderten Schwierigkeiten Herr zu werden, wechselt man dann das Flüssigfarbstoffsortiment. Flüssigfarbstoffe dosiert man zwischen 5 und 80 g im Liter; dabei kann man davon ausgehen, daß bei Dosierungen unter 30 g/l die Lichtechtheit nicht ausreichend sein wird; bei Dosierung von 50 g/l ist eine satte Oberflächenfärbung zumeist erreicht, und alle Dosierungen über 50 g/l dienen der Verstärkung der Anfärbung im Schnitt. Außer Farbstoffen und Lösemitteln werden Netzmittel in die Färbeflotten der Durchlauffärbemaschine eingebracht. Sowohl Lösemittel als auch Netzmittel lassen die Färbeflotte tiefer in den Lederschnitt eindringen. Jedoch sind Netzmittel – meist nichtionogene Spezialtypen – sehr mit Vorsicht zu dosieren: 5 g/l sind ohne Auswirkung auf die Wasserechtheiten, Dosierungen über 10 g/l ergeben mit Sicherheit schlechtere Echtheiten, manchmal auch Schwierigkeiten in Egalität und Reproduzierbarkeit. Auch nach der eigentlichen Färbung sind durchlaufgefärbte Leder empfindlich gegenüber den Trockenbedingungen. Man muß alle Situationen vermeiden, bei denen örtliche Unterschiede in den Trockenbedingungen oder einseitige Trocknungen auftreten können. So färben sich alle Zipfel, die aus einem flachen Stoß nach dem Abquetschen herausragen, dunkel; Berührungen beim Hängetrocknen zeichnen sich ab; Aufliegen auf Stangen und Gitter werden auf der Gegenseite sichtbar. Diese Anfälligkeit gegen Färbefehler wird sofort klar, wenn man sich den völlig von dem gewohnten abweichenden Färbemechanismus dieses Verfahrens vergegenwärtigt. In den Anfängen hat die Tatsache, daß selbst bei Durchlauf großer Partien die Zusammensetzung der Farbflotte in der Wanne unverändert blieb, großes Erstaunen ausgelöst. Dies kann nur geschehen, wenn das Leder bei Durchlauf rein mechanisch ohne Reaktion wie ein Löschpapier Flotte aufnimmt. Beim Abquetschen wird noch unveränderte Flotte abgepreßt. Erst nach dem Abquetschen – unterstützt durch diese mechanische Einwirkung – ist das Leder soweit rehydratisiert, daß eine Abbindung des Farbstoffes beginnt. Dies ist daran zu erkennen, daß die herausgedrückte Flotte mehr und mehr an Färbung verliert. Nach etwa 10 Minuten ist ausgetretenes Wasser farblos, die Färbung also abgeschlossen. Wie bei jedem kontinuierlichen Verfahren verbleibt auch bei der Durchlauffärbung eine Maschinenfüllung – d. h. bei der breiten Maschine etwa 200 l, bei der schmalen etwa 100 l – als Restflotte, die nach Tagen wiederverwendet werden muß. Bei diesen Restflotten ist sorgfältig darauf zu achten, daß sich nicht auch bei der Färbetemperatur von 60–70°C unlösliche Niederschläge bilden. Sollte dies der Fall sein, ist der Ansatz zu verwerfen, weil sonst die Gefahr von Stippenbildung auf dem Leder gegeben ist.

Das Färben auf der Durchlaufmaschine ist das einzige kontinuierliche Verfahren, das Echtheiten in der Größenordnung der Faßfärbung erreichen läßt, wenn man vergleichbare Farbstoffmengen anwendet[66]. Als ungefährer Anhalt mag gelten: einer einprozentigen Färbung im Faß auf Chromleder entspricht folgender Normalansatz auf der Multima:

Rezeptur 4:

```
 60 Tl. Flüssig-Farbstoff
100 Tl. Isopropanol
  5 Tl. Netzmittel
835 Tl. Wasser
```
1000 Tl.

Bei Aufnahme von 2 l Färbeflotte durch eine Hälfte (20 qfs) enthält dann die Färbung etwa 1 g Farbstoff pro Quadratfuß.

Tauchgefärbte Leder können auch vakuumgetrocknet werden, wenn die Leder mindestens 30 Minuten nach der Färbung Narben auf Narben auf einen flachen Stapel gesetzt wurden. Bei diesem Arbeitsgang muß sorgfältig darauf geachtet werden, Falten und Luftblasen zu vermeiden, weil diese sich dunkler abzeichnen.

2.2 Das Spritzfärben. Das Spritzfärben ist seit langem Stand der Technik; es hat die Bürstfärbung großflächiger Leder abgelöst. Heute wird es durchweg auf Spritzmaschinen durchgeführt. Die im Spritzverfahren erzielbaren Echtheiten sind denen vergleichbarer Faßfärbung immer unterlegen. Allerdings gleicht man dieses Manko mehr und mehr durch die Verwendung hochwertiger Farbstoffe aus. Die Spritzfärbung wird breit eingesetzt für Schleifboxleder nach dem Schliff, für Crust und Borkeleder, zur Korrektur von Fehlfärbung und zur Farbvertiefung von Velours. Eine Spielart der Spritzfärbung, die aber bereits der Deckfarbenzurichtung zuzuzählen ist, ist das Spritzen angefärbter Grundierungen. Die der Faßfärbung unterlegenen Echtheiten und die ungefärbte Fleischseite kann man ausgleichen, indem man die Produktion in sechs helleren Grundtönen im Faß einfärbt und im Spritzverfahren die Modetöne des Angebotes je nach Abruf schnell einstellt. Dieses Verfahren hat den Vorteil, bessere Echtheiten und eine gefärbte Fleischseite mit schnellerer Lieferfähigkeit zu verbinden, und man sagt vorgefärbten Ledern ein besseres Egalisieren im Spritzverfahren nach. Das Spritzverfahren macht aber auch Phantasieeffekte wie Fleckleder, Sprenkeleffekt, Zweifarbeneffekte, Marmorierungen, Schattierung durch schiefes Spritzen geprägter Leder usw. zugänglich. Die Spritzaggregate der Lederfärbung stehen immer in den trockenen Räumen der Zurichtung.

Die technischen Voraussetzungen der Spritzfärbung sind im Band 6 S. 171 und 7 S. 378 dieser Buchreihe ausführlich dargestellt. Hier werden nur einige Ergänzungen im Hinblick auf die Färbung gegeben. Im Interesse der Qualität sollte man der Färbung nicht eine ausgediente Spritzmaschine der Zurichtung zuweisen, sondern ein vollwertiges Gerät, z. B. einen Rundläufer mit acht Pistolen. Um eine genügende Einfärbung und genügende Abbindung zu erreichen, sollten die Leder fließend feucht die Spritzkabine verlassen, ohne daß sich Pfützen bilden oder sog. Nasen an den Rändern entstehen. Diese Forderung setzt eine gute und gleichmäßige Saugfähigkeit der Leder voraus. Im Narben verfettete Leder färben sich im Spritzverfahren unegal. Spritzfärbungen werden mit Bandgeschwindigkeiten von 18–20 m/min. geführt. Trotz dieser hohen Geschwindigkeiten muß für eine glatte und faltenfreie Auflage der Leder auf das Band gesorgt sein, da jede Falte durch den bewegten Spritzstrahl markiert wird. In manchen Fällen wird man gut beraten sein, wellige Leder vor der Spritzfärbung durch die Rotopress glattzulegen. Die hohe Bandgeschwindigkeit erfordert eine entsprechend weite Öffnung der Spritzdüsen, am besten zu einem Kreisstrahl. Für das Färben ist Airless-Spritzen günstiger als das Druckluftspritzen; denn in dem nasseren Milieu bindet die Färbung leichter ab und egalisiert besser, ganz davon abgesehen, daß man Rückprall, Sprühnebel und dadurch Flottenverluste reduziert. Die Trockenbedingungen sind in der Praxis nie optimal. Ideal wäre es, bei Zimmertemperatur nur durch die Luftumwälzung zu trocknen. Auf jeden Fall sollte vor dem Einlauf in den Trockner eine Bandstrecke ohne Einwirkung von Hitze dem besseren Abbinden dienen, im Trockner selbst steigert man die Temperatur in Stufen bis 80°C.

Ein wichtiger Grundsatz für die Zusammensetzung der Flotte einer Spritzfärbung ist es, keine Rezepturmittel einzusetzen, die Elektrolyte oder hydrophil machende Hilfsmittel enthalten. Denn ganz abgesehen von der größeren Wassersüffigkeit verursachen diese unerwünschten Inhaltsstoffe von Farbflotten eine ungenügende Wassertropfenechtheit, Grauschleier, unter Umständen Ausschläge. Die Hauptbestandteile einer Spritzflotte sind: der Farbstoff, das Lösungsmedium und eventuell Egalisier- oder Bindemittel. Durch ihren Salzgehalt sind Pulverfarbstoffe weniger geeignet, vielmehr sollte man Flüssig-Sortimente auch für die Spritzfärbung einsetzen. Dabei haben sich solche auf Basis von Metallkomplexfarbstoffen bewährt, weil deren hohe Echtheiten auch in der Spritzfärbung ein auskömmliches mittleres Niveau erreichen lassen. Allerdings sind Spritzfärbungen auf Basis von Metallkomplexfarbstoffen durchweg schlecht in den Migrationsechtheiten, so daß vor einer Verarbeitung so gefärbter Leder in Berührung mit Crêpe oder Kunststoff gewarnt werden muß. Stark nachgegerbte Leder ergeben auch in der Spritzfärbung leere und stumpfe Nuancen. Basische Flüssigfarbstoffe lassen auch auf stark nachgegerbten Ledern brillante und volle Färbungen erreichen, die allerdings ziemlich oberflächlich sitzen. Leider sind die Echtheiten solcher Färbungen nicht zu verantworten, so daß diese Methode unbedenklich nur zur Schönung von lichtechten Faßfärbungen auf nachgegerbten Ledern herangezogen werden kann.

Die zweite wichtige Komponente eines Spritzansatzes ist das Lösungsmittel. Durch das Lösungsmedium wird Einfärbung bzw. Deckung und die Haftung folgender Deckschichten beeinflußt. Je größer der Anteil des Wassers an dem Lösungsmedium ist, desto voller, oberflächlicher und deckender ist die Spritzfärbung. Umgekehrt: je höher der Anteil von Lösungsmitteln ist, desto gleichmäßiger und besser bindet sie ab. Am günstigsten verhalten sich mit Wasser mischbare Mittelsieder. Ausgesprochene Hochsieder ergeben schlechte Überspritzechtheiten und Verfärbungen bei heißem Bügeln. Nach allgemeiner Erfahrung haben sich Isopropanol und Ethylglykol für die Spritzfärbung gut bewährt. Dimethylformamid beeinflußt das Abbinden des Farbstoffes günstig.

Nach Möglichkeit wird man Lösungsmittel als Steuerungselement der Spritzfärbung bevorzugen, weil dieselben nach ihrer Wirkung verdunsten. Hilfsmittel verbleiben dagegen im Leder, was immer nachteilig ist. Oberster Grundsatz für die Dosierung von Hilfsmitteln in Spritzflotten sei: so wenig wie irgend möglich! Als Egalisiermittel werden Polyglykoläther, polyquartäre Amin-Ethylenoxyd-Addukte, ethoxylierte Fettamine und Fettalkohole und auch naphthalinsulfosaure Kondensate mit Formaldehyd in Mengen bis höchstens 20 g/l in Spritzansätze eingebracht.

Weniger problematisch ist die Verwendung von Bindemitteln der Zurichtung in der Spritzfärbung, soweit diese nicht zu stark dosiert werden. Das Bindemittel bewirkt ein oberflächlicheres Aufziehen der Farbstoffe. Es ist deshalb nützlich, durch die Einstellung einer guten Saugfähigkeit der Leder ein genügendes Eindringen der bindemittelhaltigen Flotte anzustreben. Das oberflächlichere Abbinden der bindemittelhaltigen Spritzflotte bringt eine höhere Farbstoffkonzentration in der obersten Schicht; dies kann sich unter Umständen in einer verbesserten Lichtechtheit gegenüber dem Versuch ohne Bindemittel auswirken.[67] (Tab. 13). Allerdings ist diese verbesserte Lichtechtheit eine reine Frage der Konzentrationsverteilung und nicht die Folge einer Interaktion von Farbstoff und Bindemittel[68]. Die Bindemittel wirken mehr oder weniger fixierend auf den Farbstoff, wodurch im Extrem die Möglichkeit gegeben ist, bis 200 g/l Flüssigfarbstoff in die Spritzflotte zu geben, ohne daß Reibechtheit, Wasserechtheiten und Schweißechtheit untragbar verschlechtert werden. Die hohe Farbstoffkonzentration verbessert natürlich die Lichtechtheit. Zwei Rezepturen sollen die bisher diskutierten Möglichkeiten veranschaulichen.

Tabelle 13: Lichtechtheit von Irgaderm Scharlach 2GL fl. mit verschiedenen Bindemitteln

100 g Farbstoff im Liter	100 cm^3 Flotte pro Quadratmeter
Spritzfärbungen	Lichtechtheitsnote
ohne Zusätze	3
+ Acrylat/Casein, PU-Lack	5–6
+ Acrylat/Casein, NC-Lack	4–5
+ Acrylat/Casein, NC-Emulsion	5

Rezeptur 5: Spritzfärbung mit anschließender Fixierung[67]

Spritzfärbung: 100 g/m^2; 20 m/min. Bandgeschwindigkeit

    100 g Flüssigfarbstoff
     50 g Ethylglykol
 50–350 g Isopropanol
800–480 g Wasser
  0– 20 g Polyglykoläther

auf 1000 g

Fixierung

    40 g eines kationischen Fixiermittels
  850 g Wasser
    10 g Ameisensäure 85%ig
  100 g Isopropanol

auf 1000 g

20 m/min. Bandgeschwindigkeit

       und

Spritzfärbung mit Bindemittel[69]

100 g/m^2; 20 m/min. Bandgeschwindigkeit

 50–100 g Flüssigfarbstoff
500–800 g Wasser
100–400 g Ethylglykol
 50–100 g 30%ige Polyurethandispersion

auf 1000 g

Je mehr organisches Lösungsmittel der Ansatz enthält, desto tiefer dringt die Spritzflotte ein. Nachdem Polyurethandispersionen den Narben kaum belasten, bleiben Griff, Narbenwurf und Narbenbild erhalten. Dabei bleibt der Narben offen, was daran zu erkennen ist: ein aufgebrachter Wassertropfen zieht schnell in das Leder ein, bildet keine Pustel und hinterläßt keinen Farbrand. Wenn man in obigen Ansatz sich an der oberen angegebenen Dosierungsgrenze des Farbstoffes und darüber bewegt, hat man nach dem Spritzverfahren ein Leder, das das Echtheitsniveau einer mittleren Faßfärbung durchaus erreicht. Allerdings sind die Vorarbeiten entsprechend auf die spätere Spritzfärbung auszurichten.

    Diese Tatsache belegt auch ein Vergleich der Echtheiten der Spritzfärbung gegen die Multima-Färbung mit 14 Irgaderm-Farbstoffen[67]. Danach liegt die durchschnittliche Lichtechtheit bei der Spritzfärbung bei 3, bei der Multima-Färbung mit den gleichen Farbstoffen bei 3,5, die durchschnittliche Wassertropfenechtheit bei 3,8 bzw. 3,9, allerdings die durchschnittliche Migrationsechtheit bei 1,5 bis 1,6. Wenn man die Farbstoffkonzentrationen in der Oberfläche beider Versuchsreihen errechnet, stellt man für die Spritzfärbung die doppelte Konzentration fest: der Echtheitsunterschied besteht also doch, er ist lediglich durch den

Tabelle 14: Abhängigkeit der Lichtechtheit von der Einsatzmenge des Irgaderm Marineblau BL flüssig bei Spritzverfahren

Einsatzmenge g/l	Lichtechtheit
10	2–3
50	3–4
100	4
200	5

Konzentrationsunterschied beider Verfahren überdeckt. Dies wird auch ohne weiteres einsichtig, wenn man die Abhängigkeit der Lichtechtheit von der Einsatzmenge auch beim Spritzverfahren betrachtet[67] (Tab. 14).

Es scheint so, daß beim heutigen Stand der Technik weniger die Lichtechtheit als vielmehr die Migrationsechtheit, mit ihr zusammenhängend die Überspritzechtheit und Heißbügelbeständigkeit, und die Schweiß- und Alkoholbeständigkeit für Möbelleder die Anwendbarkeit des Spritzverfahrens einschränken. Allerdings kann gerade hinsichtlich der Migrationsechtheit durch die Auswahl Sulfogruppen-haltiger Flüssigfarbstoffe eine große Verbesserung erzielt werden. Ganz allgemein ist auch ein Manko der Spritzfärbung, daß eine Reihe von Farbstoffen von dem organischen Material der folgenden Deckschichten »aufgesaugt« wird, wodurch bei der Tesaprobe oder bei Abschürfung der Deckschicht der Eindruck einer ungefärbten Lederoberfläche entsteht (siehe auch Abb. 41, S. 152, C.I. Acid Red 296).

2.3 Das Färben mit der Gießmaschine[69]. Die reine Gießfärbung ist technisch möglich, hat aber, soweit dem Verfasser bekannt geworden ist, in der Praxis keine breite Einführung erfahren. Davon ausgenommen sind angefärbte und bindemittelhaltige Narbenimprägnierungen und Grundierungen, die jedoch schon der Deckfarbenzurichtung zuzurechnen sind. Der Gießauftrag als solcher, die verschiedenen Typen der Gießmaschine, die Einstellung der Gießmaschine und der Gießflotte werden im Band 6 S. 178 und 7 S. 376 dieser Buchreihe ausführlich beschrieben.

Der wesentliche Unterschied der Gießfärbung zur Spritzfärbung ist der schlagartig plötzliche Flottenauftrag, der mindestens 100 g/m² beträgt. Die Dosierung des Auftrages wird beim geschlossenen System durch die Öffnung der Gießlippen, durch den Pumpendruck, durch die Bandgeschwindigkeit und durch die Viskosität der Gießflotte reguliert – eine sehr komplizierte Abhängigkeit ohne Zweifel. Der eigentlich geschwindigkeitsbestimmende Vorgang der Gießfärbung ist aber die Trocknung. Denn bei der niedrigsten Gießmenge von etwa 100 g pro m² muß der Trockner 60–80 g Wasser verdunsten. Für eine Bandgeschwindigkeit von 60 m/min., die diese niedrige Auftragsmenge erfordert, wäre die Dimension des Trockners nicht darstellbar, zumal noch eine Vorlaufstrecke von etwa 10 m der eigentlichen Trocknung vorgeschaltet werden muß. Deshalb sind in Gießmaschinen Beschleuniger eingebaut, die es ermöglichen, die Arbeitsgeschwindigkeit des Bandes (15 m/min.) während der Passage der Hälfte durch den Gießvorhang auf die notwendigen 60 m/min. zu steigern und nach dem Durchgang wieder auf 15 m/min. zurückfallen zu lassen. Für das Trockenproblem der Gießfärbung könnten Etagentrockner einiges Interesse haben[70].

Bei der Einstellung des Lippenabstandes muß beachtet werden, daß selbst bei gleichem Lippenabstand – mittels einer Fühllehre kontrolliert – keineswegs über die ganze Breite ein gleichmäßiger Fluß erfolgt. Vielmehr nimmt er nach der Seite des Farbablaufs leicht ab, und es resultiert durchaus auch eine größere Empfindlichkeit des Vorhanges nach dieser Seite. Man kann diese Ungleichmäßigkeit bei laufendem Farbansatz leicht einregulieren, weil die ungleichmäßige Vorhangstärke durch unterschiedliche Farbintensität deutlich sichtbar ist. Die Fallhöhe des Vorhangs kann zwischen 14 und 22 cm variiert werden. Bei höherer Fallhöhe paßt sich der Vorhang »elastischer« leichten Unregelmäßigkeiten der zu begießenden Lederoberfläche, besonders an den Rändern, an, wodurch Leerstellen und ungefärbte Zwickel vermieden werden. Aber bei größerer Fallhöhe ist der Vorhang auch empfindlicher gegen Luftzug und Inhomogenitäten der Gießflotte; dies kann in etwa durch eine etwas höhere Dosierung der Gießpaste ausgeglichen werden. Eine ganz wichtige Voraussetzung einer einwandfreien Gießfärbung ist die erschütterungsfreie Aufstellung der Maschine. Ist diese Voraussetzung nicht gegeben, resultieren streifige Färbungen, die den Rhythmus der Erschütterungen nachzeichnen. Schließlich ist natürlich ein entscheidender Parameter der Gießfärbung die Gießflotte selbst. Eine nicht stabilisierte Farbstofflösung hat eine Viskosität von 11 sec. im Fordbecher mit 4 mm Auslaufdüse. Mit 12–14 sec. wird eine Farbstoffflotte gießbar. Man gibt solange Gießpaste in die Farbstofflösung, bis diese Viskosität erreicht ist, das sind zwischen 60 und 120 g/l. Der Festkörpergehalt dieser hochpolymeren Acrylsäuren – bzw. Acrylsäureamid-Lösungen ist so gering, daß Griff, Narbenwurf und Saugfähigkeit der Leder durch die Gießfärbung nicht negativ beeinflußt werden.

Rezeptur 6: Beispiel einer wäßrigen Flotte für die Gießfärbung

  100 Tl. Flüssigfarbstoff
    0– 50 Tl. Dimethylformamid
730–820 Tl. Wasser
  80–120 Tl. Gießpaste

auf 1000

Viskosität: 12–13 Ford-Sekunden (4 mm)
Bandgeschwindigkeit unter dem Gießkopf: 60 m/min.
Auftragsmenge: 100 g/m^2

Organische Flotte für die Gießfärbung[71]

  100 Tl. Flüssigfarbstoff
  450 Tl. Ethylglykol
  400 Tl. Dimethylformamid
   50 Tl. 30%ige Emulgator-freie Dispersion eines
       wasserverträglichen Polyurethanadduktes

auf 1000

Viskosität: 14 Ford-Sekunden
Bandgeschwindigkeit: 60 m/min.
Auftragsmenge: 100 g/m^2

Die Möglichkeiten der Echtheiten sind dieselben wie bei der Spritzfärbung. Die Wassertropfenechtheit ist besonders beim Arbeiten in organischem Medium ausgezeichnet, die Migrationsechtheit deutlich besser mit der Polyurethandispersion. Es ist nun noch die Frage, welche Leder der Gießfärbung zugänglich sind. Wie für die Spritzfärbung ist eine gute und gleichmäßige Saugfähigkeit Voraussetzung des Verfahrens. Zur Überwindung des Gitterrostes über der

Gießrinne und zur Durchstoßung des Vorhanges bedürfen die Leder einer gewissen Konsistenz und eines gewissen Impulses, der mit sehr weichen Ledern oft nicht darstellbar ist. In manchen Fällen kann man sich durch Unterlegen eines Pappkartons unter den zuerst durchlaufenden Teil des Leders helfen.

Zusammenfassend: Vorteile der Gießfärbung sind optimale Sortierung, schnelle Realisation vom Zwischenlager, hohe Produktivität, geringe Arbeitskosten, bestmögliche Materialausnutzung, geringe ökologische Belastung bei leidlichen Echtheiten der Leder. Nachteilig ist die Empfindlichkeit des Verfahrens gegen Störungen, wie Zugluft, Vibration, Koagulaten in der Flotte, die aufwendige Trocknung und die Unmöglichkeit, durch Nachnuancieren Korrekturen im laufenden Verfahren anzubringen.

2.4 Färben auf Druckmaschinen. Drucken ist für die Erstellung modischer Effekte wie sog. Naturnarben, Wolkendessins, Porennarben, Wischeffekte, Marmorierung, Tamponiereffekte usw. in der Zurichtung bei einer ganzen Reihe von Firmen mit Erfolg in Anwendung[72]. In der Lederfärbung muß das Drucken als das sparsamste und ökologisch günstigste Verfahren erst seine Anerkennung finden. Das größte Hindernis für die breite Einführung dieses Verfahrens ist dessen Anspruch auf eine ganz gleichmäßige Dicke des zu bedruckenden Materials. Toleranzen von 0,2 mm Unterschied über die Fläche werden gerade noch überbrückt. Das bedeutet aber, daß tiefe Halsriefen, tiefliegende oder aufsteigende Adern, Spaltfehler und sonstige Unregelmäßigkeiten wie schwächer gefärbte oder ungefärbte Stellen, sich abzeichnen. Sehr weiche und zügige Leder und solche unter 1 mm Dicke lassen sich nur schwer faltenfrei durch die Druckmaschine fahren. Voraussetzung für das Druckverfahren sind auf Fleischseite und Narbenseite staubfreie, kleberfreie und saubere Leder. Für die Aufstellung der Maschine muß ein exgeschützter und staubfreier Raum zur Verfügung stehen. Beim Druckfärben kommt man nicht mit einer Rasterwalze aus, sondern man benötigt mehrere derselben, weil die Dosierung durch die Struktur des Rasters gesteuert wird. Da die Druckmaschine an das zu bedruckende Leder sehr spezielle Anforderungen stellt, tut man gut daran, die gesamte Technologie auf ein flaches, kompaktes, gleichmäßig dickes Leder einzustellen. Solche Schritte sind: ein sehr flacher Äscher, der die Riefen wenig ausprägt; eine flache Chromgerbung – Spalten nach der Chromgerbung – ein sorgfältiges Nachegalisieren auf der Falzmaschine oder ein Trockenfalzen nach der Vakuumtrocknung und schließlich ein sorgfältiges Sortieren auf die oben aufgeführten Fehler.

Man unterscheidet drei Möglichkeiten, nämlich den Direktdruck, das Indirektverfahren und das Dosierspaltverfahren. Sämtliche Verfahren sind im Band 7 dieser Reihe beschrieben und die Maschinen abgebildet[73]. Für die einfache Färbung eignet sich bestens das Direktverfahren: Nach Passage eines Andruckbandes läuft das Leder auf einem Transportband mit 12–20 m/min. zwischen der Rasterwalze und einer Gegenwalze, die von unten andrückt, durch. Die Rasterwalze nimmt von einer Füllrakel die hochkonzentrierte Farbstofflösung in organisch/wäßrigem Medium ab. Dabei genügt für dieselbe eine Fordviskosität (4 mm) von 10–12 sec., d. h. praktisch die Viskosität wäßriger, unverdickter Farbstofflösungen. Verletzungen der Rakelschneide verursachen Unregelmäßigkeiten im Auftrag, die sich als Strich abzeichnen. Gleiches bewirken Inhomogenitäten in der Druckflotte, weshalb dieselben vor Gebrauch sorgfältig abzusieben sind.

Wieviel Farbflotte man auf ein Leder auftragen kann, hängt natürlich von der Saugfähigkeit desselben ab. Aber die eigentliche Dosierung ist durch die Auswahl der Rasterwalze bestimmt.

Je höher die Anzahl der Raster pro Quadratmeter ist, desto feiner und flacher ist die Rasterung und desto weniger Druckflotte überträgt die Walze auf das Leder. Die für unsere Zwecke gebräuchlichsten Raster sind die 24er und 36er Walzen. Dabei sollte die Viskosität der Farbflotte bei dem gröberen Raster höher sein. Die Auftragsmengen des Druckverfahrens können sich zwischen 0,8 g bis 12 g/qfs. bewegen, es sind mit diesen Verfahren also Feineffekte einzustellen, die selbst mit dem Spritzverfahren nicht erreichbar sind. Rein färberisch gibt das Druckverfahren Färbungen großer Gleichmäßigkeit bei mittlerem, etwa der Spritzfärbung entsprechendem Echtheitsniveau. Überraschend ist, daß man mit der Druckfärbung bei einem entsprechend hohen Anteil an organischen Lösungsmitteln eine gute Einfärbung erzielen kann.

Die Leistungsfähigkeit des Verfahrens ist schon mit 600 Hälften pro Stunde angegeben worden, was zu hoch ist; aber 400 Hälften sind bei einer Bandgeschwindigkeit von 20 m/min. durchaus realistisch. Die Materialverluste bewegen sich unter einem Prozent, die ökologische Unbedenklichkeit des Verfahrens ist beispielhaft. Dazu kommen die Ersparnisse an Trockenstrecke und Energie; der schnelle Farbwechsel verkürzt die Nebenzeiten. Durch entsprechende Farbstoffauswahl sind mittlere Lichtechtheiten durchaus zugänglich. Durch die Mitverwendung geeigneter Bindemittel – wie bei der Spritzfärbung besprochen – können die Wasserechtheiten und die Überspritzechtheit deutlich verbessert werden. Die Migrationsechtheit druckgefärbter Leder muß bei Verarbeitung mit Kunststoff und Crêpe immer beachtet werden; sie läßt sich verbessern, wenn man in den Flüssigfarbstoffen und im Lösungsmedium der Druckfarbe Hochsieder vermeidet und mit Mittelsiedern arbeitet.

Rezeptur 7: Rezeptur einer Druckfärbung[72]

200–300 g Flüssigfarbstoff
300–700 g Ethylglykol
500– 0 g Wasser
_____

auf 1000 g

24er Rasterwalze, Bandgeschwindigkeit 15 m/min.

Mit dieser Arbeitsweise werden 4 g Flotte pro Quadratfuß aufgebracht, was 1,2 g Flüssigfarbstoff bzw. 0,24 g 100%igem Farbstoff entspricht. Diese Farbstoffkonzentration auf der Lederoberfläche entspricht etwa einer 0,5%igen Faßfärbung (1,4 mm Lederdicke), wenn man bei dem Pulverfarbstoff 50% reinen Farbstoff rechnet. Um zu einer mittleren Lichtechtheit zu kommen, empfiehlt es sich, 8 g Druckflotte pro Quadratfuß aufzutragen, was durchaus möglich ist.

Abschließend zum Abschnitt Druckfärben sei noch auf den Filmdruck aufmerksam gemacht, der vereinzelt Anwendung findet für Phantasieeffekte auf Nubuk und Velours. Gedruckt wird bei diesem Verfahren auf waagerecht justierten Drucktischen, die eine Rapporteinrichtung tragen und die über einer Filzdecke mit leicht zu reinigenden Kunststoffplanen abgedeckt sind. Rapport ist im Textildruck die Musterwiederholung. Die Druckfarbe wird aus Siebkisten, z. B. 80 x 100 cm, aufgebracht, deren Umwandung etwa 5 cm hohe Holzleisten und deren Boden ein feines Sieb, z. B. aus Messing oder Perlongewebe, umfaßt. Die nicht zu bedruckenden Stellen – also das Negativ des Druckmusters – sind in dem Sieb mit einem unlöslichen Material, z. B. bei wäßrigen Druckpasten mit einem Collodiumlack, bedeckt. Das

Tabelle 15: Schematischer Leistungsvergleich von Färbeverfahren

I. Diskontinuierliche Verfahren

Nr.	Färbeverfahren	Partiegröße	Arbeitsstunden pro Partie	Tagesleistung in ⌀	Stundenleistung	Relation
1.	klassische Faßfärbung	bis 1,2 t = 300–400 Hälften	3–4	je nach Dicke 9600–12800/8 h	1200	= 100
2.	Färbung in der Sektorenmaschine	bis 3,5 t = bis 1200 Hälften	8	30000/8 h	3750	= 300

II. Kontinuierliche Verfahren

Nr.	Färbeverfahren	Bandgeschwindigkeit m/min	Bruttoverbrauch Flotte g/⌀	Verlust %	Dosierung Flüssigfarbstoff pro Liter	g Farbstoff in der Oberfläche pro ⌀	Stundenleistung: Hälften =	Relation: Faßfärbung = 100
3.	Spritzfärbung 1800 mm breit	20	10–18	33	100	0,7–1,2	300–400/ Hälften = 6000–8000	580
4.	Multima-Färbung 3200 mm breit	10	100	5	50–100	2,5–4,0	200/ = 4000	300
5.	Gießfärbung	15–20	10	–	100–200	1,0–2,0	300–400/ = 6000–8000	580
6.	Druckfärbung	15–20	4–8	–	200–300	1,2–2,4	300–400/ = 6000–8000	580

Drucksieb wird in den Rapport eingerastet und auf das sorgfältig ausgebreitete Leder aufgesetzt. Eine abgemessene Menge Druckpaste wird mit einem Schöpfer auf den undurchlässigen Siebrand aufgegossen und mit einer über die ganze Breite des Siebes gehenden, stumpfen Rakel durch das Gitter auf das Leder gedrückt, indem man die Druckfarbe gleichmäßig über den Kasten verteilt. Nach dem ersten Strich wird das Sieb abgesetzt, in den nächsten Rapport eingerastet und das Drucken so lange wiederholt, bis das ganze Leder bedruckt ist. Es können auch mehrfarbige Drucke so hergestellt werden, indem mit einem zweiten, anders gemusterten Sieb eine zweite Farbe aufgebracht wird usw. Nach kurzem Trocknen ist das Drucken abgeschlossen. Die Feinheit des Druckes ist abhängig von der Maschenweite des Siebes: je feiner das Sieb, desto feiner die Kontur des Musters.

Als Druckpasten werden die Pigmentzubereitungen des Textildruckes und deren Bindemittel oder Lederdeckfarben mit Polymerisatbindern verwendet. Der Siebdruck ist sehr arbeitsintensiv und deshalb teuer. Er wird daher nur für Spezialitäten in Frage kommen, die sich bezahlt machen (Tab. 15).

IV. Die Parameter der Lederfärbung

Nach der Auswahl der geeignetsten Färbemethode stellt sich die Frage, wie durch Optimierung der Färbebedingungen, ausgerichtet auf ein Substrat ganz bestimmter Affinität, das Aufziehverhalten, die Egalität und Reproduzierbarkeit der Partien, die Farbstoffausbeute und die Färbezeit zu bestmöglicher Rationalität und damit Wirtschaftlichkeit gesteuert werden können.

Bei diesen Überlegungen muß der Einfluß auf das Echtheitsbild immer mit berücksichtigt werden; denn Verfahrensoptimierung auf Kosten der inneren Qualität wird auf die Dauer dem Artikel Leder ganz allgemein und dessen Herstellern kaum Nutzen bringen. Man kann die Einflußgrößen auf die Lederfärbung in 4 Gruppen einteilen:

1. Der Einfluß der Vorarbeiten auf das färberische Ergebnis.
2. Parameter der Flottenzusammensetzung.
3. Die Steuerungsfaktoren der eigentlichen Färbung.
4. Einflußgrößen, die nach der Färbung wirksam sind.

Die Parameter der ersten Gruppe sind für die Sättigungskapazität des Färbegutes maßgeblich. Die Faktoren der Flottenzusammensetzung wirken auf den Lösungs- bzw. Dispersionszustand des Farbstoffs und der Fettungsmittel. Mit den Parametern der dritten Gruppe beeinflußt man Aufziehgeschwindigkeit und Baderschöpfung, Diffusion und Durchfärbung, Egalisieren und Färbezeit, aber auch die Sättigungskapazität und die Hydratation des Leders. Die Wirkungen der vierten Gruppe sind hauptsächlich durch die Gleichmäßigkeit der Verteilung des Lickers und der zwischenfibrillär eingelagerten Restflotte über das Leder bedingt. Systematik statt Empirie ist der Leitsatz, nach dem sich der fortschrittliche Färber immer mehr richten muß, wenn er die neuen Möglichkeiten der automatischen Prozeßsteuerung zur systematischen Rationalisierung auch für die Färbung nutzen will. Voraussetzung für den Erfolg dieser Bemühungen ist die quantitative Kenntnis der Auswirkung und des Zusammenspiels der o. g. Parametergruppen auf die Gleichgewichte der Färbung. Denn erst wenn man die wichtigsten Wirkungsgrößen in den Färbegleichgewichten zu rechnerisch verwertbaren Faktoren wird fassen können, kann man mit systematischen Färbeverfahren zu optimalen Ergebnissen kommen.

1. Substratbedingte Parameter der Lederfärbung

1.1 Die Haut als Rohstoff. Als Rohstoff eines zu färbenden Substrates ist die Haut von einzigartiger Individualität, über die in Band 1 dieser Buchreihe ausführlich berichtet wird. Zur färberischen Auswirkung von Häutefehlern sei nur ganz allgemein festgestellt: alle vernarbten Wundstellen färben sich heller an, alle noch offenen Narbenschäden zeichnen sich dunkler ab; die letztgenannte Regel kennt nur eine Ausnahme: wenn nämlich bei einem

Bakterienschaden eine Spaltung des Naturfettes eingetreten ist, erscheint der Narbenfehler als ungefärbte oder hellere Stippe. Fleischerschnitte färben sich auf der Narbenseite als dunklere Streifen. Durch schlechte Konservierung geschädigte schon haarlässige Häute kommen an »nubukierten« Stellen dunkler; oder die gesamte Oberfläche präsentiert sich trübe und glanzlos nach der Färbung. Kürzeste Verarbeitung in der Wasserwerkstatt und die anteilige Mitverwendung von Polymerisatgerbstoff in der Nachgerbung können hier einige Besserungen bringen. Man sollte geschädigte Häutepartien für dunklere Nuancen einteilen, denn nur die gesunde Haut ergibt egale Färbungen in Mitteltönen und besonders bei Pastellnuancen.

Über die feinere Faserstruktur und die dichtere Verflechtung des Narbens im Vergleich zu den gröberen Fasern und der offeneren Struktur der Fleisch- bzw. Spaltseite wird im ersten Band dieser Buchreihe berichtet. Diese sehr typische Struktur der Lederhaut hat speziell für die Färbung zwei wichtige Folgerungen:

1. Infolge der größeren Dichtigkeit der Narbenschicht und der offeneren Struktur der Fleischseite ist letztere für größere Moleküle und deren Zusammenlagerungen schneller und besser zugänglich als die Narbenseite. Diese Tatsache wird dem Praktiker oft augenscheinlich, wenn er Leder durchfärben muß. Bei ungenügendem Äscheraufschluß, bei oberflächlicher Überladung mit mineralischer Nachgerbung und bei sog. hartnaturigem Material findet sich eine ungefärbte Zone, wenn sie überhaupt entsteht, immer dicht unter dem Narben. Man kann bei etwa 50% der Lederfarbstoffe feststellen, daß dieselben die Fleischseite etwas stärker anfärben als die Narbenseite. In dieselbe Richtung geht die Beobachtung, daß die Fleischseitenfärbungen immer einen halben bis zu einem Punkt besser in der Lichtechtheit sind als die Narbenfärbungen. Aus allen diesen Tatsachen kann man ableiten: Leder als färberisches Substrat zeigt die Besonderheit, zwei färberisch sich verschieden verhaltende Seiten aufzuweisen. Das Übergewicht in der Aufnahmefähigkeit der Fleischseite kann soweit gehen, daß bei Ausfällungen im Färbebad der Narben reserviert bleibt, die Fleischseite dagegen in einer dunklen, stumpfen Nuance – oft verschmiert und unegal – angefärbt ist.

2. Die vergleichsweise dünneren Fasern der Narben – und der Papillarschicht haben im Vergleich zu den gröberen Fasern der Retikularschicht eine größere innere Oberfläche. Es ist aus der Praxis der Färbung bekannt, daß feinfaserige Lederarten, wie z. B. Kalb- und Kleintierleder, ein höheres Farbstoffangebot erfordern als vergleichbares grobfaseriges Hunting oder Spaltvelours, um die gleiche Farbtiefe zu erreichen. Der Grund, warum dünnere Fasern bei gleichem Farbstoffgehalt heller erscheinen als dickere Fasern[79] ist folgender: Bei dem Übergang des Lichtes von der Luft in einen gefärbten Körper wird ein Teil des Lichtes, ohne mit dem Farbträger in Wechselwirkung zu treten, als Streulicht reflektiert. Der Farbeindruck dieses Streulichtes ist weiß. Je öfter nun je Raumeinheit ein Übergang Luft-Farbkörper stattfindet, desto heller, d. h. weißer, erscheint die resultierende Färbung. Deshalb muß sich auch bei Leder mit gleichem Farbstoffangebot die feinere Faser immer heller anfärben. Diese Gesetzmäßigkeit erklärt auch die Schwierigkeit, Nubuk in vollen und tiefen Tönen – besonders bei Tiefschwarz – anzufärben, während bei Velours tiefe Nuancen ohne weiteres erzielbar sind.

Ein wichtiger Parameter der Färbung ist natürlich die *Reaktivität* der Haut, auf deren erschöpfende Darstellung in Band 1 dieser Buchreihe verwiesen wird. Das steuernde Element der Reaktionen des Kollagens sind aufgrund der überlegenen Reichweite (100 Å = 1000 nm) ihrer postiven bzw. negativen Ladungen die sog. *ionisierbaren Aminosäuren*. Dieser etwa ein Fünftel des Kollagens ausmachende Bestandteil baut Bindungen durch ionische Reaktionen anionischer bzw. kationischer Atomgruppierungen, durch die Polarisierung induzierbarer Dipole auf, auch indem ionisierte Carbonsäuregruppen und freie Aminogruppen in die Komplexsphäre von mineralischen Gerbstoffen eingebaut werden. Die sog. *polarisierbaren Aminogruppen* – in der Größenordnung von 10% am Kollagenaufbau beteiligt – binden über eine Reichweite von 5 Å (bzw. 50 nm) durch Dipol- und Wasserstoffbrücken. Als zusätzliche Bindungskräfte bewirken dieselben eine festere Verankerung größerer Gerbstoff- und Farbstoffmoleküle am Leder; diese Kräfte sind aber auch das treibende Moment, das die Aggregation mehrerer Farbstoffmoleküle zu Farbstoffmicellen verursacht. Messungen haben ergeben, daß solche Farbstoffaggregate um so langsamer auf Leder aufziehen[49], je größer sie sind. Die am Kollagenaufbau überwiegend beteiligten *hydrophoben Aminosäuren* üben die sog. hydrophobe Wechselwirkung auf eine Reichweite von 3 Å (bzw. 30 nm) aus. Bei dieser schwachen Bindung lagern sich hydrophobe Bereiche der Moleküle von Fettungsmitteln, Gerbstoffen und Farbstoffen mit ebensolchen des Kollagens zusammen, bilden eine »hydrophobe« Zelle[75], deren besondere Hydratwasser-Struktur die sog. hydrophobe Bindung vermittelt. Schließlich vermögen *freie Aminogruppen* u. a. des Arginins und Leucins mit reaktiven Gerbstoffen, wie Aldehyden und Reaktivfarbstoffen (s. S. 46), kovalente Bindungen aufzubauen. Die geschilderte Reaktivität der Blöße wird durch den Aufschluß der Haut in der Wasserwerkstatt erst voll entwickelt.

1.2 Auswirkungen der Wasserwerkstatt auf die Färbung. Die bis in die Färbung reichende Wirkung der Wasserwerkstattsarbeiten und der durch dieselben bewirkte Aufschluß der Haut wird in Band 2 dieser Buchreihe ausführlich beschrieben. Der Hautaufschluß ist eine Komponente des schließlich resultierenden Bindevermögens oder, anders ausgedrückt, der Affinität des Leders zum Farbstoff. Herfeld konnte eine Steigerung der Bindungsfähigkeit für Farbstoffe durch einen sich an den Hauptäscher anschließenden einwöchigen Weißkalkäscher um 30%, durch einen dreiwöchigen Nachäscher um 65% nachweisen[76]. Eine noch längere Weißkalkäscherung läßt das Bindevermögen für Farbstoffe wieder zurückgehen. Voraussetzung für die optimale Erschließung der Haut durch den Äscher ist eine vollkommen gleichmäßige, durchgreifende Weiche. Ungenügend geweichte Leder sind mit unregelmäßigen Placken behaftet, die sich heller anfärben, oder sie zeigen nach der Färbung oft einen Graustich über die gesamte Oberfläche; als Velours sind schlecht geweichte Leder infolge vieler ungefärbter, sog. toter Fasern unansehnlich.

Es dient der Gleichmäßigkeit aller folgenden Prozesse, wenn nach der Schmutzweiche nicht nur eventuell anhaftender Dung entfernt, sondern auch die Fleischseite von allem Fleisch- und Fettbehang gesäubert wird. Diese Vorentfleischung ist auch das beste Mittel gegen den sich färberisch deutlich abzeichnenden Narbenzug aus dem Äscher und gegen die unregelmäßig dunklen Naturfettflecken von fetter Ware, z. B. in der Nierengegend[77]. Andererseits weisen zu ausgiebig und zu lange geweichte Häute eine stärkere Markierung der Blutadern durch die Färbung auf. Die Extreme des Äschers – nämlich ungenügender Aufschluß und/oder Prallheit der Blöße – sind für die Färbung gleich ungünstig. Der Färber zieht deshalb einen längerdauernden Äscher mittlerer Schwellung einem kurzen, prallmachenden Äscher starker Schwellung vor. Denn die prallen Blößen lassen den Grund nur ungleichmäßig entfernen, und sie neigen verstärkt zu Narbenzug; der Aufschluß und damit die schließlich resultierende Affinität zu prall geäscherter Häute ist deutlich geringer, die Mastfalten zeichnen sich färberisch stärker ab; eine Durchfärbung, wenn sie verlangt wird, ist nach einem scharfen Äscher deutlich schwieriger. Dieselben negativen Folgen – mit Ausnahme der Ausprägung der Mastfalten und des Narbenzuges – zeigt eine für den optimalen Aufschluß nicht genügende, also zu schwache Äscherung. Eine weitere färberische Fehlerquelle der Wasserwerkstatt sind die sog. Nubukierungen. Diese treten an zu praller Blöße vermehrt auf; meist sind Rauhigkeiten im Faß, scharfkantige Kalkablagerung in demselben, zu starke Bewegung in der Endphase des Äschers, Sand im Betriebswasser oder im Kalkhydrat, aber auch Äschertemperaturen über 30°C oder haarlässige Rohware u. a. die Ursachen. Ein weiterer Färbefehler aus dem Äscher sind die sog. Kalkschatten, die durch längere Exposition der Blöße an der Luft entstehen. Sie zeichnen sich als helle Flecken bzw. Marmorierungen ab. Eine weitere Ursache sich hell ausfärbender Flecken ist die Verätzung der Blöße durch die direkte Berührung mit unverdünntem starken Alkali. Ganz ähnliche Unegalitäten entstehen, wenn bei einer Entkälkung im Kurzflottenverfahren Entkälkungsmittel verwendet werden, die schwer lösliche Kalksalze bilden. Oft entstehen auch an den dicken Stellen der Blöße Sulfidflecken, die besonders als Kupfersulfid hartnäckig sind; man beseitigt dieselben durch eine Spur Bichromat in der Chrombrühe. Enzymäscher ergeben gut färbbare Leder[78]. Eine interessante Anwendung proteolytischer Enzyme ist der nachträgliche Aufschluß von wet blues und Pickelblößen, der oft eine überraschende Verbesserung färberisch unbefriedigender Ergebnisse einschlägiger Produktionen erreichen läßt. Oxidativ geäscherte Blößen sind makellos rein mit einem leichten Gelbstich (Band 2, diese Buchreihe). Ein großer Vorteil dieses Verfahrens für die Färbung ist, daß durch den Oxidativäscher weitgehend das Naturfett abgebaut wird und daß bei vegetabilisch vorgegerbter Ware auch der Gerbstoff wegoxidiert wird. Am verbreitetsten wird aber Natriumchlorit im sog. Bleichpickel (Band 3 dieser Buchreihe, S. 69) eingesetzt. So ist es z. B. möglich, die sehr hartnäckige Pigmentierung schwarzbunter Häute zu eliminieren und dadurch dieselben für hellere Töne zugänglich zu machen.

Der Färber bevorzugt *das Spalten* nach dem Äscher wegen der größeren Egalität der folgenden Färbung, wegen der geringeren Zeichnung der Riefen und wegen der gleichmäßigeren Verteilung der Gerbstoffe im Schnitt und auf den Oberflächen des Leders. Dazu kommt die Möglichkeit, die Blößenspalte durch eine angepaßtere Arbeitsweise zu einer besseren Veloursqualität zu verarbeiten. Auf der anderen Seite bringt das Spalten aus dem Chrom eine bessere Farbstoffausbeute für die Narbenseite; aber die Leder sind riefiger, unegaler in der Färbung und uneleganter in der Millbarkeit.

Vor der möglichst durchgreifenden *Entkälkung* muß ein wirkungsvolles warmes Waschen allen Schmutz und die versulzten Haare entfernen, um ein fleckiges Wiederaufziehen derselben zu verhindern. Unter keinen Umständen darf der Grund in der Entkälkung durch zu niedrige pH-Werte (unter 5) fixiert werden. Besonders im Kurzflottenverfahren müssen die entstehenden Kalksalze aus der Entkälkung gut löslich sein, wenn unegalen Färbungen vorgebeugt werden soll[79]. Die anteilige Mitverwendung von Ammonsulfat oder Natriumbisulfit (Natriumhydrogensulfit) im Entkälkungsbad verhindert die Entstehung von »Faßabdrücken« aus übersättigten Gipslösungen, die sich färberisch abzeichnen.

Durch eine kräftige *Beize* nimmt die Bindungskapazität der Farbstoffe bis zu 50% zu, eine Überbeizung führt allerdings zu Affinitätsverlusten. Nachdem die Haut infolge der modernen Mastmethoden immer mehr Fett enthält und ungleichmäßige Fettverteilung ein häufiger Grund der Unegalität von Färbungen ist, sollte besonders bei der Herstellung von Anilinledern durch eine geeignete Naßentfettung nach der Beize (s. Band 4 dieser Buchreihe) zumindest eine Reinigung des Narbens und eine gleichmäßigere Verteilung des Naturfettes erreicht werden. Stark fetthaltige Rohwaren, wie Schaf und Schwein, sind im Hinblick auf die Färbung grundsätzlich zu entfetten.

1.3 Die Gerbung. Die Gerbung ist nächst der Färbung derjenige Arbeitsgang, der die Farbe ungedeckter Leder am stärksten beeinflußt. Sie bewirkt dies einerseits durch die für jede Gerbung charakteristische Eigenfarbe, andererseits indem sie das Bindungsvermögen der Haut für Farbstoffe vermehrt bzw. vermindert. Dieses für jede Gerbung unterschiedliche Bindungsvermögen verursacht eine mehr oder weniger tiefe Einfärbung, die – bei gleichem Farbstoffangebot – unterschiedliche Farbstärken auf der Lederoberfläche entstehen läßt. Die Gerbung und ihre vielen Kombinationsmöglichkeiten ist auch der Arbeitsgang, der – neben anderen Gründen – die große Variationsbreite im färberischen Verhalten des Substrates Leder verursacht.

Die Gerbung und ihre Grundlagen werden im Band 3 S. 21 ff. dieser Buchreihe ausführlich besprochen. Tabelle 16 stellt die färberisch relevanten Gerbungen einander gegenüber. Unter

Tabelle 16: Die färberische Auswirkung der verschiedenen Gerbungen

Nr.	A Gerbstoff- Gruppe	B Eigenfarbe der Gerbungen	C Färbbarkeit $Cr_2O_3 = 100\%$	D Iso- elektrischer Punkt der Gerbungen	E Gebundene Menge Gerbstoff	F Einfärbung
1.	*Mineral- gerbstoffe*					
1.1	Chrom- III-salze	blau bis grün	100%	6,5–6,9	0,5–7% Cr_2O_3	o
1.2	Aluminium- III-salze	weiß	125%	6,2–6,9	1,5–3% Al_2O_3	o
1.3	Zirkon- IV-salze	farblos	90–110%			o
1.4	Phosphate	farblos	20%	3,5		stark
2.	*Phenolische Gerbstoffe*					
2.1	Pflanzen- gerbstoffe	rotbraun bis gelblich- u. grünlich- braun	30–60%	3,8–3,6	bis 33% Reingerbstoff	mittel
2.2	Synthetische Gerbstoffe	meist weiß	10–40%	3,2	bis zu 33% Reingerbstoff	stark
3.	*Aliphatische Gerbstoffe*					
3.1	Natürliche Fett- gerbstoffe	gelb	mit speziellen Farbstoffen gut	4,6–5,0		mittel
3.2	Synthetische Fett- gerbstoffe	farblos bis gelblich	gering			stark
3.3	Echte Harz- gerbstoffe	weiß	meist gut 50–70%			mittel
3.4	Aldehyde	farblos	75–90%	4,5	1,5–2,2%	mittel

Färbbarkeit in Spalte C ist die Farbausbeute auf der Lederoberfläche im Vergleich zu einer Färbung auf normalem Chromleder = 100% zu verstehen. Es muß klar sein, daß diese Vergleichszahlen nur als ein Anhalt bewertet werden können. Dabei ist außerdem wichtig zu beachten, ob die Leder frisch gegerbt, abgelagert, angetrocknet oder zwischengetrocknet zur Färbung gelangen. Diese wichtige Tatsache sei am Beispiel der *Chromgerbung* näher erläutert. Die Bindung des Chromgerbstoffes an das Kollagen erfolgt durch Aufnahme von negativ geladenen COO⁻-Gruppen der Eiweißketten als Liganden in die innere Komplexsphäre des Mineralgerbstoffes. Dieser Einbau der Carboxylgruppen ist unter normalen Verhältnissen eine ziemlich langsam verlaufende Zeitreaktion, wobei mit deren Fortschreiten von Stufe zu Stufe die positive Ladung des Zentralatoms durch die negative Ladung der Carboxylsäure-Ionen gelöscht wird. Der Färber kann diese Tatsachen immer wieder beobachten, wenn er angetrocknete mit frisch gegerbten Chromledern gemischt – bei gleichem Neutralisationsgrad derselben – in einer Partie färbt: Die frisch gegerbten Leder färben sich voller und gleichmäßiger. Das Extrem ist der Vergleich frisch gegerbter gegen zwischengetrocknete, wiederbroschierte Chromleder: Das zwischengetrocknete Material zeigt stärkere Einfärbung, eine merklich geringere Farbstärke der Oberfläche und eine etwas gedämpfte Brillanz der Nuance. Die ca. 20% geringere Affinität von zwischengetrocknetem und wieder broschiertem Leder beruht neben irreversiblen Faserverklebungen auf der Tatsache, daß bei der Trocknung, besonders bei höheren Temperaturen, die Komplexbildung unter dem oben diskutierten Verlust an kationischer Ladung irreversibel abgeschlossen wird. In Summe bringt aber selbst der voll abgebundene Chromkomplex immer noch ein Plus an positiver Ladung in das Leder ein, so daß Chromleder, mit I.P. 6,5–6,9 (s. Spalte D der Tabelle) kationischer ist als Blöße mit I.P. 5,0. Je mehr Chromgerbstoff in das Leder eingebracht wird, z. B. durch mehrmalige Chromgerbungen bei höheren Temperaturen und hohen Basizitäten, desto mehr Farbstoff kann gebunden werden. Deshalb werden Leder, die besonders tief gefärbt werden sollen, z. B. für Schwarzvelours, mit Chromgerbstoff gefüllt. Das färberische Optimum[80] dieser Füllgerbung liegt zwischen 5 und 7% Cr_2O_3-Gehalt im Leder (s. Band 3 S. 2). Allerdings zeigen Leder mit einem so hohen Chromgehalt einen sehr starken Grünstich, der sich färberisch nur für Schwarz- und Dunkelbrauntöne hinsichtlich Farbtiefe und Lichtechtheit positiv auswirkt. Für hellere Töne ist er färberisch weniger erwünscht, weil er helle Nuancen stumpfer macht. Hier ist auch der Grund zu suchen, warum Nachstellungen von Farbtönen nach Textilvorlagen, z. B. auf Chromledern, oft Schwierigkeiten machen, ja sehr klare Textilnuancen in eine deutlich stumpfere Ledervariante »übersetzt« werden müssen. Man sollte deshalb Feinnuancen vorteilhaft auf sehr hellen, blaustichigen Chromledern niedrigeren Chromgehaltes färben; solche sehr hellen Chromleder sind durch Maskierung, z. B. mit Natriumacetat (s. Band 3, Seite 21), einstellbar. Beim Schliff ergibt die Chromfaser einen weichen Plüsch mittlerer Faserlänge.

Die Acido-Komplexe der basischen *Aluminiumchlorid-Gerbstoffe* (s. Band 3 dieser Buchreihe, Seite 34) sind erheblich instabiler als Chromkomplexe. Rein aluminiumgegerbte Leder müssen deshalb bei niedrigeren Temperaturen – höchstens bis 40°C – gefärbt werden. Durch intensives Waschen können Aluminiumgerbstoffe nahezu vollkommen ausgewaschen werden. Es ist von Nachteil, daß diese Gerbstoffe sich infolge ihrer auch in Lösung geringeren Stabilität vielfach oberflächlich ablagern und so besonders in den fester strukturierten Partien der Haut zu unerwünschten Verdichtungen Anlaß geben, die man bei Velours als »Specken« bezeichnet. Auf der anderen Seite ist die Aluminiumgerbung reinweiß, so daß auf aluminiumgegerbten Ledern die höchste, auf Leder erreichbare, Brillanz von Färbungen eingestellt werden kann. Dazu kommt, daß infolge der ausgezeichneten Färbbarkeit dieser Gerbung hervorragende Farbtiefen zugänglich werden. Schließlich ist der Plüsch aluminiumgegerbter bzw. nachgegerbter Velours dicht und der Schliff, auch bei lang- und grobfaserigem Material, kürzer im Vergleich zu chromgegerbten Ledern. Diese unbestreitbar großen Vorteile kann man mit größerer Stabilität, gleichmäßigerer Gerbstoffverteilung, besserer Eingerbung und größerer Temperaturbeständigkeit im Färbebad verbinden, indem man Chrom-Aluminium-Mischkomplex-Gerbstoffe (s. Band 3, Seite 35) einsetzt. Eine früher sehr verbreitete Kombinationsgerbung mit Kaliumaluminiumalaun ist die sog. Glacé-Gerbung auf Basis von Alaun, Kochsalz, Mehl und Eigelb, die mit einer Formaldehyd- oder Chromnachgerbung sog. waschbare Handschuhleder zugänglich machte (s. Band 3, Seite 93). Heute sind Kombinationsgerbungen von Aluminiumgerbstoffen mit Chrom, Glutaraldehyd oder synthetischen Gerbstoffen technisch aktueller; ihre breiteste Anwendung aber finden Aluminiumgerbstoffe in der Nachgerbung von Velours und Nubuk (s. Band 3 dieser Buchreihe, Seite 94).

Zirkongerbungen müssen wegen der starken Neigung der Zirkongerbstoffe zur Hydrolyse bei pH-Werten unter 2,5 durchgeführt werden (s. Band 3 dieser Buchreihe, Seite 96). Trotz dieser tiefen pH-Werte aus einem starken Pickel ist die Durchgerbung sehr langsam, ja oft schwierig, weshalb man vorteilhaft, auch im Interesse eines weichen Griffs, mit kleinen Mengen Chromalaun, maskierten Chromgerbstoffen oder Chrom-Aluminiumgerbstoffen kombiniert. Auch die Zirkongerbung bringt zusätzliche positive Ladung in das Leder ein; sie ist farblos und macht reinweiße, allerdings flache Leder mit weißem Schnitt und guter Lichtechtheit zugänglich. Deshalb sind Färbungen auf zirkongegerbten Ledern sehr klar und brillant, farbstark und oberflächlich. Eine Durchfärbung ist oft schwierig. Von allen mineralischen Gerbungen verfestigt die Zirkongerbung die Lederfaser am stärksten, weshalb mit ihr der kürzeste Schliff und der dichteste Plüsch, auch auf sehr grob- und langfaserigem Material, erreicht werden kann. Allerdings bedürfen solche verfestigenden Gerbungen mit Zirkonsalzen immer noch einer weichmachenden Gerbstoffkomponente, wie z. B. Glutaraldehyd. Eine wichtige Eigenschaft der Zirkongerbung ist, daß sie zu lappigen Ledern den Zug nimmt. So kann man z. B. mit einer Zirkon/Glutaraldehyd-Gerbung zu zügige Bekleidungsvelours auf Basis von Neuseeländer-Schafen formhaltiger machen. Im Gegensatz zur Aluminiumgerbung läßt sich die Zirkongerbung nicht auswaschen. Sie ist auch in Färbebädern höherer Temperatur stabil. Voraussetzung einer egalen Färbung auf zirkongegerbten Ledern ist eine lange währende, sehr starke und durchgreifende Neutralisation, um den hohen Säurevorrat dieser Leder abzubauen.

Gerbungen mit *vegetabilischen Gerbstoffen* sind durchweg von Beige bis Rotbraun gefärbt, was natürlich bei der Einstellung der Endnuance in der Färbung berücksichtigt werden muß (s. Tab. 17). Im Gegensatz zu mineralischen Gerbungen, deren Lichtechtheit durchweg bei 5–6 liegt, sind vegetabilisch gegerbte Leder in der Regel nur mäßig lichtecht, bei ihren besten Vertretern Lichtechtheit 3–4, bei den meist angewendeten Typen aber, wie Quebracho und Minosa, jedoch nur Lichtechtheit 1–2. *Synthetische Gerbstoffe* gerben sehr hell bis reinweiß. In vegetabilischen Gerbungen mitverwendet ergeben sie, entsprechend dem Angebot, eine mehr oder weniger starke Aufhellung der Lederfarbe und meist etwas verbesserte Lichtechtheiten. Besonders wirksam ist es, den synthetischen Anteil einer Vegetabilgerbung als Vorgerbung vorlaufen zu lassen. Um bei klassischen Portefeuillevachetten die Farbe aufzuhellen, wurde die sog. Nachsumachierung angewendet: Nach einer oberflächlichen Entgerbung mit Natriumsulfit oder Borax wurden die Leder mit Sumach oder werden sie heute mit einem

Tabelle 17: Übersicht über die wichtigsten vegetabilischen Gerbstoffe und deren Farbgebung

Nr.	Gerbstoffe		Farbgebung	Reihenfolgen	
				Aufziehgeschwindigkeit	Lichtechtheit
1.	Quebracho sulf.	K	hell rötlich	2	8
2.	Kastanie gesüßt	H	bisquit	–	5
3.	Mangrove	K	dunkelrotbraun	–	9
4.	Myrtan	K	mittelbraun	–	9
5.	Kastanie normal	H	olivgrau	1	4
6.	Mimosa	K	rötlichgrau	3	7
7.	Myrobalan	H	hell grünlich	4	2
8.	Valex	H	kräftig gelbbraun	5	3
9.	Sumach	H	hell, leicht grünlich	6	1
10.	Eiche	K	dunkelbraun	7	9
11.	Fichte	K	rötlichbraun	8	9
12.	Quebracho ord.	K	kräftig rotbraun	–	6
13.	Gambir	K	hellbraun	–	6

K = kondensierte Gerbstoffe
H = hydrolysierbare Gerbstoffe

Weißgerbstoff übersetzt. Die Bindung vegetabilischer Gerbstoffe erfolgt durch sog. Nebenvalenzkräfte, die der synthetischen Gerbstoffe durch Nebenvalenzkräfte und ionische Reaktion. Farbstoffe, soweit sie zum großen Teil durch Nebenvalenzkräfte abgebunden werden, z. B. substantive Farbstoffe, sind für eine oberflächliche Färbung vegetabilischer Leder nicht geeignet, wohl aber als Durchfärber. Gut geeignet für diese schwierig brillant und gedeckt färbbaren Leder sind flüssigkonfektionierte 1:2-Metallkomplexfarbstoffe und ausgewählte saure Farbstoffe guten Aufbauvermögens. Vegetabilische Gerbstoffe und besonders Syntane haben in Molmasse, im Aufbau und im Aggregationsverhalten eine entfernte Ähnlichkeit mit Farbstoffen. Man sollte deshalb meinen, daß auch für Gerbstoffe ein egales Aufziehen problematisch sein könnte. Tatsächlich gibt es gut und schlecht egalisierende Gerbstoffe, was der Praktiker aus der vergleichenden Beobachtung der Farbgebung und der Oberflächenruhe bei verschiedenen Gerbstoffmischungen immer wieder feststellen kann. Bei Mischungen, deren Komponenten große Unterschiede im Aufziehen und Abbinden – z. B. Kastanie und Fichte – aufweisen, ist Unegalität bevorzugt zu beobachten. Weiter ist oft festzustellen, daß hellgerbende Gerbstoffe auf Halsriefen und vernarbte Wundstellen stärker aufziehen als auf die übrige Oberfläche.

Aldehyde reagieren mit den primären Aminogruppen des Kollagens. Mit dem Problem, rein aldehydgegerbte Leder zu färben, ist der Praktiker heute kaum konfrontiert. Bei der Färbung von Aldehyd-Kombiniertgegerbten Ledern überdeckt der Einfluß der Kombinationselemente die färberische Auswirkung des Aldyhds. So lassen sich Leder z. B. aus Kombinationsgerbungen Chrom/ Aluminium/Glutaraldehyd voll, brillant und gleichmäßig anfärben aufgrund der guten färberischen Eigenschaften des Cr/Al-Komplexes. Eine Aldehydgerbung auf Basis von Acrolein, Krotonaldehyd und anderen Aldehyden ist die klassische *Sämischgerbung* und auch die *Neusämischgerbung* (s. Band 3, diese Buchreihe, Seite 100 ff.). Jedoch werden bei diesen Gerbungen ionische und kovalentige Bindungskräfte stark beansprucht, so daß solche Leder, ohne eine Nachchromierung, mit anionischen Farbstoffen nicht färbbar sind. Schwefelfarbstoffe ergeben dagegen im alkalischen Bad volle und lichtechte Nuancen.

Färberisch ähnlich schwierig sind Leder, die mit *Fettalkoholsulfonaten* und Paraffinsulfochloriden gegerbt wurden (s. Band 3, Seite 102). Um volle Färbungen auf so gegerbten Ledern zu erzielen, sind Nachchromierungen vor der Färbung mit anionischen Farbstoffen unerläßlich.

1.4 Färbefehler, die sich vom Pickel, von der Chromgerbung und den folgenden Arbeiten herleiten.
Aus Unregelmäßigkeiten oder Unausgeglichenheiten der Gerbung entstehen viele der Unegalitäten der Färbung. Diese Unegalitäten rühren aus einer ungleichmäßigen Verteilung des Gerbstoffes her, die sich natürlich färberisch abzeichnet. Solche Unregelmäßigkeiten der Verteilung kommen oft aus einem zu schwachen oder zu wenig durchgreifenden Pickel. Zu hoher Salzgehalt des Pickels wirkt negativer auf die Farbfülle; zu niedriger bewirkt eine Quellung, die durch die folgende Gerbung fixiert wird und eine angestrebte Durchfärbung sehr erschwert. Zu hohe Pickeltemperaturen – besonders bei Schaf – lassen die Adrigkeit färberisch stark hervortreten. Schlechte Flottenverteilung durch zu langsame Faßbewegung in zu breiten Gerbfässern lassen eine wolkenartige Chromverteilung und Fließstrukturen entstehen, die durch die Färbung besonders betont werden. Jeder Stillstand des Fasses in Anwesenheit von aktiven Gerbstoffen verursacht blasenartige Unegalitäten und die Nachzeichnung von Liegefalten. Besonders bei der Verwendung selbstabstumpfender Chromgerbstoffe kann eine zu hohe Eingangs- und Endtemperatur des Pickels, eine zu früh eintretende Basifizierung der Gerbung, und damit eine ungleichmäßige Chromverteilung entstehen lassen. Fehlerhaftes Abstumpfen, besonders in der Endphase der Chromgerbung, ist eine der Ursachen von Chromnestern, Chromflecken, »Chromrasen« und zu tiefer, stumpf-grüner Chromfarbe, alles Fehler, die Anlaß von unegalen Färbungen sein können.

Solche Chromflecken können noch korrigiert werden, wenn man sofort die frischgegerbten Chromleder mit 2% Schwefelsäure (96%ig) in 50% Wasser bei 20°C mehrere Stunden laufen läßt. Zu leere Färbungen können aus einer übermaskierten Chromgerbung (z. B. mit Phosphat) resultieren. Sogenannte »Fensterfärbungen« haben ihre Ursache im Ablagern von Chromledern aus schlecht ausgezehrten Chrombrühen über den Bock. Heller gefärbte Ränder entstehen, wenn Chromleder über dem Bock an den Rändern antrocknen. Schlechte Reproduzierbarkeit von Partie zu Partie wird oft durch unterschiedlich langes Ablagern vor der Färbung, besonders bei hohen Sommertemperaturen, hervorgerufen. Deshalb sollte man eine pH-Kontrolle des Waschwassers vor der Neutralisation durchführen und so lange waschen, bis dieser Wert vereinheitlicht ist. Bei Kurzflottenverfahren der Chromgerbung entstehen Chromnester durch Abstumpfen mit Soda, helle Fließstrukturen durch direkte Berührung der Leder mit Ameisensäure. Schwankungen in der Farbstärke und schlechte Reproduzierbarkeit resultieren oft aus unterschiedlichen Temperaturen bei verschiedenen Partien in der Neutralisation. Die häufigste Ursache von Verfleckungen und Unegalität auf vegetabilgegerbten Ledern ist eine unregelmäßige Gerbstoffeinlagerung. Stumpfmachende Grauschleier auf vegetabilischgegerbten Ledern rühren von Eisensalzen im Betriebswasser her. Dunkle daumenbreite Striemen längs der Rückenlinie bei vegetabilischen Kurzflottengerbungen sind Wundstellen herrührend von falschem Rücken. Dunklere Färbungen bei der Trocknung an den am tiefsten hängenden Hautpartien rührt aus den Sickern und Ablagern der in der Haut eingelagerten Gerbbrühe. Heller angefärbte Ränder vegetabilischer Leder können durch Ausbleichen lichtempfindlicher Gerbungen beim Lagern über dem Bock entstehen. Schwarze bis blaue Punkte auf vegetabilischgegerbten Ledern sind Verfärbungen durch Eisenpartikel beim Falzen.

Die Neutralisation wird in Band 3 eingehend besprochen (s. Band 3, Seite 114 ff.). Für die Färbung ist die Neutralisation ein Schlüsselvorgang, vor allem im Hinblick auf Farbstärke, Durch- und Einfärbung, Reproduzierbarkeit und Egalität. Um seine Arbeitsweisen zu optimieren, muß der Färber bei der Neutralisation vor allem folgende Gesichtspunkte beachten: er darf die sog. starken Neutralisationsmittel, wie Natriumbicarbonat (Natriumhydrogencarbonat), Ammoniumbicarbonat, Borax, Ammoniak/Ammonchlorid 25%ig nur mit Vorsicht in der unempfindlichen Anfangsphase der Neutralisation dosieren und muß auf jeden Fall eine Überneutralisation vermeiden. Mit diesen starken Neutralisationsmitteln entsteht – mit Ausnahme des Ammoniaks – eine zonige Neutralisation, die geeignet ist, Säure in der Flotte und im Leder abzubauen, auf der Lederoberfläche den pH-Wert bis auf etwa 5–6 anzuheben und damit dem isoelektrischen Punkt des Leders anzunähern, wodurch kationische Bindungskapazität in der Anfangsphase der Färbung temporär ausgeschaltet wird. Bei allen durchzufärbenden Lederarten wird mit Ammoniak überneutralisiert. Man mache es sich aber zur strikten Regel, mit dem geringstmöglichen Ammoniakangebot die Durchfärbung zu erreichen; denn, jedes halbe Prozent Überangebot beeinflußt die Brillanz der schließlich resultierenden Nappa- oder Velours-Nuance deutlich negativ. Die als zweite Gruppe zur Verfügung stehenden Neutralisationsmittel sind Alkalisalze organischer Carbonsäuren, wie Kalzium-, Natriumformiat, Natriumacetat, Natriumlaktat u. a. Diese organischen Alkalisalze neutralisieren durch den Schnitt des Leders, sie sind stark komplexaktiv, sie hellen dadurch die Chromfarbe stark auf und verschieben dieselbe nach einem Blaustich. Die Komplexbildung verläuft bei den verschiedenen organischen Anionen unterschiedlich schnell; Acetate sind z. B. deutlich schneller als die Formiate. Ebenfalls milde Neutralisationsmittel sind Natriumsulfit und die meist auf demselben aufgebauten Neutralisationsmittel des Handels. In der Durchneutralisation und in der Tendenz zur Komplexbildung sind diese Neutralisationsmittel den vorbesprochenen organischen Salzen ähnlich, aber sie ergeben eine färberisch ungünstigere hellgrüne Chromfarbe. Sämtliche milden Neutralisationsmittel lassen selbst bei einem Überangebot von 4% den End-pH des Neutralisationsbades nicht über pH 4–5 ansteigen; eine Überneutralisation ist somit unmöglich. Die Abbildung 13 (S. 147) zeigt, wie sich verschiedene Neutralisationsmittel auf die Farbstärke der Färbungen zweier Farbstoffe auswirken. Der linke Farbstoff ist C.I. Acid Brown 326, ein schnellziehender Säurefarbstoff, der das Bad gut erschöpft, leicht einfärbt und nur eine mittlere Alkaliechtheit aufweist. Der rechte Farbstoff – C.I. Acid Brown 75 – ist ein langsam ziehender Lederspezialfarbstoff, der bei höherem Angebot ohne Absäuern das Bad nur unvollkommen erschöpft und ebenfalls nur eine mittlere Alkaliechtheit aufweist. Die unterschiedliche Dosierung des Neutralisationsmittelangebotes resultiert aus den Äquivalenz-Verhältnis zur 1%igen Bicarbonat-Dosierung. Der billigere linke Farbstoff zeigt erhebliche Stärke- und Nuancenunterschiede, der teurere rechte Farbstoff läßt zwar auch Nuancen- und Stärkeunterschiede erkennen, aber doch erheblich geringere. Die optische Vergleichsmessung der Versuchsreihe bestätigt diese Augenbeobachtung (Tabelle 18).

Als weitere Neutralisationsmittel sind Gerbsulfosäuren, ihre Alkalisalze und ihre unkondensierten Vorprodukte in breiter Anwendung (s. Band 3, Seite 117). Diese Hilfsmittel reservieren den Narben, steuern Nachgerbung und Färbung tiefer ins Leder und machen den Griff weicher. Sie sind milde Neutralisationsmittel, eine Überneutralisation ist bei ihnen, auch bei Überdosierung, nicht möglich. Sie egalisieren die Färbung, aber sie hellen dieselbe ganz erheblich auf. Zu beachten ist, daß Derivate von Naphthalinsulfosäure-Kondensaten sehr

Tabelle 18: Neutralisation und Farbstärke

Neutralisation	pH-Wert	helles Braun		dunkles Braun	
		Stärke	Nuance	Stärke	Nuance
ohne	3,9	100%	–	100%	–
Ca-Formiat	4,3	100%	brillanter, gelber	100%	brillanter, röter
Na-Bicarbonat	5,5	75%	gelber	92%	brillanter, röter
Na-Acetat	4,8	103%	brillanter, gelber	100%	Spur röter
Polyphosphat	4,5	50%	gelber	80%	gelber
Na-Sulfit	5,1	85%	gelber	95%	brillanter, röter

mäßig in der Lichtechtheit sind, weshalb sie die Lichtempfindlichkeit der End-Nuance ganz erheblich beeinflussen können. Man achte deshalb bei der Auswahl dieser Hilfsmittel ganz besonders auf deren Lichtechtheit und deren Aufbauvermögen. Für die Reproduzierbarkeit von Färbungen ist von großer Bedeutung, daß die Aufhellung durch diese Neutralisationsmittel sehr stark von der Badtemperatur abhängt, wie das die Abb. 14 (S. 148) deutlich demonstriert.

Die ersten beiden Schablonen (a) sind ohne Vorlauf eines Neutralisationsmittels bei 20 und 70°C gefärbt. Bei den nächsten beiden Schablonen (b) wurde der Neutralisationsgerbstoff bei 20°C vorlaufen gelassen. Der Nuancenunterschied ist evident, die Farbstärke mindestens 50% geringer. Die letzten beiden Schablonen (c) wurden mit dem Hilfsmittel bei 70°C behandelt: die Nuance ist gegenüber der ursprünglichen Färbung auf Chromleder völlig umgeschlagen, die Farbstärke ist weniger als 20% der Färbung ohne Hilfsmittel. Bei dem Naphthalinsulfosäure-Kondensat oben sind die Lichtechtheiten der letzten beiden Färbungen (c) mindestens um 2 Punkte schlechter als bei (a). Dieser Versuch legt im Interesse der Reproduzierbarkeit und der Wirtschaftlichkeit der Färbung nahe, bei der Neutralisation in Anwesenheit von Hilfsmitteln bei höchstens 30°C zu arbeiten und diese Temperatur von Partie zu Partie präzise einzuhalten. Für die Reproduzierbarkeit der Färbungen ist weiterhin von großer Wichtigkeit, daß die mineralisch gegerbten Leder mit einem einheitlichen Säuerungsgrad zur Neutralisation gelangen. Je kürzer die Flotte, desto durchgreifender ist die Neutralisation, je höher die Temperatur, desto oberflächlicher die Neutralisation. Es muß auch beachtet werden, daß die komplexaktiven milden Neutralisationsmittel und die Neutralsalze von Syntanen nach normaler Chromgerbung Chromgerbstoff in die Neutralisationsflotte freisetzen. Durchfärbung erzielt man durch höhere Ammoniak-Dosierung und verlängerte Laufzeiten. Schleifechte Einfärbung bei sparsamem Farbstoffangebot (z. B. 4%) auf Spaltvelours erreicht man durch eine Neutralisation mit bis 10% Natriumbicarbonat. Die Wirkung der Neutralisation kontrolliert man durch Aufpinseln alkoholischer Lösungen von Bromkresolgrün für die pH-Bereiche pH 3,8 (gelb) bis 5,4 (blau), von Chromkresolpurpur für die pH-Bereiche pH 5,2 (gelb) bis 6,8 (purpurrot), von Bromthymolblau für die pH-Bereiche 6,0 (gelb) bis 7,6 (blau) auf dem frischen Schnitt des Chromleders. Allerdings verfälscht diese Farben jede Vorbehandlung mit Gerbstoff nach Gelb. Die genannten Indikatoren sind dann in ihrer Aussage nicht sicher. Wenn man exakte Anhaltspunkte über das pH-Geschehen, z. B. bei der Entwicklung einer neuen Technologie, benötigt, dann können nur die elektrisch gemessenen pH-Auszüge der Ober-, der Mittel- und Unterspalte genaue Einsichten liefern.

1.5 Die Nachgerbung.[81] Die Historie und die Anwendung der Nachgerbung sind ausführlich in Band 3, Seite 223 ff. geschildert, so daß hier nur die färberischen Gesichtspunkte der Nachgerbung behandelt werden müssen. Heute ist kaum ein Leder auf dem Markt zu finden, das nicht in irgendeiner Weise nachgegerbt worden ist. Die Gründe für diesen Trend sind der Zwang zur Rationalisierung einerseits und die Notwendigkeit, im schnellen Wechsel eine größere Anzahl modisch differenzierter Artikel anzubieten. Die Rationalisierung erreicht man, indem man Wasserwerkstattarbeiten und Gerbung einheitlich bis zur Falzmaschine in entsprechend großen Partien führt. Dabei gilt die Regel: je schwächer die Dosierung der Hauptgerbung ist, desto stärker prägt die Nachgerbung dem schließlich resultierenden Endprodukt ihr Eigenschaftsbild auf.

Die fast nicht mehr übersehbare Ausweitung, die das Sortiment moderner Nachgerbmittel in den letzten Jahren erfahren hat, ist begründet in der Notwendigkeit, eine möglichst breite Differenzierung der Leder in modischer Hinsicht durch diesen Arbeitsgang zu erreichen. Es ist daher immer seltener, daß bei einer Nachgerbung nur ein Produkt in einem einfachen Verfahren angewendet wird, vielmehr ist die Kombination mehrerer Nachgerbmittel bzw. Verfahren heute die Regel. Dabei ist es wichtig, daß bei der Anwendung verschiedener Nachgerbeverfahren in äquivalenten Angeboten dasjenige Gerbmittel, welches zuerst auf die Haut einwirkt, das Eigenschaftsbild und gleichzeitig die Färbbarkeit am stärksten beeinflußt. Wird dagegen eine Gerbart bzw. ein Gerbmittel vergleichsweise zu den anderen erheblich stärker dosiert, so wird dann dieses höhere Angebot das Qualitätsbild des Leders und dessen Färbbarkeit vorzugsweise bestimmen. Diese Beeinflussung der Färbbarkeit wird dann besonders deutlich, wenn der höher dosierte Nachgerbstoff auf die Färbung sehr stark reservierend wirkt. Es ist deshalb sicher nützlich, das heutige Angebot an Nachgerbemitteln unter dem färberischen Aspekt Revue passieren zu lassen. Die Prozentzahlen der Färbbarkeit drücken die Farbausbeute bezogen auf neutralisiertes Standard-Chromleder = 100% bei einem 1%igen Farbstoffangebot aus.

Zusammenfassende Übersicht

Chromgerbstoffe: mit steigender Dosierung farbvertiefend, aber infolge des sich verstärkenden Grünstichs weniger brillante, aber lichtechtere Färbungen. Gute Egalität bei sachgemäßer Durchführung der Nachgerbung dank einer gleichmäßigen Chromverteilung. Gleicht Unterschiede bei Sammelpartien und Halbfabrikaten aus. Schwer ersetzbarer Standard bei der Nachgerbung von Velours. Farbausbeute ca. 110%* bei 1% Cr_2O_3-Angebot.

Aluminiumgerbstoffe: ** ausgezeichnete Brillanz. Verstärkte Fleischseitenfärbung. Lichtecht. Durchfärbung manchmal erschwert. Kürzerer Schliff und dichterer Plüsch bei Velours als bei Nachgerbung mit Chromgerbstoffen. Farbausbeute ca. 125–130%* bei 1% Al_2O_3-Angebot.

Zirkoniumgerbstoffe: ** Dank des Weißgehaltes dieser Nachgerbung klare, brillante Färbungen. Lichtecht. Bei Velours kurzer, dichter Plüsch. Verbesserte Formhaltigkeit. Farbausbeute ca. 90–110%* bei 1% Zirkongerbstoffangebot. Höchstens 1–2% Zirkongerbstoff neben 4% anderer Gerbmittel anbieten.

Mimosaextrakt: Eigenfarbe des nachgegerbten Chromleders ist ein stumpfes Beige. Leere Färbungen mit geringer Farbausbeute auf der Oberfläche und deutliche Einfärbung. Sehr schlechte Lichtechtheit: eine Vier des Farbstoffs wird auf Mimosanachgerbung zur Zwei. Farbausbeute 50%* bei 6% Rgst.-Angebot.

Sulfitierter Quebrachoextrakt: Die rötlichbraune Eigenfarbe der Nachgerbung ist färberisch ungünstig. Die Färbungen sind leer, die Einfärbung verstärkt. Die Nachgerbung dunkelt bei Belichtung ab Blauskala 1 nach; diese Nachdunklung beginnt bei Blauskala 3, wieder auszubleichen. Farbausbeute ca. 45%* bei 6% Angebot.

Kastanienholzextrakt gesüßt: ** Olivstichige Lederfarbe, stumpfe leere Färbungen, verstärkte Einfärbung. Mittlere Lichtechtheit (ca. 3 der Blauskala). Wegen guter Schleifbarkeit der Nachgerbstoff des klassischen Nubuk. Farbausbeute ca. 45%* bei 6% Angebot.

Kastanienholzextrakt normal: ** Olivstichige Lederfarbe, fällt sehr oberflächlich an; betont die Mastfalten stark. Lichtechtheit mittel. Farbausbeute ca. 45%* bei 6% Angebot.

Synthetische Nachgerbstoffe: Helle bis weiße Lederfarbe, hellen bei Vorlauf die Färbungen vegetabilischer Nachgerbungen auf. Befördern Eingerben und Einfärben. Egalisieren ausgezeichnet, aber erheblicher Verlust an Farbstärke. Lichtechtheit zwischen 2 und 4. Farbausbeute ca. 20–35%* bei 6% Angebot.

Neutralsalze von Hilfs- und Kombinationsgerbstoffen, Gerberei- und Färbereihilfsmittel: Helle Eigenfarbe des Leders, dadurch klare Färbungen bei starker Aufhellung. Befördern Einfärbung. Ausgezeichnete Egalisierwirkungen für Gerbstoffe und Farbstoffe. Durchgreifend neutralisierend. Lichtechtheiten, je nach Typ, sehr unterschiedlich zwischen 2 und 4. Farbausbeute zwischen 25–35%* bei 6% Angebot.

*Ligninsulfonate:*** Hellen die Lederfarbe zu einem Beige auf, ergeben aber leere und stumpfe Färbungen. Befördern Einfärbung. Unterstreichen Narbenfehler kaum. Egalisieren deshalb gut. Lichtechtheit mittel bis mäßig. Farbausbeute 40% bei 6% Angebot.

Nicht kondensierte Arylsulfonsäuren: Füllen das Leder nicht, ziehen etwas stärker auf Narben auf, reservieren denselben und bewirken deshalb ein stärkeres Eindringen nachgesetzter Gerbmittel. Ergeben höheren Weißgehalt, egalisieren ausgezeichnet, gleichen Fleischseiten- und Narbenfärbung aus. Farbausbeute sehr viel besser als bei vegetabilischen und synthetischen Nachgerbungen nämlich zwischen 50 und 90%* bei 6% Angebot. Die meisten Typen sind gut lichtecht.

Amphotere Gerbstoffe (irreführend auch als Reaktivgerbstoffe bezeichnet): Brillante, wenig aufgehellte Färbungen. Gut lichtecht, gut egalisierend. Farbausbeute 80–40% in Kombination mit anderen reservierenden Nachgerbungen gehen die guten Werte der Farbausbeute zurück.

*Anionisch dispergierter Harzgerbstoffe:*** Wirken mild entsäuernd, aufgehellte Lederfarbe. Lichtechtheit mittel. Sehr gut egalisierend. Verbessern deutlich den Schliff. Der Farbstärkeverlust ist deutlich geringer als bei synthetischen Gerbstoffen. Farbausbeute ca. 50%* bei 6% Angebot.

*Lösliche anionische Harzgerbstoffe:*** Aufgehellte Lederfarbe, gut egalisierend und gut lichtecht. Wirken mild entsäuernd. Verbessern den Schliff. Farbausbeute bei 6%igem Angebot ca. 50%.

*Lösliche kationische Harzgerbstoffe:*** Aufgehellte Lederfarbe, ausgezeichnet lichtecht und gut schleifbar. Fixiert alle anionischen Inhaltsstoffe des Leders und trägt so sehr zum Egalisieren von Färbungen in den Prozessen nach der eigentlichen Färbung bei. Verbessern die Färbbarkeit anionisch nachgegerbter Leder ohne die üblichen Egalitätsminderungen anderer kationischer Farbverstärker. Farbausbeute bis zu 125%* bei 1% Angebot im Nachsatz.

*Aldehyde:*** Gut egalisierend, gute bis mittlere Lichtechtheit, nur geringe Intensitätsverluste der Färbung. Farbausbeute ca. 80–90% bei 1% Angebot.

Aliphatische Sulfochloride: Zur vollständigen Abbindung dieser Gerbung sind hohe pH-Werte erforderlich. Lichtechtheit gut. Färbbarkeit mäßig. Farbausbeute gering.

Polyurethan-Ionomere: Sehr gut millbare Nachgerbung. Volle brillante Färbungen, gute Egalität und gute Lichtechtheit. Weicher Griff. Farbausbeute ca. 120–130%* bei 3% Angebot.

Dispergierte oder lösliche Polymerisate: Erfordern sorgfältige, sehr gleichmäßige Neutralisation. Teils gute, teils mäßige Färbbarkeit. Gute Egalität, hohe Lichtechtheit. Farbausbeute unterschiedlich bei 50 bis 90%.

Polyphosphate: Bei dieser Nachgerbung entsteht auf Chromleder ein starker Grünstich, der färberisch ungünstig ist. Bleibende Dehnung wird erhöht. Ausgezeichnet egalisierend, aber sehr hoher Farbverlust. Farbausbeute unter 30%* bei 6% Angebot.

* vergleichbare Werte, da aus einem Laboratorium
** werden praktisch nur in Kombination mehrerer Nachgerbemittel eingesetzt

Organische Füllmittel (wie z. B. Mehl): Gute Färbbarkeit, Lichtechtheit meist gut. Auswaschbar. Farbausbeute 80–100% bei 3% Angebot.

*Anorganische Füllmittel:*** Einlagerung vorwiegend von der Fleischseite. Bei Produkten mit Eigenfarbe zeichnet sich vielfach eine ungleichmäßige Einlagerung auf der Narbenoberfläche ab. Die Lichtechtheit ist gut, mit Ausnahme der Anwendung von Titandioxid, das die Lichtechtheit von Farbstoffen stark negativ beeinflußt. Farbausbeute 100% bei 3% Angebot.

Nachgerbungen dringen umso gleichmäßiger und tiefer in das Leder ein, je kürzer die *Flotte* ist. Nachgerbungen in kurzer Flotte binden schneller ab, können kürzer laufen und ergeben deshalb einen besseren Narben. Alle diese Einflüsse begünstigen auch egalere Färbungen.

Je dünner die Leder sind, desto stärker und desto schneller wird die Nachgerbung aufgenommen. Hier gelten also für Nachgerbemittel die gleichen Gesetzmäßigkeiten wie für die Färbung.

Der Zusammenhang zwischen *Temperaturführung* in der Nachgerbung und Farbstärken der folgenden Färbung ist dem Praktiker nicht immer so gegenwärtig, wie er es im Hinblick auf die Reproduzierbarkeit von Färbungen verdiente.

Auf eine für die Färbung wichtige Tatsache muß an dieser Stelle eingegangen werden: es wird im allgemeinen unausgesprochen angenommen, die Nachgerbung ziehe in der Fläche gleichmäßig auf. Dem ist aber nicht so. Man kann beobachten, daß einige Gerbmittel stärker auf die Fleischseiten aufziehen, wie z. B. Harz und Polymergerbstoffe, andere bevorzugen mehr den Narben, wie einige synthetische Gerbstoffe, wieder andere zeichnen vernarbte Wunden heller; schließlich beobachtet man bei den farbgebenden vegetabilischen Gerbstoffen oft ein unregelmäßiges Aufziehen in der Fläche. Alle diese Unregelmäßigkeiten zeichnen sich natürlich in der Färbung ab und tragen so zur Unegalität derselben bei. Es ist deshalb wichtig, durch Vorlauf von »Egalisiermitteln« auch den Aufzug der Nachgerbung zu vereinheitlichen und dieselbe mehr in die Tiefe des Lederschnittes zu steuern. Dadurch werden die Weichheit, Fülle und Festnarbigkeit des Leders verbessert; denn jede gleichmäßigere Verteilung von Inhaltsstoffen des Leders wirkt qualitätssteigernd. Sichtbar wird die Wirkung solchen Vorlaufes in der besseren Egalität der Färbungen. Egalisiermittel für die Nachgerbung sind: Maskierungsmittel und Gerbstoffvorprodukte, wie aromatische Sulfonsäuren. Auch Polymergerbstoffe vermögen Ablagerung und Eindringen der Nachgerbung – nämlich stärker von der Narbenseite her – in gezielter Weise zu steuern[82] (s. Band 3 diese Buchreihe, S. 234).

Noch einige Bemerkungen zu direkten Beziehungen zwischen Nachgerbung und Qualität der Färbung. Da ist z. B. die Schleifbarkeit von Velours zu nennen. Wegen ihrer überlegenen Farbfülle kommen für Velours im wesentlichen nur Nachgerbungen mit Mineralgerbstoffen in Frage. In der Reihenfolge Chrom–Aluminium–Zirkon werden nachgegerbte Velours dichter und kürzer.

Unübertroffen sind die mineralischen Nachgerbungen in Bezug auf färberische Vereinheitlichung von halb feuchter Ware – sei es als gekaufte Wet-Blue oder aus verschieden lang abgelagerten und z. T. angetrockneten Partien – bei der Fabrikation von Spaltvelours. Ebenso wichtig sind mineralische Nachgerbungen für die »färberische Revitalisierung« von vorgegerbter Crust-Ware, z. B. durch eine Übersetzung von ostindischen Bastarden mit hochbasischen Chrombrühen.

Alle anionischen Nachgerbungen sind durch einen Farbstärkeverlust max. bis zu 90% gekennzeichnet[83]. Allerdings bestehen zwischen den verschiedenen Gerbstoffen und Hilfsmitteln große Unterschiede in ihrer reservierenden Wirkung. Nachdem das zuerst in die Nachgerbung eingebrachte Rezepturmittel am stärksten wirkt, empfiehlt es sich, in jeder Nachgerbung mit dem am wenigsten reservierend wirkenden Gerbstoff bzw. Hilfsmittel zu beginnen. Weiter ist es nützlich, die Kombination der Nachgerbmittel nicht nur nach gerberischen Gesichtspunkten auszuwählen, sondern auch die Färbbarkeit des resultierenden Leders mit ins Kalkül zu ziehen. Es konnte nämlich gezeigt werden, daß man die Färbbarkeit der Einzelkomponenten entsprechend ihrem Anteil in der Nachgerbrezeptur addieren kann[84]. Dispergierte und lösliche anionische Harze können bei diesem Verfahren wie Syntane behandelt werden. Man kommt dann zu vergleichbaren Färbbarkeitswerten von Nachgerbekombinationen (s. a. Tab. 45 S. 200).

Die Anwendung von Aldehyden, besonders von Glutaraldehyd, in der Nachgerbung hat einen erstaunlich großen Umfang erreicht. Für den Färber ist es vorteilhaft, daß die Aldehydnachgerbung die Färbbarkeit nicht negativ beeinflußt. Ähnlich vorteilhaft hinsichtlich ihrer »weichmachenden« Eigenschaft sind die Polyurethan-Ionomeren als Nachgerbmittel. Diese neue Gruppe von reaktiven Nachgerbmitteln ist aber der Gruppe der Aldehyde insofern überlegen, als sie in Alleinanwendung tuchartige Weichheit mit einem Zuwachs an Farbstärke bis 130% zu bringen vermögen. Als Nachsatz auf eine färberisch reservierende Nachgerbung vermögen PU-Ionomere die Farbausbeute im Durchschnitt um ca. 30% zu steigern[84] (s. a. Tab. 34 S. 175 u. Abb. 31 S. 149).

Die sog. Polymergerbstoffe verhalten sich färberisch uneinheitlich. Diejenigen, die gerberisch wirksame Substanzen als Dispersionssystem enthalten, reservieren die Färbung stark; nicht ionogen dispergierte Polymergerbstoffe verhalten sich vergleichsweise viel günstiger. Durch die Einlagerung von Polymeren in die Fleischseite werden sowohl folgende Nachgerbungen als auch Färbungen auf ein Eindringen über den Narben in den Lederschnitt gesteuert.

1.6 Die Affinität des Substrates Leder. Die Summe der bisher in diesem Kapitel beschriebenen Einflüsse bestimmt schließlich das Sättigungsvolumen des Substrates Leder, wie es zur Färbung kommt, für anionische oder seltener auch für kationische Farbstoffe. H. Wicki hat als erster das Sättigungsvolumen des zu färbenden Leders als Substrataffinität definiert[85]. Dieser Autor sieht als treibendes Element der Lederfärbung die Gesamtaffinität, die sich aus der Substrataffinität und der Farbstoffaffinität konstituiert. Es frägt sich nun, ob die Substrataffinität irgendwie quantitativ definiert werden kann? Ohne Zweifel ist der isoelektrische Punkt ein Anhalt für die Substrataffinität, aber derselbe kann mit den der Praxis zur Verfügung stehenden Mitteln nicht einfach und schnell bestimmt werden. So begnügt sich der o. g. Autor damit, die Leder – ohne die Prüfungskategorien näher zu definieren – in hochaffine, mittelaffine und niedrigaffine Substrate einzuteilen. Zu einer differenzierteren Fassung des Sättigungsvolumens gelangt man, wenn man von dem Aufbauvermögen ausgeht[86].

Die Abbildung 15 zeigt, daß zwischen den einzelnen Farbstoffen hinsichtlich der prozentualen Farbstärke auf nachgegerbten Ledern große Unterschiede bestehen. Diese Unterschiede der verschiedenen Farbstoffe verstärken sich mit steigendem Angebot an Gerbstoff, wie die Abbildung 15 belegt. So, wie man mit einer standardisierten Nachgerbung Farbstoffe auf ihr Aufbauvermögen auf nachgegerbten Ledern prüfen kann, so kann man ebenso Nachgerbstoffe untereinander hinsichtlich ihres Aufhelleffektes vergleichen, und zwar mit Hilfe von Testfarbstoffen verschiedenen Aufbauvermögens[87]. So wurden die Nachgerbungen von 15 Gerbstoffen, Syntanen und Hilfsmitteln mit einem ausgezeichnet egalisierendem Grau-

Abb. 15: Färbungen dreier Farbstoffe verschiedenen Aufbauvermögens auf nachgegerbtem Chromleder mit steigendem Syntanangebot

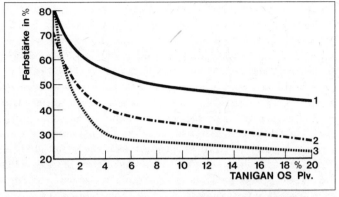

1) BAYGENAL Rot CG 3) BAYGENAL Braun LC5G
2) BAYGENAL Braun CGG

farbstoff mäßigen Aufbauvermögens (2), mit einem kräftigen Rotbraun-Farbstoff guten Aufbauvermögens (5) und einem deckenden Braun-Farbstoff ausgezeichneten Aufbauvermögens (8) gefärbt mit den Färbungen auf reinem Chromleder verglichen; das Ergebnis zeigt die Abbildung 16 (S. 148). Die Färbung 1 auf jedem der Bilder ist jeweils die Bezugsgröße, nämlich das gefärbte Chromleder. Sämtliche Nachgerbungen wirken auf das färberische Ergebnis mehr oder weniger stark ein. Durch die optische Messung der Farbstärken und die Mittelung der Werte der drei Farbstoffe entsteht ein Zahlenwerk, das erlaubt, jedes der Nachgerbmittel dieser Versuchsreihe hinsichtlich seiner aufhellenden Wirkung abzuschätzen. Die Tabelle 19 gibt diese Übersicht in Zahlen. Das vorliegende Zahlenwerk zeigt das relativ günstige Verhalten der vegetabilischen Gerbstoffe (2–6), den starken Aufhelleffekt synthetischer Gerbstoffe (7–9), das verhältnismäßig günstige Verhalten von Harzgerbstoffen

Tabelle 19: 3 Farbstoffe verschiedenen Aufbauvermögens auf nachgegerbtem Chromleder

Nr.	6% Gerbstoffangebot	Acid Black 173	Acid Orange 51	Acid Brown 328	$\sum/3$
1.	Chromleder neutralisiert	100%	100%	100%	100
2.	Quebracho sulfitiert	41%	44%	57%	47
3.	Mimosa	40%	48%	59%	49
4.	Kastanie	38%	45%	54%	46
5.	Sumach	29%	42%	43%	38
6.	Gambir	56%	59%	73%	63
7.	Tanigan OS	13%	29%	49%	30
8.	Tanigan BN	6%	20%	52%	26
9.	Tanigan LD	12%	39%	54%	35
10.	Retingan R7	40%	48%	78%	55
11.	Baykanol HLX	14%	27%	53%	31
12.	Baykanol SL	27%	45%	40%	37
13.	Baykanol TF	87%	98%	79%	88
14.	Tanigan PR	23%	32%	39%	31
15.	Tanigan PAK	38%	50%	56%	48
16.	Tanigan PT	42%	52%	40%	45
17.	Chromleder nicht neutralisiert	132%	123%	117%	124

5 Messungen der Narbenseite wurden gemittelt

(10) und die großen färberischen Unterschiede der Hilfsmittelwirkung (11–16). Im Anschluß an diese Charakterisierung der Auswirkung verschiedener Nachgerbmittel auf die Färbbarkeit konnte gezeigt werden, daß die Kennzahlen der Tabelle 19, entsprechend ihrem prozentualen Anteil an Nachgerbungen, etwa additiv sind. Mit anderen Worten: Man kann den Aufhelleffekt zweier Gerbstoffmischungen vergleichen, wenn man deren Kennzahlen nach obiger Tabelle entsprechend ihrem prozentualen Anteil addiert. Die Gerbstoffmischung mit der höchsten Zahl ergibt die volleren Färbungen. Mit einem solchen Vorgehen ist ein künftiger Weg aufgezeigt, der es ermöglichen kann, Größenordnungen der Bindungskapazität und damit ein wesentliches Merkmal der Substrataffinität festzulegen. Die Substrataffinität bzw. Bindungskapazität des Leders unterliegt noch mehreren Einflüssen, die leider schwer faßbar sind. Man trifft immer wieder Firmen, bei denen die Falzmaschine ein Flaschenhals der Produktion ist; ins Konkrete gesprochen: Das abgewelkte Chromleder lagert dort unterschiedliche Zeiten bei unterschiedlichen Temperaturen, bis es gefalzt bzw. weiter verarbeitet wird. Besonders an heißen Sommertagen hydrolisieren die Chromsalze stärker, die Leder werden dadurch stärker sauer als gewöhnlich, und sie färben sich infolgedessen voller und oberflächlicher mit sich deutlich abzeichnenden Mastfalten. Man vermeidet diesen Färbefehler, indem man vor der Neutralisation so oft wäscht, bis das Waschwasser einen konstanten pH-Wert hat. Wenn aber die Chromleder so lange vor der Falzmaschine liegen, daß die Ränder antrocknen, so entstehen an allen Trockenstellen hellere Färbungen, was beim Liegen auf Stapel »fensterartige« Unegalität verursacht.

2. Parameter der Flottenzusammensetzung

2.1 Das Betriebswasser. Wasser ist der wichtigste Rohstoff der Industrie, und Wasser ist nicht gleich Wasser. Je nachdem, wie und wo das Betriebswasser gewonnen wird, kann es Salze der Erdalkalien, vorzugsweise Kalzium- und Magnesiumionen, Schwermetallsalze des Eisens, Bleis und Mangans, organische Verunreinigungen, wie Huminsäuren und Bakterienkeime u. a. enthalten.

Über die Qualität des Brauchwassers einer Gerberei wird in Band 8 Seite 46 ff. eingehend berichtet. Die folgende Tabelle 20 soll dem Färber Anhaltspunkte geben, wie eine Wasseranalyse aus seiner Perspektive zu bewerten ist.

Die Wirkungen des Brauchwassers auf die Färbung sind direkte und indirekte. Farbstoffe sollten mit ölfreiem Kondenswasser oder enthärtetem Brauchwasser angeteigt und darin gelöst werden, weil mit kalkempfindlichen Farbstoffen beim Lösen in Wasser temporärer Härte Fällungen entstehen können. Diese Fällungen können Anlaß zu Unegalität oder Überfärbung der Fleischseite sein. Andererseits kann man mit einigen härteempfindlichen Farbstoffen in Flotten harten Wassers vollere und gedecktere Färbungen erhalten.

Wichtig sind auch die indirekten Wirkungen des Brauchwassers auf die Färbungen. Zum Beispiel erhält man in sehr weichem Wasser sehr glatte Blößen, was die mechanische Bearbeitung so sehr erschweren kann, daß ein Mehr an Fehlern entsteht, das sich färberisch abzeichnet. Von den Härtebildnern ist die temporäre Härte für die Färbung am schädlichsten, besonders dann, wenn der pH-Wert des Wassers um 8 liegt. Im Äscher können Kalzium- und Magnesiumhydrogencarbonate besonders beim Spülen bzw. Waschen Kalkschatten verursachen, die helle Flecken und wolkige Färbungen erbringen. Zu deren Vermeidung impft man das Waschwasser mit Kalkhydrat. Temporäre Härte in der Neutralisation und in dem Waschwasser nach der Chromgerbung ist oft die Ursache von sog. Chromnestern, die sich deutlich stärker ausfärben. Hier hilft ein leichtes Ansäuern des Waschwassers mit 2,2 ml Eisessig pro 100 l und je Härtegrad. Auch das gleichmäßige Aufziehen der Fettung und die Penetration derselben wird durch Härtebildner negativ beeinflußt[88]. Dieser Befund klärt den immer diskutierten Widerspruch auf, nachdem gewisse Farbstoffe in dem einen Betrieb härtliche Leder verursachen sollen, in einem anderen dagegen weiche. Nach Interpretation der oben zitierten Arbeit sind solche Unterschiede weniger auf gerbende und entgerbende Farbstoffe[89] als vielmehr auf die Wechselwirkung der örtlich verschiedenen Härtebildner mit den ebenfalls unterschiedlichen Lickern zurückzuführen.

2.2 Die große Bedeutung der Spülprozesse. In der klassischen Gerbung wurde oft stundenlang gespült, vielfach allerdings unter ungünstigen Voraussetzungen, wie z. B. bei zu schwachem

Tabelle 20: Beurteilungskategorien einer Wasseranalyse

Beurteilungskategorien	Grenzwerte guter Wasserqualität	Bemerkungen
äußere Beschaffenheit	klar, farblos, ohne Geruch und Bodensatz	Braunfärbung deutet auf Schwermetallsalze oder Huminsäuren. Geruch und Bodensatz zeigt Fäulnisprozesse an.
pH-Wert	7,0±0,5	saure Reaktion: Huminsäuren alkalische Reaktion: Hydrokarbonate u. a.
Keimzahl/ml	möglichst niedrig	höhere Keimzahlen weisen auf Fäulnisprozesse
Temperatur bei Entnahme	nicht über 20 °C	–
Gesamthärte °d	bis 20 °d	wünschenswerte Gesamthärte: 8–12 °d
Temporäre Härte	möglichst niedrig	Temporäre Härte stört Fettung und Färbung; Ursache von Kalkschatten
Sulfationen	bis 20 mg/l	–
Chloridionen	bis 30 mg/l	–
Nitrationen	bis 30 mg/l	
Nitritionen	möglichst keine	Fäulnisprozesse!
Ammoniumionen	höchstens in Spuren	Fäulnisprozesse!
Eisen	<0,1 mg/l	Graustich nachgegerbter Leder
Mangan	<0,05 mg/l	Ursache von Braunverfärbungen
Blei	<0 mg/l	meist aus dem Röhrensystem
Phosphationen	höchstens in Spuren	fällt Kalzium- und Magnesiumionen
freie Kohlensäure	keine	Ursache von Kalkschatten
Kaliumpermanganatverbrauch	2–5 mg/l	deutet auf organische Verunreinigungen
freies Chlor aus kommunalem Wasser	keines	bleicht Farbstoffe aus
Öl aus Kondenzwasser	keines	verursacht Fettflecken

Zulauf oder bei zu schnellem Ablauf. Jedenfalls war das Spülen unkontrolliert, was einer der Gründe für den unwirtschaftlich hohen Wasserverbrauch pro kg Rohhaut bei früheren Verfahren war. Durch Kurzflottenverfahren, vor allem aber durch kontrolliertes Waschen, d. h. mehrmaliges Spülen bei geschlossenem Deckel, vereinzelt auch durch Recycling gebrauchter Flotten, ist in den letzten Jahren der Wasserverbrauch pro kg Haut drastisch z. T. bis auf ein Viertel des früheren Bedarfs gesenkt worden. Allerdings ist man im Verfolg dieses Trends da und dort zu weit gegangen, was sich sofort in Qualitätsverlusten und technischen Schwierigkeiten, wie stumpfen Färbungen und Überfärbung der Fleischseite, schlechter Fettverteilung und Überfettung der Fleischseite, graustichigen Zurichtungen, problematischer Haftfestigkeit und einer starken Neigung zur Wasser-Süffigkeit und zu Salzausschlägen bei allen feuchten Beanspruchungen auswirkte. Durch planvolles Waschen sind solche Schwierigkeiten leicht zu überwinden, und man beherrscht die Eliminierung der Elektrolyte aus dem Leder heute nahezu wie eine exakte Reaktion. Dabei unterscheidet man mehrere Phasen: In der ersten Phase verteilt sich das Salz sehr schnell zwischen Leder und Flotte gleichmäßig nach folgender Formel, in welcher der Rückhalt beim Entleeren allerdings vernachlässigt ist; dies ist bis zu 30% Restflotte tragbar.

$$C_n = C_o \cdot \left(\frac{V_L \%}{V_L \% + V_W \%} \right)^n$$

C_n = Salzkonzentration in Prozent im Leder nach n Waschungen; C_o = Ausgangssalzkonzentration im Leder; V_L = Falzgewicht in Prozent; V_W = Volumen der Waschflotte; n = Anzahl der Waschungen.

Aufgrund der schnellen Verteilung kann man in der ersten Phase die Waschzeiten kurz halten, z. B. 10 Min, ohne an der optimalen Wirkung einzubüßen. Wird durch das Waschen ein Prozentgehalt von etwa 1% Salz erreicht, so verläuft ab da das Auswaschen erheblich langsamer. Es empfiehlt sich deshalb, von diesem Zeitpunkt an das Waschen auf 20 bis 30 Min. auszudehnen, wenn man einen deutlichen Effekt erzielen will. Um dem Praktiker einen Anhalt für die Planung seiner Waschprozesse zu geben, werden in Tabelle 21 einige durchschnittliche Salzgehalte des Leders während der Arbeitsgänge der Chromgerbung gegeben[90].

Entscheidend für den Wascheffekt ist die Flottenlänge. In kurzen Flotten erzielt man zwar höhere Salzgehalte; da aber im Leder dieselben Prozente verbleiben, bringen kürzere Flotten einen schlechteren Wascheffekt. Man kann den Erfolg des Waschprozesses sehr leicht kontrollieren, wenn man den Salzgehalt der letzten Waschflotte bestimmt. Aus Tabelle 21 kann entnommen werden, daß man im Leder vor der Färbung mit bis zu 2% Salzen rechnen muß, es sei denn, man beugt durch gezieltes Waschen vor der Färbung entsprechend vor. Der Salzgehalt der Färbeflotte ist natürlich abhängig von der Flottenlänge. Tabelle 22 gibt hierzu einige Anhaltspunkte. Zu diesen Salzen aus dem Leder kommen noch die Verschnittsalze aus Hilfsmitteln: z. B. bei 2% Angebot in 100% Flotte bis zu 1% Elektrolyt. Aus dem Farbstoff kann ebenfalls 0,5% Elektrolyt kommen, besonders bei billigen Typen und bei Grau- bzw. Beige-Einstellungen. So ergeben sich, wenn man das Kurzflottenverfahren als Normalfall zugrunde legt, 2–3% Natriumsulfat bzw. Chlorid. Das sind 20–30 g/l oder 0,28–0,42 Äquivalente im Liter Färbeflotte. Diese Konzentrationen sind aber durchaus in der Lage, z. B. bei Benzopurpurin, Agglomerationen bis zu 800 Molekülen und bei Orange II Aggregate in der Größenordnung zwischen 10 und 30 Molekülen hervorzurufen[91].

Schließlich muß das Ausbluten von Chromgerbstoff in die Färbeflotte berücksichtigt werden. Bestenfalls kann man bei der Einführung besonderer Maßnahmen mit 0,5 g/l Chromoxid

Tabelle 21: *Durchschnittliche Salzgehalte von Rindoberledern während der Chromgerbung und Naßzurichtung*[90]

Arbeitsgang	% Na_2SO_4 luftgetrockneter Ware
Chromleder gefalzt, ungespült	2 – 8
Chromleder gefalzt, 10' gespült	2 – 3
Chromleder gefalzt, 20' gespült	1 – 2
Chromleder gefalzt, 30' gespült	ca. 0,5
Chromleder gefalzt, 50' gespült	ca. 0,4
Chromleder gefalzt, 180' gespült	ca. 0,4
Chromleder gefalzt, ungewaschen	6
Chromleder gefalzt, 300% Flotte 10' 1 × gewaschen	1,5
Chromleder gefalzt, 2 × gewaschen 10' und 20'	ca. 0,4
Chromleder nachgegerbt	2 – 5 (bis 8% vereinzelt angetroffen)
Chromleder nachgegerbt, gespült	1 – 4
Chromleder gefärbt und gefettet	1 – 2
Chromleder nach Färbung und Fettung gespült	0,5 – 1,5
Rindbox handelsüblich	0,4 – 8 (meist um 2%)

Tabelle 22: *Errechnete Elektrolytgehalte von Färbeflotten bei verschiedenen Flottenlängen*

Färbverfahren	Flottenlänge	Salzgehalte	
		%	g/l
Pulverfärbung	bis 30%	bis 5%	bis 50 g/l
Kurzflottenverfahren	100%	bis 1,5%	bis 15 g/l
Normal-Verfahren	bis 250%	bis 0,6%	bis 6 g/l

in einer 100%igen Färbeflotte rechnen. Im Normalfall muß man aber 1,5–3 g/l in Kauf nehmen[92]. Die Menge der ausgewaschenen Chromsalze ist abhängig von der Endkonzentration und dem End-pH-Wert der Chromgerbung, von der Verwendung selbstbasifizierender Chromgerbstoffe, von der Dauer der Ablagerung nach der Chromgerbung, von dem pH-Wert, von den Neutralisationsmitteln und von der Temperatur der Neutralisation.

2.3 Über die Wirkungen von Salzen und Chromgerbstoffen in der Färbeflotte. Die Wirkungen von Elektrolyten wurden lange Zeit wenig beachtet. G. Otto zitiert zum »Salzeffekt« eine Beobachtung von R. Stubbing und G. Strauß, nach der viele anionische Farbstoffe in 5%iger Kochsalzlösung Leder vollkommen durchdringen[93]. Trotz dieses wichtigen Hinweises verblieb er bei der Lehrmeinung, daß Neutralsalze in den Färbebädern der üblichen Konzentration die Färbung kaum beeinflussen. Immerhin wurde als Salzwirkung eine Aggregation von Farbstoffen zugestanden; aber man meinte diese vernachlässigen zu können, weil sie ohne Auswirkung sei. So war es wichtig, daß am Beispiel des C.I. Acid red 97 und seines aggregierten 3,3-Isomeren unter vergleichbaren Bedingungen gezeigt werden konnte, daß Aggregation färberisch sich stark auswirkt[49]. Das Isomere zieht deutlich langsamer auf und erschöpft das Bad erheblich schlechter, es färbt die Fleischseite viel stärker an als den Narben und es egalisiert deutlich schlechter. Man muß aber auch eine Salzwirkung auf das Substrat annehmen[88], die in einer zeitweisen Herabsetzung der Aktivität des Leders durch Ionenanlagerung an dessen Haftstellen bestehen kann. Zu dieser Salzwirkung kommt die Wirkung der in die Färbeflotte ausgebluteten Chromgerbstoffe; ihnen wird die Bildung von Gerbsalz/Farbstoff-Zusammenlagerungen großer Abmessungen zugeschrieben[88]. Allerdings ist die Empfindlichkeit von Farbstoff zu Farbstoff stark unterschiedlich. M. Diem[88] beschreibt die Wirkung der Neutralsalze auf die Farbstoffe in Färbeflotten, indem er die Affinitätszahlen (s. S. 196) ohne Neutralsalze und in Anwesenheit von 25 g/l Elektrolyt bestimmt (Tab. 23).

Die Tabelle zeigt, daß durch die Anwesenheit von Neutralsalzen in der Färbeflotte die Affinität des Farbstoffs zum Substrat grundsätzlich gedämpft wird, aber in sehr unterschiedlicher Weise. Diese geringere Affinität zeigt sich auch bei dem sog. Migrationstest: Man setzt im Verlauf der Färbung alle 5 Minuten jeweils eine kleine Schablone frischen Chromleders nach und beurteilt die Anfärbung derselben nach Abschluß der Färbung. In Anwesenheit von Neutralsalzen ist gegenüber dem O-Versuch die Anfärbung der Teststückchen deutlich stärker, ganz besonders auf der Fleischseite. Dies bedeutet, daß der Farbstoff durch Neutralsalze langsamer aufzieht und weniger fest abbindet, wodurch er zu einem Platzwechsel während der Färbung, der sog. Migration, befähigt wird. Überraschenderweise sind die Ergebnisse dieses Tests in Anwesenheit von Chromsalzen unterschiedlich. Durch die Chromsalze wird in der Färbeflotte die Affinität der Farbstoffe erhöht, allerdings auch hier in sehr unterschiedlicher Weise (s. Tab. 23).

Im Migrationstest zeigt sich in Anwesenheit von Chromsalzen ein stark forcierter Auszug der Flotte, gebremste Einfärbung und auch hier eine Überfärbung der Fleischseite. Dieser Befund deckt sich mit den praktischen Erfahrungen der einseitigen Handschuhfärberei im Bürstverfahren. Bei diesem Verfahren wurde zur Farbstoffixierung zwischen den Farbstrichen mit Chromacetat-Lösung jeweils ein Zwischenstrich gegeben. Ein Überblick über die unterschiedliche Auswirkung von Elektrolyten im Färbebad gibt Tabelle 24 im Hinblick auf die verschiedenen Farbstoffgruppen[88].

Zusammenfassend werden in der zitierten Veröffentlichung folgende Schlüsse gezogen: Direktfarbstoffe färben in Anwesenheit von Elektrolyten voller. Elektrolytempfindliche Farbstoffe ziehen stärker auf die Fleischseite. Die Agglomeration von Farbstoffen ergibt weniger egale Färbungen. Gegenüber Elektrolyten sind Metallkomplexfarbstoffe weniger empfindlich als substantive und saure Farbstoffe.

Es ist nun wichtig, diese Erkenntnisse für die praktische Färbung zu nutzen[94]. Dazu empfiehlt es sich, dafür zu sorgen, daß möglichst wenig Elektrolyt in der Färbeflotte ist. Man sollte dann durch etliche Analysen einen aktuellen Durchschnittswert der Kochsalz-Natriumsulfat- und Chromsalz-Gehalte der Färbeflotte unter den Bedingungen des Betriebes ermitteln und eine Stammlösung dieser Konzentration herstellen. Dann vereinige man gleiche Mengen einer 0,5 g/l-Farbstofflösung und der Stammlösung, lasse die Probe gegen einen O-Versuch mit destilliertem Wasser 1 Stunde bei Färbetemperatur stehen und pipettiere aus beiden Proben je einen Tropfen auf Filtrierpapier. Wenn die mit Elektrolyt versetzte Farbstofflösung auf dem Filtrierpapier eine Fällung oder einen Rand zeigt, sollte man den Farbstoff auswechseln. Die Frucht dieser gewiß umfangreichen Arbeiten ist die Ausschaltung von Nuanceneinstellungen, die periodisch immer wieder unegale Partien liefern, die Anhebung des Egalitätsniveaus ganz allgemein und die Verbesserung der Reproduzierbarkeit von Partie zu Partie.

Tabelle 23: Elektrolyte und Affinitätszahlen[88; 211]

Einfluß von Neutralsalzen auf die Affinitätszahlen (nach M. Diem)			
Farbstoff	Affinitätszahlen		Ausfällung
	ohne Neutralsalze	mit Neutralsalzen (25 g/l)	bei g/l
C.I. Direct Red 80	94	7,5	280
C.I. Acid Black 76	66	8	250
C.I. Acid Brown 360	87	82	280
C.I. Acid Black 50	82	69	220
Einfluß von Chromsalzen auf die Affinitätszahlen			
Farbstoff	ohne Chromsalze	mit basischem Chromsulfat 0,5 g/l	
C.I. Acid Black 76	66	99	
C.I. Direct Orange 118	76	99	
C.I. Acid Brown 359	72	72	
C.I. Acid Brown 360	96	99	

Tabelle 24: Der spezifische Einfluß der Elektrolyte auf die Färbung verschiedener Farbstofftypen (nach M. Diem)[88; 211]

Typ der Farbstoffe \ Auswirkung der Elektrolyte	1. Neutralsalze: Verminderung der Affinität, Steigerung der Migration	2. Chromgerbesalze: Steigerung der Affinität, Verminderung der Migration	3. Wechselwirkung 1 ↔ 2 Verminderung der Migration im Vergleich zu 1.
Direktfarbstoffe	+++	————	–/––
1:2 Metallkomplex-farbstoffe	+	———	–/––
1:1 Metallkomplex-farbstoffe	++	––	0/–
Säurefarbstoffe	+/++	––/————	–/––

Steigerung +; Abnahme —

2.4 Färbung und Lösemittel.

Wasser ist bekanntlich das allgegenwärtige und vielseitigste Lösungsmittel. Lösungen ionisierter und nichtionisierter Körper sind nur beständig, wenn sie von einer stabilisierenden Ligandenhülle umgeben sind. Sind Ligandenhülle und Lösungsmittel identisch, spricht man von Solvatisation. Auch nicht lösliche Körper sind von einer Wasserhülle umgeben. So sind auch die Blöße und das Leder solvatisiert, besonders an den ionisierbaren Atomgruppierungen des Kollagens. Dabei kann man fester gebundenes Hydratwasser von schwarmähnlich verteilten loseren Bestandteilen der Hydrathülle unterscheiden. Aber auch jenseits der Hydrathüllen ist Wasser in sog. »Clusters« zusammengelagert. So hat man mit der Infrarotspektroskopie bei 0°C eine durchschnittliche Größe von 90 Molekülen, bei 100°C immerhin noch 20 Moleküle zu »Clusters« zusammengelagert festgestellt. Die Lebensdauer der die »Clusters« stabilisierenden Wasserstoffbrücken ist die unvorstellbar kurze Zeit von 10^{-11} Sekunden, was bedeutet, daß das »Cluster« sich in einem ständigen Auf-,

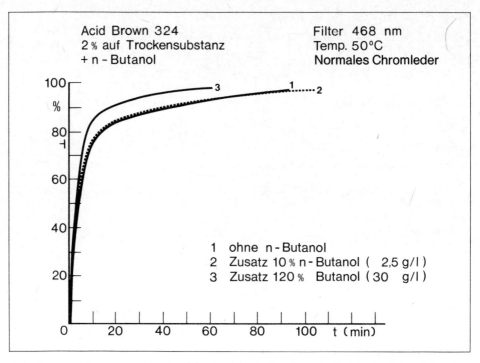

Abb. 17a: Auswirkung von n-Butanol auf das Ausziehverhalten eines schnell ziehenden (a) und eines langsam ziehenden Farbstoffs (b)

Ab- und Umbau befindet; diese ständige Umstrukturierung erklärt die trotzdem bestehende große Reaktivität des Wassers. Die Lösung ist kein einseitiger Vorgang, bei dem das Lösungsmittel das Substrat verändert, vielmehr wirkt auch das Gelöste auf die »Cluster«-Struktur des Wassers.

Außer mit Wasser kommt der Praktiker – ohne daß ihm das bewußt wird – durch die Verwendung von Flüssigfarbstoffen mehr und mehr mit organischen Lösungsmitteln beim Färben in Berührung. Versuche mit identischen 1:2 Metallkomplexfarbstoffen – als Pulver-Marken und als Flüssigfarbstoffe konfektioniert – ergaben für die Flüssigfarbstoffe ein schnelleres Aufziehen, eine oberflächlichere Ausfärbung, eine höhere Brillanz und schwierigeres Egalisieren[95]. Setzt man Lösemittel, wie z. B. 1 Mol n-Butanol, zu Färbungen mit Pulverfarbstoffen zu, so werden schnell ziehende Farbstoffe wenig beeinflußt, langsam ziehende Farbstoffe dagegen werden im Aufzug beschleunigt und in der Baderschöpfung verbessert[96] (Abb. 17 a und b). Ameisensäure wirkt hier sowohl als Säure wie als aggressives Lösemittel. Man muß beachten, daß für organophile Farbstoffe, wie 1:2-Metallkomplexfarbstoffe, die Steigerung der Aufzugsgeschwindigkeit durch Lösemittel ein Maximum aufweist, bei dessen Überschreitung immer mehr Farbstoff in der Flotte zurückgehalten wird. Andere Arbeiten haben bei Zusatz von 3 % Benzylalkohol festgestellt, daß mit hochaffinen Substraten wie Chromleder durch Lösungsmittel-Zusätze nur eine geringfügige Steigerung der Aufziehgeschwindigkeit erzielt werden kann. Eindrucksvollere Ergebnisse sind auf weniger affinem Material, wie z. B. ostindischen Bastarden, zu beobachten[97]. Dies zeigt Tabelle 25. Mit Aus-

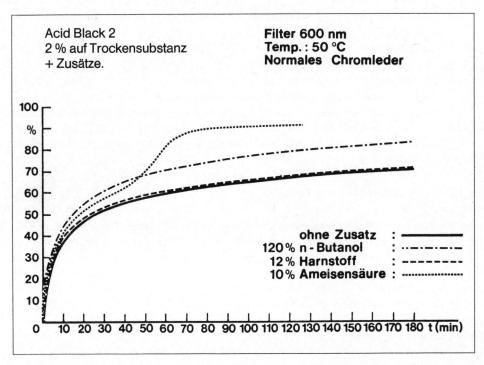

Abb. 17b

nahme von C.I. Acid red 88 bringen 3% Benzylalkohol eine deutliche Beschleunigung der Aufziehgeschwindigkeit auf diesem schwierig färbbaren Material.

Tabelle 25: *Ausziehgeschwindigkeit verschiedener Farbstoffe auf Schablonen ostindischer Bastarde*[97]

	Nr. 1. C.I. Acid Green 27	Nr. 2. C.I. Acid Red 88	Nr. 3. C.I. Acid Orange 33	Nr. 4. C.I. Acid Black 58
Angebot	1%	1%	1%	4%
pH	6,0	6,4	6,3	5,8
°C	40	40	40	40
Auszug ohne Lösemittel				
nach 5'	36%	50%	50%	21%
nach 10'	46%	63%	53%	29%
nach 20'	63%	80%	75%	45%
nach 40'	92%	91%	81%	83%
mit 3% Benzylalkohol				
nach 5'	44%	48%	58%	62%
nach 10'	65%	63%	64%	69%
nach 20'	78%	80%	84%	82%
nach 40'	91%	92%	95%	100%

Fassen wir die Tatsachen der Lösemittelwirkung zusammen: Im Lösungsmittel konfektionierte Farbstoffe ziehen schneller, färben brillanter und oberflächlicher, aber egalisieren schwieriger. Lösungsmittelzusätze bis 30 g/l zu normalen Färbungen bewirken bei schnellziehenden Farbstoffen und auf hochaffinem Substrat wenig; niedrigaffine Farbstoffe werden in ihrer Aufziehgeschwindigkeit beschleunigt und in der Baderschöpfung verbessert; niedrigaffines Material wird in Anwesenheit von Lösungsmittel schneller und erschöpfender gefärbt. Wichtig ist, daß die Lösemittelwirkung ein Dosierungsmaximum hat. Überdosierung verschlechtert das Aufziehen und die Baderschöpfung. Es sei aber hervorgehoben, daß die Lösemitteldosierung die einzige Möglichkeit ist, um die Aufziehgeschwindigkeit niedrigaffiner Farbstoffe selektiv anzuheben.

3. Die Steuerung der eigentlichen Färbung

3.1 Die klassische Prozeßsteuerung durch Veränderung des pH-Wertes. Gegenüber den Möglichkeiten der Textilfärbung sind die Steuerungsmittel des Lederfärber bescheiden. Das Absäuern ist für ihn der Arbeitsgang, mit dessen Hilfe entweder ein Überangebot an Farbstoff auf ein gut affines Material oder ein Normalangebot auf ein weniger affines Substrat zum Aufziehen gebracht wird. Schon aus dieser Vorbemerkung geht hervor, daß die eingebrachte Säure sowohl auf den Farbstoff als auch auf das Leder wirkt. Über den Zusammenhang von pH-Wert, isoelektrischen Punkt und Reaktivität von Blöße und Leder wird ausführlich in Band 2 dieser Reihe geschrieben.

Die pH-Werte der 1/10 bis 1/100 normalen Lösungen von Farbstoffsulfonsäuren liegen, wie für starke Säuren nicht anders zu erwarten ist, zwischen pH 1,5 bis 2,5. Diese tiefen pH-Werte werden im Rahmen eines üblichen Absäuerns nicht erreicht. Aber immerhin wird in dem Dissoziations-Gleichgewicht durch die Erhöhung der H-Ionenkonzentration die Bildung von undissoziierter Sulfonsäure begünstigt, wodurch die Löslichkeit des Farbstoffs zurückgeht und er beschleunigt oberflächlich aufzieht. Aus zwei Gründen säuert der Gerber mit organischen Säuren, vorzugsweise mit Ameisensäure, seltener mit Essigsäure, ab: Einmal sind organische Säuren beim Trocknen flüchtig, so daß sie nicht im Leder verbleiben und zu einer nicht tragbaren Differenzzahl[98] beitragen. Zum anderen sind sehr starke Säuren, wie Schwefelsäure, zum Absäuern ungeeignet, weil in dem fraglichen pH-Gebiet zwischen 3,5 und 4,0 durch sehr geringe Mengen von Alkali sprunghafte pH-Veränderungen verursacht werden. So können bei der Verwendung starker Säure, z. B. durch schwankende Karbonathärte, wesentlich unterschiedliche pH-Werte in der Färbeflotte entstehen. Die schwächeren organischen Säuren müssen höher dosiert werden, wodurch Überdosierungen und Ungenauigkeiten unwahrscheinlicher sind und durch die große Pufferungskapazität organischer Salz/Säure-Gemische die sichere Einhaltung des erwünschten pH-Wertes garantiert ist. Tabelle 26 gibt einen Anhalt über die Dosierung verschiedener Säuren, um in hartem Wasser (Karbonathärte) pH-Werte zwischen 4 und 5 einzustellen.

Es stellt sich nun die Frage, wie sich die Dosierung der Säuren auswirkt. Die Abbildungen 18 und 19 zeigen, daß sich dies von Farbstoff zu Farbstoff unterschiedlich auf die Aufziehgeschwindigkeit auswirkt. Der Abb. 18 ist zu entnehmen, daß die Aufziehgeschwindigkeit eines schnellziehenden Farbstoffes durch Säurezusätze, im üblichen Rahmen dosiert, nur wenig beschleunigt wird. Bei langsam ziehenden Farbstoffen ist die Säurewirkung deutlicher zu erkennen, sie wird aber erst stark wirksam bei Angeboten von 4% Ameisensäure, die keines-

Tabelle 26: Zusätze an Säuren, um einen pH-Wert von 4 – 5 zu erreichen[99]

Säure	12,5 °d (Karbonathärte)	25 °d (Karbonathärte)
Schwefelsäure konzentriert	0,1 ml/l	0,25 - 0,27 ml/l
Ameisensäure 85%ig	0,2 - 0,3 ml/l	0,37 - 0,55 ml/l
Ameisensäure 85%ig + Ammonsulfat (1:2)	0,2 - 0,26 ml/l	0,4 - 0,58 ml/l
Essigsäure 30%ig	1,1 - 4,5 ml/l	2,2 - 5,5 ml/l

Abb. 18: BAYGENAL-Oliv LC2G 150%
2% auf Trockensubstanz + Ameisensäure

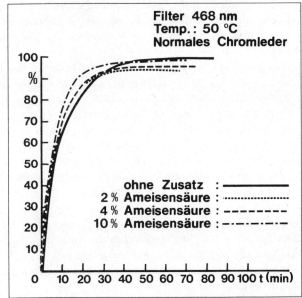

Abb. 19: Nigrosin NB für Lederappretur 2% auf Trockensubstanz + Ameisensäure

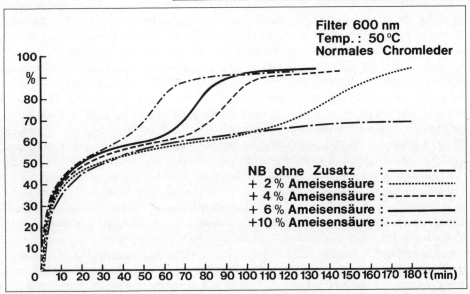

wegs praxisüblich sind. Bei diesem hohen Säureangebot ist es tatsächlich möglich, starke Unterschiede in der Aufziehgeschwindigkeit zwischen schnellziehenden und langsamziehenden Farbstoffen zu überbrücken. Selbstverständlich geht auch hier die Affinität des Leder als zweite Komponente in das Aufziehverhalten ein: So wird man bei frisch gegerbtem Chromleder mit einem isoelektrischen Punkt von ca. 6,9 auch ohne Absäuern zu einer befriedigenden Baderschöpfung kommen, während vegetabilisch gegerbtes Leder mit einem isoelektrischen Punkt von etwa 3,5 mindestens des Prozentsatzes des Farbstoffangebotes an Ameisensäure bedarf, um eine leidliche Baderschöpfung zu realisieren. Abbildung 20 veranschaulicht das Absinken der Aufziehgeschwindigkeit und der Baderschöpfung, verursacht durch die immer stärkere Inaktivierung kationischer Gruppen des Chromleders durch steigende pH-Werte bis pH 8[100].

Die Einstellung höherer pH-Werte in der Lederfärbung erfolgt durch Zusätze von technischem Ammoniak, 1:10 verdünnt. Man erreicht durch diese Anhebung des pH Wertes, daß auch hochaffine Leder durch den Schnitt, je nach Farbstoffangebot, ein- bzw. durchgefärbt werden. Die Abb. 20 zeigt, daß unsere Betrachtung des Aufziehens der Farbstoffe als Ionenreaktion stark idealisiert ist: denn obwohl pH 8 jenseits des isoelektrischen Punktes des Chromleders liegt, zieht unser Modellfarbstoff dennoch zwar unverkennbar reduziert und verlangsamt, aber doch deutlich auf. Diese Restaffinität neben der ionischen Reaktivität wird von koordinativen Valenzen der Dipole, Wasserstoffbrücken und Dispersionskräfte erbracht. Nach einer Faustregel nehmen diese Kräfte mit der Molmasse zu[101]. Aus diesen von Farbstoff zu Farbstoff unterschiedlichen koordinativen Kräften resultieren auch die großen Unterschiede hinsichtlich der optimalen Säuredosierung, hinsichtlich der Fähigkeit der Durchfärbung bei angehobenen pH-Werten, hinsichtlich der Aufziehgeschwindigkeit und der Baderschöpfung. Abbildung 21 zeigt für saure, substantive und kationische Farbstoffe das Aufziehverhalten bei verschiedenen pH-Werten. Man kann die verschiedenen pH-Optima der einzelnen Farbstoffe deutlich erkennen[102].

Die moderne Regeltechnik in Verbindung mit Färbeapparaten, wie z. B. der Sektorengerbmaschine, ermöglichen, den pH-Wert automatisch und veränderlich zu steuern[103]. Man kann in solchen Gefäßen bei einem konstanten pH-Wert fahren, wobei man den optimalen Aufzugsbereich des betreffenden Farbstoffs einstellt. Für Farbstoffkombinationen kann es wirkungsvoller sein, mit variablen pH-Werten zu färben, indem man die Optima der Einzelfarbstoffe im Rahmen einer kontinuierlichen Veränderung des pH-Wertes sozusagen »berührt«. So kann man die Färbung von Pastelltönen und hellen Nuancen bei einem pH-Wert von 6 beginnen und den pH-Wert im Verlauf einer Stunde auf 4 senken. Bei höheren Farbstoffangeboten der dunklen Farben wird man den pH-Wert bis 3 bzw. 3,5 langsam erniedrigen. Dieses Verfahren ermöglicht, die Aufziehkurven von Farbstoffen und Kombinationen ganz erheblich zu korrigieren, z. B. indem die für die Lederfärbung typische erste, sehr schnelle Aufzugsphase deutlich abgeflacht wird. Nachdem für das Ledergebiet zu diesem Vorschlag keine Aufzugsgrafik veröffentlicht worden ist, wird mit Abb. 22 die Absorptionscharakteristik eines Säurefarbstoffs auf Polyamid bei variablen pH-Werten zwischen 9–6 zur Verdeutlichung dieser Methode gezeigt[205]. Das Schaubild zeigt, wie durch gleichmäßige pH-Veränderung bei kontinuierlich zunehmender Oberflächenkonzentration (C_{ob}) und entsprechend abnehmender Flottenkonzentration (C_L) ein völlig gleichmäßiges Aufziehverhalten des Farbstoffes eingestellt werden kann. Die modernen apparativen Entwicklungen eröffnen hier der Lederfärbung Neuland und zusätzliche Möglichkeiten, um egaler, billiger und vielfach auch schneller Leder zu färben.

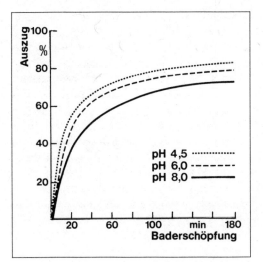

Abb. 20: *Aufziehkurven eines Lederfarbstoffes bei verschiedenen pH-Werten*

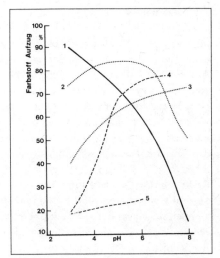

Abb. 21: *Aufziehverhalten saurer, substantiver und kationischer Farbstoffe auf chromiertem Hautpulver*
1) C.I. Acid Orange 10   4) C.I. Basic Orange 2
2) C.I. Direct Green 1   5) C.I. Basic Violett 5
3) C.I. Direct Black 38

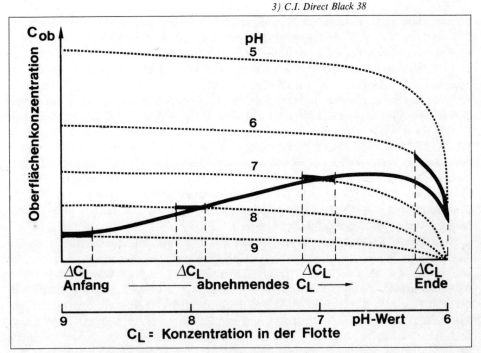

Abb. 22: *Adsorptions-Charakteristik eines Säurefarbstoffes für Polyamid (schematisch). Der Verlauf bei pH-Erniedrigung von 9 auf 6 (Kurve —) ergibt sich aus den Adsorptions-Charakteristiken bei konstanten pH-Werten (Kurven- - -). Der Einfluß von Δc_L auf c_{ob} bei verschiedenen pH-Werten ist angedeutet (Abschnitte –)* [205]

3.2 Steuerungsmöglichkeiten durch Temperaturveränderungen. Die Wirkung der Temperatur auf chemische und physikalisch-chemische Prozesse ist allumfassend. Trotzdem wurde bisher die Temperatur als Steuerungselement der Lederfärbung praktisch nicht benutzt. – Im Gegenteil: Durch die Abhängigkeit der Faßtemperatur von Faßladung, Faßbewegung und Außentemperatur besteht gerade hier vielfach Unsicherheit über die realen Temperaturbedingungen von Partie zu Partie. So mögen unerkannte Temperaturschwankungen eine häufige Ursache für oft überraschende Qualitätseinbrüche laufender Produktionen sein, z. B. im Hinblick auf Narbenplatzer im Winter oder auf Schwankungen im Griff durch Unterschiede in der Fettverteilung oder auf Farbstärkedifferenzen, Nuancenabweichungen oder Unegalität bei der Färbung. Deshalb sollte der Gerber und Färber es als einen entscheidenden Fortschritt betrachten, daß ihm neuerdings während des Ablaufes der Gesamttechnologie eine ganze Reihe von Möglichkeiten der Temperaturkontrolle und der gezielten Temperatursteuerung apparativ angeboten wird[103]. Schon im Vorfeld der eigentlichen Färbung beeinflussen Temperaturschwankungen das färberische Ergebnis. Zu tiefe Temperaturen im Äscher bringen Prallheit, dadurch schlechte Grundlockerung und damit Unegalität; zu hohe Temperaturen bei diesem Arbeitsgang verursachen sog. »Nubukierungen«, die sich färberisch abzeichnen. Temperaturabweichungen in der Chromgerbung nach unten ergeben leerere Färbungen, nach oben infolge des verstärkten Grünstichs stumpfere, aber vollere Nuancen, jedenfalls Farbtonabweichungen. Ähnliche Farbschwankungen produzieren Temperaturunterschiede in der Neutralisation. Wenn man z. B. 2% eines anionischen Egalisiermittels (z. B. Nr. 1, 2, 3, 6, 7, 8, 9, 10, der Tabelle 29 S. 144) bei 50°C statt bei 30°C in der Neutralisation mitlaufen läßt, so kann daraus ein Farbstärkeverlust bis zu 50% resultieren. Zu allem Überfluß reagieren die einzelnen Farbstoffe auf diesen Kunstfehler verschieden, so daß beim Färben von Farbstoffkombinationen eine Nuancenverschiebung, die bekanntlich auffälliger ist als Stärkeunterschiede, wahrscheinlich wird. Die gleichen Beobachtungen kann man machen, wenn Nachgerbungen vor der Färbung mit unterschiedlichen Temperaturen von Partie zu Partie laufen. Da dieselben höher dosiert werden, sind die Stärkeverluste hier meist noch drastischer als bei unserem Beispiel aus der Neutralisation. Die Temperaturwirkung beim Färbevorgang selbst ist insofern kompliziert als Farbstoff und Leder in entgegengesetzter Weise beeinflußt werden. Denn das Sättigungsvolumen des Chromleders für Farbstoffe geht mit steigender Temperatur etwas zurück. Infolge der gesteigerten Hydrolyse der Chromkomplexe werden diese bei höherer Temperatur anionischer[104], können also weniger Farbstoff binden. Dieser Befund überrascht den Praktiker, denn bei höherer Temperatur gefärbte Chromleder sind in der Nuance – und dies besonders bei schwarzem Velour – tiefer, in der Deckung besser und in den Echtheiten überlegen.

Dieses bessere Ergebnis der Färbung bei höheren Temperaturen ist in der Steigerung der Reaktivität der Farbstoffe begründet. Abbildung 23 zeigt die Temperaturwirkung auf hoch- und niedrigaffine Farbstoffe. Auf Temperaturerniedrigung sprechen beide Farbstoffe an. Allerdings mündet die 40°C-Aufziehkurve des hochaffinen Farbstoffs zeitlich verschoben in die 60°C-Kurve ein. Die Temperaturkurven des niedrigaffinen Farbstoffes streben dagegen auseinander. Das vorliegende Diagramm empfiehlt für Färbungen bei tieferen Temperaturen hochaffine Farbstoffe einzusetzen und die Färbezeit zu verlängern. Zur Abschätzung des neuen Zeitbedarfs kann man für eine Temperaturerhöhung von 30°C auf 60°C eine Zunahme der Färbegeschwindigkeit um das 1,5 bis 2,5fache, je nach Farbstoff, ansetzen. Die Erhöhung der Farbstoffreaktivität durch Temperatursteigerung hat neben der allgemein gül-

Abb. 23: *Aufziehgeschwindigkeit und Temperatur-Wirkung*

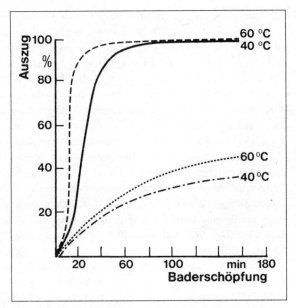

tigen Gesetzmäßigkeit der Beschleunigung jeder chemischen Reaktion durch die Temperatur noch mehrere andere Gründe: Bei höheren Temperaturen zerfallen infolge der gesteigerten Wärmebewegung die Farbstoffaggregate. Die durch die Aggregatbildung blockierten koordinativen Kräfte werden nun frei, um auf das Substrat Leder zu wirken. Der Zerfall der Farbstoffaggregate bringt es also mit sich, daß der Farbstoff viel stärker als Einzelmolekül über viel mehr Bindungsstellen an das Leder gebunden wird. Dieser Effekt ist die Ursache der Farbvertiefung die bei Hochtemperatur-Färbungen allenthalben beobachtet wird. Aber nicht nur Farbstoffaggregate werden bei höherer Temperatur abgebaut, sondern auch die Zusammenlagerungen von Gerbstoffen, Hilfsmitteln usw., kurz von allen Teilnehmern an dem Färbegleichgewicht in der Flotte. Daher rührt der verstärkte Reservierungseffekt aller Gerbmittel bei höheren Temperaturen. Dazu wird auch Wasser desaggregiert; dies bewirkt, daß die ziemlich stabile Hydratschicht auf den Lederfasern teils abgebaut, teils destabilisiert wird, was die Farbstoffreaktion mit dem Substrat erleichtert. Andererseits bewirkt diese Dehydratisierung der die Löslichkeit vermittelnden Ätherketten bei Ethylenoxyd-Derivaten ein Unlöslichwerden und Unwirksamwerden solcher Emulgatoren in Zubereitungen aller Art, was färberisch Fällungen und Unegalität verursachen kann. Eine weitere Temperaturwirkung ist die Erhöhung der Diffusionsgeschwindigkeit, wodurch der Färbevorgang beschleunigt wird.

Angepaßt an die verschiedenen Gerbungen färbt man die einzelnen Lederarten bei unterschiedlichen Färbetemperaturen: Chromrindleder, Velours in vollen Nuancen bei 60–70°C, dieselben als Pastellnuancen bei 50–60°C, Chromkalbleder und Chevreaux bei 50°C, vegetabilisch-synthetisch gegerbte Leder bei 35–45°C, Reaktivfarbstoffe vom Kaltfärbetyp bei 20°C und flottenlose Färbung bei 25°C[105]. Durch die flottenlose Kaltfärbung ist die Auswirkung tiefer Temperaturen auf das färberische Ergebnis heute besonders aktuell. Bei Temperaturen von 20–25°C ist die Einfärbung stärker, infolgedessen die Oberflächenfärbung leerer. Die Nuancen der Tieftemperaturfärbung sind eine Spur stumpfer. Die Färbezeiten bis zur Durchfärbung sind kürzer. Frische Chromgerbungen – also hochaffine Leder – sind in ihrer Nuance bei Pulverfärbungen gegenüber einer Flottenfärbung gut übereinstimmend, wenn die Farbstoffe der Kombination etwa die gleiche Löslichkeit haben. Schwachaffine Leder zeigen bei der Kaltfärbung gegenüber einer Färbung in Flotte bei höherer Temperatur vielfach Nuancenverschiebungen, z. B. bei Dunkelbrauntönen zu einem stumpfen Violettstich oder bei Rottönen nach Gelb usw. Dies tritt natürlich verstärkt auf, wenn Farbstoffkombinationen mit einem unausgeglichenen Aufbauvermögen auf nachgegerbtem Leder eingesetzt werden (s. S. 223). Hinsichtlich dieser Nuancenverschiebung bei Tieftemperaturfärbung auf schwachaffinen Ledern verhalten sich 1:2-Metallkomplexfarbstoffe deutlich besser.

Thermodynamisch ist Lederfärben als Gesamtprozeß exotherm[106], d. h. beim Färben chromierten Hautpulvers mit einfachen Säurefarbstoffen wird Wärme frei. Dieser Befund stimmt mit den Ergebnissen thermodynamischer Messungen bei Textilfärbungen überein. Da die Temperatur als Steuerungsfaktor Bedeutung gewinnen wird, je mehr Automaten als Färbegefäße sich einführen werden, sei kurz die Temperaturführung einer Textilfärbung nach dem Migrationsverfahren als Beispiel besprochen. Das Ziel dieses Verfahrens ist es, den Farbstoffaufzug auf einer mittleren Linie möglichst gleichmäßig zu gestalten, also den steilen Anstieg der Aufzugskurve am Anfang der Färbung einzuebnen. Ausgehend von einer diesem Ziel angepaßten Starttemperatur durchläuft die Färbung bei kontinuierlich steigenden Temperaturen das temperaturabhängige Maximum der Sättigungskapazität des Substrates. Wenn auf hohem Temperaturniveau ein Gleichgewicht zwischen Aufziehen und Wiederablösen, das sog. Migrieren, erreicht ist, verbleibt die Färbung während der sog. Ausgleichszeit bei dieser Temperatur bis die notwendige Egalität erreicht ist. Das Verfahren wird sinnvoll beendet, indem bei der Ausgleichstemperatur schlagartig entflottet wird, um ein Wiederaufziehen des migrierenden Anteils des Farbstoffes zu verhindern. Das geschilderte Textilverfahren ist nicht ohne weiteres auf die Färbungen von Leder zu übertragen, aber es soll die Ansatzpunkte zeigen, wo eine Steuerung durch die Temperatur eingreifen kann.

3.3 Steuerung durch Konzentrationsveränderung und Dosierung. Abb. 24 zeigt die Aufziehkurven eines hochaffinen Lederspezialfarbstoffs mit steigender Konzentration. Bei oberflächlicher Betrachtung dieser Grafik könnte man zu der Meinung kommen, daß der Farbstoff aus verdünnten Lösungen schneller aufzieht, das Gegenteil ist der Fall, wie folgende Rechnung belegt: Bei 100 kg Trockengewicht Spaltvelours sind 0,5 % = 500 g Farbstoff, von denen nach 5 Minuten 99 %, also 495 g aufgezogen sind. Unter den gleichen Voraussetzungen sind 5 % Angebot, 5000 g Farbstoff, von denen in den ersten 5 Minuten 30 %, das sind 1500 g Farbstoff, das Leder anfärben. Mit anderen Worten: Aus der zehnmal konzentrierteren Lösung zieht der Farbstoff etwa dreimal schneller auf. Aus Erfahrung weiß man, daß 0,5 %ige Färbungen, oder besser gesagt alle Pastellnuancen, viel eher zu Unegalität neigen als höhere Angebote. Diese Tatsache mag zu einem Teil darauf beruhen, daß das Auge in Feintönen Stärkeunterschiede viel eher unterscheiden kann als bei vollen Nuancen. Der andere Grund dieser Beobachtung liegt aber daran, daß, je mehr sich ein Farbstoffangebot der Sättigung aller Bindungskräfte des Substrat nähert, desto weniger Spielraum ist für verfahrens- oder apparativbedingte Unterschiede des Aufziehens; oder mit anderen Worten: desto egaler müssen Färbungen anfallen. Man sollte nun meinen, daß man Feinnuancen aus möglichst konzentrierter Flotte färben sollte. Die Praxis ist aber nicht so, weil die zwangsläufig dann sehr kurzen Flotten sich in der kurzen zur Verfügung stehenden Zeit unter den Bedingungen

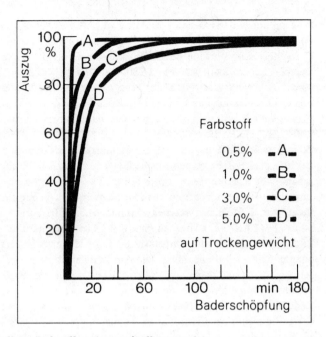

Abb. 24: Aufziehkurven eines hochoffenen Farbstoffs mit steigender Konzentration

der Faßfärbung nicht gleichmäßig genug über die Oberflächen des Leders verteilen können. So färbt man Feinnuancen aus langen Flotten und versucht der Neigung zu einer gewissen Unegalität durch höhere pH-Werte, niedrigere Färbetemperaturen und geeignete Hilfsmittel zu kompensieren.

Grundsätzlich muß man bei den Problemen der Dosierung und Konzentration sehr wohl unterscheiden zwischen dem Verhältnis von angebotenem Farbstoff zu dem zur Verfügung stehenden Bindungsvolumen bzw. dem Sättigungswert des Leders und den sog. Flottenverhältnis, d. h. der Masse (Gewicht) des Substrates in Relation zu der Masse bzw. zu dem Volumen der Flotte. Aus den unterschiedlichen Ergebnissen von Vergleichsversuchen mit Hautpulver gegen gewachsene Haut kann man ableiten, daß die Oberflächenbeschaffenheit, ja die Oberfläche als solche für das Bindungsvermögen von Leder entscheidend ist. Auch die Beobachtung der Praxis, daß man, je dünner die Leder sind, desto mehr Farbstoff benötigt, um gleich tiefe Färbungen zu erlangen, bestätigt die Regel: Nicht das Falzgewicht, sondern die Fläche der Leder sollte die Farbstoffdosierung bestimmen. Die meisten Rezepturen der praktischen Lederfärbung ignorieren aber diese Tatsache, indem sie sich nicht auf die Fläche, sondern auf das Falzgewicht beziehen. In der täglichen Praxis am Faß wird die Beschickung durch Abzählen einer gewissen Anzahl von Großviehhäuten bzw. Hälften oder von dutzend Kleintierfellen gehandhabt, was dem Prinzip der Dosierung, auf die Fläche bezogen, schon näher kommt. Aber um grobe Fehler bei diesem Verfahren zu vermeiden, bedarf es bei der Einteilung zu Partien großer Aufmerksamkeit und Sorgfalt, um sonst unvermeidliche

Schwankungen der Flächen von Partie zu Partie zu vermeiden. Denn solche Schwankungen sind Ursache von unbefriedigender Reproduzierbarkeit der Farbstärken von Partie zu Partie. Die andere Komponente dieses Problemkreises ist das Flottenverhältnis. Dieses kann bei feuchten Ledern zwischen 0 und 250% auf Falzgewicht und bei zwischengetrockneten Ledern zwischen 100 und 1000% auf Trockengewicht liegen. Es ist Erfahrungstatsache, daß man bei der Färbung feuchter Leder 1/3 mehr an Farbstoff benötigt, besonders bei satten Oberflächenfärbungen und bei Durchfärbungen. Je kürzer die Flotte ist, desto tiefer färbt ein Farbstoff bzw. eine Farbstoffkombination ein. Im Extrem trifft diese Beobachtung für die sog. flottenlose Kaltfärbung zu[47]. Es ist wichtig, daß bei dem flottenlosen Verfahren – d. h. mit 15–20% Restflotte aus dem nach der Neutralisation folgenden Entflotten und den dabei gehandhabten tiefen Temperaturen von 20–25°C – typische Farbstoffeigenschaften völlig eingeebnet und ausgeglichen werden. So wurde z. B. mit einem ausgesprochenen Oberflächenfärber und einem typischen Durchfärber auf frischem Chromleder im Kurzflottenverfahren bei 20°C in 20 Minuten eine völlig gleichmäßige Durchfärbung des Schnittes durch beide Farbstoffe erzielt[47]. Dabei war die Oberfläche egaler gefärbt als bei einer Vergleichsfärbung in 500% Flotte bei 60°C. Die Autoren führen dieses bemerkenswerte Ergebnis auf die geringere Reaktivität bei niedrigen Temperaturen, auf die erhöhte Walkwirkung des Kurzflottenverfahrens und auf die extrem hohe Farbstoffkonzentration der Restflotte zurück. Dem sei noch folgende Überlegung angefügt: Die Lösung des Farbstoffs geht in der geringen Restflotte nicht vom Kristall direkt zu dem monomolekulargelösten Farbstoff, sondern über ein Kontinuum von größeren und kleineren Farbstoffaggregaten als Zwischenstufen. Farbstoffaggregate sind aber weniger reaktiv und durchdringen bei der erhöhten Walkwirkung der Kurzflottenfärbung schnell den Schnitt des Leders.

3.4 Steuerung durch die Färbezeit. Die Färbezeit steht in direktem Zusammenhang mit der Produktivität und damit mit dem Betriebsergebnis. Sie ist aber ebenso eng mit dem Egalisieren, der Reproduzierbarkeit, der Sortimentsausbeute für Anilinleder und damit mit dem Qualitätsniveau der Produktion verbunden. In den letzten Jahren stehen aus Kostengründen mehr und mehr Kurzzeitverfahren im Vordergrund des Interesses, ohne daß bei der Bearbeitung dieser Problematik die Reproduzierbarkeit, der Zeitbedarf und Erfolg des Nachnuancierens, die Anzahl der Umfärber usw. systematisch erfaßt und in die wirtschaftlichen Überlegungen mit einbezogen worden sind. Als Anhalt mögen die Erfahrungen eines straff geführten Großbetriebes dienen, dessen Fabrikat höchste Ansprüche hinsichtlich Nuancenkonstanz und Qualität erfüllt: Bei 45–60 Minuten reiner Färbezeit genügen 90% der Färbungen im Durchschnitt den Anforderungen an Nuancenübereinstimmung. Bei den restlichen 10% der Färbungen handelt es sich immer wieder um dieselben empfindlichen Grau- und Beigetöne, die bei den beanstandeten Partien meist zu stark gefärbt anfallen. Im Falle sehr starker Abweichungen bleibt keine andere Wahl, als diese Ausreißer schwarz oder dunkelbraun zu überfärben. Ist die Stärkeüberschreitung der Pastelltöne nur geringfügig, so läßt man die beanstandete Partie bei höheren pH-Werten mit Färbereihilfsmitteln auf Basis stark pigmentierender Weißgerbstoffe so lange laufen, bis sich die gewünschte Nuance eingestellt hat. Beide Verfahren erfordern natürlich verlängerte Laufzeiten, die bei der Abschätzung der Effizienz eines Kurzzeitverfahrens natürlich einbezogen werden müssen. Das gleiche gilt auch für die Häufigkeit und die Dauer des Nachnuancierens bei Kurzzeitverfahren im Vergleich zu normalen Arbeitsweisen.

Über die Möglichkeiten der zeitlich aufwendigen Migrierverfahren auf dem Ledersektor wird in dem Kapitel über das Egalisieren berichtet werden (s. S. 228). Selbstverständlich ist die Färbezeit von der Partiegröße abhängig. Größere Partien erfordern längere Färbezeiten, z. B. im Maximum 8 Stunden für 3,5 t-Partien. Zusammenfassend verursachen längere Färbezeiten bei migrierfähigen Farbstoffen eine bessere Egalität und eine stärkere Einfärbung, eine geringere Deckung und u. U. eine etwas geringere Farbstärke.

3.5 Der Einfluß der mechanischen Bewegung auf die Färbung. Den großen Einfluß der mechanischen Bewegung auf das Ergebnis seiner Färbungen hat der Praktiker täglich vor Augen, wenn er eine Rezeptur aus dem Wacker-Fäßchen, dem Schüttel-Apparat oder dem geheizten Drehkreuz in den Partiemaßstab, also ins Faß oder in den Färbeautomaten übertragen will. Die Färbungen im größeren Gefäß fallen infolge der verstärkten Walkwirkung immer etwas leerer aus, was bei der Farbstoffdosierung berücksichtigt werden sollte. Schwankungen sind auch festzustellen, wenn man die gleiche Nuance in verschieden dimensionierten Färbefässern zu färben gezwungen ist. Die Egalität wird in solchen Fällen auch negativ dann beeinflußt, wenn die Form des Fasses, z. B. durch zu große Breite oder die Umlaufgeschwindigkeit, nicht ausreicht, um während der Zugabe und Färbung an jeder Stelle die gleiche Oberflächenkonzentration an Farbstoff oder Hilfsmittel aufrechtzuerhalten. Es sind aber auch indirekte Wirkungen mechanischer Bedingungen auf das Ergebnis der Färbung bekannt geworden[94]. So blutet z. B. bei einem Vergleichsversuch Faß gegen Dosomat im Faß mehr als das Doppelte an Chromgerbstoff aus, was der Färbung im Faß einen Broncireffekt, eine etwas stumpfere Nuance und eine 5–10% geringere Farbausbeute auf der Narbenseite bei einer Marineblau-Nuance brachte. Über die Wirkung von Chromgerbstoff in der Färbeflotte siehe in diesem Kapitel über den Einfluß der Elektrolyte (S. 113).

Aus den bisherigen Beispielen sollte man die Folgerung ziehen, nach Möglichkeit bei jeder Nuance mit einheitlichen Partiegrößen in den gleichen Fässern zu arbeiten. Für die Färbung am günstigsten ist eine Kombination von Zapfen und schiefen über Dreiviertel der Faßbreite gehenden Brettern bei einer Umfanggeschwindigkeit von 1,6–1,9 m/sec. Die starke mechanische Einwirkung durch Zapfen und Bretter fördert die Ein- und Durchfärbung, soweit die übrigen notwendigen Voraussetzungen hierfür gegeben sind. Die Durchfärbung ist für eine Reihe von Ledertypen beim Färben der zeitbestimmende Faktor, weswegen man durch schnellere Durchfärbung zu kürzeren Färbezeiten und damit zu einer höheren Produktivität gelangen kann. Nachteilig bei der mechanisch starken Beanspruchung der Faßfärbung ist, daß bei dünnen Ledern oft bis zu 10% der Beschickung Einrisse und Zerreißungen aufweisen. Infolge geringerer mechanischer Beanspruchung zeigen alle Y-geteilten Apparate diesen gravierenden Nachteil nicht, was wohl der entscheidende Grund für deren breitere Einführung bei vielen Möbel- und Bekleidungsleder-Produktionen sein dürfte. Auf der anderen Seite hat man in diesen Automaten immer Schwierigkeiten, eine ausreichende Durchfärbung zu erreichen, besonders bei 1:2-Metallkomplexfarbstoffen.

3.6 Steuerung durch Hilfsmitteleinsatz. Die Hilfsmittelwirkung wird in größerem Zusammenhang im Kapitel VI behandelt werden. Hier soll nur ein praktischer Hinweis gegeben werden, wie Hilfsmittel im Färbeprozeß einzusetzen sind. Da ist als erstes wichtig, ob das Hilfsmittel vor, in oder nach der Färbung gegeben wird. Vor der Färbung ziehen anionische Egalisiermittel unter Entsäuerung auf, verschieben dabei den isoelektrischen Punkt zu tieferen pH-Werten – bei Chromleder etwa bis pH 5 –, machen die Lederoberfläche anionischer und dämpfen bevorzugt die höhere Reaktivität von Wundstellen, wie z. B. von Bakterienstippen. Insgesamt setzen anionische Hilfsmittel das Sättigungsvolumen des Leders herab, was der Egalität dient. Infolge des niedrigeren Sättigungsvolumens ist die Aufziehgeschwindigkeit des Farbstoffes etwa erniedrigt. In der Färbung selbst eingesetzt verhalten sich anionische Hilfsmittel wie farblose Farbstoffe, die meist dem eigentlichen Farbstoff vorausziehen und so die sehr hohen Aufziehgeschwindigkeiten hochaffiner Farbstoffe in den ersten Minuten der Färbung etwas zu dämpfen vermögen. In sehr viel höheren Prozentsätzen als die Farbstoffe werden anionische Hilfsmittel auf Basis neutralisierter Weißgerbstoffe im Färbebad bei Feinnuancen eingesetzt. Bei dieser Anwendung sollte das Hilfsmittel eine gewisse Pigmentierwirkung haben, um die Chromfarbe zu drücken, um Weißgehalt in die Feinnuance einzubringen und um gleichzeitig sehr stark zu egalisieren.

Mit nichtionogenen Hilfsmitteln – in der Färbeflotte eingesetzt – erzielt man auf den Farbstoff einen zurückhaltenden Effekt[107]. Ob dieser rückhaltende Effekt selektiv besonders bei hochaffinen Farbstoffen einen Ausgleich hoher Aufziehgeschwindigkeiten bewirken kann, ist nicht eindeutig geklärt (s. S. 164). Jedenfalls ist beim Einsatz von sog. »Retardern« die richtige Dosierung für einen guten Erfolg ausschlaggebend. Überdosierungen führen leicht zu Unegalitäten. Infolge der schwach kationischen Ladung oder infolge einer Art von »Fettfleck-Effekt« niedrig kondensierter Ethylenoxyd-Produkte haben einige Typen nichtionogener Hilfsmittel auf nachgegerbten Ledern einen mäßigen Verstärkereffekt. Sämtliche nichtionogenen, aber auch die anionischen Hilfsmittel, vor und in die Färbung eingesetzt, wirken auf Natur- und Licker-Fette verteilend, was der Egalität der Färbung dient.

Kationische Hilfsmittel werden besonders bei der Stufenfärbung nachgegerbter Leder nach der ersten ein- bzw. durchfärbenden Stufe auf das Absäuern folgend im frischen Bade eingesetzt. Sie dienen der Farbverstärkung schwachaffiner Leder, d. h. sie erhöhen das Sättigungsvolumen des Substrates. Kationische Hilfsmittel sind sorgfältig und grundsätzlich möglichst knapp zu dosieren. Am besten haben sich Produkte schwacher Kationität bewährt, die in Lösung nicht sofort Farbstoffe ausfällen, sondern einige Zeit stabil bleiben.

Nachgesetzte anionische Hilfsmittel sind geeignet, überfärbte Feinnuancen durch Einbringung von zusätzlichem Weißgehalt auf die gewünschte niedrigere Farbintensität zurückzuführen. Schwachkationische Hilfsmittel – nach der Fettung eingesetzt – sind sehr nützlich, um auf die Oberfläche des Leders »aufgeklatschte« Lickeremulsionen zu zerschlagen und zum Einziehen in das Leder zu bringen. So können durch ungenügend stabile Lickeremulsionen verursachte Fettflecken im Entstehungszustand gerade noch beseitigt werden. Darüber hinaus fixieren solche schwach kationischen Nachsätze alle anionischen Inhaltsstoffe des Leders einschließlich der Farbstoffe und tragen dadurch zu einer geringeren Empfindlichkeit von Färbungen gegenüber der Vakuumtrocknung und zur Verbesserung der Naß- und Schweißechtheiten bei.

3.7 Steuerung durch die Farbstoffauswahl. Die Farbstoffauswahl wird wegen der unterschiedlichen Meinungen zu dieser Frage in einem gesonderten Kapitel (s. S. 232) umfassend behandelt. Hier soll dieses wichtige Problem lediglich unter dem Gesichtspunkt eines Steuerungsmomentes kurz abgehandelt werden; ganz abgesehen davon, daß in vielen Fällen die Farbstoffauswahl durch die einzustellende Nuance so stark bestimmt wird, daß für andere Überlegungen nur wenig Spielraum bleibt. Aber es muß auffallen, daß bei sorgfältiger Überwachung des Sortimentsergebnisses es immer wieder dieselben Nuancen sind, die wegen schlechter Reproduzierbarkeit nachnuanciert bzw. überfärbt werden müssen. Bei diesen immer wieder auftretenden Fehlfärbungen sollte man ansetzen und von allen Seiten Informationen über die Eigenschaften der verwendeten Farbstoffe bzw. der Farbkombination einholen. Als erstes wird man in den einschlägigen Musterkarten die ausgewiesenen Egalitäten, die Aufziehgeschwindigkeit bzw. die Affinitätszahlen und die Baderschöpfung, bei flottenlosen Verfahren die Löslichkeiten überprüfen, um festzustellen, ob die einschlägigen Farbstoffe ein gutes und übereinstimmendes Niveau oder ob die zu beanstandende Kombination große Unterschiede in diesen Eigenschaften zeigen. Man muß dabei von der Regel ausgehen, daß nicht der Farbstoff mit den besten Eigenschaften das Gesamtniveau einer Kombination bestimmt, sondern immer der schlechteste Farbstoff. Ergibt diese Recherche keine Anhaltspunkte für das ständig unbefriedigende Ergebnis, sollte man die Elektrolytgehalte der Färbeflotte überprüfen und die Stabilität der Farbstofflösungen bei der ermittelten Elektrolytkonzentration durch Tüpfelprobe testen[94]. Ergeben sich immer noch keine Anhaltspunkte für das schlechte Ergebnis, sollte man die Farbstofflieferanten für das betreffende Leder zu einer Ersatzeinstellung auffordern. Bei dieser Aufgabenstellung kann davon ausgegangen werden, daß von der Farbstoffauswahl die Reproduzierbarkeit, die Egalität, die Farbstärke, die Aufziehgeschwindigkeit und die Baderschöpfung bzw. die Affinität, die Kombinierbarkeit, die Einfärbung und schließlich Licht-, Schweiß-, Wasser- und Trockenreinigungsechtheiten ganz wesentlich beeinflußt werden. Gewiß, die oben vorgeschlagenen Recherchen sind mühevoll und zeitraubend, aber man sollte sich in diesem Zusammenhang für die Modellberechnungen eines Textilbetriebes interessieren[108]. Danach sind die Kosten einer fehlerlosen Produktion 87,75% der durchschnittlichen Färbekosten; dagegen steigen die Kosten bei nuancierten und nachgefärbten Partien auf 135,36% und die von Umfärbungen auf 237,49% der durchschnittlichen Färbekosten an. Man kann sich durchaus sicher sein, daß auch für das Ledergebiet ähnliche Relationen zutreffen, weshalb sich die vorgeschlagenen großen Mühen für die Verbesserung der Reproduzierbarkeit, auf die Dauer gesehen, bestimmt lohnen.

4. Parameter, die nach der Färbung eingreifen

Solange das Leder feucht ist, ist die Färbung nicht abgeschlossen. Deshalb beeinflussen die der Färbung folgenden Arbeitsgänge der Fettung und der Trocknung wesentlich das Endergebnis.

4.1 Fettung und Farbstoff. Welch großen Einfluß die Fettung auf die Fülle der Nuance, die Farbstärke, die Egalität und Reproduzierbarkeit, die Farbstoffverteilung zwischen Narben- und Fleischseite, auf die Lichtechtheit, auf die Wasserechtheit und Reibechtheit hat, wird im Kapitel V im größeren Zusammenhang dargestellt. Hier soll lediglich ein Anhalt gegeben werden, welche Farbstoffe durch Fettungen bei höheren pH-Werten, z. B. bei pH 7, in ihrer Bindung gelockert werden, so daß durch Migration nach der eigentlichen Färbung Unegalitäten entstehen können. Sog. Durch- und Einfärber sind hier am stärksten gefährdet; einfache Mono- und Disazofarbstoffe werden durch neutrale Licker ebenfalls in ihrer Bindung an das Leder gelockert. Saure Walkfarbstoffe, Resorcinbraun-Marken und Nigrosine sind bedeutend weniger anfällig gegen die abziehende Wirkung der Lickerung. Höhermolekulare Säurefarbstoffe und Lederspezialfarbstoffe werden kaum beeinflußt von einer Lickerung im neutralen Bad. Substantive Farbstoffe, 1:1- und 1:2-Metallkomplexfarbstoffe sind gegen Lickerwirkungen praktisch indifferent.

4.2 Färbung und Trocknung. Der Einfluß der Fettung und der Trocknung auf die Egalität von Färbungen ist insofern verwandt, als bei beiden Arbeitsgängen Färbungen mit Farbstoffen schwacher Affinität am anfälligsten für Fehlresultate sind. Mit anderen Worten: Je fester ein Farbstoff gebunden bzw. fixiert ist, desto weniger Schwierigkeiten hat man bei jeder Art der Trocknung zu erwarten. Diese Regel gilt nicht nur für Farbstoffe, sondern für alle Inhaltsstoffe des Leders. Aber auch die Art und die Wege der Diffusion der Restflotte im Leder während des Trocknens beeinflussen die Gleichmäßigkeit einer Färbung stark. So zeichnen sich Schattierungen ab, wenn stellenweise einseitig und an anderen Stellen zweiseitig vom Narben und der Fleischseite her, z. B. durch Auflage auf einen Rost, getrocknet wird[109]. Den Ablauf und das Ergebnis der Trocknung beeinflussen die Temperatur, die Luftzufuhr, die Luftumwälzung im Trockenraum, die relative Luftfeuchtigkeit, die Vorbehandlung in Äscher, Beize, Nachgerbung und Fettung, schließlich die mechanische Belastung durch Druck und Zug während der Trocknung. Alle diese Faktoren bestimmen den Grad der Austrocknung und die Trockenzeit, aber auch wesentliche Momente sowohl des Griffs, des äußeren Aspektes, als auch der inneren Qualität des Leders und last not least das wirtschaftlich entscheidende Element der Maßausbeute. Man unterscheidet zweckmäßig zwischen scharfer, mittlerer und milder Trocknung je nach den Bedingungen ihrer Durchführung.

Wichtig für den Färber ist, daß kürzere Trockenzeiten egalere Färbungen und eine bessere Schleifbarkeit für Velours, gleichzeitig aber schwieriger broschierbare Leder ergeben. Diese Aussage ist durch die Praxis der Boxcalf-, Anilinleder- und Veloursproduktion bestätigt. Bei der Festlegung des Trockenprozesses ist es wichtig, zwischen Anfangs- und Endbedingungen zu unterscheiden. Wir erinnern uns: Wasser ist in zweifacher Weise an Leder gebunden; einerseits ziemlich fest – sozusagen als »Kristallwasser« –, andererseits locker in Form eines unregelmäßigen Schwarmes – als Hydrathülle – und schließlich beweglich als das sog. kapillar eingelagerte Wasser. Bei der Verdampfung geht zuerst das kapillar eingelagerte Wasser weg. Dann folgt das locker gebundene Wasser der Hydrathülle, und schließlich wird das strukturell gebundene Wasser, allerdings nur zum Teil, verdampft. Der Knickpunkt vom leichter wegtrocknenden Wasser zum stärker gebundenen »Strukturwasser« – hygroskopischer Punkt genannt – liegt je nach Lederart zwischen 24–30% Wassergehalt. Bis zu diesem hygroskopischen Punkt kann man Leder scharf trocknen, ohne daß das schließlich resultierende Eigenschaftsbild durch diese Trockenbedingungen festgelegt wird, weil das Leder infolge des Wärmebedarfs der Wasserverdunstung nicht wesentlich aufgeheizt und dadurch übertrocknet wird. Daraus ergibt sich für die Trocknung die Regel, am Anfang mit hoher Temperatur und niedriger relativer Luftfeuchtigkeit zu beginnen und mit niedriger Temperatur und hoher relativer Luftfeuchtigkeit zu beenden. Diese Bedingungen gewährleisten auch die bestmögliche Egalität von empfindlichen Färbungen. Man trocknet Chromleder bei Temperaturen von 50–80°C bei den üblichen Verfahren, von 80°C bei der Vakuumtrocknung. Vegetabilische Leder sind gegen Hitze empfindlich, weshalb man die Trocknung im gewöhnlichen Verfahren bei 30–35°C, bei der Vakuumtrocknung höchstens bei 50°C führt.

Nun noch einige Bemerkungen zu den verschiedenen Trockenverfahren[110] unter dem Gesichtspunkt der Färbung[111]. Bei der *Hängetrocknung* diffundiert die kapillar festgehaltene

Restflotte immer zu den tiefsten Stellen der Haut und reichert evtl. vorhandene Inhaltsstoffe dort an; sind diese Inhaltsstoffe gefärbt, muß man Verfärbungen erwarten. Vom Standpunkt der Färbung muß bei der Hängetrocknung die Restflotte durch sorgfältiges Absäuern möglichst leer und die Inhaltsstoffe des Leder durch Fixierung mit schwach kationischen Harzen vor der Trocknung gut abgebunden sein. Man sollte auch darauf achten, daß die Leder bei der Hängetrocknung sich nicht berühren, weil sonst dunkle Berührungsflecken unvermeidlich sind. Bei gegen die Trocknung empfindlichen Färbungen, z. B. mit Durchfärbern, zeichnen sich Stangen, über die Leder bei der Trocknung gehängt werden, ab. Um diese Schwierigkeiten zu umgehen, wurde für klassische Anilinleder das sog. *Dörren* praktiziert, d. h. ein Hängetrocknen in geschlossenem Raum bei 80°C und extrem starker Luftumwälzung. Die kurze Trockenzeit dieses Verfahrens vermeidet die oben diskutierten Fehlermöglichkeiten, aber der durch die Übertrocknung verursachte sprunghafte Griff ist zur Zeit nicht aktuell. *Das Spannrahmen-Trocknen* wird mit gutem Erfolg für Bekleidungs- und Möbelleder eingesetzt; es ist vom färberischen Standpunkt aus günstig und gegen Fehlermöglichkeiten wenig anfällig. Allerdings ist die Narbenglätte und die Ausbildung der Flämen gegenüber dem *Pasting-Trocknen* unterlegen. Dieses wiederum scheidet für das Trocknen von Anilin-Leder aus, weil es in praxi nicht möglich ist, die Kleberreste einwandfrei zu entfernen, es sei denn, man ist bereit, die Leder leicht zu schleifen. Dagegen hat es sich bewährt, Spaltvelours auf der Pasting-Anlage zu trocknen. Dabei wird die Veloursseite geklebt; der Kleber wird abgeschliffen und verhilft auch bei langfaserigen Spalten zu einem kurzen und gleichmäßigen Schliff. Luftblasen und während des Trocknens sich lösende Teile des Leders zeichnen sich färberisch deutlich als Unegalität ab.

Mit dem *Secotherm-Verfahren* wurde seinerzeit der erste Schritt auf kleberfreie Plattentrocknung hin getan. Dieses Verfahren hat in Europa wenig Anerkennung gefunden und ist heute kaum noch eingeführt. Aber immerhin erinnert sich der Verfasser, seinerzeit bei dem damals führenden italienischen Anilinleder-Hersteller dieses Trockenverfahren, zur Zufriedenheit eingeführt, angetroffen zu haben. Heute werden Anilinleder durchweg auf dem *Vakuumtrockner* fertiggestellt. Die entscheidenden Vorteile dieses Verfahrens sind: daß kein Kleber benötigt wird sowie, ein gleichmäßiger und flacher Narben und ein weicher Griff. Auch die Möglichkeit, die Trocknung jederzeit zu unterbrechen und die gegenüber dem Pasting-Verfahren niedrigeren Energiekosten sprechen für die Vakuumtrocknung. Dem stehen einige schwerwiegende Nachteile gegenüber: Das Verfahren stellt die höchsten Ansprüche hinsichtlich fester Bindung der Gerbstoffe, Farbstoffe und Fettungsmittel an das Leder. Denn locker gebundene Inhaltsstoffe des Leders diffundieren während der Trocknung auf die der Heizplatte abgewandten Seite des Leders. Gegenüber der Pasting-Trocknung sind vergleichbare vakuumgetrocknete Leder in der Farbe immer dunkler. Nachteilig sind auch die großen Feuchtigkeitsunterschiede zwischen Hals und Flämen gegenüber den trockeneren Kernteilen; Differenzen zwischen 20 und 30% sind normal. Diese Differenzen machen ein umständliches Nachtrocknen z. B. Hängetrocknung oder besser noch mit dem selektiv trocknenden *Hochfrequenztrockner* notwendig. Schließlich macht die Vakuumtrocknung, wenn mit vollem Druck gefahren wird, dünne Leder, was durch dickere Falz- bzw. Spaltstärken auf Kosten der Spaltausbeute ausgeglichen werden kann. Färberisch unangenehm ist auch, daß Adern durch die Vakuumtrocknung unterstrichen werden. Wenn verschmutzte Filze nicht im angemessenen Zeittakt (6–9 Monate[112]) gewechselt werden, läuft man Gefahr, durch Verfleckungen Sortimentsverluste zu erleiden. Trotz alledem ist die Vakuumtrocknung

Tabelle 27: Schematische Übersicht über die Parameter der Lederfärbung und ihre Auswirkungen

ergibt für mehr bzw. weniger Vermehrung / Erhöhung / Verstärkung	21. Farbstärke	22. Egalität	23. Reproduzierbarkeit	24. Aufziehgeschwindigkeit / Farbstoffaffinität	25. Badeschöpfung	26. Substrataffinität	27. Einfärbung	28. Deckung	29. Fleischseite	30. Farbezeit	31. Aggregierung	32. Lichtechtheit	33. Wasserechtheiten	34. Löslichkeit	35. Brillanz	36. Migration
1. pH-Wert	−	++	+	++	−	−	++	++	++	+	++	−	++	+	−	++
2. Temperatur	+	−	−	−	++	−	−	++	++	−	−	+	+	+	++	++
3. Konzentration	++	++	++	++	−	o	++	++	+	++	++	++	−	−	++	++
4. Flottenverhältnis	+	++	−	+	−	o	−	++	−	++	++	++	o	o	++	++
5. Farbstoffauswahl	++	++	+	++	++	++	++	++	+	++	++	++	++	++	++	++
6. Elektrolyte	++	−	−	−	++	−	++	+	++	−	++	+	++	−	−	−
7. Chromgerbstoffe	++	−	−	−	++	+	++	++	−	−	−	++	+	−	−	−
8. Lösungsmittel	−	++	++	++	−	+	++	−	−	−	o	++	o	++	−	++
9. Mechanische Bewegung	−	++	+	+	+	o	+	+	+	−	o	o	o	o	o	+
10. Stabilität der Fettung	o	+	o	+	o	+	o	o	+	o	o	o	o	+	+	o
11. Hängetrocknung	+	−	+	o	o	+	−	−	+	−	o	o	o	o	−	+
12. Vacuumtrocknung	−	++	++	o	o	o	−	+	+	−	o	o	o	o	−	++
13. Pastingtrocknung	−	++	++	o	o	−	−	−	−	−	o	o	o	o	o	+
14. Anionische Hilfsmittel	−−	++	−	−	−	±	+	++	++	−	++	++	+	+	++	++
15. Kationische Hilfsmittel	++	−	−	+	+	±/−	−−	++	++	−	++	o	−	−	++	+
16. Nichtionogene Hilfsmittel	++	++	−	−	−	o	+	++	++	−	o+	+	−	o	+	++
17. Zeit	−	++	+	o	+	o	+	++	++	o	++	o	o	o	++	++
18. Wasserhärte	++	++	−	o	++	o	−	+	++	o	+	o	o	−	++	−

132

heute für Anilinleder das Verfahren der ersten Wahl. Andere, Verfahren wie die Hochfrequenztrocknung und die *Kältetrocknung,* sind vom Standpunkt des Färbers zwar gut geeignet; aber wegen zu hoher Energiekosten sind sie bisher undiskutabel. Für das Trocknen nach dem Stollen ist die Vakuumtrocknung bewährt und vom färberischen Standpunkt aus ohne Probleme.

5. Zusammenfassung

Eine Zusammenfassung eines so heterogenen Gebietes wie der Parameter der Lederfärbung muß zwangsläufig unübersichtlich sein. Deshalb soll die schematische Tabellé 27 eine vergleichende Übersicht ermöglichen. Die Ziffern 1–18 sind die Einflußgrößen der Lederfärbung, die Ziffern 21–36 listen die Wirkungen auf Färbungen und Farbstoffverhalten auf. Die Zeichen drücken in allen Fällen die Wirkung bei Erhöhung bzw. Verstärkung des Parameters aus:

      + mehr
      – weniger
      ± sowohl als auch bzw. abhängig von der Farbstoffauswahl
      0 keine Veränderung bzw. keinen Einfluß

Die Hängetrocknung ist in der Übersicht als 0-Versuch gegenüber den anderen Trocknungsarten eingeführt. Die Zeit erscheint unter 17 als Parameter und unter 30 als Wirkung; denn die Zeit beeinflußt das Geschehen der Färbung hinsichtlich Egalität, Reproduzierbarkeit, Einfärbung usw. Aber die Färbezeit ist gleichzeitig ein wichtiges Element der Wirkung: denn sie wird von dem pH-Wert, der Temperatur, der Konzentration, dem Flottenverhältnis, der Farbstoffauswahl usw. stark beeinflußt.

V. Färbung und Fettung

1. Die Wirkung der Fettungsmittel auf Farbstoffe und gefärbte Leder

Die Fettung ist schon vom Arbeitsablauf her eng mit der Färbung verbunden, wird sie doch unmittelbar vor oder nach der Färbung, oft im selben Bad durchgeführt. Trotzdem liegen kaum anwendungstechnische, systematische Arbeiten über das Zusammenwirken von Licker und Farbstoffen vor. In den zahlreichen Veröffentlichungen über Fettung und Fettlicker werden – wenn überhaupt – Wirkungen auf die Färbung qualitativ am Rande erwähnt. Denn das Hauptinteresse der Autoren bezieht sich in den einschlägigen Veröffentlichungen auf Weichheit und Griff, auf Festnarbigkeit und Fülle, auf Festigkeitseigenschaften und Zurichtverhalten der resultierenden Leder. Die Beeinflussung der Nuance, der Farbstärke und auch von Echtheitseigenschaften der Färbungen, sei es durch gegenseitige Konkurrenz beim gemeinsamen Aufziehen von Farbstoff und Licker im selben Bad oder durch ein Abziehen des Farbstoffes durch die nachfolgende Fettung, wurden vom coloristischen Standpunkt noch nicht im Zusammenhang behandelt. G. Otto beschreibt für Fettsäurekondensationsprodukte, sulfatierte Fettalkohole und Alkylsulfate – alles Inhaltsstoffe handelsüblicher Fettungsmittel – einen »mild egalisierenden Effekt«, wenn sie gemeinsam mit Farbstoffen in langer Flotte auf neutralisiertem Chromleder zur Einwirkung kommen[113]. Wenn diese Produkte als Emulgatoren oder Netzmittel auf unneutralisiertem Chromleder oder im sauren Milieu des Pickels zur Entfettung eingesetzt werden, so sagt Otto diesen Verbindungen eine »kräftig reservierende Wirkung«, einen ungleichmäßigen Aufzug und, als Folge davon, färberische Schwierigkeiten nach. Ob diese Beobachtungen heute noch verallgemeinert werden können, sei dahin gestellt.

Nur als Stichprobe können auch Zahlenangaben zur Wirkung von Lickern beim gemeinsamen Einsatz mit Farbstoffen auf neutralisierten Chromledern im Vergleich zu mittelstark nachgegerbten Chromledern bewertet werden, einfach weil das Versuchsmaterial zu wenig ist (Tab. 28). Die Fettung bringt bei den Chromledern durchweg eine Abschwächung und eine leichte Nuancenverschiebung, wie man sie auch in einer Abschwächungsreihe beobachten kann. Die Einfärbung ist bei 1 und 2 durch die Fettung etwas stärker. Auf nachgegerbten Ledern ist der Farbstärkeverlust nach einer Fettung deutlicher und auf den Fleischseiten besonders ausgeprägt; die Einfärbung ist durchweg stärker. Bei Chromledern sind die gefetteten Leder stärker auf der Fleischseite angefärbt, bei den nachgegerbten Ledern ist umgekehrt der ungefettete Versuch auf der Fleischseite farbstärker. Auf nachgegerbten Ledern egalisiert also die Lickerung zwischen Narben und Fleischseite. Besonders auffallend ist die größere Egalität der gelickerten Blaufärbung. Zusammenfassend zeigt die Versuchsreihe, daß jeder der drei Farbstoffe auf das Lickern, besonders auf nachgegerbten Ledern, im Hinblick auf Nuance, Farbstärke und Egalisieren individuell reagiert. Die beschriebenen Wirkungen sind die einer recht stabilen Lickermischung. Diese hohe Stabilität der Lickeremulsion rührt von dem hohen Anteil der zwei sulfonierten Komponenten – nämlich Chro-

Tabelle 28: Stärkevergleich von drei Farbstoffen auf ungefetteten, gefetteten und nachgegerbten Chromledern[114]

0,3% Farbstoff bei 60 °C auf neutralisiertem Chromleder 200% Flotte, 5% Lickermischung aus 60 Tl. Chromopol UFS, 30 Tl. Coripol DXF und 10 Tl. Coripol IAC, pH-Wert 4,5				
Farbstoff	N/F	mit Fettung	ohne Fettung	Augenbeurteilung ungefettet gegen gefettet
1) ACIDERM Hellbraun MIGG	N	100%	116%	voller, röter; Einfärbung
	F	100%	114%	Spur geringer
2) C.I. Acid Orange 154	N	100%	122%	deutlich voller, deutlich röter;
	F	100%	109%	Einfärbung Spur geringer
3) C.I. Direct Blue 166/1	N	100%	93%	etwas voller, deutlich röter;
	F	100%	97%	Einfärbung gleich
1% Farbstoff bei 60 °C auf nachgegerbtem Chromleder (2% Mimosa, 2% anionisch dispergierten Dicyandiamid-Harz, 2% Syntan), Lickerung gleich				
1)	N	100%	131%	deutlich voller, deutlich röter,
	F	100%	142%	Einfärbung Spur stärker. Färbung ca. 50% der Farbstärke des Chromleders.
2)	N	100%	122%	deutlich voller, Einfärbung Spur
	F	100%	151%	stärker, Fleischseite deutlich voller, beide deutlich röter. Farbstärke 50% des Chromleders.
3)	N	100%	120%	etwas voller, etwas röter,
	F	100%	158%	Einfärbung etwas stärker, merklich unegaler. Farbstärke 33% des Chromleders.

N = Narben, F = Fleischseite

mopol UFS und Coripol DXF – in der Lickermischung her. Wird die unsulfonierte Komponente – Coripol ICA – zu Lasten der beiden sulfonierten Licker erhöht, so wird die Lickeremulsion weniger stabil. Diese geringere Stabilität der Lickermischung wirkt sich färberisch aus. Je größer der Anteil des unsulfonierten sog. Neutralöles ist, desto voller und im Falle unserer drei Farbstoffe desto röter werden die Färbungen ausfallen. Diese Veränderung der Lickerzusammensetzung zu Gunsten des Neutralölanteils wird bald ein Mischungsverhältnis erreichen lassen, bei welchem die gelickerten Leder gegenüber den nicht gelickerten farbstärker anfallen, und das besonders auf der Fleischseite. Diese Beobachtung ist auf zweifache Weise zu erklären: die Sulfongruppen-haltigen Licker konkurrieren mit den Sulfongruppen der Farbstoffe um die Haftstellen auf den Lederfasern. Die Neutralöle dagegen lagern sich mittels Dipolen, Dispersionskräften und hydrophoben Bindungen in und an das Faservlies an und beanspruchen keine kationischen Haftstellen. Daraus ergibt sich mit steigenden Anteilen an Neutralölen im Lickergemisch eine geringere Aufhellung der Färbung. Gleichzeitig tritt aber noch eine zweite, wichtigere Wirkung des Neutralöles auf die Färbung ein. Die weniger stabile Lickermischung zieht nämlich oberflächlicher, sowohl auf das Leder als auch auf die Lederfasern, auf. Diese feine Ölschicht auf der Faser bzw. der Lederoberfläche absorbiert von dem eingestrahlten Licht einen größeren Anteil als das die ungefettete Faser vermag. Wenn ein Gegenstand weniger Licht reflektiert, erscheint er dunkler; ist er gefärbt, so erscheint seine Färbung voller. Genau das tritt in unserem Fall bei einer

Neutralöl-reichen Lickerung ein. Man kann diese Wirkung, den sog. »Fettfleck-Effekt«, leicht demonstrieren, indem man z. B. auf eine hellrote Papierserviette einen Tropfen Salatöl gibt; die betropfte Stelle erscheint wegen der stärkeren Lichtabsorption dunkler rot. Dieser »Fettfleck-Effekt« ist für die Einstellung voller Nuancen bei Velours wichtig. Schließlich sei noch darauf hingewiesen, daß Farbstoffe bei gemeinsamem Einsatz mit anionischen Fettungsmitteln langsamer auf das Leder aufziehen; diese Wirkung ist aber keine spezifische für Licker, sondern trifft für alle zum Aufziehen auf Leder befähigten anionischen Produkte zu.

2. Fettverteilung und Egalität der Färbungen

Man kann die Beobachtung machen, daß fleckige, unegale Anilinleder, z. B. Bekleidungsvelours, nach einer Extraktion des Fettes mit Benzin zwar in der Nuance stark aufgehellt, aber in der Färbung viel egaler auftrocknen. Diese doch sehr bemerkenswerte Folge einer Entfettung für die Egalität einer Lederfärbung läßt erkennen, daß eine unregelmäßige Verteilung der extrahierbaren Fette über die Lederoberfläche ganz wesentlich zur Unegalität von Färbungen beitragen kann. Ja, eine Reihe von Praktikern sind der Meinung, daß ungleichmäßige Fettverteilung eine der häufigsten Ursachen der Unegalität gefärbter Leder ist und daß häufig wechselnde Unterschiede im Sitz der Fettung, z. B. einmal ein Mehr auf der Fleischseite, das nächste Mal ein Überschuß auf dem Narben, die Ursache einer permanent unbefriedigenden Reproduzierbarkeit von Färbungen von Partie zu Partie sein können. Man weiß schon lange über große topographische Unterschiede der Fettaufnahme z. B. bei Chromledern. Unterschiedliche Fettgehalte in der Fläche tragen dazu bei, daß Flanken und Hälse sich oft trotz aller färberischen Kunstgriffe hartnäckig dunkler anfärben. Obwohl die Fettverteilung in der Fläche für den Färber von hohem Interesse ist, liegen zu diesem Thema nach Wissen des Verfassers keine speziellen Untersuchungen vor.

Die oben referierte Beobachtung bei der Trockenreinigung von gefärbten Ledern belegt, daß für den Farbausfall der extrahierbare Anteil der Fettung im wesentlichen relevant ist. Das Verhältnis des extrahierbaren zum gebundenen Anteil der Fettung unter vergleichbaren Bedingungen ist abhängig sowohl von den Fettungsmitteln als auch von der Gerbung bzw. der Nachgerbung der Leder. Von den Fettungsmitteln verhält sich z. B. sulfitiertes Fischöl hinsichtlich der Fixierung günstiger als Chlorparaffinsulfonat, sulfatiertes Triolein und sulfatiertes Triolein mit Neutralölanteil; die weitaus günstigsten Werte ergeben aber, komplexaktive oder reaktive, hydrophobierende Fettungsmittel[115]. Von Nachgerbungen sind solche mit Acrylatgerbstoff hinsichtlich des Anteils an gebundenem Fett optimal, schon deutlich weniger günstig verhalten sich mineralische Nachgerbungen mit Chrom und Aluminium und Nachgerbungen mit Harzgerbstoffen, während der Prozentsatz an extrahierbaren Fetten bei der vegeabilisch/synthetischen Nachgerbung am höchsten ist[115].

Wichtige Merkmale der Lickerwirkung sind Bindung, Stabilität und Verteilung des Lickers im Leder, schließlich die Stabilität der Emulsion. Diese Eigenschaften hängen vom Gehalt des Lickers an emulgierender Komponente und deren Sulfonierungsgrad ab. Aber alle diese Kennzahlen lassen – wie H. Herfeld und K. Schmidt[116] in einer Analyse von 49 Handelsprodukten resümierend feststellen – keinen Anhalt erkennen über Aufziehverhalten, Fettverteilung im Schnitt und Stabilität der Emulsion. Noch viel weniger kann aus diesem Zahlenwerk ein Anhalt gewonnen werden, wie Farbstärke, Nuance und Egalität einer Färbung bei Anwendung der beschriebenen Licker beeinflußt werden.

So verbleiben nur allgemeine Feststellungen, gewonnen aus diffusen und nicht vergleichbaren Praxiserfahrungen. Im allgemeinen resultiert bei Anwendung synthetischer Fettungsmittel eine gleichmäßigere Fettverteilung als bei den klassischen Produkten, nämlich schonend und partiell sulfonierten natürlichen Ölen und Fetten tierischer und pflanzlicher Provenienz. Diese Feststellung der besseren Verteilung findet aber ihre Grenze bei Anteilen sogenannter Mineralöle als Neutralölzusatz in solchen Lickern. Diese Mineralöle binden so wenig ab, daß durch deren Migration beim Trocknen, besonders beim Vakuumtrocknen, beim Lagern und Verarbeiten des Leders unter Druck, Zug oder erhöhter Temperatur sehr unangenehme Fettflecken entstehen können; diese Flecken werden auf gefärbtem Leder durch die Färbung noch besonders unterstrichen. Besserung in dieser Richtung kann nur erwartet werden, wenn in die Alkankette der Mineralöle polare Gruppen, z. B. durch Chlorierung eingeführt werden.

Zusammenfassend ist zu empfehlen, im Hinblick auf egale Färbungen mit stabilen Emulsionen zu fetten, deren Neutralölanteil genügend polar ist, um eine Migration bei der späteren Trocknung und Verarbeitung der Leder zu vermeiden. Vielfach wird eine von Partie zu Partie unterschiedliche Stabilität des Lickers und, durch diese bedingt, Schwankungen im Aufziehen, unabhängig von der Zusammensetzung der Lickermischung, dadurch hervorgerufen, daß die Bedingungen bei der Herstellung der Stammlösung bzw. des Emulsionskerns nicht genügend standardisiert sind. Dieser Arbeitsgang muß sorgfältig hinsichtlich Intensität und Dauer des Rührens, hinsichtlich Menge (z. B. 1:5), Qualität, Zeittakt und Temperatur des zugegebenen warmen Wassers vereinheitlicht sein, und es ist auch streng darauf zu achten, daß der Zeitraum zwischen Bereitung der Lickerstammlösung und der Zugabe ins Faß immer gleich ist.

3. Die Bedeutung der Dosierung der Fettung für die Färbung

Neben dem Einsatz zu wenig stabiler Licker ist eine zu hohe Dosierung der Fettung häufig der Anlaß der Entstehung von Fettflecken, die sich färberisch abzeichnen. Man sollte deshalb grundsätzlich mit der geringstmöglichen Menge an Fettungsmittel die erwünschte Weichheit des Leder zu erzielen versuchen. Dabei liegt man gut, schon in Wasserwerkstatt, Gerbung und Nachgerbung das Bestmögliche für die Weichheit des schließlich resultierenden Leders zu tun. Neben dem günstigeren färberischen Verhalten solcher fettarmer Leder ist deren geringeres Quadratmeter-Gewicht, z. B. für Bekleidungsleder, ein ins Gewicht fallender Vorteil. Es wird zur Erzielung optimaler Ergebnisse immer wieder notwendig sein, sich an variable, betriebsspezifische Faktoren in der Lickerdosierung anzupassen. Da ist die Rohware in das Kalkül einzubeziehen. Nach allgemeiner Erfahrung werden Stiere mit einem niedrigeren Angebot an Licker noch genügend weich, Rindern muß ein höherer Prozentsatz Reinfett angeboten werden, flache Kühe benötigen die größte Fettmenge bei gleicher Dicke und vergleichbaren Vorarbeiten. Verallgemeinert bedeutet das: je dicker der abgespaltene Spalt ist, desto mehr kann an Fettung gespart werden. Hiermit läuft meist auch die Festnarbigkeit parallel: je dicker der Spalt und je dünner das Narbenleder, desto festnarbigere Leder resultieren. Denn die dichtere Faserstruktur und Verwebung zur Fleischseite hin tragen wesentlich zum Stand der Leder bei, und je freier beweglich und je weniger fixiert die Fasern auf der Lederrückseite sind, desto festnarbiger sind die Leder. Eine weitere wichtige Überlegung bei der Ermittlung des Fettangebotes ist die Einbeziehung der Trocknung. Pasting-getrocknete Leder müssen nicht nur stark nachgegerbt, sondern auch stärker gefettet werden mit speziellen

Anforderungen an eine gute Oberflächenfettung. Ähnlich wie beim Pasten werden naßgespannte Leder durch ein höheres Fettangebot vor einer negativen Auswirkung dieser aggressiven Trockenart auf Weichheit und Griff bewahrt. Auch die Vakuumtrocknung stellt hohe Anforderungen an die Fettung, und besonders an das Fixieren des Lickers am Leder[116]. Auf der anderen Seite ist bei der Hängetrocknung geboten, das Fettangebot deutlich zu reduzieren. Ein Zwischentrocknen der Leder – die Hauptfettung ist dabei vor dem Zwischentrocknen zu geben – ermöglicht gegenüber den bisher besprochenen Trockenarten ein weiteres Einsparen an Fettungsmitteln; der Griff dieser Leder ist unerreicht, die Egalität der Färbungen meist optimal und das Quadratmetergewicht unübertrefflich niedrig. Ein Dörren, d. h. ein mehrtägiges Ablagern bei hoher Luftfeuchtigkeit und Temperaturen bis 55°C im Stapel, kann einem eher bockigen Material, wie z. B. ostasiatischen Büffeln, bei mäßigem Fettangebot die Weichheit einer Spitzenqualität vermitteln. Zusammenfassend sei festgehalten: je härter eine Trocknung das Leder macht, desto stärker ist die Nachgerbung zu führen. Ein stärker nachgegerbtes Leder ist gegen die negativen Wirkungen der Fettung weniger empfindlich, weshalb in aller Regel ein stärker nachgegerbtes Leder auch stärker gefettet werden kann. Schließlich noch ein Wort zu der Übersichtlichkeit von Fettungsrezepturen: Man kann davon ausgehen, daß heute kaum mit einem Einzellicker, sondern immer mit einer Kombination mehrerer Handelsprodukte, die ihrerseits schon vielfach komplexe Mischungen von Sulfonat mit Neutralöl und Emulgator sind, gelickert wird. Grundschema einer solchen Lickerkombination ist z. B. ein Drittel eines Tran- oder Spermölsulfonates, ein Drittel eines durchfettenden und die Emulsion stabilisierenden synthetischen Lickers und ein Drittel einer emulgierbaren Zubereitung eines Neutralöles. Es liegt auf der Hand: je mehr Komponenten eine betriebsübliche Lickermischung enthält, desto unübersichtlicher und störanfälliger ist ihr anwendungstechnisches Verhalten. Möglichste Beschränkung ist deshalb bei der Zusammensetzung der Lickermischung geboten. Ein anderer Vorschlag empfiehlt, bei komplizierten Lickerkombinationen die Einzellicker mit jeweils 10 Minuten Abstand zu dosieren. Diese Arbeitsweise soll bei empfindlichem Material, wie z. B. norddeutschen Kühen, einen höheren Prozentsatz festnarbiger Leder ergeben. Auf der anderen Seite ist zu bedenken – ganz abgesehen von den höheren Lohnkosten –, daß jeder zusätzliche Arbeitsgang die Wahrscheinlichkeit von gelegentlichen Fehlern und Unregelmäßigkeiten erhöht. Damit sind wir bei der ganz allgemeinen Frage, wie man im Rahmen einer Gesamttechnologie die Lickerung am besten einpaßt. Die vom Verfasser zu diesem Thema befragten verschiedenen Hilfsmittelhersteller haben die unterschiedlichsten Auffassungen vertreten. Diese unterschiedlichen Antworten auf diese Frage lassen vermuten, daß es keine allgemein gültige Regel hierfür gibt, sondern daß man nur produktspezifische Auskünfte erwarten kann. Über zwei Grundsätze bestand allerdings Einigkeit: erstens so wenig wie möglich Fett einzusetzen und zweitens bei den heutigen hohen Fettangeboten nach Möglichkeit eine vernünftige Verteilung derselben auf mehrere Stufen anzustreben. Bei diesem Vorgehen sollten die vorlaufenden Fettungen die Durchfettung bringen, während die Hauptfettung am Schluß der Oberflächenfettung im wesentlichen dienen soll. Fettungen können schon im Pickel, in der Chromgerbung, in der mineralischen Nachgerbung, vor, in und nach der eigentlichen Nachgerbung und schließlich vor und nach der Färbung gegeben werden. Während Arbeitsgängen mit längerer Laufzeit zu fetten, hat den Vorteil, daß eine bessere Durchfettung schon wegen längeren Laufens erreichbar ist.

Hinsichtlich der Fettung im Pickel und in der Chromgerbung werden zwei Varianten angetroffen: die eine setzt 0,5–1% kationischen oder kationisch/nichtionogenen emulgierten

Licker in Pickel und Chromgerbung ein. Die einschlägigen Produkte sind ausgezeichnet stabil gegen Elektrolyte, sie wirken emulgierend auf Naturfett. Durch die Verminderung der Reibung im Faß bleiben die Leder glatter, Mastfalten werden weniger ausgeprägt, einem Narbenzug wird vorgebeugt, und Nubukierungen werden vermieden. Allerdings ist der weichmachende Effekt der angebotenen geringen Prozentsätze entsprechend unerheblich. Größeres Angebot an Kationlicker führt oft in der Färbung zu unangenehmen »Landkarten-Effekten« oder einseitigen Überfärbungen, meist der Fleischseite.

Die andere Variante wurde vor allem für dünne Leder empfohlen. Man arbeitet ab Pickel mit 3–4% Handelsware – wohlverstanden berechnet auf Blößengewicht – eines elektrolyt-und chrombeständigen Anionlickers[117]. Das vorgeschlagene Verfahren bringt tatsächlich eine gute Durchfettung des Schnittes und trägt wesentlich zur Weichheit des schließlich resultierenden Leders bei. Es hat aber auch Nachteile: beim späteren Falzen bzw. Spalten geht ein erheblicher Teil des angebotenen Fettes verloren; der so entstandene Unterschied in der Fettung zwischen Narbenseite und Fleischseite wirkt sich bei späteren Prozessen, z. B. bei der Färbung, aus. Bei allen folgenden mechanischen Bearbeitungen sind so gefettete Leder infolge ihrer großen Glätte schwerer zu handhaben, in weichem Wasser praktisch unmanipulierbar. Über die färberischen Ergebnisse liegen dem Verfasser leider keine Informationen vor.

Bei allen mineralischen Nachgerbungen, ganz besonders bei der sehr fest machenden Zirkonnachgerbung, ist eine kationische Fettung in der Gerbung unerläßlich. Diese Arbeitsweise ist vor allem für alle Arten von Velours bewährt. Man erreicht mit diesen mineralischen Nachgerbungen einen bemerkenswert guten Schliff bei Verbesserung der Färbbarkeit, der Weichheit und des Griffs der Velours. Die Zirkonnachgerbung für Velours bringt einen besonders kurzen Schliff, dichten Plüsch, volle Färbbarkeit, und sie nimmt z. B. Schaflederns eine unerwünschte Zügigkeit; dies wirkt sich günstig auf die Formhaltigkeit des späteren Bekleidungsstückes aus. Wenn man bei Velours einen Seidenglanz erzielen will, kann man solchen sehr stabilen Kationlickern noch ein wenig Klauenöl oder Spermöl zusetzen.

Anionische Fettung vor und in der Neutralisation bzw. vor der Nachgerbung soll die Adstringenz der Nachgerbstoffe dämpfen, um so zu weniger ausgeprägten Mastfalten und einem feineren Narben beizutragen. Man kann an dieser Stelle nur gut elektrolytstabile Licker einsetzen, die aber keinesfalls mit nichtionogenen Emulgatoren stabilisiert sein dürfen. Ist dies der Fall, entstehen leicht durch Ausfällung des nichtionogenen Emulgators mit Gerbstoffen unegale Färbungen. Die Fettungen unmittelbar vor der Nachgerbung sollten bei niedrigen Temperaturen zwischen 20 und 30°C durchführbar sein; in der Dosierung sollte man nicht über 1% Angebot hinausgehen. Die bisher besprochenen ausgesprochen stabilen Fettungen laufen alle über längere Zeit; infolgedessen dringen sie stärker bis zur Mittelzone in das Leder ein.

Die nun zu besprechende sog. Hauptfettung erfolgt in kürzeren Zeiten, bringt infolgedessen Oberflächenfettungen; sie dient der Fülle und dem schmalzigen Griff, ermöglicht Glanzeffekte, soll aber auch eine gewisse Schutzwirkung bzw. Dämpfung der durch vorausgegangene hochstabile Fettungen entstandenen Hydrophilie mit sich bringen. Werden die Leder später zugerichtet, sind sowohl hinsichtlich der Höhe des Angebotes als auch hinsichtlich des hydrophobierenden Effektes der Schlußfettung Grenzen gesetzt, um keinesfalls mit der Haftung der Deckschicht in Schwierigkeiten zu kommen. Färberisch bringen höhere Anteile unsulfonierter Öle in der Schlußfettung eine Steigerung der Brillanz und Fülle von Färbungen, sie können aber auch die Ursache von sehr unangenehmer Unegalität des Farbeindruckes sein.

Bei allen zwischengetrockneten Velours erfolgt die Hauptfettung vor der Färbung und vor dem ersten Schliff. Da das Zwischentrocknen schon wesentlich zur Weichheit der Leder beiträgt, wird man mit knapperen Angeboten mittelsulfonierter, leidlich stabiler Licker sein Auskommen finden. So gefettete Leder ergeben beim Schliff einen gleichmäßigen, dichten Plüsch und eine kurze Faser; sie lassen sich auch wirksam und schnell broschieren. Die Färbungen ziehen sehr egal, und schwer durchfärbende Farbstoffkombinationen färben bei solchen Ledern leichter durch den Schnitt. Leder mit Spezialeffekten wie Glanzvelours erhalten eine knappe kationische Vorfettung in der Gerbung, die einen geringen Anteil an unsulfoniertem Öl enthält; die Hauptfettung wird normal, wie oben beschrieben, gegeben. Den eigentlichen Effekt bringt eine Schlußbehandlung nach der Färbung mit bis zu fünf Prozent einer Siliconemulsion, die durch Zusatz eines kationischen Fettamins so destabilisiert ist, daß sie zwar noch gleichmäßig, aber doch sehr oberflächlich auf die Velours aufzieht. Wenn es nur auf die Farbfülle und die Tiefe der Nuance ankommt, so erreicht man diese Wirkungen durch eine Schlußfettung mit stark oberflächlich aufziehenden kationischen Lickern oder sog. Farbeölen. Auch bei zu pastenden Ledern erzielt man die notwendige Oberflächenfettung durch kationische Schlußfettungen in das ausgezehrte und abgesäuerte Bad der Hauptfettung.

Vollnarbige Anilinleder wird man, besonders wenn nur wenig Farbstoff angeboten werden kann, aus Gründen der Egalität erst nach der Färbung fetten. Zur Losnarbigkeit neigende Leder kommen wesentlich besser, wenn man das hohe Fettangebot der Schlußfettung in Zwei-Prozent-Portionen mit zehn Minuten Abstand dosiert. Bei solchen Stufenfettungen kann man durch kationische Zwischensätze im frischen Bad ausgesprochen oberflächliche Fettungen erzielen. Aber man findet auch sog. Multicharge-Mischungen, das sind Eintopfrezepturen schwach kationischer Licker mit schwach sulfatierten Ölen. Diese wenig stabilen Einstellungen schlagen sich auf den Fleischseiten nieder und ziehen von da beim Ablagern und Trocknen in das Leder. Vom Standpunkt des Färbers sind so labile Einstellungen nur mit äußerstem Vorbehalt zu bewerten.

Dagegen hat es sich bestens bewährt, bei jeder Schlußfettung in das ausgezehrte und abgesäuerte Fettungsbad 0,5–1% eines schwach kationischen löslichen Harzes nachzusetzen und 15 Minuten laufen zu lassen. Dieser Nachsatz bringt trockene Leder ohne Fettflecken, und er fixiert die anionischen Inhaltsstoffe des Leders für die spätere Trocknung. Dieser Arbeitsgang kann wesentlich zur Egalität von Färbungen beitragen.

4. Zusammenspiel Fettung – Nachgerbung – Färbung

In der schon zitierten umfangreichen Untersuchung[116] von 49 Lickern des Handels wird auch die Frage geprüft, ob der Chromgehalt der Leder die Fettaufnahme beeinflusse. Die Gesamtfettaufnahme wird mit steigendem Chromgehalt nur wenig verändert; allerdings wird von Ledern mit höheren Chromgehalten, besonders von Lickern mit hoher Emulgatorzahl, mehr Fett nicht-extrahierbar gebunden. Die Fettaufnahme vegetabilisch/synthetisch gegerbter Leder aus Lickerflotten ist vergleichsweise zu Chromledern erheblich geringer. In der gleichen Versuchsreihe wurde auch mit Mimosa kräftig nachgegerbtes Chromhautpulver gegen lediglich chromiertes Hautpulver verglichen. Dabei ergaben sich für das nachgegerbte Hautpulver Minderaufnahmen zwischen 18 und 62% Fett, im Mittel ca. 40% weniger Fett im Leder. Dieses Ergebnis stimmt mit den Beobachtungen am intakten Stück Leder nicht überein, was nahelegt, daß die Fettaufnahmen nachgegerbter Leder von strukturellen Gegebenheiten ziemlich stark abhängen. Um in dieser Frage klarer zu sehen, wurden die Zahlen eines umfangreich belegten Versuches[118] ausgewertet und, auf unsere Problemstellung zugespitzt, umgerechnet. Das Ergebnis gibt die folgende Zusammenfassung:

Der Licker A – im wesentlichen ein synthetischer Licker – enthält am meisten Neutralöl; er fettet am besten durch, und die Auszehrung ist vollkommener als bei den beiden anderen Lickern. Das nachgegerbte Leder nimmt ca. 6% weniger Fett auf, wobei der Narben ca. 25% mehr Fett absorbiert auf Kosten der Fleischseite und der Mittelzone.
 Der Licker B ist ein Mischprodukt aus einem sulfatierten synthetischen Fettsäureester und einem sulfatierten tierischen Fett. Die Auszehrung und ebenso die Durchfettung sind etwas geringer als bei A. Aber das nachgegerbte Leder nimmt im Vergleich zum Chromleder ca. 10% mehr Licker auf. Auch hier findet bei dem nachgegerbten Leder eine Anreicherung der Fettstoffe im Narben statt, vor allem auf Kosten der Durchfettung.
 Der Licker C ist ein synthetisches Produkt aus anionischen und nichtionogenen Emulgatoren mit ca. 40% Chlorparaffin. Die Auszehrung entspricht etwa der des Produktes B, die Durchfettung ist trotz des höheren Emulgatoranteils schlechter als bei B und vor allem als bei A. Bei dem nachgegerbten Leder findet eine sehr starke Anreicherung der Fettung im Narben, vor allem auf Kosten der Fleischseite, statt. Dieser besondere Effekt könnte auf den nichtionogenen Emulgator zurückzuführen sein. Sämtliche Relationen beziehen sich auf extrahierbare Fette, die vor allem den Ausfall von Färbungen beeinflussen.
 Alle drei Versuche zeigen übereinstimmend als spezifischen Effekt der Nachgerbung eine bevorzugte Aufnahme der Fettung durch den Narben, eine Verarmung der Mittelschicht und einen Rückgang der Fettbindung auf der Fleischseite zwischen 0–50%. Für die Fleischseite also stimmt das eingangs zitierte Ergebnis der Herfeld'schen Prüfreihen[116], was zu der Vermutung berechtigt, daß Hautpulverversuche bei strukturspezifischen Effekten lediglich für das Verhalten der Fleischseite aussagekräftig sein können. Was nun die Fettaufnahme von nachgegerbten Ledern betrifft, so wird nach dem Ergebnis der beschriebenen Versuche dieselbe durch anionische Nachgerbungen in den meisten Fällen reduziert werden. Aber in einigen Fällen – wahrscheinlich produktspezifisch – kann eine stärkere bis gleichstarke Fettaufnahme durch nachgegerbtes Leder im Vergleich zu Chromleder erfolgen. All diese Varianten nach unten und nach oben bewegen sich in der Größenordnung von 10% der Fettaufnahme durch Chromleder.

Leider gibt die beschriebene Versuchsserie keinerlei Anhalt zum färberischen Verhalten. In diesem Zusammenhang sind Anmerkungen von E. Heidemann von Interesse[119]. In diesen Arbeiten wurde festgestellt, daß die Reihenfolge der Arbeitsgänge Nachgerbung/Färbung/Fettung weichere Leder ergibt als die Reihenfolge Färbung/Fettung/Nachgerbung. Dabei wird für die letzte Arbeitsweise beobachtet, daß die Nachgerbung am Schluß ziemlich viel Farbstoff in die Flotte abzieht. Es läßt sich nach der Meinung des Verfassers nicht ausschließen, daß die Nachgerbung auch Komponenten des Lickers reemulgiert und ins Bad abzieht. Dies wäre eine Erklärung für die geringere Weichheit der nach der letzten Variante hergestellten Leder. Praktische Erfahrung ist es, daß ein Nachsatz eines Syntans ins ausgezehrte Lickerbad die Oberfläche des Leders »trockener« macht. Landläufige Meinung ist, daß durch den Gerbstoffnachsatz der oberflächlich abgelagerte Licker tiefer in das Leder »gedrückt« wird. Die beobachtete »trocknere« Oberfläche kann natürlich auch durch ein Abziehen von Fettungsmittel von der Oberfläche durch das Syntan verursacht sein. Die andere Möglichkeit, »trocknere« Leder zu bekommen, ist der Nachsatz löslicher, schwach kationischer Harze ins ausgezehrte Lickerbad.

5. Zusammenfassung der wichtigsten Richtlinien für die Fettung

1. Oberstes Ziel für die Fettung aus der Sicht des Färbers ist eine möglichst gleichmäßige Verteilung des Fettes. Diese erreicht man durch eine ausgewogene Balance zwischen emulgie-

rendem Anteil und emulgiertem Anteil der Lickerkombination, mit anderen Worten: durch eine Einstellung mittlerer Stabilität.

2. Es sollte Grundsatz sein, mit dem Minimum an Fettungsmittel die gewünschte Weichheit zu erreichen. Man dosiere auf die Lederdicke (= ... 0,X% pro mm Lederdicke) bezogen. Je dicker der Spalt, desto weniger benötigt der Narben an Fettungsmittel, um weich zu werden; aber dünne, flache Rohware benötigt mehr Fett.

3. Je weniger Produkte man für die Fettung einsetzt, desto übersichtlicher und sicherer ist dieser Arbeitsgang.

4. Der unsulfonierte Anteil einer Lickerkombination vermittelt nicht nur Weichheit und Fülle, sondern kann wesentlich zur Tiefe der Nuance beitragen.

5. Große Mengen an Fettungsmitteln dosiert man am besten in mehreren Stufen auf die Gesamttechnologie verteilt: hochstabile Einzellicker in der Chromgerbung, Einzellicker mittlerer Stabilität in der Phase der Neutralisation und Nachgerbung, Lickerkombinationen geringerer Stabilität in der Hauptfettung nach der Färbung.

6. Um die Stabilität der Lickerkombination möglichst konstant zu halten, ist sorgfältige Vorbereitung notwendig; das bedeutet: gleiche Reihenfolge der Eingabe, gleiche Rührzeiten und Geschwindigkeiten, gleiche Temperaturen, gleiche Standzeiten bis zur Zugabe ins Faß. Im Faß selbst gleiche Umlaufgeschwindigkeit, gleiche Laufzeiten, gleiche Temperatur und pH-Werte, einheitliche Partiegrößen.

7. Kurzflotten- und Kaltverfahren mit entsprechenden Spezialprodukten haben sich auch für die Lickerung bewährt.

8. Unter dem Gesichtspunkt der Egalität von Färbungen sollten Vorfettungen nicht mehr als ein Drittel des Gesamtfettangebotes ausmachen, in der Hauptfettung kann man die restlichen zwei Drittel in Stufen geben. Velours sind von dieser Regel ausgenommen.

9. Durch Zusatz eines Konservierungsmittels in der Hauptfettung (0,1%) verhindert man färberisch sich abzeichnende Schäden durch Schimmelbefall.

10. Eine Fixierung mit einem schwach kationischen, löslichen Harz (0,5–1%) in das angesäuerte, ausgezehrte Lickerbad ist für die Egalität der Färbung nach dem nun folgenden Trockenprozeß günstig.

VI. Hilfsmittel und Färbung

Die große Bedeutung der Anwendung von Hilfsmitteln in der Lederfertigung unterstreicht ein Bonmot unter Gerbern: »Früher wurde Leder gegerbt, heute macht man es mit Hilfsmitteln«. Tatsächlich ist das Angebot an Hilfsmitteln durch die Zulieferanten der Lederindustrie entsprechend groß und für den Außenstehenden vielfach unübersichtlich.

1. Wirkungsmechanismen der Färbereihilfsmittel und Egalisiermittel

Färbereihilfsmittel greifen – wie ihr Name sagt – hilfreich in den Färbeprozeß ein. Ohne daß diese Voraussetzung genau definiert wäre und immer zutrifft, unterstellt der Praktiker meist unbewußt, daß Färbereihilfsmittel eine möglichst geringe Gerbwirkung, höchstens in der Größenordnung eines Hilfsgerbstoffes, auszuüben vermögen. Die erstrebte Beeinflussung des Färbeprozesses soll ein besseres Egalisieren von Farbstoffen und vor allem von Farbstoffkombinationen bewirken, das Ein- bzw. Durchfärben unterstützten oder die Farbstärke und Deckung schwerfärbbarer Leder verbessern. Diese Wirkungen können grundsätzlich auf zweierlei Art und Weise geschehen: Entweder sie verschieben das Färbegleichgewicht oder sie verändern die Aufziehgeschwindigkeit des Farbstoffes. Ersteres bedeutet, daß die Farbstoffverteilung zwischen Leder und Flotte im Endzustand der Färbung durch Verminderung oder Erhöhung der Sättigungsgrenze für die Farbstoffbindung geändert wird. Die letztgenannte Wirkung soll direkt den Farbstoff angreifen, indem dessen Abbinden in der Zeiteinheit meist verlangsamt wird. Man kann aus dieser grundsätzlichen Betrachtung der Färbereihilfsmittel folgende Einteilung ableiten:[120]

> substrataffine Hilfsmittel
> farbstoffaffine Hilfsmittel
> substrat- und farbstoffaffine Hilfsmittel

Der Verfasser ist aber der Meinung, daß diese Klassifizierung nicht überzeugt, weil man bei gemeinsamer Einwirkung von Farbstoff und Hilfsmittel auf das Leder eine gegenseitige Einwirkung, auch bei substrataffinen Produkten gar, nicht ausschließen kann und eine ganze Reihe von Hilfsmitteln im getrennten Bad angewendet werden muß, um eine unerwünschte Wirkung auf den Farbstoff auszuschließen. Gehen wir also ruhig davon aus, daß Färbegleichgewicht und Aufziehgeschwindigkeit in engem Zusammenhang stehen, so daß mehr oder weniger alle Egalisierer sowohl substrataffin als auch farbstoffaffin sind. Aber auch eine Ordnung nach den Konstitutionen der Färbereihilfsmittel führt nicht ohne weiteres zu einem tragfähigen Einteilungsprinzip, weil sehr viele Konstitutionsvorstellungen nur aus unbestimmten Prospektangaben stammen, weil eine ganze Reihe von Egalisierern analytisch unübersichtliche Zubereitungen aus mehreren Bestandteilen sind und schließlich weil die Einteilung in anionische, nichtionische, kationische und komplexaktive Hilfsmittel durch fließende Übergänge, besonders zwischen den nichtionischen und den kationischen Produkten, heute durchbrochen ist. Suchen wir daher eine Orientierung an einem sehr praktischen Maßstab, indem wir in Tabelle 29 die resultierende Farbstärken einander gegenüberstellen. Diese Stichprobe von 26 Handelsprodukten[121], die übrigens keineswegs erschöpfend sein kann, zeigt im ersten Überblick, wie mannigfaltig und vielseitig das heutige Hilfsmittelangebot für die Lederfärbung ist. Diese Vielfalt hat zweierlei Gründe: Erstens ist das ideale Färbereihilfsmittel, das zugleich hervorragender Egalisierer und Farbverstärker sein sollte, immer noch nicht erfunden; zweitens ist es für den Anbieter rationeller, die aus modischen Gründen ständig steigende Flut von speziellen Anforderungen durch Entwicklung von einzelnen Hilfsmitteln als von neuen Farbstoffsortimenten anzugehen.

Tabelle 29: Färbereihilfsmittel – Konstitution und Farbstärken

I. Anionische Färbereihilfsmittel		
Nr.	Konstitution	Farbstärke %
1.	Naphthalinsulfosäure-CH_2O-Kondensat	26
2.	Naphthalinsulfosäure-CH_2O-Kondensat	26–28
3.	Dioxidiphenylsulfon-Naphthalinsulfonsäure-CH_2O-Kondensat	31–35
4.	Naphthalinsulfosäure-CH_2O-Kondensat	33
5.	Zubereitung aus Arylsulfonsäure und puffernden Salzen	34–43
6.	Naphthalinsulfosäure-CH_2O-Kondensat (salzarm)	33–37
7.	Mischung aus sulfoniertem Novolack und dem Kondensationsprodukt Naphthalinsulfosäure-CH_2O-β-Naphthol	31–37
8.	Ditolyläthersulfosäure-CH_2O-Kondensat	39–46
9.	Zubereitung aus Ditolyläthersulfosäure-CH_2O-Kondensat und puffernden Salzen	37–53
10.	Terphenylsulfosäure-CH_2O-Kondensat	52–60
11.	Terphenylsulfosäure	69–95
II. Nichtionogene und kationische Hilfsmittel		
12.	Nichtionogener Emulgator	56–57
13.	Polyglykolätheramin	48–57
14.	Polyglykolätheramin	47–82
15.	Textil- und Lederhilfsmittel auf Basis Dicyandiamid Guanidin-Formol-Kondensat	52–82
16.	Nichtionogener Emulgator an der Grenze der Wasserlöslichkeit: p-Isononylphenol-7 Glykoläther	67–69
17.	Kationisches Polyurethan-Ionomeres	59–77
18.	Zubereitung aus schwach amphoterem Dispergierer und kationischem Fixiermittel: Alkanol-Sulfosäure-20 Glykoläther + Alkylamin-10 Glykoläther	67–78
19.	Amphoteres Egalisiermittel: äthoxyliertes Fettamin	75
20.	Griffverbesserndes kationisches Hilfsmittel: Zubereitung aus Eiweißhydrolysat	66–84
21.	Hilfsmittel hoher Kationizität: Umsetzungsprodukt des Polymerisats aus Maleinsäure und Styrol mit mehrfunktionellem Amin	73–80
22.	Hochwirksamer Farbverstärker: Kombinationsprodukt aus quarternären und tertiären Polyaminverbindungen mit nichtionogenem Dispergator	67–104
23.	Farbvertiefendes Hilfsmittel mit guter Egalisierwirkung: Polyamin	80–103
24.	Klassische Chromnachgerbung: 33% basisches Chromsulfat	106
25.	Chromhaltiges Egalisiermittel: Zubereitung aus 33% basisches Chromsulfat und Terphenylsulfonsäure	128
26.	Klassische Übersetzung z. B. für Velours: 50% basischer Chrom-Aluminium-Mischkomplex	160

Abb. 1: Spektrale Verteilung des Sonnenlichtes

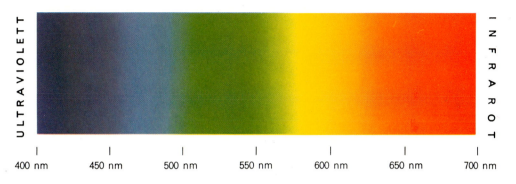

Abb. 4: Beispiele subtraktiver Farbmischungen[4]

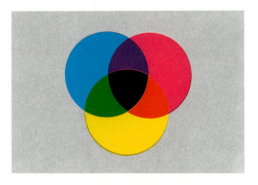

Abb. 5: Beispiele zu den Begriffen Sättigung und Helligkeit auf Papier[4]

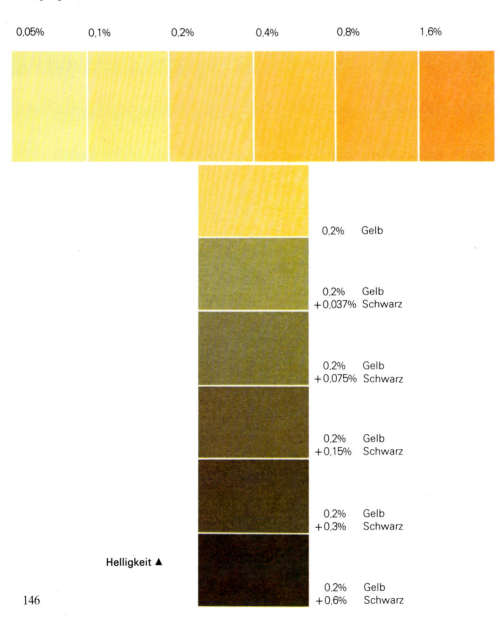

Abb. 13: Auswirkung der Neutralisationsmittel auf die Färbung[238]

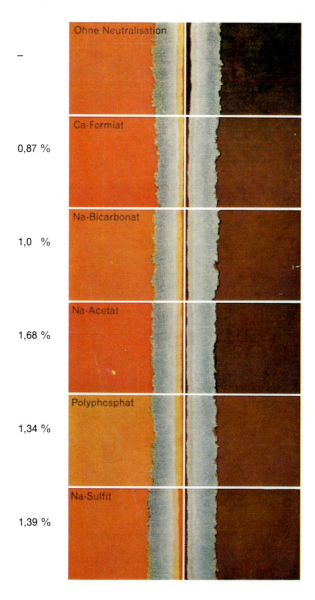

Abb. 14: Einfluß der Färbetemperatur und der Anwendungstemperatur von Färbereihilfsmitteln auf Farbstärke und Nuance der C.I. Acid Brown 83.[122]

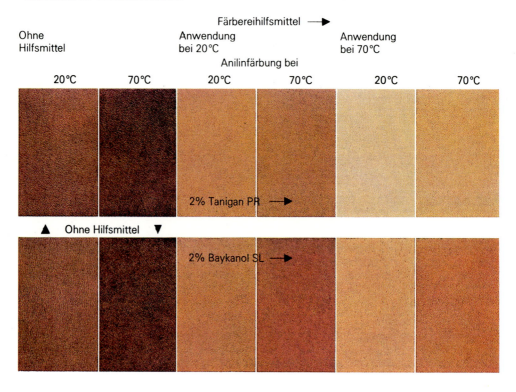

Abb. 16: Vergleichbare Färbungen dreier Testfarbstoffe auf 15 verschiedenen 64%igen Nachgerbungen[138]

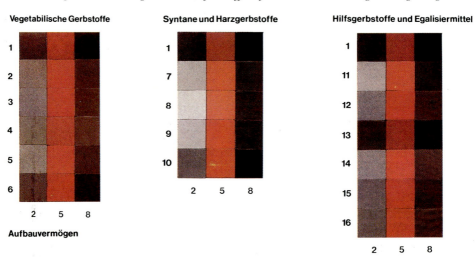

Abb. 31: Vergleich der Hilfsmittel auf nachgegerbtem Leder (2%) gegen Färbungen auf Chromleder (1%)[136]

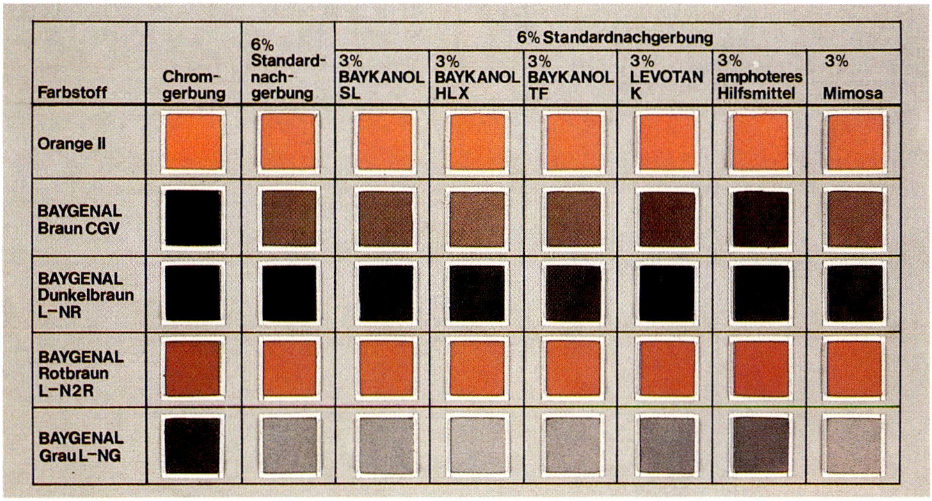

Abb. 32: Einfluß der Menge des anionischen Hilfsmittels[122]

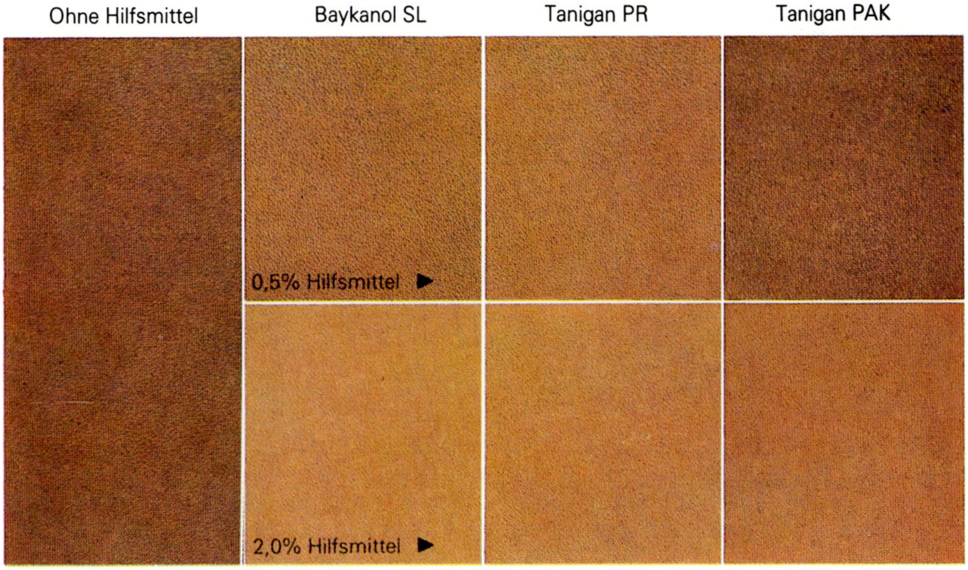

Abb. 33: Auswirkung einer Überdosierung eines kationischen Hilfsmittels und die Minderung der Unegalität durch Zwischenspülen[122]

Abb. 37: Bestimmung des Aufbauvermögens auf nachgegerbtem Chromleder[138]

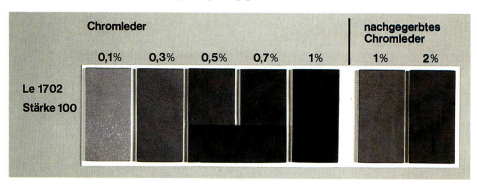

Abb. 39: Prüfung eines billigen, nicht einheitlichen Dunkelbraunfarbstoffs nach der Kapillarmethode[241]

Abb. 38: Farbreihe (0,25%) mit den Testfarbstoffen der Ciba-Geigy auf Nachgerbungen steigender Anionizität[164]

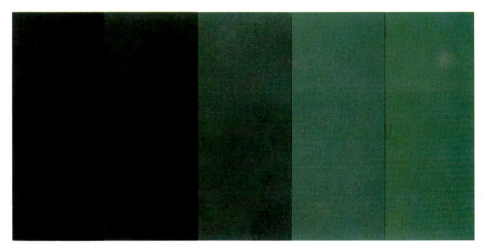

| Ohne Vorbehandlung | Mit anionaktiven Hilfsmitteln | Mit Syntan 1 | Mit Syntan 2 | Mit Syntan 3 |

Abb. 40: Papierchromatogramm zweier »einheitlicher« Farbstoffe[184]

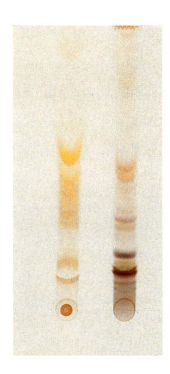

Abb. 41. Die Überspritzechtheit von Spritzfärbungen[184]

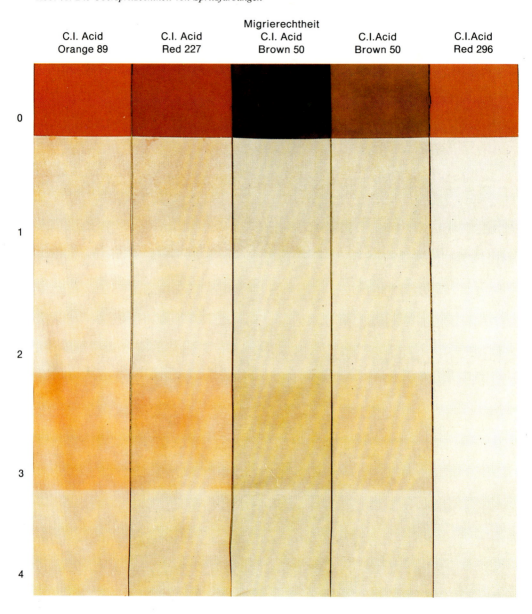

0 = Spritzfärbung, Einzel-Farbstoffe
1 – 4 Überspritzt mit wäßriger weißer Deckfarbe, dann überspritzt mit:
1 = Ethylglykol, 2 = Butylacetat
3 = weiße organische Collodium Deckfarbe
4 = nur wäßrige weiße Deckfarbe

Abb. 42: Schattenreihen eines gut und eines schlecht egalisierenden Farbstoffes zur Veranschaulichung des Ausgleichs von Narben und Fleischseite[224]

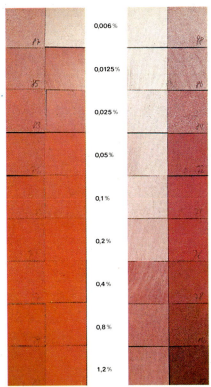

Abb. 43: Gefärbtes Chromrindleder – 0,1 % C.I. Direct Black 149 – mit sich dunkel abzeichnenden Bakterienstippen und sich heller ausfärbenden Heckenrissen[224]

Abb. 45: Unterschiede im Egalisierverhalten des C.I. Acid Red 97 und eines 3,3' Isomeren[151]

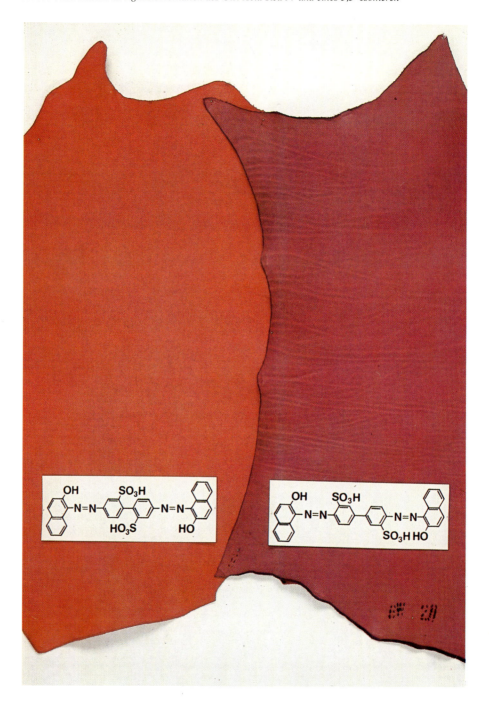

154

Abb. 46: Konstitution und Aufziehkurven[151]

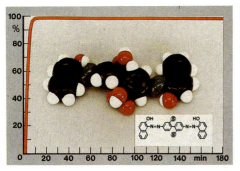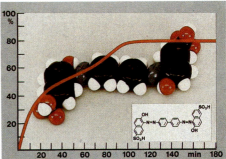

Abb. 48: Bestimmung der Egalisierung einer Mischung[224]

Abb. 50: Farbdreiecke auf Chromleder und nachgegerbtem Chromleder mit einer Farbstoffkombination stark unterschiedlichen Aufbauvermögens[184]

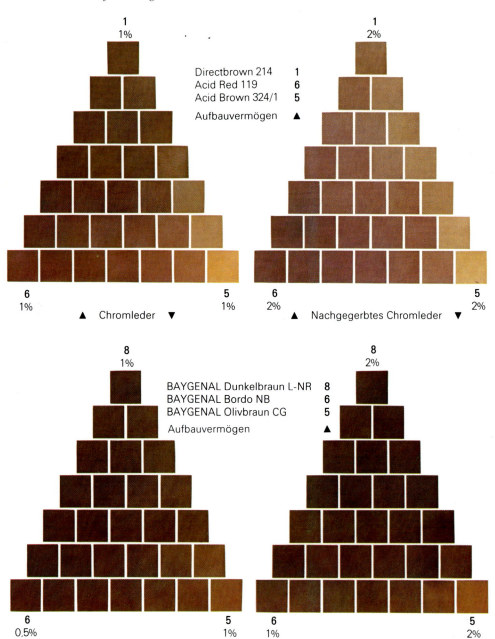

Abb. 51: Farbdreiecke auf Chromleder und nachgegerbtem Chromleder mit einer Dreierkombination ausgeglichenen Aufbauvermögens[184]

Abb. 54: Ausfärbungen von C.I. Acid Orange 51 und Direct Brown 80 auf Chromleder (100:100 und 30:30 Angebot) und Färbungen derselben Farbstoffe auf mittelstark nachgegerbten Ledern (100–20 Angebot gegen 100 bis 250 Angebot): 20 Tl. Orange 51 entsprechen in der Farbstärke etwa 250 Tl. Brown 80.[65]

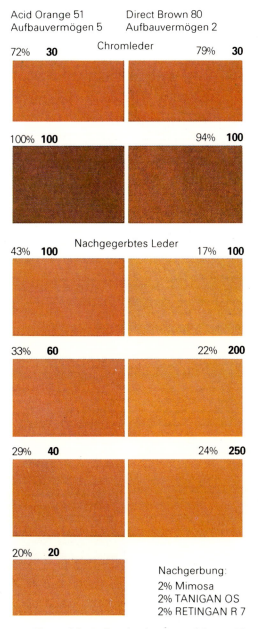

Die Prozentzahlen sind die Farbstärken bezogen auf Orange 51 = 100%

Abb. 55: *Farbdreieck*[1]

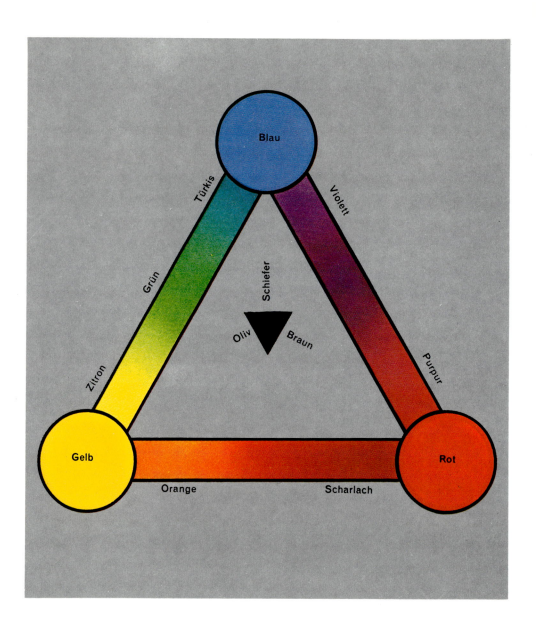

Abb. 56: Beispiel zur Einstelllung von Olivtönen[241]

Nuancierbeispiel 1   Zitron + Violett

Nuancierbeispiel 2   Zitron + Schwarz

Nuancierbeispiel 3   Zitron + Grau

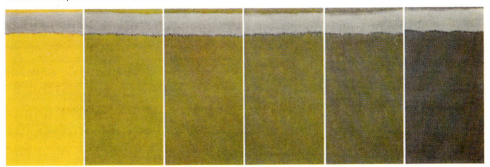

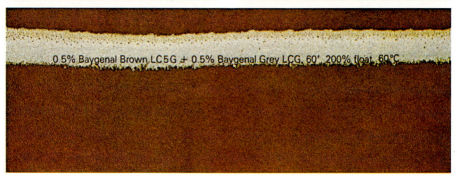

Abb. 57: Vorlaufen eines Farbstoffes[122]

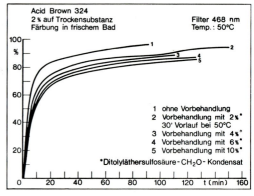

Abb. 25: Aufziehcharakterika eines schnellziehenden Farbstoffes in Anwesenheit von 2–10 % des Hilfsmittels Nr. 8 der Tabelle 29

Die Farbstärken der Tabelle sind auf die 1%ige Färbungen auf neutralisiertem Chromleder = 100% bezogen; es wurden zwei Farbstoffe mittleren Aufbauvermögens auf mit 3% Hilfsmittel in der Neutralisation behandeltem Chromleder gefärbt. Diese Mittelwerte sind natürlich nicht geeignet, als Richtlinie für ein färberisches Kalkül zu dienen, sie zeigen aber deutlich die Tendenz und sind der rote Faden, auf dem die Produkte zur Gewinnung einer gewissen Reihenfolge aufgereiht wurden. So zeigen diese Tabellen zweierlei: Erstens erkennt man die Produkte Nr. 1, 2, 4, 6 als konstitutionell identische Produkte; trotzdem schwankt die mit ihnen erreichbare Farbstärke infolge verschiedener Fabrikationsweisen bzw. Einstellungen um ein knappes Drittel. Und zweitens ist die Schwankungsbreite der Farbstärken, ganz besonders bei den nicht ionischen und kationischen Hilfsmitteln, bis zu 50%, was bedeutet, daß die farbverstärkende Wirkung dieser Hilfsmittel außerordentlich farbstoffspezifisch ist. Die Farbtonabweichungen beim Einsatz der Produkte ist bei Nr. 1–10 merklich, bei Nr. 11 gering. Bei den nichtionogenen und kationischen Hilfsmitteln ist insgesamt die Nuancenverschiebung infolge von Hilfsmittelwirkung geringer als bei den anionischen Produkten. Gut sind Nr. 14, 17, 19, 20, 22, 23, 24, 25, 26. Egalisiert haben bei den anionischen Produkten die weniger aufhellenden besser, während bei den stark aufhellenden Hilfsmitteln die Riefen, die Faulstellen und Kratzer stärker markiert sind. Bei Hilfsmitteln, die eine stärkere Nuancenverschiebung mit sich bringen, werden Narbenschäden dunkler hervorgehoben. Bei kationischen und amphoteren Hilfsmitteln liegt die optimale Dosierung bei niedrigerem Angebot. Volle Färbungen bei guter Egalität vermitteln chromhaltige Produkte und die Chrom/Syntan-Mischprodukte, die leider aus Abwassergründen immer weniger eingesetzt werden können.

1.1 Die Wirkung anionischer Färbereihilfsmittel.

Die einfachste Hilfsmittelwirkung ist die Einstellung oder Stabilisierung eines bestimmten pH-Niveaus. Solche pH-Einstellungen erreicht man z. B. durch Zusätze von Salzen organischer Säuren zu Hilfsmitteln. Durch diese Zusätze wird die Affinität des Substrates meist gedämpft, auch durch die maskierende Wirkung solcher Puffersalze auf die Chromgerbstoffe wird die Sättigungsgrenze für anionische Körper erniedrigt, was Farbstoffe langsamer aufziehen und das Bad langsamer erschöpfen läßt.

Die pH-Wirkung auf Leder ist reversibel, d. h. sie kann durch weitere Zugaben verändert werden. Die Reversibilität ist nicht mehr gegeben, wenn ein anionisches Färbereihilfsmittel auf das Leder aufzieht. Durch dieses Abbinden einer anionischen Verbindung an kationischen Atomgruppierungen des Leders werden diese aus der Balance der Ladungen – genannt isoelektrischer Punkt – entfernt, wodurch sich ein neuer isoelektrischer Punkt auf tieferem Niveau einstellen muß. In der eingängigen Sprache Otto's[120] ausgedrückt, hat sich die Oberflächenladung des Leders verändert, sie ist anionischer geworden. Oder anders ausgedrückt: die Sättigungsgrenze für anionische Farbstoffe ist herabgesetzt, wodurch weniger intensive, aber gleichmäßigere Färbungen resultieren. D. h. ein frisch gegerbtes und deshalb hochaffines Chromleder wird durch das anionische Hilfsmittel ein mittelaffines, ja sogar bei hoher Hilfsmitteldosierung ein schwachaffines Substrat. Schwächer affine Leder bewirken unter sonst gleichen Bedingungen ein deutlich langsameres Aufziehen von Farbstoffen und ein späteres Erreichen einer völligen Baderschöpfung, wenn diese überhaupt noch ohne Absäuern erreicht werden kann. Diesen Effekt des langsameren Aufziehens und der geringeren Baderschöpfung zeigt Abb. 25 (S. 160) am Beispiel des C.I. Acid Brown 324 und des Hilfsmittels Nr. 8 der Tabelle 29.

1.2 Nicht-ionogene Tenside als Färbereihilfsmittel.

Bei Verwendung nichtionogener Tenside ist natürlich die erste Frage, wie sich die Länge der Polygykolether-Kette auswirkt. Ethylenoxid-Derivate haben den anwendungstechnischen Vorteil, gegen Härtebildner und Elektrolyte weitgehend unempfindlich zu sein. Sie sind deshalb in einer Reihe von Hilfsmitteln als Stabilisatoren anteilig enthalten. Durch vegetabilische Gerbstoffe und Syntane werden

Polyglykolether-Derivate gefällt. Außerdem muß beachtet werden, daß bei höheren Temperaturen die Etherketten entwässert werden, was zur Trübung der Lösungen führt. Die Trübungspunkte sind für die verschiedenen Ethoxi-Produkte spezifisch, und sie können zu ihrer Identifikation dienen. Der Ethersauerstoff der nichtionogenen Tenside bindet über Sauerstoffbrücken Wasser, was die Hydrophilie und Löslichkeit bewirkt und eine schwach kationische Ladung durch die Bildung von Oxonium-Konfigurationen entstehen läßt. Zur färberischen Wirkung liegen Versuche mit Ethoxilierungsprodukten des p-Isononylphenols vor[122]. Die Ergebnisse von Derivaten mit einem Ethoxilierungsgrad zwischen 4 und 30 Einheiten zeigt Tabelle 30. Die Dosierungen sind Gewichtsprozente. Das bedeutet, bei gleichbleibendem hydrophobem Anteil des Hilfsmittel-Moleküls nimmt von Nr. 2 bis 7 die Größe und damit der Flächenbedarf der hydrophilen Polyglykoläther-Kette zu. Dabei geht die Molarität der Dosierung zurück; oder mit anderen Worten, im Versuch 7 wurden weniger Hilfsmittelmoleküle angeboten als im Versuch 2. G. Otto[123] schreibt den Ethoxi-Addukten eine dreifache Wirkung zu: 1. eine Reinigung und Entfettung der Lederoberfläche. 2. eine koordinative Bindung in der Komplexsphäre von abgebundenen Mineralgerbstoffen unter Verdrängung von Aquoliganden. 3. eine Neigung zur Aggregation mit Farbstoffen, wodurch deren Aufziehgeschwindigkeit auf das Leder vermindert wird. Man sagt, das Hilfsmittel wirke als Retarder. Eine unangenehme Nebenwirkung aller oberflächenaktiven Körper ist eine bleibende Hydrophilie der behandelten Leder[124]. Die in der Tabelle 30 referierten Versuche zeigen, daß mit steigender Kettenlänge des Polyglykoläthers die Farbstärke bis etwa auf die Hälfte der Farbstärke auf unbehandelten Chromledern zurückgeht. Dabei bestehen zwischen den einzelnen Farbstoffen erhebliche Unterschiede in dem Stärkeverlust durch den Einsatz der nichtionogenen Hilfsmittel. Die Augenabmusterung hinsichtlich der Egalität zeigt, daß die Gleichmäßigkeit der Färbungen bis zu 20 Ethylenoxideinheiten zunimmt, während höhere Derivate sich ungünstiger verhalten. Dieses Optimum zwischen 10 und 20 Ethoxi-Einheiten wird auch von Wachsmann[125] bestätigt.

Tabelle 30: Färberisches Verhalten von Äthylenoxid-Kondensationsprodukten auf Chromleder

Nr.	Äthylenoxid-Addukt Trockensubstanz	Farbstärke*) in %	Reihenfolge der Farbstärke (visuell)	Reihenfolge der**) Egalität (visuell)	Netzfähigkeit des Leders in Sek.
1.	Färbung ohne Zusatz	100	1	6	2720
2.	mit 1% Nonylphenol-4-glykoläther	86–93	2	4	64
3.	mit 1% p-Iso-nonylphenol-6-glykoläther	82–86	3	3	55
4.	mit 1% p-Iso-nonylphenol-7-glykoläther	67–69	4	2	17
5.	mit 1% p-Iso-nonylphenol-10-glykoläther	67–69	5	2	49
6.	mit 1% p-Iso-nonylphenol-20-glykoläther	56–57	6	1	134
7.	mit 1% p-Iso-nonylphenol-30-glykoläther	47–55	7	5	258

*) gemessen mit Gen. Electrik Spektralphotometer 380–700 nm gegen $BaSO_4$ Weißstandard
**) Relative Bewertung: 1 beste, 6 schlechteste Egalität
***) Bestimmt wurde die Zeit, in der ein Wassertropfen von der trockenen Lederoberfläche aufgesaugt wurde.

1.3 Hilfsmittel und Zubereitungen von nichtionisch-schwachkationischem Charakter. Wie die im letzten Abschnitt besprochene Versuchsreihe zeigt, bringen Ethoxylierungsprodukte zwar einen Gewinn an Egalität der Färbungen, aber keinen Fortschritt im Hinblick auf die Farbstärke. Deswegen haben sich reine Polyglykoläther als Färbereihilfsmittel kaum eingeführt. Ein Schritt auf bessere Farbstärken sind Kombinationseinstellungen aus Polyglykoläthern als Dispergierer und höheren Aminen als Farbverstärker. Die Dispersionskomponente solcher Zubereitungen kann durch Einführung einer Sulfogruppe zu größerer Emulsionsstabilität und besserer Beständigkeit bei höhen Temperaturen modifiziert werden. Auf dieser Basis sind sehr erfolgreiche Handelsprodukte eingeführt worden, wie z. B. Nrn. 18 und 22 der Tabelle 29. Wenn man höhere Amine ethoxiliert, kommt man zu Produkten, die durch ihre Kationität und durch ihre Polyätherkette Farbstoffaffinität und Dispergierwirkung in einem Molekül vereinigen. Die ersten Verbindungen dieser Art wurden als Broschiermittel für Velours erfolgreich eingesetzt; jedoch erkannte man bald die Eignung dieser Produkte als farbverstärkende und egalisierende Färbereihilfsmittel[126]. Solche Produkte boten den Vorteil gegenüber stark kationischen Hilfsmitteln, in einem Bad mit dem Farbstoff als Vorlauf ohne Zwischenspülen einsetzbar zu sein.

Man ging sogar soweit, Farbstoffe und Hilfsmittel solcher Art gemeinsam und gleichzeitig einzusetzen. Diese Arbeitsweise führte zu einem langsameren Aufziehen des Farbstoffs, verbunden mit stärkerer Einfärbung. Voraussetzung für diese Verwendung ist 1. eine gedämpfte Affinität zum Farbstoff, die zwar zur Aggregatbildung mit demselben ausreicht, aber durch hochaffine und mittelaffine Chromleder sofort ersetzbar ist. Die zweite Voraussetzung für diese sog. Retarder-Wirkung ist eine starke Dispergierkraft des Moleküls, die fähig ist, auch große Farbstoff-Hilfsmittel-Aggregate in Lösung zu halten.

Für schwach affine Chromleder und vegetabilisch gegerbte Leder benötigt man Hilfsmittel mit kationischer Überschußladung, die durch Polyäthergruppen in Lösung gehalten werden und infolge Hydrophilie gleichmäßiger aufziehen[107]. Beispiel für diesen Verbindungstyp ist Nr. 13 der Tabelle 29. Da diese Produkte in ihrer Verstärker-Wirkung noch nicht genügend und vor allem selektiv auf die verschiedenen Farbstoffe ansprechen, werden sie durch eine begrenzte Beimischung des nicht ethoxilierten Basisamins oder anderer kationischer Verbindungen in ihrer Wirkung noch verstärkt. Die Verstärkung der Kationität macht solche Zubereitungen natürlich empfindlich gegen ausblutende Gerbstoffe und andere stark anionaktive Körper; es ist deshalb ratsam, diese verstärkten Zubereitungen nur auf gut säurefixiertem Leder und im frischem Bad anzuwenden. Aber damit sind wir schon bei Einstellungen, bei denen der kationische Charakter bei weitem überwiegt, so daß wir hier ethoxilierte Färbereihilfsmittel abschließen und uns ein weiteres Eingehen auf kationische Hilfsmittel unter diesem Stichwort vorbehalten.

1.4 Ampholyte als Färbereihilfsmittel. Ampholyte sind Verbindungen, die sowohl anionische als auch kationische Gruppen in einem Molekül enthalten. Der Ladungscharakter eines Ampholyten ist von dem pH-Milieu abhängig. Bei niedrigen pH-Werten sind Ampholyte überwiegend kationisch, bei höheren pH-Werten mehr anionisch geladen. Blöße und Leder sind ebenfalls Polyampholyte. Bewährte Rezepturmittel der klassischen Gerbung, wie z. B. Eigelb, verdanken ihre ausgezeichneten färberischen Eigenschaften und ihre Füllwirkung ihren ampholytischen Charakter. Man hat vielfach versucht, Hilfsmittel ähnlicher Wirkung, sei es als Fettungsmittel oder als Färbereihilfsmittel, herzustellen. Aber man hat die hervorragenden Eigenschaften des Naturproduktes nie vollkommen erreichen können. Am nächsten kommen noch Eiweißhydrolysate, die z. B. aus Falzspänen gewonnen werden können. Solche Hydrolysate werden mit anderen Verbindungen, z. B. Neutralsalzen von Syntanen abgemischt und als Hilfsmittel angewendet. Solche Produkte enthalten neben Eiweißbruchstücken etwa 3–5% Chromoxid und sonstige Zuschläge. Meistens enthalten aber Produkte dieses Genres mehr Chromoxid (z. B. Nr. 20 der Tabelle 29) d. h., das Hydrolyseprodukt ist in seinem Chromgehalt noch aufgestärkt worden. Damit sind wir schon an dem Übergang zu Hilfsmitteln auf Basis modifizierter Chromgerbstoffe (z. B. Nr. 25 der Tabelle 29). Alle diese Verbindungen und Zubereitungen vermitteln den Färbungen eine gute Farbfülle; sie geben den Ledern Weichheit und Fülle, dabei egalisieren sie bemerkenswert gut. Allerdings muß bei Anwendung solcher Produkte immer im Auge behalten werden, daß die Chromkomponente ohne besondere Vorkehrungen nie völlig aufzuziehen vermag und deshalb das Abwaseser belastet.

Es wurde schon bei den nichtionisch/kationischen Färbereihilfsmitteln auf Zubereitungen hingewiesen, die aus einer wirkungsvoll stabilisierenden Dispergierkomponente, z. B. einem sulfoniertem Polyglykolether und einem Gemisch von Polyalkylaminglykolethern, bestehen. In ihrer Wirkung sind solche Mischungen einem echten Ampholyten, d. h. Verbindungen mit gegensätzlicher Ladung in einem Molekül, durchaus ähnlich. Darüber hinaus sind sie wegen der starken Dispergierwirkung der einen Komponente in gewissen Grenzen mit Farbstoffen in Lösung verträglich, ja sie gehen mit Farbstoffen lockere Verbindungen ein, wie wir schon gehört haben. Man spricht auch hier von einer Retarder-Wirkung. Die Hypothese der Anwendung solcher Retarder unterstellt, daß mit diesen schwach kationischen Dispergator/Polyamin-Micellen sich bevorzugt die hochaffinen, d. h. die schnellziehenden Farbstoffe verbinden. Niedrig affine Farbstoffe, d. h. langsam ziehende, sollen durch diese Einstellungen weniger beeinflußt werden. Man glaubt, durch diesen Retardereffekt schnell ziehende und langsam ziehende Farbstoffe in ihrem Ziehverhalten und damit in ihrem Egalisieren als Kombination vereinheitlichen zu können. Durch die selektive Wirkung dieser Hilfsmittel auf hochaffine Farbstoffe wird die Egalisierwirkung solcher Retarder bei Farbstoffkombinationen erklärt[126]. Zu beachten ist bei Anwendung solcher ampholytischen Zubereitungen, daß vor allem niedrige Dosierungen des Hilfsmittels gute färberische Effekte hinsichtlich Egalisieren zeigen.

Es liegt nun nahe, über das Wirken solcher Retarder Aufziehkurven hochaffiner und schwachaffiner Farbstoffe in Anwesenheit ampholytischer Zubereitungen zu befragen. Bei dieser Versuchsreihe[127] wurde als Retarder ein Handelsprodukt ähnlich Nr. 18 der Tabelle 29 in steigenden Prozentsätzen zum Einsatz gebracht. Abb. 26 zeigt die Aufziehkurven des C.I. Acid Red 97 in Anwesenheit von 1 und 4% des ampholytischen Hilfsmittels. Der verwendete Farbstoff ist hochaffin, denn er zieht in den ersten 10 Minuten der Färbung zu 95% auf. Das retardierende Hilfsmittel dämpft bei diesem Farbstoff dessen hohe Aufziehgeschwindigkeit nur geringfügig, selbst eine Überdosierung von 4% vermag keine ins Gewicht fallende Veränderung des Kurvencharakters bewirken.

Abb. 27 zeigt die Kurve eines schnellziehenden, ebenfalls gut egalisierenden Chromkomplex-Farbstoffes – des C.I. Acid Brown 324 – in Anwesenheit von 0,5–4% der ampholytischen Zubereitung. Bei diesem Farbstoff ist eine deutlich retardierende Wirkung zu erkennen: Ohne das Hilfsmittel sind nach 15 Minuten 86% des Farbstoffangebotes ausgezogen. Dieser Auszug sinkt bei Anwesenheit von 0,5% des Retarders auf 84% und bei höheren Angeboten auf 82, 76

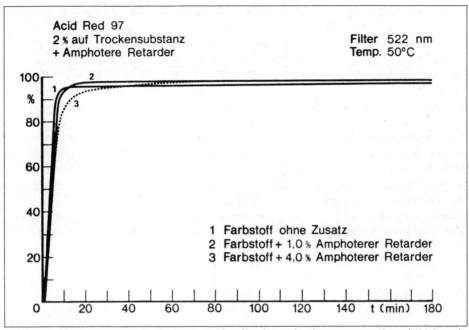

Abb. 26: Aufziehkurven eines schnellziehenden Farbstoffes ohne und in Gegenwart von 1% und 4% Retarder

Abb. 27: Aufziehkurven eines anderen schnell ziehenden Farbstoffs ohne und in Anwesenheit von 0,5% bis 4% Retarder.

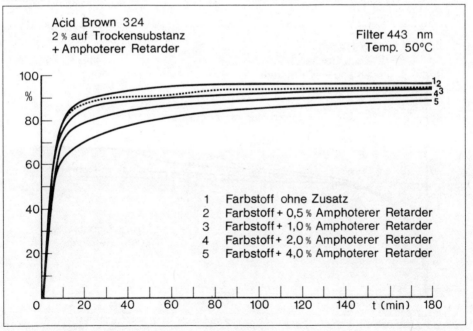

und schließlich 67% bei 4% Dosierung des Retarders. Bei diesem Versuch ist offensichtlich, daß bei niedrigen Angeboten von 0,5 und 1% durch das ampholytische Hilfsmittel eine ziemlich schwache Aufzugshemmung eintritt. Erst bei Dosierungen zwischen 2 und 4% Hilfsmittel resultiert eine ziemlich starke Depression der Aufziehkurve. Ohne Zweifel wirkt sich diese Verlangsamung des Aufziehens färberisch aus. Allerdings scheint es auch in Übereinstimmung mit den Ergebnissen der Praxis, daß die besseren Ergebnisse des Egalisierens bei den niedrigen Hilfsmitteldosierungen, hinsichtlich Einfärbung bei höheren Angeboten, zum mindesten bei der Färbung mit Einzelfarbstoffen zu beobachten sind. Die Abb. 28 zeigt schließlich ein extrem langsam ziehendes und deshalb ohne Säurezusatz das Bad nicht erschöpfende C.I. Acid Black 2 in Kombination mit ampholytischen Hilfsmitteln. Auch diesem Farbstoff ist bei praxisüblichen Dosierungen zwischen 0,5 und 1% des Hilfsmittels kaum eine ins Gewicht fallende Wirkung festzustellen. Dagegen ist bei höheren Angeboten von 2–4% eine Depression der Baderschöpfung um etwa 12–17% zu beobachten.

Die Ergebnisse dieser Versuchsreihe werden deshalb so ausführlich dargestellt, weil aus ihnen eine ganze Reihe von für die praktische Anwendung von Hilfsmitteln wichtigen Regeln abgeleitet werden:

1. Die Hilfsmittelwirkung ist sehr Farbstoff-spezifisch. Der erste Farbstoff wird durch das Hilfsmittel praktisch nicht beeinflußt, bei dem zweiten ist die Baderschöpfung in derselben Zeit um etwa 8%, bei dem dritten wenig affinen Farbstoff um 16% niedriger.

2. Die Endbaderschöpfung liegt bei den höchsten Dosierungen des Hilfsmittels beim ersten Farbstoff bei 95%, bei dem mittleren bei 88% und bei den schlechtziehenden bei 55%. Von einer Annäherung des Ziehverhaltens kann hier nicht die Rede sein.

Abb. 28: Aufziehkurven eines sehr langsam ziehenden Farbstoffs ohne Zusatz und in Anwesenheit von 0,5%–4% Retarder

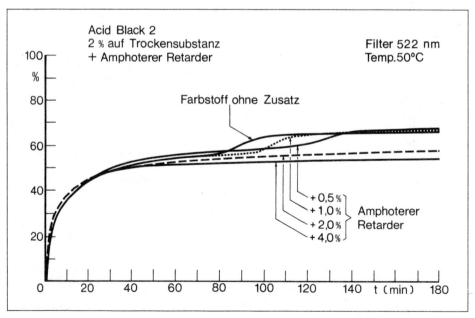

3. Es trifft also für den vorliegenden Fall nicht zu, daß der farbstoffaffine Retarder selektiv mit den hochaffinen Farbstoffen bevorzugt Aggregate bildet, um dadurch eine Annäherung des Aufziehverhaltens von Farbstoffkombinationen stark differenten Ziehverhaltens zu ermöglichen. Im Gegenteil: Bei den niedrigen Dosierungen, in deren Bereich das Wirkungsoptimum bei der Anwendung des geprüften Hilfsmittels in der Praxis liegt, zeigen sämtliche Aufziehkurven kaum Wirkung in vertretbaren Zeiten; bei hohen Dosierungen fällt die eingestandenermaßen sehr ungünstige Testkombination eher noch stärker auseinander, als das ohne Hilfsmittel der Fall ist. Man muß daher folgern, daß es bei dem heutigen Stand der Technik abwegig ist zu meinen, man könne durch Hilfsmittel schlecht kombinierbare Farbstoffe in ihrem färberischen Verhalten soweit optimieren, daß eine gut egalisierende Kombination entsteht. Vielmehr ist es auch bei Anwendung guter und bewährter Hilfsmittel notwendig, in ihrem Ziehverhalten möglichst naheliegende Farbstoffe zu kombinieren. Denn die Wirkung der Hilfsmittel vermag im Rahmen wirtschaftlich tragbarer Dosierungen und Zeiten nur kleine Verhaltensdifferenzen auszugleichen; große Differenzen verschärfen sich eher, was zu einem stärkeren Auseinanderfallen einer Kombination und damit zu Unegalität und vor allem zu mangelhafter Reproduzierbarkeit führt.

Ampholyte mit stärker ausgeprägter anionischer Ladung als die bisher besprochenen Hilfsmittel sind die von ihrem Hersteller[128] mißverständlich als »Reaktivgerbstoffe« bezeichneten Amphogerbstoffe[129]. Über die Konstitution der erst zitierten »Reaktivgerbstoffe« ist nichts bekannt geworden. Die Amphogerbstoffe werden durch Mannich-Reaktion aus Phenolen, aliphatischen, cycloaliphatischen und aromatischen Aminen und Formaldehyd kondensiert. Sie sind im isoelektrischen Punkt am adstringentesten und fallen im sauren als auch im alkalischen pH-Bereich in ihrem Bindungsvermögen ab. Um mit der bisherigen Darstellung des Aufziehverhaltens konform zu bleiben, wird versucht, die Angaben der einschlägigen Literatur[130] auf das bisher praktizierte Darstellungsschema der Aufziehkurven zu transformieren. Allerdings sind – und das muß ausdrücklich hervorgehoben werden – sämtliche bisher gezeigten Aufziehkurven auf zwischengetrockneten, geraspelten Chromlederspänen gemessen worden. – Also auf einem gut affinen Material. Das Zahlenwerk der oben zitierten Arbeit basiert auf frischem Standard-Chromleder nach IUF 151. – Einem hochaffinen Material also. Es liegt auf der Hand, daß man bei diesen Voraussetzungen nur in Größenordnungen vergleichen kann. Die vorliegenden Aufziehkurven des C.I. Acid Brown 161 – eines schnellziehenden Säurebrauns mäßigen Aufbauvermögens auf nachgegerbten Ledern – sind bei sämtlichen mit Reaktivgerbstoffen vorbehandelten Ledern die eines hochaffinen Farbstoffes auf hochaffinen Ledern (Abb. 29).

Die Aufziehkurven aller mit Reaktivgerbstoff behandelten Leder liegen unter der des reinen Chromleders. Daraus kann man den Schluß ziehen, daß bei diesen Produkten die anionische Ladung nach dem Aufziehen auf das Leder etwas überwiegt. Höhere Dosierungen des Amphogerbstoffes bringen langsameres Aufziehen des Farbstoffes. Die Farbausbeute ist in der zitierten Arbeit auf dem niedrigsten Vergleichswert, nämlich auf eine Nachgerbung mit einem Weißgerbstoff bezogen und deshalb schwer in unsere Angaben einzuordnen. Nach einer zwangsläufig sehr überschlägigen Rechnung des Verfassers dürfte die bei Anwendung des »Reaktivgerbstoffes 1« erreichbare Farbstärke nahe der auf einem Chromleder liegen; die Farbstärken der mit »Reaktivgerbstoff 2« behandelten Leder dürften merklich darunter liegen. Überraschend ist der Hinweis der Autoren der oben zitierten Arbeit, daß die Farbstärke der mit »Reaktivgerbstoff« behandelten Chromleder vom Angebot des Produktes weitge-

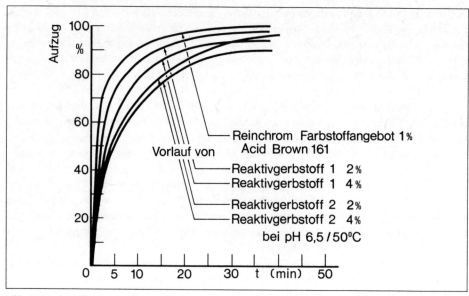

Abb. 29: Aufziehdiagramm von Acid Brown 161 auf mit Amphogerbstoffen vorbehandeltem Chromleder nach D. Lach, R. Streicher, R. Paulus[156]

hend unabhängig sei; diese merkwürdige Beobachtung unterscheidet dieses Produktengruppe von allen anderen substrataffinen Hilfsmitteln. Über das Egalisiervermögen von Amphogerbstoffen ist nach Wissen des Verfassers bisher nichts veröffentlicht worden.

1.5 Kationische Färbereihilfsmittel. Ein wesentliches Motiv für die Verwendung von Ampholyten ist deren günstiger Einfluß auf die Farbstärke. Dies trifft in noch höherem Maße für die Anwendung rein kationaktiver Färbereihilfsmittel zu. Denn diese Produkte ziehen oberflächlich auf schwachaffine Leder, deren isoelektrischer Punkt unter 5 liegt. Damit verschiebt sich das Ladungsgleichgewicht der Oberfläche zu höheren Werten, die Lederoberflächen werden – in den Worten G. Otto's ausgedrückt –: »positiv umgeladen«[120].

Dieses Plus an positiver Ladung bringt für die folgende Färbung mit anionischen Farbstoffen mehr Bindungsmöglichkeiten in den Oberflächen und damit eine zwar oberflächliche, aber vollere Färbung. Die oberflächlichere Bindung anionischer Körper betrifft nicht allein anionische Farbstoffe, sondern alle gleichsinnig geladenen Rezepturmittel späterer Arbeitsgänge. Diese Wirkung ist unerwünscht für die Fettung; deshalb ist es nützlich, bei Anwendung kationischer Färbereihilfsmittel die Fettung so einzuteilen, daß die Durchfettung vor der Färbung bzw. vor der Nachgerbung gegeben wird und nur die Oberflächenfettung nach der Färbung appliziert wird. Die Wirkung kationischer Hilfsmittel, anionische Inhaltsstoffe des Leders zu binden, bedingt eine weitere Anwendung, nämlich als Fixiermittel[125,126]. Diese Anwendung dämpft eine Migration von anionischen Gerbstoffen, Farbstoffen und Fettungsmittel während der Trocknung, die häufig die Ursache von Unegalität des getrockneten Leders ist. Diese Fixierung aller anionischen Körper hat besonders für die Vakuumtrocknung große Bedeutung gewonnen. Eine begrüßenswerte Nebenwirkung solcher kationischer Fixierungen ist die Verbesserung der Wasser-, Wasch-, und besonders der Schweißechtheit der Leder durch diese Behandlung. Dem steht als negative Auswirkung einer kationischen Fixierung gegenüber, daß die Trockenreibechtheit, besonders bei sehr oberflächlich ziehenden Produkten, sich oft deutlich verschlechtert. Mit der oberflächlichen Ablagerung des sog. Farblacks – das ist die Anlagerungsverbindung des kationischen Hilfsmittels an den Farbstoff – hängt es sicher auch zusammen, daß bei zu hoher Dosierung des Hilfsmittels die Haftung der Zurichtung meist notleidend wird. Eine für die Egalität von Färbungen sehr wichtige Wirkung kationischer Hilfsmittel darf nicht übergangen werden: Viele Fettungen brechen beim Aufziehen auf das Leder nur unvollkommen, d. h. auf den Oberflächen des Leders schlägt sich eine schmierige Schicht aufgerahmter, grobteiliger Emulsionen nieder. Es entsteht eine »Majonäse« auf dem Leder. Tatsächlich resultiert aus solchem an der Oberfläche überfetteten Material ein hartes Leder mit Fettflecken und splissigem Narben. Den Färbern macht eine solche Fettung durch die ungleichmäßige Fettverteilung auf dem Narben immer Schwierigkeiten, denn aus ihr entstehen immer Schattierungen der Färbung. Schon der Zusatz von nur 0,5% eines Färbereihilfsmittels mittlerer Kationität ins abgesäuerte und ausgezehrte Lickerbad zerschlägt die Emulsionspaste auf der Narbenoberfläche und läßt das Fett gleichmäßiger in das Leder einziehen. So resultiert bei guter Egalität eine trockene Fettung und ein Leder, das der starken Beanspruchung durch die Vakuumtrocknung viel besser gewachsen ist.

Kationische Hilfsmittel sind konstitutionell z. B. Kondensationsprodukte aus Dicyandiamid und Harnstoff, Polyethylendiamine, Umsetzungsprodukte von Polymerisaten aus Maleinsäure und Styrol mit mehrfunktionellen Aminen, polyquartäre Aminethoxiaddukte – um nur einige Stichproben aus dem breiten Spektrum der Möglichkeiten zu geben. Dabei ist die Konstitution nicht das Leitmotiv für die Anwendung dieser Produkte, sondern die »Kationität«, d. h. die Fällbarkeit in Lösung durch Farbstofflösungen. Z. B. kann man Reihenfolgen der Fällbarkeit ermitteln, indem man 1%ige Lösungen von Farbstoff und Hilfsmittel zusammenbringt und mit einem Streifen Filtrierpapier nach 15 Minuten und nach 24 Stunden auf Fällung prüft. Tabelle 31 gibt ein Beispiel einer solchen Fällungsreihe[114].

Diese Versuchsreihe wird auf einer 3%igen Nachgerbung demonstriert, die die Farbstärke des Chromleders auf etwa 50% der ursprünglichen abbaut. Dieser Stärkeverlust entspricht etwa einer Nachgerbung mit Mimosa. Die Produkte Nr. 3–7 sind in der Reihenfolge steigender Fällungszahlen (5 = keine Ausfällung) angeordnet. Diese Zahlen leiten sich aus der Mittelung von 16 Fällungsversuchen mit verschiedenen Farbstoffen ab; sie sind deshalb gebrochene Zahlen. So bedeutet Fällungszahl 4, 7 der Versuche 6 und 7, daß diese Hilfsmittel in Lösung sofort und nach 24 Stunden gegen die Lösungen von 14 Testfarbstoffen stabil waren. Die Bewertung 1,1 für Nr. 3 und 4 sagt aus, daß diese Hilfsmittel sämtliche Farbstoffe aus der Lösung fällten mit ca. 2 Ausnahmen. Dieser Befund zeigt einen beachtlichen Unterschied zwischen den geprüften Hilfsmitteln, der sich natürlich färberisch auswirkt. Die Farbstärken der Versuche 3–6 sind alle besser als die des nachgegerbten Chromleders (Nr. 2), aber deutlich schwächer als die Färbung auf reinem Chromledern (Nr. 1). Bei der gegebenen Versuchsanordnung kann das nicht verwunderlich sein, weil ja der vorlaufende Farbstoffanteil nur mit 50% seiner Farbstärke zur Endnuance beiträgt, während er bei der Färbung des Chromleders voll zu Buche schlägt.

In der Praxis wird auch bei Anwendung kationischer Hilfsmittel nicht die volle Farbstärke der Chromgerbung erreicht. Aber man kann derselben näher kommen, wenn man in der zweiten Stufe der Färbung die Farbstoffdosierung verdoppelt. Eine Aufstockung des Färbereihilfsmittels ist dagegen weniger empfehlenswert, weil man aus Gründen der Egalität grundsätzlich mit

Tabelle 31: Die Wirkung kationischer Hilfsmittel auf nachgegerbte Chromleder

Versuchsbedingungen der Färbungen:
Vorlauf: 0,5 % Farbstoff, 200 % Flotte bei 60 °C bzw. bei 20 °C 30 Minuten
2. Stufe: frische 200 % Flotte 0,5 % Färbereihilfsmittel bei 60 °C bzw. 20 °C 30 Minuten
Zusatz: 0,5 % Farbstoff 30 Minuten

Nr.	Hilfsmittel	Fällungs-zahl**)	A		B		C
			relat. Farb-stärke bei 60 °C in %	Reihenfolge der visuellen Musterung	relat. Farb-stärke bei 20 °C in %	Reihenfolge der visuellen Musterung	Relation Farbstärke von B für A = 1
1.	Chromleder ohne Hilfsmittel	–	227	1	315	1	0,8
2.	Nachgegerbtes Chromleder*)	–	100	7	100	7	0,6
3.	Nachgegerbtes Chromleder mit 0,5 % Dicyandiamid-Kondensat	1,1	127	5	239	3	0,9
4.	Nachgegerbtes Chromleder mit 0,5 % Diamin-dichloralkyl-CH$_2$O-Kondensat	1,1	184	2	255	2	0,8
5.	Nachgegerbtes Chromleder mit 0,5 % aliphatisches Amid	2,6	120	4	129	5	0,6
6.	Nachgegerbtes Chromleder mit 0,5 % Dicyandiamid-Harz	4,7	137	3	160	4	0,7
7.	Nachgegerbtes Chromleder mit 0,5 % aliphatischem Äthanolaminester	4,7	102	6	114	6	0,6

*) *Nachgerbung mit 3 % Trockensubstanz eines handelsüblichen Nachgerbstoffes.*
**) *Fällungszahl: Keine Ausfällung = 1. Mittel von 16 verschiedenen Farbstoffen. Starke Ausfällung = 5.*

möglichst wenig kationischem Hilfsmittel auszukommen versucht. Aus dieser Versuchsreihe würde sich der Verfasser für Hilfsmittel Nr. 6 entscheiden. Seine hohe Fällungszahl, d. h. seine hohe Verträglichkeit und Stabilität mit anionischen Produkten, garantiert eine weniger störanfällige Färbung als mit den Produkten 3, 4 und 5, und seine relative Farbstärke von 137% könnte durch höhere Farbstoffdosierung in der zweiten Stufe bis auf ca. 70–80% der Farbstärke des Chromleders gebracht werden. Leider stand zum Zeitpunkt dieser Veröffentlichung keine Methode zur Verfügung für die Prüfung der Egalität; deshalb enthält die Tabelle keine Angaben hierüber. Aus heutiger Erfahrung kann man aber sagen: Mit steigender Fällungszahl verbessert sich auch die Egalität.

Aufziehkurven von Farbstoffen auf mit rein kationischen Hilfsmitteln vorbehandelten Ledern stehen dem Verfasser leider nicht zur Verfügung. Man geht aber sicher in der Annahme nicht fehl, wenn man hier einen ähnlichen Verlauf wie bei den Aufziehkurven des mit Amphogerbstoffen behandelten Chromleders (Abb. 29, Seite 168) annimmt.

1.6 Sonstige Wirkungen von Hilfsmitteln. In der Schleifboxära wurden für die Nachgerbung und auch als Färbereihilfsmittel sog. Bleichgerbstoffe u. a. verwendet. Diese Bleichgerbstoffe enthalten teils Oxalsäure, teils Ethylendiamintetraessigsäure zur Aufhellung und zur Verhütung von Eisenflecken. Aber auch Färbereihilfsmittel von heute können als Pufferungsmittel komplexaktive Verbindungen, wie z. B. Natriumacetat und ähnliche Komplexbildner, enthalten. In all diesen Fällen und bei allen Produkten, die als stark puffernd empfohlen werden, muß man bei gemeinsamer Anwendung im Färbebad bei höheren Temperaturen darauf achten, daß in der Farbstoffkombination nicht labile Metallkomplextypen enthalten sind (s. S. 39). Konkret gesprochen sind besonders 1:2-Eisenkomplexfarbstoffe betroffen[131]. Solche Farbstoffe sind in breiter Anwendung für Echtfärbungen in gelb- und olivstichigen Dunkelbrauntönen. Eine Entmetallisierung dieser Farbstoffe ergibt einen Abfall der Echtheiten und eine Verschiebung der Nuance nach rotstichigem Braun.

Eine weitere Nebenwirkung von Hilfsmitteln ist in all' den Fällen, in denen eine Dämpfung der Aufziehgeschwindigkeit stattfindet, ein stärkerer Aufzug auf die Fleischseite.

Ein Beispiel hierfür ist wiederum das in Abb. 25, S. 160 gegebene Ditolylethersulfosäure – CH_2O-Kondensat. Während der Mittelwert der Anfärbung der Fleischseite durch drei Testfarbstoffe bei neutralisiertem Chromleder gleich 102% ist, wird in Anwesenheit des Ditolyltäher-Derivates die Fleischseite mit 182% angefärbt, wenn man die Narbenseite jeweils mit 100% festsetzt. In noch viel höherem Maße ist diese Nebenwirkung bei Anwesenheit von amphoteren oder schwach kationischen Retardern gegeben. Stark kationische Produkte bewirken oft eine völlige Reservierung des Narbens zugunsten einer mit »Farblack« verschmierten Fleischseite.

2. Die Anwendung von Färbereihilfsmitteln

Erst kürzlich hat H. Wachsmann[126] gefordert, Hilfsmittel gezielter und besser kontrolliert einzusetzen, um negative Effekte, z. B. durch Überdosierungen, zu vermeiden. Die Schwierigkeit, dieser Aufforderung nachzukommen, besteht in zweierlei: 1. daß jedes Hilfsmittel mit jedem Farbstoff mehr oder weniger in ganz spezifischer Weise reagiert. So hat z. B. jedes Hilfsmittel mit jedem Farbstoff ein pH-Optimum, bei welchem die Kombination die beste Farbstärke ergibt, ein anderes, das für die Egalität optimal ist. 2. sind da die bekannten

Unterschiede im Substrat, die ihrerseits Unterschiede in den gegenseitigen Reaktionsweisen Farbstoff/Hilfsmittel auszulösen vermögen. Da die Hersteller von Hilfsmitteln all' diesen ungezählten Verschiedenheiten nicht Rechnung tragen können, sind die Informationen, die sie ihren Produkten mitgeben können, sehr allgemein. Der Praktiker ist auch hier auf sich und seine Erfahrung gestellt und muß sich seinen oft mühsamen Weg durch den Dschungel von Wirkungen und Gegenwirkungen mit Pröbeln und vor allem Beobachten selbst bahnen. Die folgenden Ausführungen wollen versuchen, zu diesem zugegebenermaßen schwierigen Unterfangen einige Hinweise zu geben.

Einige Überlegungen zur Auswahl von Hilfsmitteln. Beginnen wir mit einem Katalog der Hilfsmittelwirkung, wie er von den Herstellern in ihren Merkblättern gegeben wird. Das Angebot unterscheidet:

Neutralisationsmittel (s. S. 103)
Farbegalisierer und Dispergierungsmittel
Farbvertiefungsmittel
Fixiermittel
Entfettungs- und Broschiermittel

Neben einem Hinweis auf die chemische Konstitution werden Konzentration, Löslichkeit, ionischer Charakter, pH-Wert, Verträglichkeit und Beständigkeit gegen Wasserhärte und evtl. gegen Chromsalze dem Praktiker anhand gegeben. Mit diesen Angaben kann man Vorstellungen über Dosierung und Verdünnung, über Zeitpunkt der Zugabe, über Einpassung in das vorgegebene pH-Milieu und über notwendige Spül- und Waschgänge gewinnen. Leider fehlen meist handfeste Hinweise über die durchschnittlich resultierende Farbstärke bei einem Standardangebot an Hilfsmittel mit mehreren Testfarbstoffen oder Angaben über die Beeinflussung der Chromfarbe. Es fehlen auch Anhaltspunkte über den pH-Bereich einer evtl. zu erwartenden Pufferung (s. hierzu K. Faber, diese Reihe Band 3 S. 56; 213), es fehlen Abgrenzungen der optimalen pH-Bereiche hinsichtlich Egalisierung und Farbstärke; es fehlen Auskünfte über den zu erwartenden Weißgehalt einer Standarddosierung und deren Lichtechtheit; man sucht vergeblich Informationen, ob das Hilfsmittel die Lichtechtheit von Farbstoffen schädigen könne, z. B. durch Entmetallisierung von Komplexfarbstoffen[131]. Man muß sich selbst Erfahrungen über Temperatureinflüsse oder über eine evtl. Neigung des Hilfsmittels, mehr die Narbenseite zu reservieren oder mehr auf die Fleischseite aufzuziehen[132], erarbeiten. Schließlich und endlich vermißt man vielfach handfeste Auskünfte, welche Farbstoffe mit den Hilfsmitteln gut oder weniger gut kombinieren. Auch in der Literatur sind zu diesen Fragen nur spärliche Angaben zu finden. So gibt H. Träubel[133] für drei Testfarbstoffe die Werte der Farbstärken an, und zwar nach Anwendung von fünf Hilfsmitteln und von Mimosa auf Chromleder bei den pH-Werten 2,5; 4,5; 6,5 und 8,5, die durch eine Dosiereinrichtung konstant gehalten wurden. Ein Beispiel für die Ergebnisse dieser Arbeit gibt Abb. 30. Wenn man aus dieser Arbeit einen Ratschlag ziehen will, so ist mit Ausnahme der Mimosa und der Naphtalinsulfosäure-CH_2O-Kondensate der optimale Bereich der vier modernen Hilfsmittel bei pH-Werten zwischen 4,5 und 5.

Eine Arbeit des Verfassers[134] beschäftigt sich mit den Narben- bzw. Fleischseiten-Aktivitäten verschiedener Gerbstoffe und Hilfsmittel. Diese Aktivitäten werden durch eine nachfolgende Färbung sichtbar, wenn das Hilfsmittel der Färbung vorausgelaufen ist. Tabelle 32 zeigt die Intensität der Fleischseitenfärbung in Prozent der Narbenfärbung (= 100%). Die Zahlen

Abb. 30: Farbstärken des C.I. Acid Black 173 auf mit 6 verschiedenen Hilfmitteln und Gerbstoffen (3% bei 50°C 30' Vorlauf) nachgegerbten Chromledern bei den pH-Werten 2,5; 4,5; 6,5; 8,5 im Färbebad

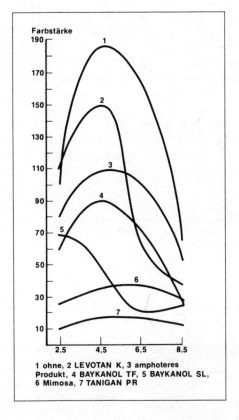

1 ohne, 2 LEVOTAN K, 3 amphoteres Produkt, 4 BAYKANOL TF, 5 BAYKANOL SL, 6 Mimosa, 7 TANIGAN PR

verdeutlichen, daß die anionischen Hilfmittel dieser Tabelle bevorzugt auf den Narben aufziehen. Denn nur, wenn der Narben durch das Hilfmittel stärker besetzt ist, kann die beim Chromleder zwischen Narben und Fleischseite in etwa ausgeglichene Färbung sich mehr auf die Fleischseite verlagern. Aber es sind Unterschiede zwischen den einzelnen Hilfmitteln: Wenn man eine geringe Stärkedifferenz zwischen Narbenseite und Fleischseite als ein Merkmal guter Egalisierung bewertet, so ist Nr. 13 der geprüften Hilfmittel das am

Tabelle 32: Anfärbung der Fleischseite (Narbenseite = 100)

Nr.	6% Gerbstoffangebot	Acid Black 173	Acid Orange 51	Acid Brown 328	$\sum/3$
1.	Chromleder neutralisiert	108%	121%	77%	102
11.	Baykanol HLX	249%	136%	91%	158
12.	Baykanol SL	240%	162%	146%	182
13.	Baykanol TF	126%	107%	103%	112
14.	Tanigan PR	216%	167%	124%	169
15.	Tanigan PAK	174%	128%	97%	133
16.	Tanigan PA	137%	121%	110%	122
17.	Chromleder nicht neutralisiert	98%	88%	106%	97

besten egalisierende. Aus seiner Erfahrung möchte der Verfasser diesen Befund als mit den Ergebnissen der Färbung in der Praxis übereinstimmend bekräftigen.

In diesem Zusammenhang interessiert auch, welche Unterschiede zwischen den Hilfsmitteln in der Stärke der Narbenanfärbung bestehen[135]. Nach der Tabelle 33 hellen alle Hilfsmittel bis zu einer Farbstärke von 30–40% – auf mit einer Ausnahme: Die unkondensierte Arylsulfosäure, die bei guter Egalisierung lediglich einen Stärkeverlust von 10% der Färbung auf Chromleder verursacht. Bei der täglichen Praxis der Färbung kommen Färbereihilfsmittel in den seltensten Fällen mit reinen Chromledern in Berührung, sondern meist mit Ledern, die bereits eine stärkere oder schwächere Nachgerbung erhalten haben. Zu dieser Problematik gibt Tab. 34 Auskunft[136].

Mehr als alle Worte und Zahlen sagt dem Praktiker die Abbildung 31 (S. 149). Bei Orange 2, einem Farbstoff mit sehr gutem Aufbauvermögen (s. S. 149), bringt der Einsatz von Hilfsmitteln auf mittelstark nachgegerbtem Chromleder kaum eine Abschwächung gegenüber der Färbung auf reinem Chromleder, wenn man das Farbstoffangebot verdoppelt. Bei dem BAYGENAL Braun CGV, einem Farbstoff von nur mäßigem Aufbauvermögen, erkennt man bei dem nachgegerbten Leder einen Verlust von ca. 60% gegenüber dem Chromleder, der noch durch das anionische Hilfsmittel zwischen 5 und 10% verstärkt wird. Das PU-Ionomere und das amphotere Hilfsmittel verbessern dagegen bei diesem Farbstoff die Farbstärke des nachgegerbten Leders um ca. 40–60%. Demgegenüber ergeben die Färbungen mit BAYGENAL Dunkelbraun LNR und BAYGENAL Rotbraun LN 2R – beides Farbstoffe mit einem guten Aufbauvermögen – durchweg brauchbare Farbstärken und keinen wesentlichen Verlust durch den Hilfsmitteleinsatz. Besonders interessant für die Färbung von Pastelltönen ist die Versuchsreihe des BAYGENAL Grau L-NG. Bei diesem Farbstoff schwachen Aufbauvermögens sieht man: 1. eine deutliche zusätzliche Aufhellung durch das Hilfsmittel und 2., daß für Pastelltöne Farbstoffe mit mäßigem Aufbauvermögen besonders geeignet sind, weil sie im Bereich beherrschbarer Abwiegungen eine breite Scala gut reproduzierbarer Feintöne zugänglich machen. Der Versuch zeigt auch sehr eingängig die Auswirkung des verschiedenen Weißgehaltes der anionischen Hilfsmittel in der sinkenden Reihenfolge von HLX über SL zu TF. Er zeigt aber auch die deutliche Farbverstärkung durch das PU-Ionomere und das amphotere Hilfsmittel auf dem nachgegerbten Leder. Was die Farbphotographie und die Drucktechnik nicht wiederzugeben vermögen, ist der stumpfe Rosastich, den der Aufsatz von 3% Mimosa dem nachgegerbten Leder der Graunuance erteilt. Zur Ergänzung des coloristischen Eindrucks sind in der Tabelle 34 die Zahlenwerte der einzelnen Versuche gegenüber der Färbung auf Chromleder gleich 100 gegeben. Die Angabe »Austausch« unter C bedeutet nicht Austauschgerbstoff, sondern Egalisieren durch Verdrängung des Hilfsmittels.

3. Vorschläge zur Hilfsmittelauswahl

Wir haben nunmehr genügend Versuchsmaterial kritisch bewertet, um zusammenfassend über die Hilfsmittelauswahl Anhaltspunkte gewinnen zu können. Die zuletzt beschriebenen Versuche haben gezeigt, daß man Hilfsmittel nicht sozusagen frei und ohne Bezug auswählen kann. Unter diesem Bezug sind nicht allein gerberische Gesichtspunkte, wie Narben- und Griffbeeinflussung, zu verstehen oder Qualitätskategorien, wie z. B. die Verstärkung der Hydrophilie ins Kalkkül zu ziehen, sondern in erster Linie und ganz besonders muß der Färber seine Hilfsmittel auswählen mit deutlichem Bezug auf seine in Anwendung stehenden Farbstoffe, im Hinblick auf das geforderte Echtheits- und Egalitätsniveau und schließlich im Hinblick auf den Artikel und dessen Kostenspielraum. Dabei sind Voraussetzung einer guten Wahl einerseits Verträglichkeit mit dem färberischen Milieu, andererseits eine wirkungsvolle Wechselwirkung mit Farbstoff und Substrat. Um nur einige Beispiele aus der Tabelle 29 zu nennen:

Tabelle 33: Die Farbstärke der Anfärbung des Narbens dreier Testfarbstoffe auf mit 6 verschiedenen Hilfsmitteln (6%) vorbehandelten Chromledern (neutralisiertes Chromleder = 100%)

Nr.	6% Gerbstoffangebot	Acid 2* Black 173	Acid 5* Orange 51	Acid 8* Brown 328	$\sum/3$
11.	Baykanol HLX	14%	27%	53%	31
12.	Baykanol SL	27%	45%	40%	37
13.	Baykanol TF	87%	98%	79%	88
14.	Tanigan PR	23%	32%	39%	31
15.	Tanigan PAK	38%	50%	56%	48
16.	Tanigan PT	42%	52%	40%	45
17.	Chromleder nicht neutralisiert	132%	123%	117%	124

*) Aufbauvermögen

Tabelle 34: Farbstärken von Färbungen auf nachgegerbten Chromledern mit 5 Hilfsmitteln und Mimosa

Nr.		O	A[1]	B[2]	C[3]	D	E	F
		6% Nachgerbung*)	+3% Anionische Hilfsmittel			3% PU-Gerbstoff	3% Amphoterer Egalisierer	3% Mimosa
			licht-echt	Pastell-töne	Aus-tausch			
	Aufbauvermögen bzw. Affinitätszahl der Nachgerbung und der Hilfsmittel	44–55%	37%	31%	88%	93%	schwankend	49%
1.	Farbstoffangebot 2% Acid Orange 7	81%	80%	80%	80%	95%	98%	78%
2.	Acid Brown 328	79%	70%	65%	56%	117%	76%	68%
3.	Acid Orange 51	48%	49%	40%	45%	55%	62%	46%
4.	Acid Black 173	25%	22%	15%	20%	32%	45%	19%
5.	Direct Brown 214	41%	35%	28%	37%	57%	68%	38%
	Summe 5	55%	51%	46%	48%	71%	70%	50%

Produktindex
*) Standardnachgerbung
Harzgerbstoff = 2%
Syntan = 2%
Mimosa = 2%

Testhilfsmittel und Gerbstoffe
[1] (A) Anionischer, lichtechter Egalisierer
[2] (B) Anionischer Egalisierer für Pastelltöne
[3] (C) Anionischer Egalisierer durch Austausch

Man wird, um Metallkomplexfarbstoffe zu egalisieren, z. B. Nr. 8 einsetzen. Für volle Färbungen auf allen Arten von Flächenledern sind Typen wie Nr. 11 am besten geeignet in Kombination mit Farbstoffen guten Aufbauvermögens. Für die Färbung von Pastellnuancen wird Nr. 3, 9 und 8 in Frage kommen mit Farbstoffen nur mäßigen Aufbauvermögens. Für die Farbverstärkung stark nachgegerbter und vegetabilisch-synthetisch gegerbter Leder sollte man Nr. 13, 14, 15 heranziehen. Für die Verbesserung der Einfärbung ist Nr. 18 bestens geeignet. Für weiche, vollgefärbte Möbelleder in tiefen Nuancen und mit guten Echtheiten ist Nr. 16 mit Metallkomplexfarbstoffen am besten geeignet. Für Velours mit blumiger Färbung und mittlerem Plüsch ist Nr. 24, 25, 26 am empfehlenswertesten. Bei dieser Auswahl muß dem Praktiker immer gegenwärtig sein, daß es bisher leider nicht möglich ist, aus einer schlecht verträglichen Farbstoffkombination durch den Einsatz eines Hilfsmittels eine gute zu machen. Im Gegenteil: Für optimale Ergebnisse durch Hilfsmittel-Einsatz ist eine optimale Farbstoffkombination erste Voraussetzung. Aber nicht nur der Farbstoffcharakter prägt der Hilfsmittelauswahl zwingende Regeln auf, auch die angestrebte Nuance verlangt entsprechende Berücksichtigung. So sollte das Hilfsmittel für die Färbung von Pastellnuancen eine deutliche Bleichwirkung für Chromleder haben, verbunden mit hohem Weißgehalt der resultierenden Chromfarbe und mit einem ganz ausgezeichnetem Egalisiervermögen; wenn es dann noch den pH-Wert zwischen 5 und 6 abpuffert, so wird man dieses Hilfsmittel mit hohen Angeboten, sowohl in der Neutralisation als auch während der Färbung, einsetzen. Für mittlere und tiefe Nuancen ist dieses Arrangement nicht geeignet; hier benötigt man ein wenig adstringentes, anionisches oder amphoteres Hilfsmittel, das am besten in der Färbung bei möglichst niedrigen Temperaturen, z. B. zwischen 35 und 40°C, eingesetzt wird. Wenn die technischen Voraussetzungen gegeben sind, können diese Temperaturen in der zweiten Hälfte der Färbezeit hochgezogen werden. Es ist sicher überlegenswert und durch den Sortimentserfolg auch vertretbar, wenn man für denselben Artikel für helle Nuance und Feintöne einerseits und für mittlere und volle Töne andererseits jeweils eine gesonderte Arbeitsweise in Nachgerbung, Neutralisation und Färbung aufbaut. Bei allen Ledern, die eine Einfärbung bei voller Nuance verlangen, sind amphotere Retarder oft eine gute Hilfe. Aber hier beim Übergang zu bereits kationischen Produkten muß man grundsätzlich zwei Regeln beachten: Die farbverstärkende Wirkung kationischer Hilfsmittel ist mehr noch, als das bei der Wirkung anionischer Produkte der Fall ist, stark an die Eignung des jeweils verwendeten Farbstoffs gebunden. Und 2.: Besonders bei kationischen Hilfsmitteln muß man sich vor jeder Überdosierung hüten. Unegalität zumindest, Narbenreservierung und Fleischseitenverschmierung mit unmöglichen Reibechtheiten sind die Gefahren, die bei einem zu hohen Angebot kationischer Hilfsmittel drohen. Das in den letzten Jahren stark ausgeweitete und modifizierte Sortiment kationischer Hilfsmittel soll in erster Linie das Volumen nachgegerbter Leder – und welches Handelsprodukt ist heute nicht in irgendeiner Weise nachgegerbt – coloristisch besser zugänglich machen. Man bevorzugt für diesen Zweck meist kationische Verbindungen, die im Rahmen der bei Färbungen üblichen Konzentrationen Farbstoffe noch nicht fällen. Diese Eigenschaft bringt den Vorteil, bei einem Zweistufenverfahren in der zweiten Stufe das Hilfsmittel vorlaufen zu lassen und die Farbstofflösung ohne Badwechsel nachsetzen zu können. Trotz der großen Fortschritte, die man z. B. mit ethoxilierten Polyaminen in den letzten Jahren gemacht hat, ist die Färbung nachgegerbter Leder coloristisch immer noch schwierig, weil man mit zwei außerhalb jedes Kalküls liegenden Farbumschlägen fertig werden muß. Der erste Farbumschlag – immer im Vergleich zur Färbung auf Chromleder in der Musterkarte – ist der durch die Nachgerbung verursacht. Zu dieser an sich schon großen Schwierigkeit kommt nun die zweite, nämlich der Farbumschlag auf den durch kationische Hilfsmittel ihrer Färbbarkeit verbesserten Ledern. Hier sind besonders mit Farbkombinationen oder billigen Mischungen wegen der individuellen Reaktion jedes Farbstoffs mit dem Hilfsmittel Überraschungen an der Tagesordnung, zumal unvermeidliche Schwankungen des pH-Wertes und der Temperatur sich in diesem komplizierten System oft noch zusätzlich erheblich auswirken.

Um gefärbte Leder problemlos trocknen zu können, steht der Färber häufig vor dem Problem, Farbstoffe und andere Inhaltsstoffe des Leders zu fixieren und dadurch die Leder z. B. für die Vakuumtrocknung zu konditionieren oder die Wasser-, Wasch-, oder Schweißechtheit, z. B. von Bekleidungsledern, zu verbessern. Auf die günstige Wirkung des Nachsetzens kationischer Hilfsmittel in das ausgezehrte und abgesäuerte Fettungsbad (s. S. 140) auf die Egalität und Fettaufnahme wurde schon aufmerksam gemacht. Man muß aber vor Zusatz des Hilfsmittels das Bad mittels Tauchprobe auf völlige Erschöpfung des Farbstoffes prüfen, wenn man keine Schwierigkeiten hinsichtlich der Egalität riskieren will.

Um die Anwendung von Hilfsmitteln nach so vielen Einzeltatsachen und Einzelbeobachtungen wieder übersichtlicher zu machen, sollen die wichtigsten Daten der verschiedenen Hilfs-

Tabelle 35a: Zur Anwendung anionischer Färbereihilfsmittel

Nr.	Hilfsmittelgruppe	A	B	C	D	E
1.	Ladungscharakter	anionisch	anionisch	anionisch	anionisch	amphoter
2.	Affinität	hochaffin sehr schnell ziehend	hochaffin sehr schnell ziehend	hochaffin schnell ziehend	mittelaffin gemäßigt ziehend	hochaffin sehr schnell ziehend
Beeinflussung des Leders						
3.	Farbe	nach weiß	heller, blauer	blauer bis weiß	blauer bis hellbeige	heller
4.	Färbbarkeit	30% klarer	10–20% klarer	25–40% klarer	30–90%	60–80%
5.	Licht	3–4	1–2	3–5	3–5	3
6.	Gerbertisch	weicher, narbenaffiner	flacher als A	zwischen A und B	keine Beeinflussung des Narbens	Leder bleiben flach
Beeinflussung des Farbstoffes						
7.	Löslichkeit	+	++	++	+	+
8.	Aufziehgeschwindigkeit	– –	– –	– –	–	–
9.	Badeschöpfung	–	–	–	0	–
10.	Aggregierung	–	–	–	–	–
11.	Anwendung	Pastelltöne in Narbenleder, Nubuk und Velours; Abziehen überfärbter Leder; als „Weißfarbstoff"	Egalisierer in allen Fällen, wo Farbstärke und Lichtechtheit weniger gefragt sind	Egalisierer für Metallkomplexfarbstoffe. a oder b Lösungsvermittler in Anwesenheit von Elektrolyten im Färbebad und bei Pulverfärbungen. Egalisierer bei Pastelltönen und hellen Nuancen a oder b	Egalisierer für Nachgerbungen und für Färbungen mittlerer und voller Nuance für Narbenleder, Velours und Nubuk	Für alle nachgegerbten Leder voller Nuance
12.	Dosierung a) vor, b) mit	a und b	a	a oder b	b	a
13.	Optimaler pH-Wert	5–6	4,5–5,0	4,5–5,0	3,8–4,5	4,0–5,0
14.	Optimale Temperatur	50°C	35°C	30–40°C	30–40°C	40°C
15.	Farbstoffempfehlung	Lichtechte schnellziehende Farbstoffe mäßigen Aufbauvermögens auf nachgegerbten Ledern	Gut kombinierbare Farbstoffe ausreichender Lichtechtheit	Für Pastell wie A. Für mittlere Töne schnellziehende Farbstoffe guten Aufbauvermögens	Schnellziehende, gut kombinierbare Farbstoffe guten Aufbauvermögens	ohne Einschränkung

A = Neutralsalze von Weißgerbstoffen
B = Neutralsalze von Naphthalinsulfosäurekondensat
C = Sonstige Salze von Arylkondensationsprodukten
D = Unkondensierte Arylsulfosäuren
E = Amphotere Gerbstoffe und deren Salze

Tabelle 35b: Zur Anwendung nichtionogener und kationischer Färbereihilfsmittel

Nr.	Hilfsmittelgruppe	F	G	H	J	K
1.	Ladungscharakter	amphoter	nichtionogen, komplexaktiv	schwach kationisch z. T. dispergierend	stark kationisch	kationisch
2.	Affinität	zieht partiell nicht auf	verdrängt Aquoliganden im Chromkomplex	ziehen auf nachgegerbten Ledern auf	ziehen auf nachgegerbten Ledern schnell auf	erschöpfen das Bad nur partiell
Beeinflussung des Leders						
3.	Farbe		etwas heller		voller	grüner, trüber
4.	Färbbarkeit	0 bis etwas tiefer 60–90% je nach Farbstoff	50–80%	0 bis tiefer 80–100%	60–80%	110–160%
5.	Licht	4–5	5	4–5	4–5	6
6.	Fällbarkeit	0 bis +	0	Farbstoffspezifisch	+ bis +++	0 bis +
7.	Aufziehgeschwindigkeit	—	—	—	+	+
8.	Badeschöpfung	Fleischseite	—	Fleischseite		
9.	Aggregierung	keine Überdosierung	— —	—		+
		Bildet mit speziellen Farbstoffen Aggregate	Fällt mit ausblutenden Gerbstoffen	+ mit speziellen Farbstoffen	Fixieren anionische Körper im Leder	Fällen bestimmte Farbstoffe aus
10.	Anwendung	Als Retarder und Farbverstärker für alle voll zu färbenden Lederarten. Egalisiert und macht einfärbend. Gibt vollere Fleischseite	Netzt, entfettet und säubert Oberflächen des Leders. Erhöht Hydrophilie.	Als Farbverstärker für alle leicht bis mittelstark nachgegerbten Leder zur Erreichung voller Nuancen	Als Fixiermittel für alle anionischen Inhaltsstoffe des Leders zur Verbesserung der Trocknung, Wasser- und Schweißechtheiten. Als Farbverstärker für tiefe Färbungen	Als Farbverstärker und zur Verbesserung des Schliffs für alle Rauhlederarten
11.	Dosierung a) vor; b) mit c) nach	a bzw. b knapp!	a knapp!	a und in 2. Stufe knapp!	a oder in 2. Stufe + 2 × waschen oder c knapp!	a
12.	Optimaler pH-Wert	4,5–6,0	5,0–6,0	3,0–4,0	3,0–4,0	4,0–4,5
13.	Optimale Temperatur	30°C	40–50°C	30–40°C	30–40°C	40–45°C
14.	Farbstoffempfehlung	Gut aufbauende Farbstoffe ausgezeichneter Kombinierbarkeit	keine besondere Empfehlung	Gut aufbauende, gut kombinierbare Farbstoffe spezieller Auswahl	Gut aufbauende, gut kombinierbare Farbstoffe spezieller Auswahl	Übliche Veloursfarbstoffe

F = Zubereitungen aus Äthoxialkansulfosäuren und Polyalkylaminen
G = Tenside auf Basis von Polyglykoläthern
H = Kationtenside. Polyurethan-Ionomere
J = Lösliche Dicyanidiamid-Guanidin-Harze. Polyaddukte von tert. und quart. Aminen
K = Höherbasische, mineralische Nachgerbstoffe (Al, Cr, Zr), evtl. mit Syntan-Anteilen

mittelgruppen – soweit bekannt und vorliegendem Informationsmaterial zu entnehmen – in zwei Übersichtstabellen dargestellt werden (Tab. 35a und b). Zu den einzelnen Spalten dieser Tabelle ist noch folgendes zu ergänzen:

Die Angaben zur Färbbarkeit (4.) und zur Lichtechtheit der Nachgerbung unter 5 können bei der Vielzahl der hier zusammengefaßten Produkte natürlich nur Anhaltspunkte geben. Im konkreten Fall sollte man deshalb beim Lieferanten nachfragen. Die Lichtechtheit des Hilfsmittels beeinflußt die des fertigen Leders besonders bei B sehr einschneidend negativ[135]. Zu 7: Sämtliche anionische Färbereihilfsmittel verbessern mit den Farbstoffen in einem Bad angewendet deren Löslichkeit, lassen langsamer aufziehen und das Bad langsamer erschöpfen. Unter Ziffer 12 ist die Dosierung vor (a) oder mit (b) der Färbung gemeint, wobei A bis D geringere Farbintensität beim Vorlauf erreichen lassen. Die Empfehlungen unter 13 und 14 lassen sich in den verschiedenen Technologien nicht immer realisieren und sind deshalb nur als Anhalt zu betrachten. Man wird in den meisten Fällen ein gutes Ergebnis bei pH 4,5 erzielen können (Tab. 35a). Für Tabelle 35b gilt dasselbe wie für Tabelle 35a. Unter F wurden noch einmal amphotere Produkte behandelt, da sich E und F im Wirkungsmechanismus grundsätzlich unterscheiden. Unter 2 ist die Affinität zum Leder verstanden. Um vollends die Orientierung des Lesers im Markt zu komplettieren, wird anschließend noch eine Tabelle der wichtigsten im Handel befindlichen Färbereihilfsmittel in der Anordnung der letzten beiden Tabellen gegeben. Nachdem diese Tabelle 36 der Handelsprodukte die rein subjektive Erfahrung des Verfassers wiedergibt, kann sie keinen Anspruch auf Vollständigkeit erheben.

Tabelle 36: Tabelle der wichtigsten Färbereihilfsmittel des Handels

A)	Neutralsalze von Austausch- und Weißgerbstoffen			
	Tamol DN	BASF	Baykanol HLX	Bayer
	Coralon GP	Hoechst	Granofin WG	Hoechst
B)	Neutralsalze von Naphthalinsulfosäure CH_2O-Kondensaten			
	Carton O	Sandoz	Tamol NNO	BASF
	Coralon F	Hoechst	Sellasol TD	Ciba-Geigy
C)	Sonstige Aryl- und Fettsäure-Kondensationsprodukte			
	Baykanol SL	Bayer	Tanigan PT	Bayer
	Tanigan PAK	Bayer	Derminol HL konz. Pulver	Hoechst
D)	Unkondensierte Arylsulfosäuren			
	Baykanol TF	Bayer	Felidern M	Hoechst
	Dermagen PA	Sandoz		
E)	Amphotere Gerbstoffe und Hilfsmittel			
	Tamol AW	BASF	Basyntan AN	BASF
F)	Zubereitungen aus Äthoxyalkanolsulfosäuren und Polyglykolätheraminen und ähnlichen amphoteren Mischungen und Verbindungen			
	Invaderm LU	Ciba-Geigy	Sellasol HF	Ciba-Geigy
	Dermagen DM	Sandoz	Levogen LF	Bayer
	Amollan R	BASF		
G)	Dispergierer auf Basis von Polyglykoläther-Derivaten			
	Baymol A	Bayer	Iragol DA	Ciba-Geigy
	Baymol D	Bayer	Remolgan CX	Hoechst
	Sandozin NJ	Sandoz		
H)	Kationtenside, Polyurethanionomere und ähnliche Mischungen			
	Eganal GE	Hoechst	Levotan K	Bayer
	Dermagen PR	Sandoz	Retingan R4B	Bayer
	Ivaderm A	Ciba-Geigy		
J)	Stärker kationische, lösliche Kondensate und Harze			
	Invaderm S	Ciba-Geigy	Dermafix WE Pulver	Sandoz
	Levogen HW	Bayer	Bastamol IS	BASF
K)	Produkte auf Basis mineralischer Gerbstoffe und deren Mischungen			
	Blancorol AL	Bayer	Lutan B	BASF
	Blancorol TR	Bayer	Tanfix AL	Hoechst

4. Einflußgrößen bei Anwendung von Färbereihilfsmitteln

Egalität, Intensität, Klarheit und Konstanz der Nuance, die Reproduzierbarkeit von Partie zu Partie, die Einheitlichkeit der Partien in sich, die Gleichmäßigkeit und Tiefe der Färbung und schließlich die »Deckung« einer Färbung werden nicht nur von der Auswahl von Farbstoff und Hilfsmittel, sondern auch ganz wesentlich von den Bedingungen der Anwendung der Färbereihilfsmittel mitbestimmt. Diese wichtigen Einflußgrößen der Anwendung sind ph-Werte, Zeitpunkt der Dosierung, Mengenangebot, Flottenlänge, Intensität und Zeitpunkt des Waschens bzw. des Spülens, die Anwendungstemperatur und last not least die mechanischen Bedingungen im Färbegefäß.

4.1 Der pH-Wert und die Wirkung von Färbereihilfsmitteln. Ebenso wie bei den Farbstoffen und Gerbstoffen spielt auch bei den Färbereihilfsmittel der pH-Wert des Leders und der Flotte eine ausschlaggebende Rolle für die Geschwindigkeit und Gleichmäßigkeit des Aufziehens und der Menge des gebundenen Hilfsmittels. Die Ausführungen über die Neutralisation, deren Zweck es ist, den pH-Wert des Leders und der Flotte an den isoelektrischen Punkt anzunähern und damit das Sättigungsvolumen für Farbstoffe und/oder Hilfsmittel zu dämpfen, gelten im gleichen Maße hier wie das schon in den Abschnitten über die Nachgerbung (s. S. 104) und über die Parameter der Lederfärbung (s. S. 118) zur Wirkung des pH-Wertes gesagt wurde. Die Aufziehkurven von anionischen Färbereihilfsmitteln bei verschiedenen pH-Werten sind sicher ähnlich den Aufziehkurven eines Farbstoffes bei verschiedenen pH-Werten (Abb. 20, S. 121). Wie bei der Besprechung der Arbeiten von H. Träubel[133] ausgeführt wurde, hat jede Farbstoff/Hilfsmittel-Kombination ein Wirkungsoptimum in einem ganz bestimmten pH-Bereich. Aus dem Resümee dieser Versuche ist für anionische Färbereihilfsmittel bei Pastellnuancen ein pH-Wert zwischen 5 und 6 zu empfehlen, für vollere Töne ein solcher um 4,5. Wendet man amphotere Hilfsmittel an, so ist ebenfalls ein pH-Wert von 4,5 günstig[137]. Kationische Produkte ziehen bei tieferen pH-Werten unter 4 im allgemeinen egaler und tiefer in den Narben ein, weshalb sie nach dem Absäuern mit Ameisensäure in einem frischen Bad gegeben werden sollten.

4.2 Zeitpunkt der Dosierung. Die Wirkung des Vorlaufens der Dosierung für anionische Hilfsmittel wurde schon besprochen (s. S. 127). Bei kationischen Färbereihilfsmitteln ergibt ein Vorlaufen die tieferen Nuancen, aber vielfach eine unerwünscht oberflächliche Färbung. Man arbeitet deshalb vorteilhaft in zwei Stufen, indem man die Hälfte oder ein Drittel des Farbstoffangebotes vorlaufen läßt, absäuert mit Ameisensäure und im neuen Bad das Kationtensid aufziehen läßt und in dasselbe Bad den Rest des Farbstoffes nachsetzt. Diese Arbeitsweise ist natürlich nur so praktizierbar, wenn das Kationtensid den Farbstoff nicht ausfällt. Bei den stärker kationischen Produkten ist es dagegen notwendig, dieses Verfahren mit zweimaligem Spülen und zweimaligem Badwechsel durchzuführen. Durch die kationische Übersetzung nachgegerbter Leder kann man 60–90% der Farbstärke auf reinem Chromleder erreichen, wenn man das Farbstoffangebot verdoppelt und in der zweiten Stufe mindestens 2/3 des gesamten Farbstoffangebotes einsetzt[139]. Auf reinen Chromledern bringen kationische Hilfsmittel eine geringe Aufhellung der Färbung durch Komplexbildung mit dem Chromgerbstoff. Diese Feststellung kann verallgemeinert werden, wie die Stärkezahlen der Tabelle 29 am Anfang dieses Kapitels belegen.

4.3 Einfluß der Mengendosierung. Bei anionischen Hilfsmitteln kann eine Überdosierung lediglich einen Intensitätsverlust verursachen, wie Abb. 32 (S. 149) zeigt. Man wird bei Pastelltönen 3–8% stark pigmentierender Hilfsmittel, bei mittleren Nuancen 0,5–1% ausgewählter, wenig affiner Hilfsmittel im Färbebad und bei vollen Nuancen – wenn überhaupt – 0,5% eines wenig affinen anionischen Färbereihilfsmittels anbieten.

Bei kationischen Hilfsmitteln ist die Mengendosierung komplizierter und weniger übersichtlich. Denn sicher führt ein Überangebot an Hilfsmitteln, besonders wenn diese den Farbstoff fällen, zur Unegalität, Überfärbung der Fleischseite, ungenügender Trockenreibechtheit, ja in extremen Fällen zu einer völligen Reservierung des Narbens. Denn der ausgefällte und deshalb völlig oberflächlich auf dem Narben sich ablagernde »Farblack« wird durch die Faßbewegung »abgeschmiert« (Abb. 33, S. 150). Kationische Farbverstärker sollten, je nach Stärke der Nachgerbung und je nach Farbstoffangebot, lediglich zwischen 0,5–1% auf Falzgewicht dosiert werden. Amphotere Egalisiermittel, sog. Retarder, können bis zu 1–2% angeboten werden; jedoch sollte die Baderschöpfung durch Tauchproben immer wieder kontrolliert werden. Sehr wichtig bei der Anwendung kationischer Produkte ist für die Egalität ein möglichst wirkungsvolles Waschen. Besonders wenn Farbstoff-fällende Fixiermittel als Farbverstärker eingesetzt werden, sollte man immer vor Einsatz des Hilfsmittels waschen und das neue Bad mit Untertasse und Tauchprobe auf ausgeblutetem Farbstoff überprüfen. Zugegeben, dieses Verfahren ist umständlich, aber es ist billiger als periodisch anfallende verfärbte Partien.

4.4 Einfluß des Flottenvolumens. Wie bereits auf Seite 126 diskutiert, bringen verkürzte Flotten ein stärkeres Eindringen des Angebots, sei es Gerbstoff, Farbstoff oder Hilfsmittel. Die Färbung in kurzer Flotte ist immer etwas leerer, aber recht egal. Wenn aber das die Färbung aufhellende anionische Färbereihilfsmittel in kurzer Flotte vor- oder mitläuft, so wird sinngemäß weniger Syntan im Narben abgelagert, und die resultierende Färbung ist deshalb voller.

4.5 Einfluß der Temperatur. Der Einfluß der Temperatur wird bei der Anwendung von Färbereihilfsmitteln – aber auch bei der Nachgerbung – oft zu wenig beachtet. Welch erstaunliche Wirkung die Temperatur, sowohl beim Vorlauf als auch im Färbebad selbst, bei Anwendung des Hilfsmittels auf Nuance und Farbstärke hat, demonstriert Abb. 14 (S. 148). Der Verfasser ist der Meinung, daß hier beim Temperatureinfluß eine der Ursachen für die oft schwierige Reproduzierbarkeit von Lederfärbungen in der Praxis zu suchen ist, und er empfiehlt, alles zu tun, um konstante Prozeßtemperaturen sicherzustellen (s. hierzu diese Buchreihe Band 7, S. 69, 184).

Auch bei der Anwendung kationischer Hilfsmittel ist der Temperatureinfluß groß. Höhere Temperaturen verstärken bei diesen Hilfsmitteln die immer gegebene Gefahr eines unegalen Aufziehens. Bleibt noch die Frage offen, warum diese großen Unterschiede auftreten. Der Verfasser ist der unbewiesenen Meinung, daß bei höheren Temperaturen, sowohl beim Hilfsmittel als auch beim Farbstoff, reaktionsträgere Aggregate zerfallen, daß infolgedessen die viel reaktionsfähigeren und zahlreicheren Einzelmoleküle oberflächlich schnell aufziehen und dabei eine höhere Anzahl von Bindestellen beanspruchen als die Aggregate selbst. Außerdem ziehen die Einzelmoleküle viel stärker auf den Narben auf, während besonders die größeren Aggregate bevorzugt von der Fleischseite aufgenommen werden. Die Summierung all dieser Einflüsse führt zu den großen Stärkeunterschieden.

5. Zusammenfassende Richtlinien für den Einsatz von Färbereihilfsmitteln

1. Die wesentlichen Wirkungen von Färbereihilfsmitteln sind:
a) Die Verminderung des Sättigungsvolumens des Leders durch anionische Produkte, dadurch Aufhellung folgender Färbungen
b) oder die Vermehrung des Sättigungsvolumens durch kationische Hilfsmittel, dadurch Vertiefung folgender Färbungen
c) die Verlangsamung des Aufziehens von Farbstoffen durch nichtionogene oder kationische Retarder.
2. Diese Wirkungen sind, besonders bei b) und c), stark an den Charakter des Farbstoffes gebunden. Eine pauschale Berücksichtigung der Hilfsmittelwirkung wird den Verhältnissen nicht gerecht, vielmehr ist deshalb ein aufeinander abgestimmte Auswahl von Hilfsmittel und Farbstoff notwendig. Dies gilt besonders für die Hilfsmitteldosierung, wo die allgemeine Regel beachtet werden sollte: Je mehr Farbstoff, desto weniger Egalisierer. Denn Färbungen in höheren Konzentration egalisieren an sich schon besser (s. S. 124).
3. Nur gleichmäßige Temperaturführung – im allgemeinen bei nicht zu hohen Temperaturen – stellt Reproduzierbarkeit, Farbfülle und bei kationischen Färbereihilfsmitteln Egalität sicher.
4. Jedes Hilfsmittel hat ein Dosierungsoptimum. Es ist nützlich und wirtschaftlich, dasselbe durch planvolles Auswerten der Versuche und Partien bei der Einführung zu ermitteln. Kombinationen gleichartiger Färbereihilfsmittel bringen keinen gesteigerten Effekt, sondern kosten Farbstärke bei anionischen oder Egalität bei kationischen Produkten.
5. Jedes Hilfsmittel hat auch einen optimalen pH-Bereich hinsichtlich Farbstärke und Egalisiervermögen. Dieser pH-Bereich sollte durch sorgfältige Prozeßkontrolle und -auswertung ermittelt und schließlich eingestellt werden.
6. Besonders bei der Anwendung kationischer Farbverstärker und Fixiermittel muß die Notwendigkeit und Effizienz von Wasch- bzw. Spülvorgängen immer wieder überprüft und müssen die entsprechenden Folgerungen daraus gezogen werden.
Als zweite Richtlinie für den Einsatz kationischer Farbverstärker beachte man: Die Farbstoffdosierung nach dem kationischen Hilfsmittel soll so ausgiebig sein, daß das durch das Hilfsmittel zusätzlich geschaffene Bindungsvolumen durch eine kräftige Farbstoffdosierung tatsächlich ausgefüllt wird: z. B. 2% Farbstoff bei 0,75% kationischem Hilfsmittel. Anderenfalls resultiert Unegalität[139].
7. Auch bei der Wechselwirkung Hilfsmittel – Farbstoff gilt die alte Gerberregel: »Was zuerst berührt, bestimmt die Farbe am stärksten«. Je nach dem Produktionsziel hinsichtlich Farbstärke, Weißgehalt, Durchfärbung oder Deckung wird man aus dieser Regel eine sinnvolle Reihenfolge der Dosierungen ableiten. Diese Reihenfolge ist dann maßgebend dafür, ob das Hilfsmittel vor, mit oder nach der Färbung eingesetzt werden soll.
8. Die aufhellende Wirkung anionischer Egalisierer ist, wenn mehr als 2% anderer anionischer Rezepturmittel, wie z. B. eine Nachgerbung, vorgelaufen sind, viel geringer als bei der Einwirkung auf frisches Chromleder[136].
9. Anionische Egalisierer können auch dazu dienen, die Nachgerbung egaler auf die Lederoberfläche und tiefer in den Lederschnitt einziehen zu lassen. Dieser Vorlauf von Egalisierern vor der Nachgerbung dient sehr der Einheitlichkeit der Endnuance. Besonders geeignet für diesen Zweck sind die nicht gerbenden Arylsulfonsäure-Derivate.

VII. Über Eigenschaften der Farbstoffe und Echtheiten von Färbungen

Aus gutem Grund wurde schon in der Überschrift zwischen Eigenschaften der Farbstoffe und Echtheiten der Färbungen unterschieden; denn im Rahmen der Aufgabe dieses Buches kann hier nur über die Farbstoffeigenschaften und die Methoden zu deren Bestimmung ausführlich gehandelt werden. Die Echtheiten von Färbungen und daraus abgeleitete Anforderungen an das Leder werden im Band 10 dieser Reihe dargelegt. Allerdings kann man die Echtheiten von Färbungen auch in unserem Zusammenhang nicht ganz ausklammern, denn der Leser erwartet Auskunft, wie die Echtheiten von Färbungen technologisch realisiert werden können. Diese Fragen versucht der 2. Teil dieses Kapitels zu beantworten. Die beiden Tabellen 4 und 5 geben den Stand der Echtheitsarbeit wieder, wie er sich anhand der Musterkarten der Farbenfabriken darstellt.

Es sind dort 16 Eigenschaften von Farbstoffen und 17 Echtheiten von Färbungen aufgelistet. Allerdings sind viele Echtheiten in den Dokumentationen der Farbenfabriken noch nicht »offiziell«. Wann ist nun eine Prüfmethode offiziell? Der Anlaß vieler Prüfmethoden sind Qualitätsbeanstandungen von Abnehmern bei Einführung neuer Produkte und Methoden. Um in dieser Situation Voraussagen über das qualitative Verhalten von Lieferungen bei bestimmten Beanspruchungen machen zu können, entwickeln die Praktiker, die Institute oder die Laboratorien der Farbenfabriken Methoden, die in einem Kurzzeittest die jeweilige Beanspruchung reproduzieren und im Vergleich zu einem Standard bewerten lassen. Diese Ausarbeitungen gehen an die nationale Echtheitskommission, die dieselben zu praktizierbaren und vor allem konstant reproduzierbaren Prüfmethoden verarbeitet. Nach einiger Bewährung und evtl. einem Rundversuch in mehreren Laboratorien wird die so erhärtete Prüfmethode bei der internationalen Echtheitskommission für Lederfarbstoffe und farbiges Leder (I.E.K.L.) als Methodenvorschlag eingereicht. In der internationalen Echtheitskommission wird nun die Ausarbeitung beraten, geprüft, u. U. modifiziert, methodisch verbessert und schließlich in die schriftliche Form der internationalen Echtheitsnormblätter gebracht. Wenn es notwendig erscheint – auch im Interesse der internationalen Akzeptanz –, wird u. U. noch ein internationaler Rundversuch durchgeführt. Zur allgemeinen Annahme wird dann der englische Text der so erarbeiteten Vorschrift meist im »Journal of Society technologists and Chemists« veröffentlicht. Wenn innerhalb eines vereinbarten Zeitraumes kein Einspruch gegen die Annahme erfolgt, gilt die Vorschrift als I.U.F.-Methode angenommen und ist dann z. B. bei Schiedsverfahren verbindlich. Im nationalen Bereich gilt eine Prüfmethode für angenommen, wenn sie in der Landessprache veröffentlicht wurde und in der vorgesehenen Frist kein Einspruch erfolgte. Die internationalen Methoden werden gekennzeichnet nach dem Numerierungsschlüssel der Richtlinien und Prüfvorschriften IUF 105 (= International Union Fastness 105) mit dem Index IUF und einer Ziffer.

Die Bewertungsskala der IUF-Methoden umfaßt 5 Stufen, wobei 5 der beste Wert ist. Für die Lichtechtheit ist diese Zahlenskala bis 8 als bestem Wert erweitert – in Anlehnung an die Bewertungen des Textilgebietes. Jedoch sind Lichtechtheiten von 8 für Leder, sowohl von den

Möglichkeiten als auch von den notwendigen Anforderungen her gesehen, fiktiv. Zur Zeit sind die in Tabelle 37 angeführten IUF-Methoden international anerkannt. Tabelle 38 gibt diejenigen Echtheiten von Farbstoffen und Ledern an, die in den 70er und 80er Jahren in Bearbeitung bzw. nicht offiziell zugelassen, aber doch stark in der Diskussion waren.

Von den nationalen Echtheitskommissionen haben sich die der Society of Leather technologists and Chemists (SLTC) und des Vereins der Schweizer Lederindustrie Chemiker (Veslic) in den letzten Jahren durch große Aktivitäten auf dem Echtheitsgebiet ausgezeichnet.

Tabelle 37: Stand der Veröffentlichungen von Echtheiten der Lederfarbstoffe und Lederfärbungen (Nov. 1977)

Titel der Echtheit	Nr. der Prüfmethode
Numerierungsschlüssel der Richtlinien und Prüfvorschriften	IUF 105
Grundsätze für die Durchführung der Echtheitsprüfungen für Leder	IUF 120
Echtheitsprüfungen für Leder	
Graumaßstab für die Bewertung der Änderung der Farbe	IUF 131
Graumaßstab für die Bestimmung des Anfärbens von Begleitmaterialien	IUF 132
Herstellung von lagerfähigkonserviertem Standard-Chromkalbleder	IUF 151
Einheitlichkeit von Lederfarbstoffen[166]	
Vorläufige Bestimmung der Löslichkeit von Lederfarbstoffen	IUF 201
Prüfung der Säurebeständigkeit von Farbstofflösungen	IUF 203
Prüfung der Säureechtheit von Farbstofflösungen	IUF 202
Prüfung der Alkali-Echtheit von Farbstofflösungen	Veslic C 1030
Prüfung der Härtebeständigkeit von Farbstofflösungen	IUF 205
Bestimmung der Lichtechtheit der Farbe von Leder: Tageslicht	IUF 401
Bestimmung der Lichtechtheit der Farbe von Leder: Xenon-Lampe	IUF 402
Prüfung der Wassertropfechtheit von gefärbtem Leder	IUF 420
Prüfung der Wasserechtheit der Farbe von Leder	IUF 421
Prüfung der Waschechtheit der Farbe von Leder	IUF 423
Prüfung der Formaldehyd-Echtheit der Farbe von Leder	IUF 424
Prüfung der Schweißechtheit der Farbe von Leder	IUF 426
Prüfung der Diffusionsechtheit der Farbe von Leder: Rohgummi, Crepe	IUF 441
Prüfung der Diffusionsechtheit der Farbe von Leder: Weich-PVC	IUF 442
Prüfung der Reibechtheit der Farbe von Leder	IUF 450
Prüfung der Schleifechtheit von gefärbtem Leder	IUF 454

Tabelle 38: Nicht offizielle, in Bearbeitung befindliche oder empirische Echtheiten von Lederfarbstoffen und Färbungen

Titel der Echtheit	Bemerkung
Aufbauvermögen, Sättigungsgrenze, Affinität, Richttyptiefe } in Bearbeitung:	s. Musterkarte DERMA-Farbstoffe, SANDOZ AG, 1518, Basel 1975
Löslichkeit von Lederfarbstoffen (endgültige Methode)	in Bearbeitung
Prüfung der Lösungsmittelechtheit der Farbe von Leder	s. Musterkarte BAYER AG, Sp. 351, 5
Egalisiervermögen von Lederfarbstoffen	empirische Beurteilung der Farbstoffhersteller
Prüfung der Trockenreinigungsechtheit der Farbe von Leder	Veslic C 4235 (provisorisch)

Die Veslic-Echtheiten sind in einem laufend ergänztem Sammelband veröffentlicht, der von der EMPA, St. Gallen, bezogen werden kann. In diesem Zusammenhang muß auf weitere Bearbeiter des Echtheitsgebietes für Leder hingewiesen werden: Die Konferenz der Schuhinstitute der E.G. und der Arbeitsausschuß C 2 A »Prüfung von Leder« des Deutschen Institutes für Normen (D.N.A.). Der Deutsche Normenausschuß arbeitet dem europäischen Normenausschuß (CEN) und der internationalen Organisation für Standardisation (ISO) zu. Sämtliche in Deutschland offiziellen Prüfmethoden für Leder wurden und werden in »Das Leder« Roether-Verlag, Darmstadt, veröffentlicht. Alle übrigen Normblätter sind vom Deutschen Normeninstitut, Berlin, Postfach 1101 oder von Beuth-Verlag, Burggrafenstr. 4–7, 1000 Berlin 30, zu beziehen.

1. Eigenschaften der Farbstoffe

1.1 Farbstärke und Richttyptiefe. Beginnen wir mit derjenigen Farbstoffeigenschaft, die den Praktiker immer noch am meisten interessiert, nämlich mit der Farbstärke. Stärkebestimmungen in Lösung können nur als Vergleichsverfahren durchgeführt werden. Die einfachste und am wenigsten anspruchsvolle Probe ist die sog. Tauchprobe.

1.1.1 Die Tauchprobe zur Stärkebestimmung. Der erste Schritt jeder Stärkebestimmung ist die Herstellung standardisierter Stammlösungen des Typmusters und des Prüflings[140].

Hierzu entnimmt man dem Typmuster, das man gut verschlossen in dunkler Flasche aufbewahrt, 1 g Farbstoff und wiegt dasselbe im verschließbaren Wägegläschen auf 0,00001 g genau ab. Die gewogene Probe bringt man in ein Becherglas und übergießt sie unter Rühren mit einen Magnetrührer oder auf einem Wasserband mit Bewegungseinrichtung, in Portionen mit 50 % des späteren Volumens 70°C heißen destillierten Wassers. Nach der Lösung wird auf 20°C abgekühlt und die Lösung in einem 1 l Meßkolben quantitativ übergespült. Die Farbstofflösung wird nun mit 20°C kaltem, destilliertem Wasser aufgefüllt. Diese Stammlösung 1 enthält 1 mg Farbstoff auf 1 ml. Nach sorgfältiger Überprüfung des Testfarbstoffs auf Homogenität wird wie oben 1 g Farbstoff entnommen und die Stammlösung 2 in genau gleicher Weise erstellt. Zur eigentlichen Tauchprobe pipettiert man in die erste von 6 bereitgestellten weißen Untertassen 5 ml der Stammlösung 1 – also der Lösung des Typmusters – und füllt mit 95 ml destillierten Wassers auf 100 ml auf. Aus der Stammlösung 2 – also der Lösung des zu prüfenden Farbstoffs – pipettiert man je 4,0, 5,0, 5,5 und 6 ml in die folgenden 5 Untertassen und füllt jede derselben mit destilliertem Wasser auf 100 ml auf. Nun taucht man je einen Streifen Filtrierpapier (4 x 10 cm) in die Lösung des Typmusters und des Prüflings, streift im Herausziehen die Tauchproben am Rand der Untertasse ab und mustert sie im Gegenlicht eines Nordfensters. Bei einiger Übung erkennt man, welcher Streifen farbstärker ist. Ist das Typmuster stärker, so wiederholt man die Tauchprobe aus dem Typmuster und aus der Untertasse der Konzentration 6/94 ml. Ist nun die Lieferung stärker, wiederholt man die Prüfung auf der Untertasse 5,5/94, 5 ml gegen den Typ. Sind nun die beiden Stärken gleich, so verhält sich die Stärke der Lieferung zur Stärke des Typmusters wie 110:100; d. h. bei 1 %iger Dosierung muß aus der Lieferung 1,1 % Farbstoff eingesetzt werden, um eine gleich starke Färbung wie mit dem Typmuster zu erhalten oder mit anderen Worten: Die Lieferung ist um 10% schwächer gegenüber dem Typmuster. Wenn bei einer anderen Lieferung die Untertasse mit der Konzentration 4/96 gleich stark mit dem Typmuster ist, so ergibt sich das Stärkeverhältnis 80:100 für die Lieferung oder sie ist 20% stärker als der Typ. Eine gleich starke Färbung muß dann mit 0,8% Farbstoff aus der Lieferung durchgeführt werden.

Es wird nochmals darauf hingewiesen, daß bei der Stärkebestimmung im Tauchverfahren bei jeder Versuchsstufe Typ und Lieferung gleichzeitig zu tauchen und zu beurteilen sind. Das geschilderte Verfahren läßt Stärkeabweichungen von 5% noch sicher erkennen. Das Ergebnis einer Tauchprüfung bedarf im offiziellen Verfahren noch der Bestätigung durch eine Schablonenfärbung auf Standard-Chromleder in der Relation der gefundenen Stärken.

1.1.2 Colorimetrische Farbmessungen.[141]

Auch die Farbmessung mit dem Kolorimeter ist keine Absolutmessung, sondern wie die Tauchprobe ein Vergleichsverfahren. Die Farbstärken von Lösungen werden im Transmissions-Verfahren bestimmt, indem die Extinktion des Lichtes einer Standardbeleuchtung nach Durchgang durch eine mit Farblösung gefüllte Küvette im Maximum des Absorptionsspektrums gemessen und mit der Extinktion des Prüflings bei der gleichen Wellenlänge verglichen wird.

Zur praktischen Durchführung des Verfahrens werden, wie unter 1.1.1 beschrieben, Stammlösungen hergestellt. Die Meßkonzentration der schließlich einzustellenden Meßlösungen soll zwischen 10 und 30% der Lichtdurchlässigkeit liegen, was einer Extinktion zwischen 0,5 und 1 entspricht. Wenn man 1 cm-Küvetten verwendet, enthalten die Meßlösungen dann 2–40 mg Farbstoff/l. Man soll die Meßlösungen sofort nach Einstellung im Transmissionskolorimeter messen, nachdem man zuvor den Leerwert der Küvetten mit destilliertem Wasser von beiden Seiten bestimmt hat. Die gemessene Extinktion E_x der Farbstofflösung wird um den Leerwert E_b korrigiert: $E_x - E_b = E$ = wirkliche Extinktion:

$$E = \varepsilon \cdot d \cdot c$$

Daraus ergibt sich der Extinktionskoeffizient:

$$\varepsilon = \frac{E}{d \cdot c} = \frac{\text{wirkliche Extinktion}}{\text{Schichtdicke in cm} \cdot \text{Farbstoffkonzentration g/ml}}$$

Die relative Farbstärke der Vergleichsmessung Typ gegen Lieferung ergibt sich dann

$$\text{Relative Farbstärke} = \frac{\varepsilon_2}{\varepsilon_1} \cdot 100 = \frac{E_2 \cdot C_1}{E_1 \cdot C_2} \cdot 100$$

Das in groben Umrissen geschilderte Meßverfahren hat bei Durchführung in einem Labor durch einen Prüfer und immer in demselben Apparat eine Genauigkeit von ± 1%; es ist also der Tauchprobe an Präzision überlegen. Wenn in verschiedenen Labors mit verschiedenen Prüfern und verschiedenen Apparaten gearbeitet wird, liegt die Schwankungsbreite bei ± 2%. Allerdings muß, um so günstige Ergebnisse gleichmäßig zu erzielen, eine Vielzahl von Voraussetzungen erfüllt sein. So sollten die beiden zu vergleichenden Farbstoffe tatsächlich die gleichen Absorptionskurven und gleiche Maxima haben. Das trifft für Farbstoffe gleicher C.I. Index-Nummer, aber verschiedener Hersteller, keineswegs immer zu. Man findet bei der Überprüfung oft noch zusätzliche oder verbreiterte Maxima bzw. Minima, oder das Maximum des einen Farbstoffs hat eine »Schulter«, d. h. ein eng benachbartes Nebenmaximum. Die geschilderten Abweichungen deuten auf einen unterschiedlichen Lösungszustand, der an der veränderten Absorption erkennbar wird. Wenn die zu prüfenden Farbstoffe infolge unterschiedlicher Einstellung bei verschiedenen pH-Werten in Lösung vorliegen, kann das zu einer veränderten Lage des Maximums und veränderter Extinktion führen. Man kann die pH-Werte der Meßlösungen durch Zusätze von Pufferlösungen, z. B. bei pH 5, stabilisieren. Es ist ebenso selbstverständlich, daß sich Konzentrations- und Temperaturunterschiede auf die Extinktion auswirken. Stammlösungen verändern beim Stehen und besonders beim Stehen im Sonnenlicht ihre Absorptionskurve. Dispersionsmittel-Zusätze und Schwermetallionen können das Meßergebnis verfälschen. Farbstoffmischungen werden im allgemeinen als Mischkurven aufgezeichnet, indem sich ihre Absorptionsspektren addieren. Wenn aber die Bestandteile der Farbstoffmischung in Lösung miteinander aggregieren, resultieren Abweichungen von der Additivität der Einzelkurven. Sehr häufig resultieren fehlerhafte Meßergebnisse aus dem Zustand des Geräts oder aus Verschmutzungen der Küvetten. Deshalb muß das Meßgerät in einem angemessenen Zeittakt gereinigt, die Lampe ersetzt, die Vakuumröhre auf Leistung getestet und der Strahlengang (Schlitzweite) überprüft werden. Die Küvetten müssen nach jedem Gebrauch sorgfältig gereinigt werden, am besten durch 10-minütiges Eintauchen in ein Dichromat-Schwefelsäure-Bad (nicht bei gekitteten Küvetten), mit Wasser spülen und schließlich noch einmal mit destilliertem Wasser nachspülen. Man muß auch darauf achten, daß das Gerät nach dem Einschalten genügend Zeit hat, um sich aufzuwärmen. Die für die Praxis wichtigste Abweichung der Farbstärken aus Messung der Absorptionsmaxima von den tatsächlich wirksamen Farbstärken einer Färbung beruht darauf, daß durch die optische Messung das färberische Verhalten eines Farbstoffs natürlich nicht erfaßt werden kann. Stärkedifferenzen zwischen Messung und Färbung können z. B. auf eine deutliche Einfärbung des Farbstoffs oder auf eine stärkere Anfärbung der Fleischseite oder eine ungenügende Baderschöpfung u. a. zurückgeführt werden. Bei Schiedsfällen ist es deshalb unerläßlich, das optische Meßergebnis durch eine Schablonenfärbung zu überprüfen. Sämtliche Farbstoffhersteller benutzen bei der Farbstoffeinstellung die Kolorimetrie, zum Teil in besonders ausgefeilten Spezialverfahren[142]; aber sie führen immer Kontrollfärbungen auf Leder durch. Infolgedessen beziehen sie sich bei Stärkebeanstandungen – mit einer Ausnahme – immer auf die Ergebnisse der Ausfärbungen auf neutralisiertem Chromleder. Es würde in dem hier vorgegebenen Rahmen zu weit führen, die einzelnen Geräte und die ihnen angepaßten Arbeitsweisen zu beschreiben; hierzu wird empfohlen, von den in der Literatur angegebenen Lieferanten Gerätebeschreibungen anzufordern[143].

1.1.3 Die Richttyptiefe. Die bisher besprochenen Bewertungen der Farbstärke ergeben immer Relativ-Werte aus dem Vergleich der Farbstofflösung 1 zu der Farbstofflösung 2 bzw. der Schablone 1 zur Schablone 2. Für Echtheitsangaben ist es aber wünschenswert, dieselben auf eine absolute Farbstärke beziehen zu können. Die Textilbranche hat zu diesem Zweck einen empirischen Absolutmaßstab der Farbstärke geschaffen, die sog. Richttyptiefen[144]. Dieser Stärkemaßstab aus Textilfärbungen geht von einer mittleren Farbtiefe aus, die mit 1/1 »Richttyptiefe« festgelegt ist. Die doppelte Farbstärke ist die Richttyptiefe 2/1. Die Abschwächungen 1/3, 1/6, 1/12 und 1/25 sind jeweils halb so farbstark wie die vorausgegangene Stärke. Bis 1/12 Richttyptiefe sind die einzelnen Stärkestufen über 18 Nuancen des Farbkreises auf mattem Wollgabardine bzw. auf glänzendem Viskosesatin ausgefärbt und im Mäppchen entsprechend aufgemacht. Die Stärkestufe 1/25 Richttyptiefe steht nur in 12 Farbnuancen des Farbkreises zur Verfügung. Man kann mit Hilfe des beschriebenen Mustermaterials über 6 Stärkestufen in 18 bzw. 12 verschiedenen Nuancen Ausfärbungen abmustern und dabei ihre Stärke in dem Meßsystem der Richttyptiefen festlegen. Man kann aber auch Ausbleichen, Abfärben und sonstige Veränderungen quantitativ festhalten und beschreiben. Schließlich kann man mit Hilfe der Richttyptiefen für die Echtheitsprüfungen ganz bestimmte Standardstärken einstellen, die die oft ganz erheblichen Unterschiede der Farbstoffeinstellungen hinsichtlich Farbstoffgehalt zu eliminieren erlauben[144]. Im Verfolg dieser Vorschläge sind auch Versuche durchgeführt worden, Färbungen auf Standardchromleder (IUF 151) in Richttyptiefen durchzuführen (s. S. 203). Andere Arbeiten bestimmen den Stärkeverlust auf nachgegerbten Ledern in Richttyptiefen und zeigen die verbesserte Lichtechtheit und das verschlechterte Ausblutverhalten mit zunehmender Richttyptiefe.[145] Das Echtheitssystem der vorbildlichen Musterkarte Derma-Farbstoffe[146] ist hinsichtlich Stärke der Ausfärbungen und Bestimmung der Echtheiten auf Richttyptiefen eingestellt. Allerdings ist es für den Praktiker nicht einfach, aus den in dieser Musterkarte gebrachten Grafiken des Sättigungsvolumens die aktuellen notwendigen Prozentsätze bei der Rezepturfindung abzuleiten, nachdem die Richttyptiefen auf zum Vergleich kaum verwertbaren Papiermustern dargestellt sind. Warum sich aber trotz all' dieser Bemühungen die Richttyptiefen der Textilbranche auf dem Ledergebiet bisher kaum eingeführt haben, liegt daran, daß die bei Leder dominierenden Brauntöne in der textilen Skala der Richttyptiefen zu wenig differenziert vertreten sind. Außerdem ist das Aufbauvermögen, d.h. der Zuwachs an Farbstärke, bei Farbstoffangeboten zwischen 0,5 und 2% vergleichsweise zur Textilfärbung bei Chromleder und noch mehr bei nachgegerbten Ledern zu gering, um die textile Farbskala mit Erfolg als Maßgröße nutzen zu können. Schließlich kann der Praktiker mit der Angabe einer Lichtechtheit bei Richttyptiefe 1/1 bei heutigem Stand der Information wenig anfangen, wenn er nicht einen Schlüssel anhand hat, um die jeweils unterschiedlichen Prozentsätze des Farbstoffangebots bei 1/1 Richttyptiefe zu ermitteln.

1.2 Löslichkeit. Durch das Färben ohne Flotte (s. S. 77) gewinnt die Löslichkeit der Farbstoffe eine zunehmende Bedeutung. Denn es hat sich gezeigt, daß man gut daran tut, beim Färben im Pulververfahren nicht zu schwer lösliche Farbstoffe und bei Farbstoffkombinationen Farbstoffe naheliegender Löslichkeit einzusetzen. Nachdem man zu Recht annehmen kann, daß gut lösliche Farbstoffe durch viele löslich machende Gruppen in Lösung weniger aggregiert vorliegen, gibt die Löslichkeit einen gewissen Anhalt über den molekularen Lösungszustand der Farbstoffe. Man macht auch die Beobachtung, daß Farbstoffe mit einer Löslichkeit von über 100 g/l in der Regel keine Spitzenprodukte hinsichtlich Egalisiervermögens sind. In Musterkarten ist die Löslichkeit bei 20°C und 60°C angegeben und als diejenige Farbstoffmenge definiert, die in destilliertem Wasser sich bei diesen Temperaturen gerade noch löst. Die Löslichkeit bei 20°C ist wichtig für die kontinuierlichen Färbeverfahren, die bei 60°C für die diskontinuierlichen.

Die offizielle internationale Methode – IUF 201, vorläufige Bestimmung der Löslichkeit von Lederfarbstoffen[147] – ist eine sog. Tüpfelmethode:

Man entnimmt Farbstofflösungen verschiedener Konzentration zwischen 5 und 100 g/l, die durch Aufkochen und Abkühlen auf 60°C hergestellt wurden, 1 ml und gibt diese Menge auf Filtrierpapier. Diejenige Einwaage, die als letzte keinen Rand innerhalb des Tropfens, sondern ein glattes Auslaufen auf dem Filtrierpapier zeigt, ist die Löslichkeit des Prüflings bei der gehandhabten Temperatur.

Leider hat ein internationaler Rundversuch bei ein und denselben Farbstoffen nach dieser Meßmethode Löslichkeitsunterschiede bis zu 100% ergeben, weshalb die IUF 201 nur als vorläufige Methode angenommen worden ist. In Deutschland ist IUF 201 nicht veröffentlicht, infolge dessen nicht offiziell.

Als Alternative zu der oben beschriebenen Methode besteht immer noch die alte deutsche Löslichkeitsvorschrift, die G. Otto wie folgt beschreibt[148]:

»Steigende Mengen des Farbstoffs, entsprechend den Konzentrationen von 10 g, 20 g, 30 g/l usw., werden in je einem Erlenmeyer-Kolben mit 100 ml 60°C heißen destilliertem Wasser angeteigt und übergossen. Die so erhaltenen Lösungen werden, um Siedeverluste zu vermeiden, mit aufgelegtem Uhrglas zum Kochen erhitzt und 2 Minuten bei mäßigem Sieden gehalten. Dann wird durch Einstellen in kaltes Wasser auf 60°C abgekühlt und sofort durch ein Faltenfilter (Schleicher & Schüll) Nr. 598 1/2 Durchmesser 24 cm) in einem Guß gegossen. Das Filter wird kurz vorher mit 60°C heißem destillierten Wasser angefeuchtet. Beurteilt werden die Rückstände auf dem Filter nach dem Trocknen. Unlösliche Verunreinigungen, die aus der Verpackung oder aus der Fabrikation stammen, dürfen 1% des Gesamtgewichtes der Einwaage nicht überschreiten.«

Man muß heute davon ausgehen, daß alle Angaben der Musterkarten nach der Tüpfelmethode erarbeitet worden sind.

1.3 Säureechtheit (IUF 202) und Säurebeständigkeit (IUF 203)[149]. Die Säureechtheiten sind klassische Farbstoffeigenschaften; gute Werte waren Voraussetzung u. a. für die Aufnahme in Lederspezialsortimente. Die Säureechtheiten beschreiben die Widerstandsfähigkeit von 1%igen Farbstofflösungen gegen die Zugabe verdünnter Ameisensäure und verdünnter Schwefelsäure.

Von der wie bei 1.2 hergestellten Farbstoff-Stammlösung (5 g/l) werden je 5 ml auf drei 60°C warme Reagenzgläser verteilt und mit je 0,5 ml 10%iger Ameisensäure, bzw. mit 0,5 ml 10%iger Schwefelsäure bzw. mit 0,5 ml destillierten Wassers als 0-Versuch versetzt. Von den drei Lösungen wird je 1 Tropfen auf Filtrierpapier aufgetropft und nach 2 Stunden die Flockung für die Säurebeständigkeit und ein eventueller Farbumschlag für die Säureechtheit beurteilt (Tabelle 39).

Beide Methoden werden auch in Untertassen mit Papierstreifen sehr rationell durchgeführt.

1.4 Die Alkaliechtheit (Veslic C 1030). Die Alkaliechtheit beschreibt die Farbkonstanz von Farbstofflösungen bei Einwirkung 10%iger Sodalösungen. Man verwendet zu dieser Probe dieselben Farbstofflösungen wie bei den Säureechtheiten.

Zur Herstellung der Sodalösung füllt man 100 g kalzinierte Soda in einen Meßkolben und füllt mit destilliertem Wasser auf 1 l auf. In zwei Untertassen gibt man je 10 ml der Farbstoffstammlösung und versetzt die erste mit 0,5 ml destillierten Wasser, die zweite mit 0,5 ml der auf 20°C abgekühlten Sodalösung. Nach 5 Minuten taucht man je einen Streifen (4 x 10 cm) Filtrierpapier, trocknet und beurteilt nach 2 Stunden den Farbumschlag (Tabelle 39).

Tabelle 39: Beurteilung der Säurebeständigkeit, Säure- und Alkaliechtheit

Säurebeständigkeit	Note	Alkaliechtheit	Säureechtheit
Keine Flockung	5	kein Farbumschlag mit Soda	kein Farbumschlag
Keine Flockung mit Ameisensäure, beginnende Flockung mit Schwefelsäure	4		
Keine Flockung mit Ameisensäure, deutliche Flockung mit Schwefelsäure	3	schwacher Farbumschlag	Farbumschlag mit Schwefelsäure, kein Farbumschlag mit Ameisensäure
Beginnende Flockung mit Ameisensäure	2		
Deutliche Flockung mit Ameisensäure	1	starker Farbumschlag	Farbumschlag mit Ameisensäure

1.5 Die Beständigkeit gegen Wasserhärte (IUF 205)[150]. Unter Härtebeständigkeit von Farbstofflösungen versteht man deren Widerstandsfähigkeit gegen Flockung beim Verdünnen mit hartem Wasser (s. S. 110).

Eine Stammlösung von 2 g/l Farbstoff wird mit der 19fachen Menge destillierten Wassers als 0-Versuch verdünnt. Eine weitere Probe wird ebenfalls mit der 19fachen Menge künstlich mit 200 mg/l Kalziumoxid hartgestellten Wassers und eine dritte Probe mit 400 mg/l Kalziumoxid. Zum Einstellen der Härte wird kristallines Kalziumchlorid bzw. Magnesiumsulfat verwendet (Tabelle 40).

Tabelle 40: Benotung der Beständigkeit gegen Wasserhärte

Note:	Zustand des Prüflings:
5	Keine Flockung mit hartem Wasser.
4	Keine Flockung mit Wasser 20°d, beginnende Flockung mit Wasser 40°d.
3	Keine Flockung mit Wasser 20°d, deutliche Flockung mit Wasser 40°d.
2	Beginnende Flockung mit Wasser 20°d.
1	Deutliche Flockung mit Wasser 20°d.

Über die Störungen durch harte Wässer unter dem Gesichtspunkt der Gesamttechnologie wurde schon berichtet. Wirkungen beim Färben in hartem Wasser sind in den letzten Jahren weniger beobachtet worden, weil härteempfindliche Farbstoffe aus den Ledersortimenten weitgehend ausgeschieden wurden. In extrem hartem Wasser von 40–60°C ziehen Färbungen vielfach stärker auf die Fleischseite. Gelbfarbstoffe ergeben im harten Wasser häufig eine etwas rötere Nuance.

1.6 Die Färbbarkeit in hartem Wasser. Zur Prüfung der Färbbarkeit in hartem Wasser werden Schablonen von Standard-Chromledern in Wässern von 20°dH und 40°dH gefärbt und gegen Färbungen in destilliertem Wasser verglichen. Kein Unterschied gegen den 0-Versuch wird mit 5 bewertet, eine leichte Farbvertiefung oder Aufhellung bei der Färbung in 40°dH gegenüber dem 0-Versuch wird mit 3 bewertet und eine deutliche Wirkung bei der Färbung in 20°dH-Wasser mit einer 1.

1.7 Methoden zur Bestimmung des Egalisiervermögens. Über das Egalisieren von Färbungen wird im nächsten Kapitel ausführlich gehandelt. Hier sollen nur die Methoden zur Bestimmung des Egalisierens besprochen werden. Die Farbstoffhersteller werten die Färbungen bei der Erstellung von Musterkarten empirisch hinsichtlich Egalität aus. Dabei werden für die Beurteilungsnoten 1 (meist 2) 3 und 5 Testleder der gleichen Provenienz mit Testfarbstoffen gefärbt, auf den Sortiertisch aufgelegt und jede Färbung gegen diese Muster beurteilt.

Die Mittelwerte mehrerer Beurteiler werden dann in den Dokumentationen als »Egalität« aufgelistet. Selbstverständlich wird dieser empirisch ermittelte Fundus an Erfahrungen noch ergänzt durch praktische Ergebnisse, die systematisch in Karteien zusammengetragen werden sollten. Aber all, diese empirischen Verfahren sind letztlich wenig befriedigend: einerseits weil das Egalisieren der Farbstoffe, besonders bei den in dieser Eigenschaft schwachen Typen, ziemlich breit streuen kann. Deshalb ist bei den kleinen Partien der Färbungen für Musterkarten die Gefahr von Ausreißern ziemlich groß. Andererseits werden die Erfahrungen bei Vorführungen in Praxis immer unter den unterschiedlichsten Bedingungen gewonnen; sie sind deshalb nicht vergleichbar und darum wenig geeignet zur Erstellung eines systematischen Zahlenwerks zur Beschreibung von Farbstoffeigenschaften. Der Verfasser hat auf vielfache Weise versucht, zu einem tragfähigeren System der Egalitätsbestimmung zu kommen. So wurde geprüft, ob man aus Messungen der Farbdifferenzen zwischen dem Narben und der Fleischseite, besonders bei niedrigem Farbstoffangebot, Anhaltspunkte für das Egalisieren gewinnen könne. Eine weitere, auch von anderer Seite praktizierte Linie (s. S. 114) ist das Nachsetzen von frischen Chromleder-Schablonen während der Färbung in einem regelmäßigen Zeittakt und die vergleichende Beurteilung mit entsprechenden Testfarbstoffen.

Schließlich wurde der Verfasser auf das »Egalitätssignal Halsriefe« aufmerksam, das bei all diesen Versuchen in reproduzierbarer Weise ansprach (s. S. 154). Bei allen unegalen Färbungen treten nämlich die Halsriefen, sei es dunkler oder heller, in Erscheinung, ja es hat den Anschein, als ob die Halsriefe zu allererst auf Bedingungen der Unegalität anspräche. Allerdings ist die Halsriefe auch besonders anfällig für ungleichmäßige Fettverteilung infolge unstabiler Licker; durch eine geeignete Arbeitsweise müssen diese und ähnliche Störungen ausgeschaltet sein.

Die Testfärbung erfolgt auf geteilten Hälsen einer Standardchromgerbung, immer der Prüfling gegen den Testfarbstoff. Als Testfarbstoff für die Egalität 3 ist C.I. Direct Brown 214 geeignet, für die Egalitätsstufe 5 C.I. Acid red 97 und für die Egalitätsstufe 2 C.I. Acid red. 73. Der Gang der Ermittlung ist folgender: Zuerst wird gegen 214 gefärbt; ist das Riefenbild gleich, wird die Egalität mit 3 bewertet; ist es besser, so wird gegen 97 in einem zweiten Versuch gefärbt usw. Sämtliche Färbungen werden mit einem Farbstoffangebot von 0,1% durchgeführt (s. S. 155, Abb. 48).

Ein anderes Verfahren arbeitet wie folgt (Abb. 34)[152]:

Aus drei Kalbfellen – gegerbt nach IUF 150 – werden je zwei Schablonen 60 x 65 mm entnommen und gemeinsam wie folgt gefärbt (Die Prozentsätze beziehen sich auf das Falzgewicht der gewaschenen und bis 60% Wasser ausgestoßenen Schablonen):
250% enthärtetes Wasser 60°C
0,35% Farbstoff 20 Min.
0,1% Ameisensäure 85%ig 1:10 30 Min.
Die Schablonen werden angepreßt, 3 Tage luftgetrocknet, in Sägespäne eingelegt, nach 24 Stunden von Hand gestollt und gespannt. Auf dem Apparat RFC III-Zeiss mit angeschlossenem Computer werden je Schablone 2 Meßpunkte farbmetrisch durch die Tristimulus-Werte x, y, z charakterisiert. Diese 12 Meßwerte werden in einem dreidimensionalen Farbkörper (Farbsystem nach Adams-Nickerson-Stultz) übertragen und ein Schwerpunkt S, das ist der farbmetrische Mittelwert aller 12 Messungen, bestimmt. Der

Abb. 34: Versuchsschema der Sandoz AG.

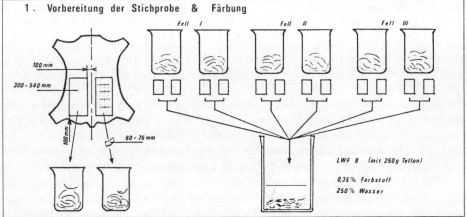

nunmehr gemittelte Abstand der Farborte vom Schwerpunkt S ist ein Ausdruck für die Egalität bzw. die Unegalität. Je geringer dieser Mittelwert der Abstände ist, desto besser ist das Egalisiervermögen des Prüflings.

Mit Hilfe dieses Verfahrens hat man zwei Testfarbstoffe ermittelt, nämlich Dermagelbbraun GS und Dermabraun D2GL. Von diesen beiden Farbstoffen egalisiert das Gelbbraun deutlich besser als der zweite. Nun werden alle Farbstoffe des betreffenden Sortimentes hinsichtlich Egalisierung nach folgendem Schema bewertet:

Gruppe 1: Egalisiert besser als GS
Gruppe 2: Egalisiert wie GS
Gruppe 3: Egalisiert schlechter als GS und besser als D2GL
Gruppe 4: Egalisiert wie D2GL
Gruppe 5: Egalisiert schlechter als D2GL

Es ist ein erfreulicher Zufall, daß die Ergebnisse des in diesem Abschnitt zuerst geschilderten Systems mit den Ergebnissen des zweiten Systems übereinstimmen. Denn Dermagelbbraun GS, nach dem Halsriefentest bestimmt, ergibt eine Egalität von 4, Dermabraun D2GL eine knappe 3.

1.8 Die Einfärbung auf frischem Chromleder und zwischengetrocknetem Velour. Die Einfärbung auf frischem Chromleder wird nach Tabelle 31 von drei Farbstofflieferanten, die Einfärbung auf zwischengetrocknetem Velour von vier Firmen gegeben. Sicher hat die Einfärbung als Farbstoffeigenschaft heute nicht mehr die große Bedeutung wie früher, weil man Ein- und Durchfärbung durch das Flottenvolumen im Kurzflottenverfahren regulieren kann. Der erfahrene Färber wird aber die Einfärbung als Farbstoffeigenschaft doch beachten, weil vor allem Durchfärber, in stärkerer Dosierung angeboten, große Schwierigkeiten hinsichtlich Egalisieren machen können, besonders wenn am Ende der Färbung nicht ausreichend abgesäuert wurde.

Methodisch hat N. Münch sowohl frühere Versuche zur Bestimmung der Einfärbung als auch eigene Vorschläge am eingehendsten bearbeitet und als Ergebnis eine praktizierbare und sichere Schnellmethode zur Bestimmung der Einfärbung von Farbstoffen und Farbstoffkombinationen vorgeschlagen[153]:

Man imprägniert durch Tauchen Filtrierpapier (Schleicher & Schüll Nr. 29/92) mit einer 1%igen Gelatine-Lösung und trocknet bei Raumtemperatur hängend. Ein Streifen des so behandelten Filtrierpapiers wird in einem zugfreien Glaskasten 15 Minuten lang bei Raumtemperatur in eine 0,1%ige Farbstofflösung 1 cm tief auf der Schmalseite eingetaucht. Man läßt als Vergleichsproben in demselben Glaskasten je einen Oberflächen-, Ein- und Durchfärber mitlaufen. Die Farbstoffe diffundieren verschieden hoch, der Prüfling wird im Vergleich zu den Testfarbstoffen beurteilt.

Die Methode erlaubt auch, Farbstoffkombinationen hinsichtlich ihres unterschiedlichen Eindringens in den Schnitt zu beurteilen, eine Frage, die beim Färben von Möbel- und Bekleidungsleder in langer Flotte sich immer wieder stellt. Die Methode ist nicht offiziell. Von der Ein- bzw. Durchfärbung auf frischem Chromleder unterscheidet sich die Durchfärbung zwischengetrockneter Velours erheblich, da viele ausgesprochene Oberflächenfärber bei entsprechendem Farbstoffangebot zu glatten Durchfärbern werden oder zumindest kräftig einfärben. Lediglich eine Reihe von 1:2-Metallkomplexfarbstoffen färbt auch auf zwischengetrocknetem Leder oft sehr oberflächlich. Zwischen der Einfärbung auf frischem Chromleder und zwischengetrockneten Velours besteht kein systematischer Zusammenhang, weshalb diese Eigenschaft gesondert bestimmt werden muß. Eine offizielle Methode hierzu besteht nicht. Die Zahlenangaben der Anbieter resultieren meist aus Färbeversuchen auf ganzen Spalten möglichst gleichmäßiger Dicke, aus denen nach der Färbung in der Kratze, 10 cm vom Rand, Schablonen geschlagen werden. Diese werden sorgfältig gratfrei auf der Fortuna-Anschärfmaschine geschnitten und gegeneinander vergleichend hinsichtlich Einfärbung beurteilt. Die Ergebnisse dieser empirischen Methode aus verschiedenen Laboratorien sind durchaus vergleichbar: 5 = Durchfärber auch bei geringem Angebot, 4 = gut durchfärbend, 3 = kräftig einfärbend je 1/3, 2 = etwas einfärbend, 1 = gut deckender Oberflächenfärber.

1.9 Die Lickerechtheit. Die Lickerechtheit gibt Anhaltspunkte über die Festigkeit der Farbstoffbindung an das Leder bzw. über das Migrationsvermögen des Farbstoffs. Es wird nach zwei Methoden gearbeitet, von denen die eine kaum Unterschiede zwischen den Farbstoffen ausweist. Die zweite Methode ist etwas schärfer:

Eine mit 1% Farbstoff frisch gefärbte Schablone Standard-Chromleders wird ohne vorheriges Absäuern bei pH 7 mit 2% eines sulfitierten Tranes 30 Min. gelickert und nach Entnahme der gefärbten Schablone eine frische Schablone nachgesetzt, deren Fläche nur 10% der ersten Schablone sein soll. Nach 30 Minuten wird die kleine Schablone entnommen und an der Luft getrocknet. Bewertet wird die Anfärbung mit dem Graumaßstab für die Bestimmung des Anfärbens von Begleitmaterialien (IUF 132).

Die Ergebnisse beider Methoden lassen bemerkenswerter Weise keinen Zusammenhang zum Egalisiervermögen bzw. zur Baderschöpfung erkennen, was den Schluß nahelegt, daß für Leder die Migration eines Farbstoffs für die schließliche Egalität keine Rolle spielt.

1.10 Die Baderschöpfung. Diese wichtige Eigenschaft wird nur von zwei Lieferanten nach völlig unterschiedlichen Methoden dokumentiert. Die eine Methode wird hier besprochen, die andere unter Ziffer 1.11:

Eine frische Standardchromleder-Schablone wird mit 1% Farbstoff bei 50°C gefärbt und nach 30 Minuten mit 0,5% Ameisensäure, 1:10 verdünnt, abgesäuert. Nach weiteren 15 Minuten wird die Schablone dem Färbebad entnommen und eine frische Schablone nachgesetzt. Nach 30 Minuten wird die zweite Schablone ebenfalls entnommen und nach dem Trocknen an der Luft beurteilt: 5 = Nachzug praktisch ungefärbt, 1 = Nachzug sehr stark angefärbt.

Die vorliegende Methode gibt keine Auskunft über den Aufzug vor dem Absäuern; ist derselbe bei einer Komponente einer Farbstoff-Kombination schlecht, so ist eine negative Wirkung auf Nuancierverhalten und Egalität zu befürchten.

1.11 Aufziehgeschwindigkeit und Baderschöpfung. Diese beiden Farbstoffeigenschaften werden auch als Aufziehcharakteristik bezeichnet. Aufziehcharakteristiken sind auf dem Textilgebiet seit längerem eingeführt, das Ledergebiet steht erst am Anfang dieser Entwicklung. Nur ein Farbstofflieferant führt in seiner Dokumentation Aufziehcharakteristika. Abbildung 35 zeigt das Gerät, mit dem die Aufziehcharakteristik ermittelt wird, ein sog. Dyeometer. Als Substrat werden zwischengetrocknete Chromleder-Raspeln verwendet, die sorgfältig in destilliertem Wasser broschiert werden. Dieses Material steht in seiner Affinität zwischen frischem Chromleder und nachgegerbtem Chromleder[154], was vorteilhaft ist, denn die erarbeiteten Aufzugskurven erlauben so Rückschlüsse auf die beiden Hauptmaterialien der Lederfärbung. Eine Arbeitsweise[154] für die Bestimmung der Aufzugscharakteristika für Leder auf dem Dyeometer

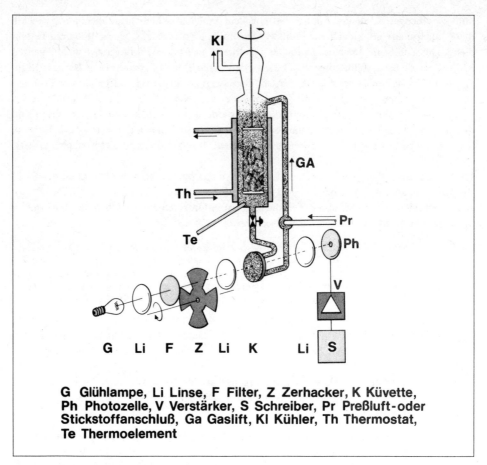

Abb. 35: Schema eines Dyeometers

ist bisher nicht veröffentlicht, weshalb eine Kurzfassung der Arbeitsweise der Bayer AG gegeben wird:

Aufgrund von Erfahrungswerten für jeden Farbton oder aufgrund von Transmissionsspektren des betreffenden Farbstoffs wird in das Dyeometer das jeweils geeignete Filter eingesetzt und das Gerät eingeschaltet. Zunächst wird destilliertes Wasser eingefüllt, durch die Küvette umgepumpt und auf dem Schreiber die 0%-Linie eingestellt. Dann wird das destillierte Wasser bis auf die 10 ml in der Küvette abgelassen und durch 190 ml Färbeflotte ersetzt. Die Färbeflotte wird bereitet, indem man aus einer frischen Lösung von 1 g Farbstoff in 100 ml destilliertem Wasser 10 ml mit der Pipette entnimmt und auf 190 ml mit destilliertem Wasser auffüllt. Diese Färbeflotte wird in das Gerät eingegeben. Es befinden sich nun in dem Umlauf 200 ml Färbeflotte mit 0,1 g Farbstoff, also 2% Farbstoff auf die 5 g Trockengewicht des zwischengetrockneten Chromleders. Sobald die Temperatur der umgepumpten Farbflotte bei 40°C konstant ist, wird die von der Farbflotte resultierende photoelektrische Messung als 100%-Linie auf dem Schreiber markiert. Am Tag vorher wurden 5,1 g zwischengetrocknete Chromlederspäne (gegerbt nach IUF 150) (30 x 0,3 x 0,8 mm) in 150 ml destilliertem Wasser unter periodischem mehrmaligem Umrühren geweicht. Diese Chromspäne gibt man abgetropft in ein grobmaschiges, zylindrisches Körbchen aus

Edelstahl, das dann in den Kreislauf der Farbflotte eingeführt wird. Das Stahlkörbchen rotiert um seine Achse. Durch die Farbstoffaufnahme der Lederschnitzel entfärbt sich die Farbflotte nach und nach, was laufend photometrisch gemessen und aufgezeichnet wird. Die Aufzeichnung des Schreibers ergibt schließlich eine Kurve, aus der die Aufziehgeschwindigkeit in den ersten 15 Minuten und die Baderschöpfung nach 180 Minuten abgelesen werden können. Diese Aufziehkurven zeigt die folgende Grafik (Abb. 36)[154].

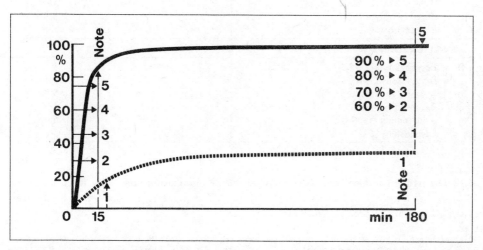

Abb. 36: Schema für das Zahlensystem der Aufziehgeschwindigkeit und Baderschöpfung

Die beiden Kurven zeigen die Extreme der nach dieser Methode bei Handelsfarbstoffen gefundenen Aufziehcharakteristika. Der Typus dieser Aufziehkurven wurde in hunderten von Versuchen auf den verschiedensten Materialien immer wieder bestätigt.

Diese Kurven sind durch zwei Punkte sehr leicht charakterisierbar, nämlich durch den prozentualen Auszug (bzw. auf das Gesamtangebot) nach 15 Minuten und die prozentuale Baderschöpfung nach 180 Minuten. Beide Farbstoffeigenschaften, nämlich die Aufziehgeschwindigkeit in den ersten 15 Minuten (links) und Baderschöpfung (rechts) sind in der Grafik 36 hervorgehoben und mit 1 (= sehr langsame Aufziehgeschwindigkeit bzw. sehr schlechte Baderschöpfung) bis 5 (= sehr hohe Aufziehgeschwindigkeit bzw. ausgezeichnete Baderschöpfung) bewertet[155]. Der Verfasser ist der nunmehr auch von anderer Seite bestätigten Ansicht, daß mit der Aufziehgeschwindigkeit und Baderschöpfung ein wesentlicher Anhalt für eine optimale Kombinierbarkeit von Farbstoffen gegeben ist.[156]

Beispiele und Gegenbeispiele für Farbstoffkombinationen aus der Praxis unter dem Gesichtspunkt der Aufziehcharakteristika gibt Tabelle 41. Die Abbildung 48 (S. 155) zeigt, welche Auswirkungen eine Kombination von Farbstoffen, die in den Aufziehcharakteristika nicht übereinstimmen, auf die Egalität einer Färbung hat. Es soll einem Mißverständnis vorgebeugt werden: In der vorzüglichen Musterkarte 1518/15 der Sandoz AG werden in dem Abschnitt Aufbauvermögen/Sättigungskurven »Aufziehkurven« demonstriert. Diese Aufziehkurven haben zu den hier beschriebenen die Kinetik des Färbevorgangs nachzeichnenden keine Beziehung, vielmehr zeigen die Kurven der Sandoz die mit steigendem Farbstoffangebot erzielbaren Richttyptiefen.

Tabelle 41: Beispiele und Gegenbeispiele von Farbstoffkombinationen

Gut egalisierende, bewährte Farbstoffkombinationen		Aufziehgeschwindigkeit	Baderschöpfung
1)	Baygenalbraun CGG	5	5
	Baygenalbraun CT	4	5
2)	Baygenalbraun LN5G	5	5
	Baygenalgrau LN2G	5	5
3)	Baygenalbraun CGG	5	5
	Baygenalrot CG	5	5
Schlecht verträgliche Kombinationen			
4)	Baygenalbraun LN5G	5	5
	Baygenaloliv L2G	2	5
5)	Baygenaldunkelbraun CGV	3	5
	Baygenalbraun CRG	2	3
6)	Acidermhellbraun MIGG	5	5
	Baygenaloliv L2G	2	5

1.12 Die Affinitätszahlen. Ein anderes System der Kombination von Farbstoffen bietet die Sandoz AG mit ihren Affinitätszahlen[157]. Diese Affinitätszahlen werden mit Hilfe des sog. Dermagen®-Testes wie folgt ermittelt:

Man zerfasert Falzspäne von Standard-Chromleder (IUF 151). Aus dieser Fasermasse werden durch Zusätze von Gerbstoffen und durch pH-Einstellungen standardisierte Substrate verschiedener Affinität für Färbeversuche hergestellt. Nach der Färbung wird die Färbeflotte mit der Fasermasse durch eine Nutsche gegeben, wodurch ein Vlies leidlichen Zusammenhaltes entsteht. Die Farbstärke der Anfärbung des Vlieses kann nach dem Trocknen auf einem Fototrockner und anschließendem Konditionieren mit einem Remissions-Fotometer gemessen werden. Auch der Restfarbstoff in dem Filtrat kann im Transmissions-Verfahren bestimmt werden. Zur Erstellung der Affinitätszahlen wird eine Fasermasse aus frischem Chromleder auf pH 7 eingestellt und mit derjenigen Farbstoffmenge gefärbt, die auf dem Chromleder-Vlies die Richttyptiefe (s. S. 185) 1/1 erreichen läßt. Gefärbt wird bei 60°C. Nach der Färbung wird die Flotte abgenutscht und der Farbstoffverbrauch farbmetrisch gemessen. Nun wird die Flotte mit Ameisensäure auf den pH-Wert 5,5 eingestellt und erneut bei 60°C mit der Standardmenge zerfaserten frischen Chromleders versetzt. Nach der Färbung wird das Filtrat erneut zur Bestimmung des Farbstoffverbrauchs fotometriert. Dieselbe Prozedur wird nun mit einem niedrigaffinen Fasermaterial durchgeführt, das durch Behandeln der Chromleder-Fasermasse mit 15% reinen Tanins (pharmazeutischer Reinheitsgrad PhV) erhalten wird. Die Affinitätszahl AZ wird nun nach folgender Formel errechnet:

$$AZ = a\% + \frac{b\%}{2}$$

a = Prozentsatz der Farbstoffaufnahme bei pH 7
b = Prozentsatz der Farbstoffaufnahme bei pH 5

Hochaffine Farbstoffe sind nach dem Ergebnis des geschilderten Verfahrens solche, die auf frischen Chromleder-Fasern eine Affinitätszahl von über 85 und auf dem niedrigaffinen Substrat eine solche von über 55 haben. Mittelaffine Farbstoffe liegen zwischen 78 und 85 auf Rein-Chrom und zwischen 35 und 55 auf der nachgegerbten Masse. In der oben zitierten Veröffentlichung werden folgende Beispiele für Affinitätszahlen gegeben (Tab. 42). Es wird nun empfohlen, Farbstoffe zu kombinieren, deren Affinitätszahlen sowohl auf dem hochaffinen als auch auf dem niedrigaffinen Substrat möglichst nahe zusammenliegen. Man wird

Tabelle 42: Beispiele für Affinitätszahlen

Farbstoff	Messungen					
	auf Chromfaserbrei			auf nachgegerbten Lederfasern		
	bei pH 7,0 a	bei pH 5,5 b	A.Z.	bei pH 7,0 a	bei pH 5,5 b	A.Z.
Dermabraun D2GL Cr: hochaffin N: hochaffin	94%	4%	96	45%	35%	63
Dermabraun DR Cr: hochaffin N: mittelaffin	93%	5%	96	36%	34%	53
Dermabraun 5GL Cr: mittelaffin N: mittelaffin	68%	28%	82	30%	40%	50

A.Z. = errechnete Affinitätszahl = $a + \dfrac{b}{2}$ Cr = Reinchrom; N = Nachgegerbt.

noch gut zurechtkommen können, wenn man Farbstoffe kombiniert, die nur auf einem Substrat nahe zusammenliegen und man ein Material ähnlicher Affinität wie die Testmasse zu färben hat.

Für Nuancierfarbstoffe wird empfohlen, solche gleicher oder niedrigerer Affinität als die Hauptkomponente auszuwählen. So zusammengestellte Farbstoff-Kombinationen färben nach Ansicht der Autoren im Schnitt völlig gleichmäßig, während Kombinationen mit stark differenten Affinitätszahlen zonige Färbungen ergeben. Hinweise über Zusammenhänge zwischen der Egalität in der Fläche und den Affinitätszahlen wurden bisher – soweit dem Verfasser bekanntgeworden ist – noch nicht veröffentlicht. Für den praktischen Färber wäre es natürlich besonders wissenswert, ob zwischen Affinitätszahlen einerseits und der Aufziehcharakteristik andererseits ein verwertbarer Zusammenhang besteht. Diesem Zusammenhang soll Tabelle 43 nachgehen. Der vorliegende Vergleich zeigt leider, daß zwischen den Beurteilungen aus den Affinitätszahlen und den Aufziehcharakteristiken keine Beziehung besteht. Diese Diskrepanz mag daher rühren, daß die Affinitätszahlen den Endzustand einer Färbung beschreiben, während die Aufziehgeschwindigkeit die ersten, entscheidenden 15 Minuten einer Färbung zu erfassen versucht. Dieser Abschnitt soll schließen mit Beispielen geeigneter und ungeeigneter Farbstoff-Kombinationen nach dem Prinzip der Affinitätszahlen[158] (Tabelle 44).

1.13 Kombinationszahlen und Gruppeneinteilung. Ein weiterer Versuch, die Farbstoffauswahl zu rationalisieren, war die Ausarbeitung sog. Kombinationszahlen und einer Gruppeneinteilung des Sortiments auf dieser Basis[159]. Man geht sehr richtig von der Vorstellung aus, daß ein Test-Verfahren zur Charakterisierung von Farbstoffen Unterschiede zwischen den verschiedenen Typen zeigen müsse. Solche Unterschiede finden die Autoren, wenn sie die Baderschöpfung einer 2%igen Färbung auf einem mit 6% Syntan nachgegerbten Standard-Chromleder nach 40 Minuten messen. Als zweite und neue Größe führen die Autoren das sog. Aufbauvermögen auf vegetabilisch-synthetisch nachgegerbtem Chromleder ein. Sie verstehen darunter die prozentuale Farbstärke der oben beschriebenen Färbung im Vergleich zu einer 1%igen Färbung auf Chromleder (= 100%). Diese beiden Größen, nämlich die Badauszehrung auf

Tabelle 43: Vergleich von Affinitätszahlen (AZ) mit Aufziehgeschwindigkeit (AG) und Baderschöpfung (BE)

Nr.	Beurteilung	AZ Chrom	AZ nach-gegerbt	Farbstoff	AG	BE	Beurteilung nach der AG
1.	Cr: hochaffin N: niedrigaffin	90	34	Dermabraun 2GR	4	5	stark affin
2.	Cr: hochaffin N: mittelaffin	99	47	Dermabraun RB	5	5	hochaffin
3.	Cr: hochaffin N: hochaffin	96	63	Dermabraun D2GL	3	3	mäßig affin
4.	Cr: mittelaffin N: mittelaffin	72	37	Dermagelbbraun GS	5	5	hochaffin
5.	Cr: hochaffin N: mittelaffin	87	47	Dermabraun D3G	3	5	mittelaffin
6.	Cr: hochaffin N: mittelaffin	96	53	Dermabraun DR	3	5	mittelaffin
7.	Cr: hochaffin N: hochaffin	97	65	Dermabordeaux V	3	5	mittelaffin

Cr = Reinchrom; N = Nachgegerbt

Tabelle 44: Kombinationen nach Affinitätszahlen

Geeignete Kombinationen		A.Z.	Ungeeignete Kombinationen		A.Z.
1)	Dermarot BA Dermabraun DR	94/61 96/53	1)	Dermaorange 2GL Dermagrau LL	90/28 66/9
2)	Dermabraun D3G Dermagrau G	87/47 82/50	2)	Dermagelb P3GL Dermabordeaux V	46/28 97/65

nachgegerbtem Leder und das Aufbauvermögen werden, durch ein empirisch gefundenes Bewertungssystem in eine Notenskala 1–5 eingeordnet. Die beiden Bewertungen werden nun summiert, wobei das Aufbauvermögen doppelt gerechnet wird. Diese Summe ist die sog. Kombinationszahl. Die Kombinationszahlen von 3–15 werden in 5 Gruppen I–V eingeteilt. Die Empfehlung ist nun, möglichst mit Farbstoffen derselben oder benachbarter Gruppen zu färben. Sollte das aus Gründen der Nuance nicht möglich sein, wird empfohlen, die Differenz durch Hilfsmitteldosierung auszugleichen[159,160]. Nach anfänglich großem Interesse scheint es nunmehr um die Kombinationszahlen stiller geworden zu sein. Ein Nachteil des Verfahrens ist ohne Zweifel, daß es nur den Endzustand der Färbung charakterisiert und keinen Einstieg in die alles entscheidenden ersten 15 Minuten vermittelt. Aber das große Verdienst dieses Verfahrens ist es, das Aufbauvermögen auf nachgegerbten Ledern in die Diskussion um die Lederfärbung eingeführt zu haben.

1.14 Das Aufbauvermögen auf nachgegerbten Ledern. Für das Aufbauvermögen auf nachgegerbten Ledern existiert zur Zeit noch keine offizielle Methode, aber es ist ohne Zweifel eine

Farbstoffeigenschaft, die in Zukunft eine entscheidend wichtige Rolle spielen wird. Der offiziellen Aufnahme dieser Echtheit stehen bisher zwei Gründe entgegen:

Während für Chromleder eine Standardgerbung vorliegt, steht eine Vorschrift für die Nachgerbung für Chromleder nicht zur Verfügung. Bei den heute nahezu unbegrenzten Möglichkeiten und Kombinationen, eine Nachgerbung zu führen, glaubt man, diese Vielfalt nicht auf eine Standardarbeitsweise und eine Meßzahl so komprimieren zu können, daß der Praktiker für eine Vielzahl von Fällen nützliche Schlüsse ziehen könnte. Der zweite Grund ist wohl die Befürchtung, man könnte durch die oft recht mäßigen Werte des Aufbauvermögens bewährte Farbstoffe diskriminieren und damit ins Abseits stellen. In Wirklichkeit ist – wie erst kürzlich H. Wachsmann wieder in Erinnerung gebracht hat[126] – das Aufbauvermögen eine wertfreie Zahl: denn mäßig aufbauende Farbstoffe egalisieren in vielen Fällen besser und sind auch für Feinnuancen besonders gut geeignet. Nachdem zum Aufbauvermögen keine Vorschrift veröffentlicht worden ist, wird eine solche im folgenden gegeben, wie sie bei der Bayer AG Leverkusen gehandhabt wird[161].

Das Aufbauvermögen auf nachgegerbten Ledern ist die Stärke einer 2%igen Färbung auf einer definierten Nachgerbung im Vergleich zu einer 1%igen Färbung auf Chromleder. Diese Stärke wird durch Einordnung dieser 2%igen Färbung in eine Schattenreihe von Färbungen von 0,1% bis 1% Farbstoffangebot auf Falzgewicht auf reinem Chromleder ermittelt.

5 Chromlederschablonen nach IUF 151 (70 x 100 mm = 15 g Falzgewicht) werden mit 0,1, 0,3, 0,5, 0,7 und 1% Farbstoff im Schüttelapparat, Drehkreuz oder einer anderen geeigneten Apparatur bei 50°C während einer Stunde ausgefärbt. Zwei weitere Schablonen nach IUF 151 werden mit 2% Syntan, 2% Harzgerbstoff und 2% Mimosa auf Falzgewicht bei 40°C in 100% Flotte 45–60 Minuten lang nachgegerbt, kurz gespült und mit 1 und 2% des Testfarbstoffs bei 50°C während einer Stunde gefärbt und in Höhe des Farbstoffangebots mit Ameisensäure 1:9 abgesäuert. Sämtliche Schablonen werden im Färbebad mit 5 ml einer betriebsüblichen Lickerlösung versetzt und 30 Minuten laufengelassen. Nach Abschluß der Färbungen werden alle Schablonen einzeln gespült, ausgestoßen, getrocknet, klimatisiert, von Hand gestollt, gespannt oder aufgenagelt und bei Zimmertemperatur getrocknet. Die fünf ersten Schablonen werden nun in einer Konzentrationsreihe wie Abb. 37 (S. 151) aufgelegt und die 2%ige Färbung auf nachgegerbtem Leder entsprechend ihrer Stärke eingeordnet. Beurteilt wird die Stärke gegen die entsprechende Färbung auf Chromleder und eine eventuelle Farbtonabweichung.

Die bei dieser Methode anfallenden Test-Schablonen sind gut geeignet zur Verwendung in der Farbstoffkartei einer Lederfabrik. Gegen die Methode kann eingewendet werden, daß die zur Abmusterung des Stärkeverlustes auf nachgegerbten Ledern verwendete Schattenreihe auf Rein-Chrom farbstoffspezifisch und kein Absolutmaßstab sei. Dies trifft zu, aber diese Abweichung bleibt, wie Versuche erwiesen haben, innerhalb der Fehlergrenze des Verfahrens; so kann man den Vorschlag als für Betriebszwecke gut geeignet bewerten. Ein Beispiel für die Durchführung des Verfahrens gibt Abbildung 37 (S. 151). Auf dem Bild ist eine zweite Schablone der 2%igen Färbung auf nachgegerbtem Leder unterhalb der 0,5 und 0,7%igen Färbung der Schattenreihe aufgelegt. Die Testfärbung ist gleich oder eher etwas stärker als die 0,7%ige Färbung auf Chromleder: Das Aufbauvermögen ist deshalb der ausgezeichnete Wert einer 7. Für die Einstellung von Nuancen wäre es ohne Zweifel eine Erleichterung, wenn diese Echtheit außer der Stärke auf nachgegerbtem Leder auch die Nuancenverschiebung durch Buchstaben-Index angegeben würde. Grundsätzlich sollte man bei Färbungen mit Einzelfarbstoffen solche mit möglichst hohem Aufbauvermögen auswählen. Bei der Zusammenstellung von Farbstoff-Kombinationen sollte man Farbstoffe mit möglichst naheliegendem Aufbauvermögen auswählen. In der Musterkarte Dermafarbstoffe 1518/75 ist eine Übersicht der Sättigungsgrenzen in der Einleitung gegeben: Aus dieser Grafik sollte man für Farbstoffkombinationen auf nachgegerbten Ledern solche auswählen, die auf Chromleder und nachgegerbtem Leder möglichst naheliegen und als ausgiebig ausgewiesen sind. Ein Beispiel für einen ausgezeichneten Farbstoff auf nachgegerbtem Leder nach dem Auswahlsystem der Sandoz ist Dermabordeaux V, für einen weniger geeigneten Farbstoff Dermabraun DGVL.

Die Substrataffinität. Nachdem die Gesamtaffinität einer Färbung sich aus der Farbstoffaffinität und der Substrataffinität aufbaut[164], besteht ein Bedürfnis, die Affinität des Substrates vergleichbar und quantitativ zu erfassen (s. S. 108). Die Tabelle 19 (S. 109) gibt für eine Reihe vegetabilischer und synthetischer Gerbstoffe, Harzgerbstoffe und Hilfsmittel eine Übersicht über deren Auswirkung als Nachgerbung auf die Farbstärken. Es ist dort auch ein Hinweis gegeben, wie man mit den Kennzahlen dieser Tabelle zu einer vergleichbaren Bewertung von Gerbstoffmischungen hinsichtlich Aufhelleffekt und damit letztlich der Substrataffinität kommen kann (s. S. 110). Tabelle 45 gibt ein Beispiel, wie eine Quantifizierung der Substrataffinität oder mit anderen Worten: wie eine Voraussage des Aufhelleffektes von Mischungen bestimmter Nachgerbstoffe bewerkstelligt werden kann[162,136]. Die Aussage vorliegender Berechnung ist: Eine 6%ige Nachgerbung aus gleichen Teilen Harzgerbstoff, Syntan und Mimosa hellt eine 2%ige Färbung im Vergleich zu einer 1%igen Färbung auf Chromleder um ca. 50% auf. Durch die Messung einer Kontrollfärbung wird dieses errechnete Ergebnis innerhalb der Fehlergrenzen von etwa 10% bestätigt.

Tabelle 45: Praktisches Beispiel der Bestimmung der Substrataffinität einer Gerbstoffmischung

Gerbmittel	prozentuale Substrataffinität nach Tabelle	× Konzentrationsfaktor =	Berechnung
2% Dicyandiamidharz	55%	$\frac{2}{6} = 0{,}33$	18,15
2% Mimosa	49%	$\frac{2}{6} = 0{,}33$	16,17
2% Syntan	30%	$\frac{2}{6} = 0{,}33$	9,9
6% Nachgerbung			berechnet 44; gemessen 49 Farbstärke

Neuerdings wird zur Charakterisierung der Substrataffinität eine sehr elegante Methode vorgeschlagen[164]. Man färbt eine Farbstoffmischung aus gleichen Teilen eines Farbstoffs geringen (= 2) Aufbauvermögens (= C.I. Direct Blue 78) und eines Farbstoffs guten (= 6) Aufbauvermögens (= C.I. Acid Yellow 117) auf den verschiedensten 3%igen Nachgerbungen und gewinnt aus der Verschiebung der Nuance im Vergleich zu einer Färbung auf Chromleder Anhaltspunkte, wie stark das Chromleder durch die jeweilige Nachgerbung anionischer wird. Je anionischer die Lederoberfläche ist, desto gelber färbt die Mischung. Ein Beispiel einer derartigen Testreihe auf Anionität bzw. Substrataffinität ist im Bild 38 (S. 151) gegeben.

Mit einer Reihe von neun Nachgerbungen zunehmender Anionität kann man sich eine Schattenreihe abnehmender Substrataffinität aufbauen, die als Meßreihe verwendet werden kann, um ein unbekanntes Ledermaterial, z. B. Crust-Leder, mit zwei Färbungen der Blau-Gelb-Mischung in seiner Färbbarkeit bzw. Substrataffinität zu charakterisieren. Mit anderen Worten, die Schattenreihe kann sozusagen als ein Graumaßstab (s. Band 10, S. 164) der Anionität eines Leders verwendet werden. Allerdings muß man dafür Sorge tragen, daß die 9 Testfärbungen sorgfältig vor Licht geschützt aufbewahrt werden und es empfiehlt sich, die Schattenreihe so aufzumachen, daß beim Gebrauch ein Teil der Schablonen völlig abgedeckt bleibt. So können Veränderungen, z. B. durch das Licht, immer wieder kontrolliert und kann für rechtzeitige Erneuerung gesorgt werden.

1.15 Die Komplexstabilität von Farbstoffen. Farbstoffe sind keineswegs alle so stabil wie man das gemeinhin annimmt. So sind einige Typen bekannt, die unter den schärferen Bedingungen der Textilfärbung bei über 100°C während längerer Färbedauer verkochen. Unter den viel milderen Bedingungen der Lederfärbung muß man solche Schäden nicht befürchten. Aber es wurde schon darauf hingewiesen, daß bei hohen pH-Werten und langen Färbezeiten 1:1-Metallkomplexfarbstoffe partiell zu 1:2-Komplexfarbstoffen und dem entsprechenden Beizenfarbstoff disproportionieren können. Besonders gefährdet sind Eisenkomplexfarbstoffen in Anwesenheit von Kupferionen oder von Kupferkomplexfarbstoffen[165]. Kupfer ist nämlich komplexaktiver und deshalb in der Lage, Eisen aus seinen Bindungen zu verdrängen. Diese Verdrängung kann aber auch in der Färbeflotte oder hernach beim Ablagern der gefärbten Leder erfolgen, wenn das Färbegut mit metallischem Kupfer, z. B. Kupfernägeln, in Berührung kommt. Es entstehen bei all diesen Färbefehlern entweder rotstichigere Färbungen oder unregelmäßige, u. U. regelmäßige rotstichige Flecken. Allerdings kommen die geschilderten Beanstandungen, wenn man die breite Einführung von Eisenkomplexfarbstoffen für gelbstichige Dunkelbrauntöne sich vergegenwärtigt, nicht allzu häufig vor. Trotzdem ist es wünschenswert, einen Test für die Komplexstabilität von Farbstoffen anhand zu haben. Eine solche Prüfung kann wie folgt durchgeführt werden[165]:

Man färbt bei 60°C während 45 Minuten 3 Schablonen neutralisiertes Chromleder mit 0,5% des zu prüfenden Farbstoffes wie üblich im Schüttelkasten, Wackerfäßchen oder einer anderen geeigneten Einrichtung. Die erste Schablone stellt man als 0-Versuch mit destilliertem Wasser auf ein einheitliches Volumen ein, die zweite mit einer 0,1 g Kupferacetat enthaltenden Lösung auf das gleiche Volumen und schließlich die dritte mit einer 0,5 g Kupferacetat enthaltenden Lösung. Der Prüfling ist stabil, wenn alle drei Färbungen nach dem Trocknen keine Farbunterschiede zeigen.

Man kann den Test auch mit einem komplexaktiven Hilfsmittel, z. B. Trilon B, durchführen. Bisher hat kein Farbstoffanbieter diesen oder einen ähnlichen Test in sein Echtheitsangebot aufgenommen.

1.16 Die Einheitlichkeit von Farbstoffen. Einheitlichkeit eines Farbstoffes ist von der deutschen Echtheitskommission wie folgt definiert: »Ein einheitlicher Farbstoff enthält nur eine Fabrikationsware als Hauptkomponente und ist mit höchstens 5% eines oder mehrerer anderer Farbstoffe nuanciert[166]«. Einheitlichkeit wird durch die sog. Aufblasprobe überprüft:

Man bläst den Bruchteil eines Grammes des Farbstoffpulvers von einer Messerspitze aus 20 cm Entfernung gegen ein hängendes mit Wasser, Essigsäure oder Alkohol angefeuchtetes Filtrierpapier (20 x 20 cm). Wenn die aufgeflogenen Farbstoffstippen im hohen Maße in 2 oder mehreren verschiedenen Farben ausfließen, dann ist der geprüfte Farbstoff eine Mischung. Erkennt man nur einzelne andersfarbige Stippen, so ist der Farbstoff nuanciert.

Ist die Aufblasung einfarbig, so handelt es sich um einen nicht nuancierten Farbstoff oder aber um ein Produkt, das bereits vor dem Trocknen und Mahlen im Kessel oder als Paste feucht nuanciert worden ist. In diesem Falle hilft die sog. Kapillar-Methode weiter, die Abbildung 39 (S. 150) zeigt.

Diese Prüfung wird mit Filtrierpapier (Schleicher & Schüll, 404 weich) durchgeführt, das in einem zugfreien Glaskasten die Zunge etwa 1 cm tief in 100 ml einer 0,5%igen Farbstofflösung (bei basischen Farbstoffen nur 0,1%ig) 60 Minuten lang eintaucht, anschließend wird getrocknet und bewertet. Man soll zugeschnittene Filtrierpapier-Schablonen in Verbindung mit der Laboratmosphäre bevorraten, um immer einen Ausgleich mit der aktuellen Luftfeuchtigkeit sicherzustellen.

Der Prüfling der Abbildung ist als preisgünstiger Mischfarbstoff zu erkennen, der einen hohen Anteil eines Schwarz-Farbstoffes enthält. Feinere Methoden der Farbstoffanalyse sind die Papier-Chromatographie[167], die Dünnschicht-Chromatographie[168] und die Elektrophorese[169]. Diese sehr leistungsfähigen Analysenmethoden sind für die Prüfung der Einheitlichkeit von Farbstoffen zu genau; denn sie zerlegen real einheitliche Farbstoffe in ihre verschiedenen Nebenprodukte und Nebenkupplungen aus der Produktion. Diese Tatsache belegt Bild 40 (S. 151), das die Papier-Chromatogramme von zwei einheitlichen Farbstoffen zeigt. Dieses Bild demonstriert, daß die weitverbreitete Ansicht, ein einheitlicher Farbstoff sei ein chemisch einheitliches Individuum, lediglich mit Stellmittelzusätzen, einfach nicht zutrifft. Ein einheitlicher Farbstoff ist meist ein Gemisch aus verschiedenen Farbstoffen aus einer Fabrikationspartie. Diese These wird durch eine polnische Arbeit bestätigt[170], nach der von 14 untersuchten einheitlichen Farbstoffen aus polnischen und deutschen Produktionen bei der Dünnschicht-Chromatographie 12 Produkte zwischen 3 und 9 chemisch verschiedenen Individuen enthielten und nur 2 Farbstoffe chemisch exakt einheitlich waren. Diese Ergebnisse zeigen, daß die Bezeichnung »Einheitlicher Farbstoff« als Aussage wirklicher chemischer Homogenität vielfach überschätzt wird. Dazu zeigt die polnische Arbeit weiter, daß einige Bestandteile sog. einheitlicher Farbstoffe verschieden schnell das Färbebad erschöpfen, was sich natürlich färberisch auswirken muß. Es ist deshalb zu überlegen, hinsichtlich der Farbstoffqualität zu anderen Maßstäben zu kommen. Es ist nicht wichtig, daß ein Farbstoff aus einer Fabrikationspartie stammt und möglichst wenig nuanciert ist; es kommt vielmehr darauf an, daß seine Haupt- und Nebenbestandteile im Ziehverhalten naheliegend sind. Das bedeutet, daß eine im Ziehverhalten und Aufbauvermögen gut abgestimmte Mischung färberisch bessere Ergebnisse zu bringen verspricht als ein sog. einheitlicher Farbstoff, von dem eine Nebenkupplung deutlich nachzieht.

2. Die Echtheiten von Lederfärbungen

Die Anforderungen an gefärbte Leder in Verarbeitung und Gebrauch werden mit den entsprechenden Prüfmethoden im Band 10 dieser Reihe behandelt[171]. Voraussetzung jeder Echtheitsprüfung am fertigen Leder ist ein standardisiertes Substrat, das in verschiedenen Laboratorien unter Standardbedingungen vergleichbare Färbungen erreichen läßt. Dieses sog. Standard-Chromleder stand Jahrzehnte lang nicht zur Verfügung und hat erst in den letzten Jahren eine allgemein akzeptierte Lösung – IUF 151 – gefunden[172]. Erst seit diesem Zeitpunkt sind die Angaben der verschiedenen Anbieter in den Musterkarten mit einer Toleranz von etwa 0,5 Punkten vergleichbar, sofern Standard-Chromleder nach IUF 151 verwendet und nach Standard-Methoden geprüft wurde.

2.1 Einige Bemerkungen zur Färbung auf Standard-Chromleder nach IUF 151 (Veslic C 3010 und C 1510). Die obigen Vorschriften umfassen für 8–12 Kalbfelle Weiche, Schwöde, Äscher, Entkälkung, Beize, Pickel, Gerbung mit Chromalaun, Falzen auf 1,5 mm, Neutralisation, Abwelken, Konservierung mit 200% Ethylenglycol, Aufbewahren, Broschur, Färbung und die entsprechenden Prüfungen beim Ablauf dieser standardisierten Technologie. Die konservierten Chrom-Kalbleder können in Polyethylen-Folie bei Raumtemperatur 4 Jahre aufbewahrt werden. Zur Weiterbearbeitung werden Schablonen 15 x 9 mm = ca. 25 g Falzgewicht längs der Rückenlinie geschlagen. Innerhalb von 24 Stunden wird durch 5maliges Waschen mit 500% destillierten Wassers das Konservierungsmittel ausgewaschen. Das Leder liegt dann ohne Neutralisation bei einem pH-Wert von 4,0 $\pm$ 0,2 und einer gleichmäßig grünen Reaktion von Bromkresolgrün durch den ganzen Schnitt fertig zum Färben vor. Standard-Chromleder kann von der Eidgenössischen Materialprüfungs- und Versuchsanstalt St. Gallen bezogen werden[173]. Nach der Erfahrung des Verfassers liegt Standard-Chromleder nach IUF 151 in der Affinität eine Spur unter der von frischem, neutralisiertem Chromleder, aber deutlich über der von zwischengetrocknetem Material. Infolge seiner glitschigen, gummiartigen Konsistenz läßt es sich z. B. mit Raspelmaschinen nur unter Schwierigkeiten zu Raspeln zerkleinern. Die Chromfarbe der Chromkonserve nach IUF 151 ist dunkler als die der meisten Praxisleder. Dies bringt es mit sich, daß viele Farbstoffe, wenn sie auf Richttyptiefe gefärbt werden, dieselbe mit einem bis zu 30% geringeren Angebot an Farbstoff erreicht wird, weil die dunklere Farbe des Substrates in die Endnuance als Stärke eingeht. Dies bedeutet, daß z. B. die Lichtechtheit auf dem so gefärbten Material bis zu einem Punkt differieren kann. Es wäre ein großer Fortschritt, wenn die Farbe der Chromkonserve durch Verbesserung der Arbeitsweise aufgehellt werden könnte. Aus diesen Gründen ist es sicher günstig, daß die Standard-Färbevorschrift Veslic C 3010 ihr Farbstoffangebot auf 1% Handelstypstärke auf ein Falzgewicht von 23,75 $\pm$ 1,25 g der Standard-Schablone bezieht. Handelsfarbstoffe höherer Konzentration werden – immer bezogen auf die Typstärke – schwächer als 1% dosiert, so daß bei der späteren Echtheitsprüfung immer die Echtheit der 1%igen Typfärbung resultiert. Bei Färbungen in Wacker-Fäßchen muß darauf geachtet werden, daß durch Temperaturschwankungen leicht Unregelmäßigkeiten auftreten können.

2.2 Die Lichtechtheit (IUF 401, IUF 402). Die Reklamationsrate wegen ungenügender Lichtechtheit ist bei Oberleder und Futterleder mit ca. 0,8–1,3% aller Beanstandungen gering[174]. Aber für Möbel- und Bekleidungsleder ist Lichtechtheit ein wichtiges Qualitätsmerkmal; die große Bedeutung dieser Echtheit für so umsatzstarke Lederarten hat in den letzten Jahren eine Reihe von Arbeiten über die Lichtechtheit angeregt[175]. Zur Prüfung der Lichtechtheit sind die Methoden IUF 401 Bestimmung der Lichtechtheit der Farbe von Leder: Tageslicht[176] und IUF 402 Bestimmung der Lichtechtheit der Farbe von Leder: Xenon-Lampe[177] offiziell; sie werden im Band 10 dieser Buchreihe erläutert. Die Wirkung von Licht ist einerseits durch dessen spektrale Zusammensetzung, andererseits durch die eingestrahlte Lichtmenge bestimmt. Die spektrale Zusammensetzung wechselt mit den Tageszeiten, der Meereshöhe und den geographischen Breiten; je höher der Anteil an ultravioletter Strahlung ist, wie z. B. im

Hochgebirge, desto zerstörender wirkt die eingestrahlte Lichtmenge auf organische Farbstoffe. Diese Lichtmenge, oder besser gesagt Lichtenergie, wird mit dem sog. europäischen Blaumaßstab in den Stufen 1–8 gemessen. Die einzelnen Stufen dieser Skala entsprechen in etwa der in Tabelle 46 angeführten Belichtungsbeanspruchung in Tagen unter zentraleuropäischen Bedingungen.

Tabelle 46: Widerstandsfähigkeit des Blaumaßstabes gegen Belichtung unter zentraleuropäischen Bedingungen

Stufe des Blaumaßstabes	Einwirkung erkennbar nach Tagen	Xenotest-Stunden
1	1	2,8
2	2	5
3	6	13,3
4	24	80
5	42	118
6	88	263
7	237	580
8	925	

Bei einer Exposition in Sizilien, Florida, Ägypten oder gar in Äquator-Nähe, auf dem Hochland von Äthiopien oder in den Anden würde in denselben Zeiten eine bedeutend höhere Lichtmenge zugeführt, was natürlich das viel frühere Ausbleichen einer Färbung verursachen würde. Oder wenn das Leder naß wäre und an der Sonne getrocknet würde, müßte mit einer erheblichen stärkeren Schädigung und damit mit einer schlechteren Lichtechtheit gerechnet werden. Diese Beispiele zeigen, daß die Lichtechtheit einer Färbung keineswegs eine absolute Größe ist, sondern durch individuelle örtliche Bedingungen stark beeinflußt werden kann. Bei aufmerksamer Betrachtung der Tabelle fällt auf, daß die Widerstandsfähigkeit gegen Belichtung von Stufe zu Stufe der Blauskala keineswegs linear, sondern angenähert im geometrischen Maßstab ansteigt. Für die Praxis von besonderem Interesse ist der erhebliche Sprung von der Stufe 3 zur Stufe 4; denn die Lichtechtheit bei einer Färbung der Echtheit 4 ist 4–6 x besser als bei der Echtheit 3. Das bedeutet praktisch, daß man auch bei anspruchsvollen Lederqualitäten mit einer Lichtechtheit von einer glatten 4 immer zurecht kommen wird. In diesem Zusammenhang stellt sich ganz allgemein die Frage: Wo ist denn überhaupt die Grenze der Lichtechtheit auf dem Substrat Leder? Denn es ist auffallend, daß gut lichtechte Textilfarbstoffe, auf Leder ausgefärbt, immer eine um 1–3 Punkte geringere Lichtechtheit ergeben als auf textilem Material. Besonders gravierend ist das beim Vergleich der Ergebnisse auf Lederfärbungen mit solchen auf synthetischen Fasern. Diese Differenzen haben bestimmt mehrere Gründe: Einer der wichtigsten ist der hohe Wassergehalt auch des trockenen Leders, aber auch die übrigen Inhaltsstoffe des Leders – besonders wenn sie ungesättigten, reduzierenden oder oxidierenden Charakter haben – wirken negativ auf die Lichtechtheit; z. B. setzen bereits 1–2% eines Egalisiermittels auf der Basis von Naphtalin-Sulfosäure-Formaldehyd-Kondensat die Lichtechtheit einer Lederfärbung um 1–2 Punkte herab. Selbstverständlich wirken Gerbstoffe, Hilfsmittel, Fettungsmittel besonders negativ auf die Lichtechtheit des Substrates Leder, wenn sie selbst nicht oder schlecht lichtecht sind.

Es ist eine zwingende Regel, daß man mit einer Färbung nie echter sein kann als das zur Verfügung stehende Substrat. Wenn man nun die Vorarbeiten nur mit lichtechten Produkten führt, ist für Chromleder bestenfalls eine Lichtechtheit von 6 zu erreichen. Dabei ist bemerkenswert, daß bei vielen Farbstoffen die Fleischseite einer Färbung immer lichtechter ist als die Narbenseite. Das mag einerseits damit zusammenhängen, daß diese Farbstoffe die Fleischseite stärker anfärben. Andererseits ziehen Farbstoffaggregate bevorzugt auf die Fleischseite – und Aggregate sind lichtechter als monomolekulargebundene Farbstoffe. Auch die Festigkeit der Bindung spielt für die Lichtechtheit eine große Rolle. Z. B. sind vegetabilische Gerbungen, die bei einem pH-Wert von 3 geführt werden, viel lichtechter als solche, die bei pH 5 ausgegerbt wurden. Färbungen sollte man bei höheren Temperaturen führen und besonders sorgfältig absäuern, wenn auf gute Lichtechtheiten hingearbeitet werden soll. Bei Reaktivfärbungen verschlechtert das nur ionisch abgebundene Farbstoffhydrolysat alle Echtheiten, auch die Lichtechtheit (s. S. 48). Wenn man mit Metallkomplexfarbstoffen färbt, sollte man alle komplexaktiven Substanzen wegen der Gefahr einer Entmetallisierung vom Färbebad fern halten; denn die Entmetallisierung bringt neben einem Nuancenumschlag sofort einen starken Abfall der Lichtechtheit. Auf der anderen Seite wird die Lichtechtheit bei einigen Farbstoffen, besonders bei allen Naturfarbstoffen, durch die Nachbehandlung mit Chromgerbstoffen, Bichromaten, Titankaliumoxalat und anderen Metallbeizen oft erheblich verbessert. Es hat nicht an Versuchen gefehlt, die Lichtechtheit durch alle möglichen Zusätze anzuheben. So werden für die Spritzfärbung Kombinationen von Flüssigfarbstoffen mit Polyamid-Dispersionen zur Verbesserung der Lichtechtheit empfohlen[178]. Die tatsächliche Verbesserung der Lichtechtheit aus dieser Empfehlung ist aber nicht einer Reaktion des Farbstoffes mit dem Polyamid zu danken, sondern der Möglichkeit, hohe Farbstoffmengen (bis 200 g/l) infolge der Schutzwirkung des Bindemittels zu dosieren. Ein anderer Vorschlag empfiehlt den Zusatz von Sulfonamiden von Fettstoffen und erreicht damit eine Verbesserung um einen Punkt. Dieser Effekt ist stark technologieabhängig und dürfte auf der farbvertiefenden Wirkung oberflächlich abgelagerter Fette beruhen, die der Lichteinwirkung widersteht[179].

Bei der Planung lichtechter Färbungen ist jeder Arbeitsgang der Vorarbeiten von Belang. Alle Vorgänge der Wasserwerkstatt – also in Weiche, Äscher, Entkälkung und Beize – die die Entfernung des Grundes unterstützen, ergeben eine schlechtere Lichtechtheit. Diese im ersten Augenblick überraschende Feststellung beruht darauf, daß Gneist-haltige Leder dunkler sind, sich dunkler anfärben und daß das Hautpigment als solches gut lichtecht ist. Da aber ungenügend aufgeschlossene Leder sich unegal anfärben, kann man in der Praxis diese an sich interessante Beobachtung zur Verbesserung der Lichtechtheit dunkler Töne sich nicht zunutze machen. Dagegen ist es durchaus möglich, eine dunklere Farbe der Chromgerbung – hervorgerufen durch hohes Chromangebot und hohe End-pH-Werte der Chromgerbung – zu einer Verbesserung der Lichtechtheit zu verwerten. Denn die Chromfarbe ist lichtecht und sie geht als Farbstärke in dunkelgefärbte Anilinfärbungen ein. So ist es durchaus diskutabel, z. B. für dunkle Töne bei Möbel-, Bekleidungsledern und Velours, eine eigene Gerbung mit kräftiger Chromfarbe zu führen. Auf den günstigen Einfluß tiefer pH-Werte bei der vegetabilischen Gerbung wurde schon hingewiesen. Allerdings sind zwischen den vegetabilischen Gerbstoffen große Unterschiede in der Lichtechtheit. Mimosa, Mangrove und Quebracho dunkeln bei einer Beanspruchung von 1–2 stark nach, während Myrobalan, Valonea und Kastanie eine mittlere Lichtechtheit erreichen lassen; Sumach ist noch einmal eine Größenordnung besser. Lichtechtheiten von etwa 4 sind praktisch nur in Alleingerbung mit speziellen synthetischen Weißgerbstoffen zu erreichen. Grundsätzlich sind alle üblichen vegetabilisch/ synthetischen Gerbungen und Nachgerbungen für hohe Lichtechtheitsansprüche eine Belastung. Von dieser Regel gibt es auch Außnahmen: So hat eine mit gleichen Teilen Quebracho, Mimosa und Kastanie gegerbte Vachette die Lichtechtheit 2, wobei sie nach rotbraun nachdunkelt. Färbt man nun dieses Leder mit einem rotbraunen Farbstoff – ebenfalls der Lichtechtheit 2 – so ist es durchaus möglich, daß die Belichtung eine Gesamtnote von 3 erreicht, weil das Nachdunkeln des Quebracho-Anteils das Verschießen des Farbstoffes gerade kompensiert. Solche Glücksfälle sind zwar selten, werden aber in der Praxis hin und wieder genutzt. Viel häufiger führt das Nachdunkeln zu unangenehmen Reklamationen. Hiervon sind besonders stark Velours aus vorgegerbten ostindischen Bastarden in Feintönen, Grau, Grün- und Blaunuancen betroffen. Selbst die Verwendung hochlichtechter Farbstoffe bringt hier keine Verbesserung und auch die Entgerbung mit Natriumchlorit kann dieses Übel nicht völlig beseitigen. Ein Nachgerbemittel und Gerbstoff sehr guter Lichtechtheit ist Glutaraldehyd, der auch die heute besonders wichtige Weichheit dem Leder vermittelt.

Die wichtigste Entscheidung beim Aufbau einer lichtechten Färbung ist die Auswahl gut lichtechter Farbstoffe. Auf dieses Problem wird in dem Kapitel Farbstoffauswahl (S. 242) ausführlich eingegangen werden. Hier soll lediglich dargelegt werden, mit welcher Schwankungsbreite der Lichtechtheit unter den verschiedenen Einsatzbedingungen gerechnet werden muß. Da ist zu allererst die Dosierung (Tabelle 47). Die Tabelle 48 vermittelt eine Übersicht über die Lichtechtheit verschiedener Farbstofftypen auf drei verschiedenen, ungefetteten Lederarten – nämlich auf entgerbten und nachchromierten ostindischen Bastarden, auf Chrom-Wet-Blues und auf mit Weißgerbstoffen nachgegerbten Chrom-Wet-Blues. $\triangle$ bedeutet die größte Differenz zwischen den zwei unterschiedlichsten Lederarten[181]. Aus dieser Tabelle kann man entnehmen, daß Metallkomplexfarbstoffe und Schwefelfarbstoffe hinsichtlich der Lichtechtheit am unempfindlichsten sind gegen Substratbedingungen.

Tabelle 47: Beispiel der Abhängigkeit der Lichtechtheit eines Farbstoffs von dessen Farbstärke auf der Lederoberfläche[180]

% Farbstoff	Richttyptiefe	Lichtechtheit
3	1/1	4
2	1/3	3
0,5	1/6	2–3
0,3	1/12	2
0,1	1/25	1

Tabelle 48: Lichtechtheit verschiedener Farbstofftypen auf nicht gefetteten ostindischen Bastarden (I), Chrom-wet blue (II) und synthetisch nachgegerbtem wet blue (III) nach K. H. Fuchs und W. Schneider[181]

Farbstoff		I	II	III	$\triangle$
1)	Säurefarbstoff	5	4,5	4	1
2)	Direktfarbstoff	4,5	3	4	1,5
3)	1:2 Metallkomplex	5	5	5	0
4)	1:1 Metallkomplex	5	5	5	0
5)	Schwefelfarbstoff	5	5	5	0
6)	Reaktivfarbstoff	4	5	4,5	1

$\triangle$ = *Differenz zwischen dem niedrigsten und dem höchsten Echtheitswert*

Die Tabelle 49 zeigt den Einfluß der Fettungsmittel auf die Lichtechtheit. Der Vergleich gegen die Belichtungen der ungefetteten Leder (Tab. 48) läßt erkennen, daß durch die Fettung die Lichtechtheit bei Säure-, Direkt- und Schwefelfarbstoffen um ca. 1 Punkt, bei 1:1- und 1:2-Metallkomplexfarbstoffen um ½ Punkt absinkt. Die Fettung kann sich aber auch positiv auf die Lichtechtheit auswirken, wenn sie oberflächlich sitzt und die Färbung vertieft. Die Farbvertiefung ist lichtecht und kann die Färbung um 1–1½ Punkte in der Lichtechtheit verbessern[182]. In diesem Zusammenhang muß man auch die Tatsache sehen, daß die chemische Reinigung die Lichtechtheit meist sehr stark nach der negativen Seite beeinflußt[183].

Tabelle 49: Durchschnittliche Lichtechtheiten auf chromnachgegerbten ostindischen Bastarden, die mit 20 verschiedenen Lickern behandelt wurden nach K. H. Fuchs und W. Schneider[181]

Farbstoff-Nr. (s. Tab. 48)	1 Säurefarbstoffe	2 Direktfarbstoffe	3 1:2 Metallkomplex	4 1:1 Metallkomplex	5 Schwefelfarbstoffe	6 Reaktivfarbstoffe
Auf chromierten Bastarden						
Synthetische Fettstoffe	4,1	3,7	4,7	4,5	3,9	4,0
Tierische Fette	3,4	3,3	4,3	4,4	4,0	3,9
Mischungen	3,8	3,0	4,2	4,3	3,9	3,7
Auf chromgegerbten Ziegenfellen						
Synthetische Fettstoffe	4,3	3,4	5,0	5,0	4,9	4,9
Tierische Fette	3,2	2,3	4,5	4,8	4,3	4,0
Mischungen	3,3	2,4	4,6	4,9	4,4	4,4
Summe	3,68	3,01	4,55	4,65	4,23	4,15

2.3 Die Lösungsmittelechtheiten von Färbungen. Die von allen Farbstoffherstellern mit verschiedenen Lösungsmitteln aufgelisteten Lösungsmittelechtheiten sind in ihrer Aussage diffus: Sie lassen Rückschlüsse zu, ob ein Farbstoff mehr oder weniger hydrophob bzw. organophil sei. Hydrophobe Farbstoffe sind gegen organisch gelöste Deckfarben-Ansätze meist ungenügend überspritzecht, d. h. der Farbstoff wird durch organische Lösungsmittel und Weichmacher aus seiner Bindung an das Leder gelöst und diffundiert beim Trocknen des Lösungsmittels an die Oberfläche der Deckschicht. Färbungen mit hydrophoben Farbstoffen sind aber auch empfindlich gegen Verfleckungen durch Benetzung mit Alkoholika (»Whisky-Echtheit«). Die Lösungsmittel-Echtheiten können auch in einer ungewissen Beziehung zur Reinigungsbeständigkeit und zur Migrationsechtheit gegen weichgemachtes Polyvinylchlorid und gegen Crêpe gesehen werden. Die Lösungsmittelechtheiten sind nicht offiziell. Eine einfache Vorschrift ist folgende:

Man legt eine mit 1% Farbstoff gefärbte Lederschablone in die 40fache Masse an Lösungsmittel ein und beurteilt nach 24 Stunden das Ausbluten des Farbstoffes in das flüssige Medium.

Die reale Aussagekraft dieser Prüfung ist gering; man wird nur bei völliger Widerstandsfähigkeit dieser Färbung – also überhaupt kein Ausbluten – Note 5 – sagen können, daß sich Leder bei den oben aufgeführten Beanspruchungen wahrscheinlich einwandfrei verhalten werden.

Denn die Lösemittel wirken nicht nur auf den Farbstoff, sondern sie lösen auch z. B. Gerbstoffe, durch Alkohol, Fettstoffe durch Perchlorethylen u. a. und bringen dieselben beim Trocknen in Bewegung, was natürlich die Ursache von Flecken usw. sein kann. Um eine gewisse Übersicht über das jeweilige Echtheitsangebot zu bekommen, ordnet man die verwendeten Lösungsmittel in eine Reihe steigender Hydrophobie, z. B.: Alkohol, Butanol, Aceton, Butylacetat/Toluol 1:1, Perchlorethylen, Tetrachlorkohlenstoff, Benzin. Man wird dann feststellen, daß Färbungen mit Farbstoffen, die einen großen Anteil der Sulfogruppen an der Molmasse haben, weitgehend lösungsmittelfest sind, daß mit steigender Molmasse diese Echtheit geringer wird und daß die Färbung der meisten 1:2-Metallkomplexfarbstoffen stark in das Lösungsmittel ausblutet. Heute ist die sog. Überspritzechtheit, besonders für Spritzfärbungen mit Flüssigfarbstoffen, wichtiger als die Lösungsmittelechtheiten. Eine Methode der Überspritzechtheit[184] und deren Ergebnis veranschaulicht Abbildung 41 (S. 152). Die Probe veranschaulicht die Empfindlichkeit vieler Spritzfärbungen mit Flüssigfarbstoffen gegen Lösungsmittel und Lösungsmittelgemische; sie zeigt aber auch deutlich, daß Flüssigfarbstoffe, z. B. auf Basis von C.I. Acid red 296, sich gegenüber allen Beanspruchungen einwandfrei verhalten. Eine Schnellmethode der Überspritzechtheit am fertig zugerichtetem Leder gibt K. Leising an[185].

Man betropfe das Leder mit einigen Tropfen Dibutylphtalat und gebe es 10 Minuten bei 80°C in den Trockenschrank. Aufhellung oder Verfärbung zeigen ungenügende Überspritzechtheit an.

2.4 Die Formaldehydechtheit von Leder (IUF 424[186]). Diese Echtheit hat nur noch geringe praktische Bedeutung; denn die meisten der von den Farbenfabriken angebotenen Lederfarbstoffe sind gut formaldehydbeständig. Trotzdem werden die Formaldehyd-Echtheiten in den Echtheitstabellen nach wie vor geführt.

Die IUF 424 setzt eine gefärbte Lederschablone (5 x 3 cm) in einem Exsikkator über einer 35%igen Formaldehydlösung 24 Stunden gasförmigem Formaldehyd aus und beurteilt eine Farbänderung nach dem Graumaßstab für die Bestimmung von Farbänderungen (IUF 131) gegen eine unbehandelte Probe.

Die Formaldehydechtheit ist einzig eine Frage der Farbstoffauswahl.

2.5 Die Schweißechtheit (IUF 426[187]). Die Schweißechtheit ist von Bedeutung für alle Oberleder, die ohne Futter verarbeitet werden, für Bekleidungs- und Handschuhleder, schließlich auch für Polsterleder; denn Möbelleder werden im allgemeinen nicht an den Stellen der höchsten Beanspruchung – nämlich an den Sitz- und Rückenlehnflächen – unansehnlich, sondern bevorzugt an den Armlehnen. Diese werden am meisten von den schweißabsondernden Händen berührt. Die Schweißwirkung, deren schädigender Einfluß auf verschiedene Gerbungen, die Zusammensetzung des natürlichen Schweißes und synthetischer Schweißlösungen werden in dem Band 10 dieser Buchreihe ausführlich beschrieben[188]. Die Schweißwirkung auf Färbungen beruht auf dessen Übergang durch bakterielle Zersetzung von schwach saurer zur alkalischer Reaktion, auf der Lockerungen von Bindungen durch Harnstoff und auf der Komplexe lösenden Wirkung von Laktaten, ganz abgesehen von der Substratschädigung durch Entgerbung. Die Lockerung von Farbstoffbindungen an das Leder führt dazu, daß Strümpfe und Unterwäsche oft deutlich und vielfach waschfest durch den Farbstoff angeschmutzt werden und daß die Lichtechtheit schweißgeschädigter Leder vielfach drastisch absinkt.

Die Schweißechtheitsprüfung nach IUF 426 arbeitet mit einer künstlichen Schweißlösung aus 5 g/l Natriumchlorid, 5 g/l Milchsäure 80%ig, 0,5 g/l Harnstoff und 0,5 g/l L-Histidin-Monochlorhydrat-Monohydrat, die mit Ammoniak auf einen pH-Wert von 8,0 $\pm$ 0,1 eingestellt ist. Das Begleitgewebe (72 x 50 mm) wird mit Vakuum mit der künstlichen Schweißlösung durchtränkt und sofort auf die zu prüfende Seite der auf einer Glasplatte ausgebreiteten Lederprobe (72 x 50 mm) aufgelegt und ausgestrichen. Nach Auflegen einer weiteren Glasplatte wird der Prüfling mit einer geeigneten Einrichtung mit 123 N/cm^2 (= 4,5 kg Belastung der Gesamtfläche) belastet und für eine Stunde bei 37°C $\pm$ 2°C in einem Trockenschrank eingebracht. Nach Entlastung werden Leder und Begleitmaterial getrocknet und mit Hilfe der einschlägigen Graumaßstäbe beurteilt.

Bewertet wird die Farbänderung des Leders mit dem Graumaßstab zur Bewertung der Farbänderung (IUF 131[189]) und die Anfärbung der Begleitmaterialien mit dem Graumaßstab für die Bestimmung des Anfärbens für Begleitmaterialien[190]. Als Begleitmaterialien werden weiße Standard-Baumwollgewebe und weißes Standard-Wollgewebe verwendet[191]. Neuerdings werden auch sog. Mehrfaserbegleitgewebe eingesetzt, die neben Baumwolle und Wolle auch Acetatseide, Polyacrylnitril, Polyester, Polyamid und Viscose in nebeneinanderliegenden Streifen enthalten[192]. Die Aussage des Mehrfaserbegleitmaterials ist natürlich modernen Anforderungen besser angepaßt. Aber man muß sich bei der Verwendung dieses Materials darüber im klaren sein, daß je nach dem hydrophilen bzw. mehr hydrophoben Charakter des Farbstoffs immer eine Gruppe der Begleitmaterialien gute Werte ausweisen, der zwangsläufig die andere Gruppe mit schlechten Werten gegenüberstehen wird. Hinsichtlich der Bewertung wird man bei Bekleidungsleder, Handschuhleder und Oberleder für futterlose Schuhe der Anfärbung der Begleitgewebe höheres Gewicht beilegen als der Veränderung der Lederfarbe. Für Polsterleder ist dagegen in den meisten Fällen die Veränderung der Lederfarbe am wichtigsten. Es stellt sich nun die Frage, wie man gut schweißechte Färbungen auf Leder einstellen kann. Der erste Schritt zu einer gut schweißechten Färbung ist, eine möglichst schweißechte Gerbung zu realisieren. Hierzu ist es notwendig, dem Leder einen hohen Säurevorrat mitzugeben und es möglichst satt auszugerben. Bei vegetabilisch-gegerbten Ledern ist es nicht schwierig, bei pH 3 eine satte Ausgerbung und eine gute Auszehrung miteinander zu verbinden. Bei der Chromgerbung arbeitet man mit einem höheren Säureangebot im Pickel, gerbt in demselben und steuert die Chromgerbung in der Endphase auf pH-Wert 3,7–3,8. Der zwangsläufig bei diesen pH-Werten schlechteren Auszehrung der Chrombrühen kann man durch ein Recycling oder ein Fällen der Chromsalze begegnen. Man neutralisiere oberflächlich und knapp und gerbe unter anteiliger Verwendung von Dicyandiamid-Harzen möglichst sauer nach. Die Fettung führe man mit einem hohen Anteil nichtextrahierbarer Fette. Ebenso wichtig ist für eine gute Schweißechtheit die richtige Auswahl der Farbstoffe und der Färbemethode. Man erreicht nur mit Färbungen in Flotte im Faß, im Automaten oder in der Multima bei möglichst hohen Temperaturen die volle Schweißechtheit der Echtheitsangabe in der Musterkarte. Hinsichtlich der Farbstoffauswahl wird man mit 1:1- und 1:2-Metallkomplexfarbstoffen mit Kobalt und Chrom als Zentralatom gut zurecht kommen, nachdem diese Komplexe die relativ stabilsten des Angebotes sind. Je geringer die Farbstoffdosierung ist, desto besser wird die Schweißechtheit sein. In letzter Zeit werden für lichtechte und leidlich schweißechte Färbungen auch reaktive Metallkomplexfarbstoffe empfohlen. Das bisher beschriebene Niveau kann noch verbessert werden, wenn man nach der Färbung mit kationischen Fixiermitteln übersetzt. Diese Wirkung ist sehr farbstoffspezifisch und bei schlechten Schweißechtheiten effektiver als bei guten. Aber immerhin können mäßige Echtheiten um 1 bis 2 Punkte, Schweißechtheiten ab 3 um 1/2 bis 1

Punkt verbessert werden. All' die aufgeführten Vorschläge sollte man bei Bekleidungsleder, Handschuhleder, Futterleder und Oberleder für ungefütterte Schuhe, aber auch für Möbelleder berücksichtigen.

2.6 Migrationsechtheit (IUF 441, IUF 442[193]**).** Die Diffusionsechtheit von Färbungen wird nach IUF 442 gegen weichmacherhaltige, weißpigmentierte Weich-PVC-Folie und nach IUF 441 gegen Rohgummi-Crêpe bestimmt. Die Bedeutung und Durchführung dieser Prüfungen sind im Band 10 dieser Buchreihe S. 199 ausführlich dargestellt. Verbleibt die Frage, wie erreicht man gegen hydrophobe Materialien diffusionsechte Färbungen? Diese Echtheit ist im wesentlichen eine Frage der Farbstoffauswahl. Hilfreich ist es, in der Fettung unsulfonierte Anteile möglichst klein zu halten. Man färbe im Faß, im Automaten und auf der Multima bei hohen Temperaturen; eventuell bei der Färbung eingebrachte Lösungsmittel, z. B. durch Flüssigfarbstoffe, müssen vor der Weiterverarbeitung völlig verdunstet sein. Spritzfärbungen und gedruckte Färbungen sind äußerst anfällig für Diffusionsschäden. Besonders migrationsfreudig sind basische Farbstoffe, viele Flüssigfarbstoffe und 1:2-Metallkomplexfarbstoffe, soweit dieselben keine freien Sulfogruppen enthalten. Alle übrigen Farbstoffe migrieren umso weniger, je hydrophiler sie sind, d. h. je höher der Anteil der Sulfogruppen an der gesamten Molekularmasse ist. Selbstverständlich steigt die Anfälligkeit eines Leders für Migrationsschäden mit steigendem Farbstoffangebot; Velours in vollen Nuancen sind besonders gefährdet. Leder mit mäßiger Migrationsechtheit zeigen auch schlechte Überspritzechtheiten. Deshalb kann man den auf Seite 208 angegebenen Schnelltest zur Feststellung der Überspritzechtheit auch zur schnellen Überprüfung des Migrationsverhaltens anwenden.

2.7 Trockenreinigungsechtheit (Veslic 4330 und C 4340). Die Trockenreinigungsechtheit ist eine sehr komplexe Eigenschaft gefärbter Leder. Denn sie hängt nicht nur von der Farbstoffauswahl, sondern auch von den verwendeten Fettungsmitteln und deren Sitz, u. U. auch von anderen Rezepturmitteln der Vorarbeiten und schließlich von den Lösungsmitteln und Zusätzen der Chemischreinigung ab[131,194,195].

Die Chemischreinigung beeinflußt die Tiefe und den Farbton der Färbung, die Oberflächenbeschaffenheit des Leders, seine Fläche bzw. seine Formhaltigkeit, seinen Griff und seine Weichheit; durch die Chemischreinigung werden oft Begleittextilien, wie Innenfutter, angefärbt. Die Lichtechtheit der Färbung wird meist deutlich vermindert[194]. Auch die Reibechtheit wird häufig verändert. Diese Vielzahl von Einflußgrößen und Wirkungen hat bei der Bearbeitung der Trockenreinigungsechtheit den Vorschlag provoziert, eine Trockenreinigungsechtheit gefärbten Leders, die das tatsächliche Verhalten des Leders in der Reinigung beschreibt, von der Drycleaning-Echtheit der Farbstoffe, die nur den Stärkeverlust, die Nuancenveränderung und das Anfärben der Begleitmaterialien einschließt, zu unterscheiden. Dieser von schweizer Seite gebrachte Vorschlag ist in einer eigenen Veslic-Vorschrift niedergelegt. Die Prüfung der Reinigungsbeständigkeit von Leder ist im Band 10 in allen Einzelheiten dargestellt. Trotzdem seien hier für ein tieferes Verständnis eventueller Beanstandungen einige wichtige Gesichtspunkte der Reinigungsechtheit gebracht. Für die Reinigungsechtheit der Praxis ist die Zusammensetzung der Reinigungsbäder von entscheidender Bedeutung. Die besten Ergebnisse in jeder Hinsicht erbrachte das früher für die Lederreinigung verwendete Schwerbenzin; leider ist dieses Lösungsmittel aus feuerpolizeilichen und Versicherungsgründen nicht mehr in Verwendung. Das heute breit eingeführte Perchlorethylen ist das ungünstigste Lösungsmittel für die Trockenreinigung von Leder. Denn es löst nicht nur hydrophobe Farbstoffe, sondern es extrahiert auch Fette und Gerbstoffe, es verändert auch das strukturell gebundene Wasser im Leder. Durch diese Wirkungen werden nicht nur die Farbstärke und Nuance, die Fläche und der Griff, die Lichtechtheit und die Reibechtheit, sondern auch die Festigkeitseigenschaften des Leders betroffen. Erheblich günstiger gegenüber Perchlorethylen verhalten sich moderne Reinigungsmittel[196] auf Basis von Trichlortrifluorethan und Trichlorfluormethan, die allerdings teurer einstehen. Da die Lederindustrie ein Interesse an der alleinigen Einführung dieser milder wirkenden Reinigungsmittel hat, sollten eventuelle Angaben über das Reinigungsverhalten gegenüber Abnehmern sich nur auf diese Chlorfluorkohlenwasserstoffe beschränken. Um einen vollkommenen Reinigungseffekt zu erzielen, enthalten alle Reinigungsbäder noch Wasser und ein Emulgatorengemisch, den sog. Reinigungsverstärker. Diese unumgänglich notwendigen Zusätze müssen im Reinigungsbad möglichst klein gehalten werden, denn je höher deren Dosierung ist, desto stärker wird Farbstoff abgezogen, desto mehr Fett wird herausgelöst und desto mehr Schrumpfungen und Verhärtungen des Leders treten ein.

Am besten verhalten sich im Reinigungsbad reine Chromleder[195]; dabei ist grundsätzlich anzustreben, durch die Gerbung und nicht durch die Fettung das Maximum an Weichheit und Griff zu erbringen. Eine gute Möglichkeit in dieser Richtung ist eine Nachgerbung mit Glutaraldehyd. Sehr ungünstig verhalten sich in der Reinigungsbeständigkeit vegetabilisch-synthetisch vor- und nachgegerbte Leder. Am unsichersten und für Drycleaning-Echtheiten am wenigsten geeignet sind nachchromierte Crust-Leder. Die Fettung von reinigungsbeständigen Ledern ist grundsätzlich knapp zu halten und mit hohen Prozentsätzen nicht extrahierbarer Fette zu führen. Dabei haben sich Fettungen auf synthetischer Basis als überlegen erwiesen gegenüber animalischen Fetten und gemischten Lickern[181]. Die Nachfettung im Reinigungsbad sollte immer auf Basis unsulfonierter Öle, wie Spermöl und Klauenöl, geführt werden; sulfonierte Licker ergeben bei der Nachfettung im Reinigungsbad schlechte Ergebnisse hinsichtlich Farbfülle und Egalität.

Natürlich ist die Farbstoffauswahl für die Reinigungsbeständigkeit besonders wichtig[195]. Grundsätzlich sind alle in organischen Lösungsmitteln löslichen Farbstoffe, wie kationische Farbstoffe, 1:2-Metallkomplexfarbstoffe ohne freie Sulfogruppen, Flüssigfarbstoffe u. a. gegen chemische Reinigung sehr empfindlich. Günstiger verhalten sich 1:1-Metallkomplexfarbstoffe und Säurefarbstoffe. Die besten Werte hinsichtlich der Reinigungsbeständigkeit ergeben Reaktivfarbstoffe, besonders Dichlortriazin-Farbstoffe und Vinylsulfon-Farbstoffe, etwas geringere Trichlorpyrimidin-Farbstoffe[195]. Voraussetzung für ausgezeichnete Werte ist allerdings eine gute Abbindung der Reaktivfarbstoffe durch eine Färbung bei pH-Werten zwischen 8 und 9 und ein sorgfältiges Auswaschen des hydrolisierten Farbstoffanteils. Gut reinigungsbeständige Leder wird man nur im Flottenverfahren, sei es im Faß, Automaten oder auch beim Färben im Durchlaufverfahren auf der Multima bei hohen Temperaturen und nach sorgfältigem Absäuern erreichen. Alle Spritz- und Druckfärbungen sind schlecht reinigungsbeständig.

2.8 Die Waschechtheiten (IUF 423[197]).
Die Waschechtheit ist eine allgemein in den Musterkarten gebotene Farbstoffeigenschaft. Dabei werden Farbabweichungen der Lederprobe und die Anfärbung der Begleitgewebe aus Wolle und Baumwolle durch eine neutrale Wäsche mit den entsprechenden Graumaßstäben festgestellt und bewertet. Etwas abweichend von der offiziel-

len Methode, aber auch umfassender, wird im Band 10[198] dieser Buchreihe eine Vorschrift gegeben, die nicht nur die Farbechtheit, sondern auch die Flächenveränderung und die Änderung der Weichheit, Geschmeidigkeit, des Griffs und der Zügigkeit des Leders in die Beurteilung mit einbezieht. Die Darmstädter Schule[199] hat ausführlich die vielschichtigen Voraussetzungen waschbarer Leder beschrieben: Kompakte Rohware, wie kleine Kalbfelle und spezielle Kleintier-Provenienzen, eine Weichheit und Formhaltigkeit vermittelnde Gerbung, wie Kombinationsgerbungen mit Chromgerbstoffen und Glutaraldehyd, schließlich die entsprechende Farbstoffauswahl wie z. B. Metallkomplexfarbstoffe. Technologisch empfiehlt G. Otto[200], bei hohen Temperaturen zu färben, den pH-Wert mit gesteuerter Dosieranlage während der Färbung langsam auf pH 3,5 zurückzuführen und mit kationischen Fixiermitteln im frischen Bad die Färbung zu fixieren. Hinsichtlich der Fettung werden Mischungen von synthetischen und tierischen Fetten als optimal empfohlen[181]. Selbstverständlich ist die Waschechtheit des nach diesen Vorschlägen resultierenden Leders auch im hohen Grade von den Bedingungen der Wäsche hinsichtlich Waschmittel, Flotten-pH, Temperatur der Wäsche, Dauer des Waschprozesses und Führung der Trocknung abhängig. Hierzu ist zu empfehlen, mit neutralen Waschmitteln oder mit Neutralseifen in Mischung mit Enzymen bei pH-Werten von 7, Temperaturen von 30°C und je nach Verschmutzung mit Waschzeiten zwischen 10 und 20 Minuten zu arbeiten. Dabei vertieft Neutral-Seife infolge ihres oberflächlichen Aufziehens auf das Leder vielfach die Nuance einer Reihe von Färbungen und erhöht den Gebrauchswert des gereinigten Leders durch einen gewissen Hydrophobiereffekt. Allerdings besteht bei einem zu starken Aufziehen von Seifen, besonders bei Velours, die Gefahr des Speckens. Eine ausreichende Waschechtheit ist besonders schwierig bei vegetabilisch vorgegerbten Ledern zu erreichen[201].

Auch in diesem Fall wird eine deutliche Verbesserung durch eine kationische Fixierung erreicht, in einem etwas geringerem Maße durch eine Nachgerbung mit Chromgerbstoff. Für Bekleidungsleder muß beachtet werden, daß die gewaschenen Leder 0,5–2 Punkte an Lichtechtheit verlieren können. In den verschiedenen zitierten Arbeiten[201,199,181] schwanken die den einzelnen Farbstoffgruppen zugeschriebenen Echtheitswerte, weil die Anwendungs- und Prüfbedingungen der verschiedenen Autoren nicht vergleichbar sind. Man kann aber mit einiger Sicherheit hinsichtlich der Farbstoffauswahl für die Waschechtheit folgende Empfehlung geben: Besonders günstig scheinen sich wasserlösliche Schwefelfarbstoffe und 1:2-Metallkomplexfarbstoffe zu verhalten, weniger gut sind saure Farbstoffe und 1:1-Metallkomplexfarbstoffe. Substantive Farbstoffe und ganz allgemeine Farbstoffe mit hohem Molekulargewicht sind für wachechte Färbungen weniger geeignet. Die Beurteilung der Reaktivfarbstoffe ist uneinheitlich. Jedenfalls sollte der Praktiker nur Farbstoffe für eine einwandfrei waschechte Färbung aussuchen, die in den Musterkarten eine 4 aufzuweisen haben. Gegenüber der Chemischreinigung, ganz besonders mit dem aggressivem Perchlorethylen, verhalten sich Färbungen, besonders in einer Neutralwäsche, im allgemeinen günstiger. Heute spielt die Waschechtheit keine wesentliche Rolle. Nur bei Bekleidungsartikeln, die auf der bloßen Haut getragen werden, z. B. bei Ledern für Hemden und bei gewissen Handschuhledern, wird Waschechtheit verlangt. Es ist denkbar, daß in Zukunft, aus dem ungelösten Problem der Chemischreinigung resultierend, waschbaren Leder eine größere Bedeutung zuwachsen könnte.

2.9 Wasserechtheit und Wassertropfenechtheit (IUF 420, IUF 421[202]**).** Die Wasserechtheit testet die Bindung einer Färbung an das Leder bei feuchter Berührung. Bei nahezu allen faßgefärbten Narbenledern sind die Ergebnisse dieser Prüfung ausgezeichnet, soweit es die Veränderung der Lederfarbe betrifft. Die Anfärbung des Begleitgewebes zeigt dagegen einige Unterschiede bei hochkonzentrierten Farbstoffen und bei hoher Dosierung von Färbungen. Die von drei Farbstoffherstellern angegebenen Bewertungen betreffen nur faßgefärbte Leder. Dieses Zahlenwerk kann bei der Ausarbeitung von Färberezepturen für anilingefärbte Futterleder, Brandsohl-, Deckbrandsohl- und Buchbinderleder herangezogen werden. Problematischer als für faßgefärbte Leder ist die Wasserechtheit von Spritzfärbungen. Man wendet für diese Leder am besten die Wassertropfenprobe IUF 420 an. Bei Spritzfärbungen mit ungeeigneten Farbstoffen hinterlassen Wassertropfen nach dem Auftrocknen vielfach an ihren Konturen Farbränder, wenn nicht gut ausgearbeitete Spezial-Sortimente als Farbstoffe eingesetzt werden. Im Band 10 dieser Buchreihe (S. 111) ist unter »Benetzbarkeit von Ledern« eine detaillierte Vorschrift für die Durchführung der Wassertropfenprobe gegeben.

Eine Prüfung, die ebenfalls die Bindungsfestigkeit, auch von Farbstoffen, anspricht, ist der sog. Streifentest, der ebenfalls im Band 10 (S. 143) dieser Buchreihe ausführlich beschrieben ist. Alle wasserlöslichen im Leder ungebundenen Inhaltsstoffe wandern mit der steigenden Wasserfront in ein Filtrierpapier ein und können dort festgestellt und identifiziert werden.

Die Wasserfestigkeit von Färbungen ist natürlich abhängig von der Hydrophilie des Leders und damit von der Führung der Gerbung. Besonders hochaffine Leder ergeben bessere Wasserechtheiten gegenüber vegetabilisch vor- oder nachgegerbten Ledern. Enthält ein Leder hohe Prozentsätze an Elektrolyten, so sind Färbungen auf denselben immer ungenügend wasserecht. Wenn man bei höheren Temperaturen färbt und durch Dosiereinrichtungen während der Färbung den pH-Wert auf 3,5 absenkt, erhält man immer günstigere Wasserwerte. Hinsichtlich der Farbstoffauswahl ist man mit Metallkomplexfarbstoffen immer guter Werte sicher; das entgegengesetzte Extrem sind ausgesprochene Ein- und Durchfärber, die man für gute Wasserechtheiten möglichst nicht einsetzen sollte. Auch für diese Echtheit bringt eine kationische Fixierung der Färbungen deutlich bessere Werte. Optimale Fixierungseffekte erhält man, wenn man das Fixiermittel und den Farbstoff in gleichen Prozentsätzen anbietet. Dieses Maximum sollte man aber nicht anstreben, weil bei so hoher Dosierung des Fixiermittels die Trockenreibechtheit oft unträglich schlecht wird und weil eine spätere Zurichtung auf einem so stark »kationisch fixierten Leder« vielfach schlecht haftet. Die obere Dosierungsgrenze für kationische Fixierungen zur Verbesserung der Wasserechtheit sollte immer bei 50% des Farbstoffangebotes liegen.

2.10 Die Schleifechtheit (IUF 454[203]**).** Die Schleifechtheit ist eine Fabrikationsechtheit der Veloursfärbung; sie wird von den beiden schweizer Farbstoff-Fabriken geführt, während die übrigen Farbstoffhersteller mit Angaben zur Einfärbung von Chromledern und Velours ihr Genügen finden.

Die Methode der Schleifechtheit von gefärbten Ledern kann auf dem Reibechtheitstester des Veslic[204] durchgeführt werden, indem der Wollfilz auf dem Reiber mit einem Streifen Schleifpapier Nr. 320 (Carborundum) von 15 mm Breite überspannt wird und mit einem zusätzlichen Gewicht von 500 g, also einem Gesamtgewicht von 1 kg, belastet wird. Mit dem so umgestellten Gerät wird die eingespannte und um 10% gedehnte Lederprobe auf 2 Bahnen von 5 cm Länge nacheinander in 40 Hin- und Herbewegungen pro Minute gerieben. Die erste Bahn erhält 10, die zweite Bahn 110 Hin- und Herbewegungen. Der

Abrieb wird abgebürstet und der Kontrast zwischen den beiden Schleifbahnen mit dem Graumaßstab auf Änderung der Farbe (IUF 131) bewertet.

Grundsätzlich ist festzuhalten, daß praktisch jede Färbung – und sei sie noch so gut und gleichmäßig durchgefärbt – beim Anschleifen an Stärke und Brillanz mehr oder weniger einbüßt, so daß eine 4 nach dem Graumaßstab bereits als ein ausgezeichneter Wert anzusehen ist. Man sollte meinen, daß das Durchfärbevermögen auf Velours und die Schleifbarkeit weitgehend parallel gehen müßten. Dies trifft auch meist für schlechte Ein- und Durchfärber zu. Bei den guten Werten der Durchfärbung trifft man aber auf Farbstoffe, deren Schleifbarkeit dem guten Wert des Durchfärbens nicht ganz entspricht. Hinsichtlich der Farbstoffauswahl muß deshalb von Fall zu Fall entschieden werden; eine allgemein verbindliche Empfehlung kann mangels Unterlagen in der Literatur nicht gegeben werden.

2.11 Die Reibechtheit von Färbungen. Zum Abschluß der Behandlung der Echtheiten von Färbungen soll noch auf die Reibechtheit eingegangen werden. Bekanntlich spielt diese Echtheit bei der Prüfung der Eigenschaften zugerichteter Leder eine große Rolle. Dagegen sind normale und trocken gefettete Färbungen vom Narben her meist gut reibecht. Unter gewissen Voraussetzungen können aber auch ungedeckte Anilinfärbungen eine wenig befriedigende Reibechtheit aufweisen. Dies kann z. B. der Fall sein, wenn eine oberflächlich aufgezogene Fettung mit hohen Anteilen an unsulfonierten Neutralölen auf eine Färbung trifft, die mit im organischen Medium gut löslichen Farbstoffen, wie z. B. gewissen 1:2-Metallkomplexfarbstoffen, geführt wurde. In diesem Fall sollte man entweder die Fettung magerer gestalten oder stärker hydrophile Farbstoffe anwenden, die man an ausgezeichneten Lösungsmittelechtheiten und an guten Migrationswerten gegen Weich-PVC (s. S. 210) erkennt. Die gängigste Beanstandung der Reibechtheit anilingefärbter Leder ist die von Velours und Nubuk. Die häufigste Ursache dieser Mängel bei diesen Lederarten ist der nicht entfernte Schleifstaub. Nun ist es leider Tatsache, daß selbst mit modernen Blasentstaubungsmaschinen die letzten Reste des Schleifstaubes nicht entfernt werden können. Bei Bekleidungsvelours, bei denen Reibechtheit eine unabdingbare Qualitätsanforderung ist, hilft man sich dadurch, die Leder nach dem letzten Schliff in Flotte noch einmal mit 1–2% Farbstoff auf Trockengewicht zu überfärben. Diese letzte Behandlung in Flotte schwemmt den Schleifstaub aus den Ledern. Selbstverständlich reiben sich in Velours eingewalkte Pigmentpuder ab, oder auch die Reibechtheit von mit Farb- oder Fettlüstern behandelten Velours geben zu Beanstandungen Anlaß.

Pigmentpuder und Farblüster macht man reibechter, wenn man sie gemeinsam mit einem Polymerisatbindemittel anwendet, soweit das der angestrebte Griff des Velourleders zuläßt.

Die Bestimmung der Reibechtheit von Lederfärbungen und Zurichtungen ist in IUF 450 gegeben und wird im Band 10 dieser Buchreihe beschrieben[204].

VIII. Die verschiedenen Begriffe der Egalität bei der Lederfärbung

Keine einschlägige Veröffentlichung und kein Vortrag des Ledergebietes, in denen nicht die Egalität der Färbung beschworen würde. Oft aber entsteht bei dem Leser der Eindruck, daß die verschiedenen Autoren unter Egalität jeweils verschiedenes verstehen oder aber, daß eine diffuse Heilserwartung herbeigewünscht wird. Es ist deshalb sicher lehrreich, ein wenig über den Zaun zur Schwesterbranche Textil zu schauen, um sich zu vergegenwärtigen, was dort unter Egalität und Egalisieren verstanden wird. Streng physikalisch-chemisch definiert der Textilchemiker[205] Egalität als den Quotienten aus der Minimalkonzentration des Farbstoffs durch die Maximalkonzentration desselben auf dem Substrat; d. h. mit anderen Worten: als das Verhältnis der geringsten zur größten Farbstärke auf dem Färbegut. Ausgeschlossen aus den theoretischen Betrachtungen der Textilsparte sind alle Unegalitäten aus optischen Effekten, z. B. aus unterschiedlichen Faserrichtungen bei einem Plüsch oder aus natürlichen Fehlern des Rohmaterials, z. B. durch unreife Baumwollfasern oder durch spitzig bzw. schippig färbende Wolle oder durch unterschiedliche Verstreckung von synthetischen Fasern. Die Entstehung der verbleibenden Unegalitäten leitet der Textilfärber aus drei Hauptursachen ab: aus den verwendeten Farbstoffen und Chemikalien, aus dem Färbegut selbst und aus apparativen Gegebenheiten bzw. Verfahrensbedingungen. Auf diese drei Grundelemente beziehen sich die folgenden Parameter einer egalen bzw. unegalen Textilfärbung:

1. Die Färbeeigenschaften und Kombinierbarkeit der beteiligten Farbstoffe.

2. Die Wirkung der Hilfsmittel.

3. Die Färbezeit.

4. Der Umfang der Farberschöpfung im Gleichgewicht.

5. Die Temperaturführung.

6. Die Führung des pH-Wertes.

7. Die Strömungsbedingungen im Färbeapparat.

8. Verschiedene Verfahrensvarianten.

1. Egalität und Egalisieren der Lederfärbung

1.1 Substratbedingte Unregelmäßigkeiten der Lederfärbung. Die gegerbte Haut ist bestimmt das individuellste und schwierigste Substrat der Färbung überhaupt. Nicht nur, daß Hals, Kern und Fläme infolge ihrer unterschiedlichen Stellung, ihrer verschiedenen Faserdichte und Porenstruktur vielfach optisch den Eindruck von Unheitlichkeit hervorrufen. Tatsächlich ist Leder ein Substrat, bei dem zwei Oberflächen unterschiedlicher Zugänglichkeit und unterschiedlichen Reaktionsvermögens vorliegen, nämlich die Fleischseite und der Narben, die färberisch ausgeglichen werden müssen. Wie schwierig das sein kann, veranschaulicht Abb. 42 (S. 153) mit Schattenreihen zweier Färbungen. Die linken Färbungen sind mit einem Farbstoff des Egalisiervermögens 5, die rechten mit einem Versuchsprodukt denkbar schlechten Egalisiervermögens durchgeführt. Die jeweils äußere Reihe veranschaulicht die Fleischseitenfärbungen. Der Unterschied ist evident: Während bei dem linken Farbstoff bei dem Farbstoffangebot von 0,0125% Fleischseite und Narbenseite in Nuance und Stärke ausgeglichen sind, zeigt der rechte Farbstoff durch die gesamte Schattenreihe ein sich verstärkendes Auseinanderfallen der Narben- und Fleischseitenfärbungen. In der täglichen Praxis sind bei Färbungen mit nur einem Farbstoff solche Unterschiede nicht häufig anzutreffen, weil in guten Sortimenten Farbstoffe mit dem Egalisiervermögen 1 nicht und 2 nur sehr wenig mehr anzutreffen sind. Aber wie wir später noch sehen werden, sind solche extremen Unterschiede der Fleischseitenfärbungen bei ungünstigen Farbstoffkombinationen durchaus noch möglich. Dagegen ist die hellere oder dunklere Markierung der Riefen durch die Färbung ein alltägliches Übel. Wie unter VII/1.7, S. 190 gezeigt wird, ist die Beurteilung von Standardfärbungen vergleichbarer Hälse hinsichtlich der Egalisierung der Halsriefen eine Möglichkeit, Farbstoffe in eine Reihenfolge nach ihrem Egalisierungsvermögen einzuordnen. Aber nicht nur schlecht egalisierende Farbstoffe markieren die Halsriefen; dieselben können auch bei Verwendung gut egalisierender Farbstoffe durch ein Färbereihilfsmittel, durch eine zu adstringente Nachgerbung oder durch eine instabile Fettung deutlich in Erscheinung treten, was bei dem oben diskutierten Prüfverfahren selbstverständlich ausgeschaltet sein muß.

Zu diesen Unregelmäßigkeiten durch die Stellung der Haut kommen die Schädigungen während der Haltung der Tiere, der Schlachtung, der Konservierung und des Transportes der Häute; diese erworbenen Häutefehler zeichnen sich sämtlich färberisch ab. Abb. 43 (S. 153) zeigt den Hals einer Wildhaut mit sich dunkler anfärbenden Bakterienstippen und sich heller abzeichnenden vernarbten Heckenrissen, die gut veranschaulichen, wie unterschiedlich offene Wundstellen und geschlossene Wundnarben sich färberisch auswirken. Der verwendete substantive Farbstoff färbt Fleischseite und Schnittkanten stärker an, und es ist deshalb nicht verwunderlich, wenn er auch Wundstippen unterstreicht[49]. Dieses an sich keineswegs extreme Beispiel für die färberische Auswirkung von Häutefehlern zeigt, daß hier die Grenzen der Möglichkeiten der Lederfärberei liegen. Man mag alle nur denkbaren Kunstgriffe der Färbetechnik anwenden, solche Fehler wird man nie ganz unsichtbar machen können. Das gleiche gilt für Blutflecken aus ungenügendem Ausbluten bei der Schlachtung, für Fleischerschnitte, für Verfärbungen durch Bakterien und Schimmel, für Salzstippen, für Liegefalten bei wet blue und Pickelware, für Verbrennungen von Trockenhäuten, für Nubukierungen aus Konservierungsschäden und für viele andere Ursachen. Es bleibt in allen diesen Fällen keine andere Wahl, als auf eine weniger geschädigte Rohware überzugehen, wenn ein höheres Egalitätsniveau der Färbung gefordert ist.

Bei der Behandlung der Vorarbeiten in Weiche, Äscher, Gerbung und Nachgerbung wurde bereits immer wieder darauf hingewiesen, welche Verfahrensschritte eine unregelmäßige Verteilung der Gerbstoffe und der Fettstoffe oder eine ungenügende Entfernung des Grundes bewirken können. Solche Fehler in den Vorarbeiten verursachen Technologie-immanente Unregelmäßigkeiten der Affinität in den Lederoberflächen, die sich färberisch abzeichnen und meist durch färberische Kunstgriffe nicht mehr korrigiert werden können.

1.2 Die sog. normale Unegalität. Wenn man einen gut egalisierenden Farbstoff (= 4) gegen einen schlecht egalisierenden (= 2) auf einer größeren Anzahl nicht vergleichbarer Hälse ausfärbt und die Egalität derselben gegen einen Standard bewertet, so gelangt man zu dem Eindruck, in welchem Umfang das Egalisieren streuen kann[49]. Abbildung 44 zeigt, daß von 11 Färbungen mit einem gut egalisierenden Farbstoff sechs bei der Bewertung 4 und fünf bei Bewertung 5 liegen. Bei den 15 Färbungen mit einem schlecht egalisierenden Farbstoff wurden sechs Färbungen mit einer Egalität von 1 bewertet, fünf mit einer Egalität von 2, drei mit einer Egalität von 3 und schließlich eine Färbung sogar mit der Egalität 4. Nach diesem Versuch scheint es, wie wenn man mit einem schlecht egalisierenden Farbstoff unter günstigen Bedingungen durchaus gleichmäßig färben könne; die schlechten Egalisierer sind also in viel höherem Maße als die gut egalisierenden Farbstoffe gegen unvermeidliche Schwankungen des Substrates empfindlich und zeichnen diese Unregelmäßigkeiten mehr oder weniger stark färberisch durch Stärkeunterschiede bzw. Nuancenschwankungen ab. Worauf diese Unterschiede zwischen den Farbstoffen zurückzuführen sind, ist weitgehend unbekannt. Es liegt auf dem Ledergebiet eine Veröffentlichung vor, die den Zusammenhang zwischen

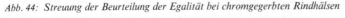

Abb. 44: Streuung der Beurteilung der Egalität bei chromgegerbten Rindhälsen

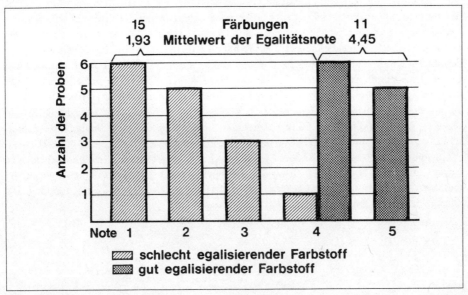

Farbstoffkonstitution und Egalität direkt anspricht[49]. In dieser Veröffentlichung wird die Färbung zweier Isomerer auf vergleichbaren halben Hälsen beschrieben, die die in Abb. 45 (S. 154) gezeigten Unterschiede im Egalisierverhalten verdeutlichen. Der Unterschied ist frappierend, wenn man bedenkt, daß die chemische Zusammensetzung der beiden Farbstoffe völlig gleich ist und daß dieselben sich nur dadurch unterscheiden, daß bei dem C.I. Acid red 97 die beiden sperrigen Sulfogruppen die Drehstelle des Diphenyl so blockieren, daß dieser Farbstoff immer gewinkelt vorliegen muß und deshalb nie eine planare, d. h. ebene Konfiguration erreichen kann. Das 3,3-Isomere dagegen trägt die Sulfogruppen jeweils in Nachbarschaft zu den beiden Azobrücken, wodurch die löslich machenden Gruppen in ihrer Lösekraft geschwächt werden, aber im Gegensatz zum Red 97 kann das Molekül eine planare Konfiguration einnehmen. Diese ebene Anordnung ermöglicht die Ausbildung von Aggregaten, welche tatsächlich nachgewiesen werden konnten[206].

Das C.I. Acid red 97 kann dagegen infolge seiner sterischen Hinderung keine oder nur in geringem Maße Aggregate ausbilden. Dieser Farbstoff liegt deshalb in Lösung in viel höherem Maße als sein Isomeres als Einzelfarbstoff vor. Es stellt sich nun die Frage, wie die Aggregierung das Ziehverhalten von Farbstoffen beeinflußt. G. Otto[207] war noch der Meinung, »daß Aggregierung zwar für das Verhalten der Farbstoffe in Lösung recht wesentlich sei, für das Verhalten am Leder von weit geringerer Bedeutung, als man glauben möchte«. Die neuerdings gegebene Möglichkeit, das Aufziehverhalten von Farbstoffen messend zu verfolgen, hat gezeigt, daß der Aggregationszustand in Lösung ganz wesentlich das Aufziehverhalten und in diesem Zusammenhang auch die Egalität beeinflußt. Die beiden Bilder in Abb. 46 (S. 155) sollen diesen Befund belegen[49]: Links auf der Ordinate ist der Aufzug des Farbstoffs auf das Leder in % des Angebots dargestellt, auf der Abszisse die Zeit in Minuten. Die Aufziehkurve steigt rasant in den ersten 15 Minuten auf nahezu 100% an und mündet nach 20 Minuten bereits in ein Gleichgewicht. Das Stuart'sche Modell der rechten Abbildung läßt die ebene Anordnung des Moleküls ohne weiteres erkennen. Der Einfluß der Aggregation auf die Aufziehkurve ist überraschend groß. Nach 15 Minuten sind lediglich 23% des Farbstoffangebotes auf das Leder aufgezogen, während der 180 Minuten Laufzeit des Versuches wird das Färbegleichgewicht nicht erreicht, sondern 36% des Farbstoffes verbleiben in der Flotte. Entgegen den weit verbreiteten Erwartungen ist die Egalität der Färbung des langsamer ziehenden Farbstoffes nur sehr mäßig; auf die Fleischseite zieht fünfmal mehr Farbstoff als auf die Narbenseite; die Stärke auf der Narbenseite verhält sich etwa wie 250:55 im Vergleich zu dem C.I. Acid red 97. Die Löslichkeit ist 50 mal geringer (1 g/l); das Aufbauvermögen auf nachgegerbten Ledern ist im Vergleich um 1 Punkt schlechter; die Diffusionsechtheit gegen PVC ist um 3,5 Punkte geringer. In unserem Zusammenhang ist der Unterschied von etwa 2 Punkten im Egalisieren das Interessanteste.

Um dieses Ergebnis zu bestätigen, wurden weitere Isomere nach derselben allgemeinen Formel mit einem höheren Gehalt an Sulfogruppen synthetisiert, um so eine vergleichbare Gamme von Farbstoffen mit verschiedenem Aufziehverhalten zur Verfügung zu haben. Die allgemeine Formel der untersuchten Farbstoffe ist:

$R^1, R^2 =$ H, -SO$_3$H, -Cl

$R^3, R^4, R^5 =$ -H, -SO$_3$H

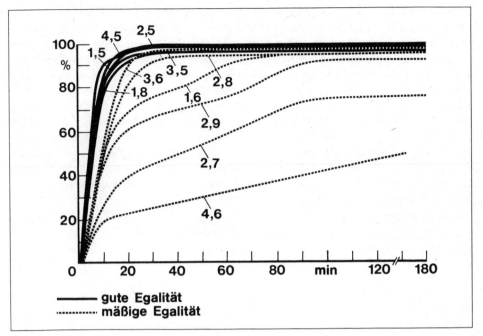

Abb. 47: Aufziehkurve und Egalität

Die Farbstoffe unterschieden sich nur durch die Zahl und die Stellung der Sulfogruppen. Es zeigt sich, daß sämtliche sterisch behinderten Farbstoffe in der Egalität bei 4 und mehr liegen und daß dieselben das Färbebad zwischen 20 und 70 Minuten erschöpfen. Die aggregierten Typen dieser Versuchsreihe haben dagegen Egalitätswerte zwischen 1 und 3, und sie erschöpfen das Färbebad zwischen 30 und 180 Minuten, d. h. einige ziehen nicht vollkommen aus. Mit dieser Gamme von Modellfarbstoffen liegt nun eine Reihe konstitutionell sehr naheliegender Farbstoffe unterschiedlicher Aufziehgeschwindigkeit und Baderschöpfung vor. Diese Gamme ist deshalb gut geeignet, um das ideale Aufziehverhalten einer egalen Lederfärbung zu ermitteln. Abb. 47 zeigt die Aufziehkurven verschiedener Modellfarbstoffe unterschiedlichen Aufziehverhaltens. Die Aufziehkurven der gut egalisierten Farbstoffe steigen sämtlich in den ersten 15 Minuten steil an bis zu einer Baderschöpfung von ca. 90% an und erreichen meist nach 20 Minuten bereits den Gleichgewichtszustand. Das heißt, im Falle dieser Isomerenreihen egalisieren schnell ziehende und gut erschöpfende Farbstoffe immer besser als die langsam ziehenden und schlecht das Bad erschöpfenden Typen. Man darf nun nicht auf den bei anwendungstechnischen Arbeiten über Färberei häufig gemachten Fehler verfallen, Einzelergebnisse wie die vorliegenden verallgemeinern zu wollen. Vielmehr kann die beschriebene Versuchsreihe nur einen Teilaspekt des sehr komplizierten Problems der Egalisierung erfassen. Das ergibt schon die Analyse der Versuchsreihe selbst. Von den 14 synthetisierten Isomeren des Versuches zogen 10 in den ersten 15 Minuten mit mehr als 75% des Angebotes auf; diese 10 Farbstoffe wurden deshalb sämtlich mit einer Aufziehgeschwindigkeit von 5 bewertet. Von diesen 10 schnell ziehenden Farbstoffen egalisierten 6 überdurchschnittlich gut (Egalität 4 und 5). Mit anderen Worten: 60% der schnell ziehenden Farbstoffe sind gute Egalisierer. Zu einem durchaus ähnlichen Ergebnis kommt man bei der Analyse eines Sortimentes von 63 verschiedenen Farbstoffen der unterschiedlichsten Konstitutionen. Siebenunddreißig Farbstoffe dieses Sortimentes haben eine 5 in der Aufziehgeschwindigkeit. Von diesen 37 »Fünfern« egalisieren 7 bzw. 15 sehr gut bis gut und 13 bzw. 2 mäßig bis schlecht; das sind ca. 60% gute und 40% schlechte Egalisierer. Diese Ergebnisse werden durch ähnliche Beobachtungen auf dem Wollgebiet gestützt. So schreiben W. Ender und A. Müller: »An einigen Beispielen konnte gezeigt werden, daß gut egalisierende saure Wollfarbstoffe schnell, schlecht egalisierende Wollfarbstoffe dagegen erheblich langsamer aufziehen«.[208] In letzter Zeit wurde dieser Befund von I. H. Brookes[209] durch die Feststellung bestätigt, daß exponentielle Aufziehkurven, d. h. in den ersten Minuten nahezu vollkommen erschöpfende Aufziehcharakteristiken, linearen, also auf langsames Ziehen gesteuerten Kurven, in der Egalität bei Wolle überlegen seien.

Halten wir für das Ledergebiet zusammenfassend fest:

60% der schnell aufziehenden Lederfarbstoffe färben überdurchschnittlich egal. Es liegt auf der Hand, daß diese schnell ziehenden Farbstoffe in den ersten 15 bis 20 entscheidenen Minuten der Färbung gegen alle Unregelmäßigkeiten und Schwankungen, der den Aufzug beeinflussenden Parameter äußerst empfindlich sein müssen, viel empfindlicher als langsam ziehende Farbstoffe. Welches sind nun in der täglichen Praxis diejenigen Größen, deren Schwanken örtlich unterschiedliches Aufziehen verursachen können? Es sind dies vor allem örtliche Schwankungen der Oberflächenkonzentration des Farbstoffes und der Oberflächentemperatur am Leder. Wie ist es überhaupt möglich, daß bei diesen meist streng überwachten Parametern Schwankungen am Leder auftreten können? Wenn z. B. in zu langsam laufenden Fässern schnell ziehende Farbstoffe gefärbt werden, können an den Lederoberflächen infolge des rasanten Aufzuges der Farbstoffe örtliche Konzentrationsunterschiede kurzfristig entstehen, die sich färberisch abzeichnen. Oder wenn man in einem zu breiten Faß färbt, entstehen infolge einer zu langsamen Verteilung der Zugaben Konzentrations- und pH-Unterschiede auf den Ledern. Oder wenn man in einer modernen vollautomatischen Anlage färbt, deren Umlauf automatisch umgesteuert wird, so genügen bei den schnell ziehenden Farbstoffen die kurzen Totzeiten der Umpolung, wenn sie in der Anfangsphase der Färbung erfolgen, um Unegalität durch örtliche Konzentrationsunterschiede hervorzurufen. Man ist deshalb gut beraten, in den ersten 20 Minuten einer Färbung ohne Richtungswechsel des Faßumlaufes zu arbeiten. Ebenso simpel und vielfach unerkannt entstehen örtliche Temperaturunterschiede, wenn zwischen der Temperatur des Leders im Faß und der Temperatur der durch die hohle Achse zufließenden Farbstoff- und Hilfsmittel-Lösungen eine zu große Temperaturdifferenz besteht. Diese beispielhaften Erläuterungen sollen den Praktiker dazu anregen, die jeweils vorliegenden apparativen Gegebenheiten unter dem Gesichtspunkten ausreichender Strömungsgeschwindigkeit, optimaler Dimensionierung und Durchmischung, schließlich maßvoller Einteilung der Partiegrößen zu überdenken, um alles zu tun, um bei schnell ziehenden Farbstoffen und Farbstoffkombinationen örtliche Temperatur- und Konzentrationsunterschiede zu vermeiden. Gut verwertbare Anregungen in dieser Richtung können aus Band 7 dieser Buchreihe entnommen werden.

Ganz im Gegensatz zu den schnell ziehenden Farbstoffen markieren langsam ziehende Farbstoffe stärker alle Unregelmäßigkeiten des Substrates, die aus ungleichmäßigen Gerbstoffeinlagerungen, Wundscheuern, Antrocknen, Herkunft aus unterschiedlichen Partien usw. herrühren. Selbstverständlich werden langsam ziehende Farbstoffe von der Fleischseite und allen Wundstippen stärker abgebunden.

Bei einer Sortimentsüberprüfung kann der Praktiker immer wieder feststellen, daß meist dieselben Nuancen und Nuancengruppen ungleichmäßig herauskommen. Das sind bei Narbenledern vor allem Feinnuancen und einige Brauntöne. Mit vollen Färbungen hat man meist hinsichtlich der Egalität weniger Schwierigkeiten, dafür leidet auf manchen Färbungen die Farbstärke Not. Diese Beobachtungen deuten auf eine wichtige Regel des Egalisierens hin: Man färbt umso egaler, je näher man bei dem Sättigungsvolumen des Leders für den betreffenden Farbstoff arbeitet oder mit anderen Worten: Je satter die Färbung durch ein möglichst hohes Farbstoffangebot ist, desto egaler färbt man. Praktisch alle Verfahrensmaßnahmen in der Färberei manipulieren das maximale Bindungsvermögen oder, anders ausgedrückt, das Sättigungsvolumen des Leders. Wenn man z. B. durch die Neutralisation und den Zusatz von Ammoniak den pH-Wert des Färbebades von 4 nach 6 verschiebt, so inaktiviert man eine ganze Reihe von Ammoniumgruppen des Leders zu elektroneutralen Aminogruppen: Die Bindungskapazität des Leders geht zurück. Durch diese Maßnahme erreicht man mit einem viel kleineren Farbstoffangebot volle Sättigung und damit bessere Egalität. Auf der anderen Seite aktiviert man durch Absäuern, z. B. auf pH 3,5, eine größere Anzahl von Aminogruppen zu reaktiven Ammoniumgruppen, das Sättigungsvolumen wird vergrößert, der restliche noch in der Flotte befindliche Farbstoff zieht auf, nicht immer genügend egal, besonders wenn das Absäuern zu stoßartig erfolgt. Durch automatische Dosierungsanlagen ist es heute möglich, solche pH-Verschiebungen gleitend zu gestalten, was im Interesse der Egalität unbedingt zu empfehlen ist. Aber auch durch Zusätze von Färbereihilfsmitteln, soweit sie auf das Substrat wirken, wird das Sättigungsvolumen entweder durch anionische Verbindungen erniedrigt oder durch kationische Zusätze erhöht. Unter dem Gesichtspunkt des Egalisierens wird man deshalb die Dosierung von Farbstoff und Färbereihilfsmittel so aufeinander abstimmen, daß ihre Summe in einem angemessenen Verhältnis zum Sättigungsvolumen des jeweils vorliegenden Leders steht.

Bei den bekannten großen Unterschieden von Leder zu Leder und selbstverständlich auch von Farbstoff zu Farbstoff ist es praktisch unmöglich, hier allgemein gültige Angaben zu machen. Aber um wenigstens einen Einstieg zu solchen Überlegungen zu geben, seien einige Zahlen für die Färbung eines hochaktiven Materiales, z. B. von frischem neutralisierten Chromleder, genannt. Das Sättigungsvolumen der Oberflächenfärbung dieser Lederart liegt bei etwa 3% Farbstoffangebot eines Typs durchschnittlicher Stärke. Wenn man nun eine Pastellnuance mit 0,5% Farbstoffangebot zu färben hat, sollte man mindestens 2,5% eines gut pigmentierenden lichtechten Hilfsmittels, z. B. der Nr. 8 der Tabelle 29, anwenden. Färbt man dagegen einen vollen Ton mit 2% Farbstoffangebot, wird man höchstens mit 0,5–1% eines Egalisierers wie Nr. 11 der Tabelle 29 im Färbebad gut zurechtkommen. Besonders schwierig ist das Abschätzen des Sättigungsvolumens bei der Anwendung von kationischen Farbverstärkern. Bei diesem Problem wird meist der Fehler gemacht, nach der kationischen Zwischenbehandlung mit zu wenig Farbstoffangebot zu überfärben, was mit großer Sicherheit zu Unegalitäten führt. Wenn man 0,5–1% eines kationischen Hilfsmittels wie Nr. 23 der Tabelle 29 gegeben hat, sollte man 2% Farbstoff in der zweiten Stufe anbieten. Über höhere Dosierung eines kationischen Hilfsmittels muß von Fall zu Fall durch eine entsprechende Versuchsreihe entschieden werden; ein Überschuß an Kationtensid ist nach der Erfahrung des Verfassers der Egalität nicht gerade günstig. Über den großen Einfluß der Temperatur bei der Anwendung kationischer Hilfsmittel wurde schon auf Seite 181 berichtet. Dem aufmerksamen Leser wird nicht entgangen sein, daß wir bisher immer von dem Egalisieren von Einzelfarbstoffen gesprochen haben. Das Egalisieren von Farbstoffkombinationen schließt natürlich alle bisher besprochenen Probleme mit ein, ist aber noch ein gutes Stück komplizierter.

1.3 Das Egalisieren mit Farbstoffkombinationen. Am besten führt uns in dieses Problem die Abbildung 48 (S. 155) ein, die die Ausfärbung eines Testfarbstoffes für eine mittlere Egalität (3–4) gegen eine ungeeignete Mischung des schnellziehenden (5) und völlig erschöpfenden (5) C.I. Acid Yellow 42 und des sehr langsam ziehenden (2), aber doch in entsprechend längerem Zeitraum völlig auszehrenden (5) C.I. Acid Green 99 auf vergleichbaren Hälften eines Chromrindhalses zeigt. Die beiden Farbstoffe der Mischung unterscheiden sich erheblich in der Egalität; das Gelb egalisiert wie die meisten Gelbs ausgezeichnet (5), das Grün nur schlecht (2). Wenn man nun die beiden Hälften des Halses gegeneinander vergleicht, so beurteilt man die grüne Hälfte rechts unegaler als die dunkelbraune Färbung links. Die Kombination aus einer Fünf und einer Zwei in der Egalität ergibt also eine Zwei, bestenfalls Zwei bis Drei. Es bildet sich demnach bei einer Kombination gut egalisierender Farbstoffe mit schlechten Egalisierern kein Mittelwert, sondern der schlechte Farbstoff dominiert. Aber der Versuch lehrt noch einiges mehr. Bei dem Braun gleicht die Fleischseite in der Nuance und auch etwa in ihrer Stärke der Färbung des Narbens. Bei dem Grün sind zwei völlig verschiedene Nuancen ausgefärbt: auf dem Narben ein lichtes Lindgrün, während die Fleischseite ein vergleichsweise blaustichiges Dunkelgrün ausweist. Auch die Ausfärbung der Riefen ist, wenn man es genau betrachtet, zweifarbig: Die Riefe selbst ein grünstichiges Gelb, während die Zwischenräume deutlich stumpfer das oben angesprochene Lindgrün zeigen. Wir kommen mit diesem Versuch zu einer völlig neuen Beurteilungsqualität der Egalität: Während wir in dem vorausgegangenen Abschnitt dieses Kapitels es nur mit Stärkeunterschieden zu tun hatten, haben wir nun Nuancenunterschiede und Stärkeunterschiede vorliegen. Nuancenunterschiede fallen natürlich viel stärker auf als Stärkeunterschiede. Dieses Ergebnis erklärt auch, warum Versuche die Egalität einer Färbung durch Vorlaufen – z. B. eines hervorragend egalisierenden Graus – sozusagen als farbiges Färbereihilfsmittel zu verbessern, scheitern mußten[210]. Auch hier bildet sich nicht wie bei vielen anderen Echtheiten ein Mittelwert aus, sondern die Hauptkomponente mit der schlechteren Egalität beherrscht den Eindruck der Färbung. Halten wir also zusammenfassend fest: Ungeeignete Farbstoffkombinationen bzw. Mischungen markieren Unregelmäßigkeiten der Affinität in der Oberfläche des Substrates durch Nuancenunterschiede, die besonders auffällig sind.

Abbildung 49 zeigt anhand der Aufziehkurven der beiden Farbstoffe, wie man sich das Zustandekommen der durch den Versuch demonstrierten Unegalität vorstellen kann. Die steil ansteigende Kurve ist die des C.I. Acid Yellow 42; nach 15 Minuten sind bereits 93% des Angebotes auf dem Leder, wobei Stellen stärkerer Affinität auch stärker angefärbt werden. Das deutlich langsamere C.I. Acid Green 99 ist nach 15 Minuten nur zu 38% des Angebotes aufgezogen. Es ist also in deutlich niedrigerer Konzentration auf der Lederoberfläche ausgefärbt und das besonders an Stellen höherer Affinität. Diese Unterschiede gleichen sich im Verlauf der Färbung nicht mehr aus. Nach etwa 60 Minuten hat auch das Grün völlig das Bad erschöpft. Aber nachdem das Gelb alle Stellen höherer Affinität blockiert, ist die anfängliche

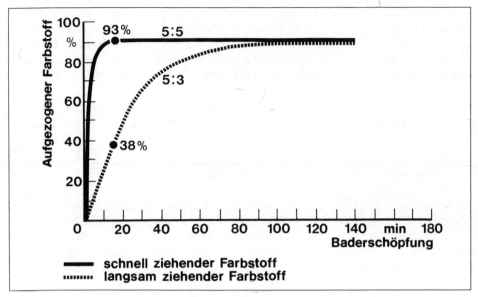

Abb. 49: *Unegalität durch ungeeignete Farbstoffauswahl*

Unegalität der Nuance verstärkt worden. Zudem ist ein großer Teil des Grünfarbstoffs infolge seines langsameren Aufziehens auf der Fleischseite ausgefärbt.

Die demonstrierte Versuchsanordnung erweist es deutlich: Für egale Färbungen sind gut verträgliche Farbstoffkombinationen notwendig. Diese Farbstoffkombinationen sollten möglichst übereinstimmen in der Affinität der Farbstoffe, sei es durch Aufziehkurven oder durch Affinitätszahlen ausgedrückt. Aber sie sollten auch im Egalisiervermögen einigermaßen naheliegen. Für nachgegerbte Leder – und welche Leder sind heute nicht nachgegerbt – ist noch eine dritte Übereinstimmung unumgänglich, nämlich im Aufbauvermögen auf nachgegerbten Ledern. Einem aufmerksamen Beobachter entgeht es nicht, daß auch beim Aufziehen von Nachgerbemitteln Unregelmäßigkeiten entstehen. Z. B. werden Riefen, Vernarbungen und Faulstellen oft deutlich heller, in anderen Fällen wird der Narben, manchmal aber auch die Fleischseite, stärker aufgehellt. All' diese Unregelmäßigkeiten werden noch besonders unterstrichen, wenn man mit Farbstoffkombinationen färbt, deren Aufbauvermögen auf nachgegerbten Ledern zu stark differiert.

Eine weitere Spielart des Egalisierens von Farbstoffkombinationen ist die egale Schleifbarkeit von Velours und Nubukledern. Voraussetzung für diese sog. Schleifechtheit (s. S. 213) ist eine völlig gleichmäßige Ein- bzw. Durchfärbung des Schnittes und eine größtmögliche Gleichmäßigkeit der Lederdicke. Bei zwischengetrockneten Ledern ist im allgemeinen diese gleichmäßige Durchfärbung mit den von den Farbstofflieferanten empfohlenen Spezialfarbstoffen für Velours problemlos, wenn bei pH-Werten über 6 und mit einem angemessenen Farbstoffangebot gefärbt wird. Schwieriger ist diese gleichmäßige Einfärbung bei dem sog. Direktverfahren, d. h. wenn die frischen Chromleder ohne Zwischentrocknen gefärbt werden, und das ganz besonders, wenn aus Echtheitsgründen 1:2-Metallkomplexfarbstoffe verwendet werden müssen und wenn es sich um Pastellnuancen handelt. In diesen schwierigen Fällen kommt man aber mit einer flottenlosen Pulverfärbung bei pH-Werten von 6 und Temperaturen um 25°C zu schleifechten Färbungen. Bei Pastellnuancen verbindet man beim Pulververfahren Nachgerbung und Färbung, indem man bis zu 8% eines Syntans oder eines Färbereihilfsmittels mit hohem Weißgehalt mit der geringen Farbstoffmenge innig vermischt und das Pulver im Plastiksack ins Faß gibt. Man sollte dann das Absäuern langsam, besonders in der Anfangsphase, laufen lassen, am besten über Dosiereinrichtungen, um ein zu oberflächliches nicht schleifechtes Anfallen des Farbstoffes zu vermeiden. Schließlich sollte man wegen der Gleichmäßigkeit des Schliffes bei den Vorarbeiten alles tun, um eine möglichst gleichmäßige Dicke zu erhalten.

2. Einflüsse auf die Egalität nach der eigentlichen Färbung

In der Textilfärbung ist unumstritten, daß, je weniger das Bad am Ende ausgezehrt ist, desto egaler das Färbegut anfällt. In der sog. Migrierphase der Textilfärbung wird die Temperatur so weit erhöht, daß ein Teil des Farbstoffes wieder in Lösung geht; es ist zum Abschluß dieser Phase besonders wichtig, ein Wiederaufziehen des Farbstoffes mit sinkender Temperatur zu verhindern; deshalb muß im Temperaturmaximum schnell und vollkommen entflottet werden.

Bei der Lederfärbung sind diese Verhältnisse nicht so klar und übersichtlich, weil es sich bei diesem Material um einen Raumkörper handelt, nicht um einen Flächenkörper wie bei Textil. Aus der Tiefe dieses Raumkörpers können bei allen Folgeprozessen ungebundene Stoffe an die Oberfläche des Leder diffundieren. Immerhin halten feuchte Leder 60% ihres Gewichtes an Flotte fest, die auf keine andere Weise entfernt werden kann als durch eine einige Zeit dauernde Trocknung. Enthält nun das im Leder kapillar festgehaltene Wasser noch irgendwelche Inhaltsstoffe, so wandern diese, sei es durch die Schwerkraft oder durch die Diffusionsvorgänge der Trocknung, mit der Flotte an die Oberfläche des Leders und lagern sich hier ungleichmäßig ab. Man ist deshalb bei der Lederfärbung im Gegensatz zu der Textilfärbung strikte gehalten, möglichst leere Endflotten zu haben. Damit ist von vornherein ein im System immanenter Trend zu einer gewissen Unegalität vorgegeben, weil man die ausgleichende Wirkung eines Gleichgewichts zwischen Flotte und Substrat am Ende der Färbung nicht nutzen kann. Aus diesen Überlegungen kann man auch ableiten, daß Farbstoffe, die das Färbebad schlecht erschöpfen, Anlaß zu Unegalitäten geben können. Diese Tatsache bestätigt N. Diem[211], indem er höheren Anteilen an Durchfärbern eine starke Tendenz zur Unegalität bei langsamer Trocknung bescheinigt. Aber nicht nur Durchfärber, sondern auch gut ziehende Farbstoffe und Mischungen, die eine schlecht erschöpfende Nebenkupplung oder Mischungskomponente enthalten, können ein egales Ergebnis in Frage stellen.

Man kann solche Farbstoffe ermitteln, indem man den Grad der Baderschöpfung immer wieder durch Tauchproben mit Filtrierpapierstreifen im nicht abgesäuerten Färbebad prüft. Es stellt sich für die Lederfärbung die Frage, wie man die notwendige Fixierung am Ende der Aufziehphase erreichen kann. Die übliche Methode ist das Absäuern mit der Hälfte des Farbstoffgewichtes an Ameisensäure in mehreren Portionen. Ohne Zweifel ist dieses Absäuern ein gewisses Risiko für die Egalität, wenn im Färbebad größere Mengen nicht ausgezogener Farbstoffe vorhanden sind. Der Egalität dienlicher als ein Säureschock ist eine systematische und allmähliche Zurückführung der pH-Werte durch eine Dosierungsanlage auf pH 3,5.

Es ist weiter der Egalität zuträglich, am Ende der Fettung ins ausgezehrte Lickerbad mit 0,5% eines kationischen löslichen Harzes zu fixieren. Dadurch wird der Wanderung aller anionischen Inhaltsstoffe des feuchten Leders oberflächlich ein Sperriegel gegeben, so daß dieselben auf den Lederoberflächen keinen Schaden mehr anrichten können.

Der große Einfluß der Stabilität der Fettung und deren gleichmäßiger Verteilung auf die Egalität einer Färbung wurde bereits in dem Kapitel über die Fettung behandelt (s. S. 134). Selbstverständlich hat die Trocknung ebenfalls einen wichtigen Einfluß auf die Gleichmäßigkeit einer Färbung (s. S. 130). Je kürzer und je schärfer die Trocknung ist, desto besser sind die Egalitätserwartungen.

Zum Abschluß dieser Betrachtungen über das Egalisieren von Lederfärbungen sollen noch einmal die wichtigsten Gesichtspunkte zusammengefaßt werden: Es gibt zwei Typen der Unegalität: a) Stärkeunterschiede b) Nuancenunterschiede
im Fell, in der Partie und von Partie zu Partie. Die verschiedenen Ausprägungen der Egalität faßt die nächste Tabelle nochmals übersichtlich zusammen[212]. Ob zwischen den Gruppen a–d ein Zusammenhang besteht oder mit anderen Worten: ob eine nach der Bayer- oder Sandoz-Methode ermittelte Egalitätszahl nur eine Aussage macht zu den Gruppen a und b oder auch die Reproduzierbarkeit der Gruppen c und d mit einschließt, ist unbekannt. Hier stößt die Echtheitsarbeit der Farbstoffhersteller an eine Grenze, die nur in Zusammenarbeit mit den Lederherstellern durch systematische statistische Auswertung eines ausreichenden Materials aus laufenden Fabrikationen angegegangen werden könnte (Tab. 50).

Tabelle 50: Möglichkeiten der Egalisierung von Lederfärbungen

A	Egalisieren innerhalb der Haut	Unterschiede zwischen Narben und Fleischseite	1, 4
		Farbschattierungen zwischen Kern und Flämen	1, 2, 7
		Ausegalisieren vernarbter Verletzungen	3, 1
		Ausgleich von Wundstellen und Stippen	3, 1
		Ungenügende Schleifechtheit	1
B	Ausegalisieren von Fehlern der Vorarbeiten	Ausegalisieren von Pigment-, flecken, Chromnestern, ungleicher Fettverteilung usw.	4, 1, 5, 7
C	Ausegalisieren der Unterschiede von Haut zu Haut	Z.B. 3-Farbstoff-Kombination färbt in einer Partie 20 Nuancenschattierungen	1, 3, 4, 7
D	Ausegalisieren von Farbunterschieden von Partie zu Partie	jede Partie färbt sich anders	5, 2, 3, 4, 1, 6, 7
	Technische Parameter 1. Farbstoffauswahl 2. Trocknung 3. Kationische oder amphotere Hilfsmittel 4. Anionische Hilfsmittel 5. Vereinheitlichung bzw. Verbessern der Vorarbeiten 6. Konstanz der Färbebedingungen 7. Entfettung	Die Farbstoffauswahl 1 ist bei allen Egalisierungsproblemen relevant.	

3. Leder egal färben

Auf Seite 215 sind die Parameter aufgeführt, die nach Ansicht der Textilfärber das Egalisieren maßgeblich beeinflussen.

Von diesen Parametern sind für die Lederfärbung das Farbstoffangebot, die mechanische Bewegung, eine konstante Temperatur und bei dickeren Narbenledern auch eine obere Grenze des pH-Wertes vorgegeben.

Zur Beeinflussung der Egalität von Lederfärbungen verbleiben infolgedessen die Farbstoff- und Hilfsmittelauswahl, die Hilfsmitteldosierung, die Einstellung der Flottenmenge, die Starttemperatur der Färbung und bei dünnen Ledern die Einstellung höherer pH-Werte im Neutralisations- und Färbebad. Mit diesen Variablen als Grundlage hat sich von Betrieb zu Betrieb eine ganze Reihe von Spielarten des Egalfärbens der verschiedenen Lederarten herausgebildet, die aber alle mehr oder weniger auf die folgenden drei Grundschemata zurückgeführt werden können:

1. Isothermes (d. h. bei gleicher Temperatur), beschränkt pH-gesteuertes Ausziehverfahren unter Anwendung von Egalisiermitteln im Neutralisations- und Färbebad zum Direktegalisieren aus langer Flotte.
2. Isothermes pH- und hilfsmittelgesteuertes Ausziehverfahren mit Migriermöglichkeit aus langer Flotte.
3. Kaltfärbung im flottenlosen Pulververfahren mit anschließender Flottenverlängerung zum Überfärben im Stufenverfahren bei höheren Temperaturen.

3.1 Direktegalisieren durch ein beschränkt pH-gesteuertes Ausziehverfahren[213].

Dieses klassische Verfahren kommt für alle Lederarten in Betracht, bei denen Narbenfestigkeit und möglichst kleine Flämen ein wichtiges, wenn nicht das entscheidende Qualitätsmerkmal sind. Vor allem werden alle Leder einer Dicke über 1,2 mm, d. h. im wesentlichen Schuhoberleder, im Ausziehverfahren mit beschränkter pH-Steuerung gefärbt. Denn dickere Leder werden durch Überneutralisation und pH-Werte über 5 im Färbebad losnarbig, leerer im Griff und sie zeigen größere Flämen als vergleichsweise bei niedrigen pH-Werten behandelte Leder. Deshalb steht für die Steuerung der Färbung lediglich eine pH-Skala von 4,5–5 zu Beginn und von 3,5 durch das Absäuern am Ende des Arbeitsganges zur Verfügung.

Eine große Variation des Sättigungsvolumens des Leders und der Aufziehgeschwindigkeit der Farbstoffe ist im Rahmen dieser pH-Werte nicht möglich. Deshalb ist es notwendig, das Sättigungsvolumen, soweit es die Nuance zuläßt, durch anionische Hilfsmittel in Neutralisation und Färbebad einzuengen. Man wird die Starttemperatur der Färbung zwischen 40 und 50 °C festlegen, je nachdem man mit Metallkomplexfarbstoffen oder substantiven Farbstoffen färbt.

In Anbetracht der geringen Steuerungsmöglichkeiten bei diesem Verfahren kommt der Farbstoffauswahl und der sorgfältigen Zusammenstellung der Farbstoffkombinationen eine überragende Bedeutung zu.

Farbstoffe eines guten Egalisiervermögens ergeben sofort beim ersten Aufziehen die für dieses Verfahren notwendige gute Egalität, wenn man sie mit Hilfsmitteln kombinieren kann, so daß das Sättigungsvolumen des Leders abgedeckt wird. Die Farbstoffe sollten aber auch in der Aufziehgeschwindigkeit möglichst übereinstimmen und sie sollen selbstverständlich das Bad völlig erschöpfen. Niedrig dosierte Abtrüber in Farbstoffkombinationen müssen besonders gut egalisieren, schnell ziehen, vollkommen erschöpfen und besonders gut lichtecht sein. Als Beispiel einer pH-gesteuerten direktegalisierenden Färbung wird die Färberezeptur eines klassischen Boxcalfs gegeben.

Rezeptur 8: Färbung klassischen Boxcalfs nach dem direkt egalisierenden Ausziehverfahren[213]

Material:			chromgegerbte Kalbfelle 10 kg/1,2 mm Prozentangaben auf Falzgewicht.	
Waschen:		300 %	Wasser 35°C geschlossener Deckel	15 Min.
Neutralisation:		200 % (3–X %)	Wasser 35°C anionisches Färbereihilfsmittel: Nr. 9, 7, 2 oder 1 für helle Nuancen, Nr. 11 für vollere Töne (nach Tab. 29)	
		0,3–0,6 %	Natriumhydrogencarbonat Flotten pH: 4,6–4,9 Schnitt mit Bromkresolgrün: blaugrün. Flotte ablassen.	45 Min.
Waschen:		300 %	Wasser 60°C geschlossener Deckel Flotte ablassen Elektrolytgehalt der Waschflotte unter 1,5%	10 Min.
		X %	Farbstoff bzw. Farbstoffkombination 1:20 heiß gelöst und mit 65°C durch die hohle Achse	20 Min.
Fettung:	+	3 % 1,5% 0,5%	sulfoniertes Klauenöl ⎫ stabilisierender synthetischer Licker ⎬ 1:4 unsulfoniertes Klauenöl ⎭	30 Min.
	+ +	X/2 % 0,5%	Ameisensäure 85% 1:10 lösliches kationisches Harz 1:10 End-pH 3,6–3,8 Leder 5 Minuten kalt spülen, über Nacht auf Bock, abwelken, sorgfältig ausrecken, bei guter Ventilation bei 50°C schnell hängend trocknen, ablagern, durch 40°C warmes Wasser ziehen, über Nacht im Kasten auf Stapel legen, stollen, über Nacht zugedeckt auf Stapel, nachstollen, handbügeln, auf Rahmen spannen, fertig trocknen bei 40°C. Die Hilfsmitteldosierung 3–x bedeutet: bei einer Sättigungsgrenze von ca. 3% die Differenz zum Farbstoffangebot x anbieten.	10 Min. 10 Min.

3.2 pH- und hilfsmittelgesteuertes Ausziehverfahren mit Migriermöglichkeit[213]

Dieses zweite Egalisierverfahren ist praktizierbar bei allen dünnen Ledern, Velours und bei allen Artikeln, bei denen es auf die Narbenfestigkeit nicht primär ankommt. Es unterscheidet sich von dem ersten Verfahren durch eine kräftigere Neutralisation, aus der schließlich ein Flotten-pH-Wert von 6,5 resultiert. Bei diesem pH-Wert färben Farbstoffe durch und migrieren, d. h. sie lösen sich nach dem ersten Abbinden wieder vom Leder, durchbluten den Schnitt und ziehen erneut wieder auf. Durch einen stabilen Licker wird Durchfettung und damit Weichheit erreicht, aber derselbe kann auch der Migration und dem Egalisieren des Farbstoffes dienen. Die folgende Rezeptur beschreibt die lichtechte und gut reproduzierbare Färbung einer hochempfindlichen Feinnuance mit großem Weißgehalt. Entsprechend hoch ist das Angebot an weißgerbenden Hilfsmitteln und Gerbstoffen in der Neutralisation, Nachgerbung und Färbung. Um eine ausreichende Lichtechtheit auf dem Leder zu erreichen, färbt man nach Möglichkeit nur mit einem Farbstoff, der in 0,1%iger Ausfärbung noch die Lichtechtheit von 4 hat. Das Egalisiervermögen dieses Farbstoffes muß bei diesem Verfahren nicht überragend sein; ein mäßiges Aufbauvermögen ist bei Pastellnuancen von Vorteil. Je länger die Färbung läuft, desto egaler ist im allgemeinen das Ergebnis.

Rezeptur 9: Färbung eines Pastelltones auf Möbelleder nach dem pH- und hilfsmittelgesteuerten Migrierverfahren[251]

Waschen:		300	%	Wasser 50°C Flotte ablassen		10 Min.
Nachgerbung:		200 4	% %	Wasser 40°C gerbaktives schwach kationisches Polyurethanionomeres		60 Min.
Neutralisation:	+	2,5 2,5	% %	Färbereihilfsmittel Nr. 9 (Tabelle 29) Natriumhydrogencarbonat Flotten pH-Wert: 6,5 Flotte ablassen		60 Min.
Waschen:		300	%	Wasser 40°C		10 Min.
Vorfettung:		200 4,0	% %	Wasser 50°C geruchsarmes, sulfitiertes und oxidiertes Fischöl (1:4)		30 Min.
Bleichen:	+	6,0 4,0	% %	flach gerbender Weißgerbstoff karboxylhaltiges Polyurethan-Vorprodukt (1:3)		30 Min.
Färben:	+	4,0 0,15	% %	Färbereihilfsmittel Nr. 8 (Tabelle 29) C.I. Acid Orange 108	heiß gelöst 1:10	40 Min.
Hauptfettung:	+	8,0 4,0	% %	Mischung sulfiertes Klauenöl und synthetischer Licker Mischung aus Chlorparaffinsulfonat und sulfitiertem tierischen Triglycerid	1:4	60 Min.
Absäuern:	+	2,0	%	Ameisensäure 85% 1:10 End-pH-Wert 3,8–4,0		20 Min.
Fixieren:	+	0,5	%	lösliches kationisches Dicyandiamidharz Spülen bei 20°C		20 Min. 5 Min.
				Leder auf Bock, ausrecken, naß spannen oder hängend trocknen, klimatisieren, leicht stollen, millen, spannen.		

Die Egalität dieser Feinnuance ist hervorragend, die Lichtechtheit erreicht 4. Sehr wichtig für den Erfolg dieses Verfahrens ist ein ausreichendes und vor allem in die Tiefe des Leders wirkendes Absäuern. Ebenso wichtig in derselben Richtung ist das Fixieren anionischer Körper durch das Nachsetzen des kationischen Harzes. Bei den großen Unterschieden von Fabrikat zu Fabrikat müssen für das Absäuern und Fixieren die ausreichenden Dosierungen und Zeiten durch eigene Versuche ermittelt und festgelegt werden.

3.3 Kaltfärbung im Pulververfahren mit Flottenverlängerung[213]. Ungelöst-Technologien ohne Flotte oder mit extrem kurzer Flotte unterscheiden sich von den bisher besprochenen Verfahren grundsätzlich im Farbstoffverhalten. In den extrem hohen Konzentrationen der Kurzflotten liegt sicher ein großer Teil des Farbstoffes aggregiert vor. Diese Aggregation ebnet das individuelle Verhalten der Farbstoffe ein. Diese allgemeine Angleichung der Eigenschaften ermöglicht es, auch Farbstoffe unterschiedlichen Zieh- und Erschöpfungsverhaltens zu leidlich egalen Färbungen zu kombinieren[214]. Zu diesen guten Ergebnissen trägt sicher auch die ungewöhnlich hohe Farbstoffkonzentration in der Kurzflotte bei. Allerdings sind diese Pulverfärbungen gegenüber vergleichbaren Flottenfärbungen in der Nuance immer etwas leerer, meist auch weniger brillant. Man gleicht dieses Manko durch eine Überfärbung in verlängerter Flotte aus. Allerdings muß man auf eine Farbstoffeigenschaft bei der Auswahl zum Kurzflottenverfahren achten, nämlich, daß man Farbstoffe mit ausreichend hohen Löslichkeiten – mindestens 30 g/l bei 20°C – auswählt und daß die Löslichkeiten einer Farbstoffkombination möglichst naheliegend sind. Das Beispiel, das wir für dieses Verfahren bringen, ist die Färbung von Schuhvelours aus wet blue-Spalten ohne Zwischentrocknung.

Rezeptur 10: Pulververfahren für Schuhvelours ohne Zwischentrocknung[213]

Material:			Wet-blue Spalte gefalzt auf 1,5–2,0 mm Prozentangabe auf Falzgewicht.	
Rehydratisierung:		300 %	Wasser 50°C	
		1–2 %	eines alkalischen Weichmittels	90 Min.
			Flotte ablassen	
Waschen:		300 %	Wasser 50°C	10 Min.
			pH-Wert in der Flotte 4,0–4,2	
			Flotte ablassen	
Nachgerbung ohne Flotte:		0,3–0,6 %	Ameisensäure 85% 1:10	10 Min.
	+	4,0 %	eines selbstabstumpfenden Chromgerbstoffs	30 Min.
	+	4 %	eines kationischen, gerbenden Polyurethanionomeren	60 Min.
			Flotten pH-Wert: 4,2–4,5	
Neutralisation:	+	200 %	Wasser 40°C	
	+	1 %	Natriumformiat ungelöst	10 Min.
	+	2 %	Natriumhydrogenkarbonat ungelöst	30 Min.
	+	1 %	Natriumhydrogenkarbonat ungelöst	
Zwischenfettung:	+	4 %	stabiler Durchfetter 1:4	60 Min.
			Flotten-pH: circa 6,0–6,5	
			Schnitt mit Bromkresolgrün: gleichmäßig Blau	
			Flotte ablassen	
Waschen:		300 %	Wasser 25°C	10 Min.
			Flotte weg	
Färbung 1. Stufe:		30 %	Wasser von 25°C	
	+	1 %	Ammoniak 1:10	5 Min.
	+	x %	Farbstoff = zwei Drittel des Angebots ungelöst	30–60 Min.
			bis zur Durchfärbung laufen	
	+	x %	Ameisensäure 85% 1:10	20 Min.
2. Stufe:	+	200 %	Flotte 50°C	
	+	x/2 %	Farbstoffe gelöst 1:10 50°C	30 Min.

Konditionierung des Schreib- effektes:	+	0,5 % Silikonemulsion 1,0 % kationischer Weichmacher bzw. Fixierer 30°C	1:5	15 Min.
Absäuern:	+	x % Ameisensäure 85% 1:10 End-pH-Wert: 3,5		20 Min.
		3 % einer oberflächlich ziehenden Kombination von Spezial-Lickern für Velours 1:4		30 Min.

Leder kalt spülen, über Nacht auf Bock, vakuumtrocknen, klimatisieren, 2 Stunden millen, schleifen, entstauben, millen circa 2 Stunden.

4. Leder unegal färben

Man sollte meinen, nach der Aufzählung so vieler Ursachen unegaler Färbungen, daß es leicht sein müsse, unegale Leder als Spezialartikel herzustellen. Dem ist aber nicht so, weil die Unegalität sog. Antikleder eine »regelmäßige« Ungleichmäßigkeit sein muß. Man unterscheidet grundsätzlich zwei Wege: 1. Man bringt farbverstärkende und reservierende Elemente vor der Färbung auf die abgewelkten Leder auf und färbt dann im Faß. 2. Man färbt im Faß ohne Flotte in Anwesenheit von sog. Farbträgern, wie z. B. Sägespänen, Hobelspänen, Moltoprenschaumstücken, Putzlappen u. a.[215].

Zum ersten Verfahren verwendet man als Reservierungsmittel adstringente Weißgerbstoffe und Gerbereihilfsmittel. Als Farbverstärker sind alle als Fixiermittel geeigneten kationischen Hilfsmittel brauchbar. Diese Rezepturmittel werden auf einem alten Spritzband mit spuckend eingestellten oder mit Lumpen behangenen Spritzpistolen nacheinander aufgebracht, wobei die Heizung und die Ventilation abgestellt sind. Nach Durchlauf werden die Leder Narben auf Narben aufgebockt oder unregelmäßig in einen Kasten geworfen oder sofort in das Faß gegeben und kurz bewegt. Anschließend wird mit einem Farbstoff oder einer Farbstoffkombination in langer Flotte überfärbt, wobei einer der Farbstoffe ein schwaches Aufbauvermögen auf nachgegerbten Chromledern haben sollte.

Das zweite Verfahren ist weniger arbeitsintensiv, weil es eine reine Faßarbeitsweise ist.

Die gefalzten und gespülten Chromleder werden abgewelkt und ins Faß ohne Flotte gegeben. Anschließend werden 2% Farbstoff, 1% Ameisensäure 85%ig und 1% des Trägermaterials in einem Eimer gut durchmischt und ins Faß nachgesetzt. Nach 10minütigem Walken gibt man 200% kaltes Wasser mit 1–2% eines stark kationischen Fixiermittels, walkt 3 Minuten und spült anschließend kalt den ungebundenen Farbstoff weg. Man erhält so eine scharf konturierte Fleckfärbung neben ungefärbten Stellen. Durch eine nun folgende normale Überfärbung entsteht ein zweifarbiger Antikeffekt.

In der oben angegebenen Literaturstelle sind 6 Abbildungen von so erstellten Antikeffekten. Will man dagegen eine mehr wolkige Färbung, läßt man den Farbstoff und das Trägermaterial ohne Ameisensäure 10 Minuten laufen, verlängert dann mit 200% Wasser von 60°C, walkt weitere 10 Minuten, um dann abzusäuern und wie üblich weiter zu arbeiten.

Eine weitere, allerdings sehr umständliche Möglichkeit, zu Antikeffekten zu gelangen, ist es Chromleder in der Neutralisation zu konservieren, auf 50–60% Feuchtigkeit abzuwelken und in eine mit Luftlöchern versehene Kiste zerknüllt zu einem partiellen Antrocknen einzulegen. Nach 1–2 Tagen sind die angetrockneten Leder ohne ausreichende Rehydratisierung normal zu färben.

5. Zusammenfassung

1. Der Begriff Egalität überdeckt einen vielseitigen Katalog von Anforderungen. Man unterscheidet das Ausegalisieren von Häutefehlern und Fehlern aus den Vorarbeiten, die Egalität in der Fläche, den färberischen Ausgleich von Narben und Fleischseite oder das Egalisieren von Fehlern aus apparativen Gegebenheiten, die Reproduzierbarkeit in der Partie und zwischen den Partien von sehr speziellen Anforderungen, wie der Egalität im Schnitt und der daraus resultierenden Schleifechtheit.
2. Die beiden Methoden zur Bestimmung des Egalisierverhaltens von Lederfarbstoffen (s. S. 190) überdecken bestimmt nicht alle unter 1. aufgeführten Spielarten des Egalisierens; sie sprechen aber sicher den Ausgleich von Häutefehlern, das Egalisieren von Fehlern aus Vorarbeiten und die »normale« Unegalität in der Fläche an.
3. Etwa 60% der schnellziehenden und gut erschöpfenden Farbstoffe sprechen auf die unter 2. genannten Fehler gut egalisierend an. Auf der anderen Seite sind schnell ziehende Farbstoffe besonders empfindlich für unterschiedliche Strömungsbedingungen, für durch die Faßform bedingte örtliche Konzentrationsunterschiede und örtlich unterschiedliche Temperaturen usw.
4. Farbabweichungen beim Färben mit Einzelfarbstoffen sind Stärkeunterschiede, die weniger auffallend sind. Bei der Kombination nicht verträglicher Farbstoffe können Nuancenabweichungen auftreten, die als besonders gravierende Unegalität empfunden werden. Diese Unregelmäßigkeiten entstehen, wenn eine Farbstoffkombination nicht in der Affinität und der Baderschöpfung oder nicht im Egalisiervermögen oder auf nachgegerbten Ledern nicht im Aufbauvermögen übereinstimmen.
5. Positive Parameter des Egalisierens sind: Höhere pH-Werte, niedrige Temperatur, höhere Farbstoffkonzentration, möglichst kurze Flotte, gut verträgliche Farbstoffe, die Abwesenheit von Elektrolyten, eine schnelle Flottenbewegung, eine gute Stabilität der Fettung, eine schnelle Trocknung, die Anwendung anionischer Hilfsmittel, eine große Gleichmäßigkeit in der Führung der Vorarbeiten und schließlich die Fixierung anionischer Inhaltsstoffe des Leders durch schwach kationische Harze nach dem Absäuern.
6. Von den Färbeverfahren erfordert das beschränkt pH-gesteuerte Direktegalisieren die sorgfältigste Farbstoff- und Hilfsmittelauswahl. Das pH-gesteuerte Migrationsverfahren ist hinsichtlich Farbstoffauswahl weniger anspruchsvoll. Das Kaltfärben im Pulververfahren ohne Flotte überbrückt die Affinitätsunterschiede zwischen den Farbstoffen am leichtesten. Alle drei Verfahren bedürfen auf nachgegerbten Ledern im Aufbauvermögen aufeinander abgestimmter Farbstoffkombinationen.

IX. Die große Bedeutung der Farbstoffauswahl für hochwertige Lederfärbungen

1. Allgemeine Gesichtspunkte der Farbstoffauswahl

Die vorausgegangenen Kapitel haben gezeigt, wie beschränkt im Grunde genommen der Lederfärber in seinen Variationsmöglichkeiten ist. Umso wichtiger ist die Farbstoffauswahl bzw. die Kombination der Farbstoffe für das Egalisieren und für das Echtheitsniveau von Lederfärbungen. Das älteste Auswahlkriterium für Farbstoffe, das heute noch eine große praktische Rolle spielt, ist ohne Zweifel der Preis. Der Färber, der nur aufgrund des Preises auswählt, ist meist schlecht beraten, denn die Farbstoffhersteller haben im allgemeinen nichts zu verschenken. Deshalb sind billige Farbstoffe entweder stark mit Stellmitteln verschnitten, oder es sind mehr oder weniger zufällige Mischungen von Zwangsanfällen, Nebenprodukten, Restposten usw. Auf dieser Linie liegen auch Billigangebote der Wiederverkäufer und Händler, es sei denn, es handelt sich um die Verwertung von guten Markenfarbstoffen aus Liquidationen, Lagerräumungen usw.

Ein weiteres klassisches Auswahlprinzip der Lederfärbung ist die sog. Einheitlichkeit des Farbstoffs als Kennzeichen besonderer Qualität[216]. In Kapitel VII (s. S. 201) wurde bereits dargelegt, weshalb dieser Begriff neu definiert werden müßte im Sinne einer chromatographischen Einheitlichkeit und warum in Kombinationen gleiches Aufziehverhalten wichtiger ist als die Einheitlichkeit der Einzelfarbstoffe. Unter den heutigen Anforderungen kann chromatographische Einheitlichkeit, d. h. Farbstoffe, die tatsächlich nur ein oder höchstens zwei chemische Individuen enthalten, nur noch von Bedeutung sein für die Färbung besonders klarer und reiner Nuancen. Dagegen erreicht man die vielfach für Leder interessante Farbfülle tiefer und voller Nuancen, z. B. für Velours, am besten mit einem Gemisch vieler Farbstoffe. Ein weiteres klassisches Auswahlprinzip der Farbstoffe ist das sog. »gleiche färberische Verhalten«. Dieses Schlagwort ist der Oberbegriff für eine Summe empirischer und praktischer Erfahrungen, die schließlich in den Sortimenten der Lederspezialfarbstoffe ihre Ausformung fanden. Dieses Kombinationsprinzip hat sich für Chromleder und Velours über Jahrzehnte bewährt, bedarf aber bei der Vielfalt des heute anfallenden Färbegutes unbedingt der Ergänzung (s. S. 56).

Der Vollständigkeit halber sei auf eine »einfache Schnellmethode zur Bestimmung des färberischen Verhaltens anionischer Farbstoffe« von G. Otto[217] hingewiesen, die aus der Einwirkung von stark verdünnten Farbstofflösungen auf schwach chromiertes Hautpulver eine Affinitätsreihe erstellt; der Vorschlag hat keine praktische Bedeutung gewonnen. Neben den Sortimenten der Lederspezialfarbstoffe bieten die Farbstoffhersteller für bestimmte Lederarten, wie z. B. für Chromoberleder, für nachgegerbte Oberleder, für alle Arten von Velours, für Bekleidungsnappa- und Handschuhleder, für vegetabilisch-synthetisch gegerbte Feinleder, Vachetten- und Sandalenleder, für lichtechte Färbungen und Pastellnuancen, für Bürst-

und Spritzfärbungen, für Ein- und Durchfärbung usw. kleine Spezialsortimente bewährter Spezialfarbstoffe an.

Dieses Erfahrungsangebot anhand der einschlägigen Dokumentationen sollte der Lederfärber nutzen, auch wenn es aus empirischen Beobachtungen gewonnen wurde; denn das Eigenschafts- und Echtheitsbild der Farbstoffe mag noch so sehr vervollkommnet werden, ein Rest Unfaßbares wird immer bleiben, wenn man das optimale Anwendungsspektrum von Farbstoffen realistisch abschätzen will. Mit der wichtigste allgemeine Grundsatz der Farbstoffauswahl ist, die nachzustellende Nuance auf Narbenleder mit so wenigen, wie nur irgendwie möglich, Farbstoffen einzustellen. Denn je weniger Farbstoffe an einem Farbton beteiligt sind, desto weniger anfällig ist die Färbung gegen die unvermeidlichen Schwankungen der Vorarbeiten bzw. der Färbebedingungen, desto sicherer ist die Reproduzierbarkeit im laufenden Betrieb und desto besser sind die meisten Echtheiten, wie z. B. die Lichtechtheit. Mit dieser Feststellung soll nicht der Qualitätsbegriff »Einheitlichkeit« wieder durch die Hintertür eingeführt werden wie das folgende Beispiel zeigt:

Wenn ich eine Nuance mit 1,5% eines Farbstoffes der Lichtechtheit 3–4 färbe, kann ich auf Chromleder eine Lichtechtheit von 4 erwarten. Färbe ich die gleiche Nuance auf dem gleichen Material mit je 0,5% von 3 Farbstoffen der gleichen Lichtechtheit, so wird für diese Färbung eine Lichtechtheit von nur 2–3 wahrscheinlich: Ein gravierender Unterschied! Neben dem Preis ist natürlich die Nuance das wesentliche Element einer Farbstoffauswahl. Die für Leder charakteristische Coloristik wird in dem folgenden Kapitel umfassend ausgeführt.

Schließlich muß der Färber die Entscheidung treffen, ob er eine Nuance ausschließlich mit Farbstoffen eines Lieferanten aus einem Sortiment einstellen will oder ob er sich zutraut, Farbstoffe aus verschiedenen Sortimenten verschiedener Hersteller zu kombinieren. Auf diese Frage gibt es keine allgemein gültige Antwort. Grundsätzlich sollte man anstreben – schon aus kalkulatorischen Gründen –, mit einem möglichst kleinen Fundus möglichst vielseitiger und in ihren Eigenschaften gut bekannter Farbstoffe die von Fall zu Fall anstehenden färberischen Aufgaben zu lösen. Einen Anhalt über das Eigenschaftsbild dieses Idealsortimentes gibt der Vorschlag des Verfassers zur Definition eines modernen Lederspezialfarbstoffs (s. S. 58). Je kleiner das Farbstofflager ist, desto schneller ist dessen Umschlag und desto weniger Kapital wird an dieser Stelle unproduktiv festgelegt. Nachdem jedes Sortiment seine Perlen, d. h. Spitzenfarbstoffe, enthält, und nachdem kein Sortiment nur aus Perlen besteht, wird man nicht umhin können, zur Einstellung von Nuancen Farbstoffe aus verschiedenen Sortimenten heranzuziehen. Dies gilt ganz besonders für Schlüsselprodukte, wie z. B. für Abtrüber: Wenn man auf seinen Ledern einen Graufarbstoff gefunden hat, der bis in niedrige Prozentsätze gut lichtecht ist, besonders gut egalisiert und kombiniert, so sollte man diesen bewährten Farbstoff dann möglichst breit auch für andere Nuancen heranziehen, selbst wenn er nicht von dem Hauptlieferanten der anderen Farbstoffe angeboten wird. Wenn man es sich – im Gegensatz zu diesem Vorschlag – zur Regel macht, eine Nuance nur aus einem Sortiment einzustellen, so macht man sich die Erfahrungen dieses Anbieters und evtl. dessen System der Farbstoffkombination zu Nutze; außerdem hat man den Vorteil, daß bei einer Beanstandung klare Verhältnisse gegeben sind. Aber es ist bei einem solchen Vorgehen unvermeidlich, daß das Farbstofflager aufgebläht wird, was natürlich Geld kostet. Da das zweite Verfahren ohne Zweifel die größere Sicherheit bietet, wird der weniger erfahrene Färber nach ihm vorgehen, während der alte Fuchs souverän den ersten Vorschlag handhaben wird.

2. Über das Lesen von Musterkarten

Musterkarten sind das wichtigste Informationsmittel für den Färber und gleichzeitig eine vielsagende Visitenkarte des Anbieters. Die großen Musterkarten sind auch als solche wertvoll – mit allen Nebenkosten sicher weit über 100,– DM je Exemplar –, weshalb sie pfleglich behandelt und sorgsam, in sauberer Atmosphäre, aufbewahrt werden sollten.

Eine Musterkarte ist für den Färber umso wertvoller, je mehr Ausfärbungen auf verschiedenen Ledern und in verschiedenen Konzentrationen sie enthält; aus Kostengründen sind hier jedoch Grenzen gesetzt. Immer noch überwiegen in den Musterkarten die Färbungen auf reinen Chromledern, obwohl diese Lederarten in ihrer praktischen Bedeutung seit Jahren immer mehr zurückgehen. Meist wird in den Musterkarten für die dargestellten Leder die Gerbweise angegeben: Diese ist genau zu studieren und mit den eigenen Technologien zu vergleichen, um die Relevanz des Musters für das eigene Fabrikat einigermaßen abschätzen zu können (s. S. 104). So sind z. B. bei Nachgerbungen der Zeitpunkt – vor oder nach der Färbung – und die Temperaturen für den Farbausfall besonders wichtig. Entweder in der Beschreibung, die dem Farbstoff mitgegeben wird, oder in einer Übersichtstabelle werden die Lederarten aufgeführt, für deren Färbung sich der Farbstoff eignet. Man kennzeichnet die Farbstoffe für die eigenen Interessengebiete durch verschiedene Farbmarkierungen mit Lesestiften; daraus ergibt sich schon eine gewisse Vorauswahl. Nun wendet man sich den Farbstoffeigenschaften und den Echtheiten zu. Keineswegs ist die Zahl der Angaben ein Wertmesser für die Brauchbarkeit einer Musterkarte. So sind Echtheitsangaben, die zwischen den verschiedenen Farbstoffen kaum Unterschiede ausweisen, für die Farbstoffauswahl wenig hilfreich und deshalb nicht in Betracht zu ziehen. Bei der Begutachtung des Echtheitsangebots einer Musterkarte muß man sich über drei Voraussetzungen vergewissern: Ob als Substrat des Prüflings die Narbenseite und Standardchromleder nach IUF 151 verwendet wurden. Bekanntlich ergeben z. B. bei der Prüfung der Lichtechtheit die Fleischseite oder ein Vlies aus gefärbten Lederfasern bessere Werte als die Belichtung der Narbenseite. Als zweites muß man sich über die Konzentration der Färbung vergewissern. Ist die Konzentration in Prozent aufgeführt, findet der Färber ohne weiteres den Anschluß an seine tägliche Praxis. Ist dagegen die Konzentration in Echtheiten der Richttyptiefe (s. S. 185) angegeben, so sind diese Angaben zwar wissenschaftlich einwandfrei, aber der Praktiker muß sich darüber im klaren sein, daß z. B. eine Richttyptiefe von 1/1 bei den verschiedenen Farbstoffen unterschiedliche Prozentangebote der Testfärbungen einschließt.

Schließlich muß das Studium der Echtheiten einer Musterkarte noch Klarheit darüber bringen, ob die Prüfung einer Eigenschaft nach einer IUF-Methode durchgeführt wurde oder aber nach einem »Verfahren des Hauses«. Im ersten Fall ist die Echtheitsangabe mit der anderer Anbieter, die nach derselben Methode arbeiten, vergleichbar, im zweiten Fall ist Vergleichbarkeit nur innerhalb des Angebotes der Musterkarte gegeben. Mancher Färber möchte anhand der Musterkarten sich ein Bild darüber machen, ob der Beurteilungsmodus verschiedener Anbieter übereinstimmt oder von dem einen schärfer, von dem andern lässiger gehandhabt wird. Der einfachste Weg hierzu ist, das Echtheitsbild identischer Farbstoffe – mit Hilfe des Colour-Index (s. S. 71) ermittelt – bei den verschiedenen Anbietern zu vergleichen. So wurden z. B. für das C.I. Acid Red 97 bei verschiedenen Anbietern Lichtechtheiten zwischen 1 und 2,5 festgestellt[218], bedingt durch die Belichtung verschiedener Konzentration und unter unterschiedlichen Bedingungen.

Ein anderer Weg ist, Echtheitsangaben nicht normierter Eigenschaften, wie z. B. die Egalität, zu vergleichen. Man geht dabei von der Erfahrung aus, daß infolge des Konkurrenzdruckes die Sortimente der großen Farbstoffhersteller im Durchschnitt qualitativ ziemlich ausgeglichen sein müssen. So kann man zugrunde legen, daß in einem Gesamtsortiment von insgesamt 100 Farbstoffen etwa 1/3 ausgezeichnet egalisiert, etwa die Hälfte ein mittleres Egalisiervermögen zeigt und 1/6 schlecht egalisiert. Wenn man nun ein Sortiment angeboten erhält, das für 80% der Farbstoffe ein Egalisiervermögen von 5 und 4 ausweist, so wird man dieses Zahlenwerk als nicht realistisch beurteilen müssen und deshalb nicht zur Farbstoffauswahl mit heranziehen können.

Wenn man eine Musterkarte nach den hier beschriebenen Gesichtspunkten durchgearbeitet hat, ergibt sich bereits eine Auswahl von Farbstoffen, die dem Anwendungsbereich, dem Echtheitsniveau und den Qualitätsansprüchen des einzelnen Betriebes entspricht. Nach dieser Vorauswahl geht man in die Ausfärbungen und wählt diejenigen Farbstoffe weiter aus, die die geringsten Farbtonunterschiede in den Mustern aufweisen. Dies gilt sowohl für eine Nuancenverschiebung innerhalb einer Konzentrationsreihe oder zwischen Narbenledern und Velours als auch für den Nuancenvergleich von Chromleder zu nachgegerbtem Leder. Farbstoffe, die geringe Unterschiede unter diesen Bedingungen ausweisen, ergeben stabile Färbungen, eine gute Kombinierbarkeit und eine befriedigende Reproduzierbarkeit von Partie zu Partie.

Erst jetzt sollte man prüfen, ob die Farbstoffe des aus der Musterkarte ausgewählten kleinen Sortimentes den preislichen Vorstellungen des Betriebes entsprechen. Bei Preisüberlegungen muß das Aufbauvermögen des zur Diskussion stehenden Farbstoffes auf nachgegerbten Ledern ganz wesentlich in das Kalkül mit einbezogen werden (s. S. 249).

Die hier beschriebene Vorauswahl ist bestimmt effizienter als das vielfach geübte Verfahren: Die Musterkarte vom Bord zu nehmen, aufzuschlagen und die Vorlage so lange neben die Ausfärbungen zu halten, bis man eine ausreichende Übereinstimmung gefunden hat. Nach den in diesem Kapitel diskutierten Vorschlägen sollten die in Frage kommen Farbstoffe ausgewählt, ausgefärbt und in einer Kartei zusammengestellt werden. Aus dieser Selektion sind dann die im folgenden beschriebenen weiteren Auswahlen zu bewerkstelligen.

3. Farbstoffauswahl aufgrund des färberischen Verhaltens

3.1 Das Egalisieren von Färbungen. Die wichtigste Kategorie des färberischen Verhaltens ist das Egalisieren eines Farbstoffes. Im letzten Kapitel konnte gezeigt werden (Abb. 48, s. S. 155), daß ein schlecht egalisierender Farbstoff sich in einer Kombination immer stark hinsichtlich wolkiger Färbungen, färberischer Unterstreichung der Halsriefen und Nuancenunterschieden zwischen Narben- und Fleischseite auswirkt. Wegen der besonderen Schwierigkeit, dieses Farbstoffverhalten exakt zu erfassen, liegen von den Farbstoffherstellern zum Egalisieren entweder keine Angaben vor, oder sie sind, wie im letzten Abschnitt gezeigt werden konnte, nicht vergleichbar. Auf der anderen Seite ist, wie auch die Abb. 49, S. 223 nahelegt, gerade hier eine Hilfe sehr notwendig. Im letzten Abschnitt wurde dargelegt, daß immer etwa 1/6 jedes Sortimentes schlecht egalisiert, die Hälfte mittel und 1/3 gut bis sehr gut. Angenommen es liegen zwei Sortimente verschiedener Lieferanten vor, bei welchen in dem einen Fall die schlechteste Egalität 2 ist, bei dem anderen 3–4. Man ordnet nun beide Sortimente in Reihenfolgen von der jeweils niedrigsten Bewertung aufsteigend zu den Spitzenfarbstoffen an. Dann bildet man um die niedrigsten Bewertungen eine Gruppe von ca. 17% des Sortimentes; so dann in den Reihenfolgen weiter aufsteigend eine Gruppe, die 50% des Sortimentes umfaßt, in der die Farbstoffe mittleren Egalisiervermögens vereinigt sind. Der verbleibende Rest der Farbstoffe enthält nun tatsächlich die besten Egalisierer. Die mit diesem Behelf ermittelten Gruppen sollten bessere Kombinationen ergeben, als wenn wahllos Farbstoffe zusammengestellt werden. Es ist übrigens ein deutlicher Zusammenhang des Egalisiervermögens zu den Nuancen festzustellen. So egalisieren Gelb-, Orange- und Mittelbraun-Farbstoffe deutlich besser als Rot, Blau und Grün. Dunkelbraun- und Schwarzfarbstoffe verhalten sich am ungünstigsten; deshalb lohnt es sich, wenn man bei diesen tiefen Nuancen einen guten Egalisierer antrifft, diesen möglichst breit einzusetzen und auch in schon bestehende Nuancen einzuführen. Die chemischen Gruppierungen der Farbstoffe zeigen im Egalisierverhalten ebenfalls Eigentümlichkeiten. So ist es ohne Färbereihilfsmittel oft schwierig, mit 1:2-Metallkomplexfarbstoffen egale Färbungen zu erzielen. Auch substantiven Farbstoffen sagt man auf Leder eine Neigung zu unegalen Färbungen nach; dies trifft sicher für die Schwarzmarken zu, aber es gibt eine Reihe von säurebeständigen Echtmarken, wie z. B. Benzoechtscharlach 4 BS, die immer hervorragend egal färben. Kationische Farbstoffe sind hinsichtlich Egalisieren nicht einfach zu handhaben. Dagegen egalisiereren 1:1-Metallkomplexfarbstoffe auch in niedrigen Konzentrationen gut. In diesem Zusammenhang stellt sich die Frage, ob man immer und für alle Lederarten grundsätzlich Farbstoffe mit den höchsten Werten des Egalisiervermögens auswählen sollte. Dieser Frage ist ganz allgemein zu verneinen: Nicht immer den höchsten Echtheitswert auswählen, sondern den den Anforderungen am gemäßesten. Diese Regel soll an einigen Beispielen verdeutlicht werden: Höchstanforderungen sollen grundsätzlich an alle Nuancierfarbstoffe gestellt werden. Ähnlich hohe Anforderungen muß man an Farbstoffe zum Färben von ungedeckten oder nur schwach gedeckten Narbenledern stellen. Dagegen kommt man für gedeckte Oberleder und Velours mit allen Egalitätsbewertungen, die besser sind als 2, gut aus. Ebenso wird man bei allen nachgegerbten Ledern mit Farbstoffen mittleren Egalisierungsvermögens gute Ergebnisse haben. Ob es immer notwendig ist, Pastellnuancen, wenn sie mit hohen Anteilen an Weißgerbstoffen und Hilfsmitteln gefärbt werden, nur mit Farbstoffen des besten Egalisierverhaltens einzustellen, muß bezweifelt werden; man kommt hier z. B. mit dem mittleren Egalisiervermögen der 1:2-Metallkomplexfarbstoffe in den meisten Fällen gut zurecht.

Einige Lederarten, wie z. B. Schweinsnarbenleder und Schweinsnubuk, färben sich infolge ihrer besonderen Porenstruktur nur mit einigen wenigen, gut deckenden Farbstoffen wirklich egal. Diese spezielle Eignung erfaßt kein Bewertungssystem, weshalb man in solchen Spezialfällen auf den Rat der in solchen Technologien erfahrenen Anbieter und Berater angewiesen ist[219].

3.2 Versuche, die Kinetik der Färbung in die Farbstoffauswahl mit einzubeziehen. Die umfangreichen Arbeiten der Ciba-Geigy, der Sandoz und von Bayer zur Kinetik der Lederfärbung wurden im Kapitel VII dargestellt. Die Ergebnisse sind keineswegs übereinstimmend. Für die Farbstoffauswahl stellt sich nun die Frage, wie diese Vorschläge berücksichtigt werden können und welche Probleme sich stellen, wenn Farbstoffe aus Sortimenten verschiedener Anbieter kombiniert werden sollen. In diesem Zusammenhang wird nochmals auf Kapitel VIII. verwiesen, wo anhand eines Gedankenexperimentes (s. S. 155 u. 223, Abb. 48 u. 49) und eines praktischen Färbeversuches versucht wird zu erklären, wie Unegalität durch unterschiedliches Aufziehverhalten bei Kombination schlecht bzw. unverträglicher Farbstoffe entsteht.

3.2.1 Die Auswahlvorschläge der Ciba-Geigy.
Die Kombinationszahlen und die Gruppeneinteilung der Ciba-Geigy wurden nach längerer Prüfung in der Praxis von der Firma selbst zurückgezogen[220]. Die nicht befriedigenden Ergebnisse mit den Kombinationszahlen haben die Autoren bestimmt, Aufziehcharakteristika ganz allgemein in Frage zu stellen. Als Ersatz wird das Kombinationsprinzip des sog. ABC-Testes vorgeschlagen: Farbstoffpaare werden auf Standardchromleder, auf einem mit wenig blockierendem Syntan und auf einem mit stark blockierendem Syntan nachgegerbten Chromleder ausgefärbt und diejenigen Kombinationen mit den geringsten Farbunterschieden zur Aufnahme vorgeschlagen. Dieses Verfahren ist sicher geeignet, um stabile Farbstoffkombinationen zu ermitteln, es spricht aber das Aufbauvermögen auf nachgegerbten Leder und nicht die Färbekinetik an. Die Methode ist ziemlich arbeitsaufwendig, denn um ein Sortiment von nur 12 Farbstoffen nach dem ABC-Test zu prüfen, sind mindestens 648 Färbungen notwendig.

3.2.2 Farbstoffauswahl nach dem Sandoz-System.
Die Sandoz empfiehlt »Angaben über die Affinität (s. S. 196), den Farbaufbau (s. S. 198) und die Sättigungsgrenzen (s. S. 200) ... für eine substratbezogene Auswahl der jeweils am besten geeigneten und kombinierbaren Derma-Farbstoffe« zu verwenden. Wenn man diesem Vorschlag folgen will, so ist der erste Schritt: Farbstoffe guten Aufbauvermögens auf Chromleder bzw. auf nachgegerbtem Leder anhand der Tabelle »Sättigungsgrenzen der Derma-Farbstoffe bezogen auf Richttyptiefen« und anhand der jedem Farbstoff mitgegebenen Kurvencharakteristik des Aufbauvermögens auszuwählen. Durch dieses Vorgehen wird sowohl ein wirtschaftlich optimaler Einsatz, auch hinsichtlich der Farbstoffdosierung, als auch eine technisch befriedigende Auswahl von Farbstoffkombinationen mit ähnlichem Aufbauvermögen auf nachgegerbten Ledern und mit sicherer Reproduzierbarkeit sichergestellt. Der nächste Schritt ist nun, für die jeweilige Nuance Farbstoffe mit gleichen bzw. möglichst naheliegenden Affinitätszahlen zu ermitteln. Der Idealfall wären Farbstoffe, die sowohl auf Chromleder als auch auf nachgegerbtem Chromleder in den Affinitätszahlen leidlich übereinstimmen. Dieses Optimum ist aber in den seltensten Fällen darstellbar. Praktisch wird man darauf achten, daß die Farbstoffe in ihren Affinitätszahlen auf dem Material, das zur Färbung vorliegt, bestmöglich übereinstimmen. Dabei ist die Kombinationsbreite bei hochaffinen Farbstoffen – das sind solche mit Affinitätszahlen von über 85 auf Chrom und von über 55 auf nachgegerbten Ledern – am engsten; d. h. die Affinitätszahlen sollen bei hochaffinen Farbstoffen sehr nahe zusammenliegen; bei niedrigaffinen Farbstoffen ist die tolerierbare Schwankungsbreite größer[222]. Zusätzlich zu dem Sättigungsvolumen und den Affinitätszahlen wird empfohlen, die Elektrolytbeständigkeit und die Löslichkeit der Farbstoffe mit zu berücksichtigen. Ein beachtenswerter Hinweis ist auch, daß Nuancierfarbstoffe – d. h. Farbstoffe, die in kleinen Mengen zugesetzt eine starke Veränderung der Nuance bewirken – keine steilere Kurve des Aufbauvermögens als der die Nuance tragende Hauptfarbstoff der Kombination haben sollten. Das Beurteilungsprinzip einer geglückten guten Kombination ist die gleichmäßige Einfärbung des Schnittes, wobei unausgesprochen unterstellt wird, daß eine gleichmäßige Einfärbung auch Egalität in der Fläche und Reproduzierbarkeit der Färbung bedeutet. Das Sandoz-System

bringt ohne Zweifel ein ganzes Bündel höchst nützlicher und beachtenswerter Maßnahmen zur Farbstoffauswahl.

Es beansprucht aber die Aufmerksamkeit des Coloristen nach zu vielen Richtungen, um voll zur Wirkung und Geltung kommen zu können. In zweiter Linie möchte der Verfasser zu dem System anmerken, daß es keinerlei Sonde zu den für das färberische Ergebnis so außerordentlich wichtigen ersten 15 Minuten der Färbung vermittelt.

3.2.3 Farbstoffauswahl im Bayer-System. Dieses Auswahlsystem für Farbstoffe unterscheidet sich von dem bisher besprochenen System dadurch, daß es die Kinetik des Farbstoffaufzuges ganz bewußt als zentralen Leitgedanken einführt. Die vorausgegangenen Richtlinien leiten ihre Lehre aus der Messung eines Zwischen- bzw. Endzustandes der Färbung ab, während das Bayer-System die entscheidenden ersten 15 Minuten des Farbstoffauszuges mit einbezieht durch die Messung der Aufzugskurven bei einem mittleren pH-Wert von 4,5 und an einem mittelaffinen Material, nämlich an zwischengetrockneten und wieder aufbroschierten Chromkalbleder-Spänen.

Alle Farbstoffe ziehen unter diesen, aber auch unter variierten Bedingungen, in den ersten 15 Minuten viel schneller als in dem folgenden Zeitraum der Färbung auf; es schließt sich dann eine Phase langsamen Aufziehens an, wenn nicht in dem ersten Abschnitt der Färbung bereits über 90% des Farbstoffangebotes aufgenommen wurden. Die gemessenen Aufziehkurven können durch 2 Punkte charakterisiert werden: erstens durch die Farbstoffmenge, die in den ersten 15 Minuten auf das Leder aufzieht und zweitens durch die Farbstoffmenge, die nach 180 Minuten noch im Färbebad gelöst vorhanden ist. Die erste Größe ist ein Ausdruck für die durchschnittliche Aufziehgeschwindigkeit in der ersten schnellen Phase der Färbung, die zweite Ziffer ist eine Beschreibung der Baderschöpfung. Die Aufziehgeschwindigkeit ist aber ein wichtiges Element der Egalität (s. S. 219), der Kombinierbarkeit von Farstoffen (s. S. 223) und der Verteilung des Farbstoffes zwischen Narben und Fleischseite (s. S. 218). Die zweite Kennzahl der Baderschöpfung läßt erkennen, ob von einem Farbstoff beim Absäuern ein Nachzug zu erwarten ist, der bei forcierter Säurezugabe sich negativ auf die Egalität auswirkt bzw. im wesentlichen auf der Fleischseite anfällt. Bei diesem Vorgang kann man oft beobachten, daß nicht ein Farbstoff generell, sondern nur ein Teil von ihm, z. B. eine Nebenkupplung, lsangsamer zieht bzw. im Bad verbleibt[170].

Solche Farbstoffe machen erfahrungsgemäß färberische Schwierigkeiten; die Kenngröße Baderschöpfung läßt dieselben erkennen und ermöglicht das Ausscheiden derartiger Farbstoffe aus Kombinationen. Optimale Farbstoffkombinationen im Bayer-System sind nun solche, deren Kennzahlen für die Aufziehgeschwindigkeit und die Baderschöpfung möglichst nahe zusammenliegen. Die Aufziehgeschwindigkeit läßt außerdem in großen Linien die Eignung bzw. das Anwendungsgebiet von Farbstoffen erkennen: so wird man z. B. für Nuancierfarbstoffe und Pastellfärbungen auf Narbenleder eine hohe Aufziehgeschwindigkeit vorsehen müssen, während man für alle Arten von Velours mit Farbstoffen mäßiger bzw. mittlerer Aufziehgeschwindigkeit sein gutes Auskommen finden wird. Bei reinen Chromledern beachte man zusätzlich das ausgewiesene Egalisiervermögen, indem man es vermeidet, Farbstoffe in eine Kombination einzuführen, die im Egalisiervermögen schlechter sind als eine 4. Weniger wichtig ist das ausgewiesene Egalisiervermögen einerseits bei Färbungen in Anwesenheit von Egalisiermitteln, andererseits bei der Färbung nachgegerbter Chromleder. Bei letzteren ist für die Stabilität und die Reproduzierbarkeit der Nuance und für die Egalität der Färbung wichtig, mit Farbstoffen zu färben, die mehr als eine 3 im Aufbauvermögen auf nachgegerbten Ledern erreichen. Es ist bei der Zusammenstellung von Farbstoffkombinationen für nachgegerbte Leder auch darauf zu achten, daß die Farbstoffe keinen großen Farbtonumschlag auf nachgegerbtem Material zeigen[223] und daß sie im Aufbauvermögen nicht mehr als zwei Bayer-Einheiten auseinanderliegen. Bei Färbungen von Narbenledern sollten Nuancierkomponenten schneller ziehen als die Hauptkomponente, weil schnell ziehende Farbstoffe stärker auf dem Narben abbinden, meist auch besser egalisieren, Narbenfehler wie Wundstellen weniger unterstreichen und schließlich bei pH-Werten zwischen 4 und 5 so fest abbinden, daß beim Trocknen keine Nuancenschattierungen durch Migration entstehen können. Für die flottenlose Färbung sind die Aufziehcharakteristika ohne Bedeutung, dafür ist die Löslichkeit wichtig: man sollte Farbstoffe ähnlicher Löslichkeit kombinieren und grundsätzlich nur Produkte mit einer Kaltlöslichkeit über 30 g/l einsetzen. Zu einer schnellen Orientierung gibt Tabelle 51 eine Übersicht über die Parameter der Farbstoffauswahl für verschiedene färberische Probleme[224].

Es stellt sich nun für den Praktiker die Frage, ob zwischen den besprochenen Auswahlkriterien der verschiedenen Farbstofflieferanten irgendwie ein verwertbarer Zusammenhang festgestellt werden kann; dieses Problem stellt sich vor allem für denjenigen, der Farbstoffe verschiedener Lieferanten kombinieren will. Der ABC-Test der Ciba-Geigy läßt sich mit dem Aufbauvermögen auf nachgegerbten Ledern in Verbindung bringen, allerdings ohne daß sich diese Beziehung in Zahlen darstellen ließe. Die Affinitätszahlen der Sandoz und die Aufzugscharakteristiken von Bayer sind ein Ausdruck für die Affinität der Farbstoffe. Man sollte deshalb auf Chromleder Farbstoffe der Sandoz mit einer Affinitätszahl über 80 mit solchen der Aufzugscharakteristika 4 und 5 der Bayer sowohl für die Aufzugsgeschwindigkeit als auch die Baderschöpfung kombinieren. In den Affinitätszahlen der Sandoz ist aber auch eine Komponente des Aufbauvermögens auf nachgegerbten Ledern enthalten, wie Tabelle 52 an einigen Beispielen zeigt. Mit einer Wahrscheinlichkeit von etwa 75% kann man aus der Tabelle die Regel ableiten, daß alle Farbstoffe, deren Differenz der Affinitätszahlen kleiner als 40 ist, nachgegerbte Leder in einer Farbstärke über 30%, also besser als der große Durchschnitt der Farbstoffe, anfärben. Man kombiniere also Farbstoffe mit einem Aufbauvermögen über 3 nach Bayer mit Farbstoffen einer Affinitätszahlendifferenz unter 40 von Sandoz, wenn man stabile Nuancen auf nachgegerbten Ledern einstellen will.

3.2.4 Farbstoffauswahl aufgrund der Elektrolytempfindlichkeit von Farbstofflösungen[94]. Der für die Farbstoffauswahl vorgeschlagene Cr ELB-Test wurde bereits in Kapitel IV (s. S. 114) bei dem Einfluß des Elektrolytgehaltes auf den Ausfall der Färbung behandelt. Es empfiehlt sich auf jeden Fall die dort nahegelegten Maßnahmen zur Senkung des Elektrolytgehaltes der Färbeflotte sorgfältig durchzuführen. Außerdem ist es sicher nützlich, besonders elektrolytempfindliche Farbstoffe mit Hilfe des Cr EBL-Testes aus dem Verbrauchssortiment auszuscheiden. Der Zusammenhang zur Kinetik des Färbevorgangs ergibt sich durch die Aggregierung, die Farbstoffe durch Elektrolyte erfahren. Hoch aggregierte Farbstoffe ziehen erheblich langsamer, viel stärker auf die Fleischseite und egalisieren schlechter.

Tabelle 51: Zusammenfassung zur Farbstoffauswahl

Nr.	Lederart	Egalität	AG	BE	Aufbau	Licht	Lösl.	Ein-färbung	Wasch-echtheit	Dry-Clean	Schweiß	Bemerkungen
1.	Ungedeckte Chromoberleder	4–5	4–5	4–5	–	4–5	>20	–	–	–	–	
2.	Oberleder Velours	>2	2–4	3–5	–	3	*)	>2	–	–	–	*) für Pulververfahren Löslichkeit 20–60 g/l: Farbstoffe ähnlicher Löslichkeit
3.	Bekleidungsvelours	3–5	2–4	3–5	–	4–5	*)	>2	3–5	3–5	3–5	
4.	Nuancierfarbstoffe **)	4–5	5	5	>3	5	30–60 *)	>1	–	–	–	**) nicht konzentrierte Marken
5.	Pastellfärbungen ***)	3	5	5	–	5	30–60 *)	>2	–	–	–	***) nach Möglichkeit keine Kombinationen
6.	Möbelleder	4–5	4–5	4–5	>3	4–5	*)	>3 ****)	–	–	>3	****) BAYKANOL TF verbessert die Einfärbung ohne stark aufzuhellen
7.	Nachgegerbte Leder	3	4–5	4–5	>3⁰)	3–5⁰)	>20	–	–	–	–	⁰) der dunkelste Farbstoff einer Kombination soll der beste in Licht und Aufbauvermögen sein

AG = Aufziehgeschwindigkeit; BE = Baderschöpfung

Tabelle 52: Vergleich von Affinitätszahlen mit dem Aufbauvermögen

Farbstoff	Affinitätszahl		Differenz der Affinitätszahlen	Aufbauvermögen auf nachgegerbtem Leder	Übereinstimmung
	Chrom	nachgegerbt			
Dermagelb GL	74	32	42	8 R	–
Dermagelb 2G	86	37	49	1 G	+
Dermaorange 2 GL	90	28	62	2 G	+
Dermarot BA	94	61	33	1 B	–
Dermabordo V	97	65	32	8 B	+
Dermacyanin G	99	64	35	4 O	+
Dermagrün GL	72	24	48	9 B	–
Dermabraun G2R	90	34	56	2 BS	+
Dermabraun RB	99	47	52	2 O	+
Dermabraun G 130%	85	30	55	2 G	+
Dermabraun 2G 130%	88	30	58	1 S	+ +
Dermabraun D2GL	96	63	33	4 R	+ +
Dermabraun DGVL	97	41	56	1 S	+ +
Dermagrau LL	66	9	57	1 R	+
Dermagrau G	82	50	32	4 B	+
Dermaorange 2R	76	30	46	2 B	+ +
Dermarot BG	86	37	49	2 B	+ + +
Dermablau R	78	28	50	1 O	+ +
Dermagrün 2G	82	43	39	2 G	–
Dermaoliv GR	82	55	27	8 R	+ +
Dermahavanna G	82	50	32	3 S	+ + +
Dermabraun D3G	87	47	40	4 B	+
Dermabraun DR	96	53	43	4 B	–
Dermacarbon BF	61	34	27	2 B	–

R = röter; G = gelber oder grüner; B = blauer; S = stumpfer; O = färbt in Ton

4. Farbstoffauswahl für spezielle Probleme

Mit den bisher besprochenen Kategorien der Farbstoffauswahl wurde im wesentlichen nur das Problem des Egalisierens und der Kombination von Farbstoffen angesprochen. Der Anforderungen sind aber – besonders durch die gute Konjunktur für Bekleidungs- und Möbelleder – in den letzten Jahren viel mehr geworden. Dadurch kompliziert sich die Farbstoffauswahl, und Kompromisse sind dann unumgänglich. Andererseits verengt sich mit den steigenden Anforderungen die Palette der genügend echten Farbstoffe immer mehr, eine Schwierigkeit, die nur durch eine übergreifende Auswahl aus allen erreichbaren Sortimenten einigermaßen bewältigt werden kann. Eine der häufigsten und wichtigsten speziellen Anforderungen ist die nach lichtechten Färbungen.

4.1 Die lichtechte Färbung. Die wichtigste Voraussetzung einer lichtechten Färbung ist die ausreichende Lichtechtheit des Substrats. Man prüfe deshalb als erstes die Lichtechtheit des für die Färbung in Aussicht genommenen Leders[225], man vergewissere sich aber auch, daß das Material beim Erhitzen im Dunkeln nicht vergilbt[226]. Was bisher viel zu wenig beachtet wird, ist der Einfluß der Färbereihilfsmittel auf die Lichtechtheit. Viele Färbereihilfsmittel auf Basis von Naphtalinsulfosäure-Formaldehyd-Kondensationsprodukten haben nur eine Lichtechtheit von 2. Darüber hinaus senken sie infolge ihrer starken Dispergierwirkung auf den Farbstoff dessen Lichtechtheit. Diese beiden Einflüsse wirken zusammen, so daß man bei durchaus normaler Dosierung des Hilfsmittels auch mit ausgezeichnet lichtechten Farbstoffen über eine 3, ja manchmal nicht über eine 2 in der Lichtechtheit hinauskommt. Tabelle 53 zeigt eindeutig den Zusammenhang der Lichtechtheit des Substrats mit der Lichtechtheit der Färbung; aber sie zeigt ebenso, daß das Aufbauvermögen des Farbstoffes eine außerordentlich breite Streuung der Lichtechtheitswerte, z. B. bei dem Grau von 2 bis 5, resultieren lassen. Ohne eine praktische Prüfung lassen sich bei der Vielfalt der Einflüsse hier kaum Voraussagen treffen.

Hat man nun ein Substrat mit einer Lichtechtheit von 4, so ist der Praktiker im allgemeinen der Meinung, man müsse nun lediglich die Farbstoffe mit den höchsten Lichtechtheiten aus der Musterkarte auswählen, um Färbungen mit guten Lichtechtheiten sicherzustellen. Diese Meinung bewährt sich auch bei Färbungen mit Einzelfarbstoffen und Farbstoffkombinationen in den meisten Fällen. Wenn man aber bei Farbstoffkombinationen in allen Fällen Beanstandungen vermeiden will, sind noch einige zusätzliche Überlegungen notwendig. Das Wichtigste bei der Auswahl lichtechter Farbstoffe ist, sich Klarheit zu verschaffen, bei welcher Konzentration und auf welcher Seite des Leders der in der Musterkarte angegebene Lichtechtheitswert ermittelt wurde. Es ist selbstverständlich, daß nur Belichtungen gleicher Konzentration als vergleichbar in die Überlegungen bei der Ausarbeitung einer lichtechten Färbung eingeführt werden können. Weniger bekannt ist, daß die Belichtung der Fleischseite immer bessere Lichtechtheitswerte in der Größenordnung von etwa einem Punkt ergibt; dies muß auch beachtet werden, wenn man die Belichtungswerte von Velours oder Vliesen aus Lederfasern heranzieht. Färbt man nun in gleicher und höherer Dosierung als in der Musterkarte angegeben, so kann man auf der angesprochen Lederart – meist Chromleder – tatsächlich die gleiche Lichtechtheit erwarten. Ist man aber gezwungen die Nuance in niedrigeren Konzentrationen zu färben als die der Musterkartenangabe, so resultieren natürlich niedrigere Lichtechtheitswerte. Leider ist es nicht so, daß immer mit fallender Konzentration der

Tabelle 53: Lichtechtheiten von mit verschiedenen Gerbstoffen nachgegerbten Chromledern und von Färbungen auf ihnen (2 % Angebot)

Nr.	6%ige Nachgerbung mit	Lichtechtheit ungefärbt	Baygenal grau LNG		Baygenal rotbraun L2NR	Baygenal dunkelbraun L-NR
			L	A	L	L
1.	reines Chromleder	6	5	100	4	5
2.	Quebracho	2 (1)	2	41	2–3	4–5
3.	Mimosa	2 (1)	2	40	2–3	4–5
4.	Kastanie	3 (2)	3–4	38	3–4	4–5
5.	Sumach	4	5	29	4	5
6.	Gambir	3 (3)	4–5	56	4	5
7.	Tanigan OS	(3)	3–4	13	3	4
8.	Tanigan BN	(2)	3–4	6	2–3	4
9.	Tanigan LD	(5)	4	12	3–4	4
10.	Retingan R 7	5	4–5	40	3	4–5
11.	Baykanol HLX	(2)	3–4	14	3	3–4
12.	Baykanol SL	(5)	5	27	4	3–4
13.	Baykanol TF	(6)	5	87	3–4	4
14.	Tanigan PR	(1)	2	23	2	2
15.	Tanigan PAK	(6)	4–5	38	3	3
16.	Tanigan PT	6	4	42	3	3
17.	Chromleder ohne Fettung und nicht neutralisiert	6	5–6	132	4	5

L = Lichtechtheit; A = Aufbauvermögen;
( ) = first break bzw. Beginn einer Vergilbung bzw. eines Nachdunkelns

Farbstoffe Färbungen gleichmäßig und linear an Lichtechtheit einbüßen; vielmehr ist auch in dieser Beziehung jeder Farbstoff ein Individuum. Wenn man nach einem groben Raster dieses Verhalten zu ordnen versucht, so kann man drei Typen unterscheiden:

Typ A: Behält die hohe Lichtechtheit der Standardfärbung bis in die starke Verdünnung einer sehr schwachen Pastellnuance, z. B. Dermagrau LL.
Typ B: Die Lichtechtheit sinkt von einem guten Wert bei hohen Konzentrationen kontinuierlich und linear zu mäßigen Werten, z. B. Dermabordo V oder Baygenalbordo NB.
Typ C: Ist bei hoher Konzentration gut lichtecht, fällt aber schon bei der ersten oder zweiten Verdünnungsstufe in der Lichtechtheit steil ab, z. B. Dermabraun 2G 130%.

Hat man anspruchsvolle Nuancen, z. B. für Möbelleder oder Bekleidungsnappa, zu färben, tut man gut daran, bei der Farbstoffauswahl in den Musterkarten zu prüfen, zu welchen der obigen Typen der in Aussicht genommene Farbstoff gehört. Gibt die Musterkarte keine Auskunft – was leider die Regel ist –, sollte man sich mit seinem Lieferanten unterhalten, wie die Lichtechtheit des in Aussicht genommenen Farbstoffes sich mit sinkender Dosierung entwickelt. Dann ist für Färbung mit einem Einzelfarbstoff Typ A optimal, Typ b bis zu einer Dosierungsgrenze tragbar und Typ C nur in hohen Konzentrationen anzuwenden.

Noch viel dringender ist die anempfohlene Orientierung, wenn lichtechte Nuancen aus Farbstoffkombinationen aufgebaut werden müssen. Man sollte dann nicht blindlings aus den verfügbaren Sortimenten die Farbstoffe der höchsten Lichtechtheiten auswählen; denn wenn man z. B. Typ A mit Typ C kombiniert, dann bestehen bei niedrigen Anwendungskonzentrationen zwischen beiden Typen erhebliche Unterschiede in der Lichtechtheit. Diese wirken sich dann so aus, daß die belichteten Stellen nach der Nuance des Typs A »verschießen«, was eine stark auffallende Nuancenänderung während des Gebrauchs bedeutet. Durch ein Beispiel soll diese Fehlermöglichkeit verdeutlicht werden:

Man stellt z. B. ein sehr klares Grün ein mit einem sehr lichtechten Gelb (Lichtechtheit 5-6 bis zu den Pastelltönen = Typ A) und einem sehr farbstarken, klaren Blau (Lichtechtheit 3). Das Gelb ist wie alle Gelbs ziemlich farbschwach, so daß es mit 0,8% dosiert wird, während von dem farbstarken Blau nur 0,4% (Lichtechtheit in dieser Konzentration nur 2) für Einstellung der Nuance benötigt werden. Das resultierende klare Grün ist gegen Belichtungen hoch empfindlich und verschießt bereits bei einer Beanspruchung von 1-2 sehr auffällig nach Gelb.

Nach längerer Exposition, z. B. als Bekleidungsnappa, würde das Bekleidungsstück rein Gelb. Ein deutlich besseres und weniger auffälliges Ergebnis würde erzielt, wenn man mit einem Gelb mittlerer Lichtechtheit und einem weniger ausgiebigen Blau ähnlicher mittlerer Lichtechtheit färben würde. Die geschilderte Schwierigkeit muß besonders in Betracht gezogen werden bei der Einstellung von Blau-, Grün-, Grau- und sonstigen Pastellnuancen. Der Zusammenhang zwischen Lichtechtheit und Nachgerbung wird noch augenfälliger an einem Nuancierbeispiel im folgenden Abschnitt gezeigt werden können.

4.2 Die Färbungen auf nachgegerbten Ledern. Auf nachgegerbten Ledern volle Nuancen sicher reproduzierbar zu färben, ist häufig immer noch ein dringendes Problem[225]. Als Lösungsmöglichkeiten wurden bereits methodische Varianten, z. B. die Führung der Nachgerbung nach der Färbung (s. S. 140) oder der Einsatz kationischer Hilfsmittel (s. S. 168) u. a., diskutiert. Vielfach wird jedoch durch solche Vorschläge die ausschlaggebende Bedeutung gerade der Farbstoffauswahl für die Färbung nachgegerbter Leder heruntergespielt[227]. Denn ohne entsprechend gezielte Farbstoffauswahl ist die Aufgabe, auf nachgegerbtem Leder volle Färbungen einzustellen, nicht zu lösen[228].

Die Auswirkung der Farbstoffauswahl auf Farbstärke, Nuancenstabilität und Brillanz einer Dreierkombination auf einem mittelstark nachgegerbten Chromleder (2% Syntan, 2% Harzgerbstoff, 2% Mimosa) zeigen die beiden Bilder 51 u. 50 (S. 156). Im Farbdreieck der Abb. 50 hat der Träger der Hauptnuance, das C.I. Direct brown 214 an der Spitze ein Aufbauvermögen auf nachgegerbten Ledern von 1, d. h. 10% der Farbstärke auf Chromleder. Es ist also für die Färbung nachgegerbter Leder wenig geeignet. Die beiden Nuancierfarbstoffe liegen viel günstiger: nämlich das Bordo links erreicht auf nachgegerbtem Leder 60%, das Olivbraun rechts 50% der Farbstärke auf Chromleder. Auf Chromleder (linkes Farbdreieck) ist die Dreierkombination coloristisch völlig ausgewogen und stabil in der Reproduzierbarkeit. Das Farbdreieck rechts auf nachgegerbtem Leder wurde, um einem Stärkeverlust vorzubeugen, mit dem doppelten Farbstoffangebot, nämlich 2%, gefärbt. Trotz dieser Verdopplung des Farbstoffangebots ist die Farbstärke der Hauptnuance ganz wesentlich zurückgegangen, so daß nun der Nuancierfarbstoff Bordo im gesamten Farbdreieck dominiert. »Die Nuance ist umgeschlagen«, wie der Praktiker sagt. Als Gegenbeispiel wird in Abb. 51 ein Farbdreieck mit den gleichen Nuancierfarbstoffen, aber als Hauptkomponente mit C.I. Acid brown 328, einem Metallkomplexfarbstoff, gezeigt. Dieses Dunkelbraun färbt auf nachgegerbtem Leder zu 80% der Farbstärke auf Chromleder aus. Als weitere Korrektur wurde die Dosierung des Bordo auf 0,5 bzw. 1% zurückgenommen. Nach diesen Maßnahmen ist die Farbstoffkombination auf nachgegerbtem Leder so ausgewogen wie auf Chromleder. Farbumschläge, Nuancenabweichungen und ungenügende Nuancierwirkung sind ausgeschaltet.

Noch eindrucksvoller wird der Erfolg dieser überlegten Farbstoffauswahl, wenn man die Lichtechtheiten der Farbstoffkombinationen in beiden Farbdreiecken vergleicht. Bei dem ersten Farbdreieck auf Chromleder kann man erkennen, daß die Lichtechtheit mehrerer Kombinationen schlechter ist als die der beiden Ausgangskomponenten (linke Kante der Abbildung 52). Das rechte Farbdreieck demonstriert eindrucksvoll den Abfall der Lichtechtheit einer unglücklichen Kombination auf der ganzen Linie durch die Nachgerbung. Wenn nun das C.I. Direct brown 214 durch das C.I. Acid brown 328 ersetzt wird (Lichtechtheit 5, Aufbauvermögen 80%), so wird sowohl die Nuance auf nachgegerbtem Leder stabilisiert als auch die Lichtechtheit ganz entscheidend für eine Reihe von Kombinationen verbessert; ja, es ist nicht zuviel behauptet, wenn man hier die Lichtechtheit auf dem Farbdreieck nachgegerbter Leder insgesamt als besser beurteilt als die Lichtechtheit der Chromleder. Es soll noch darauf hingewiesen sein, daß bei der zweiten Versuchsserie das Angebot an C.I. Acid red 119 auf die Hälfte reduziert wurde, was sich in der Lichtechtheit auf Chromleder und nachgegerbtem Leder auswirkt (Abb. 53 S. 246).

Die Durchführung dieses Beispiels zeigt eindrucksvoll, daß das Aufbauvermögen als Auswahlkriterium für die Färbung nachgegerbter Leder nicht nur wichtig hinsichtlich der Reproduzierbarkeit der Nuance, hinsichtlich der Fülle und Farbstärke der Färbung und hinsichtlich der Brillanz des Farbtones ist, sondern daß sich ganz allgemein eine richtige Farbstoffauswahl auf das gesamte Echtheitsbild positiv, aber auch auf das wirtschaftliche Ergebnis der Färbung maßgeblich auswirkt. Deshalb sollte man es sich zur Regel machen, für alle vegetabilisch-synthetisch nachgegerbten Leder Farbstoffe auszuwählen, die bei einem 2%igen Angebot stärker als 30% (einer 1%igen Färbung auf Chromleder) aufbauen. Günstig ist ein mittleres Aufbauvermögen zwischen 40 und 60%. Diese Auswahl ist für den Praktiker tatsächlich schwierig zu treffen, weil nur eine Firma konkrete Angaben zum Aufbauvermögen auf nachgegerbten Ledern in ihren Dokumentationen führt[229]. Einen indirekten Hinweis kann man auch aus Affinitätszahlen[230] entnehmen, indem man Farbstoffe heranzieht, deren Differenz der Affinitätszahlen chrom/nachgegerbt geringer ist als 40 (s. Tab. 52). Für alle übrigen Farbstoffsortimente bleibt für diese wichtige Information keine andere Wahl, als die Prüfung des Aufbauvermögens (s. S. 198) selbst durchzuführen und karteimäßig festzuhalten. Die umfassende Bedeutung dieser Eigenschaft für nachgegerbte Leder lohnt diese große Mühe und die wirtschaftliche Auswirkung der Anwendung dieser Ausarbeitungen machen sie schnell bezahlt. Ein weiterer Hinweis zur Farbstoffauswahl ist, daß 1:2-Metallkomplexfarbstoffe[231] und amphotere Triphenylmethan-Farbstoffe praktisch immer gute Aufbauwerte auf nachgegerbten Ledern erbringen. Als allgemeine Regel für Farbstoffkombinationen etwa im Verhältnis 50:50 beachte man, daß der dunklere Farbstoff einer solchen Kombination vorteilhaft das bessere Aufbauvermögen und die bessere Lichtechtheit haben sollte. Wird dagegen eine Nuance stark von einer Nuancierkomponente mit einem Anteil von weniger als 20% an der Gesamtkombination bestimmt, so sollte dieser Bestandteil des Angebotes sowohl im Aufbauvermögen als auch im Licht deutlich besser sein als die Hauptkomponente.

4.3 Die Farbstoffauswahl für Velours. Die Auswahl für Veloursfärbungen unterscheidet sich von den bisher besprochenen Regeln erheblich. Denn bei Velours handelt es sich, mit Ausnahme von vorgegerbten Ostindern, um frische oder zwischengetrocknete Chromleder,

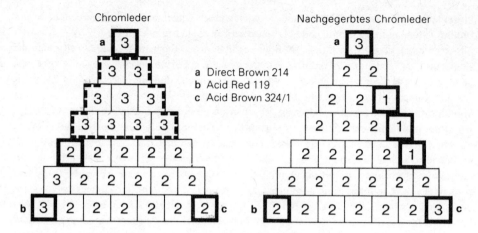

Abb. 52: Lichtechtheit von Färbungen einer Kombination von Farbstoffen unterschiedlicher Aufbauvermögens auf Chromleder und auf nachgegerbtem Chromleder

also um ein hochaffines bzw. mittelaffines Material, das gleichmäßig durchgefärbt werden muß. Die klassische Veloursfärbung im Flottenverfahren bringt kein Direktegalisieren, sondern ist ein Migrationsverfahren (s. S. 228). Die Färbung soll wegen der gleichmäßigen Schleifbarkeit nicht nur sehr einheitlich den Lederschnitt durchdringen, sondern sie sollte auch gleichmäßig und tief in die Lederfaser selbst eindringen; denn nur so wird, besonders bei tiefen Nuancen, ein unschönes Vergrauen des Velours und ein Verlust an Brillanz beim

Abb. 53: Lichtechtheit von Färbungen einer Kombination von Farbstoffen mit angepaßtem Aufbauvermögen und Chromleder und auf nachgegerbtem Chromleder

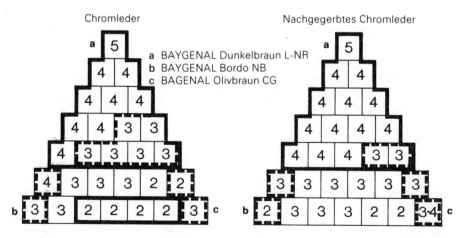

Schleifen vermieden. Zum Qualitätsbild von Velours gehört eine besonders intensive und brillante Färbung. Ein auffallendes Merkmal großer, klassischer Veloursfarbstoffe ist es, daß für sie das Egalisierverhalten (s. S. 217), wie es für im Direktverfahren gefärbte Narbenleder gefordert wird, scheinbar ohne große Bedeutung ist; denn sie sind durchweg am Ende bis höchstens in der Mitte der auf Narbenleder gewonnenen Egalitätsskala zu finden – mit Ausnahme der Graufarbstoffe. Eine weitere Gemeinsamkeit klassischer Veloursfarbstoffe ist ihr fast ausnahmslos mäßiges bis schlechtes Aufbauvernögen auf nachgegerbten Ledern. Auch die Aufziehgeschwindigkeit spielt für die Veloursfärbung auf zwischengetrockneten Ledern nur eine untergeordnete Rolle; man findet schnell und langsam ziehende Farbstoffe in Velours-Sortimenten mit einem gewissen Trend zu mittleren Aufziehgeschwindigkeiten. Allerdings ist die Baderschöpfung auch für die Veloursfärbung von Wichtigkeit, besonders bei hohen Farbstoffangeboten; denn ein durch Absäuern oberflächlich angefallener Farbstoff verursacht schlechte Schleifechtheiten. Die schweizer Farbenfabriken geben in ihren Unterlagen die Schleifechtheiten nach Veslic (s. S. 213) an und empfehlen, Farbstoffe mit möglichst hoher Bewertung für Veloursfärbungen heranzuziehen. Über die Kombinierbarkeit von Farbstoffen für die Veloursfärbung ist – außer einem Trichromie-Verfahren[240] – bisher kaum etwas veröffentlicht worden; man zehrt hier im wesentlichen von der Erfahrung. Während man bei zwischengetrockneten Velours hinsichtlich der gleichmäßigen Durchfärbung von Farbstoffkombinationen leidlich zurecht kommt, findet sich bei den sog. Direktverfahren, d. h. Durchfärben von frisch gegerbten Velours, eine ganze Reihe von bewährten Veloursfarbstoffen, die sich schlecht kombinieren lassen. Bei diesem frisch gegerbten Material scheint die Aufziehgeschwindigkeit wieder eine Rolle zu spielen, denn diese Unverträglichkeiten sind immer dann zu beobachten, wenn ein schnellziehender Farbstoff mit einem langsamziehenden zusammen eingesetzt wird. Betroffen sind von dieser Schwierigkeit Oliv- und Mittelbrauntöne, aber auch einige Grau; bemerkenswert günstig verhält sich hier als Abtrüber das C.I. Acid black 173. Ein oft schwieriges Problem entsteht, wenn neben Schleifechtheit und Durchfärbung auch gute Lichtechtheit, z. B. für Bekleidungsvelours, verlangt wird. Dieses Forderungspaket ist nur mit 1:2-Metallkomplexfarbstoffen zu erfüllen, die sehr langsam und in den meisten Fällen nur unvollkommen durchfärben. Vielfach kann bei diesem Problem nur mit einer Zweistufenfärbung eine leidliche Lösung erreicht werden, indem man in der ersten Stufe gut durchfärbende normale Veloursfarbstoffe bis zur Durchfärbung bei höheren pH-Werten vorlaufen läßt, um dann in einer zweiten Stufe Metallkomplexfarbstoffe nachzusetzen. Voraussetzung für diese Arbeitsweise ist, daß der Metallkomplexfarbstoff und der Veloursfarbstoff in der Nuance sehr nahe liegen. Man erhält nach diesem Verfahren zwar brillantere Färbungen als mit Metallkomplexfarbstoffen alleine, aber es ist oft schwierig, mit diesen Kombinationen die erforderliche Lichtechtheit einzustellen. Ein anderer Weg aus dieser Schwierigkeit ist die Kaltfärbung im flottenlosen Pulververfahren; hierfür sollten Farbstoffe ausgewählt werden, die eine Kaltlöslichkeit von mindestens 30 g/l aufweisen und die in ihrer Löslichkeit möglichst nahe zusammenliegen. Die Schwierigkeit dieser Lösung ist, daß die dünnen Bekleidungsvelours vielfach in einem zu hohen Prozentsatz beim flottenlosen Verfahren ein- bzw. zerreißen, was die Kalkulationen zu sehr belastet. So bleibt in einigen unbefriedigenden Fällen nur der Faktor Zeit, um durch stundenlanges Laufen bei hohen pH-Werten und tiefen Temperaturen endlich eine genügend gleichmäßige Durchfärbung zu erreichen. Noch schwieriger wird die Farbstoffauswahl für das Färben vorgegerbter Ostinder, weil neben ausreichender Lichtechtheit und genügender

Einfärbung gut geeignete Farbstoffe auch auf nachgegerbten Ledern etwa zu 40–60% aufbauen sollten. Diese Forderungen sind beim heutigen Stand der Technik zu weitgehend und nicht erfüllbar, weshalb man besonders anfällige Grau-, Grün- und Blautöne am besten gar nicht in das Sortimentsangebot aufnehmen sollte. Noch spezieller sind die Anforderungen der Farbstoffauswahl bei Pelzvelours, sei es mit reservierter Wolle oder mit Ton-in-Ton oder Bicolour-gefärbtem Haar; für diese sehr speziellen Anforderungen sind ausgesuchte Sortimente auf dem Markt[232]. Die ausgeklügelte Erfahrung dieser Anbieter sollte man für solche Problemstellungen nutzen. Schließlich sei noch zum Schluß auf eine Abweichung der Kombinationsregeln für Velours von denen für Narbenleder hingewiesen: Während man bei Narbenledern versuchen muß, mit möglichst wenigen Farbstoffen für eine Nuance auszukommen, erreicht man die für Velours geforderte Farbfülle leichter mit einer Mehrzahl von Farbstoffen. So enthielt eines der anerkanntesten und tiefsten Veloursschwarz nicht weniger als 18 Einzelfarbstoffe in Mischung.

4.4 Auswahlregeln für Nuancierfarbstoffe und Feintöne. Nuancierfarbstoffe sind solche, die in einer Kombination weniger als ein Drittel des Angebots ausmachen, aber trotzdem die Nuance stark beeinflussen. Das können z. B. ein Grau oder ein Schwarz zum Abtrüben einer Nuance sein oder ein farbstarkes Blau neben einem farbschwachen Gelb bei der Färbung eines klaren Grüntones oder ein Zehntel Prozent eines Orange- oder Bordo-Farbstoffes, um ein Braun ein wenig nach Rot oder Blau zu drücken. Es ist praktisch, wenn Nuancierfarbstoffe nicht so konzentriert sind, um zu vermeiden, mit winzigen Mengen arbeiten zu müssen und so für Wägefehler anfälliger zu sein. Außerdem soll die Schattenreihe eines Nuancierfarbstoffes beim Konzentrationsabfall keine erhebliche Veränderung der Nuance erleiden, z. B. soll ein rotstichiges brillantes Mittelbraun mit sinkender Konzentration nicht prononciert gelbstichig und weniger brillant werden. Ebenso soll die Ausfärbung auf nachgegerbten Ledern unter keinen Umständen in der Nuance umschlagen. Die Echtheitseigenschaften eines Nuancierfarbstoffes hinsichtlich Egalisieren und Lichtechtheit müssen besonders gut sein, auch für Ausfärbungen bei einem Angebot unter 0,5%. Als Nuancierfarbstoffe echter Färbungen ist der Typ A (s. S. 243) am besten geeignet, völlig ungeeignet sind Farbstoffe des Types C. Über das optimale Aufziehverhalten eines Nuancierfarbstoffes bestehen unterschiedliche Auffassungen: Die schweizer Farbstofflieferanten empfehlen Farbstoffe, die langsamer aufziehen als die Hauptkomponente. Diese Anleitung ist wahrscheinlich in der Meinung begründet, daß langsam ziehende Farbstoffe am besten egalisieren. Wir haben in dem Kapitel VIII feststellen können, daß diese Anschauung zumindest für das Direktegalisieren von Narbenleder nicht zutrifft. Dem gegenüber empfiehlt der Verfasser aus zwei Gründen schnellziehende Farbstoffe ausgezeichneter Baderschöpfung als Nuancierfarbstoffe auszuwählen: hochaffine Farbstoffe egalisieren zu 60% durchaus sehr gut und binden ausgezeichnet ab, so daß bei den der Färbung folgenden Prozessen durch Migrieren keine Schattierungen entstehen können. Und schnell ziehende Farbstoffe beeinflussen Nuancen maßgeblicher, weil sie sozusagen vorausziehen und als die das Leder zuerst berührende Komponente die Endnuance stärker prägen (s. S. 160). Infolgedessen ist die Nuancierwirkung schnellziehender Farbstoffe günstiger. Über die Regel, daß Nuancierfarbstoffe keinen Bestandteil enthalten sollen, der nachzieht, besteht Übereinstimmung.

Ähnlich anspruchsvoll wie für Nuancierfarbstoffe sind die Anforderungen an Farbstoffe für Pastellfärbungen. Wenn allerdings die Pastellnuance einen großen Weißgehalt beinhaltet, so daß man mit hohen Anteilen eines lichtechten Weißgerbstoffs bzw. Hilfsmittels als »weißem Farbstoff« färben muß, so spielt das Egalisiervermögen des Farbstoffs nicht die große Rolle, und man wird mit einer Drei beim Egalisieren sein gutes Auskommen finden. Baderschöpfung, Aufziehgeschwindigkeit und Lichtechtheit sollten bei einem idealen Farbstoff für Feintöne eine Fünf haben, oder es sollte zumindest eine Vier sein. Die Löslichkeit des Farbstoffs sollte zwischen 30 und 60 g/l liegen. Grundsätzlich sollte man für Nuancierungen und Pastelltöne mit einem im Rahmen der Nuance möglichst hohen Farbstoffangebot arbeiten und Kombinationen von Farbstoffen vermeiden.

4.5 Farbstoffauswahl für Möbelleder und Bekleidungsnappa. Das Problem der Färbung schwach gedeckter Möbel- und Bekleidungsnappas ist es, in tragbarer Zeit eine ausreichende Durchfärbung mit gut lichtechten Farbstoffen zu realisieren. Mit den heutigen Möglichkeiten ist dieses Problem mit den lichtechten 1:2-Metallkomplexfarbstoffen nicht ideal zu lösen, weil diese Farbstoffe zwar gute Lichtechtheiten bringen, meist aber zu oberflächlich, selbst bei tiefen Temperaturen und hohen pH-Werten, färben. Auch Zwischentrocknen und Hilfsmitteleinsatz bringt keine allgemein praktizierbare Lösung. So bleibt nichts anderes übrig, als auch hier in einer Zweistufenfärbung in der ersten Stufe mit sauer/substantivem Farbstoff bei hohen pH-Werten und tiefen Temperaturen durchzufärben und in einer zweiten Stufe mit lichtechten 1:2-Metallkomplexfarbstoffen die lichtechte Deckung zu bringen. Die erste Stufe ist bei diesem Verfahren auch in Pulverfärbung zu führen mit anschließender Verlängerung der Flotte. Selbstverständlich schlägt die nicht ausreichende Lichtechtheit der Farbstoffe der ersten Stufe auf die Gesamtlichtechtheit durch, so daß Lichtechtheiten besser als 3–4 in den meisten Fällen nicht realisierbar sind. Es wirkt sich in diesem Zusammenhang auf das Echtheitsniveau günstig aus, wenn man die Deckung mit Metallkomplexfarbstoffen dunkler, voller einstellt als die sauer/substantive Vorfärbung. Man sollte auch im Interesse der Echtheit, aber ebenso wegen der Egalität in der zweiten Stufe, nicht an Farbstoff sparen, sondern kräftig anbieten und mit nicht oder nur wenig aufhellenden anionischen Hilfsmitteln in einem Bad färben; diese Hilfsmittel begünstigen eine geringe Einfärbung der zweiten Stufe. Für Möbelleder sollte man neben diesen Gesichtspunkten nach Möglichkeit Farbstoffe auswählen, die eine Schweißechtheit von mindestens 4 der Veränderung der Lederfarbe aufweisen. Für Bekleidungsnappa sollten vor allem Farbstoffe in Frage kommen, die das verwendete Futtermaterial höchstens in einer Größenordnung dieser Stufe anschmutzen und die eine 4 in der Reinigungsbeständigkeit der Lederfarbe aufweisen.

4.6 Farbstoffauswahl für die preiswerte Färbung. Man kann natürlich auf eine vielfache Weise bei der Färbung sparen. Die billigste Färbung ist nach wie vor die Spritzfärbung, die nur etwa 2% der gesamten Materialkosten im allgemeinen ausmacht. Aber das Echtheitsniveau von Spritzfärbungen ist für viele Anwendungen nicht ausreichend. Wenn man aber sich für die Spritzfärbung entscheidet, so sollte man das Beste vom Besten an sulfogruppenhaltigen Flüssigfarbstoffen verwenden. Besondere Aufmerksamkeit bei der Auswahl von Flüssigfarbstoffen für Spritzfärbungen ist der Überspritzechtheit und Migrationsechtheit zu widmen. Durch gute Werte in diesen Echtheiten ist es teilweise möglich, das dem Spritzverfahren immanente Manko an Qualität in etwa zu kompensieren.

Vielfach versprechen sich einige Praktiker von der Wasserersparnis der flottenlosen Verfahren eine günstigere Kalkulation. Dem ist aber nicht so, weil die flottenlosen Verfahren einen entsprechend höheren Wasserverbrauch für das Spülen erfordern. Allerdings sollte man ganz allgemein von dem unkontrollierten Spülen zu dem kontrollierten Waschen (s. S. 111) übergehen.

Auch die Energieersparnis durch Kaltfärbung schlägt kaum zu Buch, nachdem die gesamten Energiekosten einer Färbung – also Kraft und Wärme – nur 0,6% der gesamten Aufwendungen für diesen Arbeitsgang ausmachen. Nach einer Veröffentlichung[233] betragen die Kosten einer Durchfärbung auf Chromleder 19,51 Rappen/₰, davon die Lohnkosten für Sortieren, Einwerfen ins Faß, Arbeit am Faß, Ablegen, Abwelken, Ausrecken 15,4%, 2,3% Farbstoffe machen 79,3%, Hilfsmittel und Chemikalien 4,3%, Wasser und Energie 1,1% aus.

Der bei weitem gewichtigste Posten dieser Aufstellung ist der Aufwand für Farbstoffe. Bei der Bearbeitung dieser Kosten und bei der Diskussion derselben mit dem Zulieferanten werden grundsätzlich die Farbstoffstärken auf Chromleder zugrunde gelegt, was aber an den tatsächlichen Verhältnissen oft vorbeigeht. Denn, wie erst kürzlich wieder festgestellt wurde[234], können bereits 0,05% Trockensubstanz eines adstringenten Gerbstoffes auf Falzgewicht zu markanten Verschiebungen der Oberflächenladung führen, die eine deutliche Bleichwirkung auf die Färbung ausüben. Das bedeutet, daß im Rahmen heute angewandter Technologien der Praxis es kaum noch Leder gibt, deren Affinität zum Farbstoff nicht in der einen oder anderen färberisch relevanten Weise herabgemindert ist. Es ist deshalb viel effizienter, und es macht sich kalkulatorisch bezahlt, wenn man bei der Farbstoffauswahl für die preisgünstige Färbung nicht die Stärke auf Chromleder zugrunde legt, sondern das Aufbauvermögen des Farbstoffs auf nachgegerbtem Leder. So erreicht man z. B. mit 0,25% des C.I. Acid Orange 51 – der Farbstoff hat ein Aufbauvermögen von 50% – auf einem mittelaffinen Ledermaterial (mit 6% Nachgerbemittel behandelt) dieselbe Farbstärke für einen Havannaton wie mit 2,5% des C.I. Direct Brown 80 – Aufbauvermögen 20%[235] (Abb. 54, S. 157).

Selbstverständlich sind nicht alle Vergleiche der Ausfärbungen stark aufbauender Farbstoffe gegen schwach aufbauende Typen von so eindringlicher Evidenz. Aber es ist nicht zuviel behauptet, daß durch die strikte Beachtung des Aufbauvermögens auf mittelaffinen Ledern bei der Erstellung sich möglichst günstig kalkulierender Färbungen die Färbekosten um ein Viertel gesenkt werden können. Nachdem die Materialkosten der Faßfärbung zwischen 8 und 10% der gesamten Materialkosten bei Vollnarbenleder liegen, sind die Bemühungen in der aufgezeigten Richtung für das Betriebsergebnis relevant. Eine Ersparnis in ebenfalls beachtlicher Größenordnung ist durch die Reduzierung des Nachnuancierens und von Umfärbern durch eine systematische Kartierung des Sortimentsergebnisses jeder Färbung und durch Fehleranalyse jeden Ausreißers und jeder Fehlpartie zu erzielen. So sollte jede Nuance ihre Karteikarte haben, die für jede Partie hinsichtlich Farbstoffangebot und Färbezeit, hinsichtlich Reproduzierbarkeit, Nachnuancieren und Fehlpartien, hinsichtlich Sortimentsergebnis, Kalkulation, hinsichtlich abweichenden Echtheiten, Reklamationen, Umsatz und Rentabilität geführt wird. Man wird bei Führung dieser Kartei nach einiger Zeit feststellen, daß immer wieder dieselben Nuancen in der einen oder anderen Richtung sich irregulär verhalten. Dies ist ein Hinweis darauf, daß entweder die Farbstoff-Kombination ungünstig oder gar ungeeignet ist oder daß die Technologien der Vorarbeiten oder der Färbung selbst Schwankungen unterliegen oder Schwachstellen aufweisen. Eine erfolgreiche Fehleranalyse und die entsprechende Korrektur spart viel Geld, denn eine nachnuancierte Partie kostet ca. 130–140% der durchschnittlichen Färbekosten und eine Umfärbung ca. 220–250% einer Normalpartie[236]. Hier ist also ein entscheidender Ansatzpunkt für die Einstellung preisgünstiger Färbungen.

Ein weiteres Moment der Kostenreduzierung kann die Minimierung des Farbstofflagers sein. Der durchschnittliche Mittelbetrieb hat aus dem Bestreben heraus, die geforderten Nuancen mit möglichst naheliegenden Farbstoffen zu färben, ca. 200 Farbstoffe auf Lager. Dabei wird oft übersehen, daß die in den Musterkarten auf Chromleder als naheliegend demonstrierten Farbstoffe auf dem speziellen Leder des Abnehmers ziemlich different ausfärben, so daß das Argument bestmöglicher Übereinstimmung des Farbstoffs mit der Vorlage oft gar nicht mehr zutrifft. Farbstofflager sollten deshalb auf 30–40 Typen reduziert werden, die erfahrungsgemäß ausreichen, um das für Leder nicht allzu differenzierte Anspruchsniveau der Modefarbenskala abzudecken. Umso wichtiger ist es, diese ausgewählten Typen mit aller Sorgfalt hinsichtlich Anwendbarkeit, hinsichtlich färberischen Verhaltens und Kombinierbarkeit und hinsichtlich ihres Echtheitsniveaus auszuwählen. Diese Konzentration der Lagerhaltung bedeutet schnellere Umsetzung der Vorräte, geringere Kapitalbindung durch dieselben und unter Umständen höhere Rabatte der Lieferanten infolge der größeren Chargen der Farbstoffbestellungen.

5. Über Farbstoffkarteien

Dem aufmerksamen Leser dieses Kapitels wird es nicht entgangen sein, daß es bei der meist unter Zeitdruck durchgeführten Einstellung einer Nuance unmöglich ist, die vielen, ja allzu vielen hier gegebenen Hinweise auf die Auswirkung von Farbstoffeigenschaften zu berücksichtigen und erfolgreich zu verwerten. Diese umfangreiche und zeitraubende Auswahlarbeit sollte deshalb lange vorher in aller Ruhe und Sorgfalt durchgeführt werden. Das Ergebnis ist dann in einer Farbstoffkartei festzuhalten.

Für das Ledergebiet kann seit 1975 eine umfangreiche Farbstoffkartei durch Beitritt zur British Leather Manufacturer's Research Association (BLMRA[237]) erworben werden. Dieses nunmehr bereits elfbändige Nachschlagewerk beschreibt über 500 Farbstoffe einschließlich ihrer Doppelbezeichnungen und ihrer identischen Konkurrenzmarken in 5 Sektionen. Das periodisch ergänzte Werk ist der Extrakt aus einem riesigen Arbeitsvolumen. Der Praktiker kann dem Kompendium interessante Hinweise auf identische bzw. nahezu identische Farbstoffe, auf die Komplexatome von Metallkomplexfarbstoffen und auf die Stabilität derselben gegen Metallionen und komplexbildende Hilfsmittel entnehmen. Weiter können Identifizierungstests, die pH-Werte der Farbstoff-Lösungen, die Ergebnisse der Dünnschichtchromatographie und die Spektra der Farbstofflösungen brauchbare Entscheidungshilfen für den Praktiker in speziellen Fällen sein. Das Echtheitsangebot der Kartei unterscheidet sich nicht von dem in den Musterkarten gegebenen.

Das eigentlich tägliche Handwerkszeug muß der Färber sich selbst auf betriebseigenem Material erarbeiten. Das Wichtigste sind dabei Schattenreihen auf den Lederarten des Betriebes, Anhaltspunkte über günstige Kombinationsmöglichkeiten und über das Echtheitsverhalten der Farbstoffe. Eine wichtige Hilfe bei der täglichen Nuancierarbeit ist auch die sog. Colorthek (s. S. 260).

X. Die Kunst des Nuancierens[238]

Nun endlich ist es soweit, das Hauptelement einer Lederfärbung, nämlich das Nuancieren des Farbtones, besprechen zu können. Unter Nuancieren sollte hier zweierlei verstanden werden: Das Einfärben eines Farbtones nach Vorlage und die Korrektur einer Färbung während bzw. am Ende derselben durch Nachsetzen von Farbstoff.

Wichtigste Voraussetzungen jeder coloristischen Arbeit sind die Farbtüchtigkeit des Coloristen[239], konstante Bedingungen des Abmusterns und eine geschulte Ansprache des Farbtones, sowohl der Vorlage als auch des Substrates und schließlich der resultierenden Färbung. Ein Hilfsmittel für die geschulte Farbtonansprache ist das sog. Farbdreieck.

1. Ansprache von Farbtönen und Gebrauch des Farbdreiecks

Die Farbenlehre, auf eine kurze Formel gebracht, besagt, daß die etwa eine Million vom menschlichen Auge unterscheidbaren Farbtöne aus den drei Primärfarben Gelb, Blau und Rot und der Grauskala zwischen Weiß und Schwarz ermischt werden können. In der Textilindustrie hat dieses Prinzip eine praktische Bestätigung durch das sog. Trichromie-Verfahren gefunden, indem auf einigen einheitlichen Substraten aus Gelb, Blau und Rot Feintöne eingestellt werden. Auf Leder hat das Trichromie-Verfahren bisher keine praktische Bedeutung gewonnen[240]. Das sog. Farbdreieck – basierend auf obigen Überlegungen – tut aber gute Dienste, auch bei der Einstellung von Ledernuancen. Dieses coloristische Hilfsmittel erinnert etwas an die schon besprochene C.I.E.-Normfarbtafel (s. S. 29, Abb. 55, S. 158).

Auf der farbigen Umrandung sind in der spektralen Reihenfolge an den Außenseiten die reinen, gesättigten Spektralfarben und die nicht spektrale Farbe Purpur angeordnet. An den Ecken befinden sich die Primärfarben Blau, Gelb, Rot; zwischen denselben sind in allmählichen Übergängen die sekundären – d. h. aus den Primärfarben mischbaren – Spektralfarben Orange, Violett, Türkis, Grün, Zitron, Scharlach und der nicht spektrale Purpur angeordnet. In dem kleinen Dreieck in der Mitte muß man sich in der Senkrechten die Skala der unbunten Farben von Schwarz über Anthrazit, Grau nach Weiß errichtet denken. In dem Raum zwischen dieser Skala der unbunten Farben in der Mitte und den hochgesättigten, reinen Farben am Rande sind die sog. trüben, stumpfen Farben, wie Schiefer, Oliv und Braun, oder die Pastelltöne Lindgrün, Horizontgrau, Beige und alle Spielarten des nuancenreichen Graus, Farben also mit einem hohen Weißgehalt, angelegt, je nachdem man die Demonstrationsebene sich näher dem schwarzen bzw. dem weißen Farbort durch die senkrechte Unbunt-Skala gelegt denkt. Jeder Farbort auf dem Dreieck hat Nachbarfarben; die reinen Spektralfarben, mindestens zwei, wenn man die unbunten Farben ausschließt, die trüben Farben und Pastelltöne, drei und mehr, schließlich Schwarz, Weiß bzw. können nach allen Farben rundum auf dem Farbdreieck tendieren. Das heißt mit anderen Worten, daß die meisten Farben neben ihrer Hauptnuance eine Nebennuance, den sog. Farbstich, aufweisen. Beispiele werden das sofort klar machen: ein Gelb kann grünstichig oder rotstichig sein, ein Bordo violettstichig oder rotstichig, ein Blau rotstichig oder grünstichig. Eine Farbe aus dem Zwischengebiet, z. B. Braun, kann gelbstichig oder rotstichig oder violettstichig oder grünstichig sein. Das unbunte Grau kann praktisch zu allen Farbstichen rundum aus dem Farbdreieck tendieren, z. B. zu einem blaustichigen, grünstichigen, gelbstichigen, rotstichigen oder violettstichigen Grau; das Gleiche gilt für Schwarz und Weiß. Für die drei letztgenannten unbunten Nuancen bestehen auch tatsächlich Einstellungen ohne irgendeinen Farbstich: das sind dann neutrales Grau, neutrales Schwarz und neutrales Weiß. Farben, die sich auf dem Farbdreieck genau gegenüberliegen – z. B. Rot und Grün –, mischen sich zu Schwarz (s. S. 22); man bezeichnet dieselben als Komplementär-Farben. Mischt man die Primärfarben, so entstehen je nach Dosierung, die Farbtöne zwischen den jeweiligen Kreisen der Primärfarben. Grundsätzlich ist ein Farbton zu ermischen, indem man benachbarte Nuancen kombiniert. Dabei ist bei den trüben Farben der gleiche Farbton auf verschiedenen Wegen erreichbar (s. S. 159). Farbtongleiche Färbungen, die aus Farbstoffen verschiedener Nuancen aufgebaut wurden, nennt man bedingt gleich oder metamer. Bedingt gleich deswegen, weil sie bei anderer Beleuchtung, z. B. bei Neonlicht, sich sehr wohl unterscheiden können; man sagt, sie haben eine andere Abendfarbe (s. S. 25). Will man diese Möglichkeit einer eventuellen Beanstandung ausschalten, so muß die Remissionskurve der Nachstellung sehr naheliegend an die Vorlage eingestellt werden.

Selbstverständlich sind die verschiedenen Möglichkeiten der Nachstellung einer Nuance sowohl coloristisch als auch technologisch nicht gleichwertig: das praktische Beispiel der Einstellung eines Olivtones wird das verdeutlichen[241]. Im Farbdreieck liegt das Oliv auf der Verbindungslinie zwischen Zitron und Violett, näher an dem Zitron. Das Zitron wird deshalb die Hauptkomponente auf dieser Basis sein müssen (Abb. 56, S. 159). Tatsächlich erhält man – wie das Nuancierbeispiel 1 zeigt – aus 90 Teilen eines sehr klaren, nahezu neutralen Gelbfarbstoffs (C.I. Acid Yellow 141) und 3 Teilen eines klaren, sehr brillanten Violetts (C.I. Acid Violet 21) ein relativ klares – soweit das bei Olivtönen überhaupt möglich ist – Oliv. Die Dosierung desselben Farbstoffes im Verhältnis 80:6 ergibt einen gedeckteren Olivton. Eine weitere Steigerung des Violettanteils macht aber stumpfe Taupe-Töne, die bald in Schwarz übergehen; denn es handelt sich ja bei den beiden Mischungskomponenten um Komplementär-Farben, die sich zu Schwarz kombinieren.

Das zweite Nuancierbeispiel benutzt denselben Gelbfarbstoff zur Mischung mit dem im Farbdreieck dem Oliv näher benachbarten Schwarz (z. B. C.I. Direct Black 149), einem blaustichigen Schwarz. Das Beispiel zeigt, daß Schwarz als Nuancierkomponente sich deutlich ungünstiger verhält: man erhält in der ganzen Reihe eigentlich nur eine marktfähige Kombination; der Nuancierspielraum ist bei der Verwendung eines Schwarz sehr viel enger, und damit ist die Chance einer Fehlfärbung durch Verwiegen beim Abtrüber sehr viel größer. Daraus ist die Regel abzuleiten, daß Abtrüben mit Schwarz coloristisch weniger empfehlenswert ist oder verallgemeinert, daß eine Nuancierung mit weniger ausgiebigen Farbstoffen sowohl im Hinblick auf das Treffen des Farbtones als auch im Interesse der Echtheiten empfehlenswert ist (s. S. 242).

Das dritte Nuancierbeispiel zieht die Folgerung aus den bisherigen Erkenntnissen, indem es den Gelbfarbstoff mit einem neutralen Grau (C.I. Acid Black 173) einsetzt. Man erhält nun über die ganze Breite der Mischungsskala marktfähige Töne von einem schönen Lindgrün über warme Olivtöne bis zu einem grünstichigen Grau. Die Farbtonunterschiede benachbarter Färbungen sind verhältnismäßig geringfügig, die Lichtechtheit dieser Konbinationen ist gut und ausgeglichen im Gegensatz zu den Nuancierbeispielen 1 und 2. Außerdem zeigt das letzte Beispiel, daß ein neutrales Grau sich coloristisch am besten in jeden Farbton »einpaßt« (s. S. 247). Warum ist das so? Wir haben eingangs erfahren, daß sich jede Nuance aus einem Hauptton und einem Nebenton, oder besser aus einem Farbstich, konstituiert. Will man nun ein sehr brillantes, klares Grün einstellen, so kann man hierfür ein grünstichiges oder ein rotstichiges Gelb mit einem rotstichigen oder grünstichigen Blau kombinieren, wie die Tabelle 54 ausweist. Die Tabelle zeigt, daß nur die Kombination 4 des grünstichigen Gelb und des grünstichigen Blau ein klares Grün ergeben. Voraussetzungen für brillante Färbungen sind also nicht nur, daß man klare, brillante Farbstoffe in die Kombination einführt, sondern daß auch der Farbstich der verwendeten Farbstoffe weder mit der Hauptnuance noch mit Nebennuancen der Kombinationsbestandteile komplementär zu Schwarz sich addiert. Auf der anderen Seite färben Mischungen, deren Nebennuancen sich zu Schwarz kombinieren, zwar stumpfer, dafür aber voller, ja oft farbstärker aus. Dies kann z. B. erfahren werden, wenn man in einer Kombination eines rotstichigen Dunkelbrauns mit einem grünstichigen Dunkelbraun – vielleicht aus Preisgründen – das letztere durch ein gelbstichiges Braun ersetzt. Man wird zwar klarer in der Nuance, aber man verliert an Farbtiefe, ja oft sogar an Farbstärke, selbst wenn die gelbstichige Austauschmarke gleich stark oder sogar ein paar Prozent stärker ist als der ursprüngliche grünstichige Typ[242].

Aber kehren wir zu den ursprünglichen Nuancierbeispielen, zu dem Oliv zurück. Was sämtliche drei Beispiele für die Lederfärbung in Frage stellt, ist der große coloristische Abstand der Farbstoffe sämtlicher drei Kombinationen. Für eine ideale Ledereinstellung wird man wie folgt vorgehen: man sucht anhand von Musterkarten oder besser noch mit Hilfe der Schattenreihen aus der eigenen Kartei einen Farbstoff, der der Vorlage möglichst naheliegt. Wenn mehrere in der Nuance der Vorlage naheliegende Farbstoffe zur Auswahl stehen, so wählt man denjenigen Farbstoff, der am klarsten und brillantesten im Farbton ist und der sich am leichtesten in Richtung auf die Vorlage nuancieren läßt. Bei klaren Farbstoffen ist der coloristische Spielraum größer. Es ist leicht, eine klare Nuance durch Abtrüben stumpfer zu bekommen; aber es ist praktisch unmöglich, einen stumpfen Ton durch irgendwelche Zusätze brillanter zu machen. Die zweite Anregung bedarf eines Beispiels: Ein gegenüber der Vorlage gelbstichiges Dunkelbraun ist leichter mit einem rotstichigen Dunkelbraun oder unter Gewinn an Farbfülle mit einem Bordo in Richtung röter zu verschieben, als wenn man von einem gegenüber der Vorlage zu rotstichigen Dunkelbraun ausgehen muß und dieses mit Gelb oder Orange nach der gelben Seite nuancieren müßte. Man beachte deshalb immer die Regel: es ist besser, die Hauptkomponente einer Farbstoffkombination von Gelb nach Rot oder von Gelb nach Blau oder Rot nach Violett zu nuancieren als umgekehrt. Wenn es nicht möglich ist – um bei unserem Beispiel des tiefen Dunkelbrauns zu bleiben – einen gegenüber der Vorlage gelbstichigeren Farbstoff als Hauptkomponente auszuwählen, so kann man den unerwünschten Rotstich einigermaßen kompensieren, indem man mit einem Olivbraun in größeren Dosierungen die rote Tendenz »drückt«. Aus diesen Beispielen kann noch eine weitere Regel des Nuancierens von Lederfärbungen abgeleitet werden: Es ist bei der Lederfärbung nicht günstig, mit kleinen Prozentsätzen an Abtrübern und Nuancierfarbstoffen zu arbeiten, die sich vom Farbort der Hauptkomponente stark unterscheiden. Vielmehr soll die Nuancierkomponente dem Hauptfarbstoff im Farbton möglichst nahe liegen. Man erreicht nach dieser Regel die Nuancierung, indem man große Anteile von Farbstoffen zusetzt, die dieselbe Farbe wie die Hauptkomponente haben, sich aber durch den Farbstich unterscheiden. Z. B. wird ein rotsti-

Tabelle 54: Auswirkung des Farbstichs der Nuancierkomponenten auf die Klarheit einer Färbung

	rotstichiges Gelb	grünstichiges Gelb
rotstichiges Blau	1 Der Rotstich beider Komponenten ergibt mit Grün Schwarz: **olivstichiges Grün**	2 Der Rotstich des Blaus kombiniert mit dem Grünstich des Gelb zu Grau. Etwas klarer als 1, aber immer noch **olivstichiges Grün**
grünstichiges Blau	3 Der Rotstich des Gelbs ergibt mit dem Grün ein **stumpfes Grün**	4 Das grünstichige Gelb ergibt mit dem grünstichigen Blau ein **klares Grün**

chiges Dunkelbraun durch eine etwa hälftige Dosierung eines grünstichigen Dunkelbrauns (= Oliv) in Richtung Gelb »gedrückt«. Denn der Rotstich der Hauptkomponente kombiniert mit dem Grünstich des zugesetzten Dunkelbraun zu Schwarz. Dadurch wird der Farbton der Farbkombination dunkler, voller, und gleichzeitig verschwindet der Rotstich. Man erreicht mit diesem Verfahren des Nuancierens durch Mischen von Farbstoffen gleicher Farbe, aber verschiedenen Farbstichs zweierlei: Erstens findet von Dosierungsstufe zu Dosierungsstufe nur eine sehr langsame Verschiebung der Nuance statt. Solche Mischungen sind natürlich sehr viel weniger störanfällig gegen Wägefehler und gegen die bei der Lederfertigung unvermeidlichen Schwankungen der Parameter bei den Vorarbeiten und bei der Färbung selbst. Mit anderen Worten, die Reproduzierbarkeit solcher Färbungen ist um eine Größenordnung sicherer. Zweitens bedeutet das Verfahren des Nuancierens innerhalb des Hauptfarbtones, daß die Dosierungsverhältnisse eher der idealen Relation von 50:50 angenähert sind; unerwünschte Nuancierzusätze unter 20% des Gesamtangebotes sind bei dem oben geschilderten Vorgehen die Ausnahme. Das bedeutet, daß es so leichter ist, gute Lichtechtheiten einzustellen. Die Eigentümlichkeit dieses Nuancierverfahrens ist der Grund dafür, daß in Ledersortimenten für die Hauptnuancen Braun und Schwarz eine Vielzahl von Marken angeboten werden, die sich lediglich durch den Farbstich unterscheiden. Auf diese Farbtönung beziehen sich auch meist die Buchstaben-Indices der Farbstoffnamen (Tab. 55).

Dem erfahrenen Färber sind die Farbstiche seiner Farbstoffe und deren Veränderung mit steigender und fallender Konzentration oder auf nachgegerbten Ledern so in Fleisch und Blut übergegangen, daß er sie intuitiv in das Kalkül seiner Einstellungsarbeit einbezieht; dieses Erfahrungsgut ist ein Teil seiner unbewußten Farbstoffkenntnis und die Ursache für seine oft erstaunliche Nuanciersicherheit. Trotzdem wird er bei der Anlage seiner Farbstoffkartei jeden Farbstoff nach seiner Farbwertigkeit festhalten, z. B. gut durchfärbendes, klares, rotstichiges Orange für C.I. Acid Orange 7 (= Orange II) oder leicht einfärbendes, neutrales bis leicht gelbstichiges Grau (C.I. Acid Black 173).

Wenn nun ein weniger erfahrener Färber z. B. die Modenuance des Jahres 84[243] »Geranie« anzugehen hat, wird er zuerst die Nuance der Vorlage als ein gedecktes, leicht abgetrübtes, schwach blaustichiges Rot definieren. In der Karte Modeurop-Lederfarben Frühjahr/Sommer 1980 findet er eine sehr ähnliche Nuance, allerdings auf Chromleder, die auf dem blaustichigem C.I. Acid Red 99 und dem gelbstichigen C.I. Acid Red 97 im Verhältnis 0,5/0,3,% aufgebaut ist. Unser Färber muß aber die Nuance auf einem mittelstark nachgegerbtem Leder einstellen. Die beiden Rotfarbstoffe färben auf dem nachgegerbtem Leder zu

Tabelle 55: Einige Buchstaben-Indices von Handelsprodukten

Allgemein		Firmenspezifisch:	
B	blaustichig	BASF	
G	gelbstichig	E	einheitlich
R	rotstichig	P	Pelz
L	lichtecht		
T	voll-stumpf	Bayer	
N	neu	C	deckend
V	Velour	I	einfärbend
O	konzentrierter	P	durchfärbend
Zahl	je höher, desto mehr	M	Mischung
Prozentzahl	je höher, desto stärker	E	einheitlich
		N	gut im Aufbauvermögen
Firmenspezifisch:			
Sandoz		Ciba-Geigy	
F	klar, brillant	S	Mischung
H	schwächer	Hoechst	
D	stärker	H	Firmenindex
P	Durchfärber	E	einheitlich
%-Zahlen	Stärkehinweis	P	Durchfärber

50 bzw. zu 70% bei 2%igem Angebot etwas blaustichiger. Deshalb wird auf jeden Fall das Farbstoffangebot erhöht werden müssen. Die erste Probeausfärbung im Verhältnis 1:1 fällt zu leer und zu blau aus. Deshalb wird die blaue Komponente auf 0,45% reduziert, die gelbe Komponente auf 0,6% festgelegt und noch zusätzlich, um den Blaustich zu drücken, 0,6% des C.I. Acid Brown 83 als Abtrüber gegeben. Die folgende Rezeptur trifft den Modeton Geranie auf nachgegerbtem Chromleder[244]:

0,45% C.I. Acid Red 99
0,60% C.I. Acid Red 97
0,60% C.I. Acid Brown 83

Wegen des geringen Aufbauvermögens von C.I. Acid Brown 83 (= 20%) entspricht eine Dosierung von 0,6% dieses Farbstoffes auf nachgegerbtem Leder nur einem Angebot von ca. 0,1% auf Chromleder. Auf Spaltvelour im Direkt-Verfahren sind bei je einem Drittel Einfärbung 2,8% Farbstoffangebot in einem Verhältnis von 2,0/0,6/0,2% notwendig. Spaltvelour als zwischengetrocknetes Chromleder gibt der Kombination einen gelbstichigen Trend, weshalb das blaustichige Rot mit 2% stärker dosiert werden muß. Für die Färbung von zwischengetrocknetem Handschuhnappa in dieser Nuance ist für volle Farbtöne ein Angebot zwischen 6 und 12% Farbstoff beim ersten Schritt der Einstellung vorzusehen. Bei der vorliegenden vollen Modefarbe spielt der Farbton des Substrates nur eine untergeordnete Rolle; das gleiche gilt besonders auch für alle Schwarz- und Braun-Nuancen. Trotzdem sollte auch hier die Farbe des Leders coloristisch mit ins Kalkül gezogen werden. Ganz anders sind die Verhältnisse bei der Färbung von brillanten Tönen und Feinnuancen, z. B. für den Farbton Silber der Modeurop-Karte Frühjahr/Sommer 1979. Die Farbe Silber ist ein Neutralgrau mit einem hohen Weißgehalt. Dieser Weißgehalt erfordert ein besonders helles Chromleder als Substrat, und das Mitlaufen von neutralgestelltem Weißgerbstoff in der Färbung sozusagen als weißer Farbstoff. Schon die Standardnachgerbung mit 2% Mimosa, 2% Dicyandiamidharz und 2% Syntan macht die Färbung zu stumpf. Es ist deshalb oft für Pastellnuancen und brillante Töne empfehlenswert, eine eigene Gerbung und Nachgerbung zu praktizieren (s. S. 228 u. 99), die ein sehr helles Chromleder mit einem leichten Blaustich ergibt; mit 0,1% C.I. Acid Black 173 und 2% eines stark pigmentierenden, neutralisierten Sulfongerbstoffs resultiert dann ein klares Silbergrau; Spaltvelours färbt man in der vorgestellten Nuance mit 5% des Syntans und 1% des Graufarbstoffes. Zwischengetrocknetes Handschuhnappa erfordert 5% Syntan und 2% C.I. Acid Black 173. Bei Feinnuancen, ganz besonders bei solchen, deren Farbton mit mehreren Farbstoffen aufgebaut worden ist, ist streng darauf zu achten, daß die Zeiten der einzelnen Prozeßschritte der Färbung genau eingehalten werden und daß die Färbungen immer nach gleichen Laufzeiten aus dem Faß kommen. Denn bei unterschiedlichen Laufzeiten resultieren selbstverständlich differente Einfärbungen, was Nuancenschwankungen und mangelhafte Reproduzierbarkeit verursacht.

Die ersten Muster von Modefarben kommen oft als kleine Abschnitte von Textilgewebe in die Hand des Gerbers. Bei brillanten und klaren Tönen ist wegen der grüngrauen bzw. bläulichen Eigenfarbe des Leders die Reinheit und Klarheit der Färbung auf Textilfasern nicht zu erreichen. So ist es oft die erste Aufgabe des Lederfärbers, die Nuance der Textilvorlage in die Möglichkeiten der Ledercoloristik zu »übersetzen«. Diese Übertragung textiler Brillanz in die mögliche Farbenskala des Leders ist aber nicht die einzige Schwierigkeit bei der Musternahme der Lederfärbung. Denn die Oberflächengestaltung und die mit dieser verbundenen Glanz- und Matteffekte beeinflussen wesentlich die Remission – also die partielle Rückstrahlung des eingestrahlten Lichtes – und damit den Farbeindruck, die Farbstärke und die Klarheit der Nuancen. So ist es aus der Natur der Nubukoberfläche unmöglich, hochbrillante Töne zu erzielen, was den spezifischen Charakter des Nubuk ausmacht. Oder es macht einige Schwierigkeiten, die durch einen Glanzeffekt stark remittierende Nuance einer synthetischen Seide in das Matt eines Velours zu übertragen, das durch die Absorption eines großen Teiles des eingestrahlten Lichtes gekennzeichnet ist. Umgekehrt ist es sicher ebenso schwierig, die matte Tönung einer Wollfärbung, aber auch einer Veloursfärbung, in die stark remittierende Nuance eines glanzgestoßenen Anilinchevreau oder eines hochglänzenden Anilinlackleders zu übersetzen. Nicht davon zu reden, wie schwierig es ist, Velours und Nubuk abzumustern, da bei diesen Lederarten erst die Färbung der Oberfläche nach dem Schliff ausschlaggebend ist. All die geschilderten Gegebenheiten des Abmusterns sind mit der Natur des Ledermaterials verknüpft. Gegen sie ist kein theoretisches und kein praktisches Kraut gewachsen. Hier hilft tatsächlich nur jahrelange Erfahrung in färberischer Praxis und die intuitive »Kunst des Nuancierens« weiter.

Eine wichtige Regel bei der Färbung von Narbenleder im Direktegalisieren hat nicht unmittelbar mit der Coloristik zu tun, ist aber für den Farbausfall von erheblicher Bedeutung. Es ist dies die Auswirkung der »ersten Anfärbung« (Abb. 57, S. 160). Die vegetabilischen Grubengerber wußten seit langem, daß die erste Angerbung für den Farbausfall von Sohlleder entscheidend ist. Gerbte man mit einer vergammelten Stinkfarbe an, konnte man sicher sein, mißfarbige, graustichige Leder am Ende der Gerbung zu erhalten. Gerbte man dagegen mit einem synthetischen Vorgerbstoff an, konnte man ebenso sicher sein, unter sonst gleichen Bedingungen sehr viel hellere Leder zu produzieren. Dieselbe Gesetzmäßigkeit wurde auch für die Färbung von Ledern mit Anilinfarbstoffen gefunden[245]. Färbt man nämlich z. B. ein Mittelbraun und ein Neutralgrau – die beiden Farbstoffe sind in Aufziehgeschwindigkeit und Baderschöpfung weitgehend übereinstimmend – auf neutralisiertem Chromleder einmal gleichzeitig, einmal unter 30minütigem Vorlaufen des Mittelbrauns und schließlich ein drittes Mal unter Vorlaufen des Graus, so erhält man drei verschiedene Nuancen. Die gelbstichigste und hellste Färbung bekommt man beim Vorlaufen des Mittelbrauns; ein gelbstichiges Dunkelbraun färbt sich bei dem Miteinanderlaufen der beiden Farbstoffe; bei dem Vorlaufen des Graus resultiert das dunkelste Braun. Was also das Leder zuerst berührt, beeinflußt die Endnuance am stärksten. Dies ist natürlich eine Gesetzmäßigkeit, die in der Praxis des Färbens – für den Färber oft unbewußt – von großer Bedeutung sein kann. Denn in der oben zitierten Arbeit konnte auch gezeigt werden, daß aus der Mischung eines schnell ziehenden mit einem langsam ziehenden Farbstoff der schnell ziehende unabhängig von der anderen Mischungskomponente zuerst auf das Leder aufzieht. Das bedeutet, daß schnellziehende Farbstoffe wirksamer nuancieren als langsamziehende. Selbstverständlich spielt die diskutierte Gesetzmäßigkeit bei der Stufenfärbung eine wichtige Rolle. Man kann davon ausgehen, daß die erste Stufe für den Ausfall einer Nuance stärker bestimmend ist als die folgenden. Deshalb muß man beim Nachnuancieren zuerst für eine Laufzeit von ca. 20 Minuten Ammoniak geben, damit die Bindung der ersten Färbung gelockert wird. Die Gesetzmäßigkeit der ersten Berührung ist aber auch wichtig für die Dosierung von anionischen Hilfsmitteln und Gerbstoffen: laufen diese der Färbung voraus, so ist deren Bleicheffekt auf die Färbung viel stärker als wenn das Hilfsmittel in die Färbung selbst gegeben wird.

Es sollte mit Aufmerksamkeit registriert werden, daß auf dem Textilgebiet nach einer kompetenten Schätzung weltweit ca. 50% aller Nuancen durch computerbasierte Farbrezeptberechnung erstellt werden[246]. Auch auf dem Ledergebiet sind aus den USA und aus England Bestrebungen in diese Richtung bekannt geworden[247]. Voraussetzung der Farbrezeptberechnung ist ein erheblicher Aufwand an speziell ausgebildetem Personal und an teuren Apparaten, so daß als erste Frage bei der Abschätzung dieses Problemkreises zu prüfen wäre, ob der tägliche Anfall an Nuanceneinstellungen diesen beträchtlichen Aufwand lohnt. Auf dem Ledergebiet sind hierzu keine Angaben bekannt geworden; in einer Textilfärberei ist bis zu einem Anfall von 10 Farbtoneinstellungen pro Tag die menschliche Arbeit rentabler. Die Nachstellung von Farbvorlagen läuft bei der Computereinstellung nach folgendem Schema: Messung der spektralen Remissionswerte der Farbvorlage und Eingabe dieser Werte in den Computer, Messung und Eingabe der Remission des Substrates; Auswahl der in Frage kommenden Farbstoffe durch einen Coloristen und Eingabe der Remissionswerte in den Computer; Berechnung möglicher Rezepte durch den Computer; Auswahl eines geeigneten Rezeptes durch den Coloristen; Ausfärbung des Rezeptes im Färbereilabor; Korrektur des Rezeptes, sei es durch den Computer oder durch den Coloristen usw.

Die Rezepturberechnung durch den Computer ist natürlich einer Reihe von Fehlereinflüssen ausgesetzt. Wichtigstes Moment ist die Abhängigkeit des Nuancenausfalls von Parametereinflüssen wie mechanische Bewegung, Temperatur, Hilfsmitteleinfluß u.a., kurz den vielen Einflüssen, die die Reproduzierbarkeit von Lederfärbungen im Vergleich zu Textilfärbungen deutlich einschränken. Natürlich gehen auch die oft unmerklichen Farbschwankungen des Substrates durch den Einfluß der Vorarbeiten negativ in die Rezepturberechnung ein. Die gegenseitige Beeinflussung von Farbstoffen, Unverträglichkeiten derselben, aber auch das Absinken der Meßgenauigkeit der Geräte im Laufe der Zeit durch Abnutzung der Beleuchtungsquelle entziehen sich einer Erfassung und gehen fehlerhaft in das Ergebnis ein. Auf der anderen Seite ist es natürlich möglich, mit einer eingespielten Mannschaft und einem brauchbaren System eine im Drang des täglichen Färbebetriebes nicht darstellbare Rationalisierung,

Konzentrierung des Farbstofflagers und Optimierung des ökonomischen Erfolges anzusteuern. Allerdings ist dieses Ziel für die heutige Lederproduktion noch graue Theorie.

Tabelle 56 soll einen Einstieg in die Rezepturberechnung geben, indem sie ein Schema für die Überprüfung der Effizienz von angebotenen Computerberechnungs-Systemen gibt. Die Färbungen dieses Versuches wurden auf chromgegerbten, zwischengetrockneten Spaltvelours *einer* Fabrikationspartie durchgeführt. Um nun die Leistungsfähigkeit des Computers zu testen, wurden auf diesem Material lederkonforme Einstellungen aus zwei Velourfarbstoffen als Vorlage verwendet. Bei diesem Beispiel braucht Computerberechnung 4[3]) ein Mehr an Farbstoff. Die resultierenden Rezepturen sind komplizierter als die aus Augenabmusterung, weil sie durchweg drei Komponenten für die Nachstellungen benötigen. Auch die Mischungsverhältnisse sind ungünstiger als die der Vorlagen, weil niedrigere Farbstoffdosierungen verwendet werden. Das vorliegende Berechnungssystem bietet nach dieser Stichprobe gegenüber dem klassischen Verfahren keine Vorteile. Der Versuch legt nahe, daß das Berechnungssystem genauer auf die Auswahlregeln der Lederfärbung eingestellt werden müßte, z. B. durch eine Dosierungsbegrenzung der Einzelkomponenten nach unten. Außerdem sollte geprüft werden, ob die Rot-Tendenz der Berechnungen nicht auf einem systematischen Fehler bei der Eingabe der Remissionskurven der Farbstoffe zurückzuführen ist. Außerdem sollte eine Präferenz für die Kombination von möglichst wenigen Mischungskomponenten programmiert werden.

Tabelle 56: Vergleich von lederkonformen Nuanceneinstellungen gegen computerberechnete Rezepturen auf identischen Spaltvelours[248]

Farbstoffe		Farbvorlage	errechnet	Beurteilung
1)	N5G	2,5	1,1	leerer, röter
	CT	2,5	1,0	
	CGG		2,6	
2)	CT	2,5	1,1	leerer, röter
	CGG	2,5	1,0	
	CRV		2,6	
3)	CGV	2,5	5,6	deutlich röter
	CRV	2,5		
	LN5G		0,1	

2. Das praktische Nuancieren

Der klassische Färber in der Lederfabrikation stellte eine Nuance ein, indem er eine Partie neutralisierten Leders ins Faß gab, nach und nach Farbstoff zusetzte unter ständiger Kontrolle des färberischen Ergebnisses durch wiederholte Probenahme, Trocknung und Abmusterung. Diese umständliche Prozedur dauerte oft tagelang, erforderte ein Maximum an Faßraum und brachte es mit sich, daß die Temperatur- und Zeitbedingungen gegenüber den Folgepartien deutlich unterschiedlich sein mußten. Das Ergebnis solcher Färbungen wurde vielfach geheimgehalten und von dem Betriebsleiter für sich in einem Notizbuch festgehalten. Bei den Folgepartien war es dann bei schwierigen Tönen nicht allzu selten, daß das Färbegut bis zu 3

Tagen zum Nuancieren im Faß verbleiben mußte, bis der Ton schließlich stimmte. Umfärber zu Schwarz waren nicht ungewöhnlich. Ein solches Vorgehen war selbst in großen Lederfabriken bis in die 50er Jahre anzutreffen. Es versteht sich von selbst, daß unter diesen Voraussetzungen eine gutlaufende Rezeptur für immer eingeführt war, selbst gegen viel billigere Gegenangebote, weil das Risiko einer Umstellung sich jedem Kalkül entzog.

Die Durchrationalisierung der Lederindustrie mit Akkord und Schichtarbeit machte es notwendig, der kontinuierlich arbeitenden Färberei fertige Rezepturen anzubieten, die normalerweise in kalkulierbaren Zeiten zufriedenstellend abgeschlossen werden konnten. Hierzu mußten sog. Färbereilabors aus dem eigentlichen Produktionsgang ausgegliedert werden. Solche Labors sind üblicherweise mit sog. Wackerfäßchen, heizbaren Drehkreuzen oder Plexiglasfässern und Schüttelapparaten ausgestattet[249], in denen Schablonen von ca. 15 g Falzgewicht gefärbt werden können. Die aufgezählten Geräte sind bestens geeignet für orientierende Vorversuche, für die Erstellung von Schattenreihen, für die Prüfung neu bemusterter Farbstoffe und für die Kontrolle der Typkonformität laufender Lieferungen. Für die Einstellung von Nuancen der laufenden Produktion sind diese Einrichtungen jedoch nicht zu empfehlen, da sie infolge nicht ausreichender Walkwirkung immer zu anderen färberischen Ergebnissen führen wie in den Großgebinden. Auch Korrekturen der Ergebnisse, z. B. aus Wackerfäßchen mit aus der Erfahrung errechneten Übertragungsfaktoren, führen nicht zu der Sicherheit, die ein moderner Betrieb unbedingt braucht, um den optimalen Ausstoß zu realisieren.

Erste Voraussetzung einer modernen Farbtoneinstellung ist die Erstellung einer sog. Colorthek. Das heißt, von jeder im Fabrikationsmaßstab gefahrenen Nuance – also auch von Versuchspartien – ist ein ausreichend großes Schablonenmuster zu ziehen und mit Angabe der Gerbung, sowie genauer Dokumentation der Färberezeptur in eine Kartei aufzunehmen. Dabei sollte das Ledermuster beweglich und vor Einstrahlung geschützt in einem Umschlag an die Karteikarte angeheftet werden. Nachfolgepartien können in kleinen Schablonen (2,5 x 2,5 mm) auf die Rückseite der Karteikarte geheftet werden. Die Einordnung erfolgt getrennt nach Gerbungen in der Reihenfolge des Farbdreiecks. Schon nach ein paar Jahren wird bei einem solchen Vorgehen eine Nuancensammlung entstehen, die es erlaubt, für jede färberische Aufgabe und jede im Betrieb laufende Lederart auf Anhieb eine erste Färberezeptur zu erstellen. Mit dieser ersten Rezeptur geht man in das Versuchsfaß im Färbelabor. Je nach Anfall von Einstellungsarbeit wird man zwei bis vier solcher Versuchseinrichtungen sich im Färbelabor zur Verfügung halten. Diese Versuchsgefäße sollen ein Falzgewicht von 10–20 kg, also bis zu 5 Hälften, aufnehmen können und sind in ihrer Umfanggeschwindigkeit genau oder sogar etwas schneller auf die standardisierte Umfanggeschwindigkeit der Produktionsgefäße einzustellen. Die tatsächliche Faßgeschwindigkeit der Versuchsgefäße ist also erheblich schneller als die der Produktionsfässer, weil sie natürlich viel kleiner als dieselben sind. Man sollte mindestens drei Hälften färben, weil man bei Abweichungen mit 2 Hälften nicht sagen kann, welche Färbung der Ausreißer ist. Selbstverständlich ist die Färberezeptur in den Versuchseinrichtungen genau den Produktionsbedingungen anzupassen. Bewährt hat sich für solche Einstellungsarbeit das Versuchsfaß der Dosomat-Reihe[250]. Um einen Einstieg unter Standardbedingungen zu gewährleisten, sollte man die erste aus der Colorthek ermittelte und angepaßte Rezeptur ohne Unterbrechung durch Nuancieren in einem Zug färben, fetten, abwelken, trocknen und fertigmachen. Bei der Beurteilung dieser ersten Färbung wird man feststellen, ob die gewählte Farbstoffkombination geeignet ist oder nicht, ob der Farbton stark abweicht oder naheliegt, ob die Färbung zu schwach oder zu stark ist, ob die Egalität, die eventuell geforderten Echtheiten und die sonstigen Anforderungen ausreichen. Je nachdem, ob genügend Übereinstimmung oder Differenz beobachtet wird, wird man entweder eine neue Farbstoffkombination zusammenstellen oder an der gewählten Farbstoffdosierung abbrechen oder zulegen, oder das Verhältnis der Mischungskomponenten gegeneinander verschieben u. a. Die zweite Partie wird man in derselben Größenordnung mit den entsprechenden Korrekturen zu einer Stufenfärbung ansetzen, wobei in der ersten Stufe zwei Drittel des Farbstoffs angeboten wird. Anschließend wird gefettet und auf Stapel gesetzt; ein Abschnitt wird getrocknet und gegen die Vorlage abgemustert. Nach dem Ergebnis dieser Musterung wird das restliche Drittel Farbstoff zugesetzt, zum Teil etwas abgebrochen oder an Farbstoff zugelegt oder nur eine Komponente der Kombination gegeben, um die Nuance nach dem geforderten Farbstich der Vorlage zu drücken. Im Regelfall sollte man bei normalen Nuancen mit dieser Färbung der Vorlage sehr nahe sein oder dieselbe erreicht haben. Der vorsichtige Färber wird nun, um dieses gute Ergebnis zu bestätigen, noch eine Versuchscharge im Färbereilabor in einem Zug fahren; der erfahrene Könner geht gleich ins große Faß. Im großen wiederholt man bei der ersten Partie das im Versuchsmaßstab praktizierte Stufenverfahren: mit einem Angebot von zwei Drittel des Farbstoffs beginnt man, fettet, säuert ab, nimmt die Partie aus dem Faß, gibt sie sorgfältig unter Ausstreichen der Luftblasen auf Stapel und deckt sie ab. Eine Hälfte dieser Partie wird nun getrocknet, eingelegt, gestollt und gegen die Vorlage abgemustert. Mit dem Ergebnis der Abmusterung geht man wiederum ins Versuchsfaß und stellt drei Hälften fertig. Die so resultierende Rezeptur wird dann für die Partie im großen angewendet. Nun wird die Partie wieder auf Stapel gesetzt, eine Hälfte getrocknet und die Nuance überprüft. Bei Abweichungen kommt die Partie zur erneuten Korrektur nochmals ins Faß, bei Übereinstimmung mit der Vorlage wird fertiggestellt, die erarbeitete Rezeptur genau festgehalten und das Referenzmuster in die Colorthek gegeben[251]. Dieses Verfahren ist zwar auch umständlich und arbeitsintensiv, aber es blockiert nicht in der Produktion tagelang Faßraum und stört deshalb nicht den Zeittakt derselben. Außerdem ist es sicherer als das Nuancieren mit Faßverbleib, indem bei jeder Korrektur unter standardisierten Bedingungen ein Neubeginn des Färbeprozesses gemacht wird. Bei allen Lederarten, bei denen die Endnuancen erst nach einem Schleifen manifest werden, wie bei allen Velours und Nubuk, ist dieses Verfahren mit Stollen, Schleifen, Entstauben usw. für eine sorgfältige Einstellung unumgänglich. Es ist selbstverständlich, daß man vor Beginn und während der Färbung alle Möglichkeiten einer begleitenden Kontrolle wahrnimmt. So sollte man Farblösungen vor Zugabe mit Filtrierpapier, das man zusammengefaltet schnell trocknet und beurteilt, auf die Richtigkeit der Nuance testen. Man kann während der Färbung und in ihrer Endphase sich ein Urteil über die Entwicklung der Nuance bilden, indem man die Feuchtigkeit eines Abschnitts mit dem stumpfen Rücken einer Klinge solange herausstreicht, bis ein Eindruck über den Farbton des trockenen Leders gewonnen werden kann. Der erfahrene Färber ist auf Basis solcher Prüfungen in der Lage, kleine Korrekturen durch Zusätze ins Faß zu geben. Trotz aller Vorsorge ist es im laufenden Betrieb unvermeidlich, daß die eine oder andere Partie im Farbton abweicht. Man wird zuerst prüfen, ob diese Abweichung im Rahmen der Zurichtung korrigierbar ist. Abweichungen sind besonders bei Pastellnuancen immer wieder zu beobachten, denn das Auge ist im Bereich der Feintöne besonders empfindlich. Pastellnuancen fallen oft zu stark an, müssen also im Farbton gebleicht werden.

Hierzu stellt man das Färbebad auf pH-Werte zwischen 6 und 7 ein und gibt bis zu 10% neutralgestellten Weißgerbstoff zu. Man läßt solange laufen, bis soviel Farbstoff abgezogen ist, daß die schwächere Nuance der Vorlage oder das schwächere Typmuster erreicht ist; es wird dann entflottet und im frischen Bad am besten automatisch bis 3,5 pH-Wert mit Ameisensäure abgesäuert.

Ausgesprochene Fehlfärbungen müssen durch Oxidation des Farbstoffes entfärbt werden.

Hierzu gibt man auf Trockengewicht der chromgegerbten Leder bis zu 500% Wasser von 20°C in dem 4–20% Imprapel C gelöst ist, walkt 30 Minuten und stellt mit Ameisensäure auf pH 3,5 ein. Nach einer Laufzeit von 60 Minuten sind die Leder entfärbt. Man setzt nun am besten mit der Automatik eine konzentrierte Natriumhydrogensulfit-Lösung zu, bis Jod-Stärkepapier nicht mehr gebläut wird. Nach mehrmaligem Waschen färbt man im neuen Bad eine weniger empfindliche Nuance[251].

Eine weitere Möglichkeit der oxidativen Entfärbung für mineralgare, nachgegerbte und sämischgare Leder ist die Behandlung mit Permanganat und Natriumhydrogensulfit.

Hierzu gibt man auf Trockengewicht 500% einer Lösung von 5 g Kaliumpermanganat und 5 g Kochsalz pro Liter bei 30°C zu den trockenen Ledern ins Faß und walkt 30 Minuten. Nach Ablassen der Permanganat-Flotte gibt man 500% auf Trockengewicht einer zweiten Flotte von 30°C, die 40 g Natriumhydrogensulfit und 5 g Ameisensäure technisch je Liter enthält. Die zweite Flotte dient zur Entfernung des unlöslichen bei der Oxidation gebildeten Braunsteins. Nach weiteren 30 Minuten entflottet man, wäscht zweimal mit 500% Wasser von 30°C und färbt anschließend die neue Nuance.

In vielen Fällen genügt es, Fehlfärbungen mit Schwarz und Dunkelbraun zu überfärben. Bei Velours ergibt diese Korrektur besonders tiefe Nuancen und gleichmäßigen Schliff.

Man versetzt die trockenen Leder mit 150% Wasser von 30°C, in dem 2% Ammoniak technisch, 2% eines Penetrators und 1,5–2% Farbstoff gelöst sind. Nach einstündigem Laufen senkt man den pH-Wert mit Ameisensäure auf 3,5, läßt noch 15 Minuten laufen und entlädt anschließend[251].

3. Das Färbereilabor[252]

Ein gutausgestattetes und überlegt geführtes Färbereilabor ist eine unumgängliche Voraussetzung für eine leistungsstarke, moderne Gerberei. Je nach Ländern und Betriebsgrößen trifft man alle Spielarten vom Versuchsfaß im dunkelsten Eck der Färberei bis zum mit allen Schikanen ausgerüsteten Labor, vom überqualifizierten Fachmann mit ungenügender Ausstattung bis zum überforderten Anlernling mit nicht ausgenutzter high technology an; will sagen, daß diese Faktoren in einem ausgewogenen Verhältnis zueinander stehen müssen, das bestimmt sein muß von einer angemessenen Relation des Nutzens zum Aufwand. Der Nutzen eines guten Färbereilabors ist schwer quantifizierbar, aber erwiesen und meist unbestritten. Der Aufwand ist angemessen, wenn er bis zu 5% der gesamten Färbekosten ausmacht.

Mit die wichtigste Aufgabe des Färbereilabors hat bereits der letzte Abschnitt und das Kapitel über die Farbstoffauswahl beschrieben, nämlich die Ausarbeitung und Kontrolle der Färberezepturen für die Produktion, die Sammlung und Dokumentation der Colorthek, die Führung der Ergebniskartei für die einzelnen Nuancen und schließlich langfristig, die Auswahl eines den Bedürfnissen des Betriebes bestmöglich angepaßten Sortimentes von Farbstoffen gleichen färberischen Verhaltens. Diese Aufgaben sind nur effizient zu erfüllen, wenn systematisch in festgelegtem Zeittakt das erarbeitete und erprobte Rezepturmaterial und die Colorthek auf Preiswürdigkeit und Rationalität, die Ergebniskartei der Nuancen auf Häufung von Fehlfärbungen bei bestimmten Einstellungen und damit auf Hinweise zur Verbesserung des »Haussortimentes« überprüft wird.

Eine wichtige – vielfach vernachlässigte – Funktion des Färbereilabors ist die Eingangskontrolle und die Musternahme von jeder Farbstofflieferung. Bekanntlich ist der Abnehmer in den Lieferbedingungen seiner Lieferanten zu solchen Prüfungen angehalten, um eventuellen Reklamationen vorzubeugen oder diese möglichst klein zu halten. Diese Prüfung kann durch vergleichende Färbung eines im Vorrat gehaltenen Typmusters gegen die Lieferung auf 80 x 100 mm-Schablonen (= 15 g Falzgewicht) neutralisierten Chromleders im Kleingerät, wie Wackerfäßchen, Schüttelapparat oder heizbaren Drehkreuz erfolgen. Es empfiehlt sich eine zweite Prüfung auf Schablonen desjenigen betriebseigenen Leders mitlaufen zu lassen, das später mit dem Farbstoff gefärbt werden wird.

Rezeptur 11: Schablonenfärbung in einem Wacherfäßchen (190 mm ⌀, 75 mm Kantenlänge, 47 mm ⌀ Öffnung, Plexiglas oder Normalglas, im heizbaren Blechkasten 36 Umdrehungen pro Minute)

100 ml enthärtetes Wasser 50°C
85 g Glasperlen (keine alkalische Reaktion beim Liegen in Wasser)
15 g neutralisiertes Chromleder (80 x 100 mm)
gelocht und mit Glasnagel an der Ecke an kleinen Gummistopfen befestigt).
Zum Temperaturausgleich 15 Minuten
bei 50°C bei geschlossenem Blechmantel laufen lassen
+ x ml Farbstofflösung 10 g/l
(für 1%ige Färbung = 15 ml Lösung pipettieren)
30 Minuten laufen lassen
$\frac{x}{2}$ ml Ameisensäure technisch 15 g/l
(für 0,5% = 7,5 ml)
15 Minuten
200 % Wasser, waschen 10 Minuten
ausstoßen, bei 45°C im Trockenschrank trocknen, über Nacht einlagern in Späne, stollen über den Stollpfahl, nageln auf Holzplatten.

Schneller ist diese Prüfung mittels des Spektralphotometers zu bewältigen. Allerdings ist mit photometrischer Übereinstimmung die Typkonformität auf Leder in einigen wenigen Fällen nicht sichergestellt und umgekehrt (s. S. 186). Eine Feinanalyse, welche Unterschiede der Nuancierung des Farbstoffes erkennen läßt, ist die Papierchromatographie.[253] Allerdings berechtigen Abweichungen, die bei diesem Verfahren zwangsläufig immer wieder gefunden werden, nicht zu Beanstandungen bei dem Lieferanten; denn das Garantiemoment der sog. Typkonformität der Farbstoffhersteller ist die Übereinstimmung der Färbung auf neutralisiertem Chromleder. Eine einfache, allerdings unverbindliche Schnellmethode zur Überprüfung der Lieferkonstanz ist die Tauchprobe eines Filtrierpapierstreifens in die verdünnte standardisierte Farbstofflösung oder eine Aufziehprobe (s. S. 185).

Die Eingangsproben für Hilfsmittel und Chemikalien, schließlich die Überwachung der Wasserqualität (s. S. 110) werden zweckmäßig von dem Betriebslabor durchgeführt. Aber für alle Kontrollen der eigentlichen Färbung, wie quantitative Kontrolle des Aufzugs durch Photometrierung von Stichproben, der Erschöpfung des Bades, der Belastung des Abwassers usw. müßte das Färbereilabor im Bedarfsfall gerüstet sein.

Dagegen ist die Qualitätskontrolle der fertigen Färbung eine laufende Aufgabe des Färbereilabors. Methodisch wird man hierzu die in Kapitel VII beschriebenen IUF-Teste anwenden (s. S. 183) und die in diesen geforderten Prüfgeräte zur Verfügung halten. Allerdings liegt auch beim Betrieb eines Betriebslabors in der Beschränkung der Meister. Es kommt nicht darauf an, eine Vielzahl von Echtheiten bei jeder Partie zu prüfen, sondern es sollten nur bekannt neuralgische Qualitätsmerkmale einer Produktion oder auch lediglich einiger empfindlicher Nuancen laufend bearbeitet werden. Anders ist die Situation, wenn aus Gründen der Absatzförderung für ein bestimmtes Angebot, z. B. bei Möbelledern, eine Mindestlichtechtheit garantiert wird: Dann muß jede Partie bis zu dieser Garantiemarke auf dem Xenotest-Gerät belichtet werden. Eng mit dieser Funktion der Qualitätsprüfung hängt die Ermittlung der Ursache fehlerhafter Partien und die Bearbeitung von Reklamationen von Abnehmern, soweit sie die Anilinfärbung betreffen, zusammen.

Die Rechtssituation bei Reklamationen hat sich in den letzten Jahren einschneidend zugunsten des Abnehmers geändert. Während man früher dem Hersteller eines Produktes lückenlos seinen Fehler und den daraus entstehenden Schaden nachweisen mußte, genügt bei der gegenwärtigen Rechtslage meist der Anscheinbeweis: d. h. die Vorlage der Beanstandung und der Nachweis des ursächlichen Zusammenhangs mit dem gelieferten Leder. Wird die Vorlage des Reklamierenden von dem Gericht anerkannt, tritt eine sog. Beweislastumkehr ein. D. h. der Produzent muß in der Lage sein, einen exakten Gegenbeweis liefern: z. B. daß sein Produkt nicht bei der beanstandeten Weiterbearbeitung beteiligt war; oder daß die Verarbeitung des Kunden das Material geschädigt hat, z. B. durch zu hohe Bügeltemperaturen – und damit reklamationsanfällig gemacht hat; oder daß der Abnehmer das beanstandete Leder zu einem ungeeigneten Artikel verarbeitet hat – z. B. Schaffutterleder für Oberlederschäfte –; oder daß beim Endverbraucher eine außergewöhnliche Beanspruchung eingetreten ist – z. B. durch eine anormal hohe Schweißabsonderung. Mit die unangenehmsten Beanstandungen sind Farbtonabweichungen innerhalb einer Lieferung oder bei einer Nachbestellung. Nachdem diese Beanstandung vielfach erst nach der Verarbeitung, z. B. als sichtbare Farbtondifferenz zwischen benachbarten Schaftteilen oder Bekleidungsabschnitten, auffällt, ist sie irreparabel und durch die Kosten der bereits erfolgten Verarbeitung, unverhältnismäßig teuer. Um sich vor solchen Überraschungen zu schützen, tut man gut daran, bei der Sortierung empfindlicher Nuancen auf die Farbuniformität innerhalb der Partien besonders zu achten, Lieferungen jeweils nur aus einer Partie zu tätigen und sich ein Referenzmuster zurückzubehalten bis zum nächsten Versand, um die Farbübereinstimmung überprüfen zu können. Die Frage von Farbtonabweichungen ist bei der Textilindustrie durch Normen und ein Bestimmungsschema geregelt.[254] Die Anwendung dieser Farbtondifferenz-Formel auf dem Ledergebiet stößt auf Schwierigkeiten[255]. Denn aufgrund der unterschiedlichen optischen Eigenschaften des Narbens der verschiedenen Lederarten muß die visuelle Toleranzerwartung der Abnehmer aus der lederverarbeitenden Industrie, je nach Ledertyp, höchst unterschiedlich sein; die genaue Messung und eine sichere Farbortbestimmung macht bei Leder solche Schwierigkeiten, daß einheitliche Festlegungen von Toleranzen praktisch unmöglich sind. Der oben zitierten englischen Arbeit ist eine Reihenfolge von Lederarten entnommen (Tabelle 57).

Aus den besprochenen Aufgaben ergibt sich, daß ein funktionsfähiges Färbereilabor sowohl über ein Technikum als auch über übliche Laboratoriumsausstattungen und schließlich über Schreibgelegenheit und Schrankraum für die Karteien verfügen muß. Weiter empfiehlt sich,

Tabelle 57: Reihenfolge verschiedener Ledertypen angeordnet nach zunehmender zu erwartender Schwankungsbreite der Nuance bei visueller Beurteilung

A	Voll gedeckte Leder.
B	Semianilinleder mit voll deckender Grundierung.
C	Durch nachträgliche Spritzfärbung egalisierte Anilinleder.
D	Reine Anilinleder mit einem Klarlack zugerichtet. (Mit Ausnahme anilingefärbter Vegetabilleder und mit Chrom übersetzter Vegetabilleder.)
E	Velours in hellen und mittleren Nuancen (tiefe Velourfärbungen sind von größerer Gleichmäßigkeit).
F	Polierte Leder, chromübersetzte Vegetabilleder, vegetabilisch gegerbte Leder.

die Typmuster der Farbstofflieferungen als auch die Referenzmuster von Lieferungen an Kunden, soweit es sich um nicht zugerichtete Leder handelt, im Färbereilabor aufzubewahren und bearbeiten zu lassen. Außerdem sollten Neubemusterungen von Farbstoffen, Färbereihilfsmitteln und Musterkarten zuerst über diese Stelle laufen.

Der Raumbedarf eines Färbereilabors kann überschlagsmäßig mit 16–20 m² je Mitarbeiter gerechnet werden. Im Interesse kurzer Wege sollte es unmittelbar in Nachbarschaft zur Betriebsabteilung Färberei und zur Farbküche lokalisiert sein. Für die Tageslichtmusterung ist anzustreben, daß ein Nordfenster – ideal mit freiem Ausblick auf eine grüne Wiese – vorhanden ist. Die optischen Geräte und Analysenwaagen sind in einem gesonderten Raum oder einem Glasverschlag abgetrennt vom Labor aufzustellen; dieser abgesonderte Raum sollte auch zur Aufnahme der Karteien, Informationsschriften, Musterkarten und Vorschriftensammlungen vorgesehen werden. Im eigentlichen Labor sind übliche Labortische mit Regalen zur Plazierungen von Chemikalien und Normallösungen, mit Abzug und mit einem zugfreien Glasverschlag für Chromatographie vorzusehen. Labortische ohne Regale dienen zur Aufstellung der Kleinfärbegeräte, wie Wackerfäßchen, Drehkreuzen, u. a. Auf diesen Tischen kann man eine schiefe Glasplatte mit Abfluß zum Ausstoßen von Schablonen einlassen und unter denselben eine ausziehbare Spänekiste mit Buchensägespänen zum Anfeuchten unterbringen. Ein ausziehbarer Stollmond vervollständigt die Ausrüstung zur Schablonenbearbeitung. Die Arbeitsflächen der Labortische sollten mit Keramikkacheln in gedämpften Farben, wie Hellgrün, Grau oder Beige, gekachelt sein; wie man überhaupt bei der Raumgestaltung und Farbgebung eines Färbereilabors alle kräftigen Farben vermeiden sollte. Die Laborausstattung umfaßt die üblichen Glaswaren, elektrische Heizeinrichtungen und Bunsenbrenner, verschiedene Mensuren, Pipetten und Büretten, Analysengeräte für gravimetrische und volumetrische Analysen, Trichter und Nutschen, Aräometer und Spindeln für die einschlägigen Bereiche, pH-Meßgeräte, Thermometer und Temperaturfühler, magnetische Rühreinrichtungen, Vakuum-, Wasserstrahlpumpen und Exsikkatoren. Für höhere Ansprüche kommen in Betracht Chromatographie-Gerätschaften und Farbmeßgeräte für Extinktion und Remission, eine Laborwaschmaschine und ein Eisschrank, ein Binokular, ein Mikroskop und Lupen verschiedener Größen. Eine Stanze mit den entsprechenden Stanzmessern und eine Bügeleinrichtung, Nagelbretter und Holznägel zum Nageln und Trocknen der Schablonen sind dagegen normale Ausrüstung. Zur visuellen Abmusterung benötigt man eine Tageslichtleuchte mit Betriebsstundenzähler. Um gleichmäßige und vergleichbare Schrägschnitte der Schablonen anfertigen zu können, sollte man über eine Fortuna-Anschärfmaschine verfügen. Größere Betriebe für Qualitätsleder werden ein Xenotest-Gerät zur Prüfung der Lichtechtheit führen, da die Tagesbelichtung in unseren Breiten bis zur Stufe 4 immerhin 24 Tage dauert. Die Ausrüstung der Versuchsfärberei mit Laborfärbeautomaten wurde bereits besprochen (s. S. 260). Für Spritzfärbungen und Lüsterversuche ist eine kleine Laborspritzanlage vorzusehen. Diese Grundausrüstung ist nach dem Kontroll- und Echtheitsprogramm des Betriebes zu ergänzen oder einzuschränken.

4. Die Farbküche[256]

Die Farbküche sollte so zentral liegen, daß alle Färbeaggregate des Betriebs gleich schnell und leicht beschickt werden können. Dabei spielt es eine Rolle, ob die Zugabe über die hohle Achse per Eimer oder durch Einbringen in den Flottenumlauf eines Färbeautomaten oder aus über den Färbeaggregaten angeordneten, automatisch gesteuerten Vorratsgefäßen erfolgt. In den beiden ersten Fällen plaziert man die Farbküche am besten in derselben Ebene wie die Färberei. Im letzten Fall hat sich ihre Anordnung in einem Zwischenstock über den Fässern als optimal erwiesen. In jedem dieser Fälle muß darüber hinaus eine leichte und möglichst kurze Verbindung zum Haupt- bzw. Eingangslager gewährleistet sein. Säuren, Laugen und flüssige Hilfsmittel, soweit sie in größeren Mengen benötigt werden, sind im Keller in entsprechend dimensionierten Großgefäßen zur Verfügung zu halten und am besten über ein Rohrleitungssystem, sei es mit fest installierten oder beweglichen Förderpumpen, verfügbar zu machen. Daneben muß auf der Ebene der Farbküche ausreichend Lagerraum für Einzelgebinde und Farbstoffe vorhanden sein. Für diese Lagerung haben sich Stapelregale, Paternostersysteme und besonders Farbkarussells bewährt. Letztere bieten eine große Lagerfläche auf kleinem Raum, und sie können vorteilhaft um den zentralen Wiegeplatz angeordnet werden. Zur Erleichterung des Lagerflusses und zur Überwachung desselben sollten Präzisionswaagen mit Gewichts- und Kontrolldruck zur Verfügung stehen, die als eine gute Voraussetzung für einen geordneten Lagerfluß dienen können. Um einen Anflug von Farbstaub auf in der Färberei gelagertes nasses Leder zu verhindern, ist strikte räumliche Trennung und möglichst durch eine wirksame Entlüftung ein leichter Unterdruck im Wiegeraum der Farbküche einzustellen. Bei der Gestaltung des Löseraums als Naßbereich empfiehlt es sich, Boden und Wände zu kacheln und in den Laufflächen Gitterroste auf kanalisierten und leicht spülbaren Bodenvertiefungen vorzusehen. Auch der Löseraum sollte, besonders über den Lösegebinden, gut entlüftet werden, da hier oft ätzende oder stark reizende Dämpfe sehr stören können. Die Größe und die Zahl der Ansatzbehälter und ihre Rührausstattung richtet sich nach dem Bestand an Färbeapparaturen im Betrieb. Reichlich Abstellplatz, Spülbecken, Heißwasser, Dampfanschluß, genügend Wasserzapfstellen und eine kleinere Rühreinheit zum Vorlösen und Bilden von Emulsionskernen sind unumgänglich. Die fertigen Lösungen sind in die Vorbereitungsbehälter mit Niveausonden bzw. in die Zulaufgefäße mit Rührwerk und Ausspüleinrichtung einzubringen und dann das Programm der Automatik in Gang zu setzen (s. Band 7, Abb. 150, Seite 204).

In den Auslaufstutzen dieser Gefäße ist zweckmäßig ein leicht zu reinigendes Filtersieb unterzubringen. Als Material der Gefäße und Röhrensysteme hat sich Edelstahl bewährt; allerdings muß man beachten, daß Edelstahlgefäße ziemlich schnell Wärme abgeben und daß an Schweißstellen sich sehr leicht Farbreste absetzen. Deshalb sollten Edelstahlgebinde innen poliert sein. Bei Röhrensystemen können die Lötstellen nicht poliert werden, weshalb sich hier

Glasröhren mit Spezialverschraubungen günstiger verhalten. Neben der Möglichkeit optischer Kontrolle, geringeren Spülwasserbedarfs und glatter Übergänge isolieren Glasrohre dreimal besser als Edelstahlrohre. Ist der Wärmeverlust von Stahlröhren auf 50 m Leitung bei 3% Gefälle immerhin 5°C, so verliert Glas unter denselben Bedingungen nur 1,5°C[257]. Der Reinigung nach der Beschickung, besonders der automatisierten, ist große Sorgfalt zu widmen. Die Niveaugefäße der Automatik sollten mit einem Rohrspritzrand ausgebildet sein, der eine gleichmäßige, programmierte Reinigung sicherstellt.

Die vorstehenden Ausführungen sollen nur einige der Möglichkeiten heutiger Technik aufzeichnen. Man sollte dabei berücksichtigen, daß nicht die Farbküche die Färberei, sondern umgekehrt der technische Stand und die Größe der Färberei die Ausrüstung und die Möglichkeiten der Farbküche bestimmen. Bei wirtschaftlichen Überlegungen sollte man sich aber immer die Schlüsselfunktion der Farbküche für Betriebsablauf, Fehlerfrequenz und Produktivität der Färbereiabteilung vergegenwärtigen, wenn man versucht ist, nach Anschaffung teurer Färbeautomaten an der Farbküche zu sparen.

5. Das Abmustern

Auf die Notwendigkeit eines Nordfensters mit freiem Blick wurde schon bei der Besprechung des Musterns am Tageslicht hingewiesen (s. S. 265). Es ist bei dem heutigen hohen Stand der Beleuchtungstechnik unbestritten, daß das Mustern unter Kunstlicht den gesteigerten Ansprüchen der Abnehmer an Farbkonstanz eher und leichter gerecht werden läßt; denn die spektrale Verteilung des Tageslichtes ist keineswegs gleichmäßig (s. S. 20), was zu Schwankungen in der Beurteilung Anlaß sein kann. Weitere Fehlerquellen beim Mustern sind die verschiedenen Empfindlichkeitskurven des Auges bei verschiedenen Beobachtern. Denn den sog. »Normalbeobachter« der Optik gibt es nicht, weshalb eine verschiedene Farbempfindlichkeit des Auges von Mitarbeiter zu Mitarbeiter durchaus in Betracht gezogen werden muß. So verliert z. B. der alte Mensch an Farbtüchtigkeit. Generell ist die unterschiedliche Farbempfindlichkeit als Fehlerquelle nicht zu eliminieren; aber man wird sie einschränken können, indem man seine Sortierer auf ihre Farbennormalsichtigkeit untersuchen läßt und immer dasselbe Personal zum Mustern heranzieht. Aber selbst dann sind optische Täuschungen durch zwei in der Physiologie des Sehens begründete Erscheinungen, nämlich durch den farbigen Simultankontrast und durch den farbigen Sukzessiv-Kontrast nicht auszuschließen. Ersterer tritt auf, wenn man zwei stark voneinander abweichende Farben, besonders komplementäre Farbpaare wie z. B. Grün und Rot, Gelb und Blau, nebeneinanderliegend auf Stärke beurteilt. Man unterliegt dann leicht der Täuschung einer höheren Farbstärke. Man wird daher beim praktischen Mustern die Unterlage und die Umgebung in gedämpften Pastellfarben halten, außerdem wird man darauf achten, alle vorher bereits abgemusterten andersfarbigen Proben und Partien aus dem Gesichtskreis zu entfernen. Die zweite optische Täuschung entsteht durch die Ermüdung des Auges infolge zu lange andauernden Abmusterns, infolge zu großer Beleuchtungsstärke oder infolge greller Farbeindrücke. Man kann selbst die Erfahrung dieses Sehfehlers machen, indem man längere Zeit unter starker Beleuchtung angespannt eine Abbildung des Farbkreises mustert und dann auf einen weißen Bogen Papier blickt. Man sieht dann einige Sekunden lang ein Nachbild des Farbkreises in seinen Komplementärfarben auf dem weißen Papier. Dieses Nachbild kann natürlich, wenn man beim täglichen Mustern mit nicht entsprechenden Pausen von Beurteilung zu Beurteilung arbeitet, den Eindruck verfälschen[258].

Eine weitere Erfahrung des Sehens drückt das psychophysiologische Grundgesetz von Weber und Fechner aus[259]

$$\Delta E = \frac{\Delta R}{R}$$

Die Formel besagt, daß die absolute Reizänderung ΔR zu einer umso größeren Änderung der Farbempfindung ΔE führt, je schwächer der bereits vorhandene Reiz R ist. Mit anderen Worten heißt das: je schwächer Färbungen sind, desto schärfer kann man Farbabweichungen beurteilen. Die Folgerung der Praxis aus dieser Gesetzmäßigkeit ist es, bei scharfer Prüfung von Farbabweichungen gefärbter Materialien immer in niedrigen Konzentrationen von 0,1 bis 0,3% Farbstoffangebot zu arbeiten. Auf die entscheidende Bedeutung der Lichtart für die Wahrnehmung und Unterscheidung von Farbe wurde bereits hingewiesen (s. S. 22–26). Die von den einschlägigen Lieferanten zur Verfügung gestellten Lampen erzeugen ein mittleres Tageslicht, heute im wesentlichen des C.I.E.-Standard D 65. Aber es können auch in der Praxis auftretende Kunstlichtarten, wie die als Abendlicht bezeichnete Normlichtart A oder das kühlweiße sog. Kaufhauslicht, durch Austausch der Spezialleuchtstoffröhren eingestellt werden.

Für das Mustern und Sortieren von Leder ist die sog. Tageslichtleuchte[260] schon wegen der ausgeleuchteten Fläche von 128 x 81 cm und wegen des größeren Abstandes der Lampe mit 80 cm von der Musterungsfläche geeignet. Das Gerät ist ein länglicher Leuchtkasten, der an der Decke aufgehängt wird. Diese Form macht die Tageslichtleuchte geeignet zur Beleuchtung sowohl ganzer Räume als auch des Sortiertisches mit der Normlichtart D 65. Die Lebensdauer der zwei Spezialleuchtröhren bei gleichbleibender spektraler Leistung ist 2500 Betriebsstunden, die durch einen Stundenzähler am Gerät registriert werden. Bei Verwendung der Tageslichtleuchte muß beachtet werden, daß am Mustertisch nicht Zwielicht entsteht, weil dieses das Musterungsergebnis beeinträchtigen kann.

Die sog. Abmusterungskabine Variolux[260] bietet vier Strahlungsarten, nämlich Normaltageslicht D 65, Normlicht A (Abendlicht), Kaufhauslicht und langwelliges Ultraviolettlicht. Diese anspruchsvolle Anlage ermöglicht das Abmustern unter verschiedenen Lichtbedingungen, d. h. die Bearbeitung und Untersuchung von metameren Färbungen. Die Musterungsfläche beträgt 80 x 60 cm bei einem Abstand der Leuchte von 80 cm. Dieses Gerät ist auch als UV-Lampe geeignet.

Wenn die bisher geschilderten Voraussetzungen erfüllt sind, wenn zum Auflegen einer Haut ausreichende Tischfläche zur Verfügung steht und wenn man unter einem Beobachtungswinkel von 45° das Prüfmaterial beurteilen kann, so sind ideale Bedingungen gegeben, um die drei Aufgaben des Abmusterns optimal wahrzunehmen, nämlich: 1. das Ansprechen und Benennen von Farbtönen, 2. der Vergleich der Stärke gleichgefärbter Prüflinge und 3. die Feststellung der Gleichheit oder Unterschiedlichkeit von Färbungen.

XI. Beispiele von Färberezepturen für verschiedene Lederarten

In dem folgenden Kapitel sollen Folgerungen für die Praxis aus dem bisher Besprochenen in Form von Rezepturen gezogen werden. Dabei werden auch die Rezepturen miteinbezogen, die in den Kapiteln III und VIII bereits gegeben wurden. Ergänzend hierzu werden Rezepturen besprochen werden, die dankenswerterweise von den Lederabteilungen der großen chemischen Fabriken dem Verfasser zur Verfügung gestellt wurden. Um möglichst konkrete Angaben zu machen, werden diese Unterlagen mit den Produktnamen der Lieferanten abgehandelt. Dieses Kapitel soll vor allem dem jungen Färber Anhalte für die Entwicklung eigener Rezepturen geben.

1. Die Färbung klassischer Lederarten

1.1 Boxcalf[213]. Eine Färberezeptur für Boxcalf ist auf Seite 227 bei der Besprechung des direktegalisierenden Ausziehverfahrens gegeben. Bei Dunkelnuancen, ganz besonders bei Schwarz, kommt gefärbtes Boxcalf manchmal mit einem Grauschimmer, besonders in den Bauchpartien, aus der Zurichtung. Diese unschöne Erscheinung ist nicht in der Färbung begründet, sondern die Ursache ist in der Lichtreflexion in den groben Poren der Bauchpartien zu sehen. Um diesen groben Narben zu glätten, sind die mechanischen Zwischenarbeiten zur Ausreckung des Narbens besonders bei Boxcalf wichtig. Man reckt deshalb vor dem Trocknen im Tunnel (60/40°C) mehrfach aus – als letzten Arbeitsgang in der Richtung, die die Poren schließt. Nach dem ersten Stollen poliert man auf der Naxos-Polierwalze, nach dem zweiten Stollen ebenso; das anschließende Spannen legt ebenfalls den Narben flacher und trägt zur Eliminierung von Grauschimmer bei.

1.2. Chromoberleder[261]. Für diese Lederart ist in Kapitel III Rezeptur 1 (S. 76) als Beispiel einer Faßfärbung gegeben. Diese Rezeptur für etwas schwerere Fresser unterscheidet sich von R 8, S. 227 durch eine durchgreifender eingestellte Neutralisation und durch die Verwendung von Blauholz als Färbereihilfsmittel. Für Buntnuancen sind auch für diese Lederart das unter S. 227 gegebene Hilfsmittel/Farbstoffverhältnis einzuhalten und die dort vorgeschlagenen Färbereihilfsmittel einzusetzen. Der Charakter des resultierenden Leders ist der eines reinen Chromleders, eines Ledertyps, der nur auf ausgezeichneter Rohware dargestellt werden kann.

Die breite Masse der heute gefertigten Oberleder ist mehr oder weniger stark nachgegerbt, zu deren Färbung auf Abschnitt 3 verwiesen wird.

2. Die Färbung von Nappa-Ledern

2.1 Nachgerbung und Färbung von Rind-Möbelleder[267]. Für die Färbung von Möbel-Nappa wird Rezeptur 3 in der Sektorengerbmaschine unter Kapitel III S. 81 gegeben. Dieses tiefgespaltene, im Vergleich zum Gewicht großflächige Material kann sowohl im Direktverfahren als auch mit Zwischentrocknung gearbeitet werden. Das Direktverfahren ist zeitlich kürzer, und es spart Energie- und Arbeitskosten. Auf der anderen Seite ist beim Direktverfahren die Disposition schwieriger, sind auch die Lieferzeiten länger bzw. das Fertiglager umfangreicher, die Einteilung und Sortierung schwieriger, die Durchfärbung und Egalisierung weniger leicht erreichbar und die Qualität der Leder hinsichtlich Fülle, Weichheit und Griff doch geringer als bei zwischengetrockneten Ledern. Was auch beim Direktverfahren erheblich in die Kosten geht: der Farbstoffverbrauch ist um 1/3 höher. Das Zwischentrocknen bringt ein einfaches und optimales Sortieren, eine rationelle Lagerhaltung und Einteilung und große Marktnähe durch schnelle Lieferfähigkeit. Technologisch vermittelt das Zwischentrocknen bessere Qualität hinsichtlich Griff und Egalität, ein besseres Rendement, sowie leichtere Ein- und Durchfärbung. Natürlich muß man für diese Vorteile mit höheren Arbeitskosten, höheren Energiekosten und langsamerem Kapitalumschlag bezahlen. Die Nachgerbung der vorliegenden Rezeptur ist relativ einfach und eigentlich problemlos; denn die geringe Stärke des schließlich resultierenden Möbelleders von etwa 1 mm ist nicht anfällig gegen Losnarbigkeit wie das dickere Leder sind. Das Überwiegen der vegetabilischen Gerbstoffe ist kalkulatorisch günstig. Dazu wird durch diese Nachgerbung die Affinität des Leders zum Farbstoff weniger abgebaut, als wenn synthetische Gerbstoffe eingesetzt werden. Es resultiert aus dieser Nachgerbung ein Leder mittlerer Affinität, das nur von mäßiger Lichtechtheit ist und eine deutliche Eigenfarbe aufweist, die in das Kalkül der Endnuance einbezogen werden muß. Für empfindliche Pastellnuancen ist diese Nachgerbung nicht geeignet, aber für dunklere Töne bewährt sie sich recht gut. Für Bekleidungsnappa dürfte die für diese Lederart notwendige tuchartige Weichheit mit dieser einfachen Nachgerbung nicht erreichbar sein. Das Natriumsulfit in der Neutralisation verstärkt den Grünstich der Chromfarbe, zumal sie ziemlich ausgiebig ist und den pH-Wert 6 erreicht. Auch die Ammoniakzugabe in das Färbebad ist reichlich, aber insofern ungefährlich, als automatisch auf den pH-Wert 6,5 dosiert wird. Das Farbstoffangebot liegt in der Größenordnung der Sättigungsgrenze (s. S. 221), weshalb Färbereihilfsmittel hier nicht notwendig sind. Bei Egalisierungsschwierigkeiten sollten in dieser Rezeptur nicht mehr als 0,5% des Egalisiermittels Nr. 11 oder Nr. 18 angewendet werden. Bei dem mit 2,5% angebotenen Farbstoff A ist eine gute 3 in der Lichtechtheit noch ausreichend, der mit 1% angebotene Farbstoff B sollte eine 4 im Licht haben. Das Fettangebot der Rezeptur ist hoch, aber für Möbelnappa tragbar; bei Bekleidungsnappa würde soviel Fett das Quadratmetergewicht über 400 g bringen, was für diese Lederart nicht erstrebenswert ist. Die automatische Dosierung des Absäuerns dient ohne Zweifel der Egalität. Die Nachfärbung unterstützt die Deckung und ist sehr günstig für ein Nachnuancieren. Es ist sicher richtig, im Hinblick auf das Egalisieren, die zweite Farbstoffgabe höher als die erste zu halten. Das hohe Gesamtfarbstoffangebot von 7,5% ist bedingt durch die große zu färbende Fläche in Relation zum Falzgewicht und durch die Notwendigkeit, die Durchfärbung zu erreichen.

Die hier diskutierten allgemeinen Grundsätze gelten auch für alle im folgenden besprochenen Rezepturen und werden dort nicht mehr gesondert behandelt.

2.2 Echtfärbung eines Pastelltones auf Möbelleder[262]. Eine Rezeptur zu dieser Aufgabenstellung wurde bereits als »Färbung eines Pastelltones auf Möbelleder nach dem pH- und Hilfsmittel-gesteuerten Migrierverfahren« in Kapitel VIII, Seite 228, übermittelt. Der Vergleich mit der zuletzt gegebenen Rezeptur zeigt doch erhebliche Unterschiede: Da ist die viel stärkere Nachgerbung mit 8% gerbaktiven Polyurethanionomeren und 12,5% weißgerbendem

Syntan. Die Weißgerbstoffe tragen wesentlich zur Farbgebung durch eine Bleiche der Chromfarbe bei. Durch eine Einstufenfärbung mit einem großen Überschuß an weißgerbendem Färbereihilfsmittel im gleichen Bad wird Durchfärbung und Egalität der empfindlichen Nuance sichergestellt. Der Pastellton ist mit nur *einem* Metallkomplexfarbstoff des Typs A (s. S. 243) eingestellt.

Die Fettung kann vergleichsweise infolge der stärkeren Nachgerbung mit etwa 12% Reinfett etwas kräftiger geführt werden. Der End-pH-Wert kann, da bei dem geringen Farbstoffangebot keine Schwierigkeit hinsichtlich der Baderschöpfung besteht, mit pH 3,8–4 relativ hoch eingestellt werden, zumal der Nachsatz von kationischem Harz Farbstoff und Gerbstoff in der Oberfläche fixiert.

3. Volle Färbungen nachgegerbter Leder

3.1 Durchfärbung mit farbstoffaffinen und farbverstärkenden Hilfsmitteln. Nach der beschriebenen Rezeptur 12 werden die süddeutschen Bullenhäute bei mittlerer Temperatur mit einem ziemlich kräftig reservierenden synthetischen Gerbstoff nachgegerbt und diese Nachgerbung mit einem gut färbbaren, chromhaltigen Färbereihilfsmittel übersetzt; trotzdem resultiert aus dieser kombinierten Nachgerbung ein schwach affines Substrat. Die folgende kräftige Neutralisation bis zum pH-Wert 7 dämpft weiter die Affinität des Möbelleders zum Farbstoff. Das folgende Waschen in 500% Flotte spült Neutralsalze aus dem Leder. Die nun folgende Färbeflotte ist kurz, ihre Temperatur ist mit 30°C niedrig, und sie ist stark ammoniakalisch. Alles Parameter, die die schwierige Durchfärbung der lichtechten 1:2-Metallkomplexfarbstoffe befördern sollen. In die gleiche Richtung wirkt das farbstoffaffine Färbereihilfsmittel, das zur Verbesserung der Durchfärbung mit 1% in der vorliegenden Rezeptur verhältnismäßig hoch dosiert ist. Schließlich wirkt sich auch die Zwischenfettung günstig auf die Durchfärbung und Durchfettung aus. Die 2 Stunden Laufzeit unterstützen ebenfalls das Durchfärben. Nachdem durch einen Schnitt in der Kratze eine genügende Durchfärbung festgestellt ist, wird mit heißem Wasser die Temperatur des Färbebades auf etwa 50°C angehoben und mit Ameisensäure bis zur Baderschöpfung abgesäuert. In dieses saure Milieu gibt man das stark kationische Hilfsmittel, das durch Ethoxylierung weitgehend farbstoffverträglich gemacht ist. Aus dem schwach affinen Substrat wird durch diese kationische Umladung ein mittelaffines Leder, das Farbstoffe oberflächlich bindet. Die für eine gedeckte Oberflächenfärbung notwendige, nach Möglichkeit nicht zu knapp dosierte Farbstoffmenge, wird in frischem Bad bei 50°C gegeben. In dasselbe Bad gibt man die Hauptfettung und säuert anschließend ab. Bei der Anwendung Farbstoff-fällender, stärker kationischer Hilfsmittel in diesem Verfahren ist vor der Hilfsmittelgabe und vor der Überfärbung im frischen Bade sorgfältig zu waschen.

3.2 Deckende Färbungen auf nachgegerbtem Leder im Zweistufen-Verfahren mit verschiedenen Farbstoff-Sortimenten. Sogenannte pigmentierende Färbungen durch Verlackung anionischer mit kationischen Farbstoffen wurde schon immer bei klassischen Chevreaux- und Handschuhverfahren praktiziert. Diese Variante ist auch geeignet auf stark nachgegerbten Chromledern, gedeckte Färbungen großer Farbfülle zu realisieren. Ein Problem dieses Verfahrens für Leder, die nicht deckend zugerichtet werden, ist die vielfach nicht ausreichende Lichtechtheit des sog. »basischen Übersatzes«. Die Rezeptur 13 vermeidet diese Schwierigkeit durch den Einsatz sulfogruppenhaltiger 1:2-Metallkomplexfarbstoffe, die auch auf nachgegerbten Ledern Färbungen guter Licht-, Schweiß- und Waschechtheit bei genügender Farbfülle ergeben.

Rezeptur 12: Möbelleder, glatt[263]

Material:			Süddeutsche Bullenhäute, chromgegerbt, Falzstärke 1,1 mm	
Methode:			Direktarbeitsweise, Nachgerbung mit Irgatan HO conc., lichtechte Färbung mit Sellacron Farbstoffen. Die Angaben beziehen sich auf das Falzgewicht.	
Waschen:		500 %	Wasser, 40°C	10 Min.
Nachgerben:		100 %	Wasser, 40°C	
		10 %	Irgatan HO conc.	60 Min.
	Zugabe	3 %	Tannesco H	60 Min.
Spülen:			Wasser, 30°C	5 Min.
Neutralisieren:		200 %	Wasser, 30°C	5 Min.
		2 %	Sellasol 4162	10 Min.
		2 %	Na-Bikarbonat, pH: 7,0	60 Min.
Waschen:		500 %	Wasser, 40°C	5 Min.
Färben:		100 %	Wasser, 30°C	
		2 %	Ammoniak 24%	5 Min.
		1,5 %	Sellacron Braun S-HG	
		1,5 %	Sellacron Braun CL	
		1 %	Invaderm LU	30 Min.
	Zugabe	3 %	Invasol NS	
		2 %	Invasol EP	90 Min.
	Zugabe	150 %	Wasser, 70°C	5 Min.
		2 %	Ameisensäure 85%	30 Min.
		1 %	Invaderm S	15 Min.
Frisches Bad:		200 %	Wasser, 50°C	
		0,75 %	Sellacron Braun S-HG	
		0,75 %	Sellacron Braun CL	20 Min.
		3 %	Invasol SD	
		3 %	Invasol EP	
		3 %	Invasol NS	50 Min.
		1 %	Ameisensäure 85%	30 Min.
Spülen:			Wasser, 20°C	10 Min.
			hängend trocknen, konditionieren, walken, ablüften, walken, spannen.	

Rezeptur 13: Anilin-Chevreaux und Anilin-Ziegenoberleder aus wet blue in Stufenfärbung[264]

Material:		wet blue	
Waschen:		dreimal mit Flottenwechsel 15 Min. bei 30°C	
Oberflächen-entgerbung:	200 %	Wasser, 30°C	
	2 %	Imprapell CO	10 Min.
	0,5 %	Schwefelsäure 96%	60 Min.

	2 %	Ammoniumthiosulfat	
	2 %	Natriumsulfit	20 Min.
		pH im Schnitt 4,2	
		30 Min. mit fließendem Wasser spülen.	
		Sortieren für Chevreaux bzw. Ziegenoberleder	

1. Chevreaux

Neutralisation:	400 %	Wasser, 28°C	
	1,2 %	Feliderm K	
	0,5 %	Natriumbikarbonat	60 Min.
		pH-Wert 5,4	
		30 Min. von 28°C auf 50°C spülen	
1. Färbung:	400 %	Wasser, 50°C	
	0,2 %	Ammoniak 25%	
	1-2 %	Coralon F bei hellen Tönen	
	1-2 %	Coralon GP bei dunklen Tönen	20 Min.
	0,2-3 %	Coranil-Farbstoff	10 Min.
	1,0-1,5 %	Ameisensäure 85%	10 Min.
2. Färbung:	0,2-0,6 %	Azarin Typ 8017-Farbstoff	20 Min.
		Flotte ablassen	
Fettung:	300 %	Wasser, 50°C	
	2-4 %	Fettmischung	30 Min.
Fettmischung:	3 Tle.	Derminol-Licker EMB	
	1 Tl.	Derminol-Licker ASN	
	2 Tle.	Derminol-Öl H2F	

2. Ziegenoberleder

Neutralisation	400 %	Wasser 28°C	
	1,2 %	Feliderm K	
	0,5 %	Natriumbikarbonat	60 Min.
		pH-Wert 5,4	
		30 Min. spülen von 28°C auf 50°C	
Nachgerbung:	400 %	Wasser 30°C	
	0,2 %	Ammoniak 25%	
	5-10 %	Reingerbstoff eines synthetischen Weißgerbstoffes	
		Gerbstoffzugabe in 3 Raten mit je 30 Min. Abstand.	
		Gesamtlaufzeit 150 Min.	
		10 Min. spülen von 30°C auf 50°C	
1. Färbung:	400 %	Wasser, 50°C	
	0,5-2 %	Coralon F bei hellen Tönen	
	0,5-2 %	Coralon GP bei dunklen Tönen	15 Min.
	0,2-3 %	Coranil-Farbstoff	20 Min.
	1,0-1,5 %	Ameisensäure 85%	15 Min.
2. Färbung:	0,2-0,6 %	Azarin Typ 8017-Farbstoff	20 Min.
	0,2-0,5 %	Ameisensäure 85%	20 Min.
		Flotte ablassen	
Fettung:	300 %	Wasser, 50°C	
	2-4 %	Fettmischung	30 Min.
		(wie bei Chevreaux angegeben)	

3.3 Die Färbung von stark nachgegerbtem Schleifbox.
Schleifboxleder werden nach der Färbung geschliffen und zugerichtet; es kommt infolgedessen bei diesem Ledertyp nicht auf die Oberflächenfärbung und die Lichtechtheit an, sondern eher auf die Anfärbung der Fleischseite. Man färbt deshalb vorteilhaft im Faß mit preisgünstigen anionischen Farbstoffen mittleren Aufbauvermögens, die eine noch genügende Einfärbung bringen, um nach dem Schliff eine egale Fläche zu realisieren. Diese Einfärbung soll bei Verletzungen der Deckschicht das Erscheinen eines hellen Untergrundes verhindern; es empfiehlt sich, durch das Spritz-, Gieß- oder Druckverfahren (Rezepturen S. 88, 90 und 92) die Faßfärbung zu verstärken. Um diese Färbung sicher zu gestalten, ist es wichtig, eine ausreichende Migrationsechtheit anzustreben. Diese erreicht man durch eine gezielte Auswahl aus den Flüssigfarbstoff-Sortimenten, indem man Hochsieder in der Rezeptur möglichst vermeidet und ein Bindemittel, z. B. eine Polyurethan-Dispersion, zur Fixierung in die Rezeptur einführt.

4. Die Färbung vegetabilisch/synthetisch gegerbter Leder

Vegetabilisch gegerbte Leder waren lange Zeit eine Domäne der einseitigen *Bürstfärbung*. So wurden Portefeuille-Vachetten, Kofferleder, vegetabilische Möbelleder, Blankleder, Waterproof- und Geschirrleder vor etwa 30 Jahren gefärbt. Vegetabilleder wurden vor der Färbung zum Ausgleich unegaler Gerbstoffeinlagerung zwecks Aufhellung der vegetabilischen Eigenfarbe einer Bleiche unterzogen, Nachsumachierung genannt.

Hierzu wurden die Leder im Faß 30 Minuten lang in 300–500% Wasser von 25°C gewaschen und anschließend in 300% Flotte, in der 1% Borax oder Natriumsulfit gelöst war, bei 30°C bewegt. Anschließend wurden die Leder in einem mit 0,5–1% Essigsäure angesäuertem Bad nochmals gewaschen, nach Ablassen dieses Bades mit 8–10% Sumach-Extrakt oder eines hellgerbenden Syntans nachgegerbt. Die so behandelten Leder wurden langsam bei niedriger Temperatur und schwacher Ventilation getrocknet, unter der Walze oder Presse glattgelegt und anschließend bürstgefärbt. Für die Bürstfärbung wurden saure oder kationische Farbstoffe verwendet[265].

Die Bürstfärbung wurde durch ein Anfeuchten mit der Bürste oder mit der Spritzpistole eingeleitet; durch diese Behandlung wurde die Saugfähigkeit der Lederoberfläche ausgeglichen. In diesem Wasser wurde je nach Beschaffenheit des Narbens entweder Netzmittel oder/und Sprit und Egalisiermittel gelöst. Auf die noch feuchten Leder wurde nun mit der Bürste die 40°C warme Farbflotte aufgetragen, die bis zu 10 g/l Farbstoff enthielt. Die Bürstaufträge wurden solange fortgesetzt, bis die gewünschte Nuance erreicht war, wobei zur Flotte des letzten Bürstauftrages 15 g/l Ameisensäure technisch zugesetzt wurde[266].

Um einen sog. »Goldkäfer-Effekt« – ein leichtes Bronzieren des Narbens zu erzielen – wurden die letzten Bürstaufträge mit kationischen Farbstoffen gegeben. Das arbeitsintensive und aufwendige Bürstverfahren wurde zunächst durch Spritzverfahren abgelöst. Neuerdings ist die einseitige Färbung von Vegetabillederen wenig aktuell, weil heute die meisten der o. g. einschlägigen Lederarten in Chromgerbung und damit in Faßfärbung produziert werden.

4.1 Die Faßfärbung von vegetabilisch/synthetisch gegerbten Oberledern und Gürtelledern[267].
Neuerdings finden aber gefärbte, vegetabilisch/synthetisch gegerbte Oberleder und Gürtelleder einiges modisches Interesse. Die vegetabilische Gerbung dieser Leder wird meist im Faß im sog. Pulververfahren durchgeführt; nachdem 1/3 des Gerbstoffangebotes bei diesem Verfahren synthetische Gerbstoffe sind, kann man davon ausgehen, daß die Farbe dieser Leder sehr hell ist. In diesem Zusammenhang ist es wichtig, daß die erste Angerbung durch ein hellgerbendes Syntan erfolgt. Beim Falzen werden die feuchten vegetabilischen Leder

durch Eisenstippen stark verunreinigt, weswegen eine Bleiche mit Bleichgerbstoff und Oxalsäure unumgänglich ist. Die Leder werden dann gefettet und zwischengetrocknet. Nach der Broschur färbt man im Flottenverfahren mit 200–300% Flotte von 40°C. Werden die Leder durchgefärbt verlangt, so färbt man in der ersten Stufe mit 1–2% substantiven Farbstoffen durch, säuert vorsichtig ab und erreicht in einer zweiten Stufe mit 1–3% flüssigkonfektionierter 1:2-Metallkomplexfarbstoffe eine volle und satte Deckung. Nach kräftigem Absäuern werden die Leder unter den milden Bedingungen für vegetabilische Leder vakuumiert oder von der Fleischseite gepastet oder gespannt oder genagelt getrocknet.

Rezeptur 14: 1. Färbung von Vegetabiloberleder (Crust)[267]

Alle Angaben auf Trockengewicht

Broschur:	800 %	Wasser, 40°C	
	0,5 %	LEVAPON OL	60 Min.
		spülen bei 40°C	10 Min.
1. Färbung:	200 %	Wasser, 40°C	
	2 %	BAYKANOL Driver P	10 Min.
+	1-2 %	subst. Farbstoffe (Durchfärbung)	60 Min.
+	1-2 %	CORIPOL BZN / CUTISAN TMU / EULINOL CVA/W 1:5	30 Min.
+	1-2 %	Ameisensäure 85% 1:10	40 Min.
		spülen bei 40°C	10 Min.
2. Überfärbung mit Flüssig-Farbstoffen:	600 %	Wasser, 40°C	
	x %	LEVADERM flüssig Farbstoffe	20 Min.
+	x %	Ameisensäure 85%	10 Min.
		spülen kalt	
		Leder auf Bock	

2. Vegetabilleder (direkt)

Angaben auf Feuchtgewicht

Waschen

Färbung:	100 %	Wasser, 30-45°C	
	2 %	TANIGAN OS	30 Min.
+	1 %	BAYKANOL Driver P	10 Min.
+	x %	Farbstoff (subst. Farbstoffe für die Durchfärbung)	60 Min.
+	x %	Fettung (wie oben)	
+	x %	Ameisensäure 85%	30 Min.
		spülen	10 Min
		evtl. Überfärbung mit LEVADERM flüssig Farbstoffen wie oben, aber 100% Flotte Fertigstellung betriebsüblich.	

Dieses Verfahren kann auch dazu benützt werden, betriebsfremd erstellte *Crust-Leder* zu färben. Dabei ist die Deckung durch die Flüssigfarbstoffe in der zweiten Färbung leidlich geeignet, die unvermeidlichen Unterschiede gekaufter Ware einigermaßen auszugleichen.

4.2 Bleichen und Färben vegetabilisch gegerbter Schlangenhäute in schnell-laufenden Fässern[264].
Ohne besondere Vorkehrungen würden sich Schlangen in schnell-laufenden Fässern verkno-

ten, was sich natürlich färberisch katastrophal auswirken würde. Der Trick dieser Arbeitsweise ist es, die Schlangen bei der Bleiche, Neutralisation und Färbung in Trevira-Säcken einzusakken[268]. Diese Säcke können eine Abmessung von 60 x 35 cm haben und sollten mit 15 Schlangen bis 4 1/2 inch (= 11,5 cm Breite) bzw. 10 Schlangen bis zu 5 1/2 bis 6 inch (= 15,3 cm Breite) locker beschickt werden. Wichtig für den Erfolg dieser Arbeitsweise ist es, nicht zu alkalisch zu entgerben, weil sonst die Schlangen zu dunkel werden. Die Dosierung des Imprapell CO hängt von der Wirksamkeit der Entgerbung ab; unter Umständen muß zur Oxidation von nichtherausgelöstem Gerbstoff das Bleichmittel höher als in der Rezeptur dosiert werden.

Diese Bleiche ist auch im Zweibadverfahren mit Permanganat/Natriumhydrogensulfit durchführbar, jedoch ist dieses Vorgehen aggressiver als die Chloritbleiche; bei empfindlicher bzw. geschädigter Rohware sollen durch das Permanganat-Verfahren Verluste bis zu einem Drittel entstanden sein[269]. Für die Egalität der Färbung ist wichtig, die frisch gegerbten Reptilien unmittelbar nach der Gerbung genügend lange in 30–40°C warmem Wasser auszuwaschen. Wenn Durchfärbung gefordert wird, erreicht man diese mit substantiven Farbstoffen, die in einer zweiten Stufe mit Lederspezialfarbstoffen guten Aufbauvermögens gedeckt werden. Auch hier sind für gedeckte Färbungen ausgezeichneter Echtheit 1:2-Metallkomplexfarbstoffe, die eine Sulfogruppe enthalten und als Flüssigfarbstoffe konfektioniert sind, gut geeignet.

Rezeptur 15: Bleichen und Färben vegetabil gegerbter Schlangenhäute in schnell-laufenden Fässern[264]

Material:		Vegetabil gegerbte Whips oder Cobras. Angaben auf Trockengewicht.	
Faß:		8-10 Umdrehungen pro Minute	
Entgerbung:	2000 %	Wasser, 35°C	
	10 %	Borax	3 Std.
		über Nacht stehen lassen, spülen, einsacken in TREVIRA®-Säcke	
Bleiche:	3000 %	Wasser, 15-18°C	
	220 %	Kochsalz	
	15-20 %	Ameisensäure 85 %	10 Min.
	2 %	Formaldehyd 30%	1 Std.
	75 %	Imprapell CO	1 Std.
	50 %	Imprapell CO	1 Std.
	30 %	Imprapell CO	über Nacht
Im selben Bad +	5 %	Natriumsulfit	
+	3-5 %	Natriumthiosulfat	
+	10 %	Feliderm M	90 Min.
		Blößen aus den Säcken nehmen, ohne Spülen in die Gerbung eingeben.	
Gerbung:		Einbringen in eine 1,3–1,5° Bé starke Brühe eines synthetischen Weißgerbstoffes zum Angerben und Entsalzen, 1 Stunde in der Brühe belassen, dann spülen.	
		Einlegen in eine 15–20° Bé starke Brühe, 3-5 Stunden, dann Abtropfen lassen und in 30–40°C warmem Wasser spülen bzw. bis zum Weiterbearbeiten belassen.	

	Durch das Auswaschen des oberflächlich angelagerten Gerbstoffes stellt sich die Brühe auf 1,0–1,5°Bé ein und kann als Angerbebrühe für die nächste Partie verwendet werden.		
Färbung:	Häute sehr locker in TREVIRA-Säcke einbinden		
500 %	Wasser, 45°C		
1 %	Derminol-Licker ASN		
1 %	Derminol-Licker EMB		
1 %	Derminol-Pelzlicker HSP	15 Min.	
2-6 %	Coranil-Farbstoff	60 Min.	
1 %	Derminol-Licker ASN		
1 %	Derminol-Licker EMB		
1 %	Derminol-Pelzlicker HSP	30 Min.	
1-3 %	Ameisensäure 85%	30 Min.	

5. Die Färbung von Handschuhledern

Wohl kein Sektor der Lederfertigung ist so vielgestalig hinsichtlich verarbeiteter Rohware und Gerbarten, hinsichtlich Färbemethoden und schließlich hinsichtlich der Anforderungen an die resultierenden Leder wie Handschuhleder. Kompliziert wird dieser Sachverhalt noch dadurch, daß Gerbung und Färbung bei Handschuh-Arbeitsweisen fließend ineinander übergehen und daß in der Praxis eingeführte Verfahren oft unübersichtlich und für den Nicht-Eingesehenen nicht immer einleuchtend sind. Und doch unterliegen auch all' diese Prozesse der Handschuhlederfärbung den allgemeinen Gesetzmäßigkeiten der Lederfärbung, wie sie hier dargestellt wurden. Im Rahmen dieses Buches ist es nicht möglich, Gerbung und Färbung für Glacé, für waschbares Nappa aus nachchromiertem Glacé, für Gambir-Nappa, für Chrom-Nappa in all seinen Spielarten, für Handschuhleder aus entgerbten Ostindern und für waschbares Handschuhleder in Sämisch darzustellen; aber anhand von exemplarischen Arbeitsweisen wird versucht, Beispiele der Anwendung unserer bisherigen Betrachtungsweise auch für dieses komplexe Gebiet zu geben.

5.1 Klassische Faßfärbung von zwischengetrocknetem Chromnappa in Dunkelbraun[270].

Die folgende Arbeitsweise stammt aus Frankreich, und nach ihr wurden über viele Jahre aus spanischen Lammfellen nachgegerbte Chromnappaleder erfolgreich hergestellt. Die Lammfelle wurden, um eine hochwertige Wolle zu gewinnen, enzymatisch geäschert und enthaart. Nach einem anschließenden Weißkalkäscher wurden die schneeweißen Blößen in einem Gleichgewichtspickel mit Schwefelsäure über Nacht behandelt (End-pH-Wert 4). Anschließend wurden in Salzlacke die Blößen mit Petroleum (bis zu 22,5%) und Emulgator (bis zu 2%) entfettet. Gegerbt wurde mit 10% CHROMOSAL B in verkürzter Flotte und ohne Abstumpfen. Nach sieben Stunden Gerbung wurde 24 Stunden auf Bock geschlagen. Vor der Nachgerbung wurden die Leder mit leicht angesäuertem Wasser solange gewaschen, bis kein Chrom mehr in das Waschwasser ging. Dann wurde mit Gambir und Sumach und einer Spur eines Bleichsyntans, bei einem Angebot von insgesamt 5% Ware, nachgegerbt und vor der Fettung knapp mit maskierenden Salzen organischer Säuren neutralisiert. Wegen der Gefahr einer rötlichen Verfärbung der Nachgerbung durfte der pH-Wert der Neutralisation nicht zu hoch laufen.

Anschließend wurde mit ca. 6% Reinfett an füllenden und weichmachenden Speziallickern für Handschuhleder gefettet. Schließlich wurde ohne Spannung getrocknet, 2–3 Tage auf Stapel gelegt, gestollt, beschnitten, fertig gemacht, evtl. geschliffen und das Trockengewicht festgestellt. Jetzt wurde sortiert: in narben- oder fleischseitenbeschädigte Leder und in narbenreine Ware; letztere wurden auf helle, mittlere und dunkle Töne verteilt. Neuralgische Punkte der bisherigen Arbeitsweise im Hinblick auf egale Färbungen sind, nachdem die Blößen durch Enzymäscher einwandfrei anfielen, die Entfettung und die Chromgerbung. Die Entfettung mit Petroleum ist heute aus ökologischen Gründen ziemlich schwierig, aber immerhin preiswert und wirkungsvoll. Es bleibt zu überlegen, ob man die Entfettung nicht nach der Entkälkung führen sollte[271]. Man erreicht nämlich dadurch z. B. aus Neuseeland-Wollschafen mit 27% Naturfettgehalt bei 35°C in 50% Flotte mit 6% Alkylpolyglykolether und einer Laufzeit von 90 Minuten, anschließendem zweimaligen Waschen bei 37°C mit je 1% des obigen Produktes in je einer Viertelstunde und endlich folgendem 10minütigem Spülen bei 35°C eine Reduktion des Fettgehaltes auf 7%: Einen 75%igen Entfettungseffekt also. Weiter: Die Gleichmäßigkeit der Verteilung des Chromgerbstoffes durch Auswaschen zu realisieren, ist unter heutigen Voraussetzungen wenig attraktiv; zumal man mit maskiertem selbstabstumpfendem Chromgerbstoff ein geringeres Angebot bei hellerer Farbe und gleichmäßigerer Chromverteilung realisieren kann.

Rezeptur 16: Klassische Faßfärbung von zwischengetrockneten Chromnappa in Dunkelbraun[270]

Partiegröße:			30 Dutzend spanischer Chromlamm. Angaben auf Trockengewicht.	
Broschur:		600 %	Wasser, 50°C	30 Min.
	+	3 %	Oxalsäure	30 Min.
			Flotte weg	
		600 %	Wasser kalt	30 Min.
			Flotte weg	
		600 %	Wasser, 50°C	
		5 %	Ammoniak techn.	
		5 %	Tetrapol A III	
		0,25 %	Cyclanon WA Paste	30 Min.
			Flotte weg	
Waschen:		600 %	Wasser, 50°C	30 Min.
			Flotte weg	
1. Färbung:		600 %	Wasser, 30°C	
		0,25 %	Ameisensäure technisch langsam zugeben	
		10 %	Gambir, gemahlen	
		2,5 %	Blauholz	
		2,5 %	Gelbholz	
		2,5 %	Rotholz	
		0,5 %	Kaliumbichromat	
		2 %	Titankaliumoxalt	30 Min.
			Flotte weg	
Waschen:		600 %	Wasser, 50°C	15 Min.
			Flotte weg	

2. Färbung:	600	%	Wasser, 50°C	
	1,5	%	Ameisensäure technisch	5 Min.
	1	%	Lederbraun A	
	1	%	Flavophosphin GGO	
	0,25	%	Neublau D 120	30 Min.
1. Nachsatz:	0,25	%	Lederbraun A	
	1	%	Flavophosphin GGO	10 Min.
2. Nachsatz:	0,25	%	Neublau D 120	
	0,05	%	Lederbraun A	10 Min.
3. Nachsatz:	0,3	%	Flavophosphin GGO	
	0,04	%	Neublau D 120	
	0,05	%	Kolloidkaolin	10 Min.
			Flotte weg	
Waschen:	600	%	Wasser, 20°C	
	0,05	%	Ameisensäure technisch	15 Min.
			Flotte weg.	

Langsam trocknen, fertigmachen, polieren auf dem Rad.
Die Färbung wirkt so gedeckt, daß sich eine Zurichtung erübrigt.

Wichtig für den färberischen Erfolg ist natürlich die Rehydratisierung der zwischengetrockneten Leder: In der vorliegenden Rezeptur werden die Leder in der ersten Phase oberflächlich etwas entgerbt und gleichzeitig gebleicht. Die hohe Ammoniak-Dosierung in der zweiten Phase dient natürlich zum großen Teil der Neutralisation des Säureangebots der ersten Phase. Zu hohe Ammoniak-Dosierung sollte man aber vermeiden, nicht nur weil sie die Leder flach und blechig macht, den Zug nimmt, sondern auch weil die Färbungen dann leer und stumpf anfallen. Am besten wäre, den Ammoniak mit Automatik auf pH 6 zu dosieren. Die erste Färbung bringt mit Holzfarben die Durchfärbung und mit der Beize des Kaliumbichromats und des Titankaliumoxalats die notwendigen Echtheiten. Die Färbung selbst ist wenig brillant, ja stumpf. Brillanz und einen pigmentartigen Deckungseffekt bringt die zweite Färbung, die sich mit den drei Nachsätzen stufenartig an die Endnuance herantastet. Die Holzfarben bilden mit den kationischen Farbstoffen einen Farblack. Das Kolloid-Kaolin dient als Poliermittel bei der späteren Trockenzurichtung auf der Polierwalze.

5.2 Moderne Arbeitsweise für Lamm-Nappa als Handschuhleder[263].

Die folgende Rezeptur einer ziemlich hellen Nuance soll ein Beispiel für eine moderne Handschuhleder-Arbeitsweise sein. Ein gravierender Nachteil der zuletzt geschilderten klassischen Arbeitsweise ist deren durch den Gambir bedingte ziemlich dunkle Eigenfarbe des Leders und dessen Oxidationsempfindlichkeit bei alkalischer Reaktion. Außerdem sind helle Nuancen, wie z. B. ein Silbergrau oder gar empfindliche Pastelltöne, auf diesem klassischen Leder nur mit Schwierigkeiten bzw. überhaupt nicht darstellbar. Die folgende Rezeptur 17 macht das Leder bedeutend heller, was die Einstellung beliebiger Feinnuancen sehr erleichtert. Die Mitverwendung von Gambir als tragendes Nachgerbemittel bei der klassischen Arbeitsweise gibt auf der anderen Seite dem Leder einen molligen Griff, der bei Alleinverwendung von synthetischen Gerbstoffen nicht erreichbar ist. Die Verlackung von Farbholzextrakten mit basischen Farbstoffen bringt nach dem Polieren eine Deckung, die mit der einfachen Färbung der modernen

Rezeptur nicht zugänglich ist. Dafür dürfte das Echtheitsniveau der zweiten Färbung besser sein; allerdings dunkelt die klassische Färbung im Licht nach, was den Verlust an Farbstärke durch Belichtung einige Zeit lang bei geeigneten Nuancen ausgleichen kann.

Rezeptur 17: Lammnappa für Handschuhe[263]

Material:			Wet blues aus französischen Lammfellen, Falzstärke 0,7 mm	
Methode:			Tannesco H, Sellasol 4162, Sellasol HF.	
			Die Angaben beziehen sich auf das Falzgewicht.	
Waschen:	300	%	Wasser, 30°C	
	0,3	%	Essigsäure 80%	10 Min.
Nachgerben:	200	%	Wasser, 40°C	
	6	%	Tannesco H	90 Min.
Waschen:	500	%	Wasser, 30°C	5 Min.
Neutralisieren:	300	%	Wasser, 30°C	
	2	%	Sellasol 4162	10 Min.
	0,5	%	Na-Bikarbonat	5 Min.
	2	%	Sellasol HF	20 Min.
	1,5	%	Na-Bikarbonat	50 Min.
Waschen:	500	%	Wasser, 40°C	5 Min.
Fetten:	200	%	Wasser, 50°C	
	6	%	Invasol SD	
	6	%	Invasol MO	60 Min.
			leicht ausrecken, hängend trocknen	
			Die nachfolgenden Angaben beziehen sich auf das Trockengewicht.	
Broschieren:	1000	%	Wasser, 50°C	
	2	%	Ammoniak 24%	
	2	%	Tinovetin BL	60 Min.
Färben/Nachfetten:	1000	%	Wasser, 45°C	
(Modeton: LINEN)	2	%	Ammoniak 24%	5 Min.
	4	%	Sellasol TD	5 Min.
	0,5	%	Sellaecht Orange 2GC	
	0,2	%	Sellacron Braun SL	30 Min.
	4	%	Invasol SD	
	4	%	Invasol MO	40 Min.
	1	%	Ameisensäure 85%	30 Min.
			leicht ausrecken, trocknen, konditionieren, stollen, ablüften, ziehen, evtl. polieren auf Plüschrad	

6. Die Färbung von Rauhledern

In der Rauhlederproduktion hat sich in den letzten Jahrzehnten im Zusammenhang mit der Rationalisierung der Lederfertigung ein ganz entscheidender Umbruch vollzogen: Während früher Rauhleder von der Wasserwerkstatt aus in spezifischen Arbeitsgängen Schritt für Schritt aufgebaut werden konnten, wird heute die überwiegende Mehrzahl dieser Leder aus Wet blues hergestellt, deren Vorarbeiten auf ein der Lederart Velours oft völlig entgegengesetztes Eigenschaftsbild ausgerichtet waren. Das bedeutet für die Veloursproduktion teilweise ein völliges Umdenken. Bei dem Arbeiten eines Velours von der Wasserwerkstatt aus weiß der Praktiker, daß alle Maßnahmen, die das Maß verringern wie z. B. ein scharfer Äscher, schnelles Trocknen bei hohen Temperaturen und kräftiger Luftumwälzung, eine in der Endphase heiße Chromgerbung die Dichte des Plüsches verbessern. Auf der anderen Seite läßt ein milder Äscher, besonders wenn dieser mit einer schwach maskierten Chromgerbung kombiniert wird, bei Ledern aus norddeutschen Kälbern die Adrigkeit weniger stark in Erscheinung treten als dies bei einem scharfen Äscher der Fall wäre[272]. Zusätzlich ist ein wesentliches Element zur Eliminierung der Adrigkeit, wenn möglich, in der richtigen Tiefe der Blöße beim Spalten bzw. beim Falzen den Schnitt zu führen, so daß das parallel zur Hautoberfläche liegende Aderngeflecht geöffnet wird. Eine andere Regel besagt, daß alle Maßnahmen, die die Reißfestigkeit abbauen, den Schliff gleichmäßiger und kürzer werden lassen. Hier sind die Wirkungen der verschiedenen mineralischen Nachgerbungen zu suchen, die in der Reihenfolge Chrom, Mischgerbstoff Aluminium/Chrom, Aluminium und Zirkon einen immer kürzeren Schliff ergeben. Weißkalkäscher und kräftige Fettungen mit Mineralölanteilen vor dem Schleifen bewirken beim Schleifen lange Fasern bishin zu sog. »Schreibeffekten«. Schließlich ist für das Anschmutzen und für das sog. Specken, d. h. ein Verkleben des Velourplüsches an Stellen großer Faserdichte zu flächenhaften Glanzstellen, die Hydrophilie des Leders von großer Bedeutung; je hydrophiler ein Veloursleder ist, desto weniger neigt es zum Specken bzw. Anschmutzen. Gesteigerte Hydrophilie entsteht durch kräftigen Faseraufschluß im Äscher, durch eine vegetabilisch/synthetische Nachgerbung; durch eine trockene Fettung mit stark sulfonierten Lickern und durch sämtliche Emulgatorgaben im Ablauf einer Velours-Arbeitsweise. Hydrophober Charakter wird verstärkt durch eine oberflächliche Fettung mit hohen Mineral- bzw. Neutralölanteilen in Verbindung mit einer oberflächlichen Einlagerung von Aluminiumgerbstoff bei der Nachgerbung.

6.1 Waschbare Bekleidungsvelours aus Mastkalb oder Ziege[273]

Tatsächlich werden Gesamtarbeitsweisen aus dem Haar bei Velours heute nur noch bei hochwertigen Spezialartikeln praktiziert, wie z. B. für waschbare Hemdenvelours, die nicht nur tuchartig weich, sondern auch von wattiger Leichtigkeit, ausgezeichneter Lichtechtheit (mindestens 4) und Waschbeständigkeit in der Neutralwäsche sein müssen. Die folgende Gesamtarbeitsweise für Hemdenvelours wird in der Praxis schon wegen der teuren Rohware wohl nur selten gefahren werden können. Sie vereinigt aber beispielhaft alle Elemente einer Velourstechnologie für höchste Qualität, weshalb sie als Vorlage für Rezepturausarbeitungen, auch für weniger anspruchsvolle Velourstypen, in den einschlägigen Rezepturgängen dienen kann

Rezeptur 18: Waschbare Bekleidungsvelours aus Mastkalb und Ziege[273]

Prozentangaben auf Salzgewicht
Schmutzweiche:
(Faß 2–4 U/Min.):   200 %   Wasser, 25°C   60 Min. ruhen
                                                                            30 Min. bewegen
                                Flotte ablassen, strecken
Hauptweiche: 200 %   Wasser, 25°C
                        0,5 %   Natriumsulfhydrat 95%ig   120 Min. bewegen
                        0,2 %   BAYMOL A (1:5)   60 Min. ruhen
                                                                            60 Min. bewegen
Äscher (als Zusatz):   0,5 %   Natriumsulfhydrat 95%ig
                        3 %   Kalkhydrat   30 Min. bewegen
                                                                            60 Min. ruhen
            Zusatz   1 %   Schwefelnatrium 60/62%   90 Min. bewegen
                                dann stündlich   10 Min. bewegen
                                Dauer: 16–18 Std.
                                Flotte ablassen.
Waschen: 200 %   Wasser, 25°C   15 Min.
                                Waschprozeß einmal wiederholen
Nachäscher: 200 %   Wasser, 25°C
                        3 %   Kalkhydrat   15 Min. bewegen
                        0,2 %   BAYMOL A (1:5)   120 Min. ruhen
                                                                            15 Min. bewegen
                                dann stündlich 5 Min. bewegen
                                Dauer: 3 Tage
                                Spülen bei 25°C   ca. 20 Min.
                                Entfleischen, bei Mastkalb Köpfe egalisieren, evtl. spalten, evtl. streichen.
                                Prozentangaben auf Blößengewicht
                                Spülen bei 35°C   10 Min.
Entkälkung
und Beize: 50 %   Wasser, 35°C
                        1 %   Ammoniumchlorid
                        0,3 %   Natriumbisulfit
                        1,3 %   Beizmittel (1500 tryptische Einheiten)
                        0,2 %   BAYMOL A (1:5)   90 Min.
                                Schnitt mit Phenolphtalein:
                                farblos
                                Spülen bei 25°C   10 Min.
Pickel: 50 %   Wasser, 25°C
                        7 %   Kochsalz
                                6-7 Bé   10 Min.
            Zusatz   1 %   Ameisensäure 85%ig (1:5)   10 Min.
                                Flotten pH: 3,5

Vorgerbung:	Zusatz	7 %	Glutaraldehyd 25%ig (1:1 mit Wasser von 30°C verdünnen)	90 Min.
Gerbung:	Zusatz	7 % 0,1 %	CHROMOSAL B PREVENTOL L (1:3)	10 Min.
	Zusatz	2 %	Coripol DX (1:4)	20 Min.
	Zusatz	1 %	Soda calc. (1:20) in 3 Anteilen à zusätzliche Laufzeit über Nacht stündlich	15 Min. 6 Std. 5 Min. bewegen
			am nächsten Morgen	60 Min. bewegen
			Leder 1-2 Tage auf Bock, abwelken, falzen auf 0,6-1,0 mm Prozentangaben auf Falzgewicht	
Waschen:		200 % 0,5 %	Wasser, 50°C BAYMOL A (1:5) Spülen auf 50–60°C	30 Min. 10 Min.
Nachgerbung:		50 % 2 %	Wasser, 50°C Coripol DXF (1:4)	20 Min.
	Zusatz	3 %	BLANCOROL AC	30 Min.
	Zusatz	3 %	CHROMOSAL B Flotten pH: 3,8 Spülen bei ca. 35°C	60 Min. 10 Min.
Neutralisation:		100 % 1,2 % 1,5 %	Wasser, 35°C Natriumformiat Natriumbicarbonat Flotten pH: 5,8 Schnitt mit Bromkresolgrün: gleichmäßig blau Spülen auf 50°C	60 Min. 10 Min.
Fettung:		100 % 1,5 % 3 % 2 %	Wasser, 50°C Coripol DXF ⎫ Coripol BZN ⎬ 1:4 emulgiert Coripol ICA ⎭ Leder kalt abspülen, auf Bock, hängend trocknen, klimatisieren, millen, spannen, schleifen: 2 Quartiere mit 220er Papier 4 Quartiere mit 400er Papier, entstauben. Bei Ziegenleder vorher Narben abschleifen mit 220er Papier. Prozentangaben auf Trockengewicht	60 Min.
Broschur:		1000 % 2 %	Wasser, 60°C Ammoniak techn. (1:10) Leder evtl. über Nacht in der Flotte stehen lassen. Spülen bei 20°C	120 Min. 10 Min.
Färbung:		200 % 2 %	Wasser, 20°C Ammoniak techn. (1:10)	5 Min.
	Zusatz	0-2 % x %	BAYKANOL SL ungelöst Farbstoff, ungelöst	40 Min.

	Zusatz	500	%	Wasser, 70-80°C	5 Min.
	Zusatz	1,5	%	Coripol DXF	
		4	%	Coripol BZN 1:4 emulgiert	
		2	%	Coripol ICA	40 Min.
	Zusatz	x	%	Ameisensäure 85%ig (1:10) gleiche Menge wie Farbstoff, bzw. pH 3,5 anstreben	30 Min.
	Zusatz	x/2	%	Farbstoff (heiß gelöst)	30 Min.
	Zusatz	x/2	%	Ameisensäure 85%ig (1:10) gleiche Menge wie Farbstoff, bzw. pH 3,5 anstreben	30 Min.
Zusatz		1	%	Coripol BZN (1:4) Flotte ablassen	20 Min.
Nachbehandlung: (Glanz und Schreibeffekt)		600	%	Wasser, 60°C	
		2	%	Persiderm SI	
		2	%	Persoftal SWA Leder ohne zu spülen auf Bock, hängend trocknen, klimatisieren, millen, spannen.	20 Min.

Geeignet sind für diesen Artikel nur hochwertige Rohwaren, die allerdings flach, nicht zu riefig sein sollten. Die Schmutz- und Hauptweiche ist mit 5 Stunden normal; durch das alkalische Anschärfen mit Natriumsulfhydrat wird die Weiche wirksamer. Eine verlängerte Weiche würde den Schliff in den Flämen wolliger machen. Der in der Hauptweiche fortgeführte relativ kurz gehaltene Äscher ist mit seiner Kombination von Schwefelnatrium und Sulfhydrat 1:1 milde und wenig schwellend, was unter der Voraussetzung, daß die Rohware einwandfrei konserviert war, die Ausbildung von Adern dämpft. Der sich nun anschließende dreitägige Weißkalkäscher ist für die wattige Weichheit, den langfaserigen Schliff, die Ausbildung von Schreibeffekten bei Vermeidung von Speckigkeit in den dichten Partien, den Weißgehalt des resultierenden Leders und schließlich für die Brillanz der Nuance wichtig. Das nun folgende völlige Egalisieren der Dicke ist eine entscheidende Voraussetzung für die Gleichmäßigkeit des Schliffs und die Ausbildung eines einheitlichen Plüsches bis in die Flämen. Ideal für einen schönen Velour wäre es, an dieser Stelle nicht nur den Kopf zu egalisieren, sondern einen Schnitt über die ganze Fläche der Fleischseite zu führen, was in Anbetracht der Endstärke dieser Leder von 0,6–0,8 mm sich tatsächlich in vielen Fällen realisieren läßt. Die nun folgende Entkälkung mit Ammoniumchlorid ist bei der geringen Spaltstärke durchgreifend; Der kleine Prozentsatz Natriumhydrogensulfit dient der Eliminierung von entstehendem Schwefelwasserstoff und beugt damit der Entstehung dunkler Sulfidflecken mit Schwermetallverunreinigtem Betriebswasser vor. Die 0,2% eines stark wirkenden nichtionogenen Emulgators dienen der Fettverteilung, dadurch tragen sie dazu bei, einer späteren Speckigkeit vorzubeugen. Meist genügt diese Behandlung nicht, dann ist eine Entfettung wie unter s. S. 278 vorzuschlagen. Der Kurzpickel mit einem End-pH von 3,5 dient dazu, die folgende Vorgerbung mit Glutaraldehyd durchgreifender zu machen und in ihre Adstringenz zu dämpfen. Diese Vorgerbung mit dem Aldehyd ist zusammen mit dem Weißkalkäscher entscheidend wichtig für die tuchartige Weichheit und die sog. »Wattigkeit« des Hemdenvelours. Eine Steigerung des Glutaraldehyd-Angebotes unterstreicht diesen Charakter, verstärkt aber gleichzeitig den leichten Gelbstich, den die Blöße nunmehr angenommen hat. Das niedrige Chromangebot mit nur etwa 1,8% Chromoxid soll die Zügigkeit des Leders erhalten.

Die 2% synthetisches, elektrolytstabiles Fettungsmittel in der Chromgerbung dienen einer möglichst gleichmäßigen Durchfettung und damit einem weichen Griff ohne härtlichen Grat. Wünscht man Schreibeffekte, so substituiert man in diesen Licker bis zu 0,5% mit Neutralöl. Der geringe Prozentsatz an Konservierungsmittel verhindert einen Schimmelbefall des Halbfabrikates, das nach der Gerbung doch längere Zeit – ein bis zwei Tage – zur völligen Chrombindung abgelagert wird. Bei diesem Ablagern sollen die Häute glatt aufeinanderliegen, denn Luftblasen zeichnen sich später färberisch ab. Das Falzen muß eine sehr gleichmäßige Dicke über die ganze Haut ergeben als Voraussetzung für den gleichmäßigen Schliff. Um diese gleichmäßige Falzstärke zu erreichen ist es notwendig, die Leder mit sehr ausgeglichenem Feuchtigkeitsgehalt vor die Falzmaschine zu bringen. Zu feucht, aber auch zu trocken gefalzte Leder weisen am Endfabrikat unterschiedliche Lederdicken auf. Es muß auch berücksichtigt werden, daß die fester strukturierten Mittelpartien sich nach dem Falzen »erholen« und an dem getrockneten Leder dann dicker sind; man wird deshalb die einschlägige Mittelpartie einmal gesondert auf der schmalen Maschine durchlaufen lassen. Wenn man mit möglichst wenigen Arbeitsgängen ein Maximum an Abhub anstrebt, wird man schlechtere Ergebnisse haben als wenn man die Endfalzstärke von etwa 0,8 mm in mehreren Intervallen realisiert. Denn bei der erstgenannten, harten Arbeitsweise »verbrennen« bzw. verhornen die Faserspitzen, was sich färberisch negativ bis zur partiellen Reservierung auswirken kann. Diese Gefahr der Verhornung ist beim Trockenspalten und Trockenfalzen vorgegerbter Ware besonders gegeben. Für unsere Hemdenvelours sollte beim Falzen als letzter Arbeitsgang über die ganze Fläche 1 mm abgefalzt werden; so erreicht man für diesen hochwertigen Artikel den notwendig optimal gleichmäßigen Plüsch. Die nun folgende Nachgerbung beeinflußt die helle Farbe des Leders, den langen oder kurzen Schliff, den vollen Griff und die Fülle und Brillanz der Färbung. Die Chromnachgerbung ergibt dunklere, weiche Leder mit längerer Faser; die Chrom/Aluminium-Nachgerbung vermittelt hellere Leder mit etwas kürzerer Faser und größerer Brillanz der Färbung. Die reine Aluminium-Nachgerbung macht die hellsten Leder, den kürzesten Plüsch bei hoher Brillanz und Ausgiebigkeit der Färbung, sitzt aber oft sehr oberflächlich, neigt bei Überdosierung zu Speckigkeit in den dichter strukturierten Partien und ist grifflich härter. Die Nachgerbung mit Zirkon-Gerbstoff ist von geringerem Weißgehalt, aber ähnlicher Brillanz wie die Aluminium-Nachgerbung, im Plüsch noch kürzer, im Griff aber viel fester, wenn man nicht mit einem kationischen Licker in der Nachgerbung diese Neigung zur Festigkeit kompensiert. Die besondere Eigenschaft der Zirkon-Gerbung und -Nachgerbung ist, daß zu zügige Rohwaren substanzreicher und weniger elastisch werden. Wegen dem großen Säurevorrat zirkongegerbter Leder müssen diese sehr lange, durchgreifend und sehr kräftig neutralisiert werden. Synthetische Gerbstoffe und Chromsyntan-Gemischkomplexe bringen zwar den höchsten Weißgehalt und einen sehr gleichmäßigen Schliff, sie machen auch einen trockenen und warmen Griff, aber sie sind wegen ihrer reservierenden Wirkung auf die Färbung nur für Pastellnuancen einsetzbar.

Durch die Neutralisation wird die Ein- bzw. Durchfärbung und der Sitz der anschließenden Fettung gesteuert. Die Durchfärbung wird verbessert, wenn man Natriumformiat oder -acetat vorlaufen läßt und anschließend mit Bicarbonat den Flotten-pH zwischen 6 und 7 einstellt. Die nun folgende Fettung ist keineswegs trocken. Sie ergibt infolgedessen Fülle, lange Faser beim Schliff und einen gemäßigten Schreibeffekt. Wenn man vor der Aufgabe steht, am Quadratmeter-Gewicht eines Bekleidungsvelours einzusparen, so ist hier mit einer Reduktion der Fettung und beim Falzen durch eine geringere Dicke eine Möglichkeit gegeben. Dabei ist die Verringerung der Dicke durch Falzen am wirksamsten, denn 0,1 mm an der Dicke machen mindestens 10% an Gewicht aus. Die nun folgende Konfektionierung des Velours für das Zwischenlager mit hängendem Trocknen, Klimatisieren, nicht zu lange Millen, Glattlegen durch Spannen und schließlich Schleifen ergibt das griffigste und weichste Veloursleder mit dem egalsten Schliff. Diese teure, arbeitsintensive Alternative ist aber heute nur bei hochwertigen Qualitätsartikeln kalkulatorisch tragbar. Im Interesse des schönen Plüsches muß man darauf achten, keinesfalls zu lange zu millen und nicht kräftig zu spannen. Pasting- bzw. Vakuumtrocknung sind schneller und billiger als die Hängetrocknung. Geht man beim Pasten auf die Veloursseite, erhält man einen besonders kurzen Schliff beim Abschleifen des Klebers; wenn man Velours mit langer Faser anstrebt, muß man die Rückseite kleben. Bei der Pastingtrocknung werden die Leder bereits mit 20–25% Feuchtigkeit von der Platte genommen und ohne Spannen geschliffen. Vakuumgetrocknete Velours sind durch den Druck bei der Trocknung so sehr gestaucht, daß sie durch ein Millen vor dem Schleifen aufgelockert werden müssen, was zum Glattlegen ein Spannen zwangsläufig zur Folge hat. Qualitativ liegen vakuumgetrocknete Velours zwischen Hängetrocknung und Pasting. Die erste Voraussetzung eines egalen Schliffes, nämlich die gleichmäßige Dicke über die ganze Fläche, muß nun erreicht sein. Es lohnt sich an dieser Stelle, diesen Parameter immer wieder einmal stichprobenartig zu überprüfen. Bei hartnaturigen Ziegen muß der Grat der Rückenlinie vor dem eigentlichen Schleifen mit 220er Schleifpapier egalisiert werden. Das Vorschleifen führt man über zwei Quartiere – Kopf/Schwanz Schwanz/Kopf –, mit 220er Papier, das Feinschleifen mit 380er bis 400er Papier über 4 Quartiere – Kopf/Schwanz, Seite/Mitte, Seite/Mitte, Schwanz/Kopf –.

Je stärker die Leder vor dem Schleifen ausgetrocknet sind, desto kürzer ist der Schliff, was soweit gehen kann, daß an dichtstrukturierten Kernteilen der Plüsch völlig abrasiert ist und eine Art von Speckigkeit entsteht. Leder, bei denen ein Schreibeffekt angestrebt wird, sollten bei höheren Feuchtigkeitsgehalten geschliffen werden, was zu einem langfaserigen Plüsch führt. Auch beim Feuchtschleifen beobachtet man, wenn oberflächlich gefettete Leder zu feucht geschliffen werden, manchmal eine Neigung zur Speckigkeit. Dann müssen die Leder dem Schliff trockener zugeführt werden. Es wird darauf hingewiesen, daß Leder, die mit einem Schreibeffekt gewünscht werden, diesen bereits nach dem Schliff aufweisen sollten.

Die vollkommene Rehydratisierung ist sichergestellt und erleichtert durch die kleinen Emulgatorgaben in Weiche, Nachäscher, Entkälkung, evtl. Entfettung, in der Waschflotte nach der Chromgerbung und durch eine reichliche Ammoniak-Dosierung in das heiße Broschurbad.

Wenn man die Leder über Nacht im Broschurbad beläßt, sollte man automatisch jede Stunde 5 Minuten bewegen. Um die Durchfärbung möglichst schnell zu erreichen, wird man bei tiefer Temperatur und mit kurzer Flotte (auf Trockengewicht!) in die Färbung eintreten. Die Dosierung des Ammoniak in das Färbebad wird man mit Vorsicht handhaben; denn je höher das Ammoniak-Angebot ist, desto leerer fällt die Nuance an – irreparabel durch jedes spätere stark saure Überfärben. Die Auswahl von Veloursfarbstoffen ist im Kapitel IX, S. 245 ausführlich behandelt. Für weniger hohe Ansprüche und tiefe Nuancen sind säurebeständige

Direktfarbstoffe und saure Walkfarbstoffe wegen ihrer glatten Durchfärbung auf zwischengetrockneten Ledern bestens bewährt. Für Qualitätsleder, wie in dem vorliegenden Fall, kommen nur 1:2-Metallkomplexfarbstoffe in Frage; die schwierige Durchfärbung dieser Farbstoffklasse wird durch Kurzflottenverfahren und Hilfsmittel ähnlich Nr. 18 (Tab. 29, S. 144) einigermaßen gemeistert. Vom Artikel her werden im vorliegenden Fall Pastelltöne, besonders im Hinblick auf ausreichende Wasch- und Schweißechtheit, am empfehlenswertesten sein. Man wird Feintöne nach Möglichkeit nur mit einem Farbstoff des Types A (s. S. 243) einstellen und die geringe Farbstoffmenge mit 5% BAYKANOL SL (Nr. 8, Tab. 29), gemischt als Pulver, ins Faß geben. Auch bei Pastellnuancen von Velours ist auf gleiche Laufzeiten für die Färbung und die folgenden nassen Arbeitsgänge zu achten. Der Nachsatz von 500% heißem Wasser hebt die Temperatur in der Gesamtflotte, leitet damit eine sattere Oberflächenfärbung ein und schafft gleichzeitig die Voraussetzung für die nun folgende Fettung. Mit der Fettung ist dann die Färbung abgeschlossen, es sei denn, man gibt noch einen Aufsatz einer Silikonemulsion zur Entwicklung eines Schreibeffektes. Für tiefere Nuancen wird in zwei Stufen gefärbt, wobei man die zweite Farbstoffdosierung von $\frac{x}{2}$ bis 1 1/2 x führen kann, je nach Aufziehverhalten des Farbstoffangebotes. Das eine Prozent des nachgesetzten mittelsulfonierten Lickers zieht im abgesäuerten Bad oberflächlicher auf, was der Nuance des Velours zusätzliche Brillanz und Farbfülle gibt. Wenn die Temperatur im Bad noch über 50°C liegt, kann man die nun folgende Silikon-Emulsion mit dem kationischen Hilfsmittel in dasselbe Bad nachsetzen; ist jedoch die Temperatur abgesunken, gibt man frische Flotte von 60°C.

Mit diesem gewiß nicht einfachen Rezepturbeispiel sind die wesentlichen Einflußgrößen der Veloursfärbung abgehandelt und erläutert, die auch für die folgenden Varianten dieser Lederart die beschriebenen Wirkungen haben.

6.2 Schuhvelours aus Wet Blue[267]. Bei gekauften Wet Blue-Spalten muß man davon ausgehen, daß die einzelnen Lose Halbfabrikate verschiedener Provenienz, unterschiedlichen Chromgehalts, unterschiedlicher Antrocknung und u. U. sogar unterschiedlichen Alters enthalten. Das große Problem bei der Verarbeitung von Wet Blues ist deshalb, das Halbfabrikat hinsichtlich Farbe, Säureinhalt, Hydratationszustand und Affinität zu Hilfsmittel und Farbstoff zu vereinheitlichen. Eine einfache Arbeitsweise zur Rehydratisierung von Wet Blues gibt die Rezeptur 19, die auch gleichzeitig die Chromfarbe ausgleicht.

Rezeptur 19: Rehydratisierung von angetrockneten Wet Blue-Spalten[273]

300	%	Wasser, 60°C	
2	%	Cismollan BH oder ein anderes alkalisch eingestelltes Weichmittel.	
		60–90 Minuten im Faß laufen lassen; in extremen Fällen bis 5 Stunden.	
		Flotte weg	
300	%	Wasser, 60°C	15 Min.
		Flotte weg	

Rezeptur 19a: Rehydratisierung und Entfettung von Wet Blue-Spalten unter gleichzeitiger Chrombleiche[273]

		ohne Flotte	
3–4	%	BAYMOL D oder eine andere lösungsmittelhaltige Netzmittelzubereitung	40–90 Min.
+100–300	%	Wasser, 60°C	
1	%	Oxalsäure	15 Min.
+ 0,5	%	BAYMOL A oder ein anderer stark wirksamer nichtionogener Emulgator	30 Min.
		Flotte weg	
300	%	Wasser, 50°C	15 Min.
		Flotte weg	

Die eigentliche Vereinheitlichung des Halbfabrikates bringen dann das Falzen, die Entfettung, die Nachgerbung und die Neutralisation. Das Falzen kann erst nach der Rehydratisierung erfolgen, weil ja ein Falzen mit unterschiedlichem Feuchtigkeitsgehalt der Spalte zu unterschiedlichen Dicken führen würde. Die broschierten Wet Blues nach den Rezepturen 19 werden abgewelkt. Dicke Schuhspalte egalisiert man von der Fleischseite her; man sollte aber von der Schnittseite her – also der künftigen Veloursseite – mindestens 0,1–0,2 mm abnehmen. Außerdem müssen bei allen Veloursspalten auf jeden Fall die Blutadern der Fleischseite abgefalzt sein; denn sonst zeichnen sich dieselben beim Schleifen ab und machen die Velours dadurch unansehnlich. Dünne Leder unter 1,2 mm – also Bekleidungsvelours aus Spaltleder – werden mit Ausnahme des Aufschneidens der Adern auf der Fleischseite – von der Veloursseite her auf Dicke gebracht, weil ein Abfalzen der Unterhaut nicht tragbare Reißfestigkeitsverluste des Endfabrikates zur Folge hätte. Bei dünnen, empfindlichen Ledern sollte man ein Trockenspalten bzw. Trockenfalzen als weniger beanspruchend in Betracht ziehen.

Der Abhub der Fleischseite wirkt sich auf die Verminderung des Fettgehaltes sicher günstig aus und öffnet das Wet Blue. Trotzdem wird man schon im Interesse der Vereinheitlichung um eine Entfettung, sei es mit oder ohne Oxalsäure, nicht herumkommen (nach Rez. 19a). Man erreicht so zumindest eine gleichmäßigere Verteilung des Naturfettes und schafft eine einheitlichere Benetzbarkeit als Voraussetzung einer egaleren Einlagerung aller Rezepturmittel der folgenden Prozesse.

Die sich nun anschließende Nachgerbung ist die Schlüsseltechnologie für die Vereinheitlichung des Materials im Hinblick auf Farbe, Schliff und Färbbarkeit und ist gleichzeitig Voraussetzung für durchgriffige Fülle und hohe Brillanz der Färbung. Die Möglichkeiten der für Velours klassischen mineralischen Nachgerbungen wurden bereits auf Seite 285 dargestellt. Allerdings ist die vielfach bewährte heiße Chromnachgerbung unter heutigen Bedingungen rückläufig, weil die Abwasserfrage aller Chromnachgerbungen Schwierigkeiten bereitet. Eine gewisse Lösung dieses Problems besteht im Einsatz von sog. »reaktiven« Chromgerbstoffen[274], die, wenn eine Temperatur von 45°C und ein pH-Wert von über 4 am Ende der Nachgerbung erreicht wird, extrem niedrige Chromgehalte in der Restflotte realisierbar machen. Allerdings geben diese Leder im weiteren Verlauf der Technologie in alle sauren Bäder Chrom ab, was bei Behandlung der Abwasserfrage berücksichtigt werden muß.

Weniger problematisch ist die Chrom/Aluminium-Nachgerbung, besonders wenn man das Chrom vorlaufen läßt. Dann resultieren hellere Chromleder, aber das Aluminium sitzt für viele Ansprüche zu oberflächlich. Günstiger verhält sich in dieser Hinsicht ein Chrom/Aluminium-Mischgerbstoff. Als chromfreie Nachgerbung sind synthetische Gerbstoffe und Harzgerbstoffe wegen ihrer stark reservierenden Wirkung nur für Pastelltöne eine Alternative. Neuerdings sind wasserlösliche Polyurethanionomere[275], leicht reaktive Polyurethan-Dispersionen[276] und Polyacrylat-Dispersionen[277] für die Nachgerbung ganz allgemein, aber auch für Wet Blue-Spalte von großem Interesse. Diese neuartigen Nachgerbemittel ergeben gut färbbare Leder bei ausgezeichneter Fülle und weichem Griff; das nachgegerbte Leder ist im Plüsch dichter, gut millbar und im Schliff kürzer und von großer Dichte.

Die Neutralisation bahnt der Fettung und der Färbung den Weg: Man neutralisiert auch bei dieser Arbeitsweise mit Salzen organischer Säuren durch und stellt mit Bicarbonat in der Flotte einen pH-Wert über 6 ein. Bei dickeren Spalten kann man, wenn zwar Schleifechtheit gewünscht, aber Durchfärbung nicht notwendig ist, eine sog. »Sparfärbung« durch eine Neutralisation mit 10% Bicarbonat initiieren. Man erreicht durch diese Behandlung im Schnitt von jeder Seite etwa ein Drittel Blau (B.K.G.). Anschließend erhält man mit nur 4% Farbstoff volle schleifechte Färbungen. Die folgende Rezeptur 20 gibt ein Beispiel für eine chromfreie Nachgerbung mit Polyurethan-Produkten und Polyacrylat-Dispersionen im Direktverfahren.

Rezeptur 20: Chromfreie Nachgerbung und Färbung ohne Zwischentrocknung für Schuhvelours aus Wet Blue-Spalten[273]

Material:		Wet Blue-Spalte, Falzstärke 1,5–2,0 mm	
Waschen:	300 %	Wasser, 50°C Flotte ablassen	60 Min.
Entfettung:	50 % 1 %	Wasser, 50°C eines nichtionogenen Emulgators 1:5	30 Min.
		spülen bei 50°C	5 Min.
Neutralisation:	50 % 2 %	Wasser, 50°C Natriumformiat	20 Min.
+	2 % 2 %	lösliches anionisches Polyurethanaddukt[275] ⎫ Polyacrylat-Dispersion[277] ⎭ 1:3	45 Min.
Nachgerbung: +	3 %	reaktive Polyurethan-Dispersion[276] 1:3	60 Min.
Fettung: +	3 % 2 % 1 %	Chromopol UFS ⎫ Cutisan TMU ⎬ 1:4 Coripol DX 902 ⎭	30 Min.
+	2 %	Natriumhydrogencarbonat Flotten pH: 6,5 Schnitt mit Bromkresolgrün: blau Flotte ablassen	60 Min.
Waschen:	300 %	Wasser, 50°C Flotte ablassen	10 Min.

Färbung: 50 % Wasser, 50°C
1 % Ammoniak technisch 5 Min.
+ x % Farbstoff, ungelöst 30–60 Min.
+ x % Ameisensäure technisch (1:10) 30 Min.
+ $\frac{x}{2}$ % Farbstoff heiß gelöst (1:10) 30 Min.
+ $\frac{x}{2}$ % Ameisensäure technisch (1:10) 20 Min.
der pH-Wert soll nicht über 3,5 liegen.
+ 4 % Chromopol UFS (1:4) 30 Min.
+ 1 % Glanzmittel (1:4)[278] 20 Min.
Flotte ablassen.
Spülen bei 20°C 5 Min.
Leder auf Bock, Vakuumtrocknung, hängend fertig trocknen, klimatisieren, millen, schleifen mit 180–220er Papier, entstauben, millen.

Bei Schuhvelours wird zur Korrektur der Nuance, aber auch um der Färbung größere Farbfülle und Tiefe zu geben, gelüstert. Die Lüsterflotte wird im Spritzverfahren, vereinzelt auch durch Einspritzen ins Millfaß, aufgebracht. Sie ist aus Flüssigfarbstoffen, hygroskopischen Hochsiedern, Fettstoffen, zum Teil auch aus Lederdeckfarben und weichen Polymerisatbindern zusammengesetzt. Die Rezeptur 21 bringt einige Beispiele für Velourslüster

Rezeptur 21: Einige Velourslüster[184]

1. Farbvertiefender Schwarzlüster mit Schreibeffekt.
    40 Teile Flüssigfarbstoff Schwarz
    300 Teile Ethylglycol
    660 Teile Wasser

2. Buntlüster zur Nuancenkorrektur.
    20 Teile Flüssigfarbstoffe
    200 Teile Ethylglycol
    2–10 Teile wäßrige Lederdeckfarben
    750 Teile Wasser
    20 Teile eines sehr weichen Polymerisatbinders

3. Sogenannter optischer Lüster, farbvertiefend mit starkem Glanz- und Schreibeffekt[267].
    50 Teile Persiderm SIN
    100 Teile Persoftal SWA
    850 Teile Wasser

1–1½ satte Kreuz auf dem Spritzband, trocknen bei 40°C, 15 Minuten millen unter gemäßigtem Einblasen von Dampf ins Millfaß.

Für Bekleidungsvelours ist die vollkommene Reibechtheit oft ein Problem. Die Färbung selbst kann eine leichte Empfindlichkeit gegen Reiben zeigen, wenn mit sulfogruppenfreien

1:2-Metallkomplexfarbstoffen gefärbt und oberflächlich zur Farbvertiefung unsulfoniertes Neutralöl aufgebracht wurde. Entweder durch Austausch mit sulfogruppenhaltigen 1:2-Metallkomplexfarbstoffen oder durch Eliminierung des unsulfonierten Öles kann diese Schwierigkeit überwunden werden. Viel häufiger aber ist eine ungenügende Reibechtheit von Bekleidungsvelours auf mit Blasentstaubungsmaschinen nicht entfernbaren Schleifstaub zurückzuführen. Dieses hartnäckige Anhaften des Schleifstaubes ist auf elektrostatische Anziehung zurückzuführen; geschliffene Veloursleder weisen auf demselben Stück Zonen sowohl negativer als auch positiver Ladung[279] auf. Deshalb ist es nützlich, Velours in der Endphase ihrer Fertigstellung immer Veloursseite auf Veloursseite zu stapeln und zu lagern.

Tatsächlich sind mit solchen und ähnlichen Tricks die letzten Reste von Schleifstaub nicht zu entfernen. Es hilft nur, entweder nicht nachzuschleifen oder nach dem zweiten Schliff bei Bekleidungsledern nochmals zu broschieren und mit 1–2% Farbstoff zu überfärben, trocknen usw. Diese Behandlung dient sowohl der Farbtiefe als auch der Reibechtheit, da diese letzte Überfärbung die letzten Reiste von Schleifstaub aus den Velours ausschwemmt.

6.3 Bekleidungsvelours aus vorgegerbten ostindischen Ziegenfellen[264]. Die folgende Rezeptur ist ein Beispiel für die Veloursfertigung aus vegetabilisch vorgegerbtem Crust, sog. ostindischen Bastarden. Dieses Material hat jahrelang Anlaß zu sehr unangenehmen Beanstandungen gegeben, da die Gerbung und Fettung dieser Crust-Leder extrem lichtunecht ist, so daß auch Färbungen auf Basis gut lichtechter Farbstoffe sehr schnell in der Farbe umschlugen, was von den Verbrauchern an Farbunterschieden gegenüber dem Leder unter Kragen-Umschlägen festgestellt wurde. Das Problem dieses Leder ist es, den vegetabilischen Gerbstoff vollkommen zu entfernen und durch eine lichtechte zweite Gerbung zu ersetzen. Diese Voraussetzungen einer tragbaren Qualität sind mit der alkalisch/oxidativen Entgerbung und einer anschließenden Chromgerbung gegeben. Die folgende Rezeptur 22 ist ein Beispiel für dieses Vorgehen.

Rezeptur 22: Alkali-Oxidativ-Entgerbung[264]

Material:			Prozentangaben auf Trockengewicht Vorgegerbte, trockene ostindische Ziegenfelle	
Broschur:	800	%	Wasser, 30°C	
	2	%	Pelzwaschmittel B hochkonz.	20 Min.
1. Entgerbung: (alkalisch)	4	%	Natriumsulfit, ungelöst	
	2	%	Natriumbikarbonat, ungelöst	60 Min.
			Flotte ablassen Spülen bei 30°C	
2. Entgerbung: (oxidativ)	800	%	Wasser, 30°C	
	4	%	Schwefelsäure 96%	15 Min.
	20	%	Imprapell CO (1:5 gelöst)	2 Std.
	2	%	Natriumthiosulfat (1:10 gelöst)	20 Min.
			Flotte ablassen Spülen bei 20°C	10 Min.

Pickel:	400	%	Wasser, 20°C	
	1	%	Oxalsäure	
	1	%	Ameisensäure 85%	60 Min.
Chromierung:	20	%	CHROMOSAL B, ungelöst	2 Std.
Abstumpfen:	2,8	%	Soda kalz. (1:20)	
			Zugabezeit: in	60 Min.
			Gesamtlaufzeit	4 Std.
			über Nacht auf Bock	
Neutralisation:			Spülen bei 35°C	10 Min.
	400	%	Wasser, 35°C	
	3,5	%	Natriumbikarbonat	60 Min.
			Flotte ablassen	
			Spülen bei 50°C	10 Min.
Vorfettung:	400	%	Wasser, 50°C	
	3	%	Derminol-Pelzlicker HSP	
	1	%	Derminol-Licker EMB	
	1	%	Degras	45 Min.
			ausrecken, trocknen, einspänen, stollen, spannen, schleifen (Narbenseite 320, Veloursseite 320/400) Trockengewicht erneut bestimmen	
Broschur:	1000	%	Wasser, 40°C	
	1	%	Derminol HLW	
	0,5	%	Ammoniak 25%	2 Std.
			Spülen bei 20°C	10 Min.
Imprägnierung:	300	%	Wasser, 20°C	
	1	%	Ammoniak 25%	
	6	%	Primenit LDF	45 Min.
			Flotte ablassen, nicht spülen	
Färbung:	800	%	Wasser, 55°C	
	0,5	%	Ammoniak 25%	
	5	%	Coranil-Braun HEGG	
	3	%	Coranil-Braun HEDR	1 Std.
	5	%	Ameisensäure 85%	1 Std.
			kurz lauwarm spülen, ausrecken, trocknen, einspänen, millen, stollen	

Sämtliche Dosierungen dieser Rezeptur sind auf Trockengewicht bezogen, weshalb sie auf den ersten Blick hoch erscheinen. Die Kombination der alkalischen und der oxidativen Entgerbung dient der Ersparnis von Oxidationsmittel. Die Oxalsäure im Pickel soll die Blöße weiter aufhellen. Bei der Chromgerbung mit selbstbasifizierenden Chromgerbstoffen wurden, wenn zur Abstumpfung der oxidativen Gerbung Thiosulfat verwendet wurde, braune Flecken am gefärbten Leder beobachtet, weshalb bei dieser Technologie von der selbstbasifizierenden Chromgerbung abzuraten ist[269].

XII. Sammlung von Färbefehlern, Fehlfärbungen und Hinweise zu deren Beseitigung

1. Allgemeine Fehlfärbungen

Äußerer Aspekt	Ursache	Abhilfe
Sog. normale Unegalität Farb- und Stärkedifferenzen Mitte/Seite, Hals/Kratze.	Auswahl von Farbstoffen schlechten Egalisiervermögens	a) Besser egalisierende Farbstoffe einsetzen b) Egalisierende Hilfsmittel einsetzen c) Färbemethode überprüfen
Unterstreichung der Halsriefe, heller bzw. dunkler gefärbt.	a) Farbstoffauswahl! b) instabile Lickerung c) ungleichmäßige Gerbstoffeinlagerung	für a/b/c bessere Auswahl treffen. Bei Farbstoffkombinationen Farbstoffe gleicher Aufziehgeschwindigkeit auswählen.
Dunkel gefärbte, spinnenartige Wundstellen	Wunder Narben durch Sand im Betriebswasser	Filter in Brunnenentnahme einbauen
Wolkenartige Unegalität	Zu breites oder zu langsam laufendes Faß mit ungenügender Durchmischung bei der Zugabe	a) Hohe, schnell laufende Fässer einsetzen b) Beladung des Fasses zurücknehmen
Dunkle Flecken, unregelmäßig verteilt	Temperatur der Farbstofflösung bei Zugabe sehr viel höher als die Temperatur im Faß	Für etwa gleiche Temperatur bei Zugabe sorgen
Dunkle Abzeichnung von Liegefalten	Faß wurde während des Abbindens eines Rezepturmittel angehalten oder in einer Ruhephase (z. B. über Nacht) zu wenig periodisch bewegt	Für ausreichende, ständige Faßbewegung sorgen
Schraubenartige Unegalität	Rollenbildung im Mixer oder im Faß	Beladung zurücknehmen, Ausstattung mit Zapfen und Brettern überprüfen!
Helle oder dunklere »Fließstrukturen«	Leder ist mit reservierenden oder verstärkenden Lösungen bei zu geringer Bewegung in Berührung gekommen	Umlaufgeschwindigkeit erhöhen, Zugaben stärker verdünnen, Faßverhältnisse überprüfen!
Dunkle Stippen	Unvollkommenes Lösen, besonders anfällig kationische Farbstoffe	Sorgfältiger Lösen und durch Filter gießen
Leere Färbungen	Überneutralisation, zu hoher pH-Wert im Färbebad, zu hohe Ammoniakdosierung bei Velours	a) Neutralisation weniger alkalisch führen b) Neutralsalze organischer Säuren einsetzen c) Ammoniakdosierung zurückführen

Äußerer Aspekt	Ursache	Abhilfe
Ein hoher Prozentsatz von Ab- und Einrissen bei dünnen Ledern	Zu starke mechanische Beanspruchung im Faß	a) weniger beladen b) Gleitmittel einsetzen c) Zapfen und Bretter im Faß d) in der Sektorengerbmaschine färben

2. Färbefehler aus Halbfabrikaten

Äußerer Aspekt	Ursache	Abhilfe
Die Fülle von Ledern aus Pickelware ist zu gering, die Leder sind dünn und klapprig	Pickelware ist überlagert, erkennbar an einer Gelbfärbung und an den Werten des extrahierbaren Stickstoffs in dem ersten Waschwasser. Eventuell auch Schädigung durch zu hohe Temperaturen beim Transport	Pickelware sollte innerhalb von 5 Monaten verarbeitet werden. Älterer Ware ist mehr Chrom anzubieten und höher basisch oder bei höherer Temperatur auszugerben.
Dunkle Flecken bei Pickelware besonders am Hals	Im Äscher nicht genügend aufgeschlossener Grund	Entweder entpickeln mit anschließendem Nachäscher oder nachpickeln mit Natriumchlorit-Anteilen
Färberische Nachzeichnung von Liegefalten	Bei Pickelware werden Liegefalten schon nach einem Monat Lagerzeit sichtbar	Sehr schwer zu beseitigen, eventuell durch Nachäscher, kräftige Reservierung des Leders durch die Nachgerbung und Stufenfärbung mit kationischer Übersetzung
Die Färbung von Wet-Blue-Spalten ist in der Partie völlig uneinheitlich und unegal	Die Lieferung wurde aus Spalten verschiedener Farbe, verschiedener Herkunft, u. U. verschiedener Dicke und Provenienz und schließlich unterschiedlicher Austrocknung zusammengestellt.	Bis zu 5-stündigem Aufschluß mit 2–3% alkalischem Weichmittel laufen lassen. Anschließend auf einheitliche Dicke von beiden Seiten falzen, anschließend Kurzflottenentfettung mit Oxalsäure in der Endphase und schließlich Nachgerben mit selbstabstumpfendem Chromgerbstoff. Trotzdem wird die Vereinheitlichung schwer sein.
Wet-Blue-Spalte sind auf der Schnittseite landkartenartig marmoriert	Unregelmäßige Chromverteilung aus der Chromgerbung ungespaltener Häute	Nach stärkerem Pickel mit 33% basischen Chromgerbstoff zur besseren Durchgerbung laufen lassen, anschließend Ausgerbung mit selbstbasifizierenden Chromgerbstoffen
Wolkenartige Unegalität, besonders an den Rändern von Wet-Blues	Die angetrockneten Ränder sind nicht genügend rehydratisiert worden	Rückweiche der Wet-Blues länger laufen lassen.

Äußerer Aspekt	Ursache	Abhilfe
Jahreszeitliche Schwankungen in der Farbfülle von Wet-Blues	Wet-Blues verlieren im Winter mehr an Gewicht und sind deshalb schwerer rehydratisierbar	Für dichte Verpackung in Folien sorgen und im Winter länger und bei höherer Temperatur rehydratisieren
Grobe Schattierungen zwischen dunkel und hell unter Abzeichnung von Quetschfalten	Angetrocknete Quetschfalten von Wet-Blues	2–4-stündiges Laufen mit 2% alkalischem Weichmittel in 50% Flotte bei 60°C laufen lassen, anschließend ohne Flotte mit 3–6% eines lösungsmittelhaltigen Entfettungsmittels. Nach 60 Min. Zugabe von 100% Wasser 60°C mit 1% Emulgator
Wunder Narben bei betriebsfremden Crust	Äscher bei Temperaturen über 28°C oder zu starker Faßbewegung.	Bei der Broschur ca. 1% Polymerisat mitlaufen lassen
Ungenügende Lichtechtheit bei der Färbung von Crust, z. B. ostindischen Bastarden, trotz des Einsatzes lichtechter Farbstoffe	Die Lichtechtheit der vegetabilischen Gerbung ist schlecht und drückt das Gesamtniveau	Entgerbung mit Natriumsulfit und Natriumchlorit (s. S. 291), anschließend erneut Gerbung mit Chromgerbstoffen

3. Färbefehler aus der Nachgerbung von Chromledern

Äußerer Aspekt	Ursache	Abhilfe
Leere, stumpfe Färbung mit deutlichem Farbumschlag	Zu anionische Nachgerbung, verbunden mit der Auswahl von Farbstoffen ungenügenden Aufbauvermögens	a) Nachgerbung mit weniger reservierenden Nachgerbemitteln führen b) Farbstoffe besseren Aufbauvermögens auswählen c) Stufenfärbung mit kationischem Hilfsmittel oder eventuell kationischem Farbstoff
Mangelhafte Reproduzierbarkeit von Färbungen auf nachgegerbtem Leder	Unterschiedliche Temperaturen im Nachgerbungsbad	Einheitliche Temperaturführung in der Nachgerbung sicherstellen
Helle Hervorhebung vernarbter Häuteschäden, wie Kratzer, Brandzeichen usw.	Unegales Aufziehen der Nachgerbung auf vernarbte Verletzungen	Ungünstige Komponente in der Nachgerbungsmischung ermitteln und ausschalten
Graue stumpfe Farbe, stellenweise blaustichige Verfärbung der nachgegerbten Leder. Die Flecken verschwinden beim Betupfen mit Oxalsäure	a) Eisenhaltige Pickelsäure b) Eisen- oder Vanadinhaltige Chromgerbstoffe c) schwermetallhaltiges Betriebswasser	Materialien austauschen oder Schwermetallionen mit Komplexbildner ausschalten. Vorsicht bei der Verwendung von 1:2-Metallkomplexfarbstoffen!

Äußerer Aspekt	Ursache	Abhilfe
Schlierenartige dunkle Verfleckungen	Ausfallen eines Polymergerbstoffs der Nachgerbung infolge zu tiefer pH-Werte oder zu hoher Elektrolytkonzentrationen	pH-Wert anheben durch stärkere Neutralisation oder Produkt austauschen
Ungenügende Lichtechtheit trotz Verwendung gut lichtechter Farbstoffe	a) Nachgerbstoffe schlecht lichtecht, wie Quebracho und Mimosa b) Die lichtechten Farbstoffe bauen auf nachgegerbtem Leder schlecht auf	zu a) Kastanie gesüßt, Polymer- und PU-Gerbstoffe einsetzen, die besser lichtecht sind. zu b) Farbstoffe auswählen, die neben guter Lichtechtheit auch gutes Aufbauvermögen aufweisen
Wolkige Färbungen auf nachgegerbten Ledern	Unegales Aufziehen der Nachgerbung	auf 4,5 pH-Wert neutralisieren und unkondensierte Arylsulfosäure (1–2%) als Egalisierer der Nachgerbung vorlaufen lassen
Fleckige Färbungen bei olivstichigen Dunkelbrauntönen	Anwendung von nicht genügend stabilen 1:2-Eisenkomplexfarbstoffen bei hohen Färbetemperaturen auf vegetabilisch nachgegerbtem Leder	Austausch des Eisenkomplexfarbstoffes

4. Färbefehler aus der eigentlichen Färbung: Allgemeine Hinweise

Äußerer Aspekt	Ursache	Abhilfe
Schwer definierbare, völlig unregelmäßig auftretende helle und/oder dunkle Verfleckungen	Verschmutzungen von Bodenberührungen beim Entladen oder von Transportmitteln, von Händeabdrücken beim Be- und Entladen, beim Sortieren, beim Abwelken, beim Spalten und Falzen feuchter Chromleder	a) Große Sauberkeit der Böden, Pritschen, Auffanggebinde usw. sicherstellen b) Arbeiter immer wieder anhalten, feuchte Leder nur mit sauberen Händen zu berühren c) Peinliche Sauberkeit des Maschinenparkes, Reinigen nach jedem Ölen
Leere, wenig brillante Färbungen bei lappigem Griff und deutlicher Einfärbung der Leder	Überneutralisation durch Überdosierung der Neutralisationsmittel und zu hohe Temperaturen	a) an Bikarbonat, Sulfit und Färbereihilfsmittel abbrechen b) Waschen vor der Neutralisation bei tieferer Temperatur; im Neutralisationsbad die Temperatur senken c) besser überwachen, am wirkungsvollsten durch automatische Dosierung

Äußerer Aspekt	Ursache	Abhilfe
Deutliche Unegalität bis wolkige Färbungen bei überfärbter Fleischseite	Zu knappe Neutralisation bis zur Anwesenheit starker freier Säuren im Färbebad	a) Verlängerung der Neutralisationszeit und Überwachung des pH-Wertes im Neutralisationsbad b) Am besten Neutralisation mit automatischer Dosierung auf pH-Werte zwischen 4 und 5 einstellen
Stärker angefärbte Fleischseite bei schwächerer Färbung des Narbens, Betonung von Wundstellen und Stippen, manchmal stärker oder anders angefärbte Schnittränder	Hohe Elektrolytkonzentration in der Färbeflotte, sei es als Schwermetall- und Calciumionen aus dem Betriebswasser, sei es aus ungenügenden Spülen oder sei es als ausgewaschener Chromgerbstoff u.a.	a) Elektrolytkonzentration im Färbebad immer wieder überprüfen b) Betriebswasser überwachen c) Nur waschen, nicht spülen. Elektrolytgehalt des letzten Waschwassers von Fall zu Fall überprüfen
Immer wieder auftretende leichte Schattierungen der Färbungen	Örtliche Stärkeschwankungen in der Färbeflotte infolge von zu wenig wirksamer Durchmischung. Eingaben mit großen Temperaturdifferenzen zum Färbegut lassen örtliche Temperaturunterschiede entstehen	a) Vereinheitlichung der Färbetemperatur durch ein entsprechend ausgedehntes Waschen vor der Färbung b) Die Zugaben sollen die gleiche Temperatur wie die Faßflotte haben c) Faßverhältnisse überprüfen (Umlaufgeschwindigkeit, Faßbreite!)
Schmierige Schlieren beim Färben mit kationischen Farbstoffen	Fällung von kationischen Farbstoffen durch aus dem Leder austretende anionische Gerbstoffe	a) Vor dem Einsatz kationischer Farbstoffe mit Säure kräftig fixieren b) Färbeflotte vor Zugabe kationischer Farbstoffe mit Gelatine-Lösung auf Gerbstoffe prüfen
Schwierigkeiten bei der Durchfärbung	In irgendeiner Phase der Vorarbeiten zu geringer Aufschluß	Weiche, Äscher, Entkälkung und Pickel überprüfen
Schwierigkeiten bei der Durchfärbung	Zu hohe Temperatur, zu lange Flotte, zu niedriger pH-Wert	Am besten die Hälfte des Farbstoffs bei 25°C in 30–50% Flotte bei einem pH-Wert von 6 vorlaufen lassen
Unegalitäten durch starkes Ausbluten der Farbstoffe	a) Überneutralisation oder zu schwaches Absäuern b) alkalischer Licker, z. B. mit Anteilen von Seife c) zu geringe Affinität des Leders durch stark reservierende Nachgerbung	stärkeres Absäuern und mit kationischem Harz im ausgezehrten Likkerbad anionische Körper fixieren
Bei schwarzbunten Häuten, die eine Oxidationsbleiche im Pickel hatten, während der Färbung erneutes Auftreten von Pigmentkonturen	Oxidationsbleiche im Pickel war nicht ausreichend	Verstärkung bzw. Verlängerung der Oxidationsbleiche

Äußerer Aspekt	Ursache	Abhilfe
Unegalität durch die Entstehung von Schäumen bei der Färbung	Die Waschwirkung ist vom pH-Wert abhängig. Manches Netzmittel im sauren Bereich wird beim Anheben des pH-Wertes, wie z. B. im Färbebad, zum schäumenden Waschmittel	a) Aceton oder wenig Silikonentschäumer einbringen b) Sämtliche Emulgatorgaben der Arbeitsweise auf Schaumwirkung in dem einschlägigen pH-Bereich prüfen
Wolkige Färbungen bei Pastelltönen	Zu konzentrierte Farbstoffzugabe in zu langsam laufende oder breite Fässer	Die angegebenen Parameter prüfen und evtl. umstellen
Wolkige Färbungen bei Pastelltönen	Zu geringes Hilfsmittelangebot im Vergleich zu der großen Bindungskapazität des Leders	Die Summe von Farbstoff- und Hilfsmittelangebot sollte mindestens 3% sein
Katastrophale Unegalität bei Pastellnuancen, die nachnuanciert werden mußten	Der hohe pH-Wert der Nachnuancierung wurde nicht lange genug bzw. ausreichend mit Säure auf pH 3,5 zurückgeführt	Stärker und vor allem länger mit Ameisensäure absäuern und mit 0,5% eines schwach kationischen Harzes fixieren
Deutlicher Farbumschlag bei der Färbung mit 1:2-Metallkomplexfarbstoffen	Durch die Verwendung eines komplexaktiven Hilfsmittel wurden Metallkomplexfarbstoffe entmetallisiert und wurden so zu nicht säureechten Beizenfarbstoffen	Komplexaktive Hilfsmittel beim Färben mit Metallkomplexfarbstoffen nicht verwenden
Allgemein unegale Färbungen	Zu hohe Färbetemperatur	Färbetemperaturen zwischen 30 und 50°C

5. Färbeschwierigkeiten aus der Auswahl ungeeigneter Farbstoffe

Äußerer Aspekt	Ursache	Abhilfe
Allgemeine Unegalität der Färbung	Farbstoff egalisiert auf dem vorliegenden Leder schlecht	a) Besser egalisierenden Farbstoff nach Musterkartenangaben auswählen b) Besonders 1:2-Metallkomplexfarbstoffe müssen mit einem geeigneten Egalisierer gefärbt werden, um gute Egalität zu erreichen
Die Lichtechtheit einer Färbung befriedigt nicht	Die Lichtechtheit hängt von der Konzentration des Farbstoffs und der Lichtechtheit des Substrates ab	Wenn beide Faktoren genügen, anderen Farbstoff auswählen

Äußerer Aspekt	Ursache	Abhilfe
Die Wasser-, Wasch- und Schweißechtheit einer Färbung genügen nicht	Die Bindung eines Farbstoffes hängt von der Fixierung und der Färbetemperatur ab. Sie kann durch kationische Fixiermittel verbessert werden	a) Mit kationischen Hilfsmitteln nach der Färbung fixieren b) Stärker absäuern c) Bei höheren Temperaturen färben d) Wenn a–c nicht ausreicht, anderen Farbstoff auswählen
Unruhige, zonige Färbungen	Der Farbstoff enthält eine Nebenkupplung, die erst nach dem Absäuern aufzieht	Nachziehende Farbstoffe auswechseln
Ränder, Ausheber, dünne Zonen färben sich etwas anders als in der Hauptnuance an	Der Farbstoff enthält eine Nebenkupplung, die sich im färberischen Verhalten von der Hauptkomponente unterscheidet	Farbstoff austauschen
Andere Anfärbung der Narbengrube als die Zonen zwischen den Poren, z. B. bei Schweinsnubuk	In der Hautstruktur angelegte Neigung zur Unegalität	Spezielle Farbstoffe – z. B. amphotere Farbstoffe – gleichen diese strukturellen Unterschiede aus. Vom Lieferanten entsprechend beraten lassen;
Beim Färben aus einem großen Farbstoffgebinde werden die Färbungen langsam, aber kontinuierlich schwächer	Farbstoff ist hygroskopisch und zieht Wasser aus der Atmosphäre an. Infolgedessen wird bei gleichem Gewicht immer weniger Farbsubstanz eingewogen	Gebinde nach jeder Entnahme fest verschließen
Bei der Färbung mit 1:2-Metallkomplexfarbstoffen resultieren klarere (bei Brauntönen meist rötere) Nuancen unter Einbuße an Naß- und Lichtechtheit	Es wurde bei hohen Temperaturen u. U. in Anwesenheit von komplexaktiven Substanzen gefärbt, dabei findet eine Entmetallisierung bzw. eine Disproportionierung des Farbstoffes statt	1:2-Metallkomplexfarbstoffe bei gemäßigten Temperaturen und in Abwesenheit komplexaktiver Hilfsmittel einsetzen
Hervortreten der Riefen – heller oder dunkler	Meist durch ungleichmäßige Chromeinlagerung oder instabile Fettung verursacht. Aber auch eine Reihe von Farbstoffen unterstreichen die Riefe	Im letztgenannten Fall Farbstoff wechseln
Bei 1:2-Metallkomplexfarbstoffen schlechte Durchfärbung	Die Durchfärbung hängt von dem Aufschluß in den Vorarbeiten ab, von einer durchgreifenden Neutralisation, von kurzer Flotte, von niedriger Temperatur bei der Färbung, genügender Farbstoffkonzentration und selbstverständlich von dem verwendeten Farbstoff	Wenn die aufgezählten Parameter erfüllt sind und immer noch keine genügende Durchfärbung erzielt wird, Zweistufenverfahren anwenden: 1. Stufe: Durchfärbung mit sauersubstantiven Farbstoffen, 2. Stufe: Deckung mit 1:2-Metallkomplexfarbstoffen
Bei der Pulverfärbung teils Stippen oder Schmierflecken, verbunden mit stellenweise ungenügender Reibechtheit	Der Farbstoff ist für die flottenlose oder flottenarme Färbung zu schlecht löslich oder er wurde in einer Papiertüte ins Faß gegeben oder die Färbetemperatur lag über 25°C	Besser löslichen Farbstoff auswählen. Gefärbte Substanzen beim Kurzflottenverfahren immer in widerstandsfähigen Plastiktüten ins Faß geben. Temperatur!

Äußerer Aspekt	Ursache	Abhilfe
Bei Pulververfärbung Stippen	Zu hohe Temperatur der kurzen Flotte	Nicht bei Temperaturen über 25°C färben
Beim Färben hochkonzentrierter Farbstoffe im Flottenverfahren verfließende Verfleckungen	Der hoch-konzentrierte Farbstoff wurde entweder mit zu wenig Wasser gelöst oder falsch angeteigt	a) Löseansatz verlängern b) Kationische Farbstoffe mit Säure anteigen c) 1:2-Metallkomplexfarbstoffe kalt anteigen d) Die fertige Stammlösung durch einen Nylonstrumpf gießen
Stippige Färbungen bei Anwendung von Flüssigfarbstoffen	Nicht homogenisierte Teilchen des Bodensatzes im Gebinde des Flüssigfarbstoffes	Flüssigfarbstoffe bei Entnahme am besten nicht aufrühren
Dunkle Verfärbungen bei Olivbrauntönen auf vegetabilischgegerbten Ledern oder vorgegerbten ostindischen Bastarden	Durch nicht genügend stabile Eisenkomplexfarbstoffe werden, evtl. in Anwesenheit von Kupfer, Eisenionen freigesetzt, die mit den vegetabilischen Gerbungen Verfärbungen ergeben	Farbstoff wechseln!
Umschlag einer Dunkelbraunnuance zu einem Rotstich bzw. Berührungsflecken bei der Berührung mit Kupferteilen	Gegen Berührung mit Kupfer, z. B. als Nägel des Bockes oder der Pritsche oder bei sonstiger Anwesenheit von Kupferionen, nicht stabiler Eisenkomplex	Farbstoff wechseln oder Kupferberührung bei frischgegerbten Ledern unterbinden
Farbumschlag bei stark nachgegerbten Ledern bei Verwendung einer neuen Farbstofflieferung	Die neue Lieferung mußte anders eingestellt werden. Dabei wurde ein Nuancierfarbstoff geringeren Aufbauvermögens verwendet	Vorgang unter Bemusterung der Färbung und des Typmusters mit Lieferanten aufnehmen
Färbung bronciert in unerwünschter Weise	Zu starke Dosierung einer Übersetzung, z. B. mit kationischen Farbstoffen, oder zu hohe Dosierung kationischer Hilfsmittel	a) Dosierungen reduzieren b) Zur Entfernung des Broncierens Leder mit Magermilch waschen

6. Färbeschwierigkeiten bei der Auswahl unverträglicher Farbstoff-Kombinationen

Äußerer Aspekt	Ursache	Abhilfe
Großer Farbtonunterschied zwischen Narben- und Fleischseite bzw. zwischen Riefe und sonstiger Fläche bei einer Färbung mit einer Farbstoffkombination	Die Kombination ist aufgebaut aus einem schnellziehenden und einem langsamziehenden Farbstoff. Der langsam ziehende Farbstoff geht in größeren Anteilen auf die Fleischseite	Farbstoffe mit einem möglichst ähnlichen Ziehvermögen für Kombinationen auswählen
Unegalität infolge gegenseitiger Ausfällung von Farbstoffen	Der pH-Wert von Farbstofflösungen kann zwischen 2,5 und 11 schwanken. Farbstoffe mit extremen pH-Werten können miteinander unverträglich sein	Bei der Farbstoffkombination auf angenäherte pH-Werte der Farbstofflösungen achten und durch Tropfproben auf Filtrierpapier die Stabilität der Lösungen bei der Mischung prüfen oder bei der Farbstoffauswahl innerhalb eines Sortimentes bleiben
Häufige Nuancenschwankungen von Partie zu Partie	Ungeeignete Relation der Hauptkomponente zum Abtrüber z. B. 99:1	Ideale Einstellungen sind Relationen von 50:50, die sich nicht in der Hauptnuance, sondern nur im Farbstich unterscheiden
Nuancenumschläge auf stark nachgegerbten Ledern	Farbstoffkombinationen mit unterschiedlichem Aufbauvermögen reagieren, z. B. auf Temperaturschwankungen in der Nachgerbung, mit Nuancenumschlägen	Kombinationen sollten, soweit sie auf nachgegerbten Ledern verwendet werden, auch im Aufbauvermögen übereinstimmen. Je niedriger ein Abtrüber dosiert werden muß, desto besser müssen sein Aufbauvermögen und auch die übrigen Echtheiten sein
Nuancenumschlag bei der Kombination von Metallkomplexfarbstoffen mit Beizenfarbstoffen	Beim gemeinsamen Lösen von Metallkomplexfarbstoffen und Beizenfarbstoffen im Bereich höherer Temperatur kann es je nach pH-Wert zu Ummetallisierungen kommen	Metallkomplexfarbstoffe getrennt kalt anteigen und mit heißem Wasser übergießen, Beizenfarbstoffe heiß lösen. Erst nach Abkühlen auf 40°C die beiden Lösungen vereinigen
Farbtonverschiebung nach Rot bei der Kombination von Eisen- und Kupfer-Metallkomplexfarbstoffen	Das Kupferion verdrängt Eisen in Metallkomplexfarbstoffen, was sich in Farbtonverschiebungen abzeichnet	Keine Kupfer- mit Eisenkomplexfarbstoffen kombinieren!
Von Partie zu Partie sind deutliche Unterschiede in der Tiefe der Nuance festzustellen	Die Kombination enthält einen in der Nuance vom Hauptton stark abweichenden Abtrüber, der auf Temperaturschwankungen des Färbebades stark anspricht	Die Kombination neu aufbauen: dabei sind im Farbton stark abweichende Abtrüber zu vermeiden, vielmehr ist eine Mischung etwa gleichdosierter Komponenten anzustreben
Eine Farbstoffkombination aus gut lichtechten Farbstoffen zeigt nicht die erwartete gute Lichtechtheit	Der Lichtechtheitsabfall der Farbstoffe in einer Konzentrationsreihe ist stark unterschiedlich	Man kombiniere nach den Regeln einer Echtfärbung s. S. 243 die Kombination neu

7. Färbefehler durch die mechanischen Bedingungen und die Färbemethoden

Äußerer Aspekt	Ursache	Abhilfe
Nicht konturierte, unregelmäßige helle und dunkle Flächen bis zu deutlicher Marmorierung bei der Faßfärbung	Durch ungenügende apparative Gegebenheiten, wie Faßdimensionierung und Einbauten, Partiegrößen und Umlaufgeschwindigkeit, Zulaufgeschwindigkeit der Dosierungen und Richtungswechsel des Fasses, verursachte Inhomogenität der Verteilung der Zugaben	Überprüfung und Verbesserung der apparativen Mittel, Reduzierung der Färbegeschwindigkeit durch Erhöhung des pH-Wertes, Erniedrigung der Temperatur, eventuell Vorlauf eines Egalisieres
Ungenügende Durchfärbung bei der Pulverfärbung	Entweder zu lange oder zu heiße Flotte oder zu knappe Neutralisation oder zu geringe Dosierung des Farbstoffs	Die angegebenen Parameter überprüfen und eventuell ändern
Fettflecken beim Kurzflottenverfahren	Verwendung von nicht genügend elektrolytbeständigen Lickern, oder das konzentrierte Fettungsmittelisteine Wasser-in Öl-Emulsion	Geeignete Licker-Kombination auswählen und vor der Färbung und Lickerung waschen
Regelmäßige Unegalität der Pulverfärbung bei bestimmten Farbstoffkombinationen	Einer der Farbstoffe aus der Farbstoffkombination unterschreitet die Löslichkeitsgrenze für das Verfahren	Alle Bestandteile einer Farbstoffkombination einer Pulverfärbung sollten in der Löslichkeit naheliegen und 30 g/l möglichst nicht unterschreiten
Schlierenartige Unegalität bei der Pulverfärbung	Der Farbstoff wird nicht als Pulver sondern in kurzer Flotte zugegeben, die wärmer ist als das Leder	Beim Pulververfahren Farbstoff immer trocken in Plastiktüte zugeben
Sogenannte Schmetterlinge oder tiefdunkle Flecken oder Farbstippen beim Pulververfahren	Die Faßtemperatur ist so hoch, daß die Farbstoffe bei Berührung sofort fest abbinden	Die erste Phase der Pulverfärbung muß stets bei Temperaturen unter 25°C geführt werden
Bei einem programmierten Gesamtverfahren in der Sektorengerbmaschine werden in der Färbung dunkle Flecken sichtbar	Zu geringe Flotte im Äscher oder ungenügend durchgreifender Pickel	Längere Flotten in Wasserwerkstatt und Pickel. Ameisensäure höher dosieren. An die obere Temperaturgrenze gehen bei beiden Arbeitsgängen
Fleckige Färbungen im programmierten Automaten	Nach jeder Zugabe im Automaten ist ein kurzes Spülen der Zuleitungen vorzusehen, um Fällungen aus in hohen Konzentrationen unverträglichen Zugaben zu vermeiden	Bei Automaten immer nach jeder Zugabe einen kurzen Spülstoß durch das Leitungssystem programmieren
Unregelmäßige Flecken beim Färben in der Sektorengerbmaschine	Flotte in Relation zur Beladung zu kurz oder Beschickung zu hoch, so daß Berührungsflecke entstehen	Die Färbeflotte im Automaten sollte nicht mehr und nicht weniger als 100% sein, und die Beladung sollte unter 50% des Trommelvolumens bleiben

Äußerer Aspekt	Ursache	Abhilfe
Ausfärbungen von Quetschfalten bei der Abladung von der Palette durch Gabelstapler in die Sektorengerbmaschine	Infolge zu geringer mechanischer Beanspruchung in der Sektorengerbmaschine öffnen sich die Palettenpakete nicht ausreichend	Sektorengerbmaschine nie mit den Gabelstapler, sondern immer von Hand beschicken
An den Bauchpartien helle Zwickel, z. T. ungefärbt, beim Färben auf der Durchlauffärbemaschine	Auf zu schmaler Durchlauffärbemaschine werden beim Lauf längs der Hälften Zwickel gebildet, die schwächer angefärbt sind. Lappige Leder neigen vermehrt zu Zwickelbildung	Das Durchlaufverfahren ist nur praktizierbar, wenn a) die Maschine so breit ist, daß die Hälften mit dem Rücken voran in ihrer Breite durchlaufen können b) Die Leder eine gewisse Standigkeit haben
Helle, gitterartige Zeichnung von Multima-gefärbten Ledern	Abdruck des Transportbandes	Anheben des oberen Transportbandes im Bad
Farbstippen beim Durchlauffärben	Farbniederschlag aus über mehrere Tage bzw. Wochen aufgehobenen Restflotten	Überalterung der Restflotten vermeiden und nicht aufrühren. Flüssig-Farbstoffe verwenden!
Ungleichmäßige Anfärbung bei der Durchlauffärbung	Die Leder sind infolge von Übertrocknung hydrophob	a) Langsamere Durchlaufgeschwindigkeit einstellen b) Leder für die Durchlaufmaschine sind in der ersten Phase scharf, in der zweiten Phase bei niedrigen Temperaturen, relativ hohen Luftfeuchtigkeiten und bei starker Ventilation zu trocken c) Eventuell hilft ein leichtes Anfeuchten und auf Stapelsetzen vor der Färbung
Auf der Multima gefärbte Leder zeigen stärker angefärbte Porengruben	Überdosierung eines kationischen Rezepturbestandteils im Laufe der Vorarbeiten	Bei der Verwendung kationischer Produkte (außer Chromgerbstoffen) bei den Vorarbeiten muß man sich an der unteren Dosierungsgrenze halten
Ungenügende Tropfenechtheit von auf der Durchlaufmaschine gefärbten Ledern	Verwendung von stark elektrolythaltigen Produkten in der Färbeflotte	Flüssigfarbstoffe verwenden!
Schlierenartige Flecken bei längerem Laufen oder bei überwiegender Verwendung von Restflotten der Multima	Inhaltsstoffe der zu färbenden Leder sind nicht genügend abgebunden (z. B. Gerbstoffe) und bluten in die Färbeflotte aus	Fixierung anionischer Inhaltsstoffe des Leders vor dem Zwischentrocknen mit 0,5% eines schwach kationischen Harzes
Dunkle Stellen meist in den mittleren Partien der Häute beim Durchlauffärben	Langsamer trocknende Stellen: a) infolge der Mitverwendung eines hochsiedenden Lösungsmittels im Farbansatz b) wegen eines Hochsieders aus Flüssigfarbstoffen	a) Keine Hochsieder im Färbeansatz b) Auf Basis von Mittelsiedern konfektionierte Flüssigfarbstoffe verwenden c) Berührungsfrei hängetrocknen

Äußerer Aspekt	Ursache	Abhilfe
	c) wegen Berührungsstellen bei der Hängetrocknung d) wegen Falten und Luftblasen beim auf Stapel setzen	d) Sorgfältig glätten beim Aufstapelsetzen
Bei Spritzfärbungen stippige Unegalitäten	Zu weite Entfernung der Spritzpistolen vom Transportband, so daß die Farbtröpfchen vor dem Aufziehen zuviel Flüssigkeit verdunsten	Spritzpistolen tiefer setzen; eventuell organisches Lösungsmittel zum Teil durch Wasser substituieren
Sprenkeleffekte bei Spritzfärbungen	Infolge zu niedrigen Spritzdruckes bei zu großer Düsenöffnung wird die Spritzflotte nicht genügend fein zersprüht	Entweder Spritzdruck erhöhen oder Düse verengen oder beides
Streifenartige Schattierung oder hellere Zwickel bei der Spritzfärbung	Zu hohe Bandgeschwindigkeit, so daß der folgende Spritzkegel den vorhergehenden nicht mehr voll überlappt	Band langsamer laufen lassen
Abzeichnung von Unebenheiten durch Schattierungen bei der Spritzfärbung	Leder liegen auf dem Band nicht genügend plan, so daß der Spritzstrahl Unebenheiten markiert	Langsameres und dadurch sorgfältigeres Auflegen bei reduzierter Bandgeschwindigkeit
Unegalität durch unregelmäßige Wolkenbildung bei der Spritzfärbung	Ungleichmäßige Saugfähigkeit des Leders verursacht unegale Oberflächenfärbung	a) Satterer Spritzauftrag b) Fettung überprüfen und eventuell stabiler einstellen c) Emulgatordosierungen der Arbeitsweise überprüfen d) Eventuell Vornetzung vor die Spritzfärbung schalten
»Fischaugen«: d. s. kleine, kreisrunde Leerstellen bei der Spritzfärbung; bei airless-Spritzen häufiger als beim Druckluftspritzen	Öltropfen aus dem Kompressor bei unwirksamem oder unkontrolliertem Ölabscheider	Ölabscheidung regelmäßig kontrollieren
Unregelmäßige Zonen, die von der Spritzflotte nicht oder unregelmäßig angenetzt werden	Fettflecken: a) aus nicht genügend stabilem Licker b) durch Berührung mit öligen Maschinenteilen	zu a) Licker stabiler einstellen, ins ausgezehrte Lickbad eventuell 1% Syntan nachsetzen zu b) sorgfältig Wege auf Berührungsmöglichkeiten prüfen
Bei der Bürstfärbung vegetabilisch/synthetisch gegerbter Leder: streifige, unegale Färbungen	Entweder Bürstfärbung ohne vorheriges Anfeuchten, oder zu wenig Aufträge mit zu konzentrierten Flotten oder zu frühes Bürstfärben mit Zusatz von Ameisensäure in die Flotte	Immer vornetzen; lieber zwei verdünnte Aufträge als einen konzentrierten, Säurezusatz erst, wenn die gleichmäßige Färbung und Deckung erreicht ist
Wolkige Färbungen beim Bürstverfahren	Ungleichmäßige Trocknung	Trockenbedingungen auf Homogenität überprüfen. Für schnelleren Zeittakt der Aufträge und für schnelleres Antrocknen sorgen.

Äußerer Aspekt	Ursache	Abhilfe
Dunkle Querstreifen senkrecht zur Laufrichtung des Bandes bei der Gießfärbung	Die Gießmaschine steht nicht erschütterungsfrei	Für bessere, erschütterungsfreie Aufstellung der Gießmaschine sorgen
Froschaugen bei der Gießfärbung	a) Inhomogenität in der Gießflotte, z. B. unlösliche Tröpfchen eines Entschäumers b) Aufgeplatzte Luftblasen aus dem sog. »inneren Schaum«	zu a) Zusammensetzung der Farbflotte auf Homogenität durch mehrere Aufgüsse auf große Glasplatten überprüfen zu b) Die Fördereinrichtung prüfen, ob sie an irgendeiner Stelle des Umlaufes Luft in die Flotte saugt
Untragbarer Prozentsatz an Fehlfärbungen oder häufige Arbeitsunterbrechungen durch Zerreißen des Gießvorhanges	a) Zu niedrige Viskosität der Gießflotte b) Zu schnelle Bandgeschwindigkeit c) Zu hohe Fallhöhe des Vorhanges d) Luftzug im Gießraum	zu a) So lange »Gießpaste« als Viskositätsregler zusetzen, bis 15 Sekunden im Fordbecher (4 mm) überschritten sind zu b) Bandgeschwindigkeit reduzieren unter gleichzeitiger Verringerung der Spaltbreite zu c) Senken des Gießkopfes zu d) Gießraum muß zugfrei sein
Sog. »Gießschatten« d. h. Abzeichnung von Falten	Dünne, infolgedessen zu leichte Leder, die sich beim »Durchstoßen« des Vorhangs verschieben	Bei leichten Ledern Karton unterlegen, um den Ledern mehr »Festigkeit« zu geben
Große, wolkige Farbschattierungen bei der Gießfärbung	Die aufgegossene Menge an Gießflotte wird von der anschließenden Trockeneinrichtung nicht voll bewältigt, so daß Flecken aus der Nachtrocknung, Berührungsflecken entstehen	Vor Einlaufen in die Trockeneinrichtung unbeheizte Laufstrecke vorschalten. Die aufgegossene Flotte und die Leistungsfähigkeit der anschließenden Trocknung müssen so aufeinander abgestimmt sein, daß die Leder ohne Flüssigkeitslachen das Tunnelende erreichen
Helle, unbedruckte Stellen bei der Druckfärbung	a) Spaltfehler b) Ungleichmäßige Dicke der Leder c) Tiefe Mastriefen d) Tiefliegende und aufsteigende Adern zeichnen sich ab	a–d) Flache Gerbung, nach dem Chrom etwas dicker spalten und entsprechend stärker falzen
Einzelne oder mehrere Striche in Laufrichtung bei der Druckfärbung	a) Entweder Grat in der Auftragsrakel b) oder Inhomogenität in der Druckflotte, die an der Rakel hängenbleibt	zu a) Nachschleifen der Rakel zu b) Sorgfältigeres Sieben der Druckflotte

8. Färbefehler bei speziellen Ledern: Velours

Äußerer Aspekt	Ursache	Abhilfe
Ungleichmäßige Färbungen bei zwischengetrockneten Ledern	Nicht ausreichende Broschur, weil Leder zu scharf getrocknet wurden	a) Broschur verlängern, eventuell bei höherer Temperatur und stärker dosiertem Broschiermittel b) Endphase der Trocknung mildern durch Erniedrigung der Temperatur und Erhöhung der Luftumwälzung
Farbton- und Stärkeunterschiede, besonders bei Feintönen von Velours	a) Unterschiedliche Laufzeiten der Faßfärbung oder des trockenen Millens b) Unterschiedliche Tiefe des Nachschleifens c) Unterschiedliche Trocknung	Wichtige Parameter für Velours, die vereinheitlicht werden müssen
Sog. speckige Velours	a) Zu geringer Aufschluß im Äscher, weil für andere Lederart konzipiert b) Zu oberflächlich sitzende Fettung aus instabiler Lickerkombination c) Zu kurzer Schliff	zu a) Wenn möglich Nachäscher geben, sonst durch wirksame Entfettung unter starker Bewegung Leder hydrophiler machen zu b) Neutralölanteile des Lickers reduzieren, stärker sulfonierte Licker erhöhen zu c) Nachgerbung mit Chrom und Glutaraldehyd anstatt mit Aluminiumgerbstoff
Stark adrige Velours	a) Entweder schlecht oder zu spät konservierte Rohware b) Ausbildung der Adern durch prallmachenden Äscher	zu a) Eignung der Rohware überprüfen zu b) Wenig schwellenden Äscher mit maskierter Chromgerbung kombinieren zu c) Beim Falzen sorgfältig Adern anschneiden
Zu viele weiße bzw. »tote« Fasern bei Velours	a) Ungenügende Broschur und Nachgerbung bei Wet Blues b) Einwirkung von Aluminiumsalzen auf die Blöße c) Zu oberflächliche Färbung	zu a) Längere und wirksamere Broschur; eventuell heiße Chromnachgerbung geben zu b) Aluminiumgerbstoffe erst nach der Chromgerbung einwirken lassen zu c) Für bessere Durchfärbung sorgen
Wolkige Färbung des Velours nach dem Schleifen	a) Ungenügende Durchfärbung b) Ungleichmäßige Chromverteilung bei aus dem Chrom gespaltenen Ledern	zu a) Durchgreifendere Neutralisation, höherer pH-Wert im Färbebad, besser durchfärbende Farbstoff-Kombinationen zu b) Verbesserte Chromnachgerbung, z. B. mit BAYCHROM CL

Äußerer Aspekt	Ursache	Abhilfe
Starker Nuancenumschlag beim Schleifen von Velours	Zonige Einfärbung durch oberflächlich ziehenden Abtrüber, z. B. 1:2-Metallkomplexfarbstoff	Farbstoffkombination hinsichtlich Einfärbung besser abstimmen
Treppen im Plüsch von Velours	Vibrieren der Walzen bei Falzmaschinen großer Breite	a) Überholung der Falzmaschine b) Zurückführen der Durchlaufgeschwindigkeit beim Falzen c) tiefer schleifen
Fleckige Veloursfärbungen bei zugekauften Spalten durch Schaum	Verwendung ungeeigneter Emulgatoren bei den außerbetrieblichen Vorarbeiten	Entschäumer geben oder Lösungsmittel auf den Schaum aufsprengen
Entstehung von Grauschleiern auf Velours beim Lagern, besonders auf Schweinsvelours	Fettspaltung durch Pilze, die bei starkem und häufigem Temperaturwechsel zu Ausschlägen auf der Oberfläche führt	Wirksame Entfettung durchführen und in die Fettung selbst »Fettsäure-Löser« einbauen, z.B. flüssige, langkettige Chlorparaffine

9. Fehlfärbungen bei sonstigen Spezialledern

Äußerer Aspekt	Ursache	Abhilfe
Dunklere Unegalitäten bei Schafledern	Wunder Narben bei Äschertemperaturen über 25°C	Schafblößen sind temperaturempfindlicher als Rinder. Äschertemperatur unter 25°C einstellen
Bei Verarbeitung von Halbfabriken zu Schafnappa immanente Unegalität	Systematische Fehler im Äscher, die zur ungenügenden Entfernung des Grundes führen	Eine Änderung dieser Fehler ist nur durch die Bearbeitung von Schaf-Nappa von Grund aus zu erwarten
Bei Schaf in allen Stadien der Verarbeitung sichtbar werdende dunkle Flecken	Verursacht durch das Öffnen von Blutadern durch eine zu warme Schwöde	Naßscheren mit anschließendem Normaläscher statt Schwöden
Fensterfärbungen bei Kleintierfellen	Unvollständige Erschöpfung der Farbflotte, die sich in den loseren Teilen bevorzugt ansammelt und dort austrocknet	Sorgfältiges Absäuern bis die Farbflotte leer ist
Helle Partien in Hals und Klauen bei Kleintierfellen	Ungenügende Weiche von Trockenfellen, dadurch ungenügender Äscheraufschluß und ungleichemäßige Gerbung	Warmweiche von Trockenhäuten mit bakterizid eingestellten Weichmitteln
Weiße Flecken bei Syntangegerbten Schlangen	Ablagerung von Syntan in der Oberfläche der Schlangenhaut infolge ungenügenden Auswaschens nach der Gerbung in hochgradiger Gerbbrühe	Auswaschen nach der Gerbung bei 30–40°C, bis die Waschflotte 1–1,5 Bé spindelt
Ungenügende Bleichwirkung der Natriumchlorit-Bleiche auf das Pigment der Schlangen	Zur Konservierung wurde Naphtalin verwendet, das zusätzliches Bleichmittel verbraucht	Angebot an Imprapell CO solange steigern, bis eine genügende Bleichwirkung erzielt ist
Zu dunkle, schmutzige Farbe bei vegetabilisch vorgegerbter Ware ganz allgemein	Zu hoher pH-Wert durch Entgerbung z. B. mit Soda	Entgerbung mit 8–10% Borax bei 30°C führen
Helle unregelmäßige Flecken bis zum grieseligen Narben bei Alaum-gegerbten Ledern	a) Gipsflecken durch ungenügende Entkälkung b) Ausschlag von Salzen	zu a) Durchentkälkung bis keine Reaktion mehr mit Phenolphtalein besteht zu b) Leder kurz durch kaltes Wasser ziehen

10. Fehlfärbungen durch den Hilfsmitteleinsatz

Äußerer Aspekt	Ursache	Abhilfe
Ungenügende Lichtechtheit von Färbungen trotz Verwendung lichtechter Farbstoffe	Als anionaktives Färbereihilfsmittel wurde Naphtalinsulfosäure-Formaldehyd-Kondensat oder ein anderer nicht lichtechter Gerbstoff eingesetzt	Lichtechte Hilfsmittel wie Nr. 8, 9. 10 und 11 der Tabelle 29 einsetzen
Völlig leere Färbungen beim Einsatz anionischer Hilfsmittel in Neutralisation und Vorlauf	Die Badtemperatur lag zu hoch beim Einsatz des Hilfsmittels, wodurch dieses völlig oberflächlich aufzog und dabei den Narben sehr stark reservierte	Die Badtemperatur beim Vorlauf anionischer Hilfsmittel sollte zwischen 25 und 30°C liegen
Ungenügende Lichtechtheit bei etwas brillanterer Färbung trotz Verwendung von 1:2-Metallkoplexfarbstoffen in ausreichender Dosierung	Das verwendete Hilfsmittel ist komplexaktiv und entmetallisiert bei hohen Temperaturen die 1:2-Metallkomplexfarbstoffe. Beispiel: Polyphosphate.	Entweder Farbstoffe oder Hilfsmittel wechseln
Unegalität beim Einsatz kationischer Farbverstärker	Entweder ist die Temperatur beim Einsatz zu hoch oder die Dosierung des Hilfsmittels zu kräftig oder die Kationität zu stark oder die Farbstoffdosierung nach Einsatz des Hilfsmittel in der zweiten Stufe zu niedrig oder die Wäsche vor und nach dem Einsatz des Hilfsmittels zu wenig wirksam	Beim Einsatz kationischer Hilfsmittel beachten: a) Bei möglichst niedriger Temperatur und niedrigem pH-Wert b) in möglichst geringer Dosierung c) ein Hilfsmittel mit möglichst gedämpfter Kationität d) bei kräftigem Farbstoffangebot in der zweiten Stufe e) nach ausreichender Wäsche f) im frischen Bad einsetzen
Bei stark kationischem Hilfsmittel überfärbte Fleischseite, oft ungenügende Reibechtheit bei reserviertem Narben	Im Vorlauf zu hoch dosiertes, stark kationisches Färbereihilfsmittel, unter Umständen ohne oder nach ungenügender Wäsche	Einsatz kationischer Hilfsmittel nach Seite 168 planen und durchführen
Harte Leder beim Einsatz kationischer Hilfsmittel	Die Durchfettung wird von stark kationischen Hilfsmitteln oberflächlich blockiert	Entweder mit kationischem Licker fetten oder anionische Durchfettung vor kationischer Übersetzung geben
Starke Überfärbung der Fleischseite manchmal verbunden mit Nuancenumschlag und Unegalität	Zu hohe Dosierung eines Retarders s. S. 163	Retarder haben ihr Wirkungsoptimum bei Dosierungen unter 1% und bei pH-Werten zwischen 4,5 und 5
Fettfleckähnliche Schmieren auf Narben und Fleischseite	Ausfallen eines Gleitmittels oder eines Ethylenoxid-Hilfsmittels durch Gerbstoff in der Flotte	Ethylenoxid-Emulgatoren und Gerbstoffe in Färbebädern säuberlich getrennt halten

11. Färbefehler durch die Lickerung und Entfettung

Äußerer Aspekt	Ursache	Abhilfe
Dunkle, diffuse Flecken in der Nierengegend, an der Schwanzwurzel und im Nacken	Naturfett von der Entfettung nicht erfaßt	Systematische Entfettung: a) Entfleischen nach der Schmutzweiche b) Entfetten nach der Beize, eventuell mit lösungsmittelhaltiger Emulgatorzubereitung c) wenn möglich streichen
Allgemeine Unegalität, überfärbte Fleischseite	Zu starke, nicht ausreichend stabile Fettung in der Chromgerbung bzw. Nachgerbung oder zu hohe Dosierung kationischer Fettungen in Pickel und Chromgerbung	Gesamttechnologie unter diesen Gesichtspunkten überprüfen
Zu stark angefärbte Fleischseite bei hartem Griff	Instabile Lickerung in hartem Wasser mit härteempfindlichen Farbstoffen	Wasserhärte, Stabilität der Lickerung und Härteempfindlichkeit des Farbstoffes bewirken zusammen das spezifische Ergebnis eines bestimmten Betriebes und sind oft Ursache für überraschende Unterschiede im färberischen Verhalten in verschiedenen Betrieben
Bei einer Serie identischer Färbungen am gleichen Tag werden die Leder immer etwas härter und besonders auf der Fleischseite dunkler	Aus Rationalisierungsgründen wird oft ein Großansatz des Lickergemisches angesetzt und werden davon im Laufe des Tages einzelne Chargen nach Aufrühren abgezogen. Die zuletzt eingesetzten Chargen sind zwangsläufig durch das Stehen grobteiliger geworden und ziehen oberflächlicher	Jede Lickerung frisch ansetzen und nach kurzem, immer gleich langem Stehen ins Faß geben
Dunkle Fettflecken ohne spezifische Lokalisierung	Instabiler Licker durch zu hohe Elektrolytgehalte a) infolge des Kurzflottenverfahrens b) aus Stellmitteln von Gerbstoffen, Farbstoffen, Hilfsmitteln usw. c) wegen unzureichenden Waschens	Von Fall zu Fall den Elektrolytgehalt der letzten Waschflotte vor der Lickerung prüfen: nicht über 1%
Dunkle Fettflecken, unregelmäßig verteilt	Infolge zu tiefer pH-Werte im Lickerbad wird Chromgerbstoff in die Flotte abgezogen, der destabilisierend wirkt	Der pH-Wert im Bad anionischer Licker sollte 4–5 nicht unterschreiten, und es sollte zum Abschluß der Lickerung nicht unter 3,5–3,7 abgesäuert werden

Äußerer Aspekt	Ursache	Abhilfe
Fettflecken	a) Durch Mischung unverträglicher Licker b) Durch Fällung Ethylenoxidstabilisierter Licker durch ausblutende Nachgerbstoffe c) Durch Ausfällen einer gegen mechanische Beanspruchung instabilen Lickermischung infolge der Faßbewegung	zu a) Lickermischungen überprüfen durch Stehenlassen zu b) Durch Versetzen mit geringen Mengen einer Lösung des Nachgerbemittels zu c) Durch Schütteln der Mischung nach a) auf der Schüttelmaschine Bei negativen Befunden Mischung ändern
Allgemeine Unegalität, dunkle Fleischseite nach Vorlickern mit kationischen Lickern	Anwendung zu hoher Mengen kationischer Licker in Pickel und Chromgerbung	Konzentrationen kationischer Produkte zurückführen
Dunkle Riefen, großer Unterschied zur Fleischseite	Instabile Fettung	a) In der Nachgerbung bzw. Neutralisation hellgerbenden Gerbstoff oder ein Färbereihilfsmittel vorlaufen lassen b) Licker stabiler einstellen, z. B. durch Einführung eines sog. »Pelzwaschmittels« oder eines synthetischen Lickers
Verfleckung des Narbens nach Ablagern im Stapel Fleischseite auf Narben	Bei verschmierter Fleischseite mit sog. »Mayonnaise« drückt sich dieselbe auf dem Narben ab	Stabiler fetten und Narben auf Narben stapeln
Leere Färbung bei Seife im Licker	Bei der alkalischen Reaktion des Lickers durch die Seife wird Farbstoff abgezogen	Das Lickerbad sollte schwach sauer reagieren, um möglichst wenig Farbstoffe abzuziehen
Weißer Ausschlag, der bei der Lagerung anilingefärbter Leder unter starkem Temperaturwechsel entsteht. Der Ausschlag schmilzt in der freien Flamme eines Feuerzeugs	Die Verwendung von Fettungsmitteln auf Basis von Talg, Rohspermöl, Reisschalenöl verursacht bei bakterieller Spaltung die Entstehung langkettiger, freier Fettsäuren, die durch häufigen Temperaturwechsel kristallin an der Lederoberfläche auswittern	Im Licker Anteile von flüssigen, langkettigen Chlorparaffinen oder die Chlorierungsprodukte nativer Fettrohstoffe mitverwenden, wodurch die Fettsäuren nicht kristallisieren

12. Unegalitäten durch die Trocknung

Äußerer Aspekt	Ursache	Abhilfe
Große dunkle Flecken bei der Hängetrocknung an allen Stellen des Leders	Berührungsflecken. An den Berührungsstellen verdunstet das Wasser langsamer	Grundsätzlich alle Bedingungen vermeiden, die die Flotte aus dem Leder stellenweise langsamer verdunsten lassen, denn dort entstehen immer Flecken. In unserem Fall die Leder mit größerem Abstand hängen
Dunkle, diffuse Schattierungen in den tieferen Zonen aller in der Vertikalen getrockneter Leder	Bei langsamer Trocknung in der Vertikalen sickert die kapillar im Leder eingelagerte Flotte mit allen Inhaltsstoffen nach unten, wodurch sich ungebunden Gerbstoffe, Farbstoffe und Fette dort anreichern	a) Grundsatz jeder Trocknung sollte sein, mit möglichst leeren Flotten in dieselbe zu gehen b) Hierzu sorgfältig absäuern und die Baderschöpfung überprüfen c) Zusätzlich hierzu ist es vorteilhaft, mit 0,5% eines schwach kationischen Harzes im erschöpften und abgesäuerten Lickerbad zu fixieren
Dunkle Muster eines Gitters, Rostes u.a.	Abzeichnung einer Trockeneinrichtung auf dem Leder während des Trocknens durch stellenweise Behinderung der Verdunstung	Trockenbedingungen verbessern
Zwei Finger breiter dunkler Strich in der Mitte des Leders über seine ganze Breite	Aufliege-Verfärbung bei Hängetrocknung über eine Stange	Entweder stärker abquetschen oder Hängetrocknung mit Klammer
Ständige Unegalität bei vakuumgetrockneten Ledern	a) Nicht genügend abbindende Farbstoffe, Fettungsmittel und auch Gerbstoffe b) Verschmutzte Filze	zu a) Sämtliche Rezepturmittel und Arbeitsweisen für vakuumgetrocknete Leder müssen optimal abbinden. Eventuell Harzfixierung! zu b) Filze turnusmäßig auswechseln und durch gewaschene ersetzen
Blasenartige Flecken bei vakuumgetrockneten Ledern	Luftblasen beim Aufliegen auf der Platte, entstanden durch unregelmäßiges maschinelles Abwelken und durch unsorgfältiges Ausstoßen auf der Platte beim Auflegen	Sorgfältig von zwei Seiten abwelken und genau auf der Heizplatte aussetzen
Tropfenartige Wasserflecken auf dem Leder beim Vakuumtrocknen	Bei der Verwendung von Nylon- oder Metallmaschengittern als Abschluß der Vakuumhaube tropft durch dieselben Kondenswasser	Filze als Haubenabschluß verwenden, weil dieselben Kondenswasser aufnehmen
Dunkle Flecken, z. T. verbunden mit Losnarbigkeit bei der Vakuumtrocknung	Zu hohe Anteile von unsulfonierten Ölen bzw. von Mineralöl in der Lickermischung oder zu starker Aufsatz eines kationischen Lickers	Unsulfonierten Anteil im Licker reduzieren, eventuell Trockentemperatur und Belastung senken

Äußerer Aspekt	Ursache	Abhilfe
Große Farbdifferenz zwischen Platten- und Vakuumseite des Leders	Schlecht abbindender Farbstoff	1:2-Metallkomplexfarbstoffe einsetzen
Feuchte Leder, die vor der Trocknung längere Zeit auf dem Bock im Licht standen, zeigen hellere Ränder	Die Lichtempfindlichkeit feuchter Leder ist sehr viel größer als die trockener Leder	Feuchte Leder nicht längere Zeit dem direkten Sonnenlicht aussetzen. Grundsätzlich nicht Leder in der Sonne trocknen

13. Unzureichende Reproduzierbarkeit: Allgemeine Hinweise

Äußerer Aspekt	Ursache	Abhilfe
Die Reproduzierbarkeit von Färbepartien ganz allgemein und bei allen Nuancen ist unter den Bedingungen des Betriebes schlecht	a) Die Partien sind nicht gleich groß und uneinheitlich b) Die Partien schwanken in den Dicken c) Die Fässer sind in Form, Fassungsvermögen, Umlaufgeschwindigkeit und hinsichtlich Einbauten unterschiedlich d) Gerbpartien verschiedenen Alters werden zur Färbepartien zusammengestellt e) Das Färbegut wird nach Stückzahl dosiert f) Es entstehen starke pH-Schwankungen durch die Verwendung starker Säuren zum Absäuern g) Es entstehen erhebliche Unterschiede in den Faßtemperaturen, wenn man z. B. 4 Fässer am gleichen Strang gleichzeitig spült oder mit Flotte beschickt	zu a) Partien gleichen Gewichts in etwa gleicher Fläche zusammenstellen zu b) Gleiche Dicke ist unerläßlich! zu c) Gleiche Faßbedingungen schaffen! zu d) Nur Gerbungen gleichen Alters zu Färbepartien zusammenstellen, wenn nicht möglich, leichte Chromnachgerbung geben zu e) Die ideale Dosierung ist die auf die Fläche bezogene, die zweitbeste ist die nach Gewicht. Dosierung nach Stückzahl gibt immer wieder Ausreißer zu f) Durch starke Säuren ohne Pufferungsvermögen entstehen schon durch minimale Dosierungen große pH-Sprünge. Ideale Säure: Essigsäure, gut brauchbar Ameisensäure zu g) Die realen Temperaturen jeweils im Faß kontrollieren
Leder fallen sporadisch dunkler und in der Nuance etwas abweichend an	Durch ungenügende Faßspülung nach der Färbung ziehen Inhaltsstoffe der vorher laufenden Partie auf das Leder auf	Sorgfältig Faß und Zuleitung reinspülen und dunkle bzw. helle Partien immer in denselben Holzfässern färben. Ideales Gefäßmaterial: Edelstahl

Äußerer Aspekt	Ursache	Abhilfe
Einzelne Partien in der Nuance abweichend	Häufig Wägefehler	Immer dieselben Mitarbeiter bei besonderer Würdigung ihrer Leistung und Verantwortung abwägen lassen
Die Partien fallen mit schwankenden Farbstärken an	Zwischen den Partien sind Dikkenunterschiede, sei es bewußt oder unbewußt, indem z. B. die Leder mit unterschiedlichen Wassergehalten zum Falzen gelangen	a) Je dünner ein Leder ist, desto größer ist seine Fläche im Verhältnis zum Gewicht und desto mehr Farbstoff benötigt es für die gleiche Farbstärke. Verschiedene Dicken müssen also durch die Farbstoffdosierung ausgeglichen werden b) Darauf achten, daß die Leder mit gleichen Wassergehalten zum Falzen kommen
Ungenügende Reproduzierbarkeit mit Stärkeschwankungen bis zu 70%, oft verbunden mit Nuancenschwankungen, unterschiedlicher Einfärbung u. a.	Erhebliche Temperaturschwankungen in Nachgerbung und Neutralisation bei Anwesenheit von Gerbstoffen und gerbenden Hilfsmitteln	Mit eine der häufigsten Ursachen mangelhafter Reproduzierbarkeit sind schwankende Temperaturen in Nachgerbung und Neutralisation. In diesem Bereich ist Vereinheitlichung besonders wichtig
Helle Ränder und Stärkeunterschiede zwischen den Partien	Die Leder haben nach der Chromgerbung vor dem Spalten bzw. Falzen unterschiedliche Zeiten gestanden und sind z. T. an den Rändern angetrocknet	Grundsätzlich Standzeiten kurz halten. Leder immer mit Folie abdecken. Waschwasser vor der Neutralisation auf pH-Wert prüfen und Neutralisation auf das Ergebnis abstimmen
Stärke- und Nuancenschwankungen bei Feiertagspartien	Höhere Chromgehalte durch längeres Liegen in der Gerbflotte ergeben vollere Färbungen. Der höhere Eisengehalt des Betriebswassers in den Leitungen nach Feiertagen macht die Lederfarbe grauer	Sonntagspartien für dunklere Nuancen heranziehen! Am Montag Wasser einige Zeit laufen lassen
Jahreszeitliche Schwankungen hinsichtlich Farbstärke und Anfärbung der Fleischseite	Wechselnde Carbonathärte je nach Wasseranfall in der Natur	a) Wasser enthärten durch Ionenaustauscher oder durch komplexaktive Hilfsmittel b) Härtebeständige Farbstoffe auswählen c) Farbstoffe zumindest in enthärtetem Wasser lösen
Nuancenschwankungen bei Pastellnuancen von Partie zu Partie	Unterschiede in den Laufzeiten	Laufzeiten präzise einhalten
Schlechte Reproduzierbarkeit von Färbungen, verbunden mit Schwankungen im Griff, mit Überfettung der Fleischseite und mit Unregelmäßigkeiten in der Egalität der Färbungen	Ungleichmäßiges Arbeiten bei der Herstellung des Emulsionskernes von Lickeremulsionen hinsichtlich Rühren, Temperatur, Zugabe und Temperatur des Wassers und hinsichtlich der Standzeit bis zur Eingabe ins Faß	Vorbereitung und Dosierung der Lickerung muß gut überwacht und gegebenenfalls strikt vereinheitlicht werden

14. Spezialfälle ungenügender Reproduzierbarkeit

Äußerer Aspekt	Ursache	Abhilfe
Farbstärke-Schwankungen von Partie zu Partie, besonders im Winter	a) Schwankende Äschertemperaturen b) Schwankende Pickeltemperaturen und dadurch unterschiedliche Endtemperaturen der Chromgerbung	Temperaturüberwachung bei den Vorarbeiten und entsprechenden Ausgleich sorgen
Dunkler gefärbte, oft auch unegalere Ausreißerpartien	Durch die Verwendung eines Entkälkungsmittels niedrigen pH-Wertes und geringer Pufferung entstehen durch Schwankungen im Zugabe-Rhythmus pH-Minima unter pH 5, die den Grund fixieren	Entkälkungsmittel mit höherem pH-Wert und guter Pufferungskapazität verwenden
Unterschiede in der Farbintensität zwischen den Partien	Durch frühen Einsatz eines Gleitmittels in der Chromgerbung wird deren Endtemperatur und, davon abhängig, der Chromgehalt der Leder niedriger	Gleitmittel erst in der zweiten Phase der Chromgerbung immer zum gleichen Zeitpunkt dosieren
Bei der Gerbung mit selbstreduzierenden Brühen Schwankungen der Farbintensität von Partie zu Partie	Unregelmäßigkeiten in der Selbstreduktion hinsichtlich Schnelligkeit der Säurezugabe, der Temperatur, der Alterung der Gerbbrühen und hinsichtlich der Zusammensetzung des Reduktionsmittels	Standardisierung durch Umstellung auf gerbfertige Chromgerbstoffe
Bei gut standardisierten Verfahren Stärkeschwankungen im Vergleich zur letzten Partie bei Anbruch eines neuen Farbstoffgebindes	Stärkeschwankungen durch Stärkeunterschied der neuen Farbstofflieferung (bis zu 10% möglich bei einer Empfindlichkeitsgrenze der Augenmusterung von ± 5%)	Typmuster der Farbstoffe immer verfügbar halten. Jede neue Lieferung sollte gegen den jeweiligen Typ in einer Vergleichsfärbung geprüft werden
Nuancenschwankungen von Partie zu Partie bei alten Fässern, abhängig von der Laufzeit	Durch undichte Faßtüren verlieren die Fässer unterschiedliche Mengen an Flotte, was sich färberisch auswirkt	Ausrüstung verbessern
Beachtliche Unterschiede von Haut zu Haut innerhalb einer Partie	Faß überladen	Faßbeladung reduzieren
Bei stark schwankender Carbonathärte und Verwendung von starken Säuren zum Absäuern schwankende Farbstärken von Partie zu Partie	Die pH-Werte im Färbebad sind infolge zu geringer Pufferungskapazität stark schwankend	Wasserhärte überwachen und mit Essigsäure ausgleichen. Ameisensäure einsetzen
Von Partie zu Partie unregelmäßige Durch- bzw. Einfärbung	Ungenaue pH-Führung in Neutralisation und Färbebad	Am besten Dosierung mit Automaten. Sonst schärfere Überwachung des pH-Wertes

Äußerer Aspekt	Ursache	Abhilfe
Beim Arbeiten mit Farbstoff-Stammlösungen Farbunterschiede von Partie zu Partie	Farbstofflösungen altern beim Stehen z. B. durch Aggregierung	Entweder Flüssigfarbstoffe oder frisch angesetzte Farbstofflösungen einsetzen
Stärke- und Farbtonunterschiede bei Velours	a) Entweder unterschiedliche Laufzeiten b) oder unterschiedliches Nachschleifen c) oder verschieden langes Millen d) oder unterschiedliches Trocknen	a) – d) vereinheitlichen
Bei Nubuk von Partie zu Partie Abweichungen durch Unterschiede im Schliff	Ungleichmäßigkeiten im Sitz der Fettung	Gleiche Zeit, gleiche Temperatur und gleiche Rührung beim Ansatz des Lickers, gleiches Stehen vor der Zugabe. In das ausgezehrte Likkerbad 1% eines synthetischen Weißgerbstoffes nachsetzen

15. Beanstandungen von Färbungen bei Verarbeitung und Gebrauch

Äußerer Aspekt	Ursache	Abhilfe
Unegalität von Anilinledern nach einem Glanzstoßen	Dickenunterschiede verursachen ungleichen Druck und damit Unegalität	Sorgfältiger Falzen
Broncieren von Anilinledern beim Glanzstoßen	Überdosierung von kationischen oder Triphenylmethan-Farbstoffen	Änderung der Farbstoffkombination
Gelblich-weißer Ausschlag auf Anilinledern durch Bügeln	Schwefel aus Zweibadgerbung oder aus Thiosulfat in der Neutralisation	Thiosulfat eliminieren
Zurichtschicht einer Binderzurichtung versprödet und zeigt beim einfachen Knick lange Risse	Die Zurichtung wurde mit einem ungenügend stabilisierten Butadienbinder geführt, der mit aus einer Färbung mit einem Kupferkomplexfarbstoff stammenden Kupferion reagiert	Entweder besser stabilisierten Binder verwenden oder den Kupferkomplexfarbstoff austauschen
Wolkige Unegalität, oft verbunden mit mäßiger Reibechtheit tritt nach dem Finishen von Anilinledern mit organisch gelösten Lacken auf	a) Entweder Herauslösen von schlecht abgebundenen, Farbstoff aus Spritzfärbungen b) oder Diffusion von sulfogruppenfreien 1:2-Metallkomplexfarbstoffen aus einer Faßfärbung	Im Falle a) Färbeverfahren ändern, im Falle b) sulfogruppenhaltige Farbstoffe einsetzen

Äußerer Aspekt	Ursache	Abhilfe
Ungenügende Überspritzechtheit von Zurichtungen oder Durchschlagen von Färbungen durch die Zurichtung beim heißen Bügeln	Ungenügend migrationsechte Färbungen mit 1:2-Metallkomplexfarbstoffen in Anwesenheit von Hochsiedern	Man muß darauf achten, daß migrationsunechte Färbungen nicht mit Hochsiedern, sei es aus Flüssigfarbstoffen oder aus Zurichtansätzen, in Berührung kommen
Dunkle Flecken bei der Verarbeitung von Anilinledern unter Druck bzw. erhöhter Temperatur	Ungebundenes, migrierendes Mineralöl aus der Fettung diffundiert aus dem Leder an die Oberfläche	Umstellung der Lickerung zu besser abbindenden, sulfonierten Fetten
Helle Verfärbung an Stellen starker Zugbeanspruchung z. B. an den Spitzen des Schuhes	Oberflächliche Fettung mit hohen Neutralölanteilen bewirken eine Farbvertiefung, die sich bei Zug aufhellt	Weniger oberflächlich aufziehende und weniger Neutralöl-enthaltende Fettung einstellen
Abfärben des Oberleders beim Einkleben der Hinterkappen in den Pullover	Nicht genügend fest gebundener Farbstoff, z. B. aus dem Spritzverfahren, löst sich in den Weichmitteln der Hinterkappe	Entweder faßgefärbte Leder einsetzen oder mit besser lösungsmittelbeständigen Farbstoffen färben
Abschmelzende Perlonfäden beim Nähen von Spaltvelours	Durch Aluminium- oder Zirkonnachgerbung zu sehr verdichtete Velours, die sich heißnähen	Entweder im Äscher stärker aufschließen oder Chrom/Aluminium bzw. Chromnachgerbung anwenden
Angefärbte Hemden oder Socken bei direkter Berührung von Ledern mit textilen Materialien (ungefütterte Schuhe, Anilin-Futterleder, Bekleidungsleder am Kragen usw.)	a) Ungenügend schweißechte Färbungen bei der Berührung mit Baumwolle, Wolle, Viscose usw. b) Ungenügende Migrationsechtheit der Färbung bei Berührung mit synthetischen Fasern	Färbungen mit Farbstoffen einstellen, die in den einschlägigen Echtheiten besser sind
Verfärbungen von Krepp- und Plastiksohlen, von Kunststoffpassepoilen und hellfarbigen Lacklederbesätzen aus voll gefärbten Velours und Anilinledern	Färbungen mit kationischen Farbstoffen oder ungenügend migrationsechten Farbstoffen migrieren in organisches Material	Besser migrationsechte Farbstoffe einsetzen
Anvulkanisierte Gummisohlen werden in Berührung mit Velours klebrig oder haften ungenügend	Das Leder wurde mit unstabilen Kupfermetallkomplexfarbstoffen gefärbt. Das Kupferion ist ein Vulkanisationsgift	Keine Kupferkomplexfarbstoffe für Leder einsetzen, die im Vulkanisationsverfahren weiterverarbeitet werden sollen
Anilinleder schmutzen besonders schnell und stark beim Gebrauch an: Das Leder wird speckig	Das Leder ist zu hydrophob. Seine Fettung enthält zuviel Neutralöl und sitzt zu oberflächlich	Mehr sulfonierte Fette, weniger Neutralöl einsetzen, statt Aluminium-Nachgerbung mit Chromaluminium-Mischkomplex arbeiten. Synthetische Gerbstoffe in der Nachgerbung verwenden

Literatur

1. G. Otto, Das Färben des Leders, Darmstadt 1962.
2. M. Richter, Einführung in die Farbmetrik, Berlin 1976, Sammlung Göschen, 2608; D. B. Judd, G. Wyszeki, Color in Business, Science and Industry, New York 1975; DIN 5033, Teil 1 bis 9. Beuth-Verlag, Berlin 30 und Köln 1; H. Wacker, Leder 14 (1962), 116; F. Gerritsen, Farbe, Ravensburg 1975.
3. A. Brockes D. Stocka, A. Berger, Bayer Farben Revue, Sonderheft 3/2 (1987), 5.
4. J. Krüsemann, Bayer Farben Revue, Sonderheft 4 (1964), 4 u. 6.
5. A. Brockes, D. Stroka, A. Berger, Bayer Farben Revue, Sonderheft 3/2 (1987), 7 u. 36.
6. G. Kämpf, Deutsche Farbenzeitschrift 33 (1979), 185.
7. D. L. MacAdam, TAPPI 38 (1955), 78.
8. DIN 6174 »Farbmetrische Bestimmungen von Farbabständen bei Körperfarben nach der CIELAB-Formel« (1979) Beuth-Vertrieb GmbH, Berlin 30 und Köln 1.
9. DIN 6164 und Beiblätter, Beuth-Verlag Berlin 30 und Köln 1; DIN 5033, Beuth-Verlag, Berlin 30 und Köln 1; F. Born, Farbe 1 (1952), 24.
10. Munsell Book of Color, 2 Bände, Macbeth Division of Kollmorgen Corporation.
11. American Society for Testing and Materials (1916) Raeest, Philadelphia Pa 19103. Baltimore Maryland 1976, D 1535-68, Specifying Color by the Munsell System.
12. Color Scales, Optical Society of America, 2000 L Street N. W. Washington DC 20038.
13. NCS Natural Color System, Fürginstitutet, Riddargutan 17, PO Box 14038 G – 10440, Stockholm/ Schweden.
14. Dic-System, Modeinformation Heinz Kramer GmbH, Pilgerstr. 2, D-5063 Overath.
15. W. R. Dyson, 15. I.U.L.T.C.-Kongress Hamburg 1977 V/3; J.S.L.T.C. 63 (1979), 1.
16. W. Lassmann, Leder 6 (1955), 5.
17. GB 797946, I.C.I. (1956); GB 798121, I.C.I. (1956); GB 1067152, I.C.I. (1964).
18. K. Rosenbusch, G. Siebott, Leder 19 (1968), 294.
19. Dermalicht-Farbstoffe, Sandoz, Basel 1983.
20. W. Beckmann, Melliand Textilchemie 3 (1965), 88.
21. G. Schetty, Textilrundschau 11 (1956) 263 u. 276.
22. H. Zollinger, Melliand 37 (1956), 1316.
23. G. Dierkes, H. Brocher, Deutscher Färbekalender (1977), 403.
24. Roussin, Orange II, 1876.
25. Bötticher, Kongorot, 1884.
26. G. Otto, Das Färben des Leders, Darmstadt 1962, 16.
27. Musterkarten: Luganil-Farbstoffe BASF, Ludwigshafen, 1980, F.K. P 513 d-c-f-s; Bayer-Lederfarbstoffe, Bayer AG, Leverkusen, GK 855 (N) d-e-f-s; Sellaecht-Farbstoffe, Ciba-Geigy AG, Basel, 1974; Sellaecht-Farbstoffe 35789; Coranilfarbstoffe, Hoechst AG, Frankfurt-Hoechst, 1980, EBR 44526; Derma-Farbstoffe, Sandoz AG, Basel, 1975, 1518/75.
28. German P. 951 949, Bayer AG, 1954.
29. CH 571 559, Sandoz, 1973.
30. GB 438 398, Geigy, 1935; GB 447 906, Geigy, 1936; GB 448 016, Geigy, 1937.
31. H. P. Frank, J. Colloid Sci. 12 (1957), 480.
32. G. Otto, Das Färben des Leders, Darmstadt 1962, 77.
33. G. Otto, Das Färben des Leders, Darmstadt 1962, 82.
34. G. Schetty, Textilrundschau 11 (1956), 269, 216.
35. DT DAS 1619357 (1966) BASF.
36. Band 6 dieser Reihe, 74; G. Otto, Das Färben des Leders, Darmstadt 1962, 169.
37. DT DAS 2638236 (1976), Hoechst.

38 G. Otto, Das Färben des Leders, Darmstadt 1962, 47.
39 GB 421054 1934, I.C.I. u. Mordacai Mentosa.
40 DT DAS 636880 1934, Zschimmer & Schwarz.
41 G. Schultz, Farbstofftabellen, 7. Auflage, Leipzig 1939; A. Green in The Analysis of Dyestuff, London 1920.
42 Colour Index 3. Auflage, 1971–76, 5 Bände und 2 Ergänzungsbände, Lund and Humphres, Bradford and London.
43 H. Herfeld, R. Schiffel, LHM 1971, Heft 12, 1972 Heft 1 und 3.
44 Band 7 dieser Reihe, S. 152 ff und 166.
45 K. Rosenbusch, persönliche Mitteilung 1980.
46 H. Herfeld, G. Otto, M. Oppelt, E. Häusermann, H. Rau, Leder 16 (1965) 201.
47 K. Rosenbusch, Leder 13 (1962), 185; 14 (1963), 141; K. Rosenbusch, N. Münch, Leder 18 (1967), 175.
48 H. Herfeld, LHM 1976, Januar.
49 K. Eitel, H. Goebel, Bayer Farben Revue, Sonderheft 17 (1976), 10.
50 Rezeptur der Farbwerke Hoechst AG, 1980.
51 Hagspiel-Automat – W. Hagspiel KG, Postfach 529, 7410 Ludwigsburg; Leder 22 (1971), 275; Coretan, ehemalige Lieferfirma Trockentechnik, 4192 Homberg/Niederrhein; Leather Manufacturer 94 (1977), Nr. 2, 26.
52 Gerbmischer – Challenge – Look Bros. Inc. European Division, Avenue Tervueren 1968, 1050 Brüssel, Belgien.
53 Band 7 dieser Reihe, S. 233 ff.
54 J. Wolff, W. Pauckner, LHM, 1978, Heft 4.
55 J. Ribli, 6. Kongreß für die Lederindustrie 1978, Budapest, S. 374.
56 Band 7 dieser Reihe, S. 152 ff; Dosomat, Dose, Maschinenfabrik GmbH, Industriestraße 5, 7580 Lichtenau.
57 Persönliche Mitteilung G. Held 1984.
58 G. Moog. W. Pauckner, Leder 27 (1976), 33.
59 Band 7 dieser Reihe, S. 207.
60 H. Rüffer, Leder 31 (1980), 129.
61 H. Rüffer, W. Kempin, A. Kraus.
62 W. Weber, Leder 21 (1970), 193; W. Luck, Leder 21 (1970), 196; s. a. die anschließend abgedruckte Diskussion auf der 22. VGCT-Tagung Mai 1970.
63 Band 7 dieser Reihe, S. 249 ff.
64 Lieferfirma Staub & Co. AG, Männedorf/Schweiz.
65 J. Westphal, unveröffentlichte Mitteilung 1983.
66 W. Luck, Leder 21 (1970), 196.
67 B. Martinelli, G. Streicher, Veröffentlichungen der Ciba-Geigy, Basel, März 1980.
68 D. Lach, W. Maltry, F. Feichtmayer, LHM 30 (1978) 280.
69 K. Eitel, H. Jobst, Bayer Färbereisymposium 1979/VIII/S. 31.
70 Band 6 dieser Reihe, S. 200.
71 W. Schröer, Leder 25 (1974), 189.
72 G. J. Katz, JALCA 70 (1975), 149; B. Knickel, LHM 28 (1976), 84; M. Jobst, Bayer Farben Revue, Sonderheft 17 (1976), 20.
73 Band 7 dieser Reihe, S. 390.
74 E. Rexroth, Melliand 43 (1962), 602.
75 H. Zahn, Kolloid Z 197 (1964), 14.
76 H. Herfeld, M. Oppelt, Leder 15 (1964), 141.
77 H. Herfeld, B. Schubert, Leder 13 (1962), 77, 127; Leder 15 (1964), 25.
78 E. Pfleiderer, LHM 29 (1977), 20 u. 24.
79 H. Herfeld, I. Steinlein, LHM 20 (1968), 1.
80 K. Eitel, Leder 5 (1954), 290; s. a. G. Otto, Leder 6 (1955), 130.
81 H. Wachsmann, Leder 32 (1981), 109; H. Wachsmann, Leder 20 (1969), 145; M. Foladier, Techn. Cuir 10 (1971), 4; H. Hilzinger, H. Wachsmann, LHM 13 (1980), 188; K. H. Rogge, LHM 11 (1978), 154.
82 FF. Miller, B. Magerkurth, Leder 32 (1981), 49 Abb. 3, 4 und 10.
83 K. Eitel, LHM 1979, Heft 24; H. Wachsmann, Leder 20 (1969), 145.

84 H. Träubel, K. Eitel, Leder 32 (1981), 152.
85 H. Wicki, 14. I.U.L.C.S.-Kongreß, Barcelona 1975 Proceedings; Leder 27 (1976), 45; J.S.L.T.C. 60 (1976), 133.
86 B. Martinelli, E. Hilzinger, H. Wachsmann, Leder 27 (1976), 74 u. 97; 14. Kongress der I.U.L.C.T.S., Barcelona 1975.
87 K. Eitel, LHM 31 (1979), 204.
88 M. Diem, A. Vallotton, 17. Kongreß des I.U.L.T.C.S., Buenos Aires 1975, Proceedings IV/3.
89 G. Otto, Das Färben des Leders, Darmstadt 1962, 215.
90 Persönliche Mitteilung B. Zorn, Leverkusen 1970.
91 E. Valko, Österreichische Chemiker-Zeitung 40 (1937), 465; B. Milicevic, Textilveredlung 3 (1968), 607.
92 W. Luck, Leder 29 (1978), 89.
93 G. Otto, Das Färben des Leders, Darmstadt 1962, 123.
94 M. May, Leder 31 (1980), 93.
95 K. Eitel, L. Jobst, unveröffentlicht 1976.
96 K. Eitel, K. Berger, unveröffentlicht 1976.
97 H. E. Nursten, A.A.R. El. Mariah, J.S.L.T.C. 47 (1963), 131, 381; GB 872 506 H. E. Nursten, L. Peters, C. B. Stevens.
98 Band 10 dieser Reihe, 234.
99 W. Bury, Deutscher Färberkalender 1977, 185
100 K. Eitel, Leder 26 (1975), 77.
101 G. Otto, Das Färben des Leders, Darmstadt 1962, 119.
102 R. Stubbings, Proc. of the Perkin Cent. 1956, 115.
103 Band 7 dieser Reihe, 184.
104 K. H. Gustavson, The Chemistry of Tanning processes, New York, Academie Press 1956.
105 J. W. Strudwick, J.S.L.T.C. 49 (1965), 62.
106 G. Reich, H. Sieber, Abh. Dtsch. Lederinst. Freiberg 18 (1962), 31; A. R. El Mariah, H. E. Nursten, J.S.D.C. 82 (1966), 132; H. P. Coward, H. E. Nursten, J.S.D.C. 80 (1964), 405.
107 H. Wachsmann, JALCA, 77 (1982), 244.
108 J. Carbonell, R. Hasler, R. Walliser, Textilveredlung 11 (1976), 43.
109 G. Otto, Das Färben des Leders, Darmstadt 1962, 224; D. Lach, Leder 33 (1982), 42.
110 Band 7 dieser Reihe, 316 ff.
111 H. Herfeld, W. Pauckner, LHM (1967), Nr. 9; Leder 17 (1966), 239; Leder 18 (1967), 84; Leder 18 (1967), 101; LHM 1978, Nr. 3 u. 4.
112 Rentto Pekka, Leather Manufacturer 94 (1977) Nr. 2, 14.
113 G. Otto, Das Färben des Leders, Darmstadt 1962, 96.
114 K. Berger, unveröffentlicht 1976.
115 H. H. Friese, Leder 35 (1984), 139; E. Baumann, Bayer Farben Revue, Sonderheft 14 (1965), 21; E. Panzer, E. Nieburg, Leder 3 (1952), 219.
116 H. Herfeld, K. Schmidt, LHM 1964, Heft 2 u. 3.
117 Band 4 dieser Reihe, 245; R. Nowak, Zur Bindung von Fettstoffen im Leder, Stockhausen, Krefeld, März 1974; R. Nowak, Die Wirkungsweise von Fettungsmitteln im Leder, Stockhausen, Krefeld, März 1971.
118 W. Tardel, Proc. Budapest 1978, 463.
119 E. Heidemann, I. Erdmann, Leder 29 (1978), 177 ff.
120 G. Otto, Das Färben des Leders, Darmstadt 1962, 92–99 u. 153.
121 H. Träubel, H. Burkhardt, unveröffentlicht 1979.
122 K. Eitel, K. Faber, Bayer Farben Revue, Sonderheft 14 (1974), 41; K. Eitel, LHM 1967, Nr. 17 u. 21.
123 G. Otto, Das Färben des Leders, Darmstadt 1962, 93.
124 H. Herfeld, Kongreß für grenzflächenaktive Stoffe, Köln, 1960, Band IV/D/II/1 Nr. 8.
125 H. Wachsmann, Leder 20 (1969), 147.
126 H. Wachsmann, JALCA 77 (1982), 243.
127 K. Eitel, K. Berger, unveröffentlicht 1978.
128 BASF, Ludwigshafen.
129 H. Rosenbusch, Leder 6 (1955), 1.
130 D. Lach, K. Streicher, K. Paulus, Leder 33 (1982), 96.

131 W. R. Dyson, XV. Kongreß I.U.L.T.C. 1977 Hamburg V/3.
132 K. Eitel, Bayer Farben Revue, Sonderheft 14 (1974), 65 u. Sonderheft (1981), 33.
133 H. Träubel, Bayer Farben Revue, Sonderheft 19 (1981), 50.
134 K. Eitel, unveröffentlicht 1978.
135 K. Eitel, LHM, 1979, Heft 24.
136 H. Träubel, K. Eitel, Leder 31 (1980), 151.
137 Persönliche Mitteilung D, Lach 1982.
138 K. Eitel, Bayer Farben Revue, Sonderheft 19 (1981), 44–46.
139 J. Rieger, unveröffentlicht 1976.
140 DIN 53242 Teil 1; DIN 53242 Teil 4.
141 DIN 55978; R. G. Kuehni, Textilchemie und Colourist 4 (1972), 133.
142 E. Hilzinger, B. Martinelli, H. Wachsmann, Leder 27 (1976), 75.
143 Macbeth RSE; Rhode und Schwarz, Graf Zeppelinstr. 18, 5000 Köln 90.
    Lab Scan; Dr. Slevogt & Co., Postfach 59, D-8120 Weilheim.
    Elrephomat; Datacolor AG, Brandbachstr. 10, CH-8305 Dietlikon b. Zürich.
    Spectrograd, Pacific Scientific; Pausch Farbmeßtechnik, Steinküile 25, D-5657 Haan 1.
    A.C.X.; ACS, Erlrüggestr. 2a, D-4370 Marl.
144 DIN 54000; I. G. Farben et al., Melliand 16 (1935), 725; J. Eisele, S. Hofenrichter, G. Schwan, Melliand 35 (1954), 281.
145 W. Egli, B. Martinelli, M. Schwank, Leder 20 (1969), 178; A. Vallotton, Leder 27 (1976), 165; E. Hilzinger, B. Martinelli, H. Wachsmann, Leder 27 (1976), 75. H. Koller, Leder 25 (1974), 152; LHM 1974, 156.
146 Dermafarbstoffe, Sandoz AG, Basel Nr. 1518/75.
147 J.S.L.T.C. 50 (1966), 296.
148 G. Otto, Das Färben des Leders, Darmstadt 1962, 232; Leder 7 (1956), 233.
149 J.S.L.T.C. 50 (1966); 302 Leder 23 (1972), 268; J.S.L.T.C. 50 (1966), 300; Leder 23 (1972), 267.
150 J.S.L.T.C. 56 (1972), 381; Leder 28 (1977), 90; Leder 7 (1956), 233.
151 K. Eitel, Bayer Farben Revue, Sonderheft 17 (1979), 12.
152 M. Diem, Techn. cuir 11 (1977), 111.
153 N. Münch, LHM 28 (1976), 555.
154 Bayer AG, Werksinterne Arbeitsweise; siehe auch W. Beckmann, O. Glenz, Melliand 38 (1957), 783; R. H. Kienle, G. L. Royer, H. R. McCleary, Textil Research Journal XVI (1946), Heft 12.
155 K. Eitel, LHM 1979, Heft 14.
156 D. Lach, R. Streicher, R. Paulus, Leder 33 (1982), 93.
157 A. Vallotton, Leder 26 (1975), 185.
158 A. Vallotton, Leder 26 (1975), 187; H. Wicki, Leder 27 (1976), 45.
159 E. Hilzinger, B. Martinelli, H. Wachsmann, Leder 27 (1976), 77.
160 H. Wachsmann, JALCA 77 (1982), 234.
161 K. Eitel, K. Berger, unveröffentlicht 1977; H. Wachsmann, B. Martinelli, E. Hilzinger, BLMRA-Tagung 1978, Protokoll; Färbereikommission des VGCT 1979.
162 K. Eitel, LHM 1979, Heft 24.
163 H. Wachsmann, E. Hilzinger, B. Martinelli, Leder 33 (1982), 185.
164 E. Hilzinger, Vortrag auf der VGCT-Tagung, Veslic und Völt 1980 in Interlaken.
165 W. R. Dyson, J.S.L.T.C. 63 (1979), 1.
166 Leder 5 (1954), 233.
167 Papierchromatographie in Ullmann's Enzyklopädie der technischen Chemie, 4. Auflage, Band 5.
168 Dünnschichtchromatographie in Ullmann's Enzyklopädie der technischen Chemie, 4. Auflage, Band 5.
169 W. Grassmann, L. Hübner, Leder 5 (1954), 49.
170 J. Sagula, K. Studniarski, Kongreß der Lederindustrie Budapest 1974, Proceedings.
171 Band 10 dieser Reihe.
172 IUF 151, J.S.L.T.C. 59 (1975), 92; P. Koller, Leder 23 (1972), 132; siehe auch Leder 25 (1974), 152; LHM 1974, 156.
173 Empa, Untergasse 11, CH-9001 St. Gallen, Schweiz.
174 W. Fischer, W. Schmidt, Leder 28 (1977), 131.

175 H. Herfeld, W. Pauckner, Sonderdruck aus den Forschungsberichten des Landes Nordhrein-Westfalen Nr. 1774; K. Eitel, Leder 21 (1970), 212; E. Heidemann, Leder 23 (1972), 253; E. Heidemann, A. Rodriguez, I. Erdmann, Leder 28 (1977), 117; D. Lach, W. Maltry, F. Feichtmayer LHM 1978, 432; F. Grall, H. Gardere, LHM 1978; B. Martinelli, H. Wachsmann, Leder 29 (1978), 105; R. Nowak, Leder 33 (1982), 55.
176 IUF 401, J.S.L.T.C. 56 (1972), 383; Leder 28 (1977), 108.
177 IUF 402, J.S.L.T.C. 59 (1975), 95; Leder 28 (1977), 91.
178 D. Lach, W. Maltry, F. Feichtmayer, LHM 1978, 432.
179 R. Nowak, Leder 33 (1982), 55.
180 D. Lach, Vortrag Meeting of Dyestuff Advisory Group BLMRA 1982.
181 K. Fuchs, W. Schneider, Leder 27 (1976), 201.
182 E. Heidemann, A. Rodriguez, I. Erdmann, Leder 28 (1977), 253.
183 P. Koller, Leder 32 (1981), 7.
184 Aus der Lederabteilung der Bayer AG Leverkusen 1973.
185 K. Leising, Leder 25 (1974), 174.
186 J.S.L.T.C. 50 (1966), 304.
187 J.S.L.T.C. 59 (1975), 100.
188 Band 10 dieser Reihe, 138; siehe auch H. Behmke, Chemikerzeitung 85 (1961), 906.
189 IUF 131 J.S.L.T.C. 50 (1966), 293; Leder 18 (1967), 264; Band 10 dieser Reihe, 164.
190 J.S.L.T.C. 50 (1966), 296; Leder 18 (1967), 266; Band 10 dieser Reihe, 166.
191 Zu beziehen vom Beuth-Verlag, 1000 Berlin 30, Burggrafenstr. 4–7.
192 MS-Testgewebe Nino Nordhorn, BRD; SDC Multifibre Fabric, Society of Dyers and Colourist, Bradford, England; Multifibre Fabric 10 A, USA.
193 IUF 442, J.S.L.T.C. 56 (1972), 400; Leder 28 (1977), 92; IUF 441 J.S.L.T.C. 56 (1972), 395; Leder 28 (1977), 170.
194 P. Koller, Leder 32 (1981), 1; Veslic C 4330 Prüfung der Trockenreinigungsechtheit der Ausfärbung von Farbstoffen auf Standardchromnarbenleder; Veslic C 4340 Prüfung der Trockenreinigungsechtheit von Leder.
195 W. Pauckner, LHM 1974, Heft 9.
196 Valdem, Frigen 113, Kaltron 113, FKW 113, Dional 11, FKW 11.
197 IUF 423 J.S.L.T.C. 50 (1966), 393.
198 Band 10 dieser Reihe, 144; s. a. H. Fuchs, W. Schneider, Leder 27 (1976), 204; E. Heidemann, O. Harenberg, H. Besler, Leder 20 (1969), 283.
199 E. Heidemann, B. Rietz, H. Keller, H. Besler, H. Mahdi, O. Harenberg, Leder 19 (1968), 206; E. Heidemann, O. Harenberg, Leder 20 (1969), 256.
200 G. Otto, Leder 20 (1969), 259.
201 E. Heidemann, O. Harenberg, H. Besler, Leder 20 (1969), 273.
202 IUF 421 J.S.L.T.C. 56 (1972), 390; Leder 15 (1964), 88; IUF 420 J.S.L.T.C. 59 (1975), 99.
203 IUF 454 J.S.L.T.C. 59 (1975), 102; Leder 28 (1977), 173.
204 IUF 450 Band 10 dieser Reihe, 167.
205 W. Beckmann, F. Hoffmann, Kongreß der ITUTGC, Barcelona 1975.
206 W. Beckmann, unveröffentlicht 1976.
207 G. Otto, Das Färben des Leders, Darmstadt 1962, 113.
208 W. Ender, A. Müller, Melliand 18 (1937), 991.
209 H. H. Brooks, J. Soc. Dyers Colour 91 (1975), 394.
210 K. Eitel, unveröffentlicht 1976.
211 M. Diem, Techn. cuir 11 (1977), 111.
212 K. Eitel, LHM 1979, Heft 14.
213 Die drei folgenden Standardrezepturen wurden von der Bayer AG freundlicherweise überlassen.
214 K. Rosenbusch, Leder 13 (1962), 185.
215 H. Becker, LHM (1977), Heft 24.
216 Leder 5 (1954), 233.
217 G. Otto, Leder 5 (1954), 244.
218 K. Eitel, Leder 21 (1970), 170.
219 K. H. Neunerdt, Bayer Farben Revue, 14 (1974), 3; Sandoz, Musterkarte 0278/83.

220 E. Hilzinger, Kongreß des Veslic, Völt und VGCT Interlaken 1981; H. Wachsmann, B. Martinelli, E. Hilzinger, BLMRA-Tagung, Egham, März 1978.
221 Sandoz AG Musterkarte Derma-Farbstoffe 1518/75.
222 A. Vallotton, Richttyptiefen, Affinitätszahlen und Sättigungsgrenzen von Lederfarbstoffen, Leder-Symposium Sandoz, März 1974, S. 7.
223 A. Schöne, Kongreß der Lederindustrie, Budapest 1982 Proceedings 365.
224 K. Eitel, Färberei-Symposium der Bayer AG 1979: Bemerkungen zur gezielten Farbstoffauswahl.
225 K. Eitel, Bayer Farben Revue, Sonderheft 19 (1981), 40.
226 M. Hollstein, Leder 35 (1984), 49.
227 H. Wachsmann, Leder 20 (1969), 145; D. Lach, Production of high performance deep shades, BLMRA-Tagung Northampton 1982.
228 A. Schöne, Kongreß der Lederindustrie Budapest 1982/I/365; E. Hilzinger, B. Martinelli, H. Wachsmann, Leder 27 (1976), 74; K. Eitel, Bayer Farben Revue 19 (1981), 37.
229 Bayer AG, diverse Musterkarten.
230 Sandoz AG, Musterkarte Derma-Farbstoffe 1518/75.
231 H. Wachsmann, Leder 19 (1968), 2.
232 Sandoz AG Basel.
233 W. Weber, Leder 21 (1970), 194.
234 H. Wachsmann, E. Hilzinger, B. Martinelli, 7. Kongreß der Lederindustrie Budapest 1982, Proceedings I/b, 464.
235 J. Westphal, Bayer Farben Revue, Sonderheft 19 (1981), 8.
236 J. Park, International Dyer and Textil Printer 17 (1978), 258; J. Carbonell, R. Hasler, R. Walliser, Textilveredlung 11 (1976), 45.
237 Kings Park Road, Mouton Park Industrial Estate, Northampton NN3 I.J.C.
238 K. Eitel, Bayer Farben Revue, Sonderheft 11 (1969), 46; Sonderheft 14 (1974), 58; Sonderheft 19 (1980), 40; G. Otto, Das Färben des Leders, Darmstadt 1962, 26; 30.
239 E. Hertel, Farbenproben zur Prüfung des Farbsinnes, Georg Thieme, Leipzig 1939.
240 W. Haldemann, LHM 18 (1966), 182; siehe auch Sella Set-Sortiment Ciba-Geigy, Basel 1985.
241 K. Eitel, Bayer Farben Revue 11 (1969), 32.
242 R. Brossmann, Farbtiefe und Geldwert, A.P. N 410 001, Bayer AG 1967, unveröffentlicht; A. Brockes, Textilveredlung 10 (1975), 47.
243 Bayer AG, Spezialmusterkarte 405, Farbdreiecke.
244 Moda Europa, Primavera / estate 1984, Bayer Italia, Milano 1983.
245 K. Eitel, Bayer Farben Revue, Sonderheft 14 (1974), 61.
246 W. Beckmann, persönliche Mitteilung 1979 u. 1984.
247 J. Tancous, Leather Manufacturer 1977, 20; L. Friedrich, Melliand 56 (1975), 1013.
248 R. Goffin, persönliche Mitteilung 1984.
249 G. Otto, Das Färben des Leders, Darmstadt 1962, 229; H. U. von der Eltz, Textilveredlung 10 (1975), 297; 348.
250 Band 7 dieser Reihe, 207; Dose, Maschinenfabrik GmbH, Industriestr. 5, 7580 Lichtenau.
251 H. Burkhardt, persönliche Mitteilung 1984.
252 P. Fink, Textilveredlung 10 (1975), 53; R. Carbonell, R. Hasler, R. Walliser, Textilveredlung 10 (1975), 61.
253 G. Hesse, Chromatographisches Praktikum, Frankfurt 1968; Ullmann's Enzyklopädie der technischen Chemie, Band 11, 163, Weinheim 1976; F. Schlegelmilch, Melliand 56 (1975), 687.
254 C. Napoli, Melliand 56 (1975), 824.
255 K. J. Rowe, A. W. Landmann, BLMRA, Northampton N. 1.3 J.D.; siehe auch J.S.L.T.C. 43 (1959), 63; J.S.L.T.C. 40 (1956), 41; J.S.L.T.C. 46 (1962), 372; J.S.L.T.C. 48 (1964), 452; S.L.T.C. Official Method. SLM 3 (1965).
256 B. Pesch, Textil Praxis International 1978, 249; H. Pützstück, Melliand 1982, 157; N. N. Textil Praxis International 1982, 946.
257 N. N. Textil Praxis International 1982, 646.
258 G. Smiatek, Melliand 36 (1955), 5.
259 W. Westphal, Physik. Springer Verlag, Berlin 1958.
260 W. D. Mikko, Textil Praxis International, 1983, 151; DIN 6173.

261 Betriebsrezeptur aus der Praxis.
262 Mitteilung des Herrn Burkhardt, Bayer AG.
263 Rezeptur wurde von der Ciba-Geigy AG zur Verfügung gestellt; siehe auch H. Wachsmann, Leder 35 (1984), 93; H. Wachsmann, Leder 20 (1969), 145.
264 Rezeptur wurde von der Hoechst AG zur Verfügung gestellt.
265 J. J. Rodier, Technicuir 11 (1977), 104.
266 F. Grall, Technicuir 11 (1977), 107.
267 Mitteilung des Herrn Bähr (1984), Bayer AG.
268 K. H. Fuchs, LHM 1969, Heft 46 u. 50; siehe auch W. Albrecht, Leder und Häutewirtschaft 2 (1966), 168; A. Becchino, Leder 7 (1956), 190; S. Goethel, LMH 1965, Heft 23; J. Kummer, LHM 1965, 94.
269 K. Rosenbusch, persönliche Mitteilung 1980.
270 H. Roth, persönliche Mitteilung.
271 R. Nowak, Zur Naßentfettung von Fellen, Häuten und Leder, Chemische Fabrik Stockhausen, Krefeld.
272 H. Schmid, unveröffentlicht 1955.
273 Rezeptur der Bayer AG.
274 z. B. BAYCHROM CH und BAYCHROM DL, Bayer AG.
275 z. B. LEVOTAN C, Bayer AG.
276 z. B. LEVOTAN K, Bayer AG.
277 z. B. Relugan RE, BASF; z. B. BAYTIGAN AR, Bayer AG; z. B. Drasil AC, Henkel; z. B. Retan 540, Rohm & Haas, USA.
278 Dermafinish LB. Sandoz AG.
279 K. Eitel, unveröffentlicht 1957..

Sachregister

A

ABC-Test (Ciba-Geigy) *237*, 239
Abendfarbe *25*, 253
Abmustern 257, 261, *267*
 ideale Bedingungen des -s 268
 – in Pastellkonzentrationen 268
Ablagern vor der Färbung 99
Abnehmer, Toleranzerwartung der – 264
Absäuern 61, *118/121*, 205, 211, 221, 224, 228
 automatisches – 212, 224, 225
Absatzförderung 264
Absorptionsspektrum 22, 64, 186
Abtrüber 226, 232, 240, *248*, 253
 –, Aufbauvermögen 244
 –, Lichtechtheit 227
Abwasser 164, 263, 288
Abziehbarkeit von Färbungen 49, 134, 141, 211
 – der Fettung 141
Acetatseide 209
Aceton 208, 298
Acidermfarbstoffe 135
Additive Farbmischung 22
Adrigkeit 96, 102, 131, 288
 – bei Velours 281, 306
Äscher
 – als Parameter der Färbung *95/96*
 – mittlerer Schwellung 96
 – und Substrataffinität 96
Affinität *108*
 –, Affinitätszahlen 57, 115, *196*, 237, 241
 – des Farbstoffs 114, 122, 130, *196*, 200
 – des Leders 96, 120, 161, *196*, 200, 203
 Gesamt- 200
Affinitätsstufen
 –, hochaffin *122/123*, 124, 161, 177, 196, 237
 –, mittelaffin 161, 196
 –, schwachaffin 116, *122/123*, 124, 128, 196
Affinitätszahlen und Aufziehcharakteristika 57, 197/198, 239
Aggregierung von Farbstoffen 37, 43, 51, *61*, 62, 114, 162, 167
 – und Affinität 63, 218
 – und Aufziehverhalten 37, 84, 96, 123, 126, *218*, 239
 – und Lichtechtheit 205
Aggregierte Farbstoffe, Beispiele 37, 61, 218
Airless-Spritzen 86

Alaun 100
Aldehyd-Gerbungen 68, 101
Alkaliechtheit 36, 55, 56, 58, 103, *189*
Alkohol 59, 208
Alkoholbeständigkeit von Möbelledern 89
Alkylsulfat 134
Aluminiumchlorid-Gerbstoffe 99
Ameisensäure 118
 Ausziehen mit – 116, 120
Aminogruppen 32, 47
 freie – 48, 221
Aminosäuren 95
 hydrophobe – 96
 ionisierbare – 95
 polarisierbare – 96
Ammoniak als Neutralisationsmittel 103, 120, 286
Ammonsulfat in der Entkälkung 97
Amphi-Stellung 50
Ampho-Gerbstoffe 106, 167, 168
Ampholyte 163, 167
Amphotere Ladung 44, 61, 63
Anfärbung des Begleitmaterials 210, 211, 213
Anfärbung 160
 erste – 257
Angeregter Zustand 34, 43
Anilinleder 63, 66, 130, 140, 236, *240*, 257
Anilinschwarz 45
Ansprechen von Farbtönen *252*
Anthrosol-Farbstoffe 43
Antikleder 230
Antrocknen feuchter Chromleder 99
Appretur 22
Aromaten 31 ff., 68
Aufbauvermögen 58, 69, 108, 124, *198*, 228, 230, 235, 237, 247, 250
 Farbstoffeguten-s 44, 64, 67, 199, 250
 – und Affinitätszahlen 241
 – und Kalkulation 237, *250*, 274
 – und Lichtechtheit 246
Aufblasprobe 50, 201
Aufhelleffekte
 – auf nachgegerbten Ledern *104*, 108/109
 – verschiedener Gerbmittel 109, 182
Aufrühren im Gebinde 66
Aufsatz, basischer 66
Aufschluß, ungenügender – im Äscher 96

Aufziehcharakteristika 195
 – und Affinitätszahlen 197
Aufziehen 62, 67, 68, 72, 116, 117, 120, 121, 149, *155*, 193, 197, 218, 248
Aufziehgeschwindigkeit 48, 49, 94, 116, 120, 121, 129, 143, *155*, *193*, 197, 218, 219, 238, 247, 248
 – auf schwachaffinen Ledern 117
 Bestimmung der – 194
Aufziehkurve 121, *135*, 164, 167, 180, 193, 219
Aufziehverhalten 58
 das ideale – der Lederfärbung 219
 – gut egalisierender Wollfarbstoffe 220
 – und Baderschöpfung 193, 239, 248
 – und Egalität *219*, 231
 – und Fleischseitenfärbung 218, 221, 231
 – und pH-Werte 121
Auge 19, 26, 27, 28, 124, 267
Ausarbeitung von Rezepturen 262
Ausbluten von Chromgerbstoffen 114
Ausgiebigkeit 69
 – von Farbstoffkombinationen 254
Ausgleichtemperatur bei der Textilfärbung 124
Ausgleich zwischen Narben und Fleischseite 216, 231
Ausstoßen von Schablonen 265
Ausziehen
 – mit anionischen Hilfsmitteln 127, 161, 221, 228
 – mit Retarder 163
 – mit variablen pH-Werten 120/121, 228
 – und Amphogerbstoffe 167
 – und Lösemittel 115
 – und pH-Wert 226
 – und Temperatur 122
Ausziehverfahren
 Isothermes, beschränkt pH-gesteuertes – zum Direktegalisieren 226
 Isothermes, pH- und hilfsmittelgesteuertes – mit Migration des Farbstoffs 228
 Kaltfärbung im flottenlosen Pulververfahren mit anschließender Flottenverlängerung 229

Automatisierung der Färbung 74, 120, 221
Auxochrome 32
Azofarbstoffe 34
Übersicht über die – 35

B

Baderschöpfung 94, 120, 129, 132, 161, 166, *193, 238,* 247
Bestimmung der – 193
– und Egalität 221
Bakterienkeime 110, 216
Bastarde, ostindische 117, 206, 212, 247, *291*
Bathochromie 33, 43
Baygenalfarbstoffe 174, 176, 246
Beanstandung von Färbungen 264
Beige 112, 126, 257
Begleitmaterialien von Echtheitsproben 209
Beize
– der Blöße 97
– der Färbung 50, 67, 69, 279
Beizenfarbstoffe 37, 52, 63, 69
Bekleidungsvelours 68, *281*
Benzidin 62
– schwarz 40
Benzin 59, 208
Benzylalkohol 116/117
Berechnung
– der Wirkung des Waschens 112
– von Gerbstoffmischungen 109, *200*
– von Rezepturen 258
Berührungsflecken 81, 131, 312
Beschickungsmodus und Farbküche 266
Beschränkung der Farbstoffanzahl 233, 251, *255*, 259
Betriebslabor 262
Betriebssortiment an Farbstoffen 233, 235, 251, 262
Betriebswasser 10
Beurteilung verschiedener Farbstoffangebote 234
Beweislast, Umkehr der – 264
Bewertungsskala der Echtheiten *183,* 189, 190, 196 ff.
Bindungskapazität für Farbstoffe 98, 110
Bindung
–, Chromgerbstoffe 98
–, synthetischer Gerbstoffe 100
–, vegetabilischer Gerbstoffe 100
Bindungskräfte 99, 110
–, Einbau in Komplexsphären 96, 132, 162
–, hydrophobe Wechselwirkung 96, 135
ionische – 48, 61, 95, 120
koordinative – 37, 61, 63, 120
kovalente – 48, 96
–, Polarisierung 96, 135
Bindungsmechanismus 48, 54, 66, 95/96, 99

Bindungsvermögen, maximales 96/97, 221
Blauholz 70, 269
Blaumaßstab 204
Blaustich von Chromledern 99, 103
Bleiche von Schlangen 276
Bleichpickel 97, 206
Blockieren von Faßraum 261
Blutadern 96, 281, 284, 288
Brillanz 54, 58, 66, 99, 100, 139, *254/256,* 284, 288
Brillante Farbstoffkombinationen 255
Bronzieren 55, 67, 316
Broschiermittel 163, 286
Broschur 83, 99, 286
Buchstabenindices der Handelsfarbstoffe 64, 199, *256*
Büffel 138
Bürstfärbung 55, 85, 114, *274*
n-Butanol 59, 116, 208
Butylacetat/Toluol 208

C

Casella 55
Chemische Klassifizierung von Farbstoffen 31, 33
–, Alizerinfarbstoffe 41
–, Anthrachinonfarbstoffe 31, *41,* 52, 56, 60, 69
–, Azofarbstoffe 31, *33/35,* 52, 56, 60, 69
–, Carbonylfarbstoffe 41
–, Disazofarbstoffe 34, 35, 52, 56, 60, 61
–, Dispersionsfarbstoffe 34, *40,* 54
–, Indigoide Farbstoffe *42,* 54
–, Metallkomplexfarbstoffe 31, *37/38, 39/40,* 49, 52, 53, 56
–, Nitrofarbstoffe *41,* 56
–, Nitrosofarbstoffe *41*
–, Oxydationsfarbstoffe 45
–, Phthalocyaninfarbstoffe 31, *44,* 56
–, Polyazofarbstoffe 34, 36, 52, 56, 59
–, Polymethinfarbstoffe *43,* 54
–, Reaktivfarbstoffe 31, *46,* 49, 52, 54, 211
–, Schwefelfarbstoffe 31, *46,* 54, 56, 67
–, Triphenylmethanfarbstoffe 31, *44,* 52, 54, 56, 60
–, Trisazofarbstoffe 35, 37, 52, 56, 60
Chemische Reinigung 68, 207, *210*
Auswirkungen der – 211, 288
Chlorparaffin 141
Chrom-Aluminiumgerbstoff 100
Chrombrühen
Auszehrung der – 102
Chromfarbe
helle – 99, 103, 176, 256
stumpfe – 99, 122, 203, 205
Chromflecken

Korrektur von – 102
Chromfreie Nachgerbung
– von Wet Blues 289
Chromgehalt
optimaler – von Velours und schweißechten Ledern 99, 209, 285
Chromgerbstoffe
Ausbluten der – 104, 127, 288
Bindung der – 99
– in der Färbeflotte 113
modifizierte – 288
Chromgerbung
Standard – IUF 151: 196, 199, 202, *203,* 234
reaktive – 288
übermaskierte – 102
Chromkalblederspäne
zwischengetrocknete – 193, 238
Chromkomplexfarbstoffe 63, 65, 69, 209
–, 1:1 *38,* 63
–, 1:2 38
–, 1:2 asymmetrisch *38,* 65
–, 1:2 symmetrisch *38,* 65
»Chromlederecht«-Prinzip 55
»Chromnester« 102, 111
Chromoberleder, Färbung 76, 269
Chromverteilung
gleichmäßige – 99
ungleichmäßige – 102
CIE-Normfarbtafel 27/29, 252
CIE-Standard – D 65 – Beleuchtung 27, 268
CIE-System 26
Clusters
– des Wassers 115
Colorthek 29, 251, *260*
Colour-Index 71, 234
– Acid Black 2   177, 119, 166
– Acid Black 58   117
– Acid Black 173   109, 173, 175, 243, 247, 255, 257
– Acid Brown 75   36, 103
– Acid Brown 83   256
– Acid Brown 103   68
– Acid Brown 324   116, 165
– Acid Brown 326   103
– Acid Brown 328   109, 156, 173, 175, 243, 244, 245
– Acid Green 99   222
– Acid Orange 7   61, 71, 73, 75, 255
– Acid Orange 33   117
– Acid Orange 51   109, 175, 243
– Acid Orange 108   228
– Acid Red 73   191
– Acid Red 97   62, 113, 165, 191, 218, 234, 255, 256
– Acid Red 99   255, 256
– Acid Red 119   245
– Acid Red 296   208
– Acid Violet 21   159, 253
– Acid Yellow 42   222
– Acid Yellow 117   200
– Acid Yellow 141   253
– Direct Black 149   253
– Direct Blue 78   200

- Direct Brown 80 250
- Direct Brown 214 56, 71, 156, 175, 191, 244, 245
- Farbstoffhersteller 71
- Generic Names 72
- Handelsbezeichnungen 71
- Konstitutionsnummer 72
- Leucosulphur Black 1 68
- Mordant Brown 33 61, 71
- Natural Black 1 70
- Natural Brown 1 70/71
- Natural Brown 8 71
- Natural Yellow 8 70
- Natural Yellow 11 70
- Natural Red 24 70
- Sondertypus 72

Computer-berechnete Rezepturen
  Auswertung von – – 258
Cr-ELB-Test 114, 129, *239*
Crêpe 68, 86, *210*
Cyanurchlorid 48, 69

D

Deckende Färbung 66, 271, 279
Deckfarbenzurichtung 65, 67, 139, 169, 205, 207, 213
Dermafarbstoffe 192, 197, 198
Dermagen-Test 196
Deutscher Normenausschuß (D.N.A.) 185
Diazotierung *34*, 40
Dicyandiamidharz 67, 170
Differenzzahl 118
Diffusion 94, 123, 130
Diffusionsschäden 168, 210, 224, 316
DIN-Farbsystem DIN 6164 29, 30
Dipol 33, 34, 96, 120, 135
Direktfarbstoffe 44, 50
Direktverfahren 226, 247, 269, 289
  Farbstoffverbrauch des -s 256
Dispergierungsmittel 164
Dispersionsfarbstoffe 34, 40
Dispersionskräfte 51, 120, 135
Disproportionierung 39, 63
Dörren 131, 138
Dokumentation von Nuancen 28, 262
Doppelbezeichnungen von Farbstoffen 71
Doppelbindungen, konjugierte – 31, *34*, 41, 43, 44, 50, 62
Dosierung
  – als Steuerungselement 118, *124, 182,* 221, 255
  – der Fettung 138/139
  – der Neutralisation 80, *103*
  – von Säuren 118
Dosomat 127, 260
Double-Face-Färbung 68
Drehbarkeit, freie 51, 63, *218*
Druckfärbung *91*, 210
  –, Direktdruck 91
  –, Echtheiten 92, 210
  –, Effektleder 91

–, Einfärbung 92
–, Leistungsfähigkeit 92
–, Raster und Auftragsmenge 91/92
–, Voraussetzungen 91
Drycleaningechtheit 47, 68, 207, *210*
Dünnschichtchromatografie 202
Dunkelbrauntöne, gelbstichige 40, 58, 60, 124, 171
Durchfärber 56, 61, 64, 68, 101, 126, 129, 131, 213
Durchfärbung 17, 65, 77, 80, 94, 95, 96, 103, 120, 126, 127, 271, 279
– bei Velours 62, 68, 192, 214, 247
– mit 1:2 Metallkomplexfarbstoffen 64/65, 271
– mit Retarder 166, 171
Durchfettung 138, 141, 168
Durchlauf-Färbung 65, *83*
–, Durchfärbung 85
–, Echtheiten 84
–, Farbstoffbedarf 84
–, Leistungsfähigkeit 93
–, Restflotten 85
–, Voraussetzungen 83
Dyometer 193/194

E

»Echt«-Farbstoffe 55, 63, 64
Echtheitsangaben der Hersteller 57, 59, 72, 234
Echtheitskommission 183
Echtheit von Färbungen 57, 69, 88, 174, *183, 202,* 240, 270
Egalisieren 49, 53, 63, 64, 69, 94, 103, 116, 126, 128, 129, 130, 132, 134, 143, 163, 166, *190, 216/219, 221/226, 226/228,* 280
  Einflußgrößen des -s 218, 221/222, 235
  – der Nachgerbung 107
  – substantiver Farbstoffe 256
    verschiedene Möglichkeiten des – 225
  – von Farbstoffkombinationen 199, *222,* 236, 248
  – von Gerbungen 101
Egalisiermittel 40, 64, 77, 143, 160/161, *152,* 221
Egalisiervermögen 58, 60, 61, 168, 172, 174, *190,* 218/219
  Bestimmung des -s *190*
  Farbstoffe guten bzw. schlechten -s 44, 196, 198, 217, 220, 236
  – und Konstitution 218
Egalisierwirkung der Fettung 134, 136
Egalität *215/216*
  Steuerung der – 221, *231*
Egalitätsanspruch 240
  – bei nachgegerbten Ledern 107
  – bei Nuancierung 248
  – bei Velours 223, 247

Egalitätsniveau verbessern 114, *121/122,* 231
Egalitätssignal Halsriefe 190, 216
Egalitätstest 223
–, Bayer 191, 225
–, Sandoz 191, 225
Eigelb 163
Eigenschaften von Farbstoffen 58, *183,* 233
Einfärbung 57, 68, 72, 75, 88, 103, 123, 127, 129, 135, 143, 176, 237
  Bestimmung der – im Direktverfahren *192*
  –, zwischengetrockneter Leder *192*
Einfärber 56, 61, 68, 129, 192, 213
Einflußgrößen der Lederfärbung 94
  tabellarische Übersicht der – 132
Eingangskontrolle von Farbstoffen 263
Einheitlichkeit 50, *201,* 233
Einstellung von Nuancen 50/260
  – einer Modenuance 254/255
  – eines Olivtones 253/254
Einstellung von Fabrikware 49
Eintopf-Färbung 66
Einzelgebinde, Lagerung von -n 251, 266
Eisenkomplex 39, 60, 63, 69, 171, 201
Eisensalze, Verfleckungen durch – 102, 110, 295
Eiweißhydrolysate 164, 272
Elektrolytgehalte 65, 84, 86, 113, 115, 227
  – im Leder 83, 86, 113, 213
  – von Färbeflotten 84, 113/114, 239
  – und Affinitätszahlen 115, 237
  – und Aggregierung 114, 239
Elektrolytwirkungen
  – von Chromgerbstoffen 114
  – von Salzen 114
π-Elektronen 31, 43, 51
Elektronenakzeptoren 33/34
Elektronendonatoren 32/34
Elektronenpaar, freies 32
Elektrophorese 202
Emeraldin 45
E.M.P.A. 185, 203
Empfindlichkeit
  besondere – schnellziehender Farbstoffe 220, 231
  – der verschiedenen Färbeverfahren 231
Empfindlichkeitskurve des Auges 27, 267
Emulsionskern von Lickern 137, 266
Emulsionsstabilität 135/136, 142
Endatome 43
Endflotten, leere – 224
Energieersparnis 250
Entfärbung von Fehlpartien 262
Entfettung 162, 288
  – mit Petroleum 278
  – nach der Entkälkung 277/278,

327

284
- und Farbstärke 136
Entfettungsmittel 278
Entgerbung 276
   - mit Imprapell CO 272, 291
   - vegetabilisch vorgegerbter Leder 276, 291
   - von Portefuillevachetten 274
   - von vorgegerbten Schlangen 276
Entkälkungsmittel 97
Entlüftung der Farbküche 266
Entladung 80, 82
Entmetallisierung 38, 39, 171, 172, 205
Entwicklungsfarbstoffe 34, 52
Enzymäscher 97
Erganil-Farbstoffe 69
Ergebniskartei 259, 260, 262
Erkennungsreaktionen 72
Ermüdung des Auges 267
Etagentrockner 89
Ethylenoxidkondensate und Farbstärke 162
Europäischer Normenausschuß (C.E.N.) 185
Extinktion 186

F

Färbefässer, verschieden dimensionierte - 127
Fällbarkeit durch kationische Hilfsmittel 169/170
Fällungsreihe und Egalität 171
Färbbarkeit in hartem Wasser 190
Färbefehler *102*, 216/217, *293*
   - auf Kleintierledern 308
   - aus dem Pickel 294
   - aus den Vorarbeiten 102
   - aus der Chromgerbung 102
   - aus der Farbstoffauswahl 298
   - aus der Fettung 310
   - aus der Nachgerbung 295
   - aus der Neutralisation 296
   - aus der Temperatur 293
   - aus der Trocknung 312
   - aus Hilfsmitteleinsatz 309
   - aus mechanischen Bedingungen 75, 102, 127, *302*
   - bei der Druckfärbung 91
   - bei der Durchlauffärbung 86, 303
   - bei der Faßfärbung 293
   - bei der Gießfärbung 90, 305
   - bei der Spritzfärbung 86, 304
   - bei Halbfabrikaten 294
   - bei Kurzflottenverfahren 77, 302
   - bei Velours 306
   - durch Farbstoffstaub 266, 293
   - durch Fließstrukturen 293
Färbekosten 250
Färbereihilfsmittel 143
   farbstoffaffine - 143, 168
   farbvertiefende - 178
   -, Handelsprodukte 144, 179

ideales - 144
substrataffine - 143
-, tabellarische Übersicht 144, 177/179
Färbereilabor 262
   Aufgaben des -s 260
Färbetemperaturen 123
Färbeverfahren, diskontinuierliche - 74
Faßfärbung mit Flotte 74
-, Färbetemperaturen 76, 123
-, Faßbedingungen 75, 127
-, Flottenlänge 75
-, Partiegrößen 74
-, Umlaufgeschwindigkeit 75
-, und Nachgerbung 76
Faßfärbung ohne Flotte 77
-, Brillanz 78
-, Durchfärbung 77
-, Egalisieren 77
-, Farbstärke bzw. Farbstoffbedarf 78
-, Farbstoffzugabe 79
-, Flottenlänge 77, 79
-, Kombinierbarkeit der Farbstoffe 77/78
-, Temperatur 77
-, Zerreißer 77
Färbung im Automaten 79
Färbung im Gerbmischer 79, 82
-, Drehzahlschwelle 82
Färbung im Haspel 80
Färbung im Pickel 76
Färbung in der Sektoren-Gerbmaschine 79, *80/81*
-, Beschickung 80
-, Egalität 80
-, Flottenlänge 80
-, Nachteile 80
-, Reproduzierbarkeit 80
-, Sicherheit für große Partien 80
-, Temperatursteuerung 81
-, Trennung der Arbeitsgänge 79
Färbeverfahren, kontinuierliche - 83
Druckfärbung siehe unter Druckfärbung
Färben auf der Durchlauffärbemaschine 83
-, Bandgeschwindigkeit 83
-, Dosierung 84
-, Echtheiten 85
-, Färbemechanismus 85
-, Farbstoffauswahl 84
-, Restflotten 85
-, Trocknung 85
-, Voraussetzungen 83
Gießfärbung siehe unter Gießfärbung
Spritzfärbung siehe unter Spritzfärbung
Färbeverfahren, Leistungsvergleich 93
Färbezeit 78, 126, 132
Färbung

ökologisch günstigste - 91
sparsamste - 91, 249, 254
- und Gesamttechnologie 102/103
Falzen 285
Farbatlanten 28, 30
Farbausbeute 47, 98, 105, 167, 244
Farbbeanstandung 264
Farbdreieck 28, 244, *252*, 260
Farbe *19*, 34
   Abend - 25, 26, 253
   - des Substrates 22, 98
   -, Farbort 252, 254
   Komplementär - 22, 253
   unbunte - 23, 252
Farbeindruck 24, 26
Farbempfindung 26
Farbenskala, coloristische 71
Farbgebung von Musterungsräumen 267
Farbkreis 29, 30
Farbküche 266
   Kosten einer - 267
Farblack 66
Farbmessung 19, 26, 50, *186*
Farbmischung
   additive - 21, 24
   subtraktive - 22, 24, 145
Farbnormalsichtigkeit von Sortierern 252, 267
Farbnormwert 27
Farböle 140
Farbrezepturberechnung, computerbasierte - 258
Farbstärke 218, 221, 250, 257, 267, 268
   - auf nachgegerbten Ledern *107*, 143, 169, 180, 245, *250*
   Bestimmung der - 185
   - und Färbetemperaturen 102, 181
   - und Fettung 134, 135
   - und Hilfsmitteldosierung 143, 161, 180
   - und kationischer Zwischensatz 168, 178, 180
   - und Neutralisation 103, 147
   - und pH-Werte 120
   - Verlust 107, 134
Farbstärkedifferenzen als Unegalität 217, 222
Farbstich 252
   - und Brillanz 255
   - und Farbstärke bei Mischungen 254
Farbstoffangebot
   - bei feinfasrigem Substrat 95
   - und Lichtechtheit 233, 243
Farbstoffaffinität 200
Farbstoffauswahl 210, *232*, 262
   - als Steuerungsmittel der Färbung 128, 226, *232, 242*
   -, »einheitliche Farbstoffe« 232
   - für billige Färbungen 232, 235, *249*
   - für egale Färbungen 219, 223, 226, 231, 235
   - für lichtechte Färbungen 206,

233, *242*
- für Möbel- und Bekleidungsleder 209, *249*
- für nachgegerbte Leder 223, 240, *244*, 246
- für Nuancierungen 233, 236, 238, *248, 254*
- für Pastelltöne 236, 240, 244, 248
- für reinigungsbeständige Leder 211
- für schweißechte Färbungen 209
- für Velours 232, 236, *245*, 247/248
-, Minimierung der Anzahl 233
- nach Bayer 238
- nach Ciba-Geigy 237
- nach der Elektrolytempfindlichkeit 239
- nach der Kinetik der Färbung 236
- nach »gleichem färberischen Verhalten« 56, *235*
- nach Sandoz 237
-, tabellarische Übersicht 240
Farbstoffdokumentation *71*, 251
Farbstoffdosierung 79, 93, *125*, 206, *221*, 255
- auf die Fläche 84/85, 89, 91, 93, *125*
- auf Falzgewicht 125
- für dünne Leder 125
- nach Stückzahl 93, 125
Farbstoffe 31
anionische – 56, 60, 62, 63, 65, 67
-, Fabrikation 49
-, Fabrikware 49
flüssige – 38, 84, 116, 249, 276
gerbende und entgerbende – 69, 111
-, gleichen färberischen Verhaltens 56, 232, 262
hydrophobe – 52, 207, 210, 211, 214
-, Lagerung 49, 251
-, Lösungszustand 229
Metallkomplex- 37, 52, 53
-, mineralische 71
-, natürliche 69
-, optimale 177/178, 195, 233
schnellziehende und langsamziehende – 116, 120, 164, 195, 218, 219, 231, 258
-, Synthese 49
synthetische – *31*, 49, 55
-, Typ 49
-, Zwischenprodukte 31
Farbstoffeigenschaften 126, *183*
Farbstoffersparnis und Aufbauvermögen 250
Farbstoffkartei 233/235, *251*, 262
Farbstoffkombinationen 195/196, 222, 226, 251, 254, 255
- auf nachgegerbtem Leder 176, 199, 245, 250
Beispiele günstiger – 196, 198,

243, 245, 255
Gegenbeispiele ungünstiger – 196, 198, 245, 255
- und Lichtechtheit 206, 242/244, 249
Farbstoffmischungen 55, 248
Farbstoffsulfosäuren
pH-Werte der Lösungen von – 118
Farbsystem DIN 6164 29/30
Farbtiefe der Velours 58, 100, 210, 245, 247/248
Farbton 23, 24, 28, 146, 255, 260
-, Übermittlung 23, 28, 260
Farbtonabweichungen 40, 55, 122, 201, 261, 264
Farbtondifferenzformel 264
Farbtonkorrektur bei Pastellnuancen 257, 261/262
Farbton, 23, 28, 260
Farbtonverschiebung bei kationischer Übersetzung 176
Farbtüchtigkeit 26, 252
Farbwertanteil 28, 255
Falzmaschine, Wassergehalt der Leder vor der – 285, 288
Falzstärke, gleichmäßige – 91, 285, 288
Faseraufschluß im Äscher 96/97, 281, 282, 284
Faser, tote 96
Faßabdrücke 97
Faßbewegung, zu langsame – 75, 127, 220, 293
Faßstillstand 100
Faßmaterial 75, 79
Fehlfärbungen 293 ff.
»Fenster-Färbungen« 102
Festnarbigkeit 226
Fettalkoholsulfonat 102
Fettaufnahme nachgegerbter Leder 140/141
Fettdosierung und Spaltdicke 137
- und Trocknung 137
»Fettfleckeffekt« 128, 135, 136
Fettflecken, dunkle – 96/97, 136, 137
Fettung 94, *129, 134*
-, Beispiele mit Verteilungsanalyse 141
extrahierbare – 136, 141
- im Färbebad 129, 134/135
- reinigungsbeständiger Leder 210
- und Abschwächung der Färbung 135, 193
- und Farbvertiefung 129, 135
- und Nachgerbung 136, 138, *140*
- und Standardisierung der Arbeitsweise 137, 225
Fettungsmittel 136, 138/139, 140
anionische – 136, 139, 141, 204, 205
kationische – 138, 140
kationisch nichtionogene – 138
-, Klauenöl 139, 142, 210
-, Neutralöl 141, 142, 210

-, Spermöl 141, 142, 210
Filmdruck für Rauhleder 92
Finish 22, 34
Fixierausbeute von Reaktivfärbungen 47
Fixiermittel 128, 144, 168, 209, 212, 213, 225, 228, 230
Fixierung 61, 114, 142, 182
Fleckleder 86
Fleischerschnitte 95, 216
Fleischseite 134, 140
Affinität von Hilfsmittel zur – 107, 172/173
- nfärbung 62, 95, 153, 171, 173, 216, 218, 238
-, Faserstruktur 95, 216
-, Lichtechtheit 205
stärker angefärbte – 110, 112, 114, 216, 218, 221, 223, 231
ungefärbte – 83
Flotte 110
-, Elektrolytgehalte 83, 86, 113/115, 129
-, Flottenlänge 124/126, 181
-, Verlängerung bei Pulverfahren 226
ungleichmäßige Verteilung in der
– 102, 125
-, Zusammensetzung 94, 110
Flüssigfarbstoffe (im Vergleich zu der Pulvermarke) 65, 84
Formaldehydechtheit 59, *208*
Formhaltigkeit von Bekleidungsledern 100, 212
Fotometrie von Partieproben 263
Freudenberg 55
Fülle bei Velours 107, 246, 288
Füllgerbung 99
Füllrakel 91

G

Gambir 55, 101, 109, 243, 277
Gefäßmaterial 75, 79
Gelatinieren 61
Gelbholz 69/70
Gerbmischer 82
Gerbstoffe 204
Aldehyd – 98, 101
Aluminium – 98/99, 105
Chromaluminium – 100
Chrom – 98/99, 105
Harz – 106, 109
Synthetische – 67, 98, 100, 106, 109, 243
vegetabilische – 67, 98, 100, 105, 106, 243
Zirkon – 98, 100, 105
Gerbsulfosäuren als Neutralisationsmittel 103
Gerbung 98
-, Chromgerbung 98/99, 140, 205, 211
-, für Pastelltöne 99
Glace – 100
Sämisch – 98, 101
vegetabilisch-synthetische – 98, 100, 205, 211

Gerbwirkung 98, 101, 143
Geschichte der Lederfärbung 15, *54*
Gießfärbung 89
 –, Bandgeschwindigkeit 89
 –, Bindemittel 89
 –, Dosierung des Auftrages 89
 –, Echtheiten 90
 –, Gießpaste 90
 –, Maschineneinstellung 89/90
 –, Trocknung 89, 91
 –, Viskosität 90
 –, Voraussetzungen 91
Gipsflecken 97
Gipslösungen, übersättigte 97
Gitterroste als Laufflächen 91, 266
Gleichgewicht 124, 143
Gleichheit von Färbungen beim Mustern 268
Glutaraldehyd 100, 108, 206, 211, 212, 284
Goldkäfer-Effekte 67, 274
Grau 22, 23, 24, 96, 126, 206, 244, 248, 252/253, 257
Graufarbstoff 60, 108/109, 112, 233, 247
Graumaßstab 184, 209, 210
 – der Anionität nachgegerbter Leder 201
 – für die Änderung der Farbe 209, 214
 – für die Anfärbung der Begleitmaterialien 209
Grauschleier vegetabilischer Leder 102
Grenzen der Lederfärbung 216
Griff, Schwankungen im – 211, 212
Griffverbesserung 69
Großgebinde, Übertragung ins – 260
Grund, Entfernung des -es 96/97, 217
Grundgesetz, psychologisches – 268

H

Hämatine 69
Hämatoxilin, Leukoverbindung 70
Härteempfindlichkeit 63, 110, 189
Halbfabrikate 74, 97, 107, 201, 272, 287/*290*, 291, 294
Halsriefe, heller bzw. dunkler gefärbte – 101, 191
Handschuhleder-Färbung 277/280
Harznachsatz, kationischer – ins Fettungsbad 140
Haspel 80
Hauptfettung 139, 142
Hauptkomponente einer Farbstoffkombination 239, 253
Haut *94*, 216
 –, Aufschluß 96, 205
  Fehler der – 97, 216
  haarlässige – 95, 216
  Reaktivität der – 95, 216

Hautpulverversuche 140/141, 232
Heißbügelbeständigkeit 89
Helligkeit einer Nuance 23, 24, 28, 30, 146
Hilfsmittel *143*, 171, 182, 204
 amphotere – 144, 161, *163*, 164/167, 171, 181
 –, Angaben der Hersteller 144, 172
 anionische – 128, 143/144, *161*
  Anwendung der – 161, 177/178, 179/181
  Auswahl der – 172, *174*, 176, 226
  Beeinflussung der Chromfarbe durch – 176, 262
  Chromhaltige – 164
 –, Chrom-Syntan 164
 –, Diarylether 64, 144, 160/161, 177, 179
  Egalisieren mit -n 144, 173, 176
  Egalisieren von Metallkomplexfarbstoffen 64, 176
 –, Fixiermittel 127, 144, 168/169, 176, 209, 212, 213, 225, 228, 230
  Fleischseitenaffinität von -n 172, 173
 –, Handelsprodukte 144, 175, 179
  ideales – 144
  Kationische – und Farbstärke *168*, 169
  Kombinationen von -n 182
  komplexaktive – 143, 171, 172
  Lichtechtheit der – 172, 177/178
  nichtionogene – 128, 143/144, *161*
  nichtionische – schwach kationische – 128, 143, *163*, 171, 176, 221
  stark kationische – 143, 168, 171, 176, 182, 221, 271
  – und Pastellnuancen 128, 176, 180, 181
  unkondensierte Arylsulfonsäuren als – 173/174
  Weißgehalt der – 128, 172, 176, 248, 262
Hilfsmitteleinsatz 127, 171, 221
 –, Anwendungsregeln 144, *171*, 172, *182*, 221
 –, auf nachgegerbten Chromledern 110, 169, 170, 174/175, 180, 181, 182
 –, Dosierung 161, 166, 169, 172, *180/181*, 182, *221*, 226, 228, 258
 –, Flottenvolumen 166, 180, *181*
 –, optimale Temperaturen 181, 182
 –, pH-Wert 126, *171/172*, 180
 –, Verhältnis Farbstoff:Hilfsmittel 161, 181, 182, *221*, 270
 –, Waschen 112, 172, 180

–, Zeitpunkt 127/128, 172, 180
Hilfsmittelwirkung 127/128, 143, *161/171*, *177/178*, 180
Hochfrequenztrocknung 131
Hochsieder 84, 87, 92, 210
Holzfarbstoffe 69, 278/279
Huminsäure 71, 110
Hydrathülle des Leders 94, 115, 130
Hydratwasser 61, 96, 123
Hydrolysierter Farbstoff der Reaktivfärbung 47, 205
Hydrophilie des Leders 112, 139, 162, 174, 210, 213, 281
Hydrophobie 207, 208, 212, 281
Hydrosol-Farbstoffe 46, 67/68
Hygroskopischer Punkt 130

I / J

Ideale Farbstoffkombinationen 232 ff.
I.E.K.L. 183
Igenal-Sortiment 56
Indigo 42, 69
Indikatoren der Neutralisation 104
Ionenreaktion, Farbstoffbindung als – 120
Irgaderm-Farbstoffe 87, 88, 89
Isoelektrischer Punkt 61, 99, 103, 108, 120, 161, 167, 168
Isomere 32, 33, 36, 155, 218/219
p-Isononylphenol 162
Isopropanol 84, 87
I.U.F.-Methoden 183
 Verzeichnis der – 184

K

Kalkulation und Aufbauvermögen 244 ff.
Kalkschatten 97, 110
Kaltfärbung 77, 123, 126, 228, 250
Kapillarmethode zur Farbstoffprüfung 202
Kasseler Braun 71
Kastanie 101, 205, 243
Klarheit der Nuance 23, 24, 28, 61, 146, 257
Klassifizierung der Farbstoffe nach Anwendungsgebieten 31
 –, Direktfarbstoffe 50, 62
 –, Küpenfarbstoffe 42, 54, 68
 –, Lederfarbstoffe 54 ff.
 –, Säurefarbstoffe 52
Kleinfärbegerät 263, 265
Kobaltkomplex 39, 65, 209
Körper 20
 durchsichtiger – 21
 undurchsichtiger – 22, 24
Kombinationsfärbung 78
 Übereinstimmung der Echtheiten bei – 129, 222, 244, 246
Kombinationsgerbungen
 –, Chrom/Aluminium 100
 –, Chrom/Aluminium/Glutaraldehyd 100

–, Chrom/Polymergerbstoff 108
–, Chrom/Polyurethanionomeres 108
–, Chrom/Syntan/Harzgerbstoff 108
–, Zirkon/Glutaraldehyd 100
Kombinationszahlen und Gruppeneinteilung 197
Kombinierbarkeit von Farbstoffen 49, 58, 61, 63, 69, *193/198*, 237/239
Komplexaktive Gruppierung 37
Komplexatom und Farbe 38/39
Komplexbildung 39
  unterschiedliche Reaktionsgeschwindigkeit der – 99, 103
Komplexstabilität, unterschiedliche 38/39, 58, *201*, 209
Konservierungsmittel 76/77, 142
Konstitution von Farbstoffen 71/72, 202, 218
Kontrolle
  – durch Temperaturschreiber 77
  regelmäßige – von Färbereirezepturen 262/263
Konzentration als Steuerungselement 124, 137, 181, 221
Konzentrationsunterschiede, örtliche – 220
Koordinationszahlen der Komplexatome 37/38
Kosten
  – der Färbung 129, 249/250, 270, 289
  – der Farbküche 267
  – des Färbereilabors 262
  – von nachgefärbten Partien 129, 250
  – von Umfärbern 129, 250
Kraftbedarf der Färbung 75, 250
Krapprot 69
Kühe, Fettung 137
Kupferkomplex 38, 40, 51, 63, 69, 70, 201
Kupplung 34/36
Kurzflottenverfahren in der Wasserwerkstatt 97, 120
Kurzzeitverfahren 126

L

Laborausrüstung 265
Ladung 163
  – der Lederoberfläche 99
  positive – der Chromgerbung 99
  verschmierte – 64
  – von Velours nach dem Schliff 291
Ladungswechsel 43
»Landkarten« durch kationische Licker 139
Langsamziehende Farbstoffe, Verhalten von —n 120, 219
Laufzeiten für Pastelltönen 257, 287
Lebensdauer von Musterungsleuchten 268
Leder
  – als Raumkörper 224
  –, Anilincheveraux 55, 63, 66, 123, 257, 272
  anilingefärbte Futterleder 208,213
  –, Anilinvachetten 100, 274
  Bekleidungsleder, 56, 63, 65, 131, 137, 176, 203, 205, 208, 212, 240, 247, 249
  Borkeleder 83, 86, 211
  –, Boxcalf 123, 130, 227, 269
  Buchbinderleder 213
  Crustleder 86, 211, 275
  Deckbrandsohlleder 213
  Effektleder 86, 91
  –, Fresser 76
  Gürtelleder 123, 232, 274/275
  Handschuhleder 58, 63, 68, 100, 114, 208, 212, 232, 256, 271, 277/280
  Kleintierleder 76, 80, 95, 212
  –, Lammnappa für Handschuhe 240, 277/280
  Möbelleder 58, 64/65, 131, 176, 203, 205, 208, 228, 240, 249, 270, 272
  Marmorleder 91, 230
  Nachgegerbte Chromleder 61, 64, 67, 76, 104, 108/109, 124, 128, 135, 237, 244
  Nappaleder für Bekleidung 103, 270
  Nubukleder 78, 92, 95, 100, 214, 223, 240, 257, 261
  Rindoberleder 58, 123, 107, 208, 232, 240, 269
  Sämischleder 46, 68, 101
  Schlangenleder 80, 275
  –, Schleifbox 75, 82, 274
  –, Schuhvelours 58, 62, 76, 92, 95, 96, 97, 100, 103, 107, 123, 130, 136, 176, 205, 229, 232, 236, 240, 285, 287, 290
  –, Spaltvelours 97, 100, 104, 131, 214, 257, 259
  vegetabilisch gegerbte Oberleder 61, 62, 66, 274
  –, vegetabilische Portefeuillevachetten 58, 61, 232, 274
  –, Velours aus Bastarden 97, 117, 240, 277, 291
  –, waschbare Velours für Hemden 68, 212, 247, 282
  –, wetblues-Spalte 97, 287, 288/290
  Ziegenoberleder 240, 272/273
  zugerichtete Leder 87/88
Lederdicke, Gleichmäßigkeit der – 91, 137, 223, *284/285*
Lederfarbstoffe 54
  –, basische Farbstoffe 55, *66/67*, 87, 210, 236, 271, 278, 279
  –, Echtsortimente 55, *63*
  –, Flüssigfarbstoffe *65*, 84, 87, 101, 116, 205, 274
  –, Küpenfarbstoffe 42, *68*
  –, Lederspezialfarbstoffe *56/58*, 60, 64, 67
  –, 1:1 Metallkomplexfarbstoffe 51, 56, *63*,115, 130, 176, 201, 205, 209, 212, 213, 236
  –, 1:2 Metallkomplexfarbstoffe 56, 60, *64*, 78, 115, 116, 130, 171, 176, 205, 208, 209, 210, 212, 213, 223, 236, 244, 247, 249, 271, 287
  –, Nitro- und Nitrosofarbstoffe 68
  –, Reaktive Metallkomplexfarbstoffe 49, 68, 123, 209
  –, Reaktivfarbstoffe *46/49*, 68, 123, 205, 206, 207
  –, Säurefarbstoffe *60/63*, 65, 101, 115, 124, 206, 207
  –, Schwefelfarbstoffe *67*, 101, 206, 207, 212
  –, Substantive Farbstoffe *62*, 101, 115, 130, 206, 207, 275, 287
Leere Färbungen 103, 122, 229
Leistungsvergleiche der Färbeverfahren 93
Leukoverbindung 43, 68, 70
Licht *19, 20*, 31
  –, Abendlicht 19, 20, 253, 268
  –, Absorption 31, 33, 34, 135
  –, Glühlampenlicht 20, 25
  –, Kaufhauslicht 268
  –, Morgenlicht 19
  –, Neonlicht 25, 253
  –, Nordlicht 265, 267
  –, Normlicht A 20, 268
  –, Normlicht C 20, 25
  –, Normlicht D 65 20, 27, 268
  –, Remission 22, 23, 27
  –, Sonnenlicht, spektrale Verteilung 19, 20, 141
  –, Tageslicht 19, 20, 26, 203, 267
Lichtechtheit 36, 46, 47, 51, 52, 54, 60, 62, 63, 64, 65, 67, 68, 71, 72, 84, 92, 95, 99, 100, 104, 129, 172, *203/207*, 240, 242/243, 245, 255
  ausreichende – 183, *204*, 242/243
  – verschiedener Farbstofftypen 36, 40, 43, 44, 45
  – der Fleischseite 205
  – des Substrates 100, 205, 206, 242
  – gewaschener Leder 212
  – nasser Leder 204
  – schweißgeschädigterLeder208
  – Lichtechtheitstypen A–C der Farbstoffe 243, 248
  – und chemische Reinigung 210
  – und Chromfarbe 203, 205
  – und Fettung 204, 206/207
  – unterverschiedenengeographischen Gegebenheiten 204
  – Vergleich Leder/Textil 204
  – von Färbungen mit Einzelfarbstoffen 206 ff., 242
  – von Farbstoffkombinationen 205, 242/243, 245, 253, *255*
Lichtwirkung 203

Lickerechtheit 193
Lickerung
  gleichmäßige Verteilung der – 94, 136, *141/142*
  Grundschema einer Lickerkombination 135, *138*, 141
  –, im Rahmen der Gesamttechnologie 138, 140, 141
  –, in Stufen 138, 140
  –, Laufzeiten und Durchfettung 138
  –, Minimierung des Angebotes 138, 141/142
  –, Nachgerbung und Färbung 134, 136, 138, *140/141*
  –, Stabilität und Fettverteilung 135/136, 141/142
  standardisierte Zubereitung der – *137*, 142
  – und Farbstoffe 129, 134/135, 140
  – und gefärbte Leder 94, 135, 193
Lieferbedingungen für Farbstoffe 263
Lieferfähigkeit, schnellere – 74, 83
Liegefalten, dunkle bzw. helle – 216, 294
Lithiumsalz als Stellmittel 72
Lösen der Farbstoffe 66, 266
Löslichkeit der Farbstoffe 50, 56, 57, 58, 64, 65, 66, 72, 78, 118, 124, *188*, 229, 237
Lösungsmittel 115
  Dosierungsminimum der – 116
  – und Aufziehgeschwindigkeit 117
  – und Färbung 92, 115
  – und niedrigaffine Substrate 116/117
Lösungsmittelechtheit von Färbungen 89, *207/208*, 214
Lösungszustand von Farbstoffen 94, 188, 229
Lüstern von Velours und Nubuk 22, 25, 214, *290*
Luftblasen 131

M

Maclurin als Kupplungskomponente 56, 69
Majonäse auf Leder 128, 169
Malachitgrün 44
Mangankomplex 39
Mangrove 101, 205
Marktnähe, größere – 83
Marmorierungen 86, 91, 230, 294
Maßausbeute 130
Massenchemikalien, Lagerung von – 266
Mastfalten 96, 216
Maxima
  – der Absorption 24, 43
  – der Remission 24 ff., 43
Mechanische Bewegung und Färbung 79, 127
Mehl 107

Mehrfaser-Begleitgewebe 209
Mesomerie konjungierte Systeme 31/32, 34, 43
Metallkomplex 37, *44*, 53, 78, 205
Metamerie von Nuancen 25, 253
–, Nachstellung mit identischer Abendfarbe 25
Migrationsechtheit gegen Crêpe und P.V.C. 40, 46, 47, 59, 64, 67, 86, 92, *210*, 214, 249
Migrationstest (Sandoz) 114, 191
Migrationsverfahren zum Egalisieren 67, 115, 124, 129, 227
Millbarkeit 97
Mimosa 84, 101, 105, 172, 205, 243
Mindestlichtechtheit 264
Mineralöle in der Fettung 137, 281
Mischfarbstoffe 55, 66, 202
Mitteltöne 95, 181
Mitteln von Egalitätswerten 222
Modenuance, praktische Beispiele der Einstellung 253/257
Modeurop – Ledermodefarben 255
Möbelleder, Färbung 81, 269
Molmasse 101, 120
Monoazofarbstoff 34, 35
Multicharge – Mischungen der Fettung 140
Multima 65, 83/85, 211
Munsel-Farbsystem 29
Musterkarten *234/235*, 265
  Auswertung von – 234
  praktische Aktualität von – 234/235
  Vorauswahl von Farbstoffen mit – 234, 265
Musternahme, Schwierigkeiten mit Textilvorlagen 257
Myrobalan 101, 205

N

Nachbestellung, Schwierigkeiten bei -en 264
Nachchromierung 99, 100, 285
Nachdunkeln im Licht 206
Nachgerbung
  –, Abschätzung des Aufhellungseffektes einer Gerbstoffmischung 105, 108/110
  Egalisierung der – 107, 182
  – mit Aldehyden 106, 108, 211, 285
  – mit Aluminiumgerbstoffen 105, 136, 139, 281, 285
  – mit Amphogerbstoffen 106
  – mit Chromgerbstoffen 99, 101, 105, 136, 205, 212, 285, 288
  – mit Füllmitteln 107
  – mit Harzgerbstoffen 106, 136, 243, 289
  – mit Kastanie 105/106, 205/206, 211, 243
  – mit Mimosa 105, 205/206, 111, 243

  – mit nicht kondensierten Arylsulfonsäuren 106, 182
  – mit Polymergerbstoffen 95, 106, 108, 136, 289
  – mit Polyphosphaten 106
  – mit Polyurethan-Ionomeren 106, 108, 289
  – mit sulfitiertem Quebracho 105, 205, 211, 243
  – mit Syntanen 106, 122, 136, 206, 211, 243, 285
  – mit Zirkongerbstoffen 105, 134, 285
  Parameter der – 107
  –, Reihenfolge der Zugabe 76, 141, 182
  – und Egalität 107
  – und Farbstärke 76, 105/106
  – und Fettung 136, 138
  – und Kalkulation 107/108, *157*, 199/200, *250*
  – und Maskierungsmittel 107
  – und Schleifbarkeit 107, 288/289
  – und Temperatur 107, 122
  Unegalität aus der – 107, 182, 217, 230
  – von wetblues und crust 107, 211, 288/289
Nachkupferungsfarbstoffe 51
Nachnuancierte Partien, Kosten von -n – 129, 250/251
Nachstellung von Farbtönen 25, 253/257
  – unter Berücksichtigung der Abendfarbe 25
Nachsumachieren 100, 274
Nachziehen von Nebenkupplungen 202
Naphtalinsulfosäure-Kondensate 50
  – als Neutralisationsmittel 103/104, 148
  –, Einfluß auf die Lichtechtheit von Färbungen 242/243
Narbenplatzer im Winter 122
Narbenschäden
  offene – 94
  vernarbte – 94
Narbenseite 95
  Faserstruktur der – 95
Narbenzug aus dem Äscher 96
Naßentfettung nach der Beize 97
Natriumacetat
  – als Neutralisationsmittel 103, 104, 285
  – als Maskierungsmittel 99
Natriumbisulfit
  – in der Entkälkung 97, 284
Natriumformiat
  – als Neutralisationsmittel 103, 104, 285
Natriumsulfit
  – als Neutralisationsmittel 103/104, 148
Naturfett, Eliminierung von – 96, 97
Naturfettflecken 96
Naturnarben auf Schleifbox 91
Nebenvalenz-Kräfte 34, 51, 101

Neubemusterung von Farbstoffen 265
Neusämischgerbung 101
Neuseeland-Wollschafe 100
Neutralisation 99, 104, 139, 142
   Dosierung der – 103
   – und Farbstärke 99, 103/104, 148
   – und Temperatur 104
   – von zirkongegerbten Ledern 100
Neutralisationsmittel
   milde – 103
   schwache – 103
   starke – 103
Neutralseife 212
Nickelkomplex 39
Nigrosin 60, 61, 62, 117, 119, 166
Nordfenster 265, 267
Normalbeobachter 26
Normfarbwerte 26, 27, 28, 30
Normspektralwerte 19/20, 27
Normspektralwertkurven 26
Nuance
   Haupt – 252/253, 254, 255
   Neben – 252/253, 254
Nuancenabweichung bei Farbstoffkombinationen 122, 155, 195, *222/223*
Nuanceneinstellung auf nachgegerbten Ledern 255/256
Nuancenskala der Naturfarbstoffe 69
Nuancenumschlag 63, 64, 103, 156, 161, 171, 201, 205, 217, 244/245
Nuancieren, ideales – der Lederfärbung 252, 255
   praktisches – 259
Nuancierfarbstoff, Anforderungen an -e 50, 55, 197, 237, 238, 240, *253/257*
»Nubukierung« 97, *122*, 139, 216

O

Oberfläche
   – des Leders 95, *125*, 228
   innere – 95
   – nkonzentration 220
   – ntemperatur 220
Oberflächenfärber 56, 61, 62, 68, 100, 126, 192
Oberflächenfettung 137/141
Oberflächenladung des Leders 99, 161, *291*
Oliv-Einstellung als Nuancierbeispiel 253
Optische Prüfung von Farbstoffen 50
Organische Alkalisalze als Neutralisierungsmittel 103
Ortho-Stellung 33, 36, 37, 63
Oxidativäscher zur Pigmentbleiche 97
Oxonium-Konfiguration 162

P

Partiekontrolle
   periodische – 262/263, 264
   ständige – 77
Papierchromatographie und Einheitlichkeit *150*, 202, 263, 265
Parameter der Lederfärbung 94 ff., 129, *132*, 226
Parastellung 33, 36, 50, 68
Partien
   Größe der – 74, 127
   nuancierte bzw. nachgefärbte – 126, 129
   uneinheitliche – 99, 220, 264
Pastellnuancen 23, 75/76, 77, 124, 174, 176, 181, *227*, 238, 252, 256, 257, 270
   –, gleiche Laufzeiten 287
   Lichtechtheit von – 228, 240, 244, 249, 270
   spezielle Technologien für – 95, 120, 123, 126, 176, 224, *254*, 261/262, 270
   – und Unegalität 95, 261
Pasten von Velours 131, 286
Pastingtrocknung 131, 137, 286
Pelzfärbung 46, 248
Perchlorethylen 208, 211, 212
Permanganat/Natriumhydrosulfit-Bleiche 262, 276
pH-Wert 100
   – der Farbstoffsulfosäuren 118
   –, Einstellung bei verschiedenen Härtegraden 119
   kontinuierliche Veränderung des -es 120, 121
   Kontrolle des -es von Waschwasser 102, 110
   –, Optima der Hilfsmittelwirkung 172/173, 180/182
Phosphat 50
Pickel 100, 138
   zu hohe Eingangstemperaturen des -s
   zu schwacher – 102
Pickelblößen
   nachträglicher Aufschluß von – 97, 294
Pickelware
   dunkle Flecken bei – 294
   Liegefalten bei – 216
   zu leere – 294
Pigmentpuder der Velours 214
Polarisierung 33, 68
Polierwalze 269
Polyacrylfasern 54, 209
Polyacrylnitril 54, 204, 209
Polyalkylaminether 164
Polyamid 120, 205, 209
Polyazofarbstoff 35, 36, 51
Polyester 75, 209, 276
Polyglycolether 161, 164
Polymergerbstoff 106, 108
Polyphosphat 50, 106
Polyurethandispersion 90, 106, 108, 270, 274
Polyvinylchlorid, weichgemachtes 64, 67, 210, 214
Porennarben 91

Prallheit der Blöße 96
Primärfarben 252
Produktivität 126, 127
Prüfmethoden, offizielle *183/185*, 234, 264
Pufferungskapazität organischer Säuren 118, 172
Pulverfärbung 77, 113, 224, *228/230*
Pulverfarbstoff (im Vergleich mit identischen Flüssigmarken) 65, 84, 116
Purpur 28, 252

Q

Quadratmetergewicht von Bekleidungsledern 138, *286*
Qualitätseinbrüche, überraschende – *122*, 203/207, 223, 313
Qualitätsprüfung 264
Quantifizierung der Substrataffinität 200
Quebracho, sulfitiert 101, 205, 243
Quellung 102

R

Rapport beim Filmdruck 92
Rauhleder, Färbung 281/288
Raumbedarf des Färbereilabors 265
»Reaktive« Chromgerbstoffe für Velours 288
Reaktive Gruppen des Leders 95, 120
Reaktivfärbung 46/49
»Reaktivgerbstoff« 167
Reaktivität der Haut 95
Reaktivkomponenten von Farbstoffen 48
Rechtssituation bei Reklamationen 264
Recycling der Chrombrühen 209
Referenzmuster 264, 265
Registrierung von Farbstoffen 71, 262, 265
Rehydratisierung
   – von Velours 286
   – von wetblues 287
Reibechtheit 66, 67, *214*, 290/291
Reibung, Verminderung der – im Faß 139
Reichweiten der Bindungskräfte 95/96
Reihenfolge der Toleranzerwartungen 265
Reihenfolge Nachgerbung – Färbung – Fettung 140/141
Reinigungsautomatik, eingebaute – 267
Reinigungsbeständigkeit der Gerbung 211
Reinigungsechtheit 46, 47, 129, 136, *210*
Reinigungsmittel 210

333

Reinigungsverstärker 211
Reißfestigkeit 77, 288
Remission 22, 27
Remissionskurven 22/23, 26
–, besonders klarer Nuancen 24
–, einer Grünmischung 24
–, einer Konzentrationsreihe 23
–, einer metameren Nachstellung 25
–, Spielraum bei Metamerie 25
–, stumpfer Färbungen 24
Reproduzierbarkeit 55, 94, 102, 103, *104*, 114, 126, *129*, 136, 181, 238, 244/245, 313/316
Ursachen schlechter – 74, 102, 233, 237, 257, 295
Verbesserung der – 77, 244/245, 257, 262
Reservierungseffekt der Gerbmittel bei höheren Temperaturen 123
Restaffinität 120
Restladung, unlokalisierte – 64
Retarder 128, 162/163, 164/167, 181, 182
Rezepturen *269*
Aufstellung von – 260
–, Bleichen und Färben vegetabilisch vorgegerbter Schlangen 276
–, Direktfärbung von Schuhvelours im Pulververfahren 229
–, Druckansatz wäßriger 92
–, Durchfärbung von vegetabilisch gegerbtem Crust 275
–, Entchromung fleckiger, frisch gegerbter Chromleder 102
–, Färbung einer lichtechten Pastellnuance 228, 270
–, Färbung von Boxcalf 227, 269
–, Faßfärbung vegetabilisch synthetisch gegerbter Gürtelleder 274
–, Faßfärbung von Lammnappa für Handschuhleder 277/280
–, Faßfärbung von Marmorledern 230
–, Faßfärbung zwischengetrockneter Chromnappa 278
–, Gesamtarbeitsweise waschbarer Bekleidungsvelours 282
–, Gießfärbung mit organischer Flotte 90
–, Gießfärbung mit wäßriger Flotte 90
–, Kombinationsfärbung ohne Flotte für Rindnubuk 78
–, Nachgerbung und Direktfärbung für Schuhvelours aus Wetblues-Spalten 289
–, Nachgerbung und Färbung in der Sektoren-Gerbmaschine 81, 269
–, Nachsumachieren und Bürstfärbung von Portefuillevachetten 274
–, Normalansatz einer Färbung auf der Multima 85

–, Oxidativ-Entgerbung, Chromierung und Faßfärbung vorgegerbter Ostinder 291
–, Rehydratisieren, Entfetten und Chrombleiche von Wetblues-Spalten 288
–, Rehydratisieren von Wetblues für Schuhvelours 287
–, Schablonenfärbung im Wackerfäßchen 263
–, Schwarzfärbung von Fressern für Oberleder 76
–, Spritzfärbung mit Bindemittel 88
–, Spritzfärbung mit Fixierung 88
–, Velourlüster 290
–, Zweistufenfärbung, deckende – für Anilinchevreaux 272
–, Zweistufenfärbung von Möbelleder mit zwei Sortimenten 272
Richtlinien
– für den Hilfsmitteleinsatz 177/178
– für die Farbstoffauswahl 240
– für die Fettung 141
– über die Eigenschaften eines Lederspezialfarbstoffes 58
Richttyptiefe, Bestimmung der – 187
Rinder, Fettung 137
Röhrensysteme, Material von –n 266/267
Rohrspritzrand für Niveaugefäße 267
Rollenbildung im Mischer 82

S

Sämischgerbung 46, 101
Sättigung einer Nuance 23, 24, 28, 30, 146, 221
Sättigungsgrenze des Farbstoffangebots 94, 124, 128, 143, 182
Sättigungsvolumen, praktische Abschätzung des -s 108/110, *221*
Säurebeständigkeit 51, 55, 56, 58, 62, *189*
Säuredosierung 118/119, 120
Säureechtheit 56, 58, *189*
Säurevorrat, hoher – des Leders 208
Salzausschläge 112
Salzgehalte 113
– und Aggregatbildung 113
– während der Chromlederfabrikation 113
zu hohe – des Pickels 102
zu niedrige – des Pickels 102
Salzwirkung
– auf das Leder 113
– in der Färbeflotte 113
– und Affinitätszahlen 114/115
Sauberkeit in der Färberei 77
Saugfähigkeit der Lederoberfläche 83, 86, 91

Schablonenfärbung 187, 199, 263
Schaf 98, 100, 264
Schattenreihe als Nuancierhilfe 23, 199, 251
Schattierungen 86, 130
Schimmelschäden 77, 142, 216
Schleifbox 274
Schleifechtheit *213/214*, 223, 247
Schleifen von Velours 100, 214, 261, *286, 291*
Schliff, dichter – 99, 100, 131, 140, 281
Schraubenmuster 293
Schreibvelours 76, 140, 281, 284, 285, 286
Schrumpfungen bei der Chemischreinigung 211
Schuhvelours siehe Leder
Schwankungsbreite einer Nuance auf den verschiedenen Ledertypen 235
Schwarz 22, 24, 25, 52, 55, 67, 71, 76, 126, 252, 253, 260
Schwarzfarbstoff 46, 55, 60, 236, 248, 255
Schwarzvelours 40, 55, 62, 95, 123
optimaler chromgehalt von – 99
Schwefelfarbstoffe 67, 101
Schwein 98, 236
Schweißechtheit *46*, 59, 61, 64, 72, 129, 169, 208
Verbesserung der – 129, 169, 209
Secothermtrocknung 131
Sehen 26
Seifen 48
Sektorengerbmaschine 80/82
Sekundärfarben 252
Siliconemulsion 140, 284, 287
Simultankontrast, farbiger – 267
Society of Leather Trades Chemists (SLTC) 184
Solvatisation 115
Sortieren
– aus der Borke 83
Sortimentsverzeichnis von Lederfarbstoffen 54 ff.
Echtsortimente 64
Flüssigfarbstoffe 65
Kationische Farbstoffe 67
Lederspezialfarbstoffe 60
Säurefarbstoffe 62
Sonstige Lederfarbstoffe 54
Substantive Farbstoffe 63
Sortimentsübersichten von Textilfarbstoffen 54 ff.
Spänekiste 265
Spalten
– aus dem Äscher 97
– aus dem Chrom 97
Spaltstärken bei der Vakuumtrocknung 131
Spannrahmentrocknung 131
Specken 99, 212, 284
Spektralfarben 19, 28, 252
Spektralfarbenkurvenzug 28
Spektralfotometer 243
Spektralverteilung 19, *20*, 203,

267
Sprenkeleffekte 86
Spritzfärbung 38, 83, *85*, 249
 –, Bandgeschwindigkeit 86
 –, Binde- und Fixiermittel 86/87
 –, Echtheiten 65, 86, 87, 89, 210, 213
 –, Effektleder 86
 –, Farbstoffauswahl 86
 –, Fixierung 87/88, 205
 –, Hilfsmittel 87
 –, Lösemittel 86/87
 –, Trocknung 86
Spülen, s. Waschen
Stabilität der Fettung 136/137, 216, 225
Stärkeeinstellung 49
Stärkeunterschiede 217, 222
Stärkevergleich 185, 187, 268
Stärkeverluste von Färbungen 76, 169, 193, 254
Stammlösung 185
Standard – Baumwollgewebe 209
Standard – Wollgewebe 209
Standard – Mehrfasergewebe 209
Standardisierung der Lickerung 137, 225
Starttemperatur der Färbung 123, 226
Stellmittel 49, 84
 – der Ledersortimente 49, 65, 71
 – von Textilsortimenten 50
Steuerung der Färbung 79, *94, 118*
 – durch die Temperatur 81, 122
 – durch Dosierung 124
 – durch Färbezeit 126
 – durch Farbstoffauswahl 128, 223
 – durch Flottenlänge 124
 – durch Hilfsmittel 97, 127, 177/178, 221
 – durch mechanische Bewegung 79, 127
 – durch Trennung der Arbeitsgänge 79, 127
 – durch Verminderung des pH-Wertes 61, 118/121, 205, 211, 221, 224, 228
Stiere, Fettung 137, 271
Stillstand des Fasses 220
Stippen 66, 94, 221
 blaue – 102
 dunkle – 77, 216, 266
 vielfarbige – 77, 266
 weiße – 95
Störanfälligkeit von Farbstoffkombinationen 223
Stollmond 265
Stoßglanz 71
Strahlung, ultraviolette – 203
Streifentest 213
Streuung der Egalität 190, 217
Stufenfärbung 64, 128, 257/258, 261
Stufenfettung 140, 142
Substantivität 50

Substituenten 32, 33, 47
Substrat 31, 48, *94*, 95, 98, *108*, 255, 258
Substrataffinität 143, *200*
 –, hochaffine Substrate 108, 161
 –, mittelaffine Substrate 108, 161
 –, moderne Leder 105, 255
 –, niedrigaffine Substrate 108, 161, 271
 ungefähre Abschätzung der – 200
 –, Unterschiede der Substrate 98, 108, 201
 –, Verfahren der Ciba-Geigy 200
Subtraktive Farbmischung 22, 145
Sukzessiv-Kontrast, farbiger – 267
Sulfidflecken, schwarze – 97, 284
Sumach 55, 101, 205, 243, 274
Syntannachsatz ins Fettungsbad 141

T

Täuschung, optische – 267
Tageslichtleuchte 265, 268
Tageslichtmusterung 19, 265/268
Tauchprobe 176, *185*, 263
Temperatur
 – als Steuerungselement 81, 148, 181
 hohe – in der Nachgerbung 107, 148, 181
 – und Farbstoffe 123
 – und Trocknung 130
Tetrachlorkohlenstoff 208
Textilfarbstoffe *50*, 124
 –, Direktfarbstoffe 50
 –, Färbung mit -n 215
 –, kationische Farbstoffe 54
 –, Reaktivfarbstoffe 54
 –, Säurefarbstoffe 52, 220
 –, Schwefelfarbstoffe 54
Textilvorlage
»Übersetzung« der – 257
Thermodynamik der Lederfärbung 17
Thiosulfat und Imprapell CO 292
Titansalze 69
Toleranzerwartung der Abnehmer 264/265
Trichromie 19, 26, 247, 252
Trilon B 39, 201
Trockenbedingungen 130/133
»Trockenere Leder« 141, 169
Trockenfalzen 91, 285, 288
Trockenspalten 285, 288
Trocknung 94, *130*, 225
 Parameter der – 130
 – stemperaturen 130
 – und Farbstoffe 130
Trocknungsmethoden
 –, Hängetrocknung 131
 –, Hochfrequenztrocknung 131
 –, Kältetrocknung 131

 –, Nachtrocknung 131
 –, Pastingtrocknung 131, 286
 –, Secothermtrocknung 131
 –, Spannrahmentrocknung 131, 286
 –, Vakuumtrocknung 137, 169 176, 286
Trockenreibechtheit 169, 213
Trockenreinigungsechtheit 210
Trübungspunkt 162
Tüpfelmethode der Löslichkeit 188
Typkonformität von Farbstoffen 50, 260, *263*
Typmuster von Farbstoffen 49, 265

U

Übereinstimmung, Tragfähigkeit der photometrischen – 263
Überfärbung 262
 letzte von Bekleidungsvelours 214, *291*
Übermittlung von Farbtönen 23, *28*, 260
Überneutralisation *103*, 293, 297
Überschußladung, kationische – 99, 163
Übersicht
 – über Azofarbstoffe 35
 – über Echtheitsangaben 57, 59, 184
 – über die Elektrolytgehalte von Ledern und Färbeflotten 113
 – über die Färbbarkeit der verschiedenen Gerbungen 98
 – über die Leistungsfähigkeit der verschiedenen Färbeverfahren 93
 – über die Nachgerbung 105/106/107
 – über die offiziellen Prüfmethoden 184
 – über die verschiedenen Egalitäten 225
 – über die Färbereihilfsmittel des Handels 179
 – über die Parameter der Färbung 132
 – über Färbefehler und Fehlfärbungen 293/317
 – über Färbereihilfsmittel 144
Überspritzechtheit 89, 92, 207, 208, 249
Übertragung vom Kleinversuch ins Große 260/261
Umfärbung 126, 250, *262*
Umfangsgeschwindigkeit *227*, 260
Unbuntpunkt D 65 28/29
Unegalitäten der Lederfärbung 216, 225, *230*, 293
 – aus dem Substrat 101, 216, 220, 231
 – aus dem Äscher 96/97, 294
 – aus der Chromverteilung 98/99, 294
 – aus der Farbstoffkombination

335

222/223, 293
– aus der Fettverteilung 111, 136/137, 216
– aus der Neutralisation 297
– aus der Trocknung 168, 224, 312
– aus örtlichen Temperaturschwankungen 122, 220
– aus Unsauberkeit 77, 296
– bei der Druckfärbung 91, 305
– bei der Durchlauffärbung 83/84, 85, 303
– bei der Gießfärbung 90/91, 305
– bei der Sektorengerbmaschine 81, 302
– bei der Spritzfärbung 86, 304
– bei 1:2 Metallkomplexfarbstoffen 307
– bei Pastellnuancen 257, 287
– bei Pulverfärbungen 77
sogenannte normale – 217, 231
wolkenartige – 230
zwei Formen der – 222, 225, 231
Ursachen fehlerhafter Partien, unerkannte 107, 123, 223, 313

V

Vakuumtrocknung 137, 169, 176, 286
Valonea 101, 205
Variationsbreite, färberische – des Leders 98
Vegetabilische Gerbung 100/101
Variolux 268
Velours 58, 62, 95, 122, 130, 192, 210, 237
–, Farbstoffauswahl 232, 236, 240, *245*, 257, 287
–, Fettung 76, 136, 142, 283/284
–, Gesamtarbeitsweise *229/230*, 261, *281/287*
–, Lüster 290
Nachgerbung von – 100, 176, 205, 285, 288/289
–, Schleifbarkeit 104, 107, 131, 214, 285, 286
Schleifen von – 213, 261, 283, 286
Specken von – 99, 212, 281, 284, 286
»tote« Fasern bei – 96, 306
–, Veloursschwarz 40, 55, 62, 95, 123
–, Vorarbeiten 96, 97, 103
Verdrängung von Aquoliganden 99, 162
Vereinheitlichung von Halbfabrikaten 288
Vergleich, preislicher – von Farbstoffangeboten 232, 249
Verein der Schweizer Lederindustrie Chemiker (Veslic) 184, 203, 210
Verhärtungen bei der Chemischreinigung 210/211
Verhornung der Faserenden 285

Verlackung 67, 271, 273
– von Farbhölzern 278/279
Versuchsfässer 260
Verteilung, ungleichmäßige – der Fettung 84, 132, 136/137
–, ungleichmäßige – der Gerbung 101, 102, 107, 121
Viskose 209
Viskosität beim Gießfärben 90
Vollautomatisierung 74, *81/82*, 266
Vorarbeiten, Auswirkung der – 96/110, 217
Vorauswahl von Farbstoffen 234/235, 262
Vorentfleischung nach der Schmutzweiche 96
Vorfettung 142
Vorgegerbte Leder
Entgerbung -r – 276, 291
Trockener Schnitt bei -n -n 285
Vorlage 25, 99, 257
Vorsumachieren 66

W

Waagen, Präzisions- mit Gewichts- und Kontrolldruck 266
Wackerfäßchen 127, 203, 260, *263*
Wärmeverlust in Röhrensystemen 267
Walkechtheit 52
Waschbare Handschuhleder 280, 282
Waschbarkeit, Voraussetzungen für eine – des Leders 47, 112, 282/284
Waschechtheit 47, 51, 52, 61, 63, 64, 72, 148, 169, 212
Waschen 99, 110, *112*, 182, 297
–, Kontrolle des Waschwassers 102, 111, 112
– nach Pulverfahren 111, 250
– statt spülen 112, 180, 250
–, Waschzeiten 112
–, Wirkungskontrolle und Berechnung 112
Wasseranalyse, Bewertung einer – 111, 263
Wasserechtheit 46, 51, 64, 66, 92, 128, 169, *212*
Wasser 63, *110*, 263
–, Hydrathülle 115, 130
–, Kapilar eingelagertes Wasser 94, 130, 224
–, Strukturell gebundenes – 96, 130, 211
–, Wasserersparnis bei der Färbung 112, 250
–, Wasserhärte 63, 110, 159, *189, 190*
Wasserstoffbrücke 96, 115, 120
Wassertropfenechtheit 65, 84, 86
Wasserwerkstatt 96/98, 205
Wechselwirkung, hydrophobe – 96
Weiche, ungenügende – 96

Weiß *21*, 22, 99, 100, 252, 253
Weißgehalt 28, 100, 128, 172, *227/228*, 248, 252, 256, 285
Weißgerbstoff 100/101, 128, 206, 249, 257
Weißkalkäscher 96, 284
Weißpunkt, Unbuntpunkt D 65, 28
Wellenlänge *1*, 26
Wetblues 97, 107, 206, 216, 287, 289/290
einseitige »Landkarte« bei – 294
nachträglicher Aufschluß von – 97
völlig uneinheitliche – 287/288, 294
»Whiskyechtheit« 207
Wiegeraum, Unterdruck im – 266
Wiegeplatz, zentraler – 266
Wischeffekte 91
Wolkendessins 91
Wundscheuern längs der Rückenlinie 102
Wundstellen 67
offene – 82, 216
spinnenartige – 293
vernarbte – 101, 216

X

Xenotest-Gerät 20, 203/204, 264

Z

Zeitbedarf der Färbung 122
Zeitpunkt der Hilfsmittelzugabe bzw. Nachgerung 127/128
Zeitreaktion, Komplexbildung als – 39, 99
Zentralatom 38/39, 209
Zerreißungen 77, 127
Zinnsalze 69
Zirkon-Glutaraldehyd-Gerbung 100
Zügigkeit 100, 139, 285
Zugabe des Lickers, strenge Gleichmäßigkeit der – 137, 142
Reihenfolge der – 141/142
Zusammenfassungen 93, 132, 141, 177/178, 182, 231, 240
Zweifarbeneffekte 86
Zweistufenverfahren 53, 66, 180, 221, 247, *249*
Zwielicht 268
Zwischenfettung 138, 140, 271
Zwischenlagerung für Velours 192, 286
Zwischenprodukte der Farbstoffabrikation *31*, 49
Zwischentrocknung 99, 138, 270